J. H. Peters   H. Baumgarten (Hrsg.)

Monoklonale Antikörper

Herstellung und Charakterisierung

Unter der Mitarbeit von zahlreichen Autoren
Mit einem Geleitwort von Georges Köhler

Zweite, überarbeitete und erweiterte Auflage

Springer-Verlag Berlin Heidelberg GmbH

Professor Dr. JOHANN HINRICH PETERS
Abteilung für Immunologie
Zentrum für Hygiene und Humangenetik
der Georg-August-Universität
Kreuzbergring 57
D-3400 Göttingen

Dr. HORST BAUMGARTEN
Diagnostika Forschung der
Boehringer Mannheim GmbH
Bahnhofstraße 9-15
D-8132 Tutzing

Mit 74 Abbildungen

ISBN 978-3-540-50844-1

1. Auflage 1985
1. korrigierter Nachdruck 1988

CIP-Titelaufnahme der Deutschen Bibliothek
Monoklonale Antikörper : Herstellung und Charakterisierung / J. H. Peters ;
H. Baumgarten. Unter Mitarb. von zahlr. Autoren. - 2. Aufl.
ISBN 978-3-540-50844-1   ISBN 978-3-662-08842-5 (eBook)
DOI 10.1007/978-3-662-08842-5
NE: Peters, Johann H. [Mitverf.]; Baumgarten, Horst [Mitverf.]

Dieses Werk ist urheberrechtlich geschützt. Die dadurch begründeten Rechte, insbesondere die der Übersetzung, des Nachdruckes, des Vortrags, der Entnahme von Abbildungen und Tabellen, der Funksendung, der Mikroverfilmung oder der Vervielfältigung auf anderen Wegen und der Speicherung in Datenverarbeitungsanlagen, bleiben, auch bei nur auszugsweiser Verwertung, vorbehalten. Eine Vervielfältigung dieses Werkes oder von Teilen dieses Werkes ist auch im Einzelfall nur in den Grenzen der gesetzlichen Bestimmungen des Urheberrechtsgesetzes der Bundesrepublik Deutschland vom 9. September 1965 in der jeweils geltenden Fassung zulässig. Sie ist grundsätzlich vergütungspflichtig. Zuwiderhandlungen unterliegen den Strafbestimmungen des Urheberrechtsgesetzes.

© Springer-Verlag Berlin Heidelberg 1985, 1990
Ursprünglich erschienen bei Springer-Verlag Berlin Heidelberg New York 1990

Die Wiedergabe von Gebrauchsnamen, Handelsnamen, Warenbezeichnungen usw. in diesem Werk berechtigen auch ohne besondere Kennzeichnung nicht zu der Annahme, daß solche Namen im Sinne der Warenzeichen- und Markenschutz-Gesetzgebung als frei zu betrachten wären und daher von jedermann benutzt werden dürften.

Produkthaftung: Für Angaben über Dosierungsanweisungen und Applikationsformen kann vom Verlag keine Gewähr übernommen werden. Derartige Angaben müssen vom jeweiligen Anwender im Einzelfall anhand anderer Literaturstellen auf ihre Richtigkeit überprüft werden.

Satz-
2131/3145-54321 - Gedruckt auf säurefreiem Papier

Geleitwort

Auf der Frühjahrstagung der Immunologen in Freiburg hatte mich J.H. Peters überzeugt, ein Geleitwort zu seinem und H. Baumgartens Methoden-Buch über „Monoklonale Antikörper" zu schreiben. Ich tue dies gern und nicht ohne gewissen Stolz. Schließlich war ich selbst an einer Art Urversion eines solchen Buches, einer in Englisch verfaßten Laborkursanleitung, beteiligt.

Es gefällt mir, daß der Anleitungs- und „Kochbuch"charakter trotz des erheblichen Umfangs der vorliegenden Methodenlehre erhalten blieb.

Die Editoren sind gleichzeitig auch Autoren zahlreicher Kapitel. Zusammen mit ihnen haben weitere 30 Autoren mitgewirkt. Ein Teil von ihnen ist in Firmen beschäftigt, so daß auch Techniken der industriellen MAK-Herstellung berücksichtigt sind. Sie alle haben sich dem Gesamtkonzept untergeordnet, das einen übersichtlichen und verständlichen theoretischen Hintergrund und klar gegliederte Rezepturen anbietet. So ist das Buch gleichzeitig auch ein Kompendium immunologischer Techniken.

Belange des Tier- und Umweltschutzes werden durchgehend berücksichtigt: bei allen Methoden werden jeweils diejenigen Varianten vorgestellt, die mit einem Minimum an Tieren auskommen. Techniken, welche radioaktive Isotope benötigten, wurden praktisch vollständig durch ELISA-Techniken ersetzt. Somit hat dieser umfangreicher gewordene Nachfolger des beliebten Laborbuches alle Aussichten, eine Standard-Methodenlehre für die Herstellung monoklonaler Antikörper zu werden.

Freiburg, den 7.7.1989 G. KÖHLER

Vorwort

Die Herstellung monoklonaler Antikörper (MAK) gehört heute zu den Standardmethoden in immunologisch arbeitenden Laboratorien. Mehr und mehr hält sie aber auch Einzug in die anderen Biowissenschaften. Ihre Anwendung beschränkt sich nicht mehr allein auf die Forschung: monoklonale Antikörper haben die Diagnostik revolutioniert, beginnen auch therapeutisch interessant zu werden und sind somit auch als wirtschaftlicher Faktor nicht mehr fortzudenken. Die Entdecker dieser Technik, G. Köhler und C. Milstein, erlebten, daß ihre Technik sofort anerkannt, übernommen, verbessert und dann auf unzählige Fragestellungen angewandt wurde. Sie sind 1984 für diese epochale Entdeckung mit dem Nobelpreis ausgezeichnet worden.

Nach der Phase der Entdeckung und des Umbruchs macht jede Disziplin eine Phase der Systematisierung und Standardisierung durch. Am Ende dieser Phase ist aus einer Technik, die anfangs vielleicht nur mit künstlerischem Geschick beherrscht werden konnte, eine lehr- und lernbare Methode geworden. Zur Optimierung und Standardisierung der MAK-Herstellung haben viele Gruppen in aller Welt beigetragen. Das angesammelte Wissen ist aber weit gestreut und nicht immer zugänglich.

Herausgeber und Autoren dieses Buchs haben Erprobtes übernommen, aber auch selbst in erheblichem Maße Einzelschritte so weit als möglich und nötig systematisiert und optimiert. Nachdem wir z. B. bei der eigentlichen Fusionsmethode praktisch jeden Schritt in der Kette optimiert hatten, stellte sich heraus, daß dies zu einer sehr viel höheren (1-2 Größenordnungen!) Klonausbeute führte als bis dahin in der Literatur beschrieben worden war. Unser Bestreben war es dann, diese Methoden reproduzierbar, lehrbar und damit beschreibbar zu machen.

Das Konzept der ersten Auflage war somit, dem Anfänger wie dem Fortgeschrittenen aus sich heraus verständliche Anleitungen im Stil eines „Kochbuchs" zu geben, wobei jede Methodenbeschreibung in sich abgeschlossen war. In der hier vorliegenden zweiten Auflage ist dieses Konzept beibehalten worden. Die Anleitungen werden wiederum ergänzt durch eine Reihe von Übersichtskapiteln sowie durch Anleitungen zur Fehlersuche und -beseitigung.

Die erste Auflage zeichnete sich durch einen bedeutenden Nachteil aus: Die Bücher hatten eine hohe Diffusionsrate. So mußte ein stolzer Besitzer nur zu oft sein Exemplar im Nachbarlabor anstatt auf seinem Arbeitsplatz suchen. Um dem entgegenzuwirken, haben wir die Masse der zweiten Auflage erheblich erhöht, und das Fernziel einer späteren Auflage wird es sein, das Gewicht so weit zu steigern, daß die Bücher nicht mehr transportierbar sind (im Deutschen nennt man sie dann Handbuch).

Der Umfang des Buches hat tatsächlich erheblich zugenommen: Zahlreiche weitere Methodenbeschreibungen wurden neu aufgenommen, vor allem aber der Gesamtbereich der Herstellung menschlicher MAK. Rechtliche und Aspekte der industriellen Herstellung wurden mit aufgenommen, stark mitgeprägt durch die neu hinzugekommenen Autoren aus der Forschungsabteilung der Firma Boehringer Mannheim. Trotzdem ist kein Handbuch daraus geworden, weil eine wirkliche Vollständigkeit nicht angestrebt wurde und ebenfalls wichtige, aber selten benutzte Techniken wie die Herstellung von MAK der Ratte beiseite gelassen wurden. Stattdessen nahmen wir uns vor, gerade dort besonders ausführlich zu sein, wo der Anwender vermutlich die größten Schwierigkeiten hat; so z.B. im Bereich der Immunisierung, der Zellkultur, der Massenproduktion und bei praktischen und rechtlichen Fragen, besonders auch im Zusammenhang mit dem in der Bundesrepublik Deutschland geltenden Tierschutzgesetz und mit dem Einsatz von MAK im Menschen.

Antikörper lassen sich nur mit Hilfe von Immunzellen aus einem lebenden Organismus gewinnen, sodaß der Einsatz von Versuchstieren notwendig ist. Auch die Herstellung monoklonaler Antikörper muß - in der Phase der Immunisierung wie meist in der Phase der Produktion - in Tieren stattfinden, und vollständig wird man nie auf Tiere verzichten können. Dennoch gibt es eine Reihe von Möglichkeiten, den Tierbedarf ganz erheblich zu senken. Hierauf wird in den jeweiligen Kapiteln ausführlich eingegangen. Vor allem betrifft dies die tiergerechte Haltung (Kap.2.1.2), die möglichst effiziente Immunisierung (Kap. 3.4 und 3.5), die Technik der Gefrierkonservierung von Zellen (Kap. 5.3) und die Einsparung von Feederzellen und Ersatz durch Wachstumsfaktoren (Kap. 5.2). Am wichtigsten ist es aber, daß alle Möglichkeiten genutzt werden sollen, von der Produktion der Antikörper in der Maus wegzukommen und alle Möglichkeiten der Zellkultur zu nutzen (Kap. 7.3 und 7.4). Daher wurden alle Methoden, bei denen es um Versuchstiere geht, so abgefaßt, daß man mit einem Minimum an Versuchstieren auskommt.

Einige Kapitel stellen Originalinformationen dar, wie z.B. die Ergänzung der in-vitro-Immunisierung menschlicher Zellen durch akzessorische Zellen. So sind wir sicher, daß das Buch wieder eine Fundgrube an Methoden und Tricks darstellt und wünschen uns, daß es seinen Platz wiederum mehr im Labor als in den Regalen der Bibliotheken findet.

Der Leser darf die Sicherheit haben, daß alle aufgeführten Methoden bei uns praktisch erprobt worden sind. Dennoch können sich Fehler eingeschlichen haben: Für Hinweise auf Fehler und für Ergänzungsvorschläge sind wir dankbar.

Die Methodenbeschreibungen enthalten wieder genaue Produkt- und Firmenangaben. Diese Angaben gelten insofern, als wir die Reagenzien selbst erprobt haben. Sie besagen nicht, daß ein nicht aufgeführtes Konkurrenzprodukt nicht ebenso gut oder besser ist. Insofern erheben unsere Angaben keinen Anspruch auf Vollständigkeit. Bisweilen haben wir der Firma ein „z. B." vorangestellt, um damit anzudeuten, daß dieses Produkt in vermutlich gleicher Qualität auch bei vielen anderen Firmen zu erhalten ist. Und trotz der Nähe zu Firmen und Firmenprodukten – irgendwelche Beeinflussungen hat es nicht gegeben, so daß alle Benennungen allein Entscheidungen der Autoren und Herausgeber waren.

Dem Ziel, ein möglichst einheitliches Buch zu gestalten, haben sich die Autoren bereitwillig untergeordnet: Die Herausgeber möchten den Autoren hierfür ganz besonders danken, da sie sich viele Striche, Umstellungen und Ergänzungswünsche gefallen lassen mußten.

Von den Herausgebern der ersten Auflage mußte Dr. M. Schulze leider ausscheiden, da er sich anderen wissenschaftlichen Aufgaben zuwandte; unter den Autoren der Einzelartikel gab es ebenfalls einige Umschichtungen, vor allem konnten aber kompetente Autoren hinzugewonnen werden, die das Spektrum der Aspekte erheblich vergrößerten.

Mit Ratschlägen, Hinweisen, Diskussionen und Arbeit am Manuskript, wurde uns geholfen, vor allem von Herrn Dr. Christian Klein, Herrn Dr. Konrad Kürzinger und Herrn Dr. Göran Ocklind. Herr Dipl. Biol. Robert Gieseler hat die graphische Gestaltung übernommen, Frau Dorothea Fey und Herrn Detlef Friedrichs danken wir für ihre unermüdliche praktische Laborarbeit, Frau Rita Kuhn und Frau Ingrid Teuteberg für die Mitarbeit an der Fertigstellung des Manuskriptes. Frau Ursula Peters, Frau Prof. Anneliese Schimpl und Frau Dr. Hübner-Parajsz haben Teile des Manuskriptes durchgesehen. Den Genannten und Ungenannten danken wir für ihre Mithilfe.

J. H. PETERS
H. BAUMGARTEN

Inhaltsverzeichnis

1	**Einleitung**	1
1.1	Prinzipien der Zellhybridisierung	1
1.2	Eigenschaften und Bedeutung monoklonaler Antikörper	4
1.3	Einsatz von monoklonalen Antikörpern am Menschen	11
2	**Vorbedingungen für die Hybridomtechnik**	17
2.1	Tierexperimentelles Arbeiten	17
2.1.1	Rechtliche Situation	17
2.1.2	Tierhaltung	19
2.2	Ausrüstung des Zellkultur-Labors	31
2.3	Ausrüstung für immunologische und biochemische Nachweisverfahren	38
2.4	Organisation des Arbeitsablaufes (Zeitplan) und Aufwandsabschätzung	39
3	**Immunisierung**	41
3.1	Prinzipien und Strategien der Immunisierung von Tieren	41
3.2	Auswahl des Immunogens	42
3.2.1	Native Antigene	42
3.2.2	Modifizierte oder synthetisch hergestellte Antigene	44
3.3	Immunisierung von größeren Versuchstieren zur Herstellung von Antiseren	47
3.4	Immunisierung von Mäusen	48
3.4.1	Prinzipielles zur Immunisierung von Mäusen für die Hybridomproduktion	48
3.4.2	Methodik der Maus-Immunisierung	51
3.5	Beeinflussung der Immunantwort	58
3.5.1	Beeinflussung der Immunantwort durch die Wahl des Mausstammes	58
3.5.2	Beeinflussung der Immunantwort durch Adjuvantien	58
3.5.3	Beeinflussung der Immunantwort durch Toleranzinduktion	63
3.5.4	Beeinflussung der Immunantwort durch Cytostatika	67
3.5.5	Beeinflussung der Immunantwort durch Maskierung besonders immunogener Epitope mit Antikörpern	68

3.5.6 Beeinflussung der Immunantwort für die Erzeugung bestimmter Immunglobulin-Subklassen 69

4 Blutentnahme und Präparation von Zellen 71
4.1 Blutentnahme bei Versuchstieren 71
4.1.1 Blutentnahme bei der Maus 71
4.1.2 Blutentnahme bei der Ratte 73
4.1.3 Blutentnahme beim Kaninchen 75
4.1.4 Blutentnahme bei Schaf und Ziege 77
4.2 Präparation von Lymphozyten aus Milz und Lymphknoten 78
4.3 Präparation von humanen Lymphozyten aus peripherem Blut, Tonsillen und Milz 80
4.4 Anreicherung von antigenspezifischen Lymphoblasten für die Fusion 82
4.5 Präparation von Maus-Peritoneal-Makrophagen als Feederzellen 86

5 Zellkultur 89
5.1 Voraussetzungen für die Zellkultur 89
5.1.1 Reinigen, Desinfizieren und die Vermeidung von Toxizität 89
5.1.2 Plastikware, Wasser, Medien, Seren und Zusätze ... 92
5.1.3 Die Zellkultur 97
5.2 Zusätze zu Medien: Wachstumsfaktoren, konditionierte Medien 99
5.3 Gefrierkonservierung 102
5.3.1 Gefrierkonservierung von Zellen unmittelbar nach der Fusion 102
5.3.2 Gefrierkonservierung von Hybridomzellen in Zellkulturplatten 107
5.3.3 Lagern von Lymphozyten in der Kälte 109
5.3.4 Computerverwaltung von eingefrorenen Zellen 110
5.4 Bakterien- und Pilzinfektionen 111
5.5 Eingrenzen einer Infektion in Mehrnapfschalen 114
5.6 Mykoplasmen 115
5.6.1 Mykoplasmen-Anreicherungskulturen auf Nährböden 118
5.6.2 Fluoreszenztest zum Nachweis von Mykoplasmen-Infektionen in Kulturen adhärenter und suspendierter Zellen 124
5.6.3 Immunologische und genetische Mykoplasmen-Tests . 129
5.6.4 Reinigung Mykoplasmen-infizierter Zellen 131
5.6.4.1 Mykoplasmen-Elimination durch Antibiotika 131
5.6.4.2 Reinigung Mykoplasmen-infizierter Zellen durch Kokultur mit Makrophagen 132
5.7 Fluoreszenztest zur Bestimmung der Vitalität von Zellen 135

6	**Herstellung von Hybridomen**	139
6.1	Grundlagen	139
6.1.1	Eigenschaften und Herstellung von Myelom- und Tumorlinien	139
6.1.2	Selektionsprinzipien	141
6.1.3	Übersicht über Maus-Myelom-Linien	149
6.2	Zellfusion zur Herstellung von monoklonalen Antikörpern der Maus	150
6.3	Human-Hybridomtechnik	158
6.3.1	Fusionspartner-Linien und Methoden zur Herstellung menschlicher monoklonaler Antikörper	158
6.3.2	Grundlagen der in-vitro-Immunisierung	165
6.3.3	Vorbereitung humaner B-Lymphozyten für die in-vitro-Immunisierung: Prinzipien	170
6.3.4	Vorbereitung der Zellen	171
6.3.4.1	Entfernung von T-Lymphozyten durch Panning	171
6.3.4.2	Gewinnung von Monozyten durch Adhärenz	172
6.3.4.3	Differenzierung akzessorischer Zellen aus Monozyten	173
6.3.4.4	Entfernung Lysosomen-reicher Zellen	175
6.3.5	Zusätze zu Immunisierungsansätzen	176
6.3.5.1	T-Zell-Rosettierung und Gewinnung eines konditionierten Mediums	176
6.3.6	Ansätze für die in-vitro-Immunisierung menschlicher Lymphozyten	178
6.3.7	Fusion menschlicher Zellen	181
6.3.8	Epstein-Barr-Virus (EBV)-Transformation und EBV-Hybridom-Technik	182
6.3.8.1	EBV-Transformation	182
6.3.8.2	Heteromyelomtechnik: Fusion EBV-transformierter B-Lymphozyten mit Maus-Myelomzellen	185
6.3.8.3	Transfektion des Geneticin-Resistenz-Gens	186
6.3.9	Fusion mit Cytoplasten	187
6.3.10	DNA-Transformation	189
6.4	Andere Fusionsmethoden	191
6.4.1	Fusion mit Viren	191
6.4.2	Elektrofusion	191
6.5	Berechnung der zu erwartenden Zahl von Hybridom-Klonen	193
6.6	Kultur und Anreicherung von Hybridomen	195
6.6.1	Anzucht von Hybridomen, Probeaussaat	195
6.6.2	Fehlersuche bei der Herstellung und Aufzucht von Hybridomen	198
6.7	Zellklonierung	203
6.7.1	Limiting-Dilution-Klonierung	204
6.7.2	Zellklonierung mit Hilfe der Durchflußzytometrie	206
6.8	Identifizierung von humanem Genom in Maus-Mensch-Hybridomen	212

6.9	Finetuning von Hybridomen	212
6.9.1	Erhöhung des Anteils von Hybridomen, die für das gewünschte Antigen spezifisch sind	212
6.9.2	Klassen-Switch-Varianten und genetisch veränderte monoklonale Antikörper	214
6.9.3	Strategien zur Herstellung stabiler Hybridome, die humane monoklonale Antikörper produzieren	216
6.9.4	Bispezifische und chimäre Antikörper	218
6.10	Benennung von monoklonalen Antikörpern	220
7	**Massenproduktion von monoklonalen Antikörpern**	**223**
7.1	Massenproduktion von monoklonalen Antikörpern in Zellkultur oder Aszites	223
7.2	Produktion von monoklonalen Antikörpern in Mäusen	225
7.2.1	Produktion von murinen monoklonalen Antikörpern in der Bauchhöhle der Maus	225
7.2.2	Produktion von humanen monoklonalen Antikörpern in der Bauchhöhle der Maus	233
7.3	Massenzellkultur zur Produktion monoklonaler Antikörper	235
7.4	Serumfreie Zellkultur	245
7.5	Überprüfung der Antikörper-Eigenschaften	252
7.5.1	Protokollierung der Produktion und Qualitätskontrolle von monoklonalen Antikörpern	252
7.5.2	Genomstabilität von Maus-Hybridomen	254
8	**Reinigung von monoklonalen Antikörpern und Herstellung von Antikörper-Fragmenten**	**259**
8.1	Reinigung von monoklonalen Antikörpern: Ein Überblick	259
8.1.1	Ammoniumsulfatfällung monoklonaler IgG-Antikörper aus Hybridomaszites	262
8.1.2	Protein A-/Protein G-Säulen-Chromatographie	265
8.1.3	Anionenaustausch-Chromatographie zur Reinigung monoklonaler IgG-Antikörper	271
8.2	Herstellung immunreaktiver Fragmente aus monoklonalen Maus-Antikörpern	274
8.2.1	Präparation von Fab-Fragmenten	277
8.2.2	Präparation von F(ab)2-Fragmenten	280
9	**Kopplung von monoklonalen Antikörpern**	**285**
9.1	Grundlagen	285
9.2	Kopplung von Enzymen an monoklonale Antikörper	292
9.2.1	Kopplung von Peroxidase	294
9.2.2	Kopplung von β-Galaktosidase	296
9.2.3	Kopplung von alkalischer Phosphatase	298

9.3	Biotinylierung monoklonaler Antikörper	299
9.4	Fluorochromkopplung monoklonaler Antikörper	303
9.4.1	FITC-Kopplung	303
9.4.2	Rhodamin- und Phycoerythrin-Kopplung	306
9.5	Kopplung von monoklonalen Antikörpern an feste Phasen (Immunadsorber)	307

10 Nachweis von monoklonalen Antikörpern 317

10.1	Wie finde ich den richtigen monoklonalen Antikörper?	317
10.2	Immunoassays für lösliche Antigene: Ein Überblick	321
10.3	ELISA zum Nachweis von monoklonalen Antikörpern gegen lösliche Antigene	330
10.4	Tests zum quantitativen Nachweis der Syntheseleistung von Hybridomzellen	337
10.4.1	Bestimmung von zellulärem Protein	337
10.4.2	Nachweis von Maus- und Human-IgG: Standardmethode	339
10.4.3	Nachweis von Maus- und humanem-IgG mit dem Streptavidin-Biotin-System	343
10.5	Wahl des Testsystems zum Nachweis von monoklonalen Antikörpern gegen zelluläre Antigene	345
10.6	Immunfluoreszenz-Nachweis von zytoplasmatischem Ig in fixierten Lymphozyten	355
10.7	Immunfluoreszenz-Nachweis von Membranantigenen vitaler Lymphozyten	358
10.8	Immunzytochemische Färbetechniken	362
10.8.1	Immunzytochemischer Nachweis von Antigenen fixierter Zellen	362
10.8.2	Indirekte Immunperoxidase-Technik	363
10.8.3	Peroxidase-anti-Peroxidase (PAP)-Technik	367
10.8.4	Alkalische Phosphatase – anti-alkalische Phosphatase (APAAP)-Technik	370
10.8.5	Streptavidin-biotinylierte Peroxidase-Komplex (Strept-ABC)-Technik	372
10.8.6	Doppel-immunoenzymatische Färbung von Gewebeschnitten und zytologischen Präparaten	375
10.9	Immunzytochemischer Nachweis von Membranantigenen vitaler Zellen	378
10.10	ELISA zum Nachweis von Antigenen fixierter Zellen (Zell-ELISA)	381
10.10.1	Etablierung des Zell-ELISA	381
10.10.2	Standardisierung des Zell-ELISA	385
10.11	Lokale Nachweise spezifischer Antikörper	389
10.11.1	Elispot (Spot-ELISA) zum Nachweis spezifischer B-Lymphozyten	390

10.11.2 Nachweis spezifischer Immunglobuline in
Einzelzellen mit der wiederholten APAAP-Technik . . 393
10.12 DOT-Immunobinding Test 396
10.13 Immunpräzipitation von Membranantigenen mit
monoklonalen Antikörpern 403
10.14 Depletion von Zellen in der Suspension durch
partikelgebundene Antikörper (Magnetpartikel) 409
10.15 Subklassentypisierung von Antikörpern der Maus
mittels ELISA 415
10.16 Analytische HPLC von monoklonalen Antikörpern . . 420
10.17 Analytische SDS-Polyacrylamid-Gel-Elektrophorese
(SDS PAGE) 427
10.18 Analytische isoelektrische Fokussierung von
monoklonalen Antikörpern 431
10.19 Silberfärbung von Polyacrylamidgelen 441
10.20 Protein-Blotting 444
10.21 Epitopanalyse 450
10.21.1 Grundlagen der Epitopanalyse 450
10.21.2 Screening-ELISA zur Epitopanalyse 453

11 Arbeitsschutzvorschriften 459

12 Anhang 463
12.1 Monographien 463
12.2 Nachschlagewerke zur Beschaffung von Zellen,
Reagenzien und Laborzubehör 464
12.3 Firmenanschriften 465

Sachverzeichnis 471

Autorenadressen

Prof. Dr. Diethard Baron   Boehringer Mannheim GmbH
Nonnenwald 2
D-8122 Penzberg/Obb.

Dr. Horst Baumgarten   Boehringer Mannheim GmbH
Bahnhofstr. 9-15
D-8132 Tutzing/Obb.

Dr. Thomas Beuche   Neurolog. Univ.-Klinik
Robert-Koch-Str. 40
D-3400 Göttingen

Dr. Franz Bieber   Baxter Deutschland GmbH
Edisonstr. 3
D-8044 Unterschleißheim

Dipl.-Biol. Anneliese Borgya   Boehringer Mannheim GmbH
Bahnhofstr. 9-15
D-8132 Tutzing/Obb.

Dr. Elke Debus   Boehringer Mannheim GmbH
Nonnenwald 2
D-8122 Penzberg/Obb.

Dipl.-Biol. Maruan Denden   Abteilung für Immunologie
Georg-August-Universität
Kreuzbergring 57
D-3400 Göttingen

Dr. Josef Endl   Boehringer Mannheim GmbH
Nonnenwald 2
D-8122 Penzberg/Obb.

Dr. Ulrich Essig   Boehringer Mannheim GmbH
Bahnhofstr. 9-15
D-8132 Tutzing/Obb.

Dr. Reinhard Franze   Boehringer Mannheim GmbH
Nonnenwald 2
D-8122 Penzberg/Obb.

Prof. Dr. Helga Gerlach   Mittenheimerstr. 54
D-8042 Oberschleißheim

Dipl.-Biol. Robert K. H.Gieseler	Abteilung für Immunologie Georg-August-Universität Kreuzbergring 57 D-3400 Göttingen
Dipl.-Ing. Bernhard Goller	Boehringer Mannheim GmbH Nonnenwald 2 D-8122 Penzberg/Obb.
Dr. Michael Grol	Boehringer Mannheim GmbH Bahnhofstr. 9-15 D-8132 Tutzing/Obb.
Dr. Thomas Hebell	Johns Hopkins University School of Medicine, 617 Hunterian 725 N Wolfe St Baltimore, MD 21205 USA
Dr. Ernst Hempelmann	Dept. of Parasitology Hebrew University Hadassah Medical School Jerusalem, Israel
Dr. Manfred Kubbies	Boehringer Mannheim GmbH Nonnenwald 2 D-8122 Penzberg/Obb.
Dipl.-Biol. Susanne Lenzner	Abteilung für Immunologie Georg-August-Universität Kreuzbergring 57 D-3400 Göttingen
A.P. Neeleman	Central Laboratory of the Netherlands Red Cross Blood Transfusion Service Dept. Immunohematology NL-1006 AK Amsterdam
Dr. Martin Oppermann	Abteilung für Immunologie Georg-August-Universität Kreuzbergring 57 D-3400 Göttingen
Prof. Dr. J. Hinrich Peters	Abteilung für Immunologie Georg-August-Universität Kreuzbergring 57 D-3400 Göttingen
Dr. Sigbert Schiefer	Boehringer Mannheim GmbH Bahnhofstr. 9-15 D-8132 Tutzing/Obb.

Prof. Dr. Reinhold E. Schmidt	Abteilung Immunologie und Transfusionsmedizin Medizinische Hochschule Hannover Postfach 610 180 D-3000 Hannover 61
Dr. Matthias Schulze	Zentrum Innere Medizin u. Dermatologie Abteilung Nephrologie Medizinische Hochschule Hannover Postfach 61 01 80 D-3000 Hannover 61
Dr. Randall S. Thomas	Neurologische Universitätsklinik Robert-Koch-Str. 40 D-3400 Göttingen
Dr. Pedro A. T. Tetteroo	Centocor Europe BV Einsteinweg 101 NL-2300 AG Leiden
Dr. Thomas Werfel	Abteilung für Immunologie Georg-August-Universität Kreuzbergring 57 D-3400 Göttingen
Dr. Alfons Wiggenhauser	Boehringer Mannheim GmbH Centrum München Westendstr. 195 D-8000 München 21
Dr. Walter Wörner	Boehringer Mannheim GmbH Bahnhofstr. 9-15 D-8132 Tutzing/Obb.
Dr. Reinhard Würzner	Abteilung für Immunologie Georg-August-Universität Kreuzbergring 57 D-3400 Göttingen
Dr. Hui Xu	Abteilung für Immunologie Kreuzbergring 57 D-3400 Göttingen
Dipl.-Biol. Ruprecht Zierz	Abteilung für Immunologie Georg-August-Universität Kreuzbergring 57 D-3400 Göttingen

1 Einleitung

1.1 Prinzipien der Zellhybridisierung

J. H. Peters

Ein einzelner aktivierter B-Lymphozyt synthetisiert Antikörper einer einzigen Spezifität. Auch Tumoren von B-Lymphozyten (Myelom, Plasmocytom) produzieren Antikörper, deren Spezifität sich jedoch nicht vorherbestimmen läßt. Da ein solcher Tumor aus einer einzigen entarteten Zelle entsteht, sind die von allen Nachkommen dieser Zelle produzierten Antikörper völlig einheitlich, d. h. monoklonal.

Wäre es möglich, einzelne normale B-Lymphozyten, die Antikörper einer gesuchten Spezifität produzieren, in der Kultur klonal anzuzüchten und beliebig zu vermehren, wäre das gewünschte Ziel der Gewinnung von spezifischen monoklonalen Antikörpern aus normalen Zellen erreicht. Dies ist aber zur Zeit noch nicht möglich.

Daher muß man den Umweg über transformierte oder permanent wachsende Zellinien gehen: Zwei Verfahren bieten sich hier an:

1. Mutagenisierung. Durch Immunisierung werden B-Lymphozyten einer bestimmten Spezifität in der Milz angereichert und anschließend durch Mutagene oder Viren transformiert und damit zum permanenten Wachstum gebracht. Dieses Verfahren ist bei menschlichen Zellen durch Epstein-Barr-Virus-Transformation (s. Kap. 6.3.8.1) möglich. In Zukunft wird die Nutzung von Onkogenen möglicherweise diesen Weg noch erfolgreicher gestalten (Jonak et al. 1988).

2. Zellhybridisierung. Durch Immunisierung angereicherte B-Lymphozyten werden durch die Fusion mit Zellen einer Permanentlinie verschmolzen, wodurch die beiden Eigenschaften der Antikörpersynthese und des permanenten Wachstums miteinander vereint sind. Diese Technik ist zur basalen Methode zur Herstellung monoklonaler Antikörper geworden.

Die Zellhybridisierung beruht auf der Möglichkeit, experimentell Zellen miteinander zu verschmelzen, die dann vital bleiben. Die Fusion wurde ursprünglich durch inaktivierte Viren ausgelöst (viele Viren fusionieren Zellen auch in vivo: so sind z. B. die Koplikschen Flecken in der Rachenschleimhaut bei Masern fusionierte Zellen). Wahrscheinlich ist die Fusion Nebenprodukt der Fähigkeit von Viren, die Zellmembran aufzulockern und zu durchdringen.

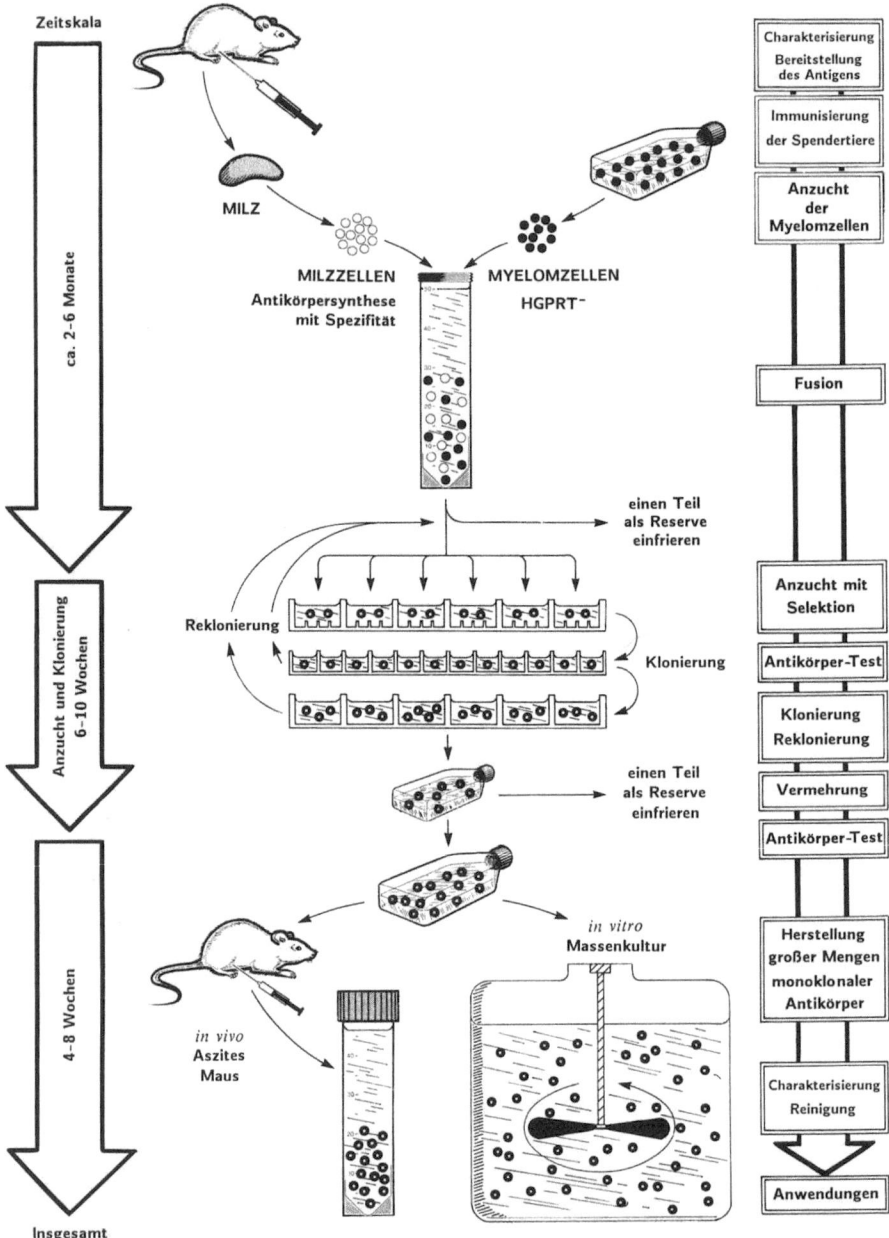

Abb. 1. Übersicht über die Herstellung monoklonaler Antikörper. Milzzellen sind weiß, Myelomzellen schwarz und Hybridomzellen schwarz-weiß dargestellt. Die angegebenen Zeiten stellen Richtwerte dar. Näheres im Text

Heute ist das früher zur Zellfusion meistbenutzte inaktivierte Sendai-Virus durch Polyethylenglykol (PEG) ersetzt worden. Der Fusionsmechanismus ist noch nicht endgültig erforscht.

Zellen können auch im pulsierenden elektrischen Feld fusioniert werden (Zimmermann 1982): Diese Methode erfordert eine eigene Apparatur (z. B. Fa. Krüss) und eignet sich für Spezialfälle wie die Herstellung menschlicher MAK (Lo et al. 1984) (s. auch Kap. 6.4.2). Der extrem einfachen Fusion mit PEG ist die Elektrofusion in dem hier zu besprechenden Anwendungsbereich nicht vorzuziehen.

Allein durch die Fusion werden normale Zellen nicht transformiert, sie bleiben noch für einige Zeit am Leben und sterben dann meist ab. Der verdoppelte oder vervielfachte Chromosomensatz und die entsprechend vergrößerte Zahl von Zentriolen erlaubt eigentlich keine geregelte Zellteilung. Wenn sich dennoch wenige der fusionierten Zellen teilen und weiterwachsen (s. Kap. 6.1.2), so ist dies wohl darauf zurückzuführen, daß irreguläre Zellteilungen zufällig auch einmal zu überlebensfähigen Produkten führen.

Der Ausdruck „Hybridom" trägt die Endung „-om" zum Zeichen der Beteiligung einer Tumorzelle an dem Hybrid. Dabei wird hier nicht scharf zwischen Permanentlinie, Tumorlinie und transformierter Linie unterschieden.

Expression von Merkmalen

Zellhybride, die aus Zellen sehr unterschiedlicher Differenzierungsrichtung entstanden sind, sind ebenfalls überlebensfähig. Sie büßen aber meist ihre differenzierten Funktionen ein und erhalten nur noch sogenannte „Haushaltsfunktionen", die zum Überleben notwendigen Stoffwechselfunktionen, aufrecht. Dies gilt, wenn man so unterschiedliche Zellen wie B-Lymphozyten und Fibroblasten oder Myoblasten miteinander fusioniert (Übersicht bei Ringertz und Savage 1976). Köhler und Milstein bestätigten 1975 diese Regel in ihrer Umkehrung: Sie fanden, daß die differenzierten Funktionen nicht unterdrückt werden, wenn man Zellen gleicher Differenzierung miteinander fusioniert. Will man also die Eigenschaften der differenzierten Zelle erhalten, so lautet die Grundregel, daß hierfür Zellen gleicher Differenzierung miteinander fusioniert werden müssen, z. B. Leberzellen mit Hepatomzellen, Fibroblasten mit Fibrosarkomzellen.

Nun steht aber nicht für jede gewünschte Differenzierungsrichtung eine entsprechend differenzierte Tumorlinie zur Verfügung. So wurde es notwendig zu bestimmen, wo die Grenze dessen liegt, was man als gleich oder ungleich in Bezug auf die Differenzierung anzusehen hat. Bei Knochenmarksabkömmlingen unterschiedlicher Differenzierung zeigten sich solche Gemeinsamkeiten: Myelom- ebenso wie T-Lymphomlinien dienten als Fusionspartner für andere Immunzellen, nämlich Makrophagen und die ihnen verwandten lymphoiden dendritischen Zellen, wobei sich Hybridome mit differenzierten Merkmalen von dendritischen Zellen und von Makrophagen entwickelten (Peters 1981).

Da Speziesgrenzen den Erfolg einer Fusion nicht beeinflussen müssen, konnte dieser Befund später bei der Fusion von menschlichen Monozyten mit

Maus-Myelomzellen bestätigt werden, die zur Bildung von Hybridomen mit Eigenschaften menschlicher Monozyten führten (Treves et al. 1984). Somit müssen Fusionspartner nicht eine absolut identische Differenzierung aufweisen, sondern nur nah verwandt sein, um die Expression eines Merkmals im Hybrid zu ermöglichen. In den genannten Beispielen genügt die gemeinsame Herkunft aus dem Knochenmark, um bei der Fusion die Expression differenzierter Merkmale nicht zu unterdrücken.

Synthetisiert ein zur Fusion mit einer B-Zelle benutztes Myelom selbst einen (monoklonalen) Antikörper, so wird das Hybridom seinen und den des Lymphozyten synthetisieren können. Da dies meist unerwünscht ist, züchtete man Myelomlinien, die selbst keine Antikörper produzieren, aber auch die Expression der Antikörperproduktion beim Fusionspartner nicht inhibieren. Dadurch wurde es möglich, im Hybridom die Eigenschaften des permanenten Wachstums und der Produktion eines einheitlichen Antikörpers miteinander zu kombinieren.

Literatur

Jonak ZL, Owen JA, Machy P, Leserman LD, Greig RG (1988) Gene transfection and lymphocyte immortalization: a new approach to human monoclonal antibody production. Adv Drug Deliv Rev 2: 207–228

Köhler G, Milstein C (1975) Continuous cultures of fused cells secreting antibody of predefined specificity. Nature 256: 495–497

Lo MMS, Tsong TY, Conrad MK, Strittmatter SM, Hester LD, Snyder SH (1984) Monoclonal antibody production by receptor-mediated electrically induced cell fusion. Nature 310: 792–794

Peters JH (1981) Hybridomas of mouse dendritic cells (DC) expressing phenotypic markers of CD including growth-stimulatory action on T-lymphocytes. In: Resch K, Kirchner H (eds) Mechanisms of lymphocyte activation. Elsevier / North Holland, Amsterdam New York Oxford, pp 537–540

Ringertz NR, Savage RE (1976) Cell hybrids. Academic Press New York San Francisco London

Treves AJ, Fuks Z, Voss R, Tal T, Barak V, Konijn AM, Kaplan R, Laskov R (1984) Establishment of cell lines from somatic cell hybrids between human monocytes and mouse myeloma cells. J Immunol 132: 690–694

Zimmermann U (1982) Electric field-mediated fusion and related electrical phenomena. Biochim Biophys Acta 694: 227–277

1.2 Eigenschaften und Bedeutung monoklonaler Antikörper

J. H. Peters und D. Baron

Ein monoklonaler Antikörper ist gegen eine einzige antigene Determinante, das Epitop, gerichtet (s. Kap. 10.21). Damit besitzt er eine einzigartige Spezifität und für das Epitop extrem hohe Selektivität.

Die Fähigkeit des Wachstums und der Sekretion von Antikörpern bleibt unbegrenzt erhalten, sofern die den MAK produzierende Hybridomlinie sich nicht genetisch verändert. Mutationen können zur Verringerung oder zum Versiegen der Antikörper-Produktion führen. Die Wahrscheinlichkeit hierzu steigt mit zunehmendem Unterschied zwischen den Fusionspartnern, sei es durch Differenzierungs- oder Speziesunterschiede. Sie können aber auch die Eigenschaften von MAK verändern, vor allem können sie zum class switch (Kap. 6.9.2) führen.

Im Prinzip können aber große, theoretisch sogar unbegrenzte Mengen desselben Antikörpers gewonnen werden.

Dadurch erhält man ein über lange Zeit konstantes Reagenz, dessen Spezifität und Qualität zwar immer wieder überprüft werden muß, das aber doch schon Eigenschaften von reinen, hochdefinierten chemischen Reagenzien besitzt.

Diese vorteilhaften Charakteristika von MAK bringen aber auch Eigenschaften mit sich, die sich nachteilig auswirken können. MAK sind keineswegs frei von Kreuzreaktionen, so besonders MAK der Klasse IgM (Ghosh and Campbell 1986). Dies ist zunächst bedingt durch die geringe Größe des erfaßten Epitopes auf dem Antigen, der z. B. auf einem Protein nur etwa 5-6 Aminosäuren ausmacht. Daher ist es möglich, daß derselbe Antikörper auch ähnliche Sequenzen an anderen Antigenen erfaßt (s. Kap. 1.3). Zum anderen werden MAK oft in viel höheren Konzentrationen eingesetzt als ein entsprechender Antikörper in einem Serum, so daß sie auch Bindungen schwacher Affinität eingehen. Solche Kreuzreaktionen treten dann deutlich hervor, während Kreuzreaktionen zwar auch bei jedem einzelnen Serumantikörper vorkommen, aber dann dem Hintergrundrauschen zuzurechnen sind.

Kreuzreaktionen können aber auch vorgetäuscht sein, wenn unterschiedliche Zellen dasselbe Serumprotein binden, wie wir bei einem Antikörper feststellen konnten, der nicht nur follikuläre dendritische Zellen sondern auch sinus lining cells anfärbte. Es stellte sich heraus, daß er gegen den terminalen Komplement-Komplex reagierte, für den beide Zellen einen Rezeptor besitzen (R. Würzner, H. Xu, A. Franzke, J. H. Peters, O. Götze, unveröffentlicht).

Schließlich muß man annehmen, daß Kreuzreaktivität zwischen Erregern und Antigenen des Wirtsorganismus zu den Strategien gehören, mit denen sich Erreger in der Evolution einen Selektionsvorteil erworben haben: Da der Wirtsorganismus gegen seine eigenen Antigene tolerant ist, wird er seine Immunabwehr auch nicht gegen den Erreger richten (Bitter-Suermann und Roth 1987).

Ein weiterer Nachteil von MAK ist, daß sie sich physikochemisch vielfältiger und sehr viel unterschiedlicher als Seren verhalten. Für keinen Antikörper ist voraussagbar, wie gut er sich in Lösung hält, wie lagerfähig er ist, ob er zur Selbstaggregation neigt etc. Auch läßt sich seine biologische Wirksamkeit nicht vorhersagen: so können gegen dasselbe Epitop gerichtete MAK eine unterschiedliche Affinität besitzen, unterschiedliche Komplementfixation und Zytotoxizität bewirken oder sich unterschiedlich gut für eine gewünschte Immunfärbung oder ELISA-Technik eignen. Einzeleigenschaften der Antikörper, die sich in einem Serum nivellieren, treten hier klar hervor. Hieraus resultiert auch der Rat, bei der Suche nach einem geeigneten Antikörper immer die ins Auge gefaßte Anwendung auch schon im Suchtest einzusetzen: also sollte z. B. ein für die immunhistologische Diagnostik gewünschter Antikörper auch auf Schnitten und nicht im ELISA ausgetestet werden.

Wegen der oft kapriziösen Eigenschaften einzelner Antikörper geht man immer mehr dazu über, mehrere Antikörper zu einem Cocktail zu mischen, der dann die Vorteile von MAK mit denen von Antiseren kombiniert. Die Wirkungsverstärkung ist überadditiv (Ehrlich et al. 1983; Moyle et al. 1983) und wird mit dem Begriff Avidität gekennzeichnet: Binden mehrere Antikörper unterschiedlicher Spezifität an unterschiedliche Epitope desselben Antigens, besitzt jede Bindung eine bestimmte Affinität. Der gemeinsame Bindungswert errechnet sich aber nicht durch die Summation der Affinitäten, sondern durch deren Multiplikation. Daraus ergibt sich ein Bonus-Effekt sowohl von Seren als auch von Antikörper-Cocktails gegenüber reinen monoklonalen Antikörpern.

Den Vor- und Nachteilen von monoklonalen Antikörpern stehen Vor- und Nachteile von Seren gegenüber. Seren sind um ein Vielfaches einfacher, preiswerter und schneller zu gewinnen als MAK. Sie können oft viel weiter ausverdünnt werden als MAK. Ihre Nachteile liegen bekanntlich in ihrer Multispezifität und den Chargenschwankungen (s. auch Kap. 3.3). Bevor man sich entschließt, einen MAK herzustellen oder gar die hierzu nötige Technologie erst aufzubauen, muß eine reifliche Überlegung klären, ob ein Antiserum nicht auch den gewünschten Zweck erfüllen kann.

Die Bedeutung der MAK liegt somit in der Nutzung ihrer positiven Eigenschaften, so daß sie z. B. in vielen Fällen der Diagnostik bereits die weniger definierten Immunseren ersetzen, die mit ihrem breiteren Spektrum an Spezifitäten oft nicht in der Lage sind, einzelne Epitope scharf genug voneinander zu unterscheiden.

Einen Siegeszug haben MAK in der immunologischen und immunhistologischen Diagnostik angetreten (Feller 1985; Haynes und Eisenbarth 1983; Houba und Chan 1980; Knapp 1985; Knowles et al. 1983; Möller 1979; Olsson 1983). Das Verhältnis von T-Helfer- zu -Suppressor-Zellen wird nicht nur bei der Verlaufskontrolle von AIDS bestimmt, in der Blutgruppen- und Transplantations-Serologie beginnen MAK die konventionellen Antiseren zu ersetzen. Auch sehr vereinzelt vorkommende Zellklassen wie die akzessorischen Immunzellen können jetzt histologisch sichtbar gemacht und voneinander unterschieden werden. In der immunhistologischen Diagnostik von lymphoproliferativen Krankheiten und von Tumoren haben MAK bereits jetzt ihren festen Platz. Tumoren können heute sehr viel feiner als früher voneinander unterschieden werden, woraus sich auch therapeutische Konsequenzen ableiten.

Tumormarker wie das von colorektalen Tumoren in das Blut freigesetzte carcino-embryonale Antigen können zur Verlaufs- und Therapiekontrolle mittels MAK bestimmt werden. ELISA-Kits gegen Enzyme, Tumor-Marker, Hormone und Zelloberflächen-Antigene sind kommerziell erhältlich, und ihre Liste wächst ständig. Radioaktiv markierte MAK gegen Tumormarker können zur radiologischen Darstellung (Imaging) von Tumoren eingesetzt werden, sofern Tumoren stabile, durch MAK erkennbare und tumorspezifische Antigene besitzen (Bast et al. 1983; Bosslet 1985; Moldofsky et al. 1984). Dies gelang bisher hauptsächlich im Tierexperiment, beim Menschen nur in wenigen Beispielen

(Übersichten bei Goldenberg 1987; Kurrle et al. 1988; Sikora und Smedley 1984).

Die Diagnose und Differentialdiagnose viraler und bakterieller Krankheiten wird durch MAK verbessert (Macario und Macario 1985).

Gelegentlich werden MAK als Immunmodulatoren, vor allem zur Immunsuppression, in vivo eingesetzt (McMichael und Fabre 1982).

Bei Vergiftungen können MAK von doppeltem Nutzen sein: Sie können die Diagnose einer Vergiftung beschleunigen und verbessern und für die Therapie eingesetzt werden: Erfolgreich sind Anti-Digoxin-Antikörper zur Bindung des Toxins in vivo eingesetzt worden, wobei Fab-Fragmente am wirkungsvollsten sind. Solche Anti-Digoxin-Fab-Fragmente sind bereits von der Food and Drug Administration für die Behandlung der Digitalis-Vergiftung zugelassen worden. Schließlich wird untersucht, ob immobilisierte Antikörper zur extrakorporalen Blutwäsche eingesetzt werden können (Rollins and Brizgys 1986).

MAK können aber auch über den klassischen Gebrauch von Antikörpern hinausgehend noch weitere neue Effekte bewirken: MAK, die gegen Hormonrezeptoren gerichtet sind, können als Agonisten, also wie die Hormone selbst, wirken (z. B. am Rezeptor für den epidermal growth factor oder für Insulin). Antikörper können Enzymwirkung entfalten und damit vielleicht in noch unbekanntem Ausmaß in biochemische Regulationen eingreifen (Tramontano et al. 1986).

Sind Antikörper gegen funktionelle Gruppen z. B. von Enzymen gerichtet, beeinflussen sie deren Aktivität. So läßt sich dann der Enzym-Aktivitätstest umgekehrt zu dem üblichen Vorgehen zum Messen der Antikörper-Aktivität einsetzen.

In Zukunft werden MAK auch vermehrt in der Therapie eingesetzt werden, wobei sie besonders zur Bekämpfung von Tumoren eingesetzt werden sollen (Baldwin und Byers 1985, Boss et al. 1983; Mitchell und Oettgen 1982; Rosen et al. 1983). Ob sie selbst zytotoxisch wirken oder als Vehikel für angekoppelte Toxine oder Isotope dienen, die ihre Wirkung an der Tumorzelle entfalten sollen: in jedem Fall ist ihr Effekt eingeschränkt durch die Tatsache, daß für viele Tumoren keine spezifischen Oberflächenantigene zu finden sind, und, was noch fataler ist, Metastasen Merkmale des Primärtumors verlieren können. Da die Hoffnung auf wenige einheitliche Tumorantigene wohl ein Traum bleiben wird und andere sogenannte Tumorantigene auch auf normalen Zellen, wenn auch in geringerer Dichte, vorkommen, werden auch MAK keine Patentlösung für die Tumortherapie geben.

Besonders für die Therapie werden humane monoklonale Antikörper zunehmend wichtiger werden: Sie sind für die Applikation beim Menschen geeignet, weil man mit einer Serumkrankheit nicht zu rechnen braucht. Die Schwierigkeiten der Herstellung von menschlichen MAK sind aber noch bedeutend größer als von Maus-MAK. Sie liegen bei der Immunisierung und dem Mangel an hochwertigen Fusions-Partnerlinien. Hierauf wird in den entsprechenden Kapiteln eingegangen.

Nur mit viel Phantasie und individuellen Lösungen lassen sich in Einzelfällen solche Schwierigkeiten elegant umgehen: So enthalten die regionalen Lymphknoten im Einzugsbereich eines Tumors tumorspezifische aktivierte

B-Lymphozyten. Bei einer Operation können diese gewonnen und fusioniert werden. Die gleichzeitig gewonnenen Tumorzellen werden als Testmaterial für die entstehenden MAK benutzt. Ein positiver MAK wurde radiomarkiert und erfolgreich zum „Imaging" des Tumors eingesetzt. Dieselben Autoren implantierten Hybridome in Diffusionskammern in einen Patienten: die mikroporösen Wände der Kapseln erlaubten den Austausch von Stoffen zwischen Organismus und Hybridomen, sodaß die Hybridome einerseits ernährt wurden und andererseits ihre Antikörper in den Organismus freisetzten. Für drei Monate blieben die Zellen vital und gaben Antikörper in den Organismus ab. Es wurden keine entzündlichen oder Abwehrreaktionen beobachtet (Sikora und Smedley 1984).

Die Bedeutung der monoklonalen Antikörper reicht also weit über die Immunologie und die Grundlagenforschung hinaus. In fast allen Bereichen der Biowissenschaft haben sie eine neue Ära der Definierbarkeit biologischer Vorgänge begründet (Eisenbarth 1981; Iversen 1982; Raza et al. 1984). Sie ermöglichen es erstmals, Immunreagenzien in biotechnologischem Maßstab und in definierbarer Qualität herzustellen. Somit ist die von Köhler und Milstein (1975) entwickelte Technik der Herstellung monoklonaler Antikörper durch Zellfusion (Milstein 1981; 1982) zu einem der wichtigsten Fortschritte in Biologie und Medizin geworden.

Antiidiotypische Antikörper

Der Idiotyp (Id) entspricht topographisch der variablen Region, umfaßt die hypervariablen Bereiche und die dazwischenliegenden Framework-Abschnitte, beschreibt die antigene Situation in diesem Antikörper-Abschnitt und ist definiert als der vollständige Satz aller antigenen Determinanten im variablen Bereich. Das beinhaltet, daß die V-Region immunogene Eigenschaften hat, daß sich in ihr mehrere Epitope befinden, Idiotope genannt, die die Bildung von „Autoantikörpern" induzieren, die generell antiidiotypische Antikörper (Anti-Id) genannt werden. Die Idiotope können innerhalb oder außerhalb der Antigen-Bindungsstelle liegen, so daß die antiidiotypischen Antikörper im einen Fall die Interaktion zwischen Antikörper und Epitop behindern können und im anderen Fall nicht. Eine spezielle Untergruppe dieser antiidiotypischen Antikörper interagiert an genau denselben Stellen mit den hypervariablen Regionen wie das Antigen, repräsentiert also das innere Abbild (internal image) des Antigens und kann es funktionell ersetzen, eine Tatsache, die vor allen Dingen für die praktische, vornehmlich klinische Anwendung von Anti-Id wichtig ist. Die Anti-Id treten erst im Verlauf oder gegen Ende jeder natürlichen Immunreaktion auf, da vorher die Konzentration der Idiotope viel zu gering ist, um immunogen zu wirken, jedoch während der Immunantwort einen bestimmten Pegel überschreitet, so daß jetzt Antikörper gegen die körpereigenen Idiotope gebildet werden.

Eine wichtige praktische Anwendung erwartet man sich von denjenigen Anti-Id, die das interne Abbild des Antigens repräsentieren, somit als Antigen-Ersatz fungieren und wie ein Antigen z. B. zur Immunisierung angewendet werden können (Anti-Id-Vakzine). Das ist immer dann relevant, wenn das Antigen (1) in nur sehr begrenzten Mengen vorliegt, (2) schwer darzustellen ist (tumorspezifische Antigene) (3) pathogen ist (z. B. intakte Viren, wenn durch eine Aktivierung wichtige Epitope verloren gehen), (4) krebsauslösend (Immunisierung mit Krebszellen) und (5) tolerogen wirkt, und die Toleranz durch ein sehr ähnliches, aber nicht identisches Antigen durchbrochen werden kann. Das hierbei häufig fallende Schlagwort ist Anti-Idiotyp-Vakzine. Erst durch den Einsatz der MAK-Technologie und die Möglichkeit zur Produktion von praktisch unbegrenzten Mengen an Anti-Id = Antigen ist eine generelle klinische Anwendung realisierbar geworden.

Konnten früher Anti-Id nur in allogenen Systemen hergestellt werden, so kann man heutzutage auch syngene Anti-Id produzieren. In diesem Fall müssen wegen der Speziesgleichheit und Kreuzreaktion zwischen dem Id und Anti-Id spezielle Testkonzepte angewendet werden; ein gängiges ELISA-Schema ist wie folgt aufgebaut:

Wandbeschichtung mit Schaf-Anti-Maus-Ig, Zugabe des murinen monoklonalen Anti-Id in Form von Hybridom-Kulturüberständen, Blockierung restlicher Anti-Maus-Bindungsstellen durch Zugabe von unspezifischem polyklonalen Maus-Ig und Detektion der spezifischen Reaktion mit einem Peroxidase- (POD)-markierten murinen Idiotypen. Zur Überprüfung, ob genau derjenige Anti-Id vorliegt, der als Antigen-Ersatz dienen kann, wird in dem eben genannten Test der POD-markierte Id mit dem Antigen vorinkubiert, so daß nach Substrat-Zugabe nur noch ein schwaches oder kein Signal mehr auftreten darf. Für diesen speziellen Zweck gibt es noch weitere Testvarianten (Walter et al. 1988).

Anwendungsmöglichkeiten existieren für die Therapie von Tumoren, wo man sich auf die Herstellung monovalenter Anti-Id und Immuntoxin-gekoppelter Anti-Id konzentriert, aber erst noch am Anfang steht, und für die passive Immunisierung bei Infektionskrankheiten, wo bereits Erfolge in Tiermodellen vorliegen: Durch Immunisierung von Mäusen mit den richtigen monoklonalen Anti-Id konnten neutralisierende Antikörper gegen Polio Virus Typ 2 (Uytdehaag und Osterhus 1985), Tollwut-Virus (Reagan et al. 1983), E. coli K13 (Stein und Söderström 1984) und S. pneumoniae (McNamara et al. 1984) hergestellt werden. Auch für die AIDS-Therapie eröffnen sich durch den Einsatz von monoklonalen Anti-Id neue Möglichkeiten: Es wurde ein muriner monoklonaler Anti-Id gegen den murinen monoklonalen idiotypischen Antikörper Anti-Leu 3a hergestellt, der das CD4-Molekül erkennt; d. h., daß der richtige Anti-Id (internal image) das CD4 funktionell ersetzen kann; so bindet der Anti-Id an gp160 und kann in vitro die Infektion humaner CD4-Zellen durch HIV-1 partiell blockieren (Chanh et al. 1987).

Monoklonale Anti-Id werden auch zunehmend in der Grundlagenforschung zur Aufklärung der pathogenetischen Mechanismen bei bestimmten Autoimmunerkrankungen eingesetzt, wie z. B. systemischer Lupus erythematodes, Myasthenia gravis, Morbus Graves, rheumatoide Arthritis, autoimmune Thyreoiditis, autoimmune hämolytische Anämie, Morbus Hashimoto. In allen Fällen konnte das Vorherrschen bestimmter Idiotypen nachgewiesen werden und es wird vermutet, daß an der Pathogenese Idiotyp-Anti-Id Interaktionen beteiligt sind bzw. Fehlregulationen im idiotypischen Netzwerk mitverantwortlich sind.

Literatur

Baldwin RW, Byers V, Eds (1985) Monoclonal antibodies for cancer detection and therapy. Academic Press, London.
Bast RC, Klug TL, St. John E, Jenison E, Niloff JM, Lazarus H, Berkowitz RS, Leavitt T, Griffith CT, Parker L, Zarawski VR, Knapp RC (1983) A radioimmunoassay using a monoclonal antibody to monitor the course of epithelial ovarian cancer. New Engl J. Med. 309: 883-887
Bitter-Suermann D, Roth J (1987) Monoclonal antibodies to polysialic acid reveal epitope sharing between invasive pathogenic bacteria, differentiating cells and tumor cells. Immunol Res 6: 225-237
Boss BD, Langman R, Trowbridge I, Dulbecco R, Eds (1983) Monoclonal antibodies and cancer. Academic Press, Orlando.
Bosslet K (1985) Nachweis Gewebs-spezifischer Tumor-assoziierter Antigene mittels monoklonaler Antikörper. Diagn. Labor 35: 36-40
Chanh TC, Dreesman GR, Kennedy RC (1987) Monoclonal anti-idiotypic antibody mimics the CD4 receptor and binds human immunodeficiency virus. Proc Natl Acad Sci USA 84: 3891-3895
Ehrlich PA, Moyle WR, Moustafa ZA (1983) Further characterization of cooperative interactions of monoclonal antibodies. J Immunol 131: 1906-1912
Eisenbarth GS (1981) Application of monoclonal antibody techniques to biochemical research. Anal Biochem 111: 1-16
Feller AC (1985) Monoklonale Antikörper in der Diagnostik maligner Lymphome. Diagn. Labor 35: 23-35
Goldenberg DM (1987) Current status of cancer imaging with radiolabeled antibodies. J Cancer Res Clin Oncol 113: 203-208
Gosh S, Campbell AM (1986) Multispecific monoclonal antibodies. Immunol today 7: 217-222
Haynes BF, Eisenbarth JS (1983) Monoclonal antibodies: A probe for the study of autoimmunity and immunodeficiency. Academic Press London New York
Houba V, Chan SH (eds) (1980) Properties of the monoclonal antibodies produced by hybridoma technology and their application to the study of diseases. UNDP/World Bank/ WHO, Geneva
Iversen OH (1982) Volvolon. A recently discovered peptide hormone from the pineal body. Can Med Ass J 126: 787-790
Knapp W (1985) Monoklonale Antikörper in der Leukämiediagnostik. Diagn. Labor 35: 12-22
Knowles DM II, Dodson LD, Raab R (1983) The application of monoclonal antibodies to the characterization and diagnosis of lymphoid neoplasmas: a review of recent studies. Diag Immunol 1: 142-149
Köhler G, Milstein C (1975) Continuous cultures of fused cells secreting antibody of predefined specificity. Nature 256: 495-497
Kurrle R, Enssle KH, Seiler FR (1988) Monoclonal antibodies to leukocyte differentiation antigens for therapeutic use. Behring Inst. Mitt. 82: 154-173
Macario AJL, Macario, EC de, Eds (1985) Monoclonal antibodies against bacteria. Academic Press, Orlando.
McMichael AJ, Fabre JW, Eds (1982) Monoclonal antibodies in clinical medicine. Academic Press, London.
McNamara MK, Ward RE, Köhler H (1984) Monoclonal idiotype vaccine against S. pneumoniae infection. Science 226: 1325-1326
Milstein C (1981) Monoclonal antibodies from hybrid myelomas. Proc Roy Soc Lond 211: 393-412
Milstein C (1982) Monoklonale Antikörper. Spektrum der Wissenschaften. Heidelberg 97-108
Mitchell MS, Oettgen HF, Eds (1982) Hybridomas in cancer Diagnosis and treatment. In: Progress in Cancer Research and therapy, Vol. 21. Raven Press New York.
Möller G (ed.) (1979) Hybrid myeloma antibodies against MHC products. Immunological Reviews 47 Muksgaard Copenhagen

Moldofsky PJ, Sears HF, Mulhern CB, Hammond ND, Powe J, Gatenby RA, Steplewski Z, Koproswski H (1984) Detection of metastatic tumor in normal-sized retroperitoneal lymph nodes by monoclonal antibody imaging. New England J. Med. 311: 106-107
Moyle WR, Anderson DM, Ehrlich PA (1983) A circular antibody-antigen complex is responsible for increased affinity shown by mixtures of monoclonal antibodies to human chorionic gonadotropin. J Immunol 131: 1900-1905
Olsson L (1983) Monoclonal antibodies in clinical immunology. Allergy 38: 145-154
Raza A, Preisler HD, Mayers GL, Bankert R (1984) Rapid enumeration of S-phase cells by means of monoclonal antibodies. New Engl J Med 310: 991
Reagan KJ, Wunner WH, Wiktor TJ, Koprowski H (1983) Antiidiotypic antibodies induce neutralizing antibodies to rabies virus glycoprotein. J Virol 48: 660-668
Rollins DE, Brizgys M (1986) Immunological approach to poisoning. Ann Emerg Med, 15(9): 1046-1051
Rosen ST, Winter JN, Epstein AL (1983) Application of monoclonal antibodies to tumor diagnosis and therapy. Ann Clin Lab Sci 13: 173-184
Stein KE, Söderström T (1984) Neonatal administration of idiotype or anti-idiotype primes for protection against E. coli K13 infection in mice. J Exp Med 160: 1001-1011
Tramontano A, Janda KD, Lerner RA (1986) Catalytic antibodies. Science 234: 1566-1570
Uytdehaag FGCM, Osterhus ADME (1985) Induction of neutralizing antibody in mice against poliovirus type II with monoclonal anti-idiotypic antibody. J Immunol 134: 1225-1334
Walter G, Friesen H-J, Harthus H-P (1988) Anti-idiotypic antibodies: powerful tools in diagnosis and therapy. Behring Inst Mitt 82: 182-192

1.3 Einsatz von monoklonalen Antikörpern am Menschen

J. H. PETERS

Monoklonale Antikörper (MAK) werden zunehmend beim Menschen in vivo mit diagnostischem und therapeutischem Ziel eingesetzt. Daher müssen an die Antikörper-Präparationen besondere Qualitätskriterien angelegt werden, wie sie in nationalen und internationalen Empfehlungen und zum Teil auch schon in Vorschriften und Gesetzen festgelegt sind. Fast alle diese Reglementierungen beziehen sich auf MAK der Maus. Für menschliche MAK sind besondere Gesichtspunkte zu berücksichtigen, die unten aufgeführt werden. Hauptsächlich geht es darum, das Risiko für den Patienten, das durch die Kontamination des MAK mit Fremdproteinen, Viren und Nukleinsäuren entstehen könnte, so gering wie möglich zu halten. Aber auch vollkommen reine MAK bringen Probleme mit sich, die sich aus Kreuzreaktionen (s. Kap. 1.2) und Reaktionen des Empfängers gegen ihr Protein und besonders ihre spezifische Antigen-Bindungsstelle ergeben.

Die unten beschriebenen Kriterien geben lediglich eine Übersicht. Detailliertere Übersichtsartikel über praktische und rechtliche Aspekte geben Begent 1986, Bicker et al. 1987, Baudrihaye 1986, FDA 1983, Haase 1987, Hoffman et al. 1985, Hoffman 1987 und NN 1988.

Versuchstiere

Sowohl die immunisierten Tiere, deren Zellen für die Fusion eingesetzt werden, als auch die zur Produktion der Antikörper in der Bauchhöhle eingesetzten Tiere können die Quelle für Viruskontaminationen der MAK sein. Die Tiere müssen nach Stamm, Genotyp, Alter, Geschlecht, Gesundheitszustand, Haltungs- und Züchtungsbedingungen charakterisiert sein und regelmäßig auf Virusinfektionen untersucht werden. Bicker et al. (1987) führen das Hepatitisvirus der Maus (MHV), Enzephalomyelitisvirus der Maus (MEV), Pneumonievirus der Maus (PVM), Minute Virus der Maus (MVM), Ektromelievirus und Lactatdehydrogenasevirus auf. Die serologische Untersuchung benötigt je 200-400 µl Serum von mindestens 10 Tieren der Kolonie (s. Kap. 2.1.2).

Fusionspartnerlinien

Die benutzten Fusionspartnerlinien sollen keine eigenen Ig-Ketten synthetisieren, so daß der gewünschte Antikörper nicht mit Hybridmolekülen kontaminiert ist (s. Kap. 6.9.4). Dieses Ziel ist bei menschlichen Linien noch nicht erreicht (s. Kap. 6.3.1). Noch wichtiger ist es, daß praktisch jede Permanentlinie Viren enthält, wobei menschliche Linien bevorzugt humanpathogene Viren besitzen können. Menschliche Zellinien dürfen keine Cytomegalie-, Retro- und Hepatitis-B-Viren enthalten und müssen auf fehlende Produktion von EBV getestet sein. Die üblichen menschlichen Fusionspartnerlinien enthalten nur inkomplette EBV-Genome (s. Kap. 6.3.1). Potentiell humanpathogen sind aber auch Viren der Maus (M) und Ratte (R), nach Bicker et al. (1987): Hantaan (M,R), LCM (M), Reo 3 (M,R), Sendai (M,R) und Polyoma (M). Da Viren bei Tieren wie Fusionspartnerlinien also nie ganz ausgeschlossen werden können, ist es umso wichtiger, rigorose Reinigungs- und Dekontaminationsmaßnahmen für die Antikörper-Aufarbeitungen zu befolgen (s. unten).

Im Aszites produzierte MAK

Sie können nicht nur aus den beiden Fusionspartner-Quellen (s. o.), sondern zusätzlich durch die Aszites-Maus virusinfiziert werden. Nach Haase (1987) kommen 20 Fremdvirusarten in Frage, die Richtlinie der EG „Council directive ..." (1987) kommt auf 22 Virusarten.

Aszitesflüssigkeit enthält zusätzlich zu den zu erwartenden MAK von 1-20 mg/ml noch weitere 9 mg/ml Ig und weitere 60 mg/ml andere Serumproteine (Bussard 1983; Haase 1987), da die Aszitesflüssigkeit aus Serum gebildet wird.

In vitro produzierte MAK

Die Zellkultur bietet die Möglichkeit, Kontaminationen aus der Aszitesflüssigkeit zu verhindern. Solange Zellkulturen mit Serumzusatz gehalten werden, bleibt das prinzipielle Problem der Beimengung fremder Serumproteine aber bestehen. Nach Bussard (1983) rechnet man bei Zugabe von 10% Serum mit einer MAK-Konzentration von 10–50 µg/ml, kontaminiert mit 300 µg/ml anderen Ig (fötales Serum enthält kaum, Kälberserum viel Ig) und 6 mg/ml anderen Serumproteinen. Die Sterilität der Kultur muß gesichert sein und der später gereinigte Antikörper soll frei von Antibiotika sein. Beides wird praktisch am besten dadurch erreicht, daß die Kultur von vornherein ohne Antibiotika gehalten wird, weil aufkommende Infektionen dann am ehesten sichtbar werden und die Kultur eliminiert werden kann (s. Kap. 5.1.2, 5.4, 6.6.1). Das Kälberserum muß nach Zertifikat des Herstellers frei von Mykoplasmen, Rinderleukämievirus und Rinderdiarrhoevirus sein.

Erst die serumfreie Zellkultur ohne andere Protein-Zusätze (Kap. 7.4) gibt die Möglichkeit, überwiegend MAK ernten zu können. Daß aber auch diese nicht frei vom Fremdmaterial sind, ergibt sich schon aus der Anwesenheit lebendiger und toter Zellen, die kontaminierende Moleküle freisetzen, so daß auch diese Antikörper für den Einsatz im Menschen weiter gereinigt werden müssen.

Reinigung der MAK

Hier sei auf die Kap. 8 ff. verwiesen und auf die Arbeit von Duffy et al. (1989).

Reinheitsnachweis

MAK für den Gebrauch im Menschen sollen bis zur Homogenität gereinigt sein. SDS-Polyacrylamid-Elektrophorese oder isoelektrische Fokussierung sollen nur Spuren von Fremdproteinen ergeben. Im Endprodukt soll der gewünschte spezifische Antikörper zu mehr als 90% angereichert sein, wobei mindestens 95% des Ig in Form von Monomeren und Dimeren vorliegen soll (Haase 1987). Zum Nachweis von Pyrogenen ist der Kaninchen-Pyrogentest und zur Ergänzung der Limulus-Amöbozyten-Lysattest vorgeschrieben (Bicker et al. 1987). Auf eine klassische pharmakologisch-toxikologische Prüfung gem. § 40 Absatz 1 Nr. 6 AMG kann bei orientierenden klinischen Versuchen verzichtet werden, jedoch schreibt das Europäische Arzneibuch für Sera und Impfstoffe die Testung auf „anomale Toxizität" vor, wobei Mäuse und Meerschweinchen eine Humandosis erhalten (Bicker et al. 1987).

Nukleinsäuren und Viren

Höchstmengen von 10 pg DNS pro Dosis (Bicker et al. 1987) oder 100 pg DNS pro Dosis (WHO 1987) sollen nicht überschritten werden, wobei der Wert für jede Charge bestimmt werden muß. Zur Kontrolle der Entfernung von DNS gibt man der Antikörper-Präparation vor der Reinigung radioaktive DNS zu und verfolgt die Abnahme der Radioaktivität im Zuge der Reinigung. Nach Bicker et al. (1987) wird die Hybridisierung mit nick-translatierter mouse repeat-DNS zum DNS-Nachweis empfohlen. Nukleinsäuren werden überwiegend durch RNasen und DNasen inaktiviert, wobei die Enzyme selbst wirksam und unschädlich sein sollen (Doel, 1985).

Qualitative Charakterisierung

Klasse, Subklasse und besondere funktionelle Eigenschaften wie komplementabhängige Zytolyse müssen für jeden Antikörper bekannt und dokumentiert sein (s. Kap. 7.5.1). Titer und wenn möglich Bindungskonstanten sollten bekannt sein. Die statistische Wahrscheinlichkeit der Monoklonalität des Antikörpers muß aus den Unterlagen über die Klonierung hervorgehen.

Aktivitätsnachweis

Vor dem Einsatz im Menschen muß nachgewiesen und dokumentiert werden, daß der Antikörper die gewünschte Spezifität besitzt. Meist wird dieser Nachweis gleichzeitig mit der Dokumentation von Kreuzreaktionen (s. u.) geführt.

Kreuzreaktionen

Spezifität und Kreuzreaktionen werden an Gefrierschnitten menschlicher Organe getestet, wobei besonderes Augenmerk auf das spätere Zielorgan gelegt wird. Zusätzlich werden aber auch nicht damit zusammenhängende Organe mitgetestet, insbesondere: Tonsille, Thymus, Knochenmark, Blut, Lunge, Leber, Niere, Ösophagus, Harnblase, Pankreas, Parotis, Schilddrüse, Nebenniere, Hypophyse, Nebenschilddrüse, Gehirn, periphere Nerven, Herz, quergestreifte Muskulatur, Haut, Hoden, Ovar (Bicker et al. 1987), während die EG-Richtlinie „Council directive..." (1987) 24 Organe namentlich aufführt. Es ist nicht gefordert, daß ein MAK frei von Kreuzreaktionen ist, vielmehr sollen die Kenntnis der Kreuzreaktionen im Einzelfall mit in die Entscheidung über den Einsatz des MAK einbezogen werden. Umgekehrt zeigt zuweilen erst die klinische Anwendung Kreuzreaktionen, die histologisch nicht zu erfassen waren (Haase 1987).

Menschliche MAK

Richtlinienentwürfe für den Einsatz humaner MAK im Menschen stehen noch aus. Es kann angenommen werden, daß sie in Anlehnung an die Bestimmungen zum Einsatz von Mausantikörpern formuliert werden. Da zu erwarten ist, daß menschliche Antikörper weniger Anlaß zu Reaktionen gegen Fremdproteine geben werden, wird sich die Aufmerksamkeit vor allem auf die Gefährdung durch Kontamination mit humanpathogenen Erregern bzw. ihren

Genomfragmenten richten. Da sich auch gegen menschliche Antikörper Anti-Idiotyp-Antikörper bilden können, wird man die daraus möglicherweise entstehenden Nebenwirkungen besonders beachten.

Rekombinante MAK

Für rekombinante MAK gelten prinzipiell die gleichen Regeln wie für konventionelle Antikörper. Besondere Empfehlungen zu den Sicherheitsvorkehrungen bei der gentechnologischen Herstellung von Arzneimitteln sind vom Paul-Ehrlich-Institut (1984) herausgegeben worden.

Modifizierte und radioaktiv markierte MAK

Wenn Antikörper durch enzymatische Spaltung oder durch Konjugation mit z. B. Toxinen, Zytostatika oder Radionukliden verändert wurden, sind besondere Prüfmethoden nötig, die die Stabilität und Toxizität betreffen. Aber auch die Spezifität und mögliche Kreuzreaktionen müssen neu getestet werden, da sie sich durch die Konjugation geändert haben können (Bicker et al. 1987).

Radioaktiv markierte MAK fallen gleichzeitig unter Arzneimittel- und Strahlenschutzbestimmungen (Roedler 1984). In der Bundesrepublik unterliegen sie der Zulassungs- und Chargenüberprüfungspflicht durch das Paul-Ehrlich-Institut (Haase 1987).

Zulassung

Orientierende therapeutische Versuche bewegen sich in der Bundesrepublik Deutschland im Vorfeld der klinischen Prüfung eines Arzneimittels gemäß §§ 40, 41 Arzneimittelgesetz. Zur rechtlichen Absicherung sollen alle Daten zu den MAK protokolliert werden (s. o.). „Soweit der Arzt derartige Versuche im Einzelfall unternimmt, ist er wegen seiner rechtlich abgesicherten Therapiefreiheit ... in der Lage, solche Arzneimittel auch unabhängig von den §§ 40, 41 des Arzneimittelgesetzes anzuwenden, sofern die mit der Therapie verbundenen Risiken ärztlich vertretbar sind und die Patienten nach umfassender Aufklärung in die Behandlung eingewilligt haben" (Bicker et al. 1987).

Für die Zulassung als Arzneimittel gelten die Richtlinien (1975), die „Revidierte Grundregeln der Weltgesundheitsorganisation ..." (1978), die Betriebsverordnung für pharmazeutische Unternehmer (1985) und die Monographie (1986) „Immunsera für Menschen" des Deutschen Arzneibuchs.

International sind insbesondere zu nennen die Synthese aus den nationalen Bestimmungen für Großbritannien, die Bundesrepublik Deutschland, Frankreich und die Niederlande: „Notes to applicants ..." (1987), für Großbritannien die Schrift des Joint Committee of the Cancer Research Campain (Begent et al. 1986), für die U. S. A. die Schrift FDA draft (1983). Weitere Einzelheiten bei Haase (1987).

Literatur

Baudrihuye N (Ed) (1986) Requirements for the production and quality control of monoclonal antibodies of murine origin intended for the use in man. Document III/859/86, Draft 4, June 1986. Europ. Federation of Pharmaceutical Industries' Associations

Begent RHJ et al. (1986) Operation manual for controlling production, preclinical toxicology and phase I trials of anti-tumor antibodies and drug antibody conjugates. Br J Cancer 54: 557–568

Betriebsverordnung für pharmazeutische Unternehmer vom 8. März 1985 (BGBI,I) S. 546

Bicker et al. (1987) Empfehlungen für die Herstellung und Prüfung in vivo applizierbarer monoklonaler Antikörper. Dtsch Med Wschr 112: 194–198

Bussard AE (1983) How pure are monoclonal antibodies? Develop Biol Standard. 57: 13–15

Council directive of 22. December 1986 on the approximation of national measures relating to the placing on the market of high-technology medical products, particularly those derived from biotechnology (87/22/EEC). Official Journal of the European Communities No L 15/38 vom 17.1.1987

Doel TR (1985) Inactivation of viruses produced in animal cell cultures. In: Animal Cell Biotechnology, Vol. 2. Academic Press, London, p 129

Duffy SA, Moellering BJ, Prior GM, Doyle KR, Prior CP (1989) Recovery of therapeutic-grade antibodies: Protein A and Ion-exchange chromatography. Biopharm 2: 34–47

FDA draft (1983) Points to consider in the manufacture of monoclonal antibody products for human use. Office of Biologics. July 25 1983

Haase M (1987) Behördliche Anforderungen an die Herstellung und Prüfung von monoklonalen Antikörpern. Pharma Technol 4: 32–35

Hoffman T (1987) Regulatory issues surrounding therapeutic uses of monoclonal antibody. In: Hybridoma Formation. Ed. Bartal A, Hishault Y. Humana Press, Clifton, NJ, pp 447–456

Hoffman T, Kenimer J, Stein KE (1985) Regulatory issues surrounding therapeutic uses of monoclonal antibodies. Points to consider in the manufacturing of injectible products for human use. In: Monoclonal Antibodies and Cancer Therapy. UCLA Symposium on Molecular and Cellular Biology. Ed. Reisfeld RA, Sell S. Alan R. Liss, New York, pp 431–440

Monographie (1986) Immunsera für Menschen. In: Deutsches Arzneibuch, 9. Ausgabe 1986, Stuttgart. Deutscher Apotheker-Verlag. S. 903–904

NN (1988) Guidelines on the production and quality control of monoclonal antibodies of murine origin intended for use in man. Tibtech 6: G5-G8

Notes to applicants for marketing authorizations on the requirements for the production and quality control of monoclonal antibodies of murine origin intended for use in man (EG-III/859/87/EN)

Paul-Ehrlich-Institut (1984) Überlegungen zur Standardisierung und Prüfung von gentechnologisch hergestellten biologischen Produkten und von permanent wachsenden Zellinien als Substrate für Vakzineviren und für monoklonale Antikörper; Fassung vom 11.7.84. Bundesamt für Sera und Impfstoffe, 6000 Frankfurt am Main 70.

Richtlinien über Allgemeine Anforderungen an die Herstellung und Prüfung von Sera, Impfstoffen und Testantigenen. Bundesanzeiger vom 5.11.1975. Jahrgang 27, Nr. 206

Revidierte Grundregeln der Weltgesundheitsorganisation für die Herstellung von Arzneimitteln und die Sicherung ihrer Qualität. Bundes-Anzeiger vom 3. Januar 1978, Jahrgang 30, Nr. 1

Roedler HD (1984) Regulatory aspects in the Federal Republic of Germany. In: Safety and efficacy of radiopharmaceuticals. Ed. Kristensen E, Nörbygaard E. Nijhoff Publishers, Boston, The Hague, Dordrecht, Lancaster.

WHO (1987) WHO meeting on cells for the production of biologicals. Wkly Epidem Rec 4: 13–15

2 Vorbedingungen für die Hybridomtechnik

2.1 Tierexperimentelles Arbeiten

2.1.1 Rechtliche Situation

A. WIGGENHAUSER

Grundsätzliche Anmerkungen

Die Gewinnung und Herstellung von Antikörpern erfordert tierexperimentelle Versuche und unterliegt damit in der Bundesrepublik dem Tierschutzgesetz (TSchG) in der Neufassung vom 18. August 1986.

Ziel des TSchG ist ein ethisch ausgerichteter Tierschutz, der das Tier nicht mehr als disponibles Objekt einstuft, sondern ihm eine Rechtsstellung zwischen den Sachen und dem Menschen als Mitgeschöpf zubilligt. Von zentraler Bedeutung ist der 5. Abschnitt (Tierversuche) des Gesetzes (TSchG §§ 7-9a). Er definiert den Begriff „Tierversuche" als einen Eingriff oder eine Behandlung von Tieren zu Versuchszwecken, die mit Schmerzen, Leiden oder Schäden verbunden sein können (TSchG § 7 Abs. 1). Infolgedessen sind Versuchsvorhaben verboten, wenn sie nicht mindestens einen der nachgenannten vier Zwecke verfolgen (TSchG § 7 Abs. 2):

1) Vorbeugen, Erkennen und Behandeln von Krankheiten, Leiden, Körperschäden oder Beschwerden. Erforschung oder Beeinflussung physiologischer Zustände oder Funktionen bei Mensch und Tier.
2) Erkennen von Umweltgefährdungen.
3) Prüfung von Stoffen auf ihre Unbedenklichkeit für die Gesundheit von Mensch und Tier. Wirksamkeitsprüfung gegen tierische Schädlinge.
4) Grundlagenforschung.

Prinzipiell soll abgewogen werden, ob der betreffende Versuch für die Bedürfnisse von Mensch und Tier wesentliche Bedeutung hat und dadurch das Leiden eines Tieres gerechtfertigt werden kann (TSchG § 7 Abs. 3). Hier ist die Lösung wissenschaftlicher Probleme einbegriffen. Das Versuchsziel soll durch andere Verfahren und Methoden nicht zu erreichen sein (TSchG § 7 Abs. 2).

Genehmigungsverfahren

Die Bereitstellung von Antikörpern ist ein Forschungsansatz, der den Sachverhalt eines für die Tiere möglicherweise mit Schmerzen, Leiden oder Schäden verbundenen Versuchszweckes erfüllt (TSchG § 7 Abs. 1). Eingriffe und Behandlungen an Tieren bedürfen daher der Genehmigung (genehmigungspflichtige Tierversuche) (§ 8 Abs. 1 TSchG).

Eine Genehmigung wird bei der zuständigen Behörde schriftlich beantragt. Dies sind in der Regel die Regierungspräsidien der einzelnen Bundesländer. Über diese können auch Antrags- bzw. Meldeformulare angefordert werden (siehe auch Allgemeine Verwaltungsvorschrift zur Durchführung des Tierschutzgesetzes vom 01.07.88)

Der Antrag ist durch eine exakte wissenschaftliche Darlegung der Problem- oder Fragestellung zu begründen, und die Unerläßlichkeit des Versuchsvorhabens gemäß § 7 Abs. 2 und 3 des Tierschutzgesetzes klarzustellen. Es hilft der Behörde bei der Beurteilung, wenn man (soweit es zutrifft) darauf hinweist, daß

- die gewonnenen Antikörper für die Diagnostik und/oder Therapie eingesetzt werden,
- die monoklonalen Antikörper in einer hohen Konzentration benötigt werden, die praktisch nur im lebenden Tier erzielt werden kann,
- die Wachstumsphase eines Aszitestumors als schmerzarm oder schmerzlos angenommen werden kann und das Tier schmerzlos getötet wird, bevor es einen schweren Erkrankungsgrad erreicht,
- die Versuche ethisch vertretbar sind, da Schmerzen und Leiden der Tiere dadurch nur gering sind,
- die Versuche von wissenschaftlichen Gutachtergremien (z. B. Deutsche Forschungsgemeinschaft) nach tierschutzrelevanten Gesichtspunkten vorabbegutachtet worden sind.

Die zuständige Behörde entscheidet über die Genehmigung innerhalb von 3 Monaten. Bei einer Verzögerung müssen dem Antragsteller die Gründe hierfür mitgeteilt werden.

Eine Genehmigung wird auf höchstens drei Jahre befristet und kann formlos um ein Jahr verlängert werden, sofern keine wesentlichen Änderungen der Genehmigungsvoraussetzungen eingetreten sind.

Durchführung

Einrichtungen, in denen Tierversuche an Wirbeltieren durchgeführt werden, haben mindestens einen Tierschutzbeauftragten zu bestellen und die Bestellung der zuständigen Behörde mitzuteilen (TSchG § 8b Abs. 1). Die erforderliche Qualifikation ist im Tierschutzgesetz im § 8b Abs. 2 festgelegt. Gefordert wird ein abgeschlossenes Hochschulstudium der Veterinärmedizin, Medizin oder Biologie mit Fachrichtung Zoologie.

Soweit der Tierschutzbeauftragte selbst einen Versuch durchführt, muß für diesen ein anderer Tierschutzbeauftragter zuständig sein.

Tierversuche dürfen nur von Personen durchgeführt werden, die entsprechende Fachkenntnisse haben (TSchG § 9 Abs. 1).

In jedem Kalenderjahr sind auf Formblättern über die Tierversuche Aufzeichnungen (Projekt, Projektleiter, Tierart, Herkunft, Alter, Anzahl der Tiere, Art des Versuches, Verbleib der Tiere nach Abschluß des Versuches) zu machen, die der Genehmigungsbehörde gemeldet worden sind. Sie werden vom Experimentator und dem Leiter des Versuchsvorhabens unterzeichnet und sind bis zu drei Jahren nach Versuchsende aufzubewahren (TSchG § 9a Abs. 1 u. 2) (Ein Vorschlag zur Handhabung s. Kap. 2.1.2).

Es dürfen nur zu Versuchszwecken gezüchtete Wirbeltiere verwendet werden, die aus Versuchstierzuchten stammen (TSchG § 9 Abs. 2 Nr. 2). Ausnahmen kann die zuständige Behörde im Einzelfall zulassen.

2.1.2 Tierhaltung

A. WIGGENHAUSER

Nur mit gesunden Tieren, die in Tierräumen mit einem standardisierten Raumklima untergebracht sind, lassen sich reproduzierbare Experimente durchführen. Die erfolgreiche Produktion von monoklonalen Antikörpern hängt deshalb nicht nur vom genetischen Status der Versuchstiere, sondern auch von verschiedenen nichtgenetischen Faktoren der Tierhaltung ab.

Versuchstierräume

Versuchstierräume sollen eine optimale biologische und tierschutzgerechte Tierhaltung gewährleisten.

Bei der Herstellung monoklonaler Antikörper bieten sich zwei hygienische Systeme für die Unterbringung der Versuchstiere an:

1. Das offene System: Es hat keine aufwendigen technischen und hygienischen Sicherheitsvorkehrungen gegen das Einschleppen von Erregern.

2. Das geschlossene System: Im Barrieren- oder SPF (specified pathogen free) -System werden die Tiere durch Schleusen von der Umgebung abgeschirmt. Dadurch wird das Einschleppen von Erregern weitgehend vermieden. Im SPF-System sollen bestimmte pathogene Keime nicht vorhanden sein, doch muß mit der Besiedlung durch ubiquitäre Keime (Staphylokokken, Streptokokken usw.) gerechnet werden.

Die Wahl des Systems ist abhängig von der Zeit, die für den Tierversuch zur Herstellung von monoklonalen Antikörpern erforderlich ist. Die Anforderungen an das Tierlaboratorium sind umso höher, je länger der Tierversuch dauert. Wenn Tiere über den relativ langen Zeitraum von einigen Monaten mehrmals immunisiert werden, sollte wegen der größeren Infektionsgefahr das geschlossene System gewählt werden. Für die Produktion monoklonaler Antikörper in der Bauchhöhle der Maus, die maximal 6 Wochen dauert, reicht das offene System aus.

Die einfachste Sicherheitsmaßnahme besteht in der räumlichen Trennung von neu gekauften oder nur kurz im Versuch stehenden Tieren und den Tieren im Langzeitversuch.

Anforderung an die Versuchstierräume

Es hat sich ein Standardtierraum mit einer Grundfläche von circa 20 m^2 in Rechteckform und einer Höhe von 2,5 bis 3,0 m bewährt. Diese Maße erlauben die Verwendung von standardisierten Einrichtungsgegenständen und die Einstellung eines konstanten Laborklimas. Zudem bleibt die Anzahl der Tiere relativ überschaubar und die tägliche Arbeit im Tierraum dauert nur kurz, so daß die Tiere wenig beunruhigt werden.

Boden und Wände des Tierraumes sollten eine glatte und rißfreie Auskleidung haben. Als Oberflächenmaterial ist Keramik und Plastik geeignet, das widerstandsfähig gegen Detergentien und Desinfektionsmittel ist. Der Boden muß einen rutschfesten Abschluß haben.

Ein Bodenabfluss ist für Mauslaboratorien mit einigen Nachteilen verbunden. Das dazu notwendige Gefälle des Bodens schränkt die Standfestigkeit von Käfiggestellen ein. Außerdem ist er häufig Eintrittspforte für Bakterien und Arthropoden (Spinnen, Milben, Schaben usw.).

Zur Einhaltung konstanter Haltungsbedingungen sind Fenster im Versuchstierraum unerwünscht. Falls Fenster vorhanden sind, müssen diese unbedingt mit Springrollos und einem Fliegengitter versehen werden.

Anforderungen an den Käfig

Die Unterbringung von einzelnen Versuchstieren oder -gruppen erfolgt in Käfigen oder sogenannten „Haltungseinheiten". Käfige werden von verschiedenen Herstellern (siehe unten) in entsprechenden Normgrößen angeboten. Das Material der Käfige besteht aus Edelstahl (bevorzugt bei Kaninchen), galvanisiertem Metall oder autoklavierbarem Plastik (Polycarbonat), wobei mit abnehmender Güte des Materials sich zwar die Kosten, aber auch die Haltbarkeit reduzieren. Urin und starke Reinigungsmittel korrodieren galvanisiertes Material und Plastik. Die dadurch gebildeten rauhen Oberflächen können ein Reservoir für Kontaminationen bilden.

Für die Haltung von Nagetieren in Käfigen werden in den nachgenannten Ländern folgende Richtwerte für den Flächenbedarf angegeben (Rischen 1984):

Tierhaltung 21

Tab. 1. Richtwerte für die Haltung von Mäusen und Ratten in Käfigen (k.A. = keine Angabe)

Tierart:	Körpergewicht des Einzeltieres (g):	Flächenbedarf pro Tier bei Gruppenhaltung (cm^2):					
		EG	D	GB	S	CH	USA
Maus	bis 10	40	20	39	k.A.	45	39
	10-15	45	30	39	30	45	52
	15-20	55	40	39	40	45	77
	20-25	65	50	65	50	45	77
	25-30	75	60	65	60	45	97
	über 30	85	70	65	70	80	97
Ratte	bis 100	125	k.A.	151	80	120	110
	100-200	150	135	189	135	175	148
	200-250	180	200	189	200	175	187
	250-300	215	245	252	245	290	187
	300-400	250	315	252	315	290	258

Für den Makrolon-Käfig Typ II (siehe unten) hat sich eine Besatzdichte von 5 Mäusen bzw. 3 Ratten bewährt. Hier bilden sich schneller stabile Rangordnungen.

Für die Haltung von Kaninchen verschiedener Gewichte gilt (Rischen 1984):

Tab. 2. Richtwerte für die Haltung von Kaninchen in Käfigen. (k.A. = keine Angabe)

Körpergewicht (kg):	Flächenbedarf pro Tier (cm^2):					
	EG	D	GB	S	CH	USA
bis 1	1400	1500	4540	1500	1500	1400
1-2	2000	1500	4540	2000	2000	1400
2-3	2400	1500	4540	2000	1500	2800
3-4	2800	2000	5550	2500	2000	2800
4-5	3600	2000	5550	2500	2000	3700
5-6	k.A.	2500	7400	3000	2500	3700
über 6	k.A.	2500	7400	3000	2500	4600

Käfige sollten nicht in Wandregalen, sondern in rollbaren Käfiggestellen untergebracht werden. Dies erlaubt eine intensivere Raumausnutzung und erleichtert die Reinigungs- und Desinfektionsmaßnahmen. Zur Abschirmung vor Infektionen können die Tierkäfige auch in sogenannte reine Werkbänke („Laminar Flow System") gestellt werden. Dort werden die Käfige gleichmäßig und turbulenzarm mit keimfrei gefilterter Luft (ca. 45 cm/s) umströmt.

Umweltfaktoren bei der Versuchstierhaltung

In Tierlaboratorien sollten Temperatur, Luftfeuchtigkeit, Luftqualität und -bewegung automatisch konstant gehalten werden können. Die technische Ausrüstung hierfür muß auf eine maximale Belegung ausgerichtet sein.

Die Temperatur stellt einen der wichtigsten Klimafaktoren für die Tiere dar. Für die Haltung erwachsener Tiere gibt die Gesellschaft für Versuchstierkunde folgende mittleren Temperaturen an (Merkenschlager und Wilk 1979): Mäuse: $22\pm2\,°C$, Ratten: $22\pm2\,°C$, Kaninchen: $18\pm2\,°C$.

Für die Versuchstierhaltung ist eine relative Luftfeuchtigkeit von 55% optimal.

Zur Durchlüftung (Ventilation) eines Tierlaboratoriums sollte bei einer Maximalbelegung ein 15 bis 20 facher Luftwechsel pro Stunde erfolgen (Gesellschaft für Versuchstierkunde, 1980). Dabei dürfen die Käfige nicht in Zugluft stehen.

In Zu- und Abluft sollten je nach Bedarf (z.B.: Arbeiten mit pathogenen Keimen) Luftfilter eingebaut werden, in SPF-Anlagen Feinstaubfilter.

Als zusätzliche Sicherung gegen das Eindringen von Erregern sind laut Gesellschaft für Versuchstierkunde folgende Luftdruckverhältnisse möglich (Merkenschlager and Wilk 1979):

- Überdruck Tierraum gegen Arbeitsraum: max. 5 mm WS (Wassersäule).
- Überdruck Arbeitsraum gegen Schleuse: max. 5 mm WS.
- Überdruck Schleuse gegen Außenräume: max. 5 mm WS.

Somit ergibt sich zwischen Tierraum und Außenbereich ein Druckgefälle von ca. 15 mm WS.

Für Bereiche, in denen mit infizierten oder infektionsverdächtigen Tieren gearbeitet wird, empfiehlt sich ein umgekehrtes Druckgefälle der gleichen Größenordnung.

Als Beleuchtung ist Tageslicht für die Zucht und Haltung besonders der kleinen nachtaktiven Laboratoriumtiere weitgehend unerwünscht. Die Hell-Dunkel-Phase sollte künstlich gesteuert werden. Bei Labornagern haben sich 12 Stunden Licht und Dunkelheit bewährt. Die Lichtintensität sollte bei 300 bis 450 Lux, gemessen 1 m über dem Boden senkrecht unter dem Beleuchtungskörper, liegen (Merkenschlager und Wilk 1979).

Bei Langzeithaltung von albinotischen Tieren darf die Lichtintensität in den Käfigen 60 Lux nicht überschreiten, da es sonst zu pathologischen Veränderungen (Retina, endokrine Organe) kommen kann.

Lärm ist ein wichtiger Störfaktor im Tierlaboratorium. Die Tiere sollten von starken Geräuschquellen aus dem hörbaren und höher frequenten Bereich (z.B. Klimaanlage) abgeschirmt werden.

Ergänzende Maßnahmen für das SPF-System werden in einschlägigen Publikationen der Gesellschaft für Versuchstierkunde beschrieben (siehe unten).

Bedarf für den Betriebsablauf

Futter: Bei Tierversuchen werden heutzutage vorwiegend kommerzielle Futtermittel (siehe unten) verwendet. Diese sind nach Standardverordnungen für Haltung und Zucht bzw. für junge und alte Tiere zusammengesetzt. Die Futtermittel werden aus verschiedenen Gründen (z.B. geringere Entmischung, notwendiger Abrieb der Nagetierzähne) häufiger in pelletierter als in mehliger Form angeboten.

Über eingelassene Futterbehältnisse in den Drahtgittern werden die Tiere versorgt. Dies ermöglicht eine hygienische ad libitum Nahrungsaufnahme.

Bei alten oder geschwächten Tieren sollte das Futter in unmittelbarer Reichweite im Käfig angeboten werden. Einige Futterpellets im Käfig können auch verhindern, daß die Tiere in ihrer relativ reizlosen Umgebung Ethopathien (z.B. Schwanzbeißen und Haarefressen) zeigen.

Erwachsene Tiere haben während der Haltungsphase eine durchschnittliche Futteraufnahme folgender Größenordnung (Wilk 1988):

Tab. 3. Futteraufnahme erwachsener Mäuse, Ratten und Kaninchen

Tierart:	Futteraufnahme pro Tier und Tag in g:
Maus	3-4
Ratte	15-20
Kaninchen	30-300 ($\approx 40\,g/kg$ Körpergewicht)

Lagerräume für Futter müssen vor Insekten und Wildnagern geschützt werden, kühl, trocken und gut belüftet sein. Bei Sonneneinstrahlung, hoher Temperatur und Luftfeuchtigkeit sinkt die Nährstoffstabilität. Der Kontakt mit Desinfektionsmitteln ist schädlich. Das Futter wird idealerweise bei 15°-16°C gelagert und in maximal 4-6 Wochen verbraucht. Eine Lagertemperatur bis 25°C ist nur für wenige Tage erlaubt.

Wasser: Wasser muß den Tieren unbegrenzt zur Verfügung stehen. Dies erfolgt entweder durch automatische Tränken oder mittels Wasserflaschen. Wasserflaschen müssen täglich kontrolliert und wöchentlich gewaschen, gereinigt und frisch aufgefüllt werden. Wasserflaschen dürfen nicht ohne vorherige Reinigung von einem Käfig zum anderen transportiert werden.

Nur bei schlechter Wasserqualität oder ausgesprochen keimarmen Versuchsbedingungen muß Trinkwasser desinfiziert werden. Um das Bakterienwachstum zu verhindern, kann das Trinkwasser angesäuert oder chloriert werden.

Zur Ansäuerung gibt man 3,16 ml einer 1 molaren HCl Lösung in 1000 ml Trinkwasser, um einen pH von 2,5 einzustellen. Zur Chlorierung verwendet man Chlorgas oder Natriumhypochlorit in einer Konzentration von 10 ppm. Da aber die Chlorkonzentration bei Zimmertemperatur laufend abnimmt, wird auch eine Konzentration von 15-20 ppm angegeben (Foster et al. 1983). Vorsicht bei der Verwendung von Chlor: Es ist toxisch und reaktiv.

Zur Trinkwasserchlorierung von 1000 ml mit 6% bzw. 14% Natriumhypochlorit hilft einem folgendes Schema (Foster et al. 1983):

Tab. 4. Chlorierung von Trinkwasser mit NaOCl

Soll ppm	Natriumhypochlorit (ml) pro 1000 ml Ausgang	
	6%	14%
10	0,16	0,07
15	0,24	0,09
20	0,32	0,14

Besonders effektiv ist die Kombination von Chlorierung (Chlor: 10 ppm) und Säuerung (HCl: pH 2,5).

Einstreu: Die Einstreu soll Feuchtigkeit (Urin, Trinkwasser) und Geruch gut absorbieren und frei von chemischen Kontaminationen sein. Besonders geeignet sind Hobelspäne von Weichhölzern (siehe unten), die für die SPF- bzw. Barrierenhaltung steril bezogen, aber auch kostengünstiger selbst autoklaviert werden können.
Für den Einstreubedarf gilt nach Runkle (1974):

Tab. 5. Einstreubedarf von Maus, Ratte und Kaninchen

Tierart:	Bedarf (kg/Tier):	
	Monat:	Jahr:
Maus	0,085	1,020
Ratte	0,310	3,720
Kaninchen	2,100	25,200

Für 100 Mäuse braucht man demnach pro Woche ungefähr 2 kg.

Reinigung und Desinfektion

Vor der Inbetriebnahme eines Tierlaboratoriums muß eine gründliche Flächendesinfektion stattfinden (siehe unten).
Zur Inaktivierung von Viren auf Oberflächen sind folgende Mittel geeignet (Romano et al. 1987):

a) 0,1% Natriumhypochlorit;
b) 25% Ethanollösung;
c) 30 mM Natriumhydroxidlösung;
d) 0,01 Glutaraldehydlösung.

Vom Hersteller wird in der Regel die Einwirkzeit des Desinfektionsmittels angegeben.
Die Reinigung von Betriebsgegenständen wird nicht im Tierraum, sondern in einer getrennten Einrichtung durchgeführt. Sofern keine Käfig- bzw. Flaschenwaschmaschinen zur Verfügung stehen, genügt für die Käfige und Trink-

Tierhaltung 25

flaschen die konventionelle Reinigung mit Spachtel und Bürste und die anschließende Autoklavierung. Anstelle der Autoklavierung hat sich auch eine Wäsche bei 75 °C mit einer gründlichen Nachspülung bei 90 °C bewährt.

Käfige, Käfiggestelle, Wasserflaschen und weiteres Betriebsmaterial (Gitter) müssen mindestens einmal pro Woche, bei Bedarf auch öfter, gereinigt werden, ebenso Türen und Labormöbiliar. Eine Naßreinigung mit Zusatz von Reinigungs- und Desinfektionsmitteln nach Gebrauchsvorschrift ist bei Fußböden und Arbeitstischen täglich zu empfehlen.

Zur Kontrolle der Desinfektionsmaßnahmen werden im Tierraum exponierte Stellen in monatlichen Abständen mit Kontaktplatten (siehe unten) abgeklatscht. Nach 24-stündiger Bebrütung bei 28°–35°C können die Kontaktplatten ausgewertet werden.

Die Untersuchung auf Viren erfolgt mit dem MAP-Test (siehe unten Infektionsdiagnostik).

Bei einer manifesten Bakterien-, Pilz- oder Virusinfektion kann mit dem Verdampfen von 20% igem Formaldehyd (Handschuhe und Atemschutz) wirkungsvolle Abhilfe geleistet werden. Der zu desinfizierende Raum ist für 24 Stunden gründlich abzudichten. Nach dem Verdampfen muß mindestens 1 Stunde ventiliert werden.

Mit einem vollautomatischen Desinfektionsgerät ist die Neutralisation der Formaldehyddämpfe durch 25% iges Ammoniak möglich.

Hierbei muß auf die Gefährdung der Zellkulturen durch verdunstende Desinfektionsmittel hingewiesen werden (s. Kap. 5.1.1 und 6.6.2). Die Abluft darf weder über eine gemeinsame Zentralbelüftung noch über Flure oder Fahrstuhlschächte in das Zellkulturlabor gelangen, da hierdurch die Kulturen für Monate geschädigt werden können.

Abfall- und Tierkörperbeseitigung

Tote Tiere werden eingefroren, wenn mehr als 1 Tag zwischen Tod und Abtransport liegt. Sie sollten in einer eigens dafür vorgesehenen und markierten Kühltruhe (−20 °C) gelagert werden. Die Entsorgung erfolgt über die Tierkörperverwertungsanstalt (Adressen bei den Veterinärämtern).

Einwegmaterial, das nicht mit infektiösen Stoffen verunreinigt ist, kann mit dem Hausmüll beseitigt werden. Spitze Gegenstände sollten in durchstichsicheren Behältnissen untergebracht werden. Alle infektiösen, nicht giftigen Materialien können durch Autoklavierung oder mit chemischen bzw. gasförmigen Desinfektionsmitteln für die Entsorgung im Hausmüll aufbereitet werden.

Wahl der Versuchstiere

Für die Herstellung von monoklonalen Antikörpern werden vor allem Mäuse und Ratten verschiedener Stämme immunisiert. Mäuse sollten beim Immunisierungsbeginn ungefähr 10 Wochen alt sein (Langzeitversuch). Weibliche Tiere, die noch nicht trächtig waren, beißen sich gegenseitig weniger. Ratten haben bei einem Gewicht von ca. 150 g das geeignete Alter für die Erstimmunisierung.

Sollen im Aszites der Maus monoklonale Antikörper produziert werden, kommen weibliche, nullipare, ca. 20 g schwere Tiere zur Anwendung.

Zur Gewinnung polyklonaler Antikörper ist das Kaninchen von Vorteil, da es wenige heterologe Antikörper bildet und große Mengen Antiserum leicht gewonnen werden können. Kaninchen sollten bei der Erstimmunisierung ein Gewicht von ungefähr 3,5 kg haben oder 1 Jahr alt sein. Die Arbeit mit den Kaninchen wird erleichtert, wenn die Tiere gut dargestellte Blutgefäße in den Ohren haben (Chinchilla-Bastarde, weiße Neuseeländer) (Tierlieferanten siehe unten).

Mäusen und Ratten werden in der Regel mit der Bahn in keimdichten Filterkartons versandt, d. h. man muß sie am nächsten Bahnhof abholen. Kaninchen werden normalerweise direkt an die anfordernde Adresse geschickt.

Die Tiere sollten möglichst nur von einem Lieferanten bezogen werden. Dies garantiert am ehesten einen definierten Keimstatus im Tierkollektiv. Die Tiere sind an ihn angepaßt, so daß nicht ständig mit Neuinfektionen gerechnet werden muß.

Registrierung der Tiere

Zur eigenen Dokumentation und um der Aufzeichnungspflicht zu genügen, hat sich bei uns ein sogenannter „Käfigzettel" bewährt (Abb. 2). Er hängt an jedem Käfig (gefaltet in einer Metallhalterung von Altromin, Größe Din A6 = Post-

Käfig Nr.			Tierart/Stamm		
Karte Nr.		Eingangs-Daten	Anzahl		
Abteilung/ Labor			Geschlecht		
Leiter			Lieferant/ Zucht		
Unterschrift			Alter / Geb.-Datum		
Untersucher					
Datum	Vorgang		Anzahl Abgang	Anzahl Ist	Untersucher Name

Abb. 2. Kopf eines Käfigzettels. Es werden fortlaufend alle experimentellen Vorgänge eingetragen. Das Protokoll wird gefaltet in einer Metallhalterung am Käfig befestigt. Es wird gesammelt und dient später der Abrechnung

karte) und zeigt den jeweiligen Bestand sowie alle einzelnen experimentellen Vorgänge an. Am Ende des Versuchs wird der Zettel abgeheftet und dient als Beleg und Grundlage für die Jahresschlußabrechnung.

Markierung der Tiere

Während des Versuches werden Kaninchen mit Hilfe von Ohrmarken oder Farbflecken (Pikrinsäure), Ratten und Mäuse durch Farbflecken oder Ohrstanzungen gekennzeichnet. Die Farbmarkierung mit Pikrinsäure ist zwar schnell und einfach durchzuführen, aber sie muß nach spätestens 4 Wochen aufgefrischt werden. Sie erfolgt nach dem Muster der Abb. 3.

Bei Ratten und Mäusen wird statt der Farbmarkierung auch die Ohrlochung nach dem Schema der Abb. 4 durchgeführt, die sich für Langzeitversuche bewährt hat.

Diese Stanzungen verursachen erfahrungsgemäß wenig Schmerzen. Mit starken Schmerzen verbundene Kennzeichnungen wie Zehenknipsen sind abzulehnen.

Das Töten der Tiere erfolgt medikamentös mit einer Überdosis Ether oder durch Genickbruch (dislocatio cervicalis).

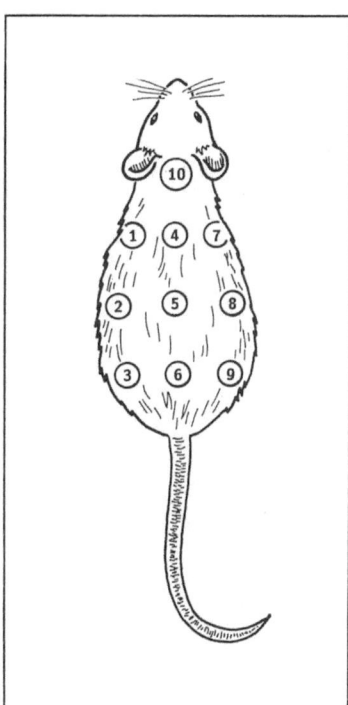

Abb. 3. Schema für die Numerierung von Versuchstieren durch Farben. Die Numerierungen 1-3 werden auf der linken Seite des Tieres, 4-7 auf dem Rücken, 7-9 auf der rechten Seite und 10 auf dem Hinterkopf angebracht. Mit einer zweiten Farbe wird der Zehnerblock (10-90), mit einer dritten Farbe der Hunderterblock (100-900) dargestellt

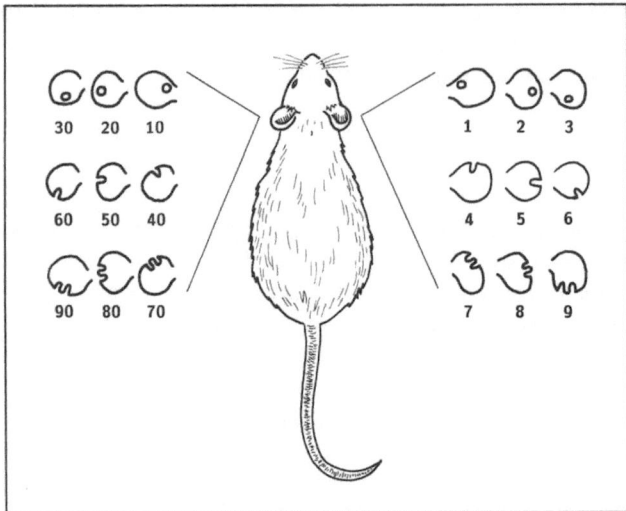

Abb. 4. Schema für die Numerierung bei der Ohrlochung. Die Zehnernumerierungen werden am linken, die Einernumerierungen am rechten Ohr eingestanzt

Quarantäne

Neu hinzugekommene Tiere werden in einem Raum abgesondert und auf das Freisein von Krankheitserregern getestet. Während dieser sogenannten Quarantänezeit können sich die Tiere auch vom Transportstress erholen und sich an die neue Umgebung gewöhnen.

Infektionsdiagnostik

Bei der Entwicklung von monoklonalen Antikörpern ist eine Infektionsdiagnostik nur bei den zu immunisierenden Tieren notwendig. Zur Diagnose von Infektionskrankheiten bei Tieren besteht zum einen die Möglichkeit, die Inkubationszeiten der wichtigsten Erreger (Kraft und Meyer 1985) abzuwarten, für die von der Gesellschaft für Versuchstierkunde (1980) bei Mäusen und Ratten generell 1–2 Wochen und bei Kaninchen 3–4 Wochen angegeben werden. Sicherer ist aber ein diagnostisches Verfahren, das auch die latenten Infektionen erfaßt. Hierfür wird einer repräsentativen Gruppe von Tieren (ca. 10% oder 5–10 Tiere) eine Blutprobe entnommen (siehe dort) und je Tier 100 µl Serum gewonnen.

Mit Hilfe käuflicher Testkits (siehe unten), die auf dem Prinzip eines Enzymimmunoassays (ELISA) beruhen, können Antikörper gegen verschiedene Viren nachgewiesen werden.

Das Serum sollte aber in der Regel an professionelle Labors (siehe unten) geschickt werden, die eine Diagnostik muriner Infektionen mit aufwendigeren Methoden (außer ELISA u.a. indirekte Immunfluoreszenz- und Hämagglutinationstests) durchführen. Das Zentralinstitut für Versuchstierkunde in Hannover empfiehlt, z. B. das Serum von Mäusen auf Hepatitis-Virus (MHV), Rheo-Virus III, Theiler-Virus (Enzephalomyelitis), Pneumonie-Virus (PVM), Sendai-Virus und Minute-Virus (MVM) zu testen, das Serum von Ratten auf dieselben plus Kilham-Virus (KRV), H1, Mykoplasma pneumonis sowie auf Bacillus piliformis überprüfen zu lassen.

Zur Untersuchung von monoklonalen Antikörpern und Zellkulturen auf Kontaminationen mit murinen Viren bietet zum Beispiel das Zentralinstitut für Versuchstierkunde in Hannover einen MAP-Test (Mouse antibody production) an (Lewis und Clayton 1971). Dieser Test basiert auf einer Immunantwort gegen Viren, die in Mäusen nach der Inokulation von viruskontaminiertem Material stimuliert wird.

Personal

Es darf nur Personal angestellt werden, dem entweder der Umgang mit Versuchstieren schon vertraut ist oder das eine formale und praktische Ausbildung erhält, so daß die Aufgaben in einer wissenschaftlich-akzeptierten und tierschutzgerechten Weise durchgeführt werden können.

Vor dem Arbeiten mit Tieren hat eine gründliche ärztliche Untersuchung zu erfolgen, die jährlich zu wiederholen ist. Außer den Bluttests zur Diagnose latenter Erkrankungen, sollte vor allem der IgE Titer bestimmt werden, um eine bestehende Allergiegefahr zu erkennen. Eine Tetanusimpfung ist erforderlich, eine Hepatitis-B-Impfung ist zu empfehlen.

Im Tierraum darf nicht gegessen, getrunken und geraucht werden. Auf strenge Einhaltung der persönlichen Hygiene und auf eine strikte Sauberkeit des Arbeitsplatzes ist zu achten.

Namen von Materialien bzw. Lieferanten

Ausrüstung und Geräte: Aesculap, Altromin, Ehret, Hauptner, Wenzel

Desinfektionsmittel:

Hände: Sterillium, Bode-Chemie Nr. 10661; Primasept M, Schülke u. Mayr Nr. 1040830.50; Merfen Tinktur N, Zyma München

Geräte: Kohrsolin, Bode-Chemie Nr. 432

Flächen: Perform, Schülke u. Mayr Nr. 10.22340.32; Buraton, Schülke u. Mayr Nr. 1009730.01; Lyso Desinfektionstücher, Schülke u. Mayr Nr. 1015620.06; Orbivet, Schülke u. Mayr Nr. 1005153.21

Einstreu: Altromin, Wenzel

Futter (Diäten): Altromin, Wenzel

Kontaktplatten (-slides): Hoffmann-La Roche Grenzach-Wyhlen Nr. 0732583
Pikrinsäure, Serva Feinbiochemica
Testkits, Bionetics Laboratory Products

Tiere: Bomholdgard Breeding and Research Center, Charles River Wiga, Harlan; Olac, Iffa Credo, Interfauna Süddeutsche Versuchstierfarm, Ivanovas,; Jackson Laboratory, Wenzel, Zentralinstitut für Versuchstierzucht

Untersuchungslabor: Zentralinstitut für Versuchstierzucht, Hermann-Ehlers-Allee 57, D-3000 Hannover. Tel. 0511-492075

Literatur

Allgemeine Verwaltungsvorschrift zur Durchführung des Tierschutzgesetzes vom 1.7.1988. Bundesanzeiger Nummer 139a, Jahrgang 40, ausgegeben am 29.7.1988
Foster HL, Small JO, Fox JG (1983) The mouse in the biomedical research, Vol. 3. Normative biology, immunology, and husbandary. Academic Press, New York
Gesellschaft für Versuchstierkunde (1977-1980), C/O Dr. A.W. Ellery, Rührbergstr. 21, 4127 Birsfelden, Schweiz, Veröffentlichungen 1-9
Kraft V, Meyer B (1985) Virusinfektionen bei kleinen Versuchstieren: Einflüsse auf die biomedizinische Forschung. Dtsch tierärztl Wschr 92: 449-504
Lewis VJ, Clayton DM (1971) An evaluation of the mouse antibody production test for detecting three murine viruses. Lab Anim Sci 21: 203-205
Merkenschlager M, Wilk W (1979) Gutachten über tierschutzgerechte Haltung von Versuchstieren - Gutachten über Tierversuche, Möglichkeiten ihrer Einschränkung und Ersetzbarkeit. Schriftenreihe Versuchstierkunde. Paul Parey Verlag, Berlin Hamburg
Rischen W (1984) Tierschutzgerechte Haltung von Versuchstieren - Ein kritischer Vergleich der im europäischen Raum diskutierten Erfordernisse. Vet.-med. Diss., Berlin
Romano M, Ellithrope W, Awberry D, Cox S (1987) Factors for consideration in safe handling of biological materials. J Parent Scien Technology 41: 97-100
Runkle RS (1974) Laboratory animal housing, Parts I and II. Am Inst Architects J March - April, zit. Poiley SM
Tierschutzgesetz vom 12.8.1986. Bundesgesetzblatt Teil 1 Nr. 42, Bonn, den 22.8.1986, S 1319-1329
Wilk W (1988) Krankheiten der Hasenartigen und der Nagetiere. In: Wiesner E (Hrsg) Kompendium der Heimtierkrankheiten. Gustav Fischer Verlag, Stuttgart New York, S 4-89

Weiterführende Literatur

Baker HJ, Lindsey JR, Weisbroth SH (1979) The laboratory rat, Vol. I. Biology and diseases. Academic Press, New York
Crispens CG (1975) Handbook on the laboratory mouse. Charles C. Thomas, Springfield, Illinois
Drawer K, Ennulat KJ (1977) Tierschutzpraxis. Gustav Fischer Verlag, Stuttgart New York
Fortmeyer HP (1981) Thymoplastische Maus (nu/nu), thymoplastische Ratte (run/run), Haltung, Zucht, Versuchsmodelle. Paul Parey Verlag, Berlin Hamburg
Fox JG, Foster HJ, Small D (1984) Laboratory animal medicine. Academic Press, New York
Gay W (1981) Methods of animal experimentation, Vol. 4. Academic Press, New York
Green EL (1976) Biology of the mouse. Dover Publ., New York
Güttner J (1979) Einführung in die Versuchstierkunde. Gustav Fischer Verlag, Jena
Harkness JE, Wagner JE (1983) The biology and medicine of rabbits and rodents. Lea & Febiger, Philadelphia
Juhr NC, Hiller HH (1973) Infektionen und Infektionskrankheiten bei Laboratoriumstieren. Schriftenreihe Versuchstierkunde. Paul Parey Verlag, Berlin Hamburg
Jung S (1962) Grundlagen für die Zucht und Haltung der wichtigsten Versuchstiere. Gustav Fischer Verlag, Stuttgart New York

Köhler D, Madry M, Heineke H (1978) Einführung in die Versuchstierkunde, Band 2. Angewandte Versuchstierkunde. Gustav Fischer Verlag, Jena
Lorz A (1987) Tierschutzgesetz mit Rechtsverordnungen und europäischen Übereinkommen. C. H. Beck'sche Verlagsbuchhandlung, München
Melby EC, Altman NH (1974-1976) Handbook of laboratory animal science, Vol. 1-3. CRC Press, Cleveland, Ohio
Melby EC jr, Balk MW (1983) The importance of laboratory animal genetics, health, and environment in biomedical research. Academic Press, Orlando, Florida
National Institutes of Health (1985) Guide for the care and use of laboratory animals. NIH Publication No. 86-23, Bethesda, Maryland 20205
Smyth DH (1982) Alternativen zu Tierversuchen. Gustav Fischer Verlag, Stuttgart New York
Spiegel A (1976) Versuchstiere. Gustav Fischer Verlag, Stuttgart New York
Stiller H (1977) Tierversuch und Tierexperimentator. F Hirthammer Verlag, München
Universities Federation for Animal Welfare (1976) The UFAW Handbook on the care and management of laboratory animals. Churchill Livingstone, Edinburgh
Weisbroth SH, Flatt RE, Kraus EL (1974) The biology of the laboratory rabbit. Academic Press, New York
Wiesner E (1988) Kompendium der Heimtierkrankheiten. Gustav Fischer Verlag, Stuttgart New York

2.2 Ausrüstung des Zellkultur-Labors

J. H. PETERS

Bauliche Voraussetzungen

Forschungslabors sollten flexibel geplant werden mit der Möglichkeit, sich ändernden Forschungszielen schnell anpassen zu können. Industrielle Labors müssen präzis vorgeplant werden. Einzelheiten einer solchen Planung finden sich bei Scheirer (1987). Grundsätzlich müssen außerhalb des eigentlichen Zellkultur-Labors umfangreiche Einrichtungen für Vorbereitungen, Lagerung, Sterilisation etc. vorgesehen werden. Sie gliedern sich in Räume für: Personenschleuse, Inkubatoren, Brutraum, Mediumküche, Spülküche, Desinfektion, Kühl-, Frost- und Meßraum, Biochemie, Immunologie, Fluoreszenzmikroskopie (Dunkelkammer) und Isotopenlabor. Auf einzelne dieser Bereiche wird unten ausführlicher eingegangen.

Die künstliche Belüftung sollte nur sterilfiltrierte Luft liefern. Dabei wird möglichst ein Überdruck im Sterilbereich geschaffen, der einen nach außen gerichteten Luftstrom erzeugt und somit das Eindringen von Keimen durch Türen und Fensterritzen verhindert. Es ist also nicht das Ziel, einen bestimmten barometrischen Überdruck aufrechtzuerhalten, sondern lediglich einen gerichteten Luftstrom zu erzeugen. Diese Forderung eines Überdrucklabors kollidiert möglicherweise mit der Sicherheitsanforderung eines Unterdruckbereiches, wie er für Forschungen mit rekombinanten Genen vorgeschrieben ist, um Verschleppung von Genmaterial nach außen zu unterbinden. Beide Forderungen sind jedoch miteinander zu verbinden, da es sich jeweils um relative Luftdruckunterschiede handelt. So kann man in einem Überdruckbereich eine Unterdruckzelle einrichten und umgekehrt.

Die Umgebung des Zellkulturlabors

Ein Labor für steriles Arbeiten kann niemals allein für sich existieren, es benötigt weitere Labors und Räume für vielfältige begleitende Arbeiten (s.o). Notwendig ist ein immunologisch-biochemisches Labor. Für Massenkulturen in Rollflaschen und kleinen Fermentern ist ein Brutraum erforderlich, nicht jedoch für intern temperierte Fermenteranlagen. Weitere Räume für das Lagern und Einwiegen von Chemikalien, ein Kühlraum und ein Gefrierraum zum Lagern von Seren etc. sind wichtig. Man benötigt ausreichenden Platz für Kühltruhen (empfehlenswert mindestens eine mit $-20\,°C$ und eine mit $-80\,°C$), Stickstofftanks zum Lagern von Zellen in der Gasphase von Flüssigstickstoff, ein Isotopenlabor möglichst mit einer Einrichtung zur Szintillationszählung von Tritium-markierten Proben und mit der Möglichkeit zur Jodmarkierung und Gammazählung. Lösungsmittel und schädliche Chemikalien wie Wasch- und Desinfektionsmittel sollten weit entfernt vom Sterillabor in gut belüfteten Räumen gelagert werden.

Spülküche

Ein funktionierendes Zellkulturlabor kann ohne eine zuverlässig arbeitende Spülküche nicht auskommen. Sie ist ausgerüstet mit mehreren Spülbecken, da trotz aller Automatisierung einige Gerätschaften mit der Hand gespült werden müssen. Zusätzlich zum Leitungswasser ist demineralisiertes Wasser zu wünschen, so daß jedes Gerät vor dem Trocknen mit dieser Wasserqualität gespült werden kann. Günstig ist es, wenn demineralisiertes Wasser aus einer zentralen Ionenaustauscher-Anlage (über Kunststoffleitungen und -hähne) bereitgestellt werden kann. Eine moderne Laborgeräte-Spülmaschine muß ebenfalls an demineralisiertes Wasser zum Nachspülen angeschlossen werden können. Die Spülmaschine benötigt verschiedene auswechselbare Einsatzkörbe, die den tatsächlich vorkommenden Bedürfnissen angepaßt sein müssen.

Glaspipetten werden entweder in eigens hierfür vorgesehenen Spülautomaten oder aber in den preiswerten Pipettenspülern gereinigt. Dies sind Standzylinder aus Plastik, die an eine Wasserleitung angeschlossen sind. Die Führung der Wasserzufuhr bewirkt, daß die Wassersäule zunächst langsam ansteigt und anschließend vollständig absinkt. Dies wiederholt sich periodisch. Aus Gründen des Umweltschutzes genügt für diesen Spülgang Leitungswasser, Dauer 1 Stunde. Nur die Schlußspülung benötigt für 3 Zyklen demineralisiertes Wasser. Dieses relativ sparsame Verfahren ist aber nur möglich, wenn die Pipetten sofort nach Gebrauch in einem Standzylinder mit Spül- und Desinfektionsmittel eingeweicht worden sind und der Schmutz in keiner Phase antrocknen konnte (s. Kap.5.1.1).

Pipetten werden anschließend in einem Trockenofen getrocknet, gestopft (z. B. Tecnoplug, Tecnomara) und in Metallbüchsen sterilisiert. Der Boden und die Deckelinnenseite der Pipettenbüchse sollten anstatt mit Steinwolle besser mit Silikon beschichtet werden (Aquarienkleber). Trocknen und Sterilisieren gilt entsprechend auch für andere Glasware.

Der *Autoklav* ist zum Sterilisieren von Flüssigkeiten, Plastikartikeln aus autoklavierbarem Plastik, Gummi und Textilien notwendig. Wichtige Voraussetzung ist, daß er mit demineralisiertem Wasser beschickt wird. Die Konstruktion muß erlauben, den Wasserraum einzusehen und zu reinigen; das Wasser soll mit einfachen Mitteln vollständig auswechselbar sein. Dies ist notwendig, da gelegentlich Flaschen mit Pufferlösungen etc. platzen und auch unabhängig davon das Autoklavierwasser im Gebrauch schmutzig und trüb wird.

Zur Bereitung von *hochreinem Wasser* für die Zellkultur ist eine Quarz-Bidestille zu empfehlen, für biochemisches Arbeiten eignet sich eine Patronenanlage (s. Kap. 5.1.2).

Das Zellkulturlabor

Sicherheitsaspekte

In einem zellbiologischen Labor vereinen sich Bedingungen, wie sie in chemischen Labors, bakteriologischen, genetischen und Isotopen-Labors gültig sind, da sich alle diese Arbeitsgebiete in der Immunologie und Zellbiologie wiederfinden. Sicherheitsregeln aus allen diesen Arbeitsgebieten sind zu beachten. Leider sind die Vorschriften in verschiedenen Ländern uneinheitlich, zum Teil sind sie erst im Entstehen begriffen, so daß man sich nicht nur auf Vorschriften, sondern auch auf Empfehlungen (Nothias 1987; Übersichten bei Miller 1986; Scheirer, 1987; Pal 1985; WHO Laboratory Biosafety Manual 1983, Caputo 1989) und seinen eigenen Verstand stützen muß.

Wichtigster Bestandteil des Sterillabors sind die *Sterilbänke* (Werkbank, Sicherheitskabine, Laminar air flow, sterile hood, sterile cabinet). Sicherheitskabinen dienen dem Schutz der Personen, die mit infektiösem, mutagenem und toxischem Material arbeiten (Clark 1983: Collins 1985; Seitz et al. 1988), aber auch dem Schutz des Untersuchungsgutes vor Kontamination. Sie müssen nach Normen und Spezifikationen gebaut und zugelassen werden, wie sie hier für einige Länder aufgeführt sind:

Bundesrepublik Deutschland	DIN 12950, VDI 2083
USA	Federal Standard 209 B/C (über Prettl zu beziehen). IES-RP-CC Nov. 1984
United Kingdom	BS 5295, Teil 1, 2 und 3 BS 3928
Niederlande	GMP-Richtlinien des Gesundheitsministeriums

Obwohl die einzelnen nationalen Bestimmungen unterschiedlich sind, bildet sich eine einheitliche Nomenklatur heraus:

Ohne Sicherheitsklasse

Werkbank mit Horizontalstrom steril gefilterter Luft, die das Untersuchungsgut überstreicht und den Untersucher anbläst. Sie gewährt Objektschutz, aber keinen Personenschutz. Sie eignet sich für sterile Vorarbeiten wie Sterilfiltration, Abfüllen und Portionieren steriler Flüssigkeiten, aber auch für Zellkulturarbeiten mit nicht infektiösen Zellen.

Sicherheitsklasse I (Abzug)

Kabine, bei der die Frontöffnung offen oder geschlossen und dann durch Handschuhe erreichbar ist. Die Luft wird über dem Arbeitsplatz abgesaugt, so daß sich ein Unterdruck bildet. Der obere Teil der Vorderfront wird durch eine Sichtscheibe abgedeckt. Der einwärts gerichtete Luftstrom wird oberhalb des Untersuchungsgutes über ein Schwebstoffilter geführt und nach außen abgeführt. Diese Kabine bietet Personenschutz, aber keinen Objektschutz. Sie erlaubt den Umgang mit onkogenen Viren, sofern diese nicht menschenpathogen sind und mit einigen, aber nicht allen pathogenen Agenzien. Arbeiten mit rekombinierter DNA ist erlaubt, sofern sie nicht von Säugern, besonders Primaten, sowie von onkogenen Retroviren stammt.

Sicherheitsklasse II (DIN 12950, BSI 5726, Austr. Std. 2252, NIB Klasse IIA)

Diese Kabine ist die meistbenutzte in Zellkulturlabors. Sie enthält ein Umluftsystem, bei dem sterile Luft das Untersuchungsgut meist von oben nach unten bestreicht. Sie wird durch Löcher in der Arbeitsplatte abgesaugt, sterilgefiltert und wieder über den Arbeitsplatz geleitet. Die Front ist durch eine Sichtscheibe von oben her größtenteils geschlossen, durch eine Arbeitsöffnung kann man aber frei im Arbeitsbereich hantieren. Zusätzlich zu diesem Objektschutz wird ein Personenschutz dadurch erreicht, daß immer ein geringer Anteil der Luft von außen durch die Arbeitsöffnung angesaugt wird. Ein entsprechender Anteil wird über ein Sterilfilter abgeblasen. Diese Abluft kann auch nach außen geleitet werden. Es darf mit denselben Agenzien wie in der Kabine Klasse I gearbeitet werden. Nicht zugelassen sind toxische, explosive, entflammbare, korrosive Substanzen. Für das Arbeiten mit radioaktiven Substanzen gelten zusätzliche Vorschriften.

Sicherheitsklasse III

Sie wird als vollständig geschlossenes System bezeichnet. Sie enthält mit Filtern versehene Zu- und Abluftöffnungen, eine Schleuse zum Einbringen und Herausnehmen des Arbeitsgutes, und eine Ventilation zur Aufrechterhaltung eines Unterdruckes von 100 bis 150 Pa. Über fest integrierte Gummihandschuhe greift man in den Arbeitsbereich hinein. Hier darf mit allen onkogenen, auch menschenpathogenen Viren, mit allen pathogenen Agenzien der CDC-Klassen I bis IV sowie mit in vitro neukombinierten Nukleinsäuren gearbeitet werden, die den Laborsicherheitsmaßnahmen L4 bzw. P4 entsprechen.

Das Überdrucklabor

Neben dem eigentlichen Sterilbereich der Sicherheitskabinen sollte aber das ganze Labor relativ keimfrei gehalten werden. Es ist der falsche Weg, dies durch Desinfektions- und scharfe Reinigungsmittel erreichen zu wollen, da sie eine erhebliche toxische Belastung für die Zellen darstellen (s. Kap. 5.1.1). Stattdessen sollte für eine keimfreie Raumbelüftung gesorgt werden. Eine konventionelle Raumbelüftung ist für jedes sterile Arbeiten gefährlich. Sie sollte vollständig abgestellt werden. Wenn der Druck der Raumbelüftung ausreicht, kann die Luft über ein Sterilfilter geleitet werden.

Wenn dies nicht möglich ist, kann man sich durch eine bauliche Variante helfen: eine „offene" Sterilbank, die auf der Oberseite die Raumluft ansaugt und sie sterilfiltriert in den Raum abgibt, wird an die Raumbelüftung angeschlossen. Hierfür wird ein Schacht auf die Ansaugöffnung der Sterilbank gesetzt, dessen obere Öffnung an die Austrittsöffnung der Raumluftzufuhr angekoppelt wird. So wird die Luft der Raumbelüftung durch den Schacht auf das Vorfilter der Sterilbank geleitet, dort angesaugt und über das Sterilfilter gereinigt in den Raum geleitet. Damit liefert die Sterilbank ständig frische sterilgefilterte Luft in das Labor, so daß sich eine Überdrucksituation und damit ein gerichteter Luftstrom ergibt. Beim Planen des Verbindungsschachts muß an eine verschließbare Klappe gedacht werden, um das Vorfilter auswechseln zu können.

Laboreinrichtung

UV-Leuchten an der Decke und in den Sterilbänken fördern die Raumsterilität zusätzlich. UV-Strahlen sollten direkt oder durch Reflexion auch das Gitter vor dem Sterilfilter der Sterilbank treffen, da sonst von dort aus Keime streuen könnten. Der Effekt von UV-Lampen darf aber nicht überschätzt werden: Die Strahlen wirken nur auf Oberflächen und erreichen nicht jeden Winkel. Die über Nacht sterilisierte Raumluft ist nach dem Ausschalten der Strahler und dem Öffnen der Türen in kürzester Zeit ausgetauscht. UV-Lampen verlieren ihre Aktivität zunehmend. Auch wenn sie noch sichtbares blaues Licht abgeben, können sie schon den größten Teil ihrer kurzwelligen Strahlung eingebüßt haben. Dies mag einer der Gründe dafür sein, daß UV-Lampen heute nicht mehr allgemein empfohlen werden. Handliche UV-Meßgeräte sind über den Laborfachhandel zu beziehen, die Lampenhersteller können Daten über die Lebensdauer und Aktivitätskurven der UV-Strahler geben.

Wichtigste Requisiten im Zellkulturlabor sind Brutschrank, umgekehrtes Mikroskop und Routinemikroskop.

Brutschränke müssen mit CO_2 begast werden, dessen Konzentration bei modernen Schränken automatisch kontrolliert wird. Eine *zentrale CO_2-Versorgung* besitzt auf dem Hof des Laborgebäudes (einfache Anlieferung) einen vergitterten Verschlag mit mehreren Gasflaschen. Sie sind über einen Umschalthahn verbunden, so daß jeweils von der leeren auf eine zur Reserve bereitstehende volle Gasflasche umgeschaltet werden kann. Eine Meldeanlage im Laborbereich zeigt an, wenn eine Flasche leer ist. Von den Gasbehältern wird das Gas über dünne Kupferleitungen in die Labors geführt, an der Zapfstelle wird der Brutschrank über ein Reduzierventil angeschlossen.

Der Innenraum des Brutschranks sollte möglichst wenig verwinkelt sein, um ihn einfach reinigen zu können. Er soll so beheizt sein, daß sich kein Kondenswasser bildet. Zu den wichtigen Kontrollelementen gehört eine Übertemperatursicherung, die die Heizung notfalls ausschaltet. Günstig sind Klappen zur Unterteilung der inneren Tür, so daß jeweils nur einzelne Fächer geöffnet werden und die Verluste von Temperatur, Gasgemisch und Feuchte damit gering gehalten werden.

Innenwände aus Kupfer fördern die Sterilität, da metallisches Kupfer keimtötende Eigenschaften hat. Dadurch bleibt auch das Wasserbad keimfrei. Edelstahlwände können durch Auswischen mit einer Kupfersulfat-Lösung keimabweisend gemacht werden.

Im Brutschrank muß eine hohe Luftfeuchtigkeit (technisch: Feuchte) geschaffen werden können. Im Idealfall wird die Feuchte über eingeblasenen heißen (und damit sterilen) Wasserdampf reguliert, meist aber nur durch ein Wasserbad passiv hergestellt. Das Wasserbad im Edelstahlschrank ist eine Quelle der Unsterilität, und übliche Wasserbad-Desinfektionsmittel sollten im Brutschrank wegen ihrer Toxizität nicht eingesetzt werden. Es bleibt die Lösung, in das Wasser ein kleines Stück Kupfer zu legen, um es für längere Zeit keimfrei zu halten. Aber: In der Edelstahlwanne wird ein im Wasser liegendes Kupferstück elektrolytisch wirken und die Schweißnähte des Brutschranks auflösen. Um dies zu verhindern, stellt man flache Glaswannen auf den Boden des Brutschranks, füllt sie mit Wasser und legt hier das Kupferstück hinein.

Das *umgekehrte Mikroskop* dient der Beobachtung lebender Kulturen und muß mit Phasenkontrast ausgerüstet sein, da man so ohne zusätzliche Hilfsmittel lebende von toten Zellen unterscheiden und die meisten Infektionen unmittelbar erkennen kann. Als Phasenkontrastobjektive eignen sich die Vergrößerungen 40× (long distance, um durch den Boden von Plastikflaschen hindurchmikroskopieren zu können), 20× und 10×, sowie eine Lupe, z. B. 3,5×. Wichtig ist, daß das Bild seitenrichtig und aufrecht zu sehen ist, damit Bewegungen der Platten einfacher kontrolliert und Pipettiervorgänge seitenrichtig verfolgt werden können. Falls der Etat nur für ein Mikroskop reicht, ist das umgekehrte Mikroskop wichtiger als das aufrechte. Denn ein modernes inverses Mikroskop kann ebenfalls mit einer „Epi"fluoreszenzeinrichtung und Kamera ausgerüstet werden und erfüllt dann fast jeden mikroskopischen Zweck (mit einer Einschränkung: In der umgekehrt liegenden Zählkammer sedimentieren die Zellen weg vom Zählraster, so daß sie nicht mehr in derselben optischen Ebene liegen).

Ein weiteres *Mikroskop* hat die konventionelle aufrechte Anordnung, d. h. das Objektiv blickt von oben auf das Präparat. Dieses Mikroskop sollte mit Phasenkontrast und möglichst auch mit einer Epifluoreszenz-Einrichtung ausgestattet sein. Phasenkontrast ist zum Zählen in der Zählkammer und Bewerten der lebendigen Zellen unerläßlich. Fluoreszenz wird für Vitalfärbungen (s. Kap. 5.7) und Mykoplasmentests (s. Kap. 5.6.2) benötigt, vor allem aber für die Auswertung von Immunfluoreszenzfärbungen auf Zellen und Gewebeschnitten. Höchste Anforderungen sollte man bei der Auswahl der Fluoreszenzobjektive stellen: ideal sind Immersionsobjektive mit einer Einstellmöglichkeit für Wasser-, Glycerol- und Ölimmersion, zum Start eignet sich eine 25fache Vergrößerung. Für die Fluoreszenzbeleuchtung genügt in fast allen Fällen eine 50-Watt-Anlage. Eine *Kameraausrüstung* sollte an alle vorhandenen Mikroskope anzuschließen sein; preisgünstig ist das Gehäuse einer Kleinbild-Spiegelreflexkamera mit automatischer Belichtung und gegen eine Klarglasscheibe auswechselbarer Mattscheibe.

Die erste *Laborzentrifuge* sollte mit Kühlung, mit Ausschwingrotoren und mit Einsätzen für Mikrotiterplatten ausgerüstet sein. Eine elektronische Regelung und ein schwingungsarmer Lauf erleichtern das Arbeiten mit Gradienten, eine Unwuchtsicherung dient der Sicherheit. Wird später eine zweite Zentrifuge nötig, kann auf die Kühlung verzichtet werden, nicht aber die anderen genannten Optionen.

Ein kleiner *Tischautoklav,* ein *Kühlschrank* mit Gefrierfach und ein *Wasserbad* vervollständigen die Ausrüstung.

Wichtig sind *Pipettierhilfen:* einstellbare Mikropipetten, Multipipetten mit 8 oder 12 parallelen Kanälen, eine besonders vielseitige und zuverlässige Computer-Pipette (z. B. edp electronic digital pipette, Kainin) und Pipettierhilfen für Zellkulturarbeiten, z. B. Acuboy (Tecnomara) und pipetaid (Drummond). Zum Absaugen, Sammeln, Sterilisieren und Entsorgen kleinerer Flüssigkeitsmengen existiert immer noch keine geeignete Vorrichtung.

Direkt neben der Sterilbank steht ein Metalleimer mit autoklavierbarem Folienbeutel, der *infektiösen Abfall* aufnimmt. Der Beutel wird verschlossen und im Metalleimer autoklaviert, bevor er weiter „entsorgt" wird. Ein Standzylinder für die Aufnahme von gebrauchten Glaspipetten sowie ein Kanülen-Abwurf- und Sammelbehälter sind in Reichweite jeder Sterilbank zu finden. Aus Sicherheitsgründen sollen gebrauchte Kanülen nicht wieder mit der Plastikkappe versehen werden, da hierbei weitaus die meisten Verletzungen auftreten. Kanülen werden von einer Abwurfvorrichtung des Sammelbehälters von der Spritze abgezogen und fallen in den Behälter, ohne mit der Hand berührt worden zu sein. Solche Sammelbehälter werden als Schluckfix Kanülenentsorgungsboxen (Haeberle Nr. 300.031.22), Sharps Container (Sherwood Medical) und als Sharpsafe von SIMS, (Smiths Industries Medical Systems Company) geliefert. Na-Hypochloritlösung (s. Kap. 5.1.1) sorgt auch hier für die Sterilisierung der austretenden Flüssigkeiten.

Literatur

Bicker et al. (1987) Empfehlungen für die Herstellung und Prüfung in vivo applizierbarer monoklonaler Antikörper. Dtsch Med Wschr 112: 194-198
Caputo JL (1989) Biosafety procedures in cell culture. J Tissue Cult Meth 11: 223-227
Chatigny MA (1986) In: Laboratory safety: Principles and Practices. Ed Miller BM, pp 124-138. American Society for Microbiology.
Clark RP (1983) Airborne hazards in the laboratory. Nature 301: XV-XVI
Collins, CH (1985) Health hazards in microbiology. In: Handbook of Laboratory health and safety measures. Ed Pal SP, pp 137-160, MTP Press, Lancaster

Fox DG (1979) Design of biomedical research facilities, NIH publication No. 81-2305, US Dept of Health and Human Services.
Miller BM (Ed) (1986) Laboratory safety: principles and practices. American society for microbiology, Washington, D. C.
Nothias J-L (1987) Sécurité et biotechnologies: quelques réglementations. Biofutur 55: 11-20
Pal SB, Ed. (1985) Handbook of laboratory health and safety measures. MTP Press, Lancaster
Scheirer W (1987) Laboratory management of animal cell culture processes. Tibtech 5: 261-265
Seitz D et al. (1988) Reinraumtechnik - Grundlagen und Anwendungen. In: Kontakt und Studium, Band 252. Expert Verlag, Ehningen, 154 S
World Health Organization (1979) Safety measures in microbiology: minimum standards of laboratory safety. Weekly Epidem Record 44: 340-342
World Health Organization (1983) Laboratory Biosafety Manual, WHO, Geneva

2.3 Ausrüstung für immunologische und biochemische Nachweisverfahren

H. BAUMGARTEN

Immunologische Nachweisverfahren

Zur immunologischen Charakterisierung von monoklonalen Antikörpern steht eine schier unerschöpfliche Zahl von zellfreien und zellassoziierten Nachweisverfahren zur Verfügung. Auf ausgewählte Verfahren und die dazu benötigten Geräte wird in den Kapiteln 10.1-10.12 und 10.21 eingegangen. Wie der Leser schnell sieht, ist nur eine relativ kleine Grundausrüstung notwendig. Allerdings kann auf den Einsatz der Mikrotiterplatten- (MTP) oder Terasakiplatten (TP)-Technologie unserer Meinung nach nicht verzichtet werden, wenn größere Probenserien untersucht werden sollen. Hierzu gehört:

- Zentrifugeneinsatz für MTP/TP (für MAK gegen Zellen);
- Mehrkanalpipetten;
- Plattenphotometer zur Auswertung von MTP.

Biochemische Nachweisverfahren

Zur Bestimmung der Ig-(Sub)klasse (Kap. 10.15) ist im einfachsten Fall nur 1 Pipette und 1 Mikrotiterplatte notwendig. Die Reinheit und die Identität von MAK-Präparationen kann mit Hilfe der SDS-PAGE, dem Immunoblotting und der IEF (Kap. 10.17-20) bestimmt werden, und zwar mit den grundsätzlich gleichen Geräten wie für die Antigencharakterisierung (Elektrophorese/ Fokussierkammer und Blottinggerät mit Zubehör). Wenn keine langfristige Entwicklung von MAK geplant ist, ist die Etablierung der drei letzten Verfahren allerdings zu zeit- und kostenaufwendig, die Untersuchung der wenigen anfallenden Proben sollte vielmehr an kooperierende Labors mit entsprechender Erfahrung delegiert werden.

2.4 Organisation des Arbeitsablaufes (Zeitplan) und Aufwandsabschätzung

H. BAUMGARTEN

Die Entwicklung und Charakterisierung von MAK erfordert einen ungewöhnlich vielfältigen Aufwand: apparativ, methodisch und personell. Von der Tierhaltung über Zellkultur und Analytik bis hin zur Proteinchemie müssen Voraussetzungen geschaffen werden, die bei angestrebt kurzen Bearbeitungszeiten nur von mehreren Mitarbeitern gemeinsam gelöst werden können. Die Produktion von monoklonalen Antikörpern durch 1-Personen „Teams" ist deshalb sinnlos.

In der Tabelle sind die wichtigsten Arbeitsschritte in der Reihenfolge aufgelistet, in der sie sinnvollerweise geplant und abgearbeitet werden. Zu jedem Schritt wird das entsprechende Kapitel angegeben, in dem Hinweise zur Durchführung aufgeführt sind und der ungefähre Zeitrahmen, mit dem gerechnet werden muß. Hierzu s. auch die Abb. in Kap. 1.1.

Die Erzeugung eines Hybridoms mit der gewünschten Spezifität ist praktisch nicht wiederholbar, da jedes Hybridom einzigartige Eigenschaften besitzt. Von zentraler Bedeutung ist deshalb die Absicherung von Hybridomen zu verschiedenen Zeiten der MAK-Entwicklung durch Kryokonservierung (s. Kap. 5.3). Nur von einem mit Hilfe entsprechender Zellbanken (s. Kap. 7.1) abgesicherten Klon sollten die arbeitsaufwendige Massenproduktion, die Reinigung, Fragmentierung, Kopplung und letzlich die Anwendung des MAK durchgeführt werden.

Kap.	Arbeitsschritt	Aufwand (*)
2.1-2.3	Bereitstellung der notwendigen Räume und Geräte	Monate/Jahre
11	Beachtung der Arbeitsschutzvorschriften	gering
-	Produktion/Reinigung des Antigens für die Immunisierung	Wochen/Monate
2.1	Antrag/Meldung der geplanten Tierexperimente	3-6 Monate
3.1-3.5	Immunisierung (Beginn)	3-5 Monate
6.1.3, 6.2	Beschaffung geeigneter Myelomzellen	gering
5.6, 6.2	Überprüfung der Myelomlinie auf Mykoplasmen/HAT-Sensitivität	u. U. Monate
6.2	Durchführung von Probefusionen	4-8 Wochen
-	Produktion/Reinigung des Antigens für das Screening	Wochen/Monate
10	Beschaffung von Kontrollreagenzien (Seren, MAK, etc.)	gering
10	Etablierung des Screeningsystems mit PAK (Mausseren)	u. U. Wochen
4.1-4.4	Präparation der Immunzellen (Milz, Lymphknoten)	gering
6.2, 6.3	Fusion	gering
5.3	Gefrierkonservierung von Milzzellen/Hybridomen	gering

(*) Diese Angaben sind Durchschnittswerte, die nur mit gut eingearbeiteten Mitarbeitern erreicht werden können.

Kap.	Arbeitsschritt	Aufwand (*)
10	Screening auf spezifische MAK in Primärkulturen	Tage/Wochen
6.7	Klonierung	Tage/Wochen
10	Screening auf spezifische MAK in Klonkulturen	Tage
6.6	Vermehrung der klonierten Zellen	Wochen
	Evtl. erneute Schleife Fusion-Klonkultur	Wochen/Monate
	Überprüfung der Klonidentität:	
10.15	Ig-Klasse, Subklasse	1–2 Tage
10.18	IEF	2 Tage
	Überprüfung der Zellen auf:	
5.6	Mykoplasmenkontamination	1 Tag/4 Wochen
10.4	Produktionsleistung in vitro	1 Woche
6.7, 10	Klonstabilität (muß rekloniert werden?)	Tage
7.1	Anlegen von Master Cell Bank und Working Cell Bank	2–4 Wochen
5.6	Überprüfung der Zellen auf Mykoplasmenkontamination	1 Tag/4 Wochen
7.1–7.3	Massenproduktion (Zellkultur, Aszites)	Wochen/Monate
8.1	Reinigung (Fällung, Chromatographie)	Tage/Wochen
10.16. – 10.20	Überprüfung der Reinheit, Lagerung	Tage/Wochen
8.2	Fragmentierung (Fab', F(ab)'2)	Tage/Wochen
9.2–9.4	Kopplung (Biotin, Fluorochrom, Enzym)	Tage/Wochen
10.21	Epitopanalyse	Tage/Wochen
10	Anwendung, Vergleich mit verfügbaren MAK	Wochen/Monate
	Publikation (Patent?)	

3 Immunisierung

3.1 Prinzipien und Strategien der Immunisierung von Tieren

H. BAUMGARTEN und M. SCHULZE

Mit Hilfe von monoklonalen Antikörpern und der Gentechnologie ist es den Biowissenschaften im letzten Jahrzehnt gelungen, wesentlich detailliertere Kenntnisse über die molekularen Mechanismen von biologischen Abläufen zu gewinnen. Wenige Beispiele für diesen Fortschritt sind die Identifikation von funktionsspezifischen Antigenen in den Membranen von Leukozyten und von unterschiedlichen funktionellen Domänen in Proteinen, aber auch die Diagnose und Therapie von humanen Tumoren mit Hilfe tumorspezifischer Antikörper.

Daß sich die Bildung von derart spezifischen Antikörpern schon durch die Art der Immunisierung beeinflussen läßt, zeigen die folgenden Kapitel. Sie geben neben den klassischen Immunisierungsmethoden z. B. Hinweise auf Techniken, bei denen extrem wenig Antigen benötigt wird. Immerhin werden pro Tag etwa 10^8 neue B-Lymphozyten mit einem Potential von etwa 10^6 verschiedenen Antikörpern von jeder Maus gebildet (Osmond et al. 1981), so daß für praktisch jede körperfremde Substanz immunkompetente Zellen zur Verfügung stehen.

Der Umfang der folgenden Kapitel mag überraschen, hat aber seine Ursache: Einheitliche Protokolle zur Immunisierung fehlen u. a. deswegen, weil unterschiedliche Antigene unterschiedliche Immunisierungs-Routen einschlagen. Damit sind bei der Immunisierung eine Fülle von Modifikationen möglich und sinnvoll.

Die Immunantwort kann im Versuchstier auf verschiedenste Weise manipuliert werden. Sie kann verstärkt werden durch die Wahl eines besonderen Mausstammes (Kap. 3.5.1) oder eines geeigneten Adjuvans (Kap. 3.5.2). Soll die Bildung von Antikörpern gegen bestimmte kreuzreagierende Epitope/Antigene unterdrückt werden, ist besonders effizient die Toleranzinduktion mit einem ähnlichen Antigen im neonatalen Tier (Kap. 3.4.2, 3.5.3) oder nach Cytostatikabehandlung (Kap. 3.5.4). Mit der Toleranzinduktion kann die Spezifität der B-Lymphozyten beeinflußt werden. Gibt es bereits Antikörper (AK1) gegen das Antigen, die mit einem besonders immunogenen Epitop reagieren, so kann dies bei einer zweiten Immunisierung ausgenutzt werden. Das Antikörper-maskierte Antigen (Komplex aus Antigen und AK1) kann eine Immunantwort gegen sonst nicht erkannte Epitope induzieren (Kap. 3.5.5). Eine besonders geringe Menge des Antigens und die Art des Antigenpräparates, etwa die Bande aus einer SDS-PAGE, erfordert unter Umständen alternative Applikationsrouten und -formen, also z. B. intrasplenische Darreichung (s. Kap. 3.4.2). Die Subklasse des gesuchten MAK schließlich scheint sich durch verschiedene Applikationsrouten und Adjuvantien lenken zu lassen (Kap. 3.5.6).

Neben den theoretischen Vorteilen der besprochenen Methoden bieten sie auch praktische, arbeitsökonomische Vorteile. Die Testung von Fusionsprodukten und damit das Finden von gewünschten Klonen wird erheblich vereinfacht, wenn bevorzugt antigenspezifische Antikörper im Laufe der Immunisierung induziert werden. Ein wesentlicher Vorteil „intelligenter" Immunisierungsmethoden besteht darin, daß die Zahl der benötigten Tiere klein gehalten werden kann. In diesem Kapitel können die gängigen Methoden nur kurz angedeutet werden, um die Auswahl einer bestimmten Technik für eine spezielle praktische Fragestellung zu erleichtern. Nach wie vor wird die Generierung eines gewünschten Klones auch das bekannte Quentchen Glück bei der Immunisierung und Testung erfordern.

Literatur

Osmond DG, Fahlman MTE, Fulop GM, Rahal DM (1981) Regulation and localization of lymphocyte production in the bone marrow. In: Microenvironments in haematopoietic and lymphoid differentiation. Pitman, London, pp 68–82

3.2 Auswahl des Immunogens

3.2.1 Native Antigene

H. BAUMGARTEN

Im allgemeinen ist die Immunantwort um so besser, je größer das Antigen (=Immunogen) ist, je komplexer seine Struktur ist und je weiter sein Wirt entwicklungsgeschichtlich vom immunisierten Tier entfernt ist.

Zellen

Zellen sind besonders gute Antigene, die auch ohne Adjuvantien zu guten Immunantworten führen. Für die Immunisierung von Mäusen zur Herstellung von MAK werden ca. 10^6 Zellen in PBS (Schwankungsbreite 2×10^5 Zellen bis 5×10^7 Zellen) pro Injektion verwendet (Goding 1983). Das Immunisierungsschema für Zellen ist identisch mit dem für lösliche Antigene (s. Kap. 3.4.2).

Carrier-gebundene Haptene

Moleküle mit einem Molekulargewicht von weniger als 10.000 Dalton sind in der Regel nur schwache Immunogene. Aminosäuren, Monosaccharide, Glykoproteine und -lipide etc., besonders Moleküle mit einem Molekulargewicht von weniger als 1.000 Dalton, können allein kaum eine Immunantwort auslösen (=Haptene). Die Produktion von Antikörpern gegen Haptene wird möglich, wenn sie für die Immunisierung an ein immunogenes Trägermolekül (=Carrier, z. B. Rinderserumalbumin) gekoppelt werden. Die Immunogenität von schwachen Antigenen kann ebenfalls durch die Kopplung an einen Carrier verstärkt werden.

Als Carrier können nicht nur isolierte Proteine, sondern auch ganze Zellen dienen. Ein Beispiel hierfür ist nach Ahlstedt und Bjorksten (1983) die Mauslinie P388AD.2, eine Tumorlinie mit Eigenschaften der sog. akzessorischen Zellen. Man kann an die Oberfläche der vitalen Zellen z. B. TNP oder FITC koppeln und diese Zellen i.v. applizieren. Während andere Hapten-gekoppelte Milzzellen, Peritonealzellen und bestimmte lymphoide Tumoren nach i.v.-Gabe vornehmlich Toleranz erzeugen, wirken die P388AD.2-Zellen als starkes Immunogen: Die Mäuse entwickeln spezifische Antikörper.

Zu jeder Regel gibt es Ausnahmen, deshalb können in Ausnahmefällen auch Moleküle mit einem Molekulargewicht von weniger als 1.000 Dalton immunogen sein. Umgekehrt gibt es Makromoleküle, die nur als Hapten eine Immunantwort auslösen können (Goodman et al. 1980).

Schwache Immunogene

Schwach oder nicht immunogene Substanzen sind häufig löslich, monomer, und sie binden nur schwach an die Immunzellen des Empfängers. Hohe Immunogenität solcher Antigene kann u. U. dadurch erreicht werden, daß sie immobilisiert werden. Dies kann z. B. durch Absorption an inerte Partikel (Aluminium-Hydroxid, Bentonit, Sephadex-Perlen aus synthetischen Polymeren) oder Aggregation (quervernetzende Agenzien wie Glutardialdehyd und Carbodiimid, Hitzebehandlung, Frieren/Tauen, Präzipitation durch Antikörper) erreicht werden. Das Antigen wird dann in dieser aggregierten Form injiziert (Goding 1983). Hierbei können allerdings wesentliche Epitope des Moleküls verdeckt oder zerstört werden. Bei vielen Proteinen läßt sich eine Aggregation aber auch sehr einfach und schonender durch mehrfaches Einfrieren und Auftauen erreichen. Entstehen also z. B. bei Hapten-Carrier-Kopplungen spontan Präzipitate, so können sie ohne weiteres für die Immunisierung verwendet werden. Wenn zur Applikation des Antigens noch keine Erfahrungen vorliegen, ist der Vergleich von löslicher und immobilisierter Form sinnvoll.

Literatur

Ahlstedt S, Bjorksten B (1983) Specific antibody responses in rats and mice after daily immunization without adjuvant. Int Arch Allergy Appl Immunol 71: 293-299

Goding JW (1983) Monoclonal antibodies: Principles and practice. Academic Press, London, New York

Goodman MG, Chenoweth DE, Weigle WO (1982) Potentiation of the primary humoral immune response in vitro by C5a anaphylatoxin. J Immunol 129: 70-75

3.2.2 Modifizierte oder synthetisch hergestellte Antigene

H. BAUMGARTEN

Unter modifizierten Antigenen werden hier solche Antigene verstanden, die in ihrer physiologischen Form nicht immunogen sind (= Hapten) und erst z. B. durch die Kopplung an Carrierproteine eine Immunantwort induzieren. Unter den synthetisch hergestellten Antigenen haben in neuerer Zeit vor allem Oligopeptide zur Produktion von Antiseren/Antikörpern gegen Polypeptide enorm an Bedeutung gewonnen (Palfreyman et al. 1984; Atassi 1986; Sela und Arnon 1987).

Die Verwendung von Oligopeptiden hat viele Vorteile (Arnon 1986): Man kann mit ihnen relevante antigene Determinanten identifizieren. Dies kann erfolgen durch systematische Synthetisierung aller z. B. Heptapeptide in der Sequenz eines Proteins und anschließender Messung ihrer Reaktivität mit Antikörpern, die gegen das native Protein generiert wurden. Wenn umgekehrt ein MAK mit hoher biologischer Aktivität bereits vorhanden ist, kann man durch systematische Produktion aller möglichen kurzen Peptide genau das Epitop finden, das die höchsten Bindungseigenschaften hat.

Für die optimale Auswahl der Peptidsequenz und -länge gibt es recht genaue Vorstellungen:

1. Im allgemeinen wird eine optimale Polypeptid-Länge von 10-15 Aminosäuren (AS) zur Produktion von MAK verwendet (Anm.: 2-10 AS = Oligopeptid, 11-100 AS = Polypeptid). Einige Sequenzen mit mehr als 10-15 AS produzieren u. U. keine Antiseren, da sie eine eigene Sekundärstruktur annehmen, die sich von der des intakten Polypeptids unterscheidet. Bereits ein 9-er Peptid ist ohne Kopplung immunogen, allerdings steigert die Kopplung an Rinderserumalbumin (RSA) oder Keyhole limpet hemocyanin (KLH) die Affinität um den Faktor 100-1000 (Mariani et al. 1987). Eine dem nativen Molekül ähnliche Konformation wird von kurzen Peptiden nicht erreicht, erst bei relativ langen Peptiden (15-25 AS) kommt es zur ähnlichen Faltung wie im intakten Molekül, hier wird also die korrekte Faltung erleichtert.
2. Verwendet werden meist N-terminale und C-terminale Peptide, gegen die nach Bindung an einen Carrier Antikörper gebildet werden. Werden zur Immunisierung Peptide verwendet, die das carboxy- oder aminoterminale Ende eines Proteins kopieren, kommt es generell zu einer guten Antikörper-

antwort (Gras-Masse et al. 1986). Dies könnte mit der Tatsache zusammenhängen, daß diese Regionen wegen gehäufter Einfachbindungen im allgemeinen sehr flexibel und an der Außenseite des Proteins orientiert sind.

Als Regel sollte daher dienen: Polypeptide vom C- oder N-Terminus, nicht aus internen Sequenzen nehmen, mindestens 10 AS (ohne den Linker).

Die meist verwendeten Carrier KLH, RSA und Thyroglobulin scheinen sich in ihrer Wirkung kaum zu unterscheiden, allerdings sollte bei Mißerfolg mit einem Carrier auch ein anderer erprobt werden (Skowsky und Fisher 1972). In eigenen Experimenten mit diesen und weiteren Protein-Carriern konnte bestätigt werden, daß häufig zwischen einzelnen Tieren gleicher Behandlungsgruppen weit größere Titerunterschiede zu beobachten sind als zwischen Tieren, die mit verschiedenen Carriern behandelt wurden. Wichtiger als die Applikation von verschiedenen Hapten-Carrier-Komplexen scheint demnach die Immunisierung einer ausreichend großen Anzahl von Versuchstieren ($> =10$) zu sein.

Bei der Immunisierung mit Hapten-Carrier Konjugaten werden neben den Hapten-spezifischen Antikörpern auch solche gebildet, die gegen den Carrier gerichtet sind. In Einzelfällen bildet das Versuchstier Antikörper, die nur den Komplex aus Hapten und Carrier erkennen. Diese verschiedenen Antikörper können mit Hilfe eines geeigneten Testsystems (s. Kap. 10.3) von Hapten-spezifischen Antikörpern unterschieden werden. Voraussetzung hierfür ist allerdings, daß der beim Screening verwendete Carrier sich von dem des Immunogenes unterscheidet.

Über die Methoden der Kopplung von Haptenen an Carrier gibt es eine Reihe von guten Übersichtsarbeiten (Bauminger und Wilcheck 1980; Bernard et al. 1983; Erlanger 1980; Fischer et al. 1989; Kabakoff 1980; Reichlin 1980; Skowsky und Fisher 1972). Da die Antikörper in der Regel gegen den Teil des Peptids gerichtet sind, der vom Carrier am weitesten entfernt ist, läßt sich auch die Antikörperantwort beeinflussen (Schaaper et al. 1989).

Ein anderes für Peptide verwendetes Immunisierungsprinzip beruht auf der Verwendung sogenannter Fusionsproteine. Ein Beispiel hierfür ist in der Arbeit von Shapiro und Kimmel (1987) angegeben. Zuerst wird ein Genkonstrukt erstellt, das sowohl das Gen für β-Galactosidase (β-Gal) als auch das gewünschte Oligopeptid-Gen enthält. Es wird in Bakterien exprimiert und das Lysat mit anti-β-Gal präzipitiert. Dieses enthält also den Komplex aus β-Gal und einem Oligopeptid aus dem zu untersuchenden Protein. Nach Immunisierung mit diesem Fusionsprotein wird das spezifische IgG gereinigt und das spezifische Antigen z. B. im Immunoblot nachgewiesen.

Herstellung von Peptiden

Peptidsynthesen sind mit Hilfe von halb- oder vollautomatischen Maschinen relativ einfach durchzuführen. Unterschieden werden Geräte, in denen der Ansatz geschüttelt wird (z. B. von Advanced ChemTech, Applied Biosystems, Vega) oder die Synthese in einem Durchflußreaktor (z. B. LKB, Milligen) erfolgt. Auch wenn die Firmenprospekte problemlose über-Nacht-Synthesen suggerieren, ist dies ohne die fachliche Betreuung durch einen qualifizierten Chemiker nicht immer möglich. Einen kleinen Eindruck über die zu erwartenden Schwierigkeiten geben Horn und Novak (1988). Zu moderaten Preisen wird deshalb eine „custom synthesis" z. B. bei Bachem, Cambridge Research Biochemicals (CRB) und Nova Biochem angeboten. Hier werden im gewünschten Maßstab (mg-kg) nach den Maßgaben der Kunden (Sequenz, Reinheit, etc.) Peptide synthetisiert. Eine Kopplung an Trägerproteine für Immunisierungen ist meist nicht vorgesehen (CRB ist eine Ausnahme).

Mit 5-10 mg ist nach unserer Erfahrung die Immunisierung einer ausreichend großen Anzahl von Mäusen, die Etablierung eines Screeningssystems und das Screening auf antigenspezifische Klone möglich.

Literatur

Arnon R (1986) Peptides as Immunogens: Prospects for synthetic vaccines. Current Topics in Microbiology and Immunology 130
Atassi MZ (1986) Preparation of monoclonal antibodies to preselected protein regions. Meth Enzymol 121: 69-95
Bernard D, Nicolas C, Maurizis JC, Betail G (1983) A new method of preparing hapten-carrier immunogens by coupling Saccharomyces cerevisiae by periodate oxidation. J Immunol Meth 61: 351-357
Bauminger S, Wilchek M (1980) The use of carbodiimide in the preparation of immunizing conjugates. Meth Enzymol 70: 151-159
Erlanger BF (1980) The preparation of antigenic hapten-carrier conjugates. Meth Enzymol 70: 85-104
Fischer PM, Comis A, Howden MEH (1989) Direct immunization with synthetic peptidyl-polyamide resin. Comparison with antibody production from free peptide and conjugates with carrier proteins. J Immunol Meth 118: 119-123
Gras-Masse HS, Jolivet ME, Audibert FM, Beachey EH, Chedid LA, Tartar AL (1986) Influence of CONH2 or COOH as C-terminus groups on the antigenic characters of immunogenic peptides. Mol Immunol 23: 1391-1395
Horn M, Novak C (1988) A monitoring and control chemistry for solid-phase peptide synthesis. Int Biotechnol Lab 4: 30-37
Kabakoff DS (1980) Chemical aspects of enzyme-immunoassay. In: Maggio ET (ed) Enzymeimmunoassay. CRC Press, Boca Raton, Florida, pp 72-104
Mariani M, Bracci L, Presentini R, Nucci D, Neri P, Antoni G (1987) Immunogenicity of a free synthetic peptide: carrier-conjugation enhances antibody affinity for the native protein. Mol Immunol 24: 297-303
Palfreyman JW, Aitcheson TC, Taylor P (1984) Guidelines for the production of polypeptide specific antisera using small synthetic oligopeptides as immunogens. J Immunol Meth 75: 383-393
Reichlin M (1980) Use of glutaraldehyde as coupling agent for proteins and peptides. Meth Enzymol 70: 159-165
Schaaper WMM, Lankhof H, Puijk WC, Meloen RH (1989) Manipulation of antipeptide immune response by varying the coupling of the peptide with the carrier protein. Mol Immunol 26: 81-85
Sela M, Arnon R (1987) From synthetic polypeptides to synthetic vaccines - antigen structure and function. In: Immunogenicity of protein antigens: repertoire and regulation. Sercarz EE, Berzofsky JA (Eds). CRC Press Boca Raton pp 6-12
Shapiro SZ, Kimmel BE (1987) A simple method for the production of specific antiserum to protein encoded in cloned genes. Immunization with precipitin lines. J Immunol Meth 97: 275-279
Skowski WR, Fisher DA (1972) The use of thyroglobulin to induce antigenicity to small molecules. J Lab Clin Med 80: 134-144

3.3 Immunisierung von größeren Versuchstieren zur Herstellung von Antiseren

J.H. Peters

Haben konventionelle Antiseren, also polyklonale Antikörper, im Zeitalter der monoklonalen Antikörper (MAK) noch ihren Platz? Die Frage muß uneingeschränkt mit „ja" beantwortet werden. Wichtige Gründe hierfür sind:

1. Antiseren sind schnell und in großer Menge herzustellen.
2. Auch unter dem Aspekt einer zunehmenden Sensitivität gegenüber Tierversuchen sind Immunisierungen und Blutentnahme ethisch zu vertreten.
3. Antiseren bringen zwar durch ihre Polyklonalität und ihre Chargenschwankungen (Titer- und Qualitätsunterschiede von Tier zu Tier und bei einem Individuum zu verschiedenen Zeitpunkten der Serumgewinnung) altbekannte Probleme mit sich. Andererseits ist die Polyklonalität aber die in der Evolution optimierte Situation mit dem Vorteil, daß ein Antigen, das ja meist viele Epitope besitzt, gleichzeitig von verschiedenen Antikörpern erkannt und gebunden werden kann, was zu einer Erhöhung der Avidität führt (s. Kap. 1.2).
4. Nach einer erfolgreichen Langzeitimmunisierung findet man oft Antikörper mit höchster Affinität und Spezifität für das Antigen, die dann entsprechend stark verdünnt eingesetzt werden können. Monoklonale Antikörper mit gleichen Eigenschaften sind oft nur nach langer Suche zu erhalten.
5. Schließlich sollte nicht vergessen werden, daß Antiseren ungleich viel preiswerter hergestellt werden können als MAK. Antiseren sollten immer dann eingesetzt werden, wenn sie die gestellte Aufgabe vergleichbar gut lösen wie MAK. Auch wenn MAK moderner sind als Seren, können viel Arbeit und Kosten gespart werden, wenn man sich im richtigen Moment für Antiseren und gegen MAK entscheidet. Dies gilt besonders, wenn die MAK-Technologie im Labor noch nicht etabliert ist.

Die lange Tradition in der Herstellung von Antiseren im experimentellen Bereich wie für die Herstellung von Vakzinen hat zu ausgefeilten Immunisierungsschemata geführt, die in den im Anhang (Kap. 12.1) aufgeführten Standardwerken ausführlich dargestellt sind. Hinweise für die Blutentnahme ergeben sich aus Kap. 4.1.

Weiterführende Literatur

Bailey JM (1984) The production of antisera. In: Walker JM (Ed) Methods in Molecular Biology, Vol 1 Proteins. pp 295-300
Barth R, Jaeger O (1978) Erfahrungen mit neuen Impfstoffen bei der aktiven Schutzimpfung der Tiere gegen Tollwut. Münch Med Wschr 120: 297-298
Campbell JB, Maharaj I, Roith J (1985) Vaccine formulations for oral immunization of laboratory animals and wildlife against rabies. In: Kuwert E, Merieux C, Koprowski H, Bogel K (Eds): Rabies in the tropics. Springer Berlin Heidelberg 1-786

Du Plessis JL, Malan L (1987) The block method of vaccination against heartwater. J Vet Res 54: 493-495
Friedman H, Klein TW, Widen R, Newton C, Blanchard DK, Yamamoto Y (1988) Legionella pneumonia immunity and immunomodulation: nature and mechanisms. Adv Exp Med Biol 239: 327-341
Howell DG (1965) Principles of immunization in animals and man. I. A review of some immunological problems associated with veterinary preventive medicine. Vet Rec 77: 1391-1395
Hyde RM (1967) Antiserum production in experimental animals. Adv Appl Microbiol 9: 39-67
Kovalev IE (1978) Morphine and related compounds inducers of the synthesis of specific antibodies, literature review. Khim-Farm ZH 12: 3-14
NN (1983) Standardization of immunological procedures. Enteric infections in man and animals. Dev biol stand Vol 53. S. Karger, Basel, New York, pp 3-352
Soltys MA (1973) A review of studies on immunization against protozoan diseases of animals. Z Tropenmed Parasitol 24: 309-322

3.4 Immunisierung von Mäusen

3.4.1 Prinzipielles zur Immunisierung von Mäusen für die Hybridomproduktion

H. BAUMGARTEN

Für die Immunisierung von Mäusen zur Herstellung von monoklonalen Antikörpern (MAK) gibt es keine Patentrezepte, sie bleibt ein besonders kritischer Punkt. Ziel der Immunisierung ist nicht unbedingt ein hoher Serumspiegel von spezifischen Antikörpern oder eine hohe Aktivität der zellulären Abwehr. Vielmehr gibt es zwei grundsätzlich neue Ziele:

1. Die Bereitstellung und Vermehrung einer genügend großen Anzahl von B-Lymphozyten, die als Fusionspartner im Hybridisierungsexperiment dienen können. Hierzu ist nur ein kleiner Teil der B-Lymphozyten fähig, die Lymphoblasten.
2. Die Bereitstellung von B-Lymphozyten, die nur das gewünschte Antigen erkennen, solchen Zellen also, deren Antikörper mit ähnlichen Antigenen nicht oder nur sehr schwach kreuzreagieren.

Um Zellen mit solchen Eigenschaften im Säugetier zu induzieren, wurden in den letzten Jahren eine Fülle von neuen Immunisierungsschemata erprobt.

Nach Rathjen et al. (1986) können im Laufe von Immunisierungen 5 Phasen der Immunantwort unterschieden werden (Abb. 5):

0: vor der Primärreaktion,
1: Gipfel der Primärantwort (Antikörpertiter),
2: Abfall nach der Primärantwort,
3: Gipfel der Sekundärantwort,
4: Abfall nach der Sekundärantwort.

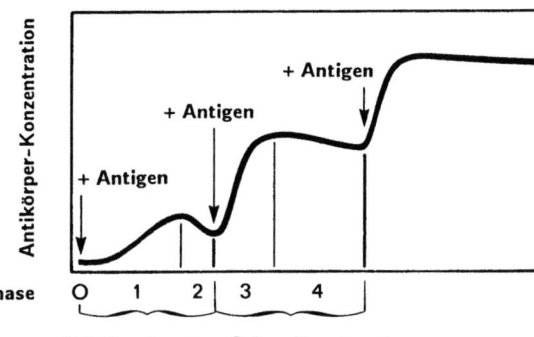

Abb. 5. Verstärkung der Immunreaktion durch mehrfache Antigengaben

Spezifische Klone lassen sich am besten aus solchen Mäusen gewinnen, die sich ganz am Anfang einer Sekundärantwort befinden. Um diesen Punkt genau zu erfassen, muß auf Phase 2, besser noch auf Phase 4, gewartet werden. In diesen Antikörperabfall hinein werden die Mäuse unmittelbar vor der Fusion einem 3-tägigen i.v. Boost unterzogen (s.u.).

Eine gute Immunisierung braucht demnach mindestens 3-4 Monate.

In Phasen hoher Serumtiter kann es zu einer unerwünschten Reduktion der Ausbeute an spezifischen Klonen kommen: Hohe, häufig gar nicht verfügbare Antigendosen sind für den Boost notwendig, um nicht vollständig von den Serum-AK neutralisiert zu werden. Konsequenterweise ist es zur Optimierung des MAK-Produktionserfolges notwendig, den Verlauf und die Höhe der Immunantwort jedes einzelnen Tieres vor der Fusion zu verfolgen.

Durch Injektion von Antigen zu bestimmten Zeiten der Immunantwort wird die Zahl der antigenspezifischen B-Lymphozyten vermehrt. Die stimulierten B-Zellen (B-Lymphoblasten) werden zum Zeitpunkt ihrer Proliferationsphase aus der Milz gewonnen. Aus den Untersuchungen von Stähli et al. (1980, 1983) geht hervor, daß mit der relativen Zunahme von stimulierten B-Lymphoblasten in der für die Fusion verwendeten Milzzellpopulation die Ausbeute an antigenspezifischen Klonen dramatisch zunimmt. Die Vermehrung von Lymphoblasten läßt sich an einer relativen Zunahme der größeren Lymphozyten einer Milzzellpopulation im Vergleich zu einer nicht stimulierten Milz erkennen. Für eine hohe Ausbeute an antigenspezifischen Klonen ist also die Induktion antigenspezifischer B-Lymphoblasten und die Gewinnung und Fusion dieser Zellen entscheidend.

Grundsätzlich kann es neben der Produktion von spezifischen MAK auch zur Produktion der entsprechenden anti-idiotypischen Antikörper kommen. So berichteten z. B. Reilly und Root (1986), daß die Immunisierung von Mäusen mit Glucagon, Vasopressin und Insulin nicht nur die Entwicklung von AK induzierte, sondern auch von anti-idiotypischen Antikörpern. Dies sind Antikörper, die z. B. gegen die primären (anti-Insulin) Antikörper gerichtet sind und dem Insulin ähnliche Strukturen haben. Diese erkannten den Insulin-Rezeptor und induzierten Insulin-ähnliche Antworten in Zielzellen.

Bei Durchführung der Immunisierung nach den oben genannten Kriterien ist nach Stähli (1980) bei den Fusionen zu erwarten: ca. 5-20% der Hybridome sezernieren den spezifischen AK, ca. 30% kein Ig und der Rest Ig unbekannter Spezifität. Der Anteil antigenspezifischer Hybridome schwankt in unseren eigenen Experimenten zwischen 0% und 40%.

Zielorgane, Applikationsweg

Der optimale Ort für eine Erstimmunisierung, das sog. Priming, ist die Bauchhöhle. Die subkutane Immunisierung würde eher Lymphozyten in den peripheren Lymphknoten als Lymphozyten in der Milz stimulieren.

Intraperitoneale Injektionen sind nach unserer Erfahrung für die meisten Immunisierungen ausreichend und einfach durchzuführen. Injektionen in die Pfoten können bei Verwendung von cFA/iFA dem Tier quälende Entzündungen und Schwellungen verursachen. Intradermale (bei der Maus nur sehr schwer durchführbar) oder intramuskuläre Injektionen können bedrohliche Ulcerationen zur Folge haben. Intravenöse Injektionen sind technisch schwerer durchführbar und bergen bei vorimmunisierten Tieren die Gefahr tödlicher anaphylaktischer Reaktionen. Sie sollten deshalb nur in Ausnahmefällen, etwa zum Boost vor der Fusion, eingesetzt werden.

Die direkte Applikation des löslichen oder partikelgebundenen Antigens in die Milz scheint eine Reduktion der Immunogendosis zu erlauben. Nach Angaben von Spitz et al. (1984) reichen << 20 µg Proteinantigen oder $2,5 \times 10^5$ Zellen bereits aus, um Mäuse oder Ratten zu immunisieren. Sie fanden in ihren Experimenten, daß bei der Verwendung einer Reihe von löslichen und zellulären Antigenen jeweils die intrasplenische Gabe bessere Ergebnisse brachte als herkömmliche Methoden. Sowohl IgM- wie IgG-Antikörper konnten mit dieser Methode produziert werden. Die Interpretation ihrer Befunde und der anderer Gruppen wird allerdings dadurch sehr erschwert, daß nur ein unvollständiger Vergleich mit konventionellen Methoden durchgeführt wurde.

Grundsätzlich können Mäuse auch durch Injektion des Antigens in die abdominalen Lymphknoten immunisiert werden (Raymond und Suh 1986). Das maximal applizierbare Volumen ist dann allerdings recht klein (ca. 1 µl), und es können nur relativ hochkonzentrierte Antigenlösungen verwendet werden.

Literatur

Goding JW (1983) Monoclonal antibodies: Principles and practice, Academic Press, London, New York
Rathjen DA, Underwood PA, Whalley JM (1986) An evaluation of some in vivo immunization strategies for the production of monoclonal antibodies to insulin and ACTH. J Biol Stand 14: 1-14
Raymond Y, Suh M (1986) Lymph node primary immunization of mice for the production of polyclonal and monoclonal antibodies. J Immunol Meth 93: 103-106
Reilly TM, Root RT (1986) Production of idiotypic and anti-idiotypic antibodies by Balb/c mice in response to immunizations with glucagon, vasopressin, or insulin: supporting evidence for the network theory. J Immunol 137: 597-602
Spitz M, Spitz L, Thorpe R, Eugui E (1984) Intrasplenic primary immunization for the production of monoclonal antibodies. J Immunol Meth 70: 39-43

Stähli C, Staehelin T, Miggiano V (1983) Spleen cell analysis and optimal immunization for high-frequency production of specific hybridomas. Meth Enzymol 92: 26–36

Stähli C, Staehelin T, Miggiano V, Schmidt J, Häring P (1980) High frequencies of antigen-specific hybridomas: dependence on immunization parameters and prediction by spleen cell analysis. J Immunol Meth 32: 297–304

3.4.2 Methodik der Maus-Immunisierung

H. Baumgarten, M. Schulze und T. Hebell

Nach Rathjen et al. (1986) gibt es 6 goldene Regeln für die Immunisierung:

1. Verwende gesunde, nicht gestreßte, 8–12 Wochen alte Tiere.
2. Verwende mehrere Individuen.
3. Verwende sowenig Antigen wie praktikabel.
4. Maximiere die Immunogenität: vermeide die Induktion von Toleranz. Erleichtere das Targeting des Antigens zur gewünschten akzessorischen Zelle durch i. v. oder i. p. Injektion oder an mehreren i. m. oder s. c. Stellen.
5. Sei geduldig: Warte, bis der Antikörpertiter aus vorangegangenen Immunisierungen wieder abgefallen ist. Dadurch wird vermieden, daß beim Boost ein Großteil des Antigens durch Serumantikörper abgefangen wird.
6. cFA/iFA ist unübertroffen als Adjuvans und Depot.
   Wenn auch diese Regeln ursprünglich für die Produktion von guten polyklonalen Antiseren aus z. B. Kaninchen aufgestellt wurden, so gelten sie doch uneingeschränkt für die MAK-Produktion von Mäusen.

Bei der Immunisierung muß dafür gesorgt werden, daß eine minimale Antigenkonzentration über einen ausreichend langen Zeitraum aufrecht erhalten wird, um eine ausreichende Immunisierung zu ermöglichen. Dies kann durch einmalige Gabe einer größeren Antigendosis geschehen. Eine Antigendosis scheint aber auch einfach dadurch immunogener gemacht werden zu können, daß die Dosis geteilt wird und über mehrere Injektionen im Abstand von wenigen Tagen verteilt wird.

Die erneute Boostinjektion ist häufig dann ineffizient, wenn noch ein hoher Antikörpertiter aus vorherigen Injektionen vorliegt. Es ist deshalb eine Vergeudung von Zeit und Antigen, steigende Boosterinjektionen zu verwenden, um steigende Titer (= höhere Antikörperkonzentration) zu kompensieren.

Vorimmunisierungen, das sog. Priming und die Auffrischungen (= Boost), werden über einen Zeitraum von 2 bis 5 Monaten vor der Fusion durch Injektionen des Antigens zusammen mit Adjuvantien durchgeführt. Aus solchen Langzeitimmunisierungen können in der Regel höher affine Antikörper gewonnen werden als aus nur kurzzeitig immunisierten Tieren.

Für die Hybridomproduktion sollen möglichst viele antigenspezifische Lymphozyten (B-Lymphoblasten, s. Kap. 3.4.1) fusioniert werden. Dies wird durch tägliche intraperitoneale oder intravenöse Injektion des Antigens an 3 bis 4 aufeinanderfolgenden Tagen unmittelbar vor Gewinnung der Milzzellen und der Fusion erreicht. Dabei darf kein (!) Adjuvans verwendet werden. Nach French et al. (1986) sollte in der Phase eines deutlichen Titerabfalls (erfordert mehrfache Titerbestimmung im Laufe der Immunisierung) einmal mit 100 µg i. v. geboostet und am 3. Tag fusioniert werden. Da am fünften Tag die Zahl der Hybridome bereits deutlich sinkt, halten sie auch schon den vierten Tag für nicht optimal. Nach Stähli et al. (1980) und den Befunden einer Reihe anderer Untersucher hat sich der mehrmalige i. v. Boost an den 3 Tagen unmittelbar vor der Fusion als besonders effizient herausgestellt. Bazin und Lemieux (1988) zeigten am Beispiel von MAK gegen Blutgruppenantigene, daß u. U. je nach Wahl des Tages (2-4) sich die Spezifität der MAK ändern kann.

Erfolgreiche Fusionen und Gewinnung antigenspezifischer Klone sind allerdings auch ohne klassische, zeitaufwendige Vorimmunisierung durchführbar. Für die in vivo Immunisierung wurden z. B. beschrieben: 1) Einmalige intravenöse Injektion von Zellen am 4. Tag vor der Fusion (Trucco et al. 1978). 2) Einmalige intrasplenische Injektion des Antigens (20 µg) 4 Tage (82-88 Stunden) vor der Fusion (Gearing et al. 1986, Spitz 1986, Spitz et al. 1984).

Die unten aufgeführten Schemata sind die Synthese erprobter Standardmethoden. Sie gehen davon aus, daß dem Untersucher sowohl ausreichend viel Zeit (Monate) wie moderat immunogenes Antigen in Milligramm-Mengen zur Verfügung stehen. Es ist aber durchaus möglich, mit den entsprechend modifizierten Methoden (s. u.) und etwas Glück auch mit wesentlich geringeren Antigendosen und in kürzerer Zeit eine erfolgreiche Immunisierung durchzuführen. So reichen z. B. etwa 5-10 µg eines stark immunogenen Virus-Antigens aus, um Mäuse ausreichend zu immunisieren. In keinem Fall sollte die für das Screening der Hybridome notwendige Antigenmenge unterschätzt werden.

Für die Injektion von Zellen gelten Zahlen zwischen 10^6 und 10^8 pro Injektion als ausreichend.

Verschiedene Applikationsrouten werden ausführlich von Harlow und Lane (1988) vorgestellt.

Intraperitoneale Immunisierung

Für die primären Immunisierungen werden im allgemeinen 10-20 µg lösliches Antigen verwendet, aber auch mit geringeren Mengen kann eine erfolgreiche Immunisierung möglich sein. Hohe Antigendosen und langdauernde Immunisierungsschemata können zu einer Verschlechterung der Immunantwort führen. Für die Boost-Injektionen scheinen 10-20 µg die erforderliche Mindestmenge zu sein. Hier lassen sich (Stähli et al. 1980, 1983) durch Steigerung der Antigenmengen (bis zu 400 µg pro Injektion) höhere Ausbeuten spezifischer Klone erreichen.

Material

Mäuse BALB/c, Weibchen, 8-12 Wochen alt (s. Kap. 2.1.2)

Spritzen	1. Für die Injektion mit Freundschem Adjuvans autoclavierbare Glasspritzen mit Metallkolben, z. B. Record medica mit Luer-Lock, 2 oder 5 ml 2. Einmalspritzen Tuberculin 1 ml, z. B. Omnifix Braun Melsungen
Einmalkanülen	Nr. 2, 12
Komplettes Freundsches Adjuvans (cFA)	z. B. Paesel Nr. 3800 oder Difco Nr. 0638-607
Inkomplettes Freundsches Adjuvans (iFA)	z. B. Difco Nr. 0639-60-6
$Al(OH)_3$	z. B. Alu Gel S, Serva Nr. 12261
Bordetella pertussis	Behring. Achtung: Die Anzahl der Bakterien pro ml ist stark chargenabhängig!
Ultraschallgerät	z. B. Labsonic 1510, Braun Melsungen

Vorgehen

Zubereitung von cFA/iFA (nach Herbert und Kristensen 1986)
Emulgieren (Herstellen einer Wasser-in-Öl Emulsion): Wenn kommerzielles cFA oder iFA verwendet wird, sollten jeweils gleiche Volumina der wässrigen und der Ölphase verwendet werden, u. U. ist etwas weniger wässrige Phase (2 Teile Wasser, 3 Teile Öl) zu nehmen. Antigenlösung und Adjuvans (Volumina s. Tabelle) werden in eine Glasspritze gegeben, bei Einmalspritzen könnte das Adjuvans den Kolben blockieren. Der Kanülenansatz wird vorher mit einem Verschlußstück oder mit Parafilm verschlossen. Die Spritze wird jetzt in einen Becher mit Eis gestellt und die Komponenten im Ultraschallgerät emulgiert (ca. 200 W für 1 Min. je nach Volumen und Spritzengröße). Eventuell den Vorgang mehrfach unterbrechen, um eine Überhitzung des Emulgats und damit die Denaturierung von Proteinen zu verhindern.

Zum Ansetzen größerer Mengen kann die Emulsion auch durch längere Durchmischung (Vortex-Schüttler) von Antigen und Adjuvans in einem Zentrifugenröhrchen erzeugt werden.

Testen von Emulsionen: Vor Gebrauch sollten alle Emulsionen daraufhin überprüft werden, ob auch Wasser-in-Öl Emulsion produziert worden ist. Dies kann durch einen einfachen Versuch erfolgen, bei dem man einige Tropfen auf die Oberfläche von kaltem Wasser (Becherglas) fallen läßt. Außer wenn die Emulsion besonders viskös ist, verteilt sich der erste Tropfen über die Wasseroberfläche, aber die folgenden sollten als weiße Tropfen unter oder an der Oberfläche schwimmen. Dies bedeutet, daß die das Antigen enthaltende Wasserphase vollständig im Öl eingeschlossen ist und der gewünschte Emulsionstyp produziert worden ist. Wenn allerdings die Emulsion eine Wolke kleiner Partikel beim Eintropfen in das Wasser bildet, handelt es sich entweder um eine Öl-in-Wasser Emulsion oder um eine multiple Emulsion.

Dieser Test sollte unbedingt durchgeführt werden, denn der Adjuvans-Effekt wird nur bei Wasser-in-Öl Emulsion wirksam. Ist nur sehr wenig Antigen verfügbar, kann der Test auch an einem unter identischen Bedingungen hergestellten Parallelansatz ohne Antigenzugabe durchgeführt werden.

Die Art der Emulsion sollte protokolliert werden, da der Immunisierungserfolg sehr von ihr abhängt.

ACHTUNG: Mycobakterien sedimentieren schnell in Mineralölen, so daß es wichtig ist, jede Probe einer kompletten Freundschen Adjuvans Emulsion vor Gebrauch noch einmal gut durchzumischen, wenn sie nicht sofort nach der Zubereitung verbraucht wurde. Hierauf ist grundsätzlich auch bei allen partikulären und aggregierten Immunogenen zu achten. Grundsätzlich sollten fertige Emulsionen am gleichen Tag verwendet werden.

VORSICHT: Kontakt der Augen mit Adjuvans kann zur Erblindung führen! Zur Injektion von Freundschem Adjuvans sollten deshalb nur Spritzen mit Luer-Lock-Anschluß benutzt werden. Nur beim Boost ohne Adjuvans dürfen Einmalspritzen benutzt werden. Während des Emulgierens und der Injektion muß eine Schutzbrille getragen werden.

Die Sicherheitsmaßnahmen bei der Verwendung von cFA sind nach Herbert und Kristensen (1986) praktisch dieselben wie bei Schlangenbissen:

Bei einer Nadelverletzung mit einer cFA-enthaltenden Kanüle sollte die Wunde sofort ausgepreßt werden. Wenn nötig, sollte sie mit einer frischen Skalpellklinge soweit vergrößert werden, daß es aus ihr bluten kann. Anschließend sollte sie mit Detergenz (z. B. Seife) und fließendem Wasser gereinigt werden. Wenn es zu einem tiefen Einstich gekommen ist mit der Ablagerung von cFA, sollte sofort ein Arzt zugezogen werden, um das injizierte Material vollständig aus der Wunde entfernen zu lassen.

Diese Vorsichtsmaßnahmen gelten allgemein für die Injektion von pathogenen Organismen/Viren und Antigenen in cFA, besonders aber wenn diese Antigene aus dem ZNS stammen (Risiko der Induktion einer allergischen Encephalomyelitis). Nur erfahrene und mit dieser Technik geübte Untersucher sollten deshalb solche Injektionen durchführen.

Mineralöle induzieren Granulomatose und multiple Myelome, wenn sie in empfängliche Mausstämme injiziert werden. Es könnte daher mehr als Zufall sein, daß Jules Freund, der Beschreiber des Freundschen Adjuvans, am multiplen Myelom starb.

Herstellung von Al(OH)$_3$-Adjuvans:

Pro Maus werden 50-100 µg Antigen aufgenommen in 300 µl Al(OH)$_3$ (2%) + 10^9 Bordetella pertussis (< 100 µl) + PBS zu einem Gesamtvolumen von 500 µl.

Injektionstechnik

Die Maus wird mit der Hand oder einer langen Pinzette am Schwanz ergriffen, auf den Käfigdeckel gesetzt und am Schwanz festgehalten. Durch den Fluchtreflex versucht die Maus nach vorne zu laufen. Dann wird mit Zeigefinger und

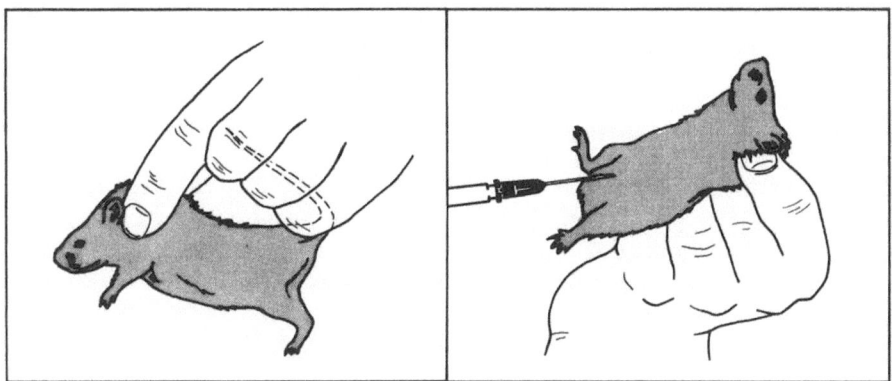

Abb. 6. Ergreifen der Maus und intraperitoneale Injektion

Daumen der anderen Hand das Nackenfell so gegriffen und gespannt, daß die Maus den Kopf nicht mehr nach hinten drehen kann. Zur Fixierung der Maus kann noch der Schwanz zwischen kleinem Finger und Handballen eingeklemmt werden (Abb. 6). Wird die Maus leicht schräg gehalten - mit dem Kopf etwas tiefer als das Becken - ist die Gefahr einer Darmverletzung durch die Kanüle geringer. Die Injektion erfolgt nun intraperitoneal: Einsetzen der Kanüle zwischen Genitale und Leiste, schräg in Richtung Kopf unter die Bauchdecke führen. Die Kanüle nicht tiefer als 1-2 cm einstechen (ein flacher Stichkanal schließt sich schneller als ein steiler). Die Gefahr, daß Eingeweide getroffen werden, ist relativ gering. Langsam injizieren. Wenn im Fell eine starke Wölbung zu sehen ist, wurde versehentlich subcutan gespritzt. Tritt die Flüssigkeit wieder aus, ohne daß es zu einer starken Wölbung gekommen ist, ist die Kanüle nicht tief genug in die Bauchhöhle geführt worden. Nach ein paar Minuten sollte der Gesundheitszustand der Maus überprüft werden.

Die Injektion von Freundschem Adjuvans in die Fußsohlen stimuliert die lokalen Lymphknoten (popliteale), führt aber häufig zu Abszessen und zu verminderter Bewegungsfreiheit des Tieres. Obwohl diese Methode von manchen Bearbeitern auch für die Produktion von Antiseren verwendet wird, erscheint sie nur für ausgewählte Fragestellungen notwendig. So konnten Mirza et al. (1987) spezifische Hybridome gegen Insulin sehr effizient mit der genannten Technik (kaum mit Milzlymphozyten) gewinnen.

Immunisierungsschema

langes Schema (Tag)	kurzes Schema (Tag)	Injektion	Dosis (µg/Maus)	cFA (µl)	iFA (µl)	PBS (µl)
1	1	Priming	100	100	-	100
30	14	Boost (i. p.)	50	-	100	100
60	21	Boost (i. p.)	50	-	100	100
90		Boost (i. p.)	50	-	100	100
120	28	Boost (i. v.)	50	-	-	200
121	29	Boost (i. v.)	50	-	-	200
122	30	Boost (i. v.)	50	-	-	200
123	31	(Fusion)				

Die Immunisierung mit Al(OH)$_3$ findet mit denselben Immunogendosen und im identischen Zeitraster wie mit cFA/iFA statt.

Intrasplenische Immunisierung

Grundsätzlich ist auch die direkte Gabe des Antigens in die Milz möglich. Neben der Gabe von Zellen (Nilsson et al. 1983) und löslichen Antigenen wurde auch die Applikation von Partikeln beschrieben: So implantierten Nilsson et al. (1987) an Sepharose 4B-gekoppeltes Antigen oder nach Elektroblot (nach SDS-PAGE) auf Nitrozellulose-Papier gebundenes Antigen in die Milz. Weitere Methoden zur Verwendung von Gelen und Nitrocellulose s. Harlow und Lane (1988).

Material

Rompun	25 ml einer 2%igen Lösung für Tiere, Bayer IKS-Nr. 35'464, BGA-Reg.-Nr. R 1061
Ketavet	5 × 10 ml, für Tiere, Parke-Davis IKS-Nr. 37 479 039
Fibrospum	10 Platten (Anstaltspackung), Promonta (Klinik-Fachhandel)
oder Tabotamp	10 Stück, 5 × 35 cm, Johnson & Johnson, Nr. 1901 (Klinik-Fachhandel)
Faden	45 cm Prolene, 0,7 metric, 6-0, Ethicon, EA8697 (Klinik-Fachhandel)
Gewebekleber	Histoacryl blau, Braun Melsungen Nr. 105 005, 5 Ampullen je 0,5 g Monomer
Spritze	1 ml, steril zum Einmalgebrauch mit kleiner Kanüle (< Nr. 20)
Spritze	100 µl, Hamilton mit Kanüle Nr. 80429, length 51, gauge 26, Pst 1, taber No atraumatisch
OP-Besteck	Nadelhalter, 2 nicht chirurgische Pinzetten, stumpfe Schere (Kann u. U. als ausrangiertes Material aus einer chirurgischen Abteilung bezogen werden)

Vorgehen

1. Zur Narkose werden 100 µl Ketavet mit 250 µl Rompun gemischt und 1:4 in PBS verdünnt. Von diesem Narkosegemisch werden pro Maus 100 µl i. p. injiziert, dies entspricht ca. 750 µg Ketavet + 400 µg Rompun pro Balb/c Maus. Sollte die Maus nach maximal 5 Minuten noch nicht narkotisiert sein, so können noch weitere 50 µl Narkosemischung verabreicht werden.

2. Eröffnung der Haut und Bauchdecke im linken dorsalen Bereich, ca. 0,5 cm von der untersten Rippe entfernt. Dort ist die Milz als rötlich-braunes, längliches Organ von 1-1,5 cm Länge zu sehen.
3. Injektion von maximal 20 µl Immunogen pro Milz mit Hilfe einer Nadel mit besonders geformtem Stichkanal (atraumatisch). Eventuelle Blutungen mit einem ca. 1×1 cm^2 Stück Fibrospum abtupfen, bis die Blutung steht.
4. Peritoneum und Bauchdecke getrennt mit jeweils 2-4 Stichen vernähen.
5. Versiegeln der äußeren Naht mit Histoacryl.

ANMERKUNG: Mäuse haben während der Narkose die Augen offen, aber keinen Wimpernschlag. Deshalb sollten von Zeit zu Zeit die Augen mit physiologischer Kochsalzlösung betropft werden.

Literatur

Barald, KF (1987) Purification of antigen-specific B cells by adherence to whole-cell antigens. Meth Enzymol 121: 89-102

Bazin R, Lemieux R (1988) Effect of the elapsed time after the final antigen boost on the specificity of monoclonal antibodies produced by B cell hybridomas. J Immunol Meth 112: 53-56

French D, Fischberg E, Buhl S, Scharff MD (1986) The production of more useful monoclonal antibodies. Immunol Today 7: 344-346

Gearing AJH, Bird CR, Callus M, Thorpe R (1986) The effect of primary immunization and Concanavalin A on the production of monoclonal natural antibodies. Hybridoma 5: 243-247

Harlow E, Lane D (1988) Antibodies. A laboratory manual. Cold Spring Harbor Laboratory. pp 55-137

Herbert WJ, Kristensen F (1986) Laboratory animal techniques for immunology. In: Weir DM, Herzenberg LA, Blackwell C, Herzenberg LA (eds) Handbook of Experimental Immunology: Applications of Immunological Methods in Biomedical Sciences. Blackwell Scientific Publications, Oxford, pp 133.1-133.36

Mirza IH, Wilkin TJ, Cantarini M, Moore K (1987) A comparison of spleen and lymph node cells as fusion partners for the raising of monoclonal antibodies after different routes of immunisation. J Immunol Meth 105: 235-243

Nilsson BO, Grönvik KO, Svalander PC (1983) Experiments with immunization of mice with blastocysts by an intrasplenic route. Upsala J Med Sci 88: 151-153

Nilsson BO, Svalander PC, Larsson A (1987) Immunization of mice and rabbits by intrasplenic deposition of nanogram quantities of protein attached to Sepharose beads or nitrocellulose paper strips. J Imunol Meth 99: 67-75

Rathjen DA, Underwood PA, Whalley JM (1986) An evaluation of some in vivo immunization strategies for the production of monoclonal antibodies to insulin and ACTH. J Biol Stand 14: 1-14

Spitz M (1986) „Single shot" intrasplenic immunization for the production of monoclonal antibodies. Meth Enzymol 121: 33-41

Spitz M, Spitz L, Thorpe R, Eugui E (1984) Intrasplenic primary immunization for the production of monoclonal antibodies. J Immunol Meth 70: 39-43

Stähli C, Staehelin T, Miggiano V (1983) Spleen cell analysis and optimal immunization for high-frequency production of specific hybridomas. Meth Enzymol 92: 26-36

Stähli C, Staehelin T, Miggiano V, Schmidt J, Häring P (1980) High frequencies of antigen-specific hybridomas: dependence on immunization parameters and prediction by spleen cell analysis. J Immunol Meth 32: 297-304

Trucco MM, Stocher IW, Cepellini R (1978) Monoclonal antibodies against human lymphocyte antigens. Nature 273: 666-668

3.5 Beeinflussung der Immunantwort

3.5.1 Beeinflussung der Immunantwort durch die Wahl des Mausstammes

H. BAUMGARTEN

Für die Entwicklung von Maus-MAK wird im allgemeinen im syngenen System gearbeitet, d.h. Milz- und Myelomzellen stammen aus demselben Mausstamm, z.B. Balb/c. Mäuse von anderen Stämmen werden nur in bestimmten Fällen benutzt.

Bestimmte Antigene können nun in Balb/c Mäusen keine Immunantwort hervorrufen, wohl aber in anderen Stämmen. Dies wird häufig bei synthetischen Polypeptiden beobachtet, daher kann die Immunantwort bei solchen und anderen schwachen Immunogenen durch die Verwendung geeigneter Mausstämme verstärkt werden (Ausprobieren!).

Besonders geeignet scheinen 4-8 Wochen alte Mäuse der NZB- und NZW-Stämme zu sein, die spontan Autoimmunerkrankungen entwickeln und auch Antikörper gegen ansonsten praktisch nicht immunogene Substanzen bilden. So berichtet Ohno (1986) über eine relativ effiziente Produktion von anti-Schwein Insulin, anti-Rind Insulin und anti-human Insulin MAK in F1-Weibchen von NZB × NZW.

Ein weiteres Beispiel über die Verwendung dieser Mäuse kommt von Frosch et al. (1985): Gegen die Meningokokken Gruppe B und das Escherichia coli K1 Polysaccharid (mit gemeinsamem Epitop) können in Balb/c Mäusen keine PAK und MAK induziert/produziert werden, es gibt lediglich eine schwache IgM-Antwort. Hingegen zeigte der NZB-Stamm eine IgG-Antwort, über die schließlich ein IgG_{2a}-MAK produziert werden konnte.

Literatur

Frosch M, Görgen I, Boulnois GJ, Timmis KN, Bitter-Suermann D (1985) NZB mouse system for production of monoclonal antibodies to weak bacterial antigens: Isolation of an IgG antibody to the polysaccharide capsules of Escherichia coli K1 and group B meningococci. Proc Natl Acad Sci USA 82: 1194-1198
Ohno T (1986) Monoclonal antibody. European Patent Application 0179576

3.5.2 Beeinflussung der Immunantwort durch Adjuvantien

H. BAUMGARTEN

Adjuvantien dienen zur Verstärkung der Immunantwort. Durch die Verwendung von Adjuvantien kann demnach die notwendige Antigendosis bzw. die Anzahl von Injektionen reduziert werden oder überhaupt erst eine meßbare Immunantwort induziert werden.

Die Wirkung von Adjuvantien kann viele Ursachen haben, z. B. eine Aktivierung der Makrophagen, Anlocken der Lymphozyten zum Antigen, verbesserte Antigenpräsentation und eine Depotbildung. Sie wirken über die Verzögerung der Freisetzung des Antigens aus den durch Injektion entstandenen Depots, die Modifikation der Phagozytose partikulär gebundener Antigene und eine Veränderung der Funktion der Immunzellen durch Bestandteile von Bakterien (Mycobakterien, Bordetella pertussis u. a.). Die meisten Adjuvantien wie LPS oder cFA stimulieren die unspezifische Produktion von Immunglobulinen und bewirken eine polyklonale Aktivierung des Immunsystems. Wird das Antigen hingegen alleine injiziert, so steigt der Anteil der spezifischen Antikörper stärker an als bei Verwendung von Adjuvans alleine. Meist wird das Adjuvans gemeinsam mit dem Antigen gegeben. Wenn Antigene ohne Adjuvans gegeben werden oder i. v., sollte eine häufigere Wiederholung der Verabreichung erfolgen.

Viele Adjuvantien sind oberflächenaktive Agenzien, weil sie sowohl hydrophile wie lipophile Anteile enthalten. Dazu gehören Saponine, Liposomen, Lysolecithine, Polyole, lipophile Amine, Retinoide, und Glycolipide. Physikochemisch unterschiedlich von dieser Gruppe ist die Ordnung der anionischen Polymere wie der Polynucleotide, Dextransulfat und Carrageenan. Zu allen diesen Substanzen liegen kaum Daten vor, die sie für die MAK-Produktion besonders qualifizieren würden. Als Einzelsubstanzen sind sie den klassischen Adjuvantien unterlegen, allerdings können vielfältige synergistische Einflüße beobachtet werden, auf die hier allerdings nicht eingegangen werden kann.

Carrier-Proteine

Die antigenen Determinanten auf einem makromolekularen Antigen, die durch T-Zellen erkannt werden, sind andere als die, die von B-Zellen erkannt werden. Da dieser Effekt meist in einem Hapten-Carrier System demonstriert wird, wird dieser Effekt der T-B-Zell Kooperation manchmal als der Carrier-Effekt bezeichnet.

Die Antwort auf eine niedermolekulare Determinante (Hapten) kann evtl. dadurch verstärkt werden, daß das Tier mit einem geeigneten immunogenen Carrier zuvor geprimt wird. Der Erfolg ist unsicher, die Behandlung kann sich positiv oder negativ auswirken. Dies erfolgt mit Makromolekülen wie etwa dem Keyhole Limpet Hämocyanin, Hühner-Ovalbumin oder bovinem Serumalbumin. Nachdem dem Tier ausreichend Zeit bis zum Titerabfall gegeben wurde, wird das benötigte Hapten – kovalent an den Carrier gekoppelt – in das Tier injiziert.

Klassische Adjuvantien: cFA/iFA und Aluminiumhydroxyd

Einfache Wasser-in-Öl Emulsionen werden inkomplettes Freundsches Adjuvans (iFA) genannt. Wenn getrocknete, hitzeinaktivierte Mycobacterium tuberculosum Organismen in die Ölphase der Wasser-in-Öl Emulsion inkorporiert werden, spricht man vom kompletten Freundschen Adjuvans (cFA). Seine Verwendung bewirkt eine stärkere Antikörperantwort als die eines Antigens, das in einer einfachen Wasser-in-Öl Emulsion injiziert wurde. Die Herstellung dieser Adjuvantien ist relativ einfach (vgl. Kap. 3.4.2) und wird ausführlich von Herbert und Kristensen (1986) beschrieben.

iFA und cFA induzieren örtliche Reaktionen, Entzündungen und Fieber. Besonders bei der Verwendung von cFA kommt es zur Granulombildung (Arnon et al. 1983). cFA sollte verwendet werden, wenn die Stimulation der Zell-mediierten Immunität und Überempfindlichkeit vom verzögerten Typ gewünscht wird.

cFA braucht in der Regel nur für die Erstimmunisierung gegeben zu werden, der Boost erfolgt mit iFA und unmittelbar vor der Fusion in Puffer.

Grundsätzlich scheint auch die getrennte Gabe von der Ölphase und dem Antigen ausreichend immunstimulierend zu sein: Von van der Heijden et al. (1986) wurde der positive Einfluß der Adjuvansgabe (Wasser-in-Öl Emulsion mit Mineralöl Marcol 52, den Emulgatoren Span 85 und Tween 85 und Kochsalzlösung) auf die AK-Bildung gegen rote Blutkörperchen (SRBC) beschrieben. SRBC wurden i. v. und das Adjuvans i. p. appliziert. Bei Gabe am gleichen Tag wurde ein ähnlicher Effekt wie mit iFA festgestellt. Diese Befunde können durch einen stimulierenden Effekt auf die Makrophagen als Antigen-präsentierende Zellen erklärt werden. Es ist unklar, inwieweit dieser Effekt nur auf partikuläre Antigene zutrifft.

Die einfachste Form eines Aluminium Adjuvans ist Aluminium-hydroxid, das sich als fertiges Präparat (z. B. Alhydrogel, Superfos) kaufen läßt. Die Bindung der Antigene an Alugel erfolgt spontan, nach den Vorschriften der Hersteller. Der Effekt von $Al(OH)_3$ kann durch die Zugabe von abgetöteten Bordetella pertussis Bakterien (10^9 pro 100 µg Immunogen) erheblich verstärkt werden.

Definierte Adjuvantien

Immunadjuvantien werden vor allem aus Pflanzen und aus bakteriellen Zellwänden isoliert oder durch chemische Synthese hergestellt. Die Herstellung von Adjuvantien bakteriellen Ursprungs (z. B. das Lipopolysaccharid = LPS) erfolgt aus den Zellwänden Gram-negativer Bakterien, zu denen Escherichia coli, Salmonella und andere Enterobakteriaceae gehören (Bessler et al. 1987).

Die Minimalstruktur, die die Mycobakterien im cFA ersetzen kann, wurde als N-acetyl-muramyl-L-analyl-D-isoglutamine (Muramyldipeptid = MDP) identifiziert. MDP ist sehr aktiv in der Stimulation der Antikörperproduktion gegen Antigene, die in einer wässrigen Lösung verabreicht werden (Arnon et al. 1983). Dieses Material und eine Reihe Analoge und Derivate wurde chemisch synthetisiert und biologisch getestet. Bei MDP ist die Stereochemie des Dipeptids essentiell: Die erste Aminosäure muß L sein, die zweite D.

Bestatin ist ein chemisch genau charakterisiertes Bakterienprodukt, das die Immunantwort in vivo wie in vitro steigert (Bessler et al. 1987), wenn auch in einem sehr engen Wirkungsbereich.

Bakterielle Substanzen wie MDP sind grundsätzlich zur Produktion vollsynthetischer Vakzinen geeignet, bei denen ein Oligopeptid (Antigen) direkt mit dem Adjuvans gekoppelt und dem Tier injiziert wird. Es wurde z. B. von Bessler et al. (1987) ein Konjugat aus Antigen (Oligopeptid) und Adjuvans synthetisiert, dessen Aminosäuresequenz einer Teilsequenz des Rezeptors für den epidermalen Wachstumsfaktor entspricht. Dieses Peptidantigen, welches allein appliziert wohl wegen seines geringen Molekulargewichts (14 AS) nicht immunogen ist, wurde mit dem adjuvanten Lipopeptid verknüpft und zur Immunisierung eingesetzt. Schon in sehr geringen Konzentrationen induzierten diese Konjugate hohe Titer antigenspezifischer Antikörper.

Eine interessante Adjuvansmixtur wird unter dem Namen RAS von der Firma Ribi vertrieben: Zum einen ist der Ölgehalt im Vergleich zu cFA von etwa 50% auf nur 2% reduziert, dadurch ist die Gefahr einer Abszessbildung deutlich niedriger. Zum anderen sind die Tuberkelbazillen ersetzt worden durch eine ganze Reihe von Immunmodulatoren (Trehalose Dimycolat, detoxifiziertes Endotoxin, Mitogen aus Salmonella typhimurium). Mit diesem Adjuvans sind sogar i. v. Injektionen möglich.

Festphasen als Antigenträger

Wenn das Antigen in größeren Mengen (Milligramm-Bereich) präpariert werden kann, sollte es in flüssiger Form, z. B. in Freundschem Adjuvans appliziert werden. Häufig liegt das Antigen hingegen nach dem letzten Reinigungsschritt in geringen Mengen (Nano- bis Mikrogramm-Bereich) an einen Träger gebunden vor. Als Träger kommen z. B. Sepharose-Partikel aus einer Ionenaustauschchromatographie oder Polyacrylamidstücke aus einer Gelelektrophorese (SDS-PAGE) in Frage. Dies ist besonders dann bedeutsam, wenn ein Antigen sich gut an solche Materialien bindet, sich aber nur unter extremen Elutionsbedingungen, die eine starke Veränderung der Antigenstruktur zur Folge hätten, wieder entfernen läßt. Eine Injektion solch trägergebundenen Antigens in das Versuchstier ist ohne weiteres möglich (vgl. Harlow und Lane 1988). Ist eine Reinigung nur elektrophoretisch möglich, so ist eine Injektion der gewünschten Bande auch nach Anfärbung mit Coomassie Blue möglich. Das Gel kann zusätzlich mit Freundschem Adjuvans emulgiert werden. Mit einer Antikörperbildung gegen die Trägermaterialien oder Coomassie Blue muß allerdings gerechnet werden.

Als Alternative zur Inokulation des antigenhaltigen Gelmaterials kann das Antigen nach Transfer auf Nitrocellulose-Papiere (NC-Papier) und anschließender Detektion mit Autoradiographie, Proteinfärbung etc.) verwendet werden. Vorteil der NC-Methode ist, daß kein zusätzliches Adjuvans notwendig zu sein scheint. Entweder wird das intakte NC-Papier dem Tier implantiert, oder es wird mit Dimethylsulfoxid aufgelöst, mit dem gleichen Volumen cFA/iFA gemischt, evtl. in einem Potter zerkleinert und nach Standardmethoden appliziert (Knudsen et al. 1983, Nilsson et al. 1987). Die Ablösung des Antigens (z. B. RSA) von der NC erfolgt relativ langsam: Nach 2 Wochen sind noch etwa 50% und nach 14 Wochen noch etwa 20% RSA gebunden. Die anfangs relativ hohe Clearance-Rate ist wahrscheinlich auf nur schwach gebundenes Antigen zurückzuführen. Über die gleichzeitige Gabe von NC-gebundenem Antigen mit z. B. Freundschem Adjuvans liegen keine Berichte vor.

Antigeneinschluß in Polymere

Idealerweise würden zum Einschluß von Antigenen Polymere mit langsamer Antigenfreisetzung verwendet, deren Abbauprodukte Adjuvanswirkung haben, und nicht wie z. B. cFA das Versuchstier schädigen. Als ein solches biologisch abbaubares Produkt wurde CTTH-imino-carbonate verwendet, da sein primäres Abbauprodukt ein dem cFA und MDP vergleichbares Adjuvans ist (Kohn et al. 1986).

Nach Schröder et al. (1984) führt die Einpolymerisierung von z. B. Ovalbumin in Dextran-Partikel und deren Injektion in Mäuse zu guter Immunantwort auch bei kleineren Antigendosen. Ca. 50% des Proteins wurden im in vitro System innerhalb der ersten beiden Wochen freigesetzt.

Durch die Verwendung von Protein-Cellulose Komplexen, d. h. durch kovalente Bindung (Glutardialdehyd) von Pferde-Gammaglobulin (HGG) an Cellulose konnte die Antikörperproduktion von Balb/c und C57Bl/6 Mäusen gegenüber Ovalbumin und HGG - auch gegenüber der cFA-behandelten Kontrolle - erheblich gesteigert werden (Gurvich und Kurokova 1986).

Liposomen

Eine weitere Form von Adjuvantien sind die sogenannten Liposomen. Dies sind Partikel aus Phospholipid-Doppelschichten, die durch eine wässrige Phase getrennt sind. Antigene können in Liposomen eingeschlossen werden und unter bestimmten Bedingungen können solche Immunogene höhere Antikörpertiter induzieren als freies Antigen. Liposomen können aus nicht-immunogenen, biologisch abbaubaren Materialien gemacht werden und Eigenschaften wie die elektrische Ladung können einfach verändert werden (Arnon et al. 1983).

Nach Davis et al. (1983) zeigt die Analyse der Antikörper-Subklassen, daß die Adjuvanswirkung der Liposomen sich auf alle Subklassen auswirkt und daß es keinen Subklassenshift gibt im Vergleich zu Tieren, die mit freiem Antigen immunisiert wurden.

Literatur

Arnon R, Shapira M, Jacob CO (1983) Synthetic vaccines. J Immunol Meth 61: 261-273
Bessler WG, Hauschildt S (1987) Bakterielle Lipopeptide als Immunadjuvantien. Forum Mikrobiol 4: 106-111
Davis D, Davis A, Gregoriadis G (1987) Liposomes as adjuvants with immunopurified tetanus toxoid: the immune response. Immunol Lett 14: 341-348

Gurvich AE, Korukova A (1986) Induction of abundant antibody formation with a protein-cellulose complex in mice. J Immunol Meth 87: 161-167

Harlow E, Lane D (1988) Antibodies. A laboratory manual. Cold Spring Harbor Laboratory, pp 61-71

Herbert WJ, Kristensen F (1986) Laboratory animal techniques for immunology. In: Weir DM, Herzenberg LA, Blackwell C, Herzenberg LA (eds) Handbook of Experimental Immunology: Applications of Immunological Methods in Biomedical Sciences. Blackwell Scientific Publications, Oxford, pp 133.1-133.36

Kohn J, Niemi SM, Albert EC, Murphy JC, Langer R, Fox JG (1986) Single-step immunization using a controlled release, biogradable polymer with sustained adjuvant activity. J Immunol Meth 95: 31-38

Knudsen KA (1985) Proteins transferred to nitrocellulose for use as immunogens. Anal Biochem 147: 285-288

Matthew WD, Patterson PH (1983) The production of a monoclonal antibody that blocks the action of a neurite outgrowth-promoting factor. Cold Spring Harbor Symp. 48: 625-631

Nilsson BO, Svalander PC, Larsson A (1987) Immunization of mice and rabbits by intrasplenic deposition of nanogram quantities of protein attached to Sepharose beads or nitrocellulose paper strips. J Immunol Meth 99: 67-75

Schröder U, Stahl A (1984) Crystallized dextran nanospheres with entrapped antigen and their use as adjuvants. J Immunol Meth 70: 127-132

Van der Heijden PJ, Bokhout BA, Bianchi ATJ, Scholten JW, Stok W (1986) Separate application of adjuvant and antigen: the effect of a water-in-oil emulsion on the splenic plaque-forming cell response to sheep red blood cells in mice. Immunobiol 171: 143-154

3.5.3 Beeinflussung der Immunantwort durch Toleranzinduktion

H. BAUMGARTEN

Um Antikörper einer gewünschten Spezifität zu erhalten, kann eine Toleranzinduktion sinnvoll oder sogar notwendig sein. So muß u. U. die Antwort auf besonders gute Immunogene, die major antigens, unterdrückt werden, damit überhaupt eine Immunantwort gegen die sog. minor antigens möglich ist. Dies gilt für eine ganze Reihe von zellulären Antigenen. Ein ähnliches Problem stellt ein Reifungsantigen vor dem Hintergrund von unendlich vielen anderen Antigenen dar.

Induktion von Toleranz

Unter Toleranz wird die Unfähigkeit eines Organismus verstanden, gegen bestimmte Antigene eine spezifische Immunantwort zu erzeugen. Gegen körpereigene Antigene besteht grundsätzlich Toleranz, gegen körperfremde Antigene wird allerdings mit einer Immunantwort reagiert. Es gibt nun eine Reihe von Möglichkeiten, die Immunreaktivität mit körperfremden Antigenen zu verändern und einen toleranten Zustand zu induzieren. Dies kann dadurch erreicht werden, daß die Immunkompetenz eines Wirts gestört oder zerstört wird. Dies kann z. B. durch Bestrahlung, immunsupprimierende Substanzen oder Behandlung mit Antilymphozyten-Globulin in Verbindung mit der Antigengabe erfolgen. In den meisten Fällen wird das Tier anschließend für eine Weile keine Antwort gegen das Antigen zeigen, es wird tolerant.

Während der embryonalen Phase und *neonatal,* d. h. unmittelbar nach der Geburt, sind Tiere nicht immunologisch kompetent. Deshalb kann eine Toleranz gegenüber einem bestimmten Antigen besonders leicht in solchen Spezies induziert werden, die bei der Geburt am wenigsten reif sind, hierzu gehören Mäuse, Ratten und Kaninchen (Weigle 1973). In erwachsenen Tieren kann Toleranz auf zweierlei Art induziert werden. Entweder wird das Antigen in einer immunologisch unwirksamen Form (z. B. als lösliches Monomer, s. u.) gegeben oder über die orale, nicht immunogene Route.

Grundsätzlich ist die Induktion eines toleranten Zustandes auch in adulten, sensibilisierten Tieren möglich, allerdings sind die toleranzinduzierenden Prozesse komplexer als jene in nicht sensibilisierten, adulten Tieren.

Faustregel ist demnach: Je jünger das Tier ist, desto einfacher kann es tolerant gemacht werden.

Bei bestimmten Antigen- und Spezies-Kombinationen kann es besondere Antigendosen geben, die die sog. *high-zone tolerance* bzw. die sog. *low-zone tolerance* hervorrufen. Mit besonders hohen (μg-mg) oder besonders niedrigen (pg-ng) Antigendosen kann Toleranz induziert werden (Weigle 1973). Diese müssen für jedes Antigen aufs neue ermittelt werden.

Besonders tolerogene Antigene

Lösliche, als Monomere angebotene Proteine (Überstand einer Proteinlösung nach Ultrazentrifugation ohne Adjuvans injiziert) können zur Toleranzentwicklung führen (vgl. Dresser 1986). Heterologe Serumproteine haben im Vergleich zu bakteriellen oder viralen Antigenen meist eine niedrigere Antigenität, auch wegen ihrer Ähnlichkeit zu entsprechenden Serumproteinen des Wirts. Es ist deshalb sehr schwer, eine vollständige Toleranz gegen sie zu induzieren. Hauptursache ist, daß vor allem intakte Bakterien und Viren partikulär mit vielen Antigenkopien und damit von hoher Antigenität sind. Konsequenterweise kann bei ihnen ein (teilweise) toleranter Zustand nur erreicht und aufrechterhalten werden durch wiederholte Injektion des Antigens (Weigle 1973).

Neonatal

Beispiele für eine *Tolerisierung* von neugeborenen Tieren, um MAK mit gewünschter Spezifität gegen lösliche bzw. zelluläre Antigene zu erhalten, sind:

1. Bereits mit einer Gabe von 0,5 μg *Phosphorylcholin* kann eine komplette und lang anhaltende Toleranz in neonatalen Mäusen induziert werden (Golumbeski und Dimond 1986). Im Gegensatz hierzu sind Milligramm-Mengen Rinderserumalbumin notwendig, um einen ähnlichen Zustand zu erreichen. Die notwendige Menge Tolerogen kann daher nicht leicht vorhergesagt werden. In welchem Maße die Effizienz der Tolerisierung von dem Molekulargewicht des Tolerogens abhängt, ist unklar.
2. Nach Immunisierung mit β-Glucosidase aus Dictyostelium discoideum wurden nur MAK gefunden, die mit einem gemeinsamen, besonders immunoge-

nen Epitop reagieren, das auf allen lysosomalen Enzymen von Dictyostelium vorhanden ist (Golumbeski und Dimond 1986). Balb/c Mäuse wurden daraufhin mit N-acetylglucosaminidase (es hat das gleiche dominante Epitop) neonatal toleriziert. Die erwachsenen Tiere wurden mit β-Glucosidase geboostet und es wurden bei den daraus produzierten Hybridome nur noch solche gefunden, die mit dem dominanten Epitop nicht kreuzreagierten.
3. Zur Produktion von tumorspezifischen MAK machten Hanai et al. (1986) und Yoshida und Hanai (1985) zuerst Balb/c Mäuse mit einer einmaligen Gabe von normalem humanen Lungengewebe (8×10^5 Zellen bzw. 2-8 mg Protein pro Maus) tolerant. Die eigentliche Immunisierung wurde anschließend mit humanem Lungentumorgewebe durchgeführt, $2-5 \times 10^6$ Zellen wurden den 8 Wochen alten Tieren in Aluminiumhydroxid-Gel appliziert. Die aus solchen Tieren gewonnenen MAK waren tumorspezifisch.

Material

Wie für die intrasplenische Immunisierung (Kap. 3.4.2), zusätzlich eine Rotlichtlampe (Kaufhaus).

Vorgehen

1. Die Mausweibchen zu einem definierten Zeitpunkt befruchten lassen: Da der Zyklus nur 4 Tage beträgt, wird zu 5 Weibchen ein Männchen für eine einzige Nacht (Dienstag auf Mittwoch) zugesetzt. Nach erfolgter Befruchtung dauert es exakt 21 Tage bis zum Wurf der Jungtiere. Bereits nach etwa 10 Tagen ist die Schwangerschaft deutlich sichtbar. Mit dieser Methode ist garantiert, daß der Wurf in der Woche und nicht am Wochenende zur Welt kommt.
2. Erst nachdem der gesamte Wurf zur Welt gekommen ist, und das Weibchen die Nachgeburt aufgefressen hat, kann die Immunisierung der Jungtiere durchgeführt werden. Alle Jungtiere werden aus dem Käfig genommen und unter eine Rotlichtlampe gelegt, hiermit wird eine Unterkühlung verhindert.
3. Den Tieren wird i. p. jeweils maximal 50 µl antigenhaltige physiologische Kochsalzlösung injiziert. Dies gelingt nur dann gut, wenn man über sehr ruhige Hände und viel Geduld verfügt! Nach dem Herausziehen der Kanüle muß evtl. austretende Flüssigkeit abgetupft werden. Kommt es zu einer Blutung, so sollte diese von einem Helfer mit einem Tropfen eines Wundklebers gestoppt werden. Unmittelbar nach der Antigengabe werden die Jungen wieder zum Muttertier gegeben. Tiere, bei denen offensichtlich ein größerer Teil der Antigenlösung wieder ausgetreten ist, sollten aus dem Versuch genommen werden, denn bei ihnen ist der Tolerisierungserfolg zu ungewiß.
Die Antigendosen sollten sehr hoch sein, wenn möglich 10-50 µg/Tier bei durchschnittlichen Immunogenen.

4. Die mit der ersten Immunisierung induzierte Toleranz muß in regelmäßigen Abständen wieder aufgefrischt werden, am besten durch Injektionen nach 1, 2 und 3 Wochen, anschließend in monatlichen Abständen.
5. Bei der eigentlichen Immunisierung sollte das Tolerogen gleichzeitig mit dem Antigen appliziert werden.

Bei adulten Tieren

Grundsätzlich können auch adulte Tiere tolerant gemacht werden, im einfachsten Fall durch Gabe besonders hoher Antigendosen (high zone tolerance). Phosphorylcholin wurde von Quintans und Quan (1983) an Maus-IgG (MGG) gekoppelt. Mit Dosen von 0,5 bis 10 µg konnte Toleranz bis zum Alter von etwa 9 Monaten induziert werden. Derart tolerisierte Mäuse machten gegen TNP-MGG noch Antikörper und vice versa.

Oral

In der Regel gibt es eine spezifische Immunsuppression gegen Antigene aus der Nahrung. Diese wichtige Funktion des Darm-assoziierten Immunsystems erzeugt „orale Toleranz", die den Organismus vor Allergien gegen Nahrungsmittel bewahrt (Kagnoff 1980; Ngan und Kind 1978; Richman et al. 1978). Die neonatale Einführung von Protein-Antigenen in den Gastrointestinaltrakt von Mäusen führt normalerweise dosisabhängig zur Toleranz, einer spezifischen, systemischen Immun-Minderantwort.
    Wenn z. B. Mäuse mit 20–25 mg Ovalbumin gefüttert werden, erfolgt eine Unterdrückung sowohl der humoralen wie der zellulären Immunität. Hingegen wird durch Verabreichung von nur 2 mg ausschließlich die zelluläre Immunität beeinträchtigt.

Beginn der Toleranz

Die in vivo Toleranzinduktion erfolgt nicht unmittelbar nach der Gabe des Tolerogens, sondern entwickelt sich allmählich. So dauert in Mäusen die Entwicklung der Toleranz gegen RSA etwa 24 Stunden, ist allerdings leicht unterschiedlich für T- und B-Zellen.

Aufrechterhaltung der Toleranz

Wenn ein toleranter Zustand bei neonatalen Tieren durch Injektion großer Antigendosen induziert wird, so kann dieser Zustand durch wiederholte Injektion von kleinen Dosen im adulten Zustand aufrechterhalten werden (Weigle 1973). Ohne weitere Injektionen des Tolerogens erlangt das Tier allmählich wieder seinen immunkompetenten Status.

Literatur

Dresser DW (1986) Immunization of experimental animals. In: Weir DM (ed) Handbook of experimental immunology. Blackwell Scientific, Oxford, pp 8.1-8.21

Golumbeski GS, Dimond RL (1986) The use of tolerization in the production of monoclonal antibodies against minor antigenic determinants. Anal Biochem 154: 373-381

Gruber F (1975) Immunologie der Versuchstiere, Verlag Paul Parey, Berlin, Hamburg

Hanai N, Shitara K, Yoshida H (1986) Generation of monoclonal antibodies against human lung squamous cell carcinoma and adenocarcinoma using mice rendered tolerant to normal lung. Cancer Res 46: 4438-4443

Kagnoff MF (1980) Effects of antigen feeding on intestinal and systemic immune responses. IV. Similarity between the suppressor factor in mice after erythrocyte lysate injection and erythrocyte feeding. Gastroenterology 79: 54-61

Ngan J, Kind L (1978) Suppressor T-cells for IgE and IgG in Peyer's patches of mice made tolerant by the oral administration of ovalbumin. J Immunol 120: 861-865

Richman LK, Chiller JM, Brown WR, Hanson DG, Vaz N (1978) Enterically induced immunological tolerance. I. Induction of suppressor T-lymphocytes by intragastric administration of soluble proteins. J Immunol 121: 2429-2934

Quintans J, Quan ZS (1983) Idiotype shifts caused by neonatal tolerance to phosphocholine. J Immunol 130: 590-595

Weigle WO (1973) Immunological unresponsiveness. Adv Immunol 16: 61-122

Yoshida H, Hanai N (1985) A process for preparing hybridoma cells which produce tumour specific monoclonal antibodies. European Patent Application 0156578

3.5.4 Beeinflussung der Immunantwort durch Cytostatika

H. BAUMGARTEN

Im Laufe der Immunantwort kommt es zur klonalen Proliferation von B- und T-Lymphozyten. Diese sich teilenden Zellen können durch Cytostatika wie Cyclophosphamid abgetötet werden. Damit ist es möglich, ganze Gruppen von Klonen auszuschalten, um anschließend gegen andere zu immunisieren, meist „minor antigens". Besonders für zelluläre Antigene wurde die Toleranzinduktion mit Cyclophosphamid mehrfach beschrieben.

Matthew und Sandrock (1987) verwendeten Cerebellumzellen eines neugeborenen Tieres zur Tolerisierung und Cerebellumzellen eines 11 Tage alten Tieres für die nachfolgende Immunisierung. Die so produzierten MAK banden an Tag 11 Cerebellum, nicht aber an Tag 0. Im Gegensatz hierzu konnten aus Tieren, die nicht mit Cyclophosphamid behandelt worden waren, keine differenzierenden MAK gewonnen werden. Diese Autoren empfehlen die Gabe von 40 mg Cyclophosphamid pro kg Körpergewicht am 4. Tag nach Antigengabe.

Ein weiteres Beispiel wird von Livingston et al. (1985) berichtet. Ihr Zielantigen wird auf dem BALB/c-Sarkom Meth A exprimiert. Die Induktion von AK gegen dieses Antigen erfordert mindestens 20 Immunisierungen über einen Zeitraum von 12-16 Monaten hin, ehe AK gemessen werden können. Durch die gleichzeitige Gabe von Cyclophosphamid und Adjuvantien (Monophosphoryl Lipid A und CP20,961) konnte die Effizienz der Immunisierung drastisch erhöht werden.

Die Tolerisierung durch Cyclophosphamid-Behandlung ist nicht dauerhaft. Es gelingt nur, einen ruhenden Zustand solange aufrecht zu erhalten, wie die Cyclophosphamid-Behandlung in etwa vierwöchigen Abständen erfolgt.

Literatur

Livingston PO, Jones M, Deleo AB, Oettgen HF, Old LJ (1985) The serologic response to meth a sarcoma vaccines after cyclophosphamide treatment is additionally increased by various adjuvants. J Immunol 135: 1505-1509

Matthew WD, Sandrock AW (1987) Cyclophosphamide treatment used to manipulate the immune response for the production of monoclonal antibodies. J Immunol Meth 100: 73-82

3.5.5 Beeinflussung der Immunantwort durch Maskierung besonders immunogener Epitope mit Antikörpern

H. BAUMGARTEN

Die Immunantwort richtet sich grundsätzlich gegen alle Epitope, die immunogen sind. Bevorzugt bilden sich aber solche Antikörper, die besonders gut präsentierte Epitope erkennen. Werden nun diese besonders immunogenen Epitope mit Antikörpern aus einer ersten Immunisierung komplexiert (bedeckt, maskiert), dann kann der Organismus beim zweiten Kontakt mit dem Antigen/ Antikörper Komplex einen anderen Set von Antikörpern gegen das Antigen bilden.

Die passive Immunisierung als Werkzeug zur Veränderung der Immunantwort ist seit langem bekannt. Die etwas griffigere Bezeichnung Kaskadenimmunisierung wurde erst kürzlich von Thalhammer und Freund (1984) bei der Produktion von polyspezifischen Antiseren gegen E. coli Lysate geprägt.

Benkirane et al. (1987) beschreiben eine solche Kaskadenimmunisierung am Beispiel von monoklonalen Antikörpern (MAK) gegen Thyrotropin (TSH). Dieses Protein hat ein Epitop, das besonders immunogen ist. Aus einer ersten Immunisierung in der Maus wurde nun nach Hybridisierung ein gegen dieses Epitop gerichteter MAK1 gewonnen. Komplexe aus MAK1 und TSH wurden für eine zweite Immunisierung verwendet. Die dabei produzierten MAK hatten zu MAK1 komplementäre Eigenschaften, d.h. der Ag-MAK1 Komplex muß in vivo ausreichend lange zusammengeblieben sein. Aus der zweiten Immunisierung ließ sich auch ein MAK2 gewinnen, der spezifisch mit dem Immunkomplex reagierte.

Die Stabilität solcher Ag-MAK1 Komplexe kann außerordentlich hoch sein, so konnten Ziegler-Heitbrock et al. (1986) sogar in vivo die letale Wirkung von Tetanustoxin mit einem MAK-Gemisch vollständig inhibieren.

Literatur

Benkirane MM, Bon D, Cordeil M, Delori P, Delaage MA (1987) Immunization with immune complexes: characterization of monoclonal antibodies against a TSH-antibody complex. Mol Immunol 24: 1309–1315

Thalhammer J, Freund J (1984) Cascade immunization: a method of obtaining polyspecific antisera against crude fractions of antigens. J Immunol Meth 66: 245–251

Ziegler-Heitbrock, HWL, Reiter C, Trenkmann J, Futterer A, Riethmüller G (1986) Protection of mice against tetanus toxin by combination of two human monoclonal antibodies recognizing distinct epitopes on the toxin molecule. Hybridoma 5: 21–31

3.5.6 Beeinflussung der Immunantwort für die Erzeugung bestimmter Immunglobulin-Subklassen

H. BAUMGARTEN

Durch die Wahl der Adjuvantien und durch Modifikationen des Immunisierungsschemas ist es bis zu einem gewissen Grade möglich, die Immunglobulinsubklasse der gebildeten Antikörper zu beeinflussen. So führt das in Kap. 3.4.2 angegebene Immunisierungsschema hauptsächlich zur Bildung von IgG-Antikörpern.

Mäuse, die mit parasitären Antigenen, z. B. Toxoplasma gondii, infiziert sind, bilden vermehrt Antikörper der IgG_2- und IgG_3-Subklasse, aber nur geringe Mengen IgG_1 (Goding 1983). Injektion von Toxoplasma gondii in Freund'schem Adjuvans führt allerdings zur Bildung von IgG_1-Antikörpern. Scott et al. (1984) immunisierten Mäuse mit einem 90K Glycoprotein von Trypanosoma cruzi, gefolgt von einer letalen T. cruzi Infektion. Die schützenden AK waren vom IgG_2 Isotyp. Während alle Adjuvantien außer DDAB signifikant IgG_1 boosteten, konnte nur Saponin zusätzlich IgG_2 induzieren.

Manchmal wird es auch von besonderem Interesse sein, bevorzugt IgM-Antikörper aus einer Fusion zu erhalten. Vermutlich bieten dafür in vitro oder sehr kurze Immunisierungen (< 7 Tage) besondere Vorteile, da die Fusion im Zeitraum der primären Immunantwort durchgeführt wird, in der hauptsächlich IgM-Antikörper gebildet werden.

Synthetisch hergestellte Lipopeptide bewirken in vitro und in vivo eine polyklonale Aktivierung, wobei vor allem Antikörper der Subklassen IgM, IgG_2 und IgG_3 gebildet werden.

Der Gebrauch von Aluminiumhydroxid zusammen mit dem adoptiven Transfer und der Inaktivierung von Suppressorzellen kann zur verstärkten Bildung von IgE-Antikörpern ausgenutzt werden (Tung 1983). Auch durch s. c. Gabe von TNP-HSA in Ratten oder Gabe von penicilloyliertem Rinder-Ig, FITC-markiertem Hunde-Albumin oder Pollen-Extrakten in Mäuse konnten von Ahlstedt und Bjorksten (1983) IgE-Antikörper induziert werden.

Nach Ahlstedt und Bjorksten (1983) wird durch intranasale oder perorale Antigengabe vor allem die Bildung von IgA, weniger von IgE, induziert. Colwell et al. (1986) berichten, daß mit den Milzzellen von oral immunisierten Mäusen überwiegend MAK vom IgA-Typ produziert werden können.

Metzger und Walker (1988) beschreiben eine Methode, mit der die gewünschte Subklasse evtl. besonders leicht zu induzieren ist. Sie koppelten ihr Antigen (Lysozym) an einen monoklonalen Antikörper aus der Ratte, der gegen Maus-IgG$_{2(a+b)}$ gerichtet ist. Während bei Immunisierung mit Lysozym allein vornehmlich IgG$_1$-Antikörper (> 95%) gefunden wurden, waren bei den mit dem MAK-Antigen-Konjugat behandelten Tieren ca. 80% vom IgG$_2$-Isotyp.

Literatur

Ahlstedt S, Bjorksten B (1983) Specific antibody responses in rats and mice after daily immunization without adjuvant. Int Arch Allergy Appl Immunol 71: 293-299

Colwell DE, Michalek SM, McGhee JR (1986) Method for generating a high frequency of hybridomas producing monoclonal IgA antibodies. Meth Enzymol 121: 42-51

Goding JW (1983) Monoclonal antibodies: Principles and practice, Academic Press, London, New York

Metzger DW, Walker WS (1988) In vivo activation of quiescent B cells by anti-immunoglobulin. J Immunol Meth 107: 47-52

Scott MT, Bahr G, Moddaber F, Afchain D, Chedid L (1984) Adjuvant requirements for protective immunization of mice using a Trypanosoma cruzi 90K cell surface glycoprotein. Int Arch Allergy Appl Immunol 74: 373-377

Tung AS (1983) Production of large amounts of antibodies, nonspecific immunoglobulins, and other serum proteins in ascitic fluid of individual mice and guinea pigs. Meth Enzymol 93: 12-23

4 Blutentnahme und Präparation von Zellen

4.1 Blutentnahme bei Versuchstieren

4.1.1 Blutentnahme bei der Maus

A. WIGGENHAUSER

Bei der lebenden Maus (ca. 20 g) kann unter Narkose wiederholt bis zu 0,2 ml und einmalig ungefähr 0,7 ml venöses Blut aus dem Plexus retroorbitalis (genauer: „plexus retrobulbaris") entnommen werden (siehe a).

Blutentnahmen aus der Jugularvene, der abdominalen Aorta oder dem Herzen sind mit chirurgischen Eingriffen verbunden und sollten nur zur Entnahme größerer Mengen Blut am Ende eines Experiments durchgeführt werden.

Ebenfalls zur Blutentnahme eignen sich die Schwanzvenen (siehe b).

Material

a) Ether zur Narkose   z. B. Merck Nr. 921
   Pasteurpipetten   z. B. Brand Nr. 747715
   Einmal-Micropipetten 5 µl   Brand Nr. 709107
   Proben-(Reaktions)gefäße   Eppendorf
   „Hütchen" Eppendorf 1,5 ml   Nr. 0030102.002
   Microvette 0,3 ml   Sarstedt Nr. 16.440

b) zusätzliche Materialien
   Ethylalkohol   z. B. Merck Nr. 983
   Insulinspritze   z. B. Becton Dickinson
   0,5 × 16 mm   Nr. 040645110

a) Retroorbitale Blutentnahme

Vorgehen (siehe Abb. 7)

1. Die Maus wird in einem mit Zellstoff ausgelegten und mit einigen Millilitern Ether gefüllten Becherglas narkotisiert. Im abgedeckten Becherglas tritt bei der Maus nach 1 bis 2 Minuten die Narkose ein, sie sackt in sich zusammen.

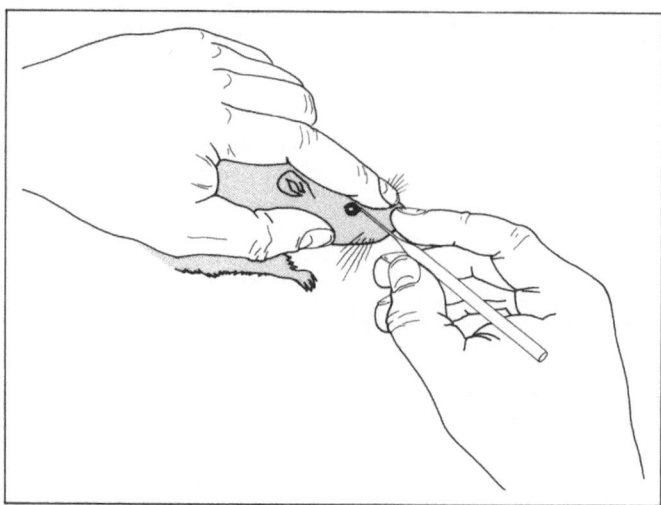

Abb. 7. Retroorbitale Blutentnahme bei der Maus

Es ist zu beachten, daß junge Tiere (jünger als 6 Wochen) und gestresste alte Tiere sofort nach Eintritt der Narkose aus dem Ethergefäß entnommen werden müssen, da sie sonst sehr schnell sterben.
2. Die Maus wird in Seitenlage auf den Tisch gelegt. Während die Handfläche den Körper der Maus auf den Tisch drückt, fixieren Zeigefinger und Daumen derselben Hand den Kopf und ziehen vorsichtig die Augenlider auseinander, bis der Augapfel deutlich hervortritt.
3. Mit der Pasteur- oder Micropipette wird in den Bindehautsack des inneren Augenwinkels am Augapfel vorbei in Richtung Augengrund eingestochen. Dabei wird die Pipette gleichmäßig unter leichtem Druck gedreht. In etwa 4–6 mm Tiefe durchsticht man die Gefäßwand (Widerstand) des Plexus.
Die Blutentnahme im äußeren Augenwinkel kann weniger kontrolliert durchgeführt werden und sollte daher wegen möglicher Hornhautverletzungen unterlassen werden.
4. Wenn der Plexus angestochen ist, sollte die Pipette ungefähr 1 mm zurückgezogen werden, damit Blut fließt. Während der Blutentnahme muß die Pipette ruhig gehalten werden. Bei Stillstand kann der Blutfluß durch eine leichte Rotations- oder Auf- und Abwärtsbewegung wieder in Gang gesetzt werden. Wenn die Pipette durch Koagulation des Blutes verstopft, wird die Blutabnahme aus dem Plexus des anderen Auges durchgeführt. Bei korrekter Blutentnahme werden bleibende Schäden am Auge vermieden!
5. Unmittelbar nach Abnahme wird das Blut in ein Probengefäß gegeben.
6. Verbleibende Blutstropfen am Auge der Maus werden mit Zellstoff abgetupft. Die Maus kratzt sich dann weniger am Auge und die Heilung erfolgt schneller.

Tiere, bei denen die Atmung ausgesetzt hat, können eventuell durch Massage des Brustkorbes revitalisiert werden.

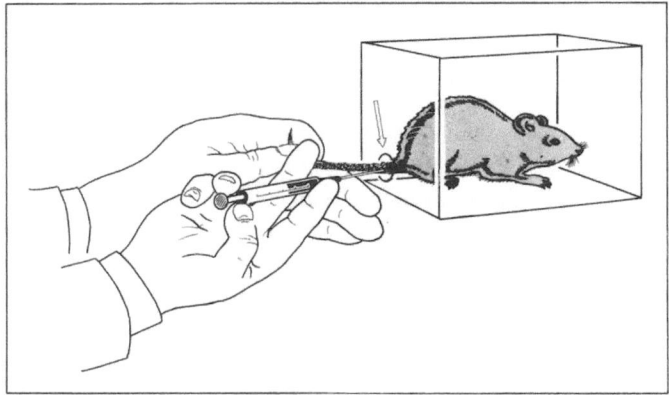

Abb. 8. Blutentnahme aus der Schwanzvene

b) Blutentnahme aus der Schwanzvene

Vorgehen (Abb. 8)

1. Der Schwanz der Maus wird entweder durch ein Loch eines Käfigs oder eines Zwangsrohrs gezogen und gestreckt.
2. Mit einem alkoholgetränkten Tupfer wird der Schwanz massiert, bis die Blutgefäße hervortreten.
3 a. Zur Blutentnahme wird entweder die Schwanzspitze der anästhetisierten Maus amputiert oder ein Blutgefäß eingeschnitten. Auf diese Weise kann bis zu 1 ml Blut gewonnen werden.
3 b. Unter sehr großem Zeitaufwand ist auch die intravenöse Entnahme kleiner Blutmengen (bis zu 0,5 ml) möglich.
   Nachdem mit Alkohol und Massage die Gefäße sichtbar gemacht worden sind, sticht man mit einer Insulinspritze im oberen Drittel des Schwanzes in das Gefäß ein und aspiriert langsam das Blut.

ACHTUNG: Blutproben aus dem retroorbitalen Plexus und der Schwanzvene unterscheiden sich deutlich im Hämatokrit und der roten und weißen Blutzellzahl, weniger im Differentialblutbild der weißen Blutkörperchen und in der Anzahl polymorpher roter Blutzellen. Blutproben aus der Schwanzvene variieren zudem bei jeder Abnahme.

Die lateralen und dorsalen Schwanzvenen haben eine erhebliche Bedeutung für die intravenöse Injektion eines Immunogens (Kap. 3.4.2).

4.1.2 Blutentnahme bei der Ratte

A. WIGGENHAUSER

Bei der Ratte kann die Blutentnahme mit denselben Techniken wie bei der Maus durchgeführt werden. Aus dem retroorbitalen Plexus werden zur Blutentnahme bei der Ratte jedoch nur Pasteurpipetten verwendet. Es können bei erwachsenen Tieren (größer 200 g) in wöchentlichen Abständen bis zu 3,0 ml, einmalig bis zu 8 ml, Blut gewonnen werden.

Beim Einstechen der Pipette im inneren Augenwinkel ist darauf zu achten, daß das 3. rudimentäre Augenlid nicht vorgefallen ist. Es muß vor dem Einstechen mit der Pasteurpipette gegebenenfalls zurückgeschoben werden.

Bei der Ratte können kleine Blutproben auch aus der oberflächlichen Vene des Mittelfußes der Hintergliedmaße gewonnen werden (siehe a).

Zur Entnahme größerer Blutmengen (5 ml) wird eine Herzpunktion durchgeführt. Da diese Technik eine hohe Mortalität zur Folge hat, empfiehlt es sich, die Herzpunktion an das Ende eines Experimentes zu setzen und anschließend das Tier zu töten (siehe b).

Zusätzliche Materialien

a) Kanüle　　　　　　　Braun Melsungen
　 0,45 × 13 mm　　　　Nr. 466545/7

b) Kanüle　　　　　　　Braun Melsungen
　 0,70 × 32 mm　　　　Nr. 465762/4

a) Blutentnahme aus der oberflächlichen Vene des Mittelfußes der Hintergliedmaße

Vorgehen (siehe Abb. 9)

1. Die Ratte wird am Kniegelenk festgehalten und der Fuß gestreckt.
2. Nach Entfernung der Haare wird die Einstichstelle mit 80%igem Ethylalko-

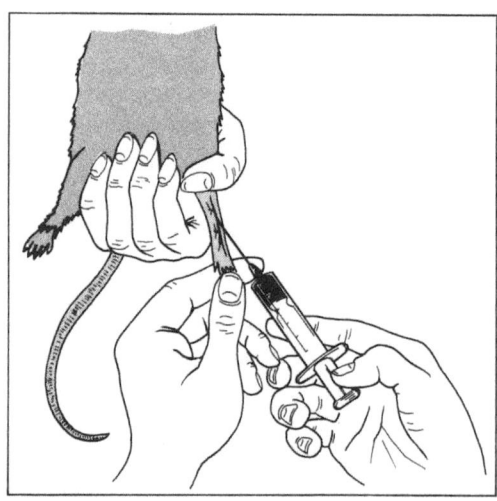

Abb. 9. Intravenöse Blutentnahme oder Injektion an den hinteren Gliedmaßen der Ratte

hol desinfiziert. Anschließend wird oberhalb der Einstichstelle die Vene mit dem Daumen gestaut.
3. Mit einer Nadel der Stärke 0,45 × 13 mm wird eingestochen und das Blut in eine Spritze aufgesogen.

Diese Vene eignet sich auch hervorragend für intravenöse Injektionen.

b) Blutentnahme durch Herzpunktion

Vorgehen

1. Die Ratte wird in einem Gefäß mit Ether narkotisiert und in Rückenlage auf einen Tisch gelegt.
2. An der rechten Brustwand wird die Stelle mit dem stärksten Herzstoß ertastet und dort die Kanüle mit einer 5 ml-Spritze in einem Winkel von ungefähr 45° zur Vertikalen des Rattenkörpers eingeführt.
3. Die Kanüle wird solange vorgeschoben, bis man bei Berührung der Kanülenspitze mit dem Herzen dessen Bewegung spürt. Dann wird die Kanüle nochmals ungefähr 0,6 mm eingeführt und gleichzeitig versucht, den Stempel der Spritze zurückzuziehen, bis Blut fließt.
4. Das Blut muß langsam aufgezogen werden (5 ml in 20 bis 60 sec).
5. Wenn die Ratte weiterleben soll, ist es wichtig, daß die Blutabnahme vor Erwachen des Tieres abgeschlossen ist, um weitere Verletzungen am Herz zu vermeiden. Hierfür wird die Nadel schnell herausgezogen und dem Tier allein in einem Käfig genügend Ruhe zur Erholung gegeben.

4.1.3 Blutentnahme beim Kaninchen

A. WIGGENHAUSER

Steht man vor der Entscheidung, entweder das Tier zu töten und dann einmalig ca. 150 ml Blut zu erhalten oder zeitversetzt mehrere kleinere Volumina zu nehmen, empfehlen wir den zweiten Weg. Üblicherweise können aus der randständigen Ohrvene beim Kaninchen alle 2-4 Wochen bis zu 50 ml Blut gewonnen werden. Größere Mengen lassen sich ausnahmsweise auch erzielen, wenn man 1-2 mal pro Woche jeweils 30 ml abnimmt. An der entstehenden Anämie darf das Tier aber nie erkranken. Sie führt zum Aussetzen der Endprodukthemmung, bei der eine hohe Konzentration von Ig die Produktion der spezifischen Antikörper blockiert. Obwohl das Blut dünner wird, steigt der Antikörper-Titer! Man erhält dadurch weit mehr als 150 ml eines hochtitrigen Serums (J. H. Peters, pers. Mitt.).

Material

Kanüle 1,2 mm Durchmesser   Braun Melsungen Nr. 816787
Rasierer bzw. Rasierklingen

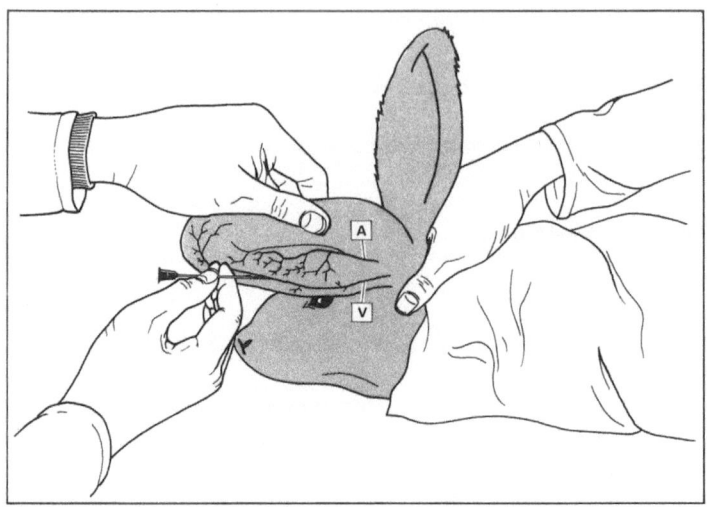

Abb. 10. Punktion der Ohrvene beim Kaninchen

Desinfektionsmittel	z. B. Merck Nr. 983
Ethylalkohol	
Xylol	z. B. Merck Nr. 808697
Zellstofftupfer	z. B. Paul Hartmann Nr. 143252/3

Vorgehen (Abb. 10)

1. Das Tier wird vorsichtig in ein Tuch gewickelt, so daß nur noch Kopf und Nacken frei bleiben. Von einem Assistenten wird das Kaninchen im Nacken festgehalten. Arbeitet man ruhig, gewöhnt sich das Tier so an den Vorgang, daß es nicht mehr, außer am Ohr, festgehalten werden muß.
2. Mit dem Rasierer wird das Haar am hinteren oberen Ohrrand entlang der Vene entfernt.
3. Mit einem in Ethylalkohol oder Xylol (Handschuhe) getränkten Zellstofftupfer wird das Ohr an der Basis kräftig massiert, bis die randständige Vene deutlich hervortritt.
4. Mit Daumen und Zeigefinger einer Hand wird nun das Gefäß gestaut.
5. Mit der anderen Hand wird die Kanüle distal der Staustelle waagerecht eingestochen und das Blut in ein Gefäß getropft. Durch Massieren der Ohrarterie in der Ohrmitte wird die Blutung begünstigt.

   ACHTUNG: Auf Injektionen reagieren einzelne Kaninchen mit heftigen Abwehrbewegungen. Deshalb sollte auf jeden Fall eine zweite Person das Tier fixieren und beruhigen.
6. Nach Entfernen der Kanüle wird die Wunde solange mit einem Tupfer zusammengedrückt, bis das Blut geronnen ist.
   Gelegentlich treten Nachblutungen auf, deshalb sollten die Tiere noch für ungefähr 15 Minuten beobachtet werden.

7. Blutstropfen auf dem Fell des Tieres sollten abgewaschen werden (siehe Kap. 4.1.1).

Die Blutentnahme ist auch aus dem retroorbitalen Plexus und am Ende eines Experimentes auch aus dem Herzen möglich.

4.1.4 Blutentnahme bei Schaf und Ziege

A. WIGGENHAUSER

Bei Schaf und Ziege eignet sich für die Blutentnahme am besten die Vena jugularis am Hals. Im wöchentlichen Abstand können bis zu 500 ml Blut gewonnen werden.

Material

Flügelkanüle
    1,8 mm Durchmesser   z. B. Braun Melsungen Nr. 467618/1
Rasierer bzw Rasierklingen
Desinfektionsmittel
    Ethylalkohol   z. B. Merck Nr. 983
Zellstofftupfer   Paul Hartmann Nr. 143252/3

Vorgehen

1. Das Tier wird mit der Hinterhand gegen eine Wand oder in eine Stallecke gestellt und in dieser Stellung von einem Helfer ruhig gehalten. Unruhige Schafe sind schwer zu halten und werden daher besser in Seitenlage auf einer Unterlage mit zwei Riemen festgehalten, die den Körper und die Beine umschlingen. Der Kopf des Tieres wird durch Umfassen des Unterkiefers nach oben gezogen, bis der Hals gestreckt ist.
2. Der Hals wird im oberen Drittel, im Bereich der Drosselrinne (von Muskelsträngen eingefaßte Vertiefung), rasiert.
3. Mit einem alkoholgetränkten Tupfer wird die glatt rasierte Stelle desinfiziert.
4. Die in der Drosselrinne dicht unter der Haut liegende Vena jugularis wird mit dem Finger oder mit einem um den Hals gelegten dünnen Strick gestaut. Die Vene tritt deutlich fühlbar, meist auch sichtbar, hervor.
5. Zunächst wird mit der Flügelkanüle vorsichtig die Wand der gestauten Vene in Richtung Kopf durchstochen. Nachdem das Blut fließt, wird die Kanüle 3-4 cm weiter ins Lumen geschoben. In dieser Position ist die Flügelkanüle fixiert. Der Blutstrahl wird in einem Becherglas aufgefangen.
6. Nach der Blutentnahme wird das Gefäß mit einem Tupfer an der Austrittsstelle des Blutes bis zur Gerinnung komprimiert.

Weiterführende Literatur

Adegke AJH, Cohen J (1986): A better method for terminal bleeding of mice. Laboratory animals 20, 70-72
Baker HJ, Lindsey JR, Weisbroth SH (1980): The laboratory rat, Vol. 2, Research applications. Academic Press, New York
Behrens H (1979): Lehrbuch der Schafkrankheiten. Verlag Paul Parey, Berlin und Hamburg
Foster HL, Small JD, Fox JG (1983): The mouse in the biomedical research, Vol. 3. Academic Press, New York
Fox JG, Cohen BJ, Loew FM (1984): Laboratory animal medicine. Academic Press, New York
Jung S (1962): Grundlagen für die Zucht und Haltung der wichtigsten Versuchstiere. Gustav Fischer Verlag, Stuttgart
Weir DM (1986): Handbook of experimental immunology in four volumes. Vol 4: Applications of immunological methods in biomedical sciences. Blackwell scientific publications

4.2 Präparation von Lymphozyten aus Milz und Lymphknoten

J. H. PETERS

In soliden lymphoiden Organen liegen die Lymphozyten dichtgepackt, zusammen mit Bindegewebe, Blutgefäßen etc. Durch Zupfen, Pressen oder Ausspritzen wird eine Einzelzellsuspension hergestellt. Durch hypotonen Schock können Erythrozyten zerstört werden, durch Adhärenzschritte kann die Zahl der Nicht-Lymphozyten in der Kultur verringert werden (nur bei der in-vitro-Immunisierung erforderlich, s. Kap. 6.3.4).

Geräte

Korkplatte zur Tierpräparation	Laborfachhandel
Präparationsbesteck	Laborfachhandel
Spritze und Kanüle	Einmalspritze 10 ml, Kanüle Nr. 12, oder 18
Gewebesieb	Bellco Cellector tissue sieve Nr. 1985 oder Edelstahl-Teesieb

Gewinnung der lymphoiden Organe

Kleine Versuchstiere (Mäuse, Ratten) werden durch Kohlensäuregas, Ethernarkose oder durch cervikale Dislokation getötet. Das Tier wird in Rückenlage auf der Präparationsplatte fixiert. Die Bauchseite wird mit 70-80% Ethanol befeuchtet.

Das Fell wird mit der Pinzette gefaßt und mit einer Präparationsschere (mit stumpfer Spitze) aufgeschnitten. Dabei wird die Haut stumpf von der darunterliegenden muskulösen Bauchdecke abgetrennt, so daß diese Schicht zunächst intakt bleibt. Das in der Mittellinie aufgeschnittene Fell wird oben und unten quer eingeschnitten, so daß es zu den Seiten geklappt und auf dem Brett fixiert werden kann.

Die Bauchdecke wird mit 80% Ethanol gespült, um daraufgefallene Haare zu entfernen. Die Bauchdecke wird durch einen senkrechten Schnitt in der Mittellinie geöffnet.

Milz

Hierfür schiebt man die Därme auf die rechte Tierseite, so daß die im linken Oberbauch liegende Milz sichtbar wird. Sie ist kleiner als die Leber, länglich, dunkelrot, während die Leber gelappt und braunrot ist. Das empfindliche Organ wird mit der Pinzette vorsichtig hochgezogen, mit der Schere von seiner bindegewebigen Verbindung abgeschnitten und in eine Petrischale mit 10 ml Medium gelegt.

Lymphknoten

Das Fell wird noch weiter als für die Präparation der Milz geöffnet. Kleine, bräunliche Lymphknoten finden sich submandibulär (seitlich unter dem Unterkiefer; zu verwechseln mit den glasiger aussehenden Speicheldrüsen), an der Verzweigung der Luftröhre, in den Achseln und der Leistenbeuge und entlang der Darmwurzel (Mesenterium).

Einzelzellsuspension

a) Ausspritzen der Milz von Maus und Ratte. Die Milz wird in eine Petrischale mit 10 ml Medium gelegt, die Spritze mit Medium gefüllt und die Kanüle vom Ende her in die Milz eingestochen. Dann wird die Milz mit Medium aufgeblasen, bis die Zellsuspension aus der Einstichöffnung oder einer verletzten Stelle herausquillt. Diese Methode gilt als die schonendste Zellpräparation.

b) Ausdrücken von Milz und Lymphknoten. Das Organ wird unter sterilen Bedingungen in einer Petrischale, die 10 ml Kulturmedium enthält, gelegt. Es wird an beiden Enden etwa 2 mm tief eingeschnitten, in der Mitte mit einer stumpfen Pinzette festgehalten und mit einem zweiten stumpfen Instrument (Pinzette, Spatel) zu den Enden hin ausgedrückt. Zum Schluß bleibt ein kleiner heller Bindegewebssack zurück. Zerfällt das Organ bei der Prozedur, werden die einzelnen Bruchstücke ausgedrückt.

c) Siebpassage, besonders für Organe größerer Tiere. Das Gewebesieb wird in eine mit 10 ml Medium gefüllte 10-cm-Petrischale gelegt. Kleine Organbruchstücke werden präpariert und mit einem stumpfen Instrument (z. B. Rückseite eines Löffel-Spatels) durch das Sieb gepreßt. Verbliebene Zellhaufen und Gewebestücke setzen sich durch Spontansedimentation im Zentrifugenröhrchen innerhalb weniger Minuten am Boden ab, während die Einzelzellen in Suspension bleiben.

Weiterführende Literatur

Glick JL (1980) Fundamentals of human lymphoid cell culture. Marcel Dekker, Inc., New York Basel
Hume DA, Weidemann MC (1980) Mitogenic lymphocyte transformation. Elsevier/North Holland, Amsterdam
Ling NR, Kay JE (1975) Lymphocyte stimulation. North Holland, Amsterdam, p 9-67
Peters JH (1975) Preparation of large quantities of pure bovine lymphocytes and a monolayer technique for lymphocyte cultivation. Meth Cell Biol 9: 1-11

4.3 Präparation von humanen Lymphozyten aus peripherem Blut, Tonsillen und Milz

A. BORGYA

Für die Herstellung von humanen monoklonalen Antikörpern können Lymphozyten aus verschiedenen Organen verwendet werden:

1. Die geringsten Erfolgsaussichten ergeben sich bei Verwendung von peripheren Blutlymphozyten. Allerdings lassen sich diese Zellen aus dem Blut gesunder Spender am einfachsten beschaffen. Neuerdings lassen sich erfolgreich die inhibitorischen Zellpopulationen aus den Blutzellen entfernen, so daß unsere Fusionsmethoden (Kap. 6.3) auf Blutzellen beruhen.
2. Bessere Erfolgsaussichten zeigen Lymphozyten aus Tonsillen, die relativ leicht z. B. über eine HNO-Klinik bezogen werden können.
3. Idealerweise kann mit einer Chirurgischen Klinik kooperiert werden, die nach Splenektomie ein Stück Milz zur Verfügung stellt.

Während die Entnahme von Blut jederzeit möglich ist und die Entnahme von Tonsillen zu festgelegten Terminen erfolgt, ist die Bereitstellung von Milzzellen nicht vorhersehbar. Die organisatorischen Schwierigkeiten sind enorm, wenn das Forschungslabor nicht in unmittelbarer Nähe der Chirurgischen Klinik liegt.

Die eigentliche Gewinnung der Lymphozyten erfolgt nach einer Gewebezerkleinerung routinemäßig mit Hilfe der Dichtegradientenzentrifugation, weitgehend nach der Originalmethode von Boyum (1968). Eine Reihe von Firmen bieten fertige Trennmedien mit einer Dichte von 1,077 g/ml an.

Präparation humaner Lymphozyten aus Blut, Tonsillen und Milz

Material

Blutbeutel	z. B. Fenwal CPDA-1 von Baxter
Trennmedien (1,077 g/ml)	z. B. Lymphozyten Trennmedium, Boehringer Mannheim Nr. 295 949
	oder
	Lymphozyten Trennmedium (LSM), Flow, Nr. 6-920-46/49/54
	oder
	Ficoll Trennmedium, Biochrom Nr. L 6113/ L 6115
	oder
	Percoll Trennmedium, Biochrom Nr. L 6133/ L 6135
Waschpuffer	0,9% NaCl-Lösung
Medium	z. B. RPMI 1640, ohne Zusätze, Biochrom Nr. F 1215 oder Boehringer Mannheim Nr. 209945
Kühlzentrifuge	z. B. Minifuge T von Heraeus Sepatech
Antibiotikalösung (100-fach Konzentrate)	Gentamycin z. B. Biochrom Nr. A 2710 oder Boehringer Mannheim Nr. 295884
	oder
	Penicillin-Streptomycin z. B. Biochrom Nr. A 2210/ A 2213 oder Boehringer Mannheim Nr. 210404

Vorgehen

Lymphozyten aus peripherem Blut

1. Freiwilligen Spendern wird aus der Armvene Blut entnommen, das in einem Blutbeutel mit gerinnungshemmendem Zusatz (Heparin, CPDA oder EDTA) aufgefangen wird. Es sollte dann umgehend weiterverarbeitet werden.
2. Das Blut wird mit einem Transferschlauch in eine sterile Glasflasche umgefüllt und mit sterilem Waschpuffer 1 : 2 verdünnt.
3. In 50 ml Zentrifugenröhrchen werden jeweils 20 ml vorgekühltes Trennmedium vorgelegt und mit je 20 ml verdünntem Blut überschichtet. Die Dichtezentrifugation erfolgt für 30 Min. bei 400 × g in der gekühlten Zentrifuge. Während die Erythrozyten und Granulozyten in das Trennmedium hineinsedimentieren, bleiben die Lymphozyten und Makrophagen über dem Trennmedium liegen und bilden eine weiße Interphasenschicht zwischen dem gelben Plasma und dem farblosen Trennmedium.
4. Diese Interphase wird vorsichtig mit einer 10 ml Pipette abgenommen und in ein 50 ml Röhrchen überführt. Das Röhrchen wird mit Waschpuffer aufge-

füllt und für 15 Min. bei 200 × g in der Kälte zentrifugiert. Das Zellsediment muß anschließend noch zweimal mit 50 ml physiologischer Kochsalzlösung gewaschen werden. Zum Schluß werden die Zellen in Kulturmedium aufgenommen, und es wird die Zellzahl bestimmt.

Lymphozyten aus Tonsillen

1. Da Tonsillen massiv mit Mikroorganismen bewachsen sind, müssen sie nach der Tonsillektomie in einer sterilen Petrischale mit reichlich Waschpuffer mehrmals gewaschen werden. Sinnvoll ist hier die Zugabe von doppelt konzentrierter Antibiotikalösung.
2. Mit einem sterilen Präparierbesteck werden die Tonsillen in kleine Stückchen geschnitten.
3. Nach Auffüllen des Röhrchens mit Waschpuffer wird für 15 Min. bei 400 × g in der Kälte zentrifugiert. Anschließend werden die Zellen noch zweimal gewaschen und gezählt (s. o.).

ACHTUNG: Tonsillen sind meistens mit Mykoplasmen infiziert. Behandlung mit Ciprofloxacin, s. Kap. 5.6.4.1.

Lymphozyten aus der Milz

Ein Milzstück (max. 5 cm^3) wird in einer mit Medium gefüllten Petrischale zerkleinert. Die weitere Verarbeitung erfolgt wie bei den Tonsillen.

Literatur

Bojum A (1968) Separation of leucocytes from blood and bone marrow. Scand J Clin Lab Invest 21: 77–85

4.4 Anreicherung von antigenspezifischen Lymphoblasten für die Fusion

H. BAUMGARTEN

Unter Immunselektion versteht man die Isolierung von Zellen mit einer bestimmten Eigenschaft aus einem heterogenen Gemisch von Zellen mit Hilfe einer immunologischen Methode. Hierfür steht eine Reihe von Methoden zur Verfügung, u.a. die Durchflußzytometrie, das Rosetting und das Panning (Basch et al. 1983).

In jedem Fall sollte zuerst eine klassische Fusion mit der Gesamtpopulation von Immunzellen (Milz, Lymphknoten etc.) durchgeführt werden. Im schlimmsten Fall werden keine, im günstigen Fall wird eine hohe Anzahl antigenspezifischer Hybridome gefunden. Darunter können viele sein, die z. B. mit einem unerwünschten Antigen kreuzreagieren. Dadurch kann der Screeningaufwand unmäßig hoch werden. Nur in solch ungewöhnlichen Fällen ist vor der Fusion eine Selektion von Immunzellen mit den gewünschten Eigenschaften und/oder eine Depletion unerwünschter Zellen sinnvoll.

Da alle Methoden zur Selektion von gewünschten B-Lymphozyten mit mehr oder weniger großen experimentellen Schwierigkeiten verbunden sind, gibt es zur Zeit keine bevorzugte Standardmethode zur Immunselektion.

Optimales B-Zell-Stadium

Für die Produktion von spezifischen Hybridomen werden Myelomzellen mit B-Lymphozyten fusioniert. B-Lymphozyten einer bestimmten Differenzierungsstufe sind hierzu besonders geeignet, die Lymphoblasten. Ruhende B-Lymphozyten wie Plasmazellen fusionieren weniger effizient (s. Kap. 6.2). Die Verwendung eines möglichst hohen Anteils antigenspezifischer Lymphoblasten ist deshalb sinnvoll, sie läßt sich durch eine entsprechende Immunisierungsmethode (s. Kap. 3.4.2) steigern.

Während für ruhende B-Lymphozyten die Expression von Membran-Ig charakteristisch ist (kaum zytoplasmatisches Ig), haben Plasmazellen praktisch nur zytoplasmatisches Ig (kaum Membran Ig). Lymphoblasten befinden sich zwischen diesen beiden Zuständen. Die Selektion von relevanten Immunzellen über Membranimmunglobuline sollte demnach nur eine partielle Anreicherung bringen. Die unten genannten Arbeiten zeigen allerdings, daß ein hoher Anteil der Lymphoblasten ausreichende Mengen von Membran-Ig exprimiert und damit selektierbar ist.

Spendeorgan

Als Quelle für die B-Lymphozyten dienen Blut, Milz und Lymphknoten. Aus Blut lassen sich zum einen nur sehr wenige spezifische Zellen isolieren und zum anderen sind die Ausbeuten an spezifischen Hybridomen erfahrungsgemäß sehr gering. Damit stellt die Milz mit ca. 1×10^8 Leukozyten (Maus) sicherlich für die meisten Fragestellungen noch die Zellquelle der Wahl dar. Es gibt allerdings Arbeiten, in denen die Verwendung von Lymphknotenzellen als besonders effizient beschrieben wird (Mirza et al. 1987). Da die Präparation von Lymphknoten der Maus relativ einfach und schnell durchzuführen ist, sollten bei unbefriedigenden Ergebnissen mit Milzzellen unbedingt auch die Lymphknotenzellen zur Fusion verwendet werden.

Größe bzw. Dichte der Zellen

Nach Stähli et al. (1983) ist bei „gut" immunisierten Mäusen der Anteil von spezifischen Lymphoblasten gegenüber Normaltieren deutlich erhöht. Diese Zellen lassen sich relativ leicht mit Hilfe der Dichtegradientenzentrifugation, z. B. mit Percoll, anreichern. Die Größenanalyse kann nach Stähli et al. (1983) durch Untersuchung mit einem Coulter-Counter ausreichend genau durchgeführt werden. Nach Erkman et al. (1987) scheint allerdings bereits die Anreicherung der Lymphoblastenfraktion die Fusionsausbeute deutlich zu erhöhen. In eigenen Experimenten wurde die Größenanalyse mit Hilfe der Durchflußzytometrie durchgeführt. Hierbei konnte kein signifikanter Zusammenhang zwischen einem erhöhten Anteil der Lymphoblasten und dem Anteil antigenspezifischer Hybridome festgestellt werden.

Panning

Verschiedene Methoden erlauben die Isolierung von Zellen aufgrund ihrer Oberflächen-Determinanten: Antigenspezifische B-Lymphozyten exprimieren Membranimmunglobuline, die sich an Antigen-beschichtete Oberflächen z. B. in Polystyrol-Röhrchen binden können. Nicht gebundene Zellen werden ausgewaschen. In gleicher Weise erfolgt die Bindung von Hapten-spezifischen Zellen an Hapten-Gelatine Gele und an Petrischalen aus Polystyrol, die mit gereinigten anti-Ig Antikörpern beschichtet sind (Mason et al. 1987). Die Effizienz dieser Methode kann durch kovalente Bindung des Antigens/Antikörpers an die Petrischale gesteigert werden (Larsson et al. 1989). Panning gehört zu den wenigen Methoden, die eine positive Selektion erlauben. Nachteilig ist am Panning allerdings, daß es für präparative Arbeiten nur bedingt geeignet ist.

Rosetting

Alternativ können Antikörper-beladene Erythrozyten verwendet werden, eine neuere Variante bedient sich Magnetpartikeln, die mit dem Antigen oder mit anti-Ig Antikörpern beladen sind (s. Kap. 10.14). Sie erlauben die Auftrennung von bis zu 5×10^8 Leukozyten in einem Ansatz bei sehr geringem zeitlichen Aufwand.

Werden schließlich Antikörper gesucht, die gegen Membranproteine gerichtet sind, bietet sich die Selektion von Milzzellen über intakte Zellen an (Barald 1987).

Durchflußzytometrie

Die bis jetzt unerreicht saubere Selektion von spezifischen Zellen erfolgt mit der Durchflußzytometrie (s. Kap. 6.7.2). Hierbei werden die gewünschten Zellen aufgrund einer spezifischen Anfärbung ihrer Membranantigene mit einem Fluoreszenzfarbstoff aussortiert. Limitierend sind die kleinen Zellzahlen. Nach Radbruch (pers. Mitteilg.) stellt die Kombination von Magnetbeadselektion im ersten Schritt und Durchflußzytometrie im zweiten Schritt die Methode der Wahl dar für die Selektion seltener B-Lymphozyten (< 1:1.000) der Maus.

Bridging von Immunzellen und Myelomzellen

Eine Bindung von spezifischen B-Lymphozyten an Myelomzellen (Bridging, Immune rosetting) vor der Fusion erhöht die statistische Wahrscheinlichkeit einer spezifischen Fusion. Damit läßt sich eine größere Anzahl gewünschter Hybridome produzieren. Verschiedene Methoden zur Herstellung einer Antigen-abhängigen Bindung wurden beschrieben, bei allen ist die kovalente Kopplung von Antigen oder Biotin an die Myelomzelle notwendig. Ausgenutzt wird die Ausbildung des Antigenrezeptors (= Immunglobulin) in der Membran der B-Lymphozyten. Die einfachste Variante wird z. B. von Kranz et al. (1980) beschrieben:

B-Zelle + Hapten-Myelomzelle.

Das spezifische Immunglobulin bindet an sein spezifisches Antigen (z. B. FITC), hier ein Hapten, und damit an die Myelomzelle.

Die Vernetzung der beiden Zelltypen über einen Hapten-Avidin-Komplex wird z. B. von Reason et al. (1987) für die PEG-Fusion und von Klausner (1984) für die Elektrofusion beschrieben:

B-Zelle + Hapten-Avidin + Biotin-Myelomzelle.

Eine kovalente Kopplung beider Zelltypen sehen Wojchowski und Sytkowski (1986) für die Elektrofusion vor:

B-Zelle-Biotin + Streptavidin + Biotin-Myelomzelle.

Welche dieser Bridging-Methoden ausgewählt wird, hängt von den vorhandenen Materialien ab, allerdings erscheint es als sinnvoll, zuerst nur mit der Markierung der Myelomzelle (Methode 1) zu beginnen.

Literatur

Barald KF (1987) Purification of antigen-specific B cells by adherence to whole-cell antigens. In: Pretlow TG, Pretlow TP (ed) Cell separation. Methods and selected applications. Academic Press, San Diego, New York pp 89–102

Basch RS, Berman JW, Lakow E (1983) Cell separation using positive immunoselective techniques. J Immunol Meth 56: 269–280

Erkman L, Soldati G, James RW, Kato AC (1987) Partial purification of lymphoblasts after in vitro immunization increases the yield in Ig-producing hybridomas. J Immunol Meth 98: 43–52

Klausner A (1984) Hopkin Lab improves hybridoma production. Bio/Technology Sept: 743–744

Kranz DM, Billing PA, Herron JN, Voss EW (1980) Modified hybridoma methodology: antigen-directed chemically mediated. Immunol Comm 9: 639–651

Larsson PH, Hed J, Johansson SGO, Persson U, Wahlström M (1989) Improved cell depletion in a panning technique using covalent binding of immunoglobulins to surface modified polystyrene dishes. J Immunol Meth 116: 293–298

Mason DW, Penhale WJ, Sedgwick JD (1987) Preparation of lymphocytes subpopulations. In: Klaus GGB (ed) Lymphocytes. A practical approach. IRL Press, Oxford, Washington, pp 35–54

Mirza IH, Wilkin TJ, Cantarini M, Moore K (1987) A comparison of spleen and lymph node cells as fusion partners for the raising of monoclonal antibodies after different routes of immunisation. J Immunol Meth 105: 235–243

Reason D, Carminati J, Kimura J, Henry C (1987) Directed fusion in hybridoma production. J Immunol Meth 99: 253-257
Stähli C, Staehelin Th, Miggiano V (1983) Spleen cell analysis and optimal immunization for high-frequency production of specific hybridoma. Meth Enzymol 92: 27-36
Wojchowski DM, Sytkowski AJ (1986) Hybridoma production by simplified avidin-mediated electrofusion. J Immunol Meth 90: 173-177

4.5 Präparation von Maus-Peritoneal-Makrophagen als Feederzellen

J. H. PETERS

Feederzellen erfüllen zwei wesentliche Aufgaben: Makrophagen entfernen durch Phagozytose die toten Zellen, die gerade bei der Selektion reichlich entstehen. Wenn eine ausgesäte Fusion nach einer Woche kaum noch tote Zellen enthält, ist dies auf Makrophagen zurückzuführen. Zusätzlich stellen sie aber lösliche Stoffwechselprodukte zur Verfügung, die die Kulturbedingungen verbessern oder sogar als Wachstumsfaktoren das Angehen der Hybridome fördern (Hlinak et al. 1987). Solche Faktoren können auch von Nicht-Makrophagen freigesetzt werden, so z. B. von Endothelzellen. Sie werden auch kommerziell angeboten (s. Kap. 5.2). Feederzellen können auch vor der Milzentnahme derselben Maus entnommen werden, ansonsten empfehlen wir zur Verminderung des Verbrauchs von Mäusen die gleichwertigen Wachstumsfaktoren (Kap. 5.2).

Platten mit Feederzellen sollten rechtzeitig vorbereitet werden, sie können bis zu 4 Wochen im Brutschrank gehalten werden, bevor sie eingesetzt werden. Die Phasenkontrast-Beobachtung zeigt, ob sich die Zellen unvorhergesehen vermehrt haben oder ob sie infiziert sind. In beiden Fällen werden die Kulturen ausgesondert. Als Quellen von Makrophagen eignen sich:

1. Einzelzell-Suspension von Peritoneal-Makrophagen BALB/c oder NMRI. Mengenrelation: Für die Fusion einer Milz müssen Peritoneal-Makrophagen aus ca. 2 unbehandelten BALB/c-Mäusen oder aus 1 NMRI-Maus gewonnen werden.
2. Makrophagen aus der immunisierten Maus (vor Entnahme der Milz) entnehmen, dann genügt 1 Maus.
3. Mit Thioglykolat (s. Kap. 5.6.4.2) vorbehandelte 1 Maus.
4. Makrophagen aus menschlichen Blutmonozyten sind sehr geeignet. Sie werden aus menschlichen Monozyten durch Zugabe von z. B. menschlichem AB-Serum gezüchtet (8 Tage oder länger). Dagegen sind menschliche Monozyten nicht geeignet.

Tiere, Geräte, Materialien

Mäuse	BALB/c, NMRI- oder andere Mäuse
Zentrifugenröhrchen	50 ml glasklar, Greiner Nr. 210161

Medien, Reagenzien, Zellen

Medium 80/20:
80% RPMI 1640 mit
20% Medium 199   mit Earle's Salzen, Zellkulturfirmen
Serum   wie unter Zellfusion beschrieben (s. Kap. 6.2)
PBS Phosphatpuffer   ohne Calcium, Magnesium: PBS-Tabletten, Flow Nr. 28-103-05

Präparation von Maus-Peritoneal-Makrophagen

Mäuse durch cervikale Dislokation oder durch Kohlendioxyd töten, auf dem Präparationsbrett fixieren, mit 80% Ethanol übergießen, Bauchhöhle aseptisch öffnen, mit Pasteurpipette ca. 1-2 ml PBS einpipettieren, Eingeweide mit Pipette hin- und herbewegen, Flüssigkeit absaugen und in ein eisgekühltes Zentrifugenröhrchen geben, Vorgang mehrfach wiederholen. Makrophagen müssen eiskalt gehalten werden, da sie sich sonst an die Gefäßwand anheften.

Zahl der Makrophagen bestimmen (beim Zählen Lymphozyten und Erythrozyten nicht berücksichtigen, Phasenkontrast).

Zentrifugieren (10 Min., 500 × g), Sediment in HAT-Medium aufnehmen, in Kulturplatten aussäen.

Zellzahl: 10.000-15.000 Makrophagen pro Napf der Greiner Klonierungsplatte, d. h. ca. 4.000-6.000 Makrophagen / cm.

Für je eine vorgesehene Platte berechnet sich die Zellzahl: 15.000 × 24.

Zellen in 1 ml Medium je Platte aufnehmen, dann
1 Tropfen pro Napf zugeben, oder Zellen in 24 ml aufnehmen, dann
1 ml pro Napf pipettieren.

Weiterführende Literatur

Fazekas de St Groth S, Scheidegger D (1980) Production of monoclonal antibodies: strategy and tactics. J Immunol Meth 35: 1-21

Fox PC, Berenstein EH, Siraganian RP (1980) Enhancing the frequency of antigen-specific hybridomas. Eur J Immunol 11: 431-434

Hlinak A, Jahn S, Grunow R, Mehl M, Heider G, Baehr R von (1987) Optimierungsversuche zur Klonierung von Maus-Maus und Mensch-Maus-Hybridomen unter Verwendung verschiedener Feederzelltypen. Mh Vet.-Med 42: 801-804

Kennet RH, McKearn TJ, Bechtol KB (1980) (eds) Monoclonal antibodies. Hybridomas: A new dimension in biological analyses. Plenum Press New York London

Melchers F, Potter M, Warner N (eds) (1979) Lymphocyte hybridomas. Springer, Berlin Heidelberg New York

Sugasawara RJ, Cahoon BE, Karu AE (1985) The influence of murine macrophage-conditioned medium on cloning efficiency, antibody synthesis, and growth rate of hybridomas. J Immunol Meth 79/2: 263-275

5 Zellkultur

5.1 Voraussetzungen für die Zellkultur

5.1.1 Reinigen, Desinfizieren und die Vermeidung von Toxizität

J. H. PETERS

Permanente Zellinien können recht unempfindlich gegen unphysiologische Bedingungen sein, und gerade solche Linien haben sich weltweit für vielerlei Anwendungen in den Zellkulturlabors durchgesetzt, wie z. B. die HeLa-Linie. Dies hat dazu geführt, daß viele Labors erfolgreich arbeiten, auch wenn die Zellkultur-Bedingungen nicht optimal sind.

Es wird jedoch meist unterschätzt, um wieviel empfindlicher Primärkulturen und frisch etablierte Hybride auf Umwelt-Noxen reagieren. Der Hauptgrund dafür, daß es in vielen Labors nur nach ungewöhnlich langer Zeit gelingt, die Hybridomtechnik zu etablieren, liegt darin, daß schädigende Einflüsse nicht sorgfältig genug beseitigt werden.

In diesem Kapitel werden selektiv diejenigen Zellkulturbedingungen besprochen, die erfahrungsgemäß am häufigsten nicht beachtet oder fehlerhaft gehandhabt werden. Sie sollten direkt nach dieser „Checkliste" überprüft und gegebenenfalls geändert werden.

Erscheinen dennoch nach der Fusion keine Klone, so muß die Kette der experimentellen Schritte in möglichst viele Einzelschritte aufgeteilt werden, die dann einzeln ausgetestet werden. Hierfür werden im Kapitel 6.6.2 weitere Hinweise gegeben.

Reinigen und Desinfizieren

Desinfektionsmittel töten nicht nur Keime, sondern in sehr viel niedrigerer Konzentration auch Zellkulturen. Viele dieser Mittel haben flüchtige Bestandteile, die in geschlossenen Räumen wie dem Brutschrank auch auf Distanz wirken.

Die im Krankenhaus- und Laborbereich üblicherweise eingesetzten Reinigungsmittel für Fußböden, Geräte und Hände enthalten meist scharfe, oft flüchtige Desinfektionsmittel, die sehr schädlich für die Zellkultur sein können. Alle diese Mittel sollten aus dem gesamten Zellkulturbereich ferngehalten werden, mit wenigen unten genannten Ausnahmen. Die praktischen Schwierigkeiten, die Inhaltsstoffe der Reinigungsmittel herauszufinden, sind ebenso groß wie die Mühe, das Reinigungspersonal von der altgewohnten Routine abzubringen und auch immer wieder zu kontrollieren, ob die neue Regelung auch eingehalten wird. Hier wie dort ist ein Mitarbeiter mit guter Nase nützlich!

An oberster Stelle der Verbotsskala stehen Aldehyd- und Phenolverbindungen, die in den üblichen Raum-, Oberflächen- und Händedesinfektionsmitteln enthalten sind (Bundesgesundheitsamt 1984).

Azid darf nicht benutzt werden, um das Wasserbad im Brutschrank zu sterilisieren: es kann in Form von Lachgas verdunsten, Stickstoff-Wasserstoffsäure bilden oder in Verbindung mit Schwermetallen explosiv sein.

Der Fußboden sollte nur feucht gewischt werden, Schmierseife ist ein gutes und vermutlich kaum schädliches Reinigungsmittel, Procur (Kiehl) scheint sich auch zu bewähren. Moderne Reinigungs- und Desinfektionsmittel sind frei von Aldehyden und Phenolen, ihre Wirkung beruht auf der Kombination von Sauerstofffreisetzung und Tensiden, so z. B. Perform (Schülke & Mayr). Fußböden, Arbeitsflächen und Geräte können mit einem solchen Mittel behandelt werden. In jedem Fall verringert sich das Risiko, durch die Pflegemittel den Zellen zu schaden, wenn die Räume ständig aktiv durchlüftet werden.

Hände sollten nur mit Wasser und Seife gewaschen werden. Sie sollten nur desinfiziert werden, wenn man mit infektiösem Material gearbeitet hat. Die Gefahr, toxische Chemikalien zu verschleppen, wiegt schwerer als die unwesentliche Verminderung der Hautkeime durch Händedesinfektionsmittel.

Gasförmige Toxizität

Durch Verdunstung von Lösungs-, Desinfektions- und Reinigungsmitteln (Hatch et al. 1986) gelangen toxische Gase in den Brutschrank und an die belüfteten Zellkulturen. Diese Gifte mischen sich zum Smog, Ozon (Shiraishi und Bandow 1985), den Industrie-, Auto-, Tabak- und sonstigen Umweltgiften, die ohnehin den Erfolg der Zellkultur beeinträchtigen können (Zamora et al. 1983). Die Gifte führen entweder zu metabolischen Störungen (Reinders et al. 1986; Fick et al. 1984; Hahon 1983), zytogenetischen Schäden (Shiraishi und Bandow 1985; Hytoonen et al. 1983; Shimizu et al. 1984) oder zu Wachstumsverzögerung bis hin zum Zelltod (Pasanen et al. 1986; Giebel and Seemayer 1984). Der Autor konnte in einem Fall, in dem es nicht gelang, Hybridome anzuzüchten, Desinfektionsmittel, mit denen die Brutschränke gereinigt worden waren, als Ursache herausfinden, in einem anderen Fall Fußboden-Reinigungsmittel, die vermutlich Formalin-Dämpfe abgaben. In der Literatur wird immer wieder auf die Schädlichkeit von Formalin für Zellkulturen hingewiesen (Hatch et al. 1983; Harris et al. 1985; Yager 1986). Der Autor erfuhr von einem anderen Fall, in dem die Hybridomkultur versagte: Hier konnte nach mühsamer kriminalistischer Arbeit herausgefunden werden, daß in dem über dem Labor liegenden Stockwerk Räume mit Formaldehyd-Gasen desinfiziert worden waren.

Daher sollte im Bereich eines Sterillabors primär die Entstehung toxischer Gase verhindert werden. Die Ansaugöffnungen für eine Laborbelüftung von außen (nur sinnvoll, wenn die Luft sterilfiltriert wird, s. Kap. 2.2) sollten nicht in der Nähe von Abluftöffnungen liegen. In einem Fall konnte gezeigt werden, daß die zum Kühlen des Aufzugsmotors angesaugte frische Luft dabei mit toxischen Abgasen kontaminiert und bei der Abwärtsbewegung des Fahrstuhls in das Gebäude gedrückt wurde, wo sie die Zellkulturen schädigte (Cohen und Wanner 1981). Ist eine Abfuhr von Gasen nach außen nicht möglich, sollten sie in einem Arbeitskabinett mit Gasfilter (Arion Blue 8060, 8070, 8080, Frontell) gehandhabt werden, so daß schädliche Gase schon im Entstehungsbereich absorbiert werden.

Da durch solche protektiven Maßnahmen aber immer noch nicht gasförmige Umweltgifte, die schon vorher in der Luft sind, von den Kulturen ferngehalten werden, hat erstmals die Firma Heraeus die Konsequenz daraus gezogen und Brutschränke mit Entgiftungsfiltern ausgerüstet, die ein breites Spektrum schädlicher Gase von den Kulturen fernhalten (Toxifilter BB 6220 und BB 6060, Heraeus). Wenn beim Öffnen der Brutschranktür normale Raumluft in den Brutschrank gelangt ist, wird sie nach dem Schließen durch gefilterte Luft ersetzt.

Spülmittel und Glasware

Zum Spülen von Glasgeräten eignen sich nur wenige Spülmittel. Hierzu gehören:

7X und 7X-O-matic	Serva Nr. 34 205 oder Flow Nr. 76-67021 und 76-674-21
RBS-Vitro	Roth 3-0180
Deconex 20 NS	Borer über Nunc Nr. D 200
Decon 90	Decon über Zinsser

Das erstgenannte ist bei uns erprobt. Spülmittel, denen der Hinweis auf Zellkultur-Verträglichkeit fehlt, sind zumindest bis zum Beweis des Gegenteils suspekt und von den Zellkulturgeräten fernzuhalten.

Auch bei ordnungsgemäßem Vorgehen kann eine verstopfte Pipette ungespült bleiben. Eine einzige solche Pipette kann aber die gesamte Fusion verderben. Wir sind daher dazu übergegangen, bei allen mit der Fusion zusammenhängenden Zellkulturschritten bis hin zum ersten Einfrieren Plastik-Einmalpipetten zu benutzen.

Glasgeräte, die in der Zellkultur benutzt werden, dürfen nicht für andere (chemische) Zwecke benutzt werden. Sie sind als Zellkultur-Material zu markieren und getrennt von anderer Glasware zu lagern und zu spülen.

Desinfizieren von biologischem Material und Laborgegenständen (s. auch Wallhäußer 1984)

Beim Umgang mit infektiösem Material, wozu auch potentiell infektiöses Material wie z.B. Blut und Zellkulturen gehören und besonders solches menschlichen Ursprungs (Grizzle und Polt 1989), muß nicht nur jeder biologische Abfall autoclaviert, sondern auch das wiederverwendbare Gerät (z. B. Glaspipetten) schon beim Einweichen desinfiziert werden. Daher enthält das Einweichwasser Spülmittel (s. o.) und Chlorbleichlauge oder Wasserstoffperoxid:

Chlorbleichlauge 0,7%	Natrium-Hypochlorit-Lösung 13-14%ig, z. B. Merck Nr. 5614, davon 5%, d. h. Endkonzentration 0,7% (zulässige Schwankungsbreite 0,5-1%, (WHO 1983)).
oder	
Wasserstoffperoxid 1%	z. B. technisches H_2O_2 35%ig, Merck Nr. 8556, davon 2,86%, d. h. Endkonzentration 1%.

Zusätze zum Wasserbad: Kupfer (metallisch oder Kupfersulfat) oder Silber (Wasser-Entkeimungstabletten Micropur MT1, Katadyn) sind die einzigen erlaubten Zusätze im Wasserbad des Brutschranks.

Brutschrank: Zum Reinigen des Brutschrankes eignet sich 70-85% Ethanol oder Isopropylalkohol, zum Entkeimen eine 10%ige Kupfersulfat-Lösung. Läßt man den Kupfersulfatfilm antrocknen, so bleibt der Innenraum solange keimabweisend, bis ablaufendes Kondenswasser den Film abwäscht. Die obengenannten Verbote flüchtiger Desinfektionsmittel gelten am strengsten für Brutschränke. Formalin, Phenol und Azid sind im Brutschrank absolut verboten. Formalin kann kaum wieder vollständig aus dem Brutschrank entfernt werden; in einem dem Autor bekannten Fall mußte der Brutschrank sogar ausrangiert werden, da er seine Toxizität nicht mehr verlor.

Die Möglichkeit, den Brutschrank durch einen UV-Strahler keimfrei zu machen, sollte nicht ganz vergessen werden. Gegen diese Methode wird meist eingewandt, daß die UV-Strahlen verborgene Winkel nicht erreichen: in Edelstahlschränken werden die Strahlen aber vielfach reflektiert und erreichen nur sehr verborgene Bereiche nicht. Das gummiummantelte Kabel des UV-Strahlers sollte eng mit Kupferdraht umwickelt werden.

5.1.2 Plastikware, Wasser, Medien, Seren und Zusätze

J. H. PETERS

Lagerung von Plastikartikeln

Plastikartikel müssen in ihrer Verpackung, aber in offenen oder gut belüfteten Schränken verwahrt werden. Aus Spanplatten hergestellte Möbel geben über lange Zeit Formaldehyddämpfe ab, die Plastikartikel stark toxisch und damit unbrauchbar machen können, wobei Formaldehyddämpfe auch den verschweißten Plastikbeutel durchdringen.

Wasserqualität

Das zum Herstellen von Pufferlösungen und von Medien benutzte Wasser ist von ausschlaggebender Bedeutung für die Fusionsausbeute. Reinstwasser wird immer in mehreren Stufen hergestellt: Dem Ionenaustausch-Prozess oder der umgekehrten Osmose wird als zweite Stufe entweder die doppelte Destillation oder die Patronenaufbereitung des Wassers angeschlossen. Ohne auf die technischen Einzelheiten der Wasseraufbereitung detailliert eingehen zu können, sollen hier die für den Anwender wichtigsten Kriterien besprochen werden.

Demineralisiertes Wasser

Die Qualität des demineralisierten Wassers, das mit Hilfe von getrennten Kationen- und Anionenaustauschern oder Mischbett-Ionenaustauschernpräpariert wird, hängt sehr von der regelmäßigen Wartung, d. h. der Regeneration der Austauschersäulen, ab. Es liegt daher beim Anwender, dies zu überwachen.

Bidestillation

Eine Glasdestille liefert zwar kein Wasser mit höchstem Widerstandswert (entspricht geringster Leitfähigkeit), aber dennoch meist beste Qualität für die Zellkultur. Destillen mit Heizspiralen aus Metall sind unbrauchbar. Dagegen sind die aus dem Quarzglas austretenden Ionen nicht schädlich. Die Anlage muß aber in regelmäßigen Abständen gereinigt werden. Je sauberer das Speisewasser ist (möglichst entionisiertes Wasser), desto seltener muß die Bidestille gereinigt werden.

Patronenkolonne

Eine Patronenanlage reinigt das zum Einspeisen benutzte entionisierte Wasser in mehreren hintereinandergeschalteten Stufen weiter. Im Mischbettaustauscher werden weitere Ionen entfernt, in einer Adsorptionssäule organische Bestandteile entfernt (Bendlin 1989). Schließlich wird das Wasser sterilfiltriert. Ein Meßinstrument zeigt den erzielten Widerstandswert (den reziproken Wert der Leitfähigkeit) des Wassers an: er sollte 16–17 Megaohm erreichen. Dieser Meßwert gibt aber nicht an, ob organische Bestandteile erfolgreich eliminiert worden sind, ob das Sterilfilter noch intakt ist oder ob im ableitenden Wasserschlauch Keime wachsen, die Endotoxine freisetzen können. Endotoxine (Pyrogene) sind zwar meist für die Zellkultur nicht schädlich, stellen aber einen Unsicherheitsfaktor dar. Sie können durch eine der Patronenkolonne angefügte Ultrafiltrationsstufe mit einem Ausschluß von 10 000 Dalton oder durch Destillation entfernt werden (Williams 1989).

Diese Hinweise sollen darauf aufmerksam machen, daß die meßtechnische Wasserqualität nicht mit der biologischen identisch ist. Daher muß auch „ultrareines" Wasser erst auf seine Eignung für die Zellkultur getestet werden.

Lagerung und Benutzung von Wasser

Hochreines Wasser ist ein starkes Lösungsmittel und extrahiert aus Plastik- wie aus Glasgefäßen innerhalb von Stunden signifikante Materialmengen. Wenn es unverschlossen gelagert wird, nimmt es Kohlendioxyd der Luft auf und erreicht pH 5. Daher sollte nur frisch hergestelltes Wasser benutzt werden. Es sollte direkt in denselben Glaskolben (Borosilikat-, Quarzglas) gezapft werden, in dem das Medium anschließend angesetzt wird. Dieser Glaskolben wird ausschließlich für diesen Zweck benutzt und anschließend wieder nur mit Reinstwasser, nicht mit Spülmitteln, ausgespült.

Wer sich seine Medien selbst ansetzt, sollte verschiedene Wasserqualitäten aus Nachbarlabors, aus der Apotheke (Ampullenwasser) oder von Firmen (Biochrom) besorgen, dann aus Pulver Medien ansetzen und in einer Testfusion (s. Kap. 6.6.2) festzustellen, welches Wasser am besten geeignet ist.

Medien

Fertig gekaufte Medien umgehen die Schwierigkeiten, die man mit der Wasserqualität haben kann, so daß es immer lohnt, mit fertig gekauften Medien zu beginnen. Erst später wird man dazu übergehen, sich sein Medium aus Pulver selbst anzusetzen.

Trockenmedium ist aber auch alterungsabhängig: Es sollte in Originalverpackung nicht länger als 6 Monate im Kühlschrank aufbewahrt werden. Der Inhalt einer geöffneten Packung altert noch schneller; sie sollte vor dem Verschließen mit Stickstoff begast oder zusammen mit Trockenmittel in Plastikfolie eingeschweißt werden.

Es empfiehlt sich für Hybridomkulturen nicht, Medium aus 10-fach-Konzentrat herzustellen: Konzentrate sind zusätzlich angesäuert und enthalten daher zuviel Säure, bzw. nach der Neutralisation durch Zugabe von Alkali eine zu hohe Salzkonzentration.

Lagerung von Medien

In der Kälte sind Medien ohne Serum für maximal 6 Monate lagerfähig, mehrfaches Erwärmen verringert ihre Qualität. Sie können nicht eingefroren werden, da sich unlösliche Präzipitate bilden. Medien mit Serumzusatz können und sollten eingefroren werden, da Serum das Ausfällen von Calcium-Präzipitaten verhindert.

Besonders labil ist L-Glutamin, das bei 4 °C im Medium eine Halbwertzeit von 6 Wochen, bei 37 °C von 1 Woche hat (Glick 1980). Ist Serum im Medium enthalten, verkürzen sich diese Zeiten durch ein im Serum vorhandenes Glutamin abbauendes Enzym. Besteht der Verdacht, daß der Glutamin-Gehalt nicht mehr korrekt ist, kann unbedenklich die Sollmenge noch einmal zugegeben werden: Man sollte daher ständig eingefrorenes 50-fach konzentriertes L-Glutamin in der Gefriertruhe vorrätig haben.

RPMI-1640-Medium wird am häufigsten für die Aufzucht von Klonen benutzt. Reichhaltiger ist eine Mischung von RPMI-1640 mit 20% Medium 199 (J. H. Peters) (Hybridommedium, Biochrom). Dieses Medium ergibt eine höhere Klonausbeute, führt aber auch dazu, daß die Selektion etwa doppelt so lange dauert wie im RPMI-1640-Medium. Dies ist auf den Gehalt an Nukleotiden, die die Azaserin- oder Aminopterinblockade unterlaufen, zurückzuführen. Dank ihrer niedrigen Konzentration wird der Selektionseffekt aber nicht aufgehoben, sondern nur verzögert.

Serum

Jedes Serum muß vor Gebrauch auf seine Eignung für Hybridomkulturen geprüft werden. Der einfache Test besteht darin, bereits existierende Hybridome zum Testen zu benutzen (s. u.: Vorselektion von Seren). Jedoch gibt dies noch keine Antwort darauf, ob die Seren auch für die besonders anspruchsvolle und empfindliche Entstehungsphase des Hybridoms unmittelbar nach der Fusion geeignet ist. Hierfür gibt das Kapitel 6.6.2 einen Testvorschlag. Seren werden mit 10%, häufig aber auch mit 5% oder 2% eingesetzt (Dalili und Ollis 1989).

Beim Wechseln der Serumcharge kann eine Adaptationsphase erforderlich sein, während derer das Hybridom noch nicht optimal wächst. Auch dies schränkt daher das Austesten von Seren mit etablierten Hybridomen etwas ein.

Entgegen der vorherrschenden Meinung ist fötales Kälberserum nicht unbedingt zur An- und Aufzucht von Hybridomen erforderlich. Wir haben nach einer Empfehlung von H. Lemke (pers. Mitteilung) erfolgreich bovines Neugeborenen-, Kälber- und sogar Serum erwachsener Rinder mit hoher Klonausbeute eingesetzt. Von 399 bei uns getesteten Serumchargen waren

55% der Chargen von fötalem Kälberserum,
59% der Chargen von Neugeborenen-Kälber-Serum,
42% der Chargen von Kälberserum und
73% der Chargen von Rinderserum

gut oder sehr gut brauchbar für die Anzucht von frisch fusionierten Hybridomen!

Von der Industrie werden schon jetzt für die Hybridomtechnik vorgetestete Serumchargen angeboten (Boehringer Mannheim, Biochrom, Sera-Lab), wobei die Seren vermutlich nur an etablierten Hybridomen getestet werden. Dabei bleibt die empfindlichste Phase der Hybridomaufzucht, die Phase unmittelbar nach der Fusion, unberücksichtigt, die unsere Testfusion (Kap. 6.6.2) berücksichtigt. 1-3 Wochen nach der Fusion lassen sich die entstandenen Klone auszählen. Mit einfacheren Methoden kann man die Seren aber vorselektieren:

Vorselektion von Seren

Limiting dilution: Auch das Wachstum der benutzten Myelomlinie kann als Indikator für die Serumqualität benutzt werden: Die Zellen werden, beginnend mit 2.000 Zellen/Napf, in Halbschritten in Mikrotiterplatten über 12 Näpfe hinweg ausverdünnt. Jede Reihe erhält einen unterschiedlichen Serumzusatz. Nach einer Woche wird die Platte ausgewertet: entweder bestimmt man im umgekehrten Phasenkontrast-Mikroskop den letzten Napf mit Zellwachstum (Klonierungsausbeute, „cloning efficiency"), oder man bestimmt die Zellmenge mit Hilfe der Proteinbestimmung (Kap. 10.4.1). Es kann sich dann ergeben, daß das Serum mit der besten Klonierungsausbeute nicht identisch ist mit demjenigen Serum, das die höchste Zellzahl pro Napf bewirkt; beide sind jedoch für die Hybridomkultur brauchbar.

Die übliche Serumkonzentration ist 10%, steigert man sie auf 20%, so erhöht sich die Klonausbeute um ca. 20% (getestet an 9 Seren).

5% eines vorgetesteten Serums führen ebenfalls zu sehr guten Ergebnissen.

Polyethylenglykol (PEG)

PEG ist weder vom Molekulargewicht noch von seiner Reinheit her gut definiert, daher sollten GC-Qualitäten (s. Fusionsmethode Kap. 6.2) eingesetzt werden. Das Molekulargewicht scheint relativ unkritisch zu sein: Präparate mit Molekulargewichten zwischen 1.000 und 6.000 sind erfolgreich für die Fusion eingesetzt worden (Fazekas de St. Groth und Scheidegger 1980).

Obwohl PEG chemisch nur träge reagiert, kann es bei der Lagerung in ungelöster oder gelöster Form sowie beim Autoclavieren oxydieren. Trocken lagert man es am besten in evakuiertem Plastikbeutel, in Stickstoffatmosphäre oder mit Trockenmittel. Eine angesetzte Lösung sollte nicht länger als 2 Monate benutzt werden. Beim Lösen in Medium (ohne Serum) ermöglicht es der pH-Indikator Phenolrot, eine unerwünschte Säuerung der Lösung zu erkennen.

Autoclavieren sollte man nur die Ausgangssubstanz, nicht die PEG-Lösung. Wir verzichten sogar auf das Autoclavieren (s. Fusionsmethode Kap 6.2).

HAT

Diese Substanzkombination wird noch immer am häufigsten zum Selektieren der Hybridome eingesetzt (s. Kap. 6.1.2). Aminopterin im HAT-Konzentrat ist lichtempfindlich (Goding 1983) und auch bei $-20\,°C$ nicht sehr stabil, so daß es dort nicht länger als 6 Monate gelagert werden soll. Auch daher sollte die HAT-Selektion durch die Hypoxanthin-Azaserin-Selektion (HAz) ersetzt werden (s. Kap. 6.1.2).

5.1.3 Die Zellkultur

J. H. Peters

Brutschrank und Inkubationstemperatur

Brutschränke sollen vibrationsarm aufgestellt sein, da sonst besonders die mechanisch empfindlichen Zellen in serumfreien Kulturen leiden können (s. Kap. 7.4).

Die Temperaturmessung und -anzeige von Brutschränken ist nicht immer korrekt. Zusätzlich kann es innerhalb des Brutschrankes Temperaturgradienten geben. Es empfiehlt sich, ein eichfähiges Glasthermometer an den am meisten benutzten Platz des Brutschrankes zu legen und dann die Temperatur neu zu regeln. Für Maus-Hybridome gilt die Inkubationstemperatur von 37 °C als optimal, obwohl dies nicht der Körpertemperatur der Maus (37,9 °C) entspricht. Eine zu niedrige Temperatur kann das Entstehen von Klonen unmittelbar nach der Fusion behindern, während man für die Massenkultur die Temperatur bis auf 31-32 Grad absenken kann (eigene Beobachtung Baumgarten und Peters 1985).

pH-Kontrolle

Die CO_2-Anzeige des Brutschrankes kann dejustiert sein. Der sicherste Indikator für den pH des Mediums ist die Farbe des pH-Indikators Phenolrot. Im physiologischen Bereich ist das Medium lachsfarben. Im sauren Bereich kann der Farbton bis zu zitronengelb gehen, im alkalischen livide („blau") sein. Da Zellen durch die Milchsäureproduktion den pH-Wert der Kultur verändern können, sollte die Begasung primär immer nach den Zellen, also der Farbe des Phenolrot-Indikators, gerichtet werden, und nur sekundär nach einem theoretischen Sollwert.

Verdunstung

Der Osmolarität des Mediums wird meist nicht genügend Beachtung geschenkt. Auch in Brutschränken neuester Bauart mit elektronischer Feuchtigkeitsregelung können die Verdunstungsverluste bei häufigem Öffnen der Brutschranktür so erheblich sein, daß das Entstehen von Hybridomen gefährdet ist. In Mikrotiter-Schalen sind besonders die randständigen Näpfe der Verdunstung ausgesetzt. Innerhalb von 4 Tagen nach der Fusion fanden wir in den randständigen Näpfen 4-6mal weniger Klone als in den mittleren Näpfen. Es empfiehlt sich daher, die randständigen Näpfe einer Mikrotiterschale nicht für die Kultur zu benutzen, sondern sie mit Wasser zu füllen. Eine Stülphaube (aus Polykarbonat: Makrolon verklebt mit Dichlormethan oder aus Glas, verklebt mit Aquarien-Kleber) schützt die Kulturen zusätzlich gegen Verdunstung und von außen kommende Keime. Derselbe Effekt wird erzielt, wenn die Kulturgefäße mit Klarsicht-Haftfolie (Haushaltsgeschäft) umklebt werden.

Negative Konditionierung von Plastikoberflächen

Werden Zellen lange in einer Plastikflasche gezüchtet, kann sich ohne erkennbaren Grund das Wachstum und die Vitalität der Zellen verschlechtern. Setzt man die Zellen in eine neue Flasche um, nehmen sie ihr Wachstum wieder auf. Daraus schließen wir, daß die Zellen eine Plastikoberfläche durch Stoffwechselprodukte nicht nur positiv, wie schon häufig beschrieben, sondern auch negativ konditionieren können.

Feederzellen

Zugabe von Feederzellen oder von wachstumsfördernden Zusätzen, wie im Kap. 4.5 und 5.2 beschrieben, ist auch eine Wachstumshilfe für etablierte Linien. Sollten auch ältere Hybridomlinien einmal unbefriedigend wachsen, so sollte man Makrophagen als Feederzellen zugeben.

Literatur

Baumgarten H, Peters JH (1985) Kultivierung von Hybridomen bei erniedrigter Temperatur. In: Peters JH, Baumgarten H, Schulze M: Monoklonale Antikörper, Herstellung und Charakterisierung. Springer Verlag Berlin Heidelberg 1985, pp 177–178

Bendlin H (1989) Erzeugung, Qualität und Analytik hochreinen Wassers. Chem Lab Betr 40: 108–111

Brooks AL, Li AP, Dutcher JS, Clark CR, Rothenberg SJ, Kiyoura R, Bechtold WE, McClellan RO (1984) A comparison of genotoxicity of automotive exhaust particles from laboratory and environmental sources. Environ Mutagen 6: 651–668

Bundesgesundheitsamt (1984) Liste der vom Bundesgesundheitsamt geprüften und anerkannten Desinfektionsmittel und -verfahren. Bundesgesundhbl 27,3: 82–91

Cohen D, Wanner RG (1981) The case of intoxicated cells – an epidemiologic note. Am J Epidemiol, 113(3): 250–253

Dalili M, Ollis DF (1989) Transient kinetics of hybridoma growth and monoclonal antibody production in serum-limited cultures. Biotech Bioengng 33: 984–990

Fazekas de St Groth S, Scheidegger D (1980) Production of monoclonal antibodies: strategy and tactics. J. Immunol Meth 35: 1–21

Fick RB jr, Paul ES, Merrill WW, Reynolds HY, Loke JS (1984) Alterations in the antibacterial properties of rabbit pulmonary macrophages exposed to wood smoke. Am Rev Respir Dis 129: 76–81

Giebel P, Seemayer NH (1984) Biologische Wirkung von atmosphärischen Feinstäuben. VIII. Impulszytophotometrische Zellzyklusanalysen an synchronisierten Kulturen syrischer Hamsternierenzellen (Linie 14-1b). Zentralbl Bakteriol Mikrobiol Hyg B 179: 406–430

Glick JL (1980) Fundamentals of human lymphoid cell culture. Marcel Dekker, New York, Basel

Goding GW (1983) Monoclonal antibodies. Principles and practice. Academic Press London New York, p 67

Grizzle WE, Polt SS (1989) Guidelines to avoid personnel contamination by infective agents in research laboratories that use human tissues. J Tissue Cult Meth 11: 191–199

Hahon N (1983) Effect of coal rank on the interferon system. Environ Res 30: 72–79

Harris CC, Willey JC, Saladino AJ, Grafstrom RC (1985) Effects of tumor promoters, aldehydes, peroxides, and tobacco smoke condensate on growth and differentiation of cultured normal and transformed human bronchial cells. Carcinog Compr Surv 8: 159–171

Hatch GG, Conklin PM, Christensen CC, Casto BC, Nesnow S (1983) Synergism in the transformation of hamster embryo cells treated with formaldehyde and adenovirus. Environ Mutagen 5: 49–57

Hytoenen S, Alfheim I, Sorsa M (1983) Effect of emissions from residential wood stoves on SCE induction in CHO cells. Mutat Res 118: 69–75

Pasanen JT, Gustafsson TE, Kalliomaeki PL, Tossavainen A, Jaervisalo JO (1986) Cytotoxic effects of four types of welding fumes on macrophages in vitro: a comparative study. J Toxicol Environ Health 18: 143–152

Reinders JH, Brinkman HJ, Mourik JH van, Groot PG de (1986) Cigarette smoke impairs endothelial cell prostacyclin production. Arteriosclerosis 6(1): 15–23

Shimizu RW, Benson JM, Li AP, Henderson RF, Brooks AL (1984) Evaluation of the genotoxicity of process stream extracts from a coal gasification system. Environ Mutagen 6: 825–834

Shiraishi F, Bandow H (1985) The genetic effects of the photochemical reaction products of propylene plus N02 on cultured Chinese hamster cells exposed in vitro. J Toxicol Environ Health 15: 531–538

Wallhäußer KH (1984) Praxis der Sterilisation: Desinfektion - Konservierung, Keimidentifizierung - Betriebshygiene. Thieme Verlag Stuttgart, New York

Williams J (1989) Pure water for biotechnology. Biotech 7: 75–76

World Health Organization (1983) Laboratory Biosafety Manual, WHO, Geneva

Yager JW, Cohn KL, Spear RC, Fisher JM, Morse L (1986) Sister-chromatid exchanges in lymphocytes of anatomy students exposed to formaldehyde-embalming solution. Mutat Res 174: 135–139

Zamora PO, Benson JM, Marshall TC, Mokler BV, Li AP, Dahl AR, Brooks AL, McClellan RO (1983) Cytotoxicity and mutagenicity of vapor-phase pollutants in rat lung epithelial cells and Chinese hamster ovary cells grown on collagen gels. J Toxicol Environ Health 12: 27–38

5.2 Zusätze zu Medien: Wachstumsfaktoren, konditionierte Medien

E. DEBUS, H. BAUMGARTEN und J. H. PETERS

In den ersten Jahren der Hybridom-Technologie wurden große Mengen von sog. Feederzellen (s. Kap. 4.5) eingesetzt, um den besonderen Anforderungen an die Medien während der in vitro Immunisierung (vgl. Kap. 6.3.2ff.), Fusionen und Klonierungen nachzukommen. Jetzt erfüllen immer mehr selektionierte Seren oder konditionierte Überstände von verschiedenen Zellen (Brodin et al. 1983) diesen Zweck. Es gibt sie als eine Reihe von kommerziell erhältlichen Zusätzen zum Kulturmedium und sie machen die lästige Arbeit des Herstellens von Feederzellen oder konditionierten Medien überflüssig. Eine Übersicht über solche Zusätze gibt die Tabelle.

Besonders kritisch ist die Kulturphase unmittelbar nach der Fusion. Wird in dieser Phase „hybridoma growth factor" (HGF) oder „human endothelial cell supernatant" (HECS) zugegeben, so wachsen erheblich mehr antigenspezifische Klone hoch als in FKS-haltigen Medien ohne HECS-Zusatz (Astaldi 1983; Pintus et al. 1983; Aarden et al. 1987), vergleichbar viele wie mit Makrophagen als Feederzellen. Nach der Etablierung lassen sich die Klone meist relativ problemlos auf Medien ohne den Zusatz dieser Wachstumsfaktoren adaptieren (s. Kap. 7.4).

Untersuchungen von Bazin und Lemieux (1989) machen wahrscheinlich, daß es sich bei dem Wirkstoff um den B-Zell Wachstumsfaktor IL-6 handelt. In der Tat konnten diese Befunde bei uns (Borgya, Hübner-Parajsz, pers. Mitteilung) mit rekombinantem IL-6 bestätigt werden: Die Etablierung und Klonierung von Hybridomzellen war mit IL-6 allen anderen von uns getesteten Zusätzen überlegen. IL-6 zeigt im Vergleich eine konstant gute Klonierungsausbeute, während die Effizienz von HECS und HCF von Klon zu Klon unterschiedlich ist (von ESG liegen uns nicht ausreichend Daten vor). Deutlich ist auch der Unterschied in der Klonierungsausbeute zwischen Klonierungen von Primärkulturen und Reklonierungen.

Zu beachten ist, daß alle Produkte nur Zusätze sind, d. h. sie werden dem Medium zusätzlich zum FKS anstelle von Makrophagen zugesetzt.

Als Vorteile dieser käuflichen Zusätze sind zu nennen:

1. Arbeits- und Zeitersparnis.
2. Geringere Infektionsgefahr, da die Produkte steril sind.
3. Kostenersparnis, wenn die Arbeitszeit, die die eigene Herstellung kostet, gerechnet wird.

Als Nachteile sind zu nennen:

1. Mögliche Chargenschwankungen.
2. Begrenzte Haltbarkeit, besonders der rekonstituierten Produkte.
3. Erhöhung des Proteingehaltes (besonders bei HECS).
4. Erhöhung des Anteils undefinierter Substanzen.

Dieser letzte Punkt muß beim Screening auf antigenspezifische Antikörper unbedingt beachtet werden. Wenn das Antigen Kreuzreaktionen mit Substanzen/Proteinen erwarten läßt, die Bestandteile des Serums oder sekretierter Proteine der einzelnen Zelltypen sind: z. B. von humanen Nabelschnurendothelzellen, Maus Ewing Sarkom und Maus-Makrophagen. Ein Beispiel hierfür wäre die Suche nach Antikörpern gegen Serumalbumin.

Die Vor- und Nachteile treffen nicht pauschal auf alle Produkte zu: IL-6 ist ein rekombinantes Protein, d. h. es ist eine definierte Substanz, während HECS undefiniert ist. Bei IL-6 ist der Proteingehalt vernachlässigbar, ESG bringt nur 0,05% mehr Serum hinzu, aber HECS 1% mehr Serum ein. Zusätz-

Tab. 6. Zusätze zu Kulturmedien, die sich für Fusionen und Klonierungen eignen

Zusatz	Herkunft			empfohlene Konzentration	Hersteller
	Spezies	Zelltyp	FKS-Gehalt		
ESG (*)	Maus	Ewing-Sarkom	2%	2,5%	1
HCF (*)	Maus	Makrophagen	2%	10%	2
HECS (*)	Mensch	Endothel (Nabelschnur-)	10%	10%	1
IL-6	Mensch	rek. Protein aus E. coli	0%	5–20 U/ml	3+4

(*) Produkte aus Zellkulturüberständen.
Hersteller: 1. Costar-Tecnomara, 2. Origen, 3. Boehringer Mannheim, 4. Genzyme.

lich sind in HECS noch humane Proteine enthalten. Ein Preisvergleich zeigt, daß bei Verwendung der vom Hersteller empfohlenen Konzentrationen der Zusatz von käuflichem HECS (10%) etwa doppelt so teuer ist wie der Zusatz von 10 Units IL-6/ml. Daher unten die Rezeptur für die eigene Herstellung von HECS.

Für ein serumfreies Medium scheint unter den käuflichen Zusätzen daher z.Zt. besonders IL-6 empfehlenswert zu sein.

Konditioniertes Medium aus humanen Nabelschnur-Endothelzellen

Material und Reagenzien

2 Arterienklemmen	
Trypsin-EDTA-Lösung	Trypsin 0,05%, EDTA 0,02%ig in Phosphatpuffer, Zellkultur-Firmen
Phosphatpuffer (PBS)	ohne Calcium, Magnesium: PBS-Tabletten, Flow Nr. 28-103-05, gelöst in Wasser, autoclaviert.

Gewinnung der Zellen

1. Menschliche Nabelschnur möglichst direkt nach der Geburt der Plazenta in voller Länge abschneiden.
2. Die Enden der Nabelschnur mit 80% Ethanol waschen.
3. Mit 10 ml-Pipette PBS durch die Blutgefäße spülen.
4. Unteres Ende mit Arterienklemme verschließen.
5. Von oben her möglichst alle 3 Blutgefäße mit Trypsin-EDTA füllen. Oberes Ende ebenfalls mit Arterienklemme verschließen.
6. Bei 37 °C 15 bis 30 Min. inkubieren, sonst bei Raumtemperatur. Transport ins Labor.
7. Vor dem Öffnen die Nabelschnur kneten, massieren.
8. Ein Ende mit Ethanol waschen, öffnen, den Inhalt in ein Zentrifugenröhrchen fließen lassen. Mit PBS oder Medium nachspülen.
9. Zentrifugieren, Sediment in Kultur nehmen.

Kultivierung

In RPMI 1640 oder Medium 80/20 (s. Kap. 6.2) plus 30% fötalem Kälberserum züchten.
Eine 175 cm^2-Zellkulturflasche ergibt etwa $4,4 \times 10^6$ Zellen.
Subkultivieren: Trypsinieren. 1/7 der Zellmenge wächst innerhalb 1 Woche wieder zur Konfluenz.

Gewinnung von konditioniertem Medium (CM)

Nach Erreichen der Konfluenz Medium abnehmen, sterilfiltrieren, Lagerung bei 4°C für ca. 1 Woche, oder Einfrieren.
Das CM wird mit 20-33% einer Hybridomkultur zugegeben.

Literatur

Aarden LA, De Groot ER, Schaap OL, Lansdorp PM (1987) Production of hybridoma growth factor by human monocytes. Eur J Immunol 17: 1411-1416
Astaldi GCB (1983) Use of human endothelial culture supernatant (HECS) as a growth factor for hybridomas. Meth Enzymol 92: 39-47
Bazin R, Lemieux R (1989) Increased proportion of B cell hybridomas secreting monoclonal antibodies of desired specificity in cultures containing macrophage-derived hybridoma growth factor (IL-6). J Immunol Meth 116: 245-249
Brodin T, Olsson L, Sjögren HO (1983) Cloning of human hybridoma, myeloma and lymphoma cell lines using enriched human monocytes as feeder layer. J Immunol Meth 60: 1-7
Pintus C, Ransom JH, Evans CH (1983) Endothelial cell growth supplement: a cell cloning factor that promotes the growth of monoclonal antibody producing hybridoma cells. J Immunol Meth 61: 195-200
van Snick J, Cayphas S, Vink A, Uytenhove C, Coulie PG, Rubira MR, Simpson RJ (1986) Purification and NH_2-terminal amino acid sequence of a T-cell-derived lymphokine with growth factor activity for B-cell hybridomas. PNAS USA 83: 9679-9683
Sugasawara R, Cahoon BE, Karu AE (1985) The influence of murine macrophage-conditioned medium on cloning efficiency, antibody synthesis, and growth rate of hybridomas. J Immunol Meth 79: 263-275

5.3 Gefrierkonservierung

5.3.1 Gefrierkonservierung von Zellen unmittelbar nach der Fusion

R. WÜRZNER, H. BAUMGARTEN und J. H. PETERS

Nach einer gelungenen Fusion ergeben sich Hybridome für 20-40 Kulturplatten (Kap. 6.2). Die damit verbundene Zellkultur- und Screeningarbeit überschreitet schnell die Arbeitskraft eines Mitarbeiters. Es ist deshalb sinnvoll, nur einen Teil der Fusion (5-10%) sofort auszusäen und den größeren Teil einzufrieren. Dies verhindert einen größeren Zellverlust durch später auftretende Infektionen und gestattet es, Aussaat-Dichte und Kulturbedingungen vorzutesten und das Screeningsystem vor einer Großaussaat zu optimieren.

Durch die Möglichkeit der Kryokonservierung kann auch dann fusioniert werden, wenn ein Verlust der Mäuse durch natürlichen Tod droht (nach 2-3 Jahren), Zellkulturarbeiten aber nicht möglich sind. Zur Sicherheit sollte auch zu verschiedenen Zeitpunkten während des Expandierens und Klonierens eingefroren werden (Kap. 5.3.2).

Obwohl bei einer Gefrierkonservierung immer Zellen sterben, wurde in unserem Labor mehrfach beobachtet, daß die Zahl der angehenden Klone bei unmittelbar nach der Fusion gefrierkonservierten Zellen höher ist als bei der direkten Aussaat. Eine Erklärung könnte darin zu finden sein, daß bei der Kryokonservierung einzelne Zellklassen unterschiedlich gut konserviert werden.

Als Einfriergefäße eignen sich z. B. 1,5 ml Plastikampullen mit Schraubverschluß oder Plastikkapillaren, die mit farbigen Kügelchen verschlossen werden. Kapillaren haben gegenüber den Ampullen den Vorteil, daß sie mit geringerem Platzaufwand gelagert werden können. Einseitig verschlossene Kapillaren sowie die als Verschluß dienenden Farbkugeln werden vor Gebrauch autoclaviert. Ampullen sollten nur mit 1 ml beschickt werden (Gesamtvolumen 1,5 ml), um die beim Auftauen entstehenden Innendrücke besser abzufangen, insbesondere dann, wenn geringe Mengen Flüssigstickstoff eindringen konnten. Aus demselben Grund werden die Kapillaren nur mit 0,25 ml gefüllt, so daß ein Zehntel des Volumens durch eine Luftblase ersetzt wird. Nach dem Abfüllen schräg halten und die Luftblase mit dem Finger in die Mitte schnippen. Für Hybridomzellen haben sich zum Einfrieren Zelldichten von 10^5 bis 10^7 (10^8)/ml bewährt.

Eine Fusion sollte generell in mehreren Kryogefäßen eingefroren werden, so daß auch kleinere Zellzahlen aufgetaut werden können. Vorsichtshalber sollten die Proben mindestens auf zwei (!) separate Stickstofftanks verteilt werden. Wertvolle Hybridomzellen sollten zusätzlich extern, z. B. bei der Messer Griesheim Cryobank in Krefeld, gelagert werden.

Um eine Schädigung der Zellen durch die Bildung von intrazellulären Eiskristallen zu verhindern, werden die Zellen in einem Einfriergemisch aufgenommen, welches ein Gefrierschutzmittel enthält. Neben Dimethylsulfoxid (DMSO), dem am häufigsten benutzten Gefrierschutzmittel (Wells und Bibb 1986), kann auch Glycerin, Polyethylenglykol (PEG) oder Glycerin in Kombination mit Polyvinylpyrrolidon (Conscience und Fischer 1985) verwendet werden. DMSO wird in einer Endkonzentration von 5–20% in serumhaltigem (10–100%) Medium eiskalt verwendet, da DMSO bei höheren Temperaturen zelltoxisch ist. Bei tropfenweiser Zugabe des Einfriermediums werden nach Dooley et al. (1982) höhere Zellüberlebensraten gefunden. Die optimale DMSO Konzentration weist auch innerhalb eines Zelltyps eine hohe Variationsbreite auf (Sawada und Terao 1986). Für Hybridome kann 10% DMSO routinemäßig verwendet werden. Zusätze von Dextran und Ficoll (Sawada und Terao 1986) oder HT (Zola und Brooks 1982) verbessern unter Umständen die Überlebensrate.

Für die Vitalität der Zellen ist der Verlauf des Einfrier- und Auftauvorgangs von entscheidender Bedeutung. Zellen sollten stetig um nur 1–2°C/Min. bis auf −30°C abkühlen, um den Zellen Gelegenheit zu geben, über Osmose ihr intrazelluläres Wasser zu verlieren. Während andere Zellen nach Abkühlung auf −30°C sofort in Flüssigstickstoff überführt werden können (Prince und Lee 1986), ist für Hybridomzellen eine weitere stetige Abkühlung (5°C/Min.) auf −80°C vorzuziehen. Diese wird nicht nur mit automatischen Einfrierautomaten, sondern auch mit einer manuellen Technik in vorgekühlten Isolierbehältern (gefütterter Briefumschlag, Styroporbox) erreicht. Sollen die

Zellen nur wenige Tage oder Wochen eingefroren bleiben, kann man sie bei $-80\,°C$ aufbewahren. Bei dieser Temperatur können die Zellen maximal ein Jahr (Patel und Brown 1984), in Flüssigstickstoff ($-196\,°C$) jedoch unbegrenzt gelagert werden. Höhere Temperaturen als $-80\,°C$ sollten vermieden werden, da einige Lipasen noch bis zu $-70\,°C$ aktiv sein können. Möglich ist auch die Aufbewahrung in der Gasphase eines Flüssigstickstofftanks ($-150\,°C$) (Peknicova und Kristofova 1985) mit einem gewissen Schutz vor äußerlicher Kontamination durch unsterilen Flüssigstickstoff.

Wenn die Kryogefäße dem Flüssigstickstoff entnommen werden, sollte in jedem Fall eine Schutzbrille (!) getragen werden, da eventuell eingedrungener Stickstoff bei Erwärmung zur Explosion der Kryogefäße führen kann. Es sollte in jedem Fall eine äußerliche Dekontamination der Kryogefäße mit Methanol stattfinden, da der Flüssigstickstoff mit Mykoplasmen, Viren oder Tumorzellen, z. B. aus geplatzten Röhrchen, kontaminiert sein könnte. Der Auftauvorgang sollte so schnell wie möglich im max. $37\,°C$ warmen Wasserbad durchgeführt werden. Nach dem Auftauen wird die DMSO-haltige Zellsuspension mit kaltem Zellkulturmedium langsam (!) ausverdünnt, um einen Zelltod durch osmotischen Schock zu minimieren. Dabei werden vor allem die ersten 3 ml (bei 1 ml Zellsuspension) langsam unter Schütteln zugetropft. Direkt nach dem Auftauen sind die Zellen empfindlich gegen eine Aussaat in zu geringen Zellkonzentrationen (Oi und Herzenberg 1980). Um die optimale Dichte der Zellkultur zu ermitteln, sollten verschiedene Zellkonzentrationen um $10^5/ml$ in Zellkulturplatten mit Feeder-Makrophagen ausgesät werden.

Material

Einfrieren

Gefrierschutzmischung	z. B. bestehend aus Zellkulturmedium mit 10% v/v Dimethylsulfoxid (DMSO) Merck Nr. 9678
Gefrierschränke	$-20\,°C$ und fakultativ $-80\,°C$
Flüssigstickstofftank	z. B. Messer-Griesheim
gefütterter Briefumschlag oder	z. B. 20×30 cm (DIN A4),
Styroporbox (Kap. 5.3.2)	beides vorgekühlt auf $-20\,°C$
Sterilfilter	z. B. Millex-GS (0,22 µm) von Millipore
Stickstoffeste Stifte	z. B. Securline Lab Marker Nr. 1401–1406 von Precision Dynamics zu beziehen über Karl Roth
oder Farbbänder	z. B. Time tape and labels von Professional Tape zu beziehen über Roland Vetter
Eisbad	
Ergänzungsausstattung: Kryoröhrchen	z. B. Nunc-Gefrierampullen mit Schraubverschluß, Nr. N 1076-1, autoklaviert, empfohlenes Füllvolumen: 1 ml

Gefrierkonservierung von Zellen unmittelbar nach der Fusion 105

oder Kunststoffkapillaren	z. B. Minitüb (Fa. Minitüb), einseitig mit Farbkugel verschlossen und autoclaviert, empfohlenes Füllvolumen: 0,25 ml
mit Farbkugeln	zum Verschließen
lange Pasteurpipetten	z. B. mit 10 cm Kapillaransatz

Auftauen

Wasserbad (37 °C)
vorgekühltes Zellkulturmedium
Methanol
Zellkulturplatten evtl. mit Feeder-Makrophagen (Kap. 4.5 und 5.2).

Ergänzungsausstattung:
vorgekühlte 15-ml-Zentrifugenröhrchen
Eisbad
Schere
lange Pasteurpipetten

Vorgehen

Einfrieren

1. Die Kryogefäße werden stickstoffest markiert (Beschriftung, Farbkugeln, Farbbänder) und auf Eis gekühlt.
2. DMSO ist zelltoxisch und damit a priori steril, es kann jedoch sterilfiltriert werden. Dies ist aber erst nach dem Mischen mit Medium möglich, weil sonst die Filtermembran aufgelöst wird.
3. Die Hybridomzellen werden gezählt und bei 200 g für 10 Min. zentrifugiert.
4. Der Überstand wird vollständig (!) dekantiert. Das Zellsediment wird aufgeschüttelt und mit der eiskalten Gefrierschutzmischung tropfenweise auf eine Zellkonzentration von 10^5-10^7 (10^8) Zellen/ml eingestellt. Diese Zellsuspension wird mit Pasteurpipetten auf die vorgekühlten Kryogefäße verteilt (Kryogefäße nicht komplett füllen, bei Kapillaren Luftblase in die Mitte schnippen).
5. Die Kryogefäße werden im vorgekühlten Isolierbehälter bei -20 °C für maximal eine Stunde und anschließend bei -80 °C mindestens 1 Stunde oder auch für Tage und Wochen gelagert. Ist ein erneutes Auftauen nicht absehbar, werden sie in Flüssigstickstoff eingefroren – mit Dokumentation des Einfrierplatzes (Kap. 5.3.4).

Auftauen

Die Kryoröhrchen werden dem Flüssigstickstoff entnommen und sofort im Wasserbad (37 °C) solange geschwenkt, bis die Zellsuspension gerade aufgetaut ist. Danach werden sie mit Methanol äußerlich dekontaminiert und sofort ins Eisbad gebracht.

Die Kryoröhrchen werden aufgeschraubt, bei Kapillaren wird die Luftblase mit dem Finger nach oben geschnippt und dieses Ende mit steriler Schere geöffnet. Die Zellsuspension wird mit einer Pasteurpipette vorsichtig aspiriert und in ein vorgekühltes 15 ml Zentrifugenröhrchen überführt.

1 ml Zellsuspension wird tropfenweise (!) mit eiskaltem Zellkulturmedium langsam verdünnt:

- 1 ml Medium über 3 Min.
- 2 ml Medium über 3 Min. und
- 6 ml Medium über 3 Min.

Nach Zentrifugation für 10 Min. bei 200 g werden die Hybridome im gewünschten Zellkulturmedium resuspendiert und ihre Vitalität (Kap. 5.7.) bestimmt. Anschließend werden sie in Zellkulturplatten überführt (verschiedene Ausplattierungsdichten!).

Hinweise zum Arbeitsschutz

Wenn die Kryogefäße dem Flüssigstickstoff entnommen werden, sollte in jedem Fall eine Schutzbrille getragen werden, da eventuell eingedrungener Stickstoff bei Erwärmung zur Explosion der Kryogefäße führen kann.

Methanol ist toxisch und darf nicht eingeatmet werden.

Literatur

Conscience JF, Fischer F (1985) An improved preservation technique for cells of hemopoietic origin. Cryobiology 22: 495–498

Dooley DC, Law P, Schork P, Meryman HT (1982) Glycerolization of the human neutrophil for cryopreservation: Osmotic response of the cell. Exp Hematol 10: 423–434

Oi VO, Herzenberg LA (1980) Immunoglobulin-producing hybrid cell lines. In: Mishell BB, Shiigi, SM (eds) Selected methods in cellular immunology. Freeman, San Francisco, p 363–365

Patel R, Brown JC (1984) Hybridoma preservation at −70°C: a simple and economical procedure for the short-term storage and individual recovery of hybridomas. J Immunol Meth 71: 211–215

Peknicova J, Kristofova H (1985) 2-step freezing of hybridomas in 96-well microculture plates. Folia Biol Prague 31: 357–359

Prince HE, Lee CD (1986) Cryopreservation and short-term storage of human lymphocytes for surface marker analysis. J Immunol Meth 93: 15–18

Sawada JI, Terao T (1986) Comparison of methods for freezing interleukin-dependent murine cell lines. J Immunol Meth 95: 203–210

Wells DE, Bibb WF (1986) A method for freezing hybridoma clones in 96-well microculture plates. Meth Enzymol 121: 417–422

Zola H, Brooks D (1982) Techniques for the production and characterization of monoclonal hybridoma antibodies. In: Hurrell JGR (ed) Monoclonal hybridoma antibodies. CRC Press, Boca Raton, p 36–38

Weiterführende Literatur

Harwell LW, Bolognino M, Bidlack JM (1984) A freezing method for cell fusions to distribute and reduce labor and permit more thorough early evaluation of hybridomas. J Immunol Meth 66: 59-67

5.3.2 Gefrierkonservierung von Hybridomzellen in Zellkulturplatten

R. WÜRZNER, H. BAUMGARTEN und M. SCHULZE

Heranwachsende Hybridome können prinzipiell zu jedem Zeitpunkt und in jeder Zellkulturplatte gefrierkonserviert und bei −80 °C über Monate gelagert werden. Dies ist insbesondere dann sinnvoll, wenn Kulturen wegen Arbeitsüberlastung oder zum Schutz vor Infektionen zeitversetzt angezüchtet werden sollen. Werden Hybridome in verschiedenen Stadien der Propagierung eingefroren, so kann bei Bedarf immer auf die zuletzt erreichte Stufe zurückgegriffen werden (Zola und Brooks 1982).

Die Vitalität nach dem Auftauen ist größer, wenn die Zellen in ihrer logarithmischen Wachstumsphase eingefroren werden. Schlecht wachsende Klone gehen nach einem Mediumwechsel und einer Verbesserung der Kulturbedingungen häufig noch in eine logarithmische Wachstumsphase über und sollten daher bis zu dieser Phase weitergezüchtet werden (Wells und Bibb 1986).

Um die Zellkulturüberstände testen zu können, ohne die Zellen wieder auftauen oder gar anzüchten zu müssen, sollten am Tage vor der Kryokonservierung die Kulturüberstände abgehoben und geordnet (z. B. in einer 96-Napf-Platte) und bei −20 °C aufbewahrt werden. Die Zellkulturplatten sollten außerdem auf infizierte Näpfe durchgesehen und eventuell vorhandene Infektionen beseitigt werden, um beim Auftauen (häufiger Medienwechsel) Infektionen nicht zu verschleppen.

Zur Kryokonservierung werden die Zellen entweder in ihren Zellkulturgefäßen belassen oder in andere überführt. Zweitere Methode ist sinnvoll, wenn ein individuelles Auftauen und Propagieren der Hybridome gewünscht wird, deren Kulturüberstände zwischenzeitlich getestet wurden. Hierzu können die einzufrierenden Zellen in mehrere separate Einfriergefäße oder in flexible Polyvinylmikrotiterplatten überführt werden, die beim Auftauen auf Eis mit einem heißen Skalpell zerschnitten werden, wobei die noch nicht benötigten Näpfe schnell wieder eingefroren werden, ohne sie aufzutauen (Patel und Brown 1984).

Um eine gleichmäßige Temperatursenkung (Kap. 5.3.1) zu ermöglichen, werden die Zellkulturplatten während des Einfrierens in eine isolierende Styroporbox gelegt.

Da nach längerer Lagerzeit sehr viele tote Zellen - darunter ein hoher Anteil der Feeder-Makrophagen - in den Näpfen sind, können zur Anzucht zusätzlich Feeder-Makrophagen zugegeben werden.

Material

Grundausstattung wie Kap. 5.3.1

Vorbereitungen zum Einfrieren

Styroporbox:
Styroporplatten 3 cm dick   Heimwerkermarkt
Styroporklebstoff   z. B. UHU POR

Aus den Styroporplatten wird eine quaderförmige Kiste mit den Innenmaßen 16 × 12 × 13 cm (Länge × Breite × Höhe) zusammengeklebt. In die Öffnung wird ein Deckel eingepaßt, der aus zwei übereinandergeklebten Styroporplatten mit a) den Maßen des inneren und b) denen des äußeren Querschnittes besteht. Die Box hat eine Kapazität für 5 Platten. Vorkühlen der Box bei $-80\,°C$.

Vorbereitungen zum Auftauen

In das in einer Sterilbank stehende Wasserbad wird ein fester Sockel eingesetzt, der auf seiner Oberfläche Rillen aufweisen sollte. In das Wasserbad (37 °C) wird soviel Wasser eingefüllt, daß die Böden der Näpfe der auf dem Sockel liegenden aufzutauenden Zellkulturplatte unterspült werden. Zellkulturmedium wird im Wasserbad (auf 37 °C) erwärmt.

Vorgehen

Einfrieren

Werden die Zellen in ihren Zellkulturplatten eingefroren, so wird das Medium in den einzelnen Näpfen möglichst weitgehend abgesaugt. Eisgekühltes Einfriermedium wird bis maximal zur Hälfte des Maximalvolumens des entsprechenden Napfes zugegeben:

- 384-Napf-Klonierungsplatte (Greiner)   ca. 1 ml
- 24-Napf-Platte   ca. 1 ml
- 96-Napf-Platte   ca. 100 µl

Werden die Zellen zur Kryopräservation transferiert, so sollte die zu beschickende Platte auf Eis vorgekühlt werden. Da Medium mit transferiert wird, muß die zuzugebende Gefrierschutzmischung höher konzentriert eingesetzt werden, um die erforderliche 10% DMSO-Endkonzentration zu erreichen.

Der Deckel der Einfrierplatte wird mit Textilband zugeklebt, um ein versehentliches Öffnen zu verhindern. Sofort anschließend wird die Platte in der vorgekühlten Styroporbox bei $-80\,°C$ eingefroren. Nach 24 Stunden können die Platten ohne Einfrierbox in der Truhe gelagert und die Box wieder verwendet werden. Empfohlen wird die Lagerung fern der Truhenöffnung, um die Zellen möglichst geringen Temperaturschwankungen auszusetzen.

Auftauen

Die Platten werden der Tiefkühltruhe entnommen, mit Methanol äußerlich dekontaminiert und nach Entfernen des Klebebandes auf dem im Wasserbad (37 °C) stehenden Sockel erwärmt. Alle Näpfe werden zügig mit 37 °C warmem Medium bis etwa 4 mm unterhalb der Oberkante aufgefüllt. Das aufgetaute Einfriermedium wird abgesaugt und erneut vorgewärmtes Medium zugegeben. Dieser Vorgang wird wiederholt, bis der gesamte Napf aufgetaut ist. Dabei dürfen die Zellen nicht mit dem aufgetauten Medium abpipettiert werden. Mit dem erneuten Auffüllen der Näpfe ist der Auftauvorgang beendet.

Hinweis zum Arbeitsschutz

Methanol ist giftig und darf nicht eingeatmet werden.

Literatur

Patel R, Brown JC (1984) Hybridoma preservation at −70 °C: a simple and economical procedure for the short-term storage and individual recovery of hybridomas. J Immunol Meth 71: 211-215

Wells DE, Bibb WF (1986) A method for freezing hybridoma clones in 96-well microculture plates. Meth Enzymol 121: 417-422

Zola H, Brooks D (1982) Techniques for the production and characterization of monoclonal hybridoma antibodies. In: Hurrell JGR (ed) Monoclonal hybridoma antibodies. CRC Press. Boca Raton, p 36-38

Weiterführende Literatur

Nakagawa S, Yoshiyuki T, Nishiura H, Isojima S (1986) Microimmunofluorescence using Terasaki plates and direct plate freezing method - rapid an reliable screening system of hybridomas. Microbiol Immunol 30: 1167-1174

Peknicova J, Landa V (1985) 2-step freezing of cells used in hybridoma technology. Folia Biol Prague 31: 340-343

Wells DE, Price PJ (1983) Simple rapid methods for freezing hybridomas in 96-well microculture plates. J Immunol Meth 59: 49-52

5.3.3 Lagern von Lymphozyten in der Kälte

J. H. PETERS

Anstatt sie zu kultivieren oder einzufrieren, können Lymphozyten auch bei Kühlschranktemperatur für mehrere Tage vital gehalten werden. Als Lagerungsmedium eignet sich

a) Lymphocyte storage medium (McCoy's 5 A Park and Terasaki modification, enthält HEPES-Puffer und 5% fötales Kälberserum, Flow Nr. 16-921), oder

b) 50% RPMI 1640-Medium und 50% Medium 199 plus 5-10% fötales Kälberserum: dieses Gemisch, das sich für viele Kulturaufgaben von Lymphozyten und Monozyten (nicht aber für die Selektion von Hybridomen) hervorragend eignet (Hovi et al. 1977), ist auch besonders günstig für die Kühlschranklagerung von Zellen einzusetzen (J. H. Peters, Originalmitteilung). Das Gemisch wird selbst angesetzt oder fertig bezogen von Biochrom (Nr. T 061). Der pH muß mit HEPES neutral oder leicht sauer eingestellt und das zum Aufbewahren benutzte Zentrifugenröhrchen fest verschlossen werden, damit das Medium nicht alkalisch wird.

Literatur

Hovi T, Mosher D, Vaheri A (1977) Cultured human monocytes synthesize and secrete alpha-2-Macroglobulin. J Exp Med 145: 1580-1589

5.3.4 Computerverwaltung von eingefrorenen Zellen

H. BAUMGARTEN

Bei der großen Anzahl von Zellpräparationen und Klonen, die im Laufe der MAK-Entwicklung kryokonserviert werden, ist eine EDV-unterstützte Lagerhaltung sinnvoll. Bis vor wenigen Jahren waren hierfür keine kommerziellen Programme verfügbar, sie mußten selbst z. B. in der Programmiersprache BASIC geschrieben werden. Dies ist heute schlichtweg Zeitvergeudung, denn komfortable Programme wie Lotus 1-2-3, Excel, Framework oder SuperCalc erlauben die direkte Eingabe von Daten ohne jede Programmierung und eine komfortable Auswertung. Bei der Speicherung größerer Datenmengen (mehrere hundert Einfrierampullen) kann allerdings der Einsatz von speziellen Datenbank-Programmen sinnvoll sein (Übersicht: CHIP 1989, 3: 328-344).

Folgende Daten sollten für jede Zellprobe festgehalten werden:

Projektname	praktischerweise der Name des Antigens, gegen das der MAK gerichtet ist
Immunogen	besonders wichtig, wenn von dem Immunogen verschiedene Modifikationen/Chargen zur Anwendung kamen
Klonname	zum sicheren Wiederfinden von Zellen ist eine aussagekräftige Nomenklatur notwendig (s. Kap. 6.10)
Kultur	Angaben zum Kulturmedium, z. B. RPMI-1640+10% FKS
Vitalität	dient zur Überprüfung der Einfrierprozedur, hier auch die Methode angeben (Trypan-Blau, Fluoreszenzmethode, s. Kap. 5.7)

Einfriermedium	z. B. 90% FKS + 10% DMSO
Einfrierplatz	Behälter, Turm, Schublade, evtl. weitere Unterteilung; bei externer Sicherung in anderen Gebäuden evtl. auch diese mit angeben
Ampullenzahl	Anzahl der identischen Ampullen einer Einfriercharge
Zellzahl	konsequent die Zellzahl pro ml und das Volumen angeben (kann nur entfallen, wenn genau 1 ml eingefroren wurde)
Sonstiges	Angabe von Besonderheiten dieses Klones, z. B. zur Spezifität, zur Verdopplungszeit, zur Produktionsleistung usw.
Bearbeiter	Angabe von Projektleiter und ausführendem Mitarbeiter

Der Verzicht auf eine derart großzügige Dokumentation eingefrorener Zellen ist kurzsichtig: Später gelingt es meist nur noch mit sehr viel Zeit und Frust (!), aus alten Unterlagen diese Daten zu ermitteln.

Diese Art der EDV-Aufzeichnung kann und darf allerdings eine Mindestbeschriftung der Einfrierampullen selbst nicht ersetzen:
Klonname, Spezifität (das Antigen) und Einfrierdatum.

Als sinnvoll hat sich erwiesen, Dateneingaben nur von einer Person durchführen zu lassen. Hierdurch wird eine konsequente Schreibweise und damit das Wiederfinden bestimmter Zellen wesentlich vereinfacht. Eingaben durch mehrere Personen sollten nur dann erfolgen, wenn das Programm – wie z. B. Oracle – die Richtigkeit der Eingaben automatisch überprüft.

(*) Excel, Framework, Lotus 1-2-3, Oracle und SuperCalc sind eingetragene Warenzeichen.

5.4 Bakterien- und Pilzinfektionen

J. H. Peters

Der sicherste Weg, das Dauerproblem der Infektionen in Kulturen zu beherrschen, liegt in der Prophylaxe. Hierzu gehören alle Regeln für steriles Arbeiten, die den Zellkultur-Büchern entnommen werden können. Das Problem liegt darin, diese Regeln auch einzuhalten. Es hat sich gezeigt, daß der beste Stimulus hierfür darin besteht, generell ohne Antibiotika-Zusatz im Medium zu arbeiten. Aufkommende Infektionen werden so am schnellsten entdeckt, infizierte Kulturen am schnellsten eliminiert, wodurch gleichzeitig auch Mykoplasmen-Kontaminationen seltener auftreten.

Penicillin und Streptomycin stellen die erste Abwehrfront dar, um dann wertvolle bakteriell infizierte Kulturen noch zu retten. Wegen ihrer niedrigen

Toxizität und ihrer hohen Wirksamkeit haben sich als Problemlöser besonders Kanamycin und Gentamycin im Zellkulturlabor bewährt. Diese Antibiotika sollte man immer vorrätig halten, um sie im Notfall einsetzen zu können. Auch sie sollte man auf keinen Fall routinemäßig dem Medium zugeben, weil dies zur Züchtung von resistenten Bakterien führen würde, wodurch man sich selbst die wichtigsten Hilfsmittel aus der Hand nimmt.

Wesentlich schwieriger sind Pilzinfektionen zu beherrschen. Die zur Verfügung stehenden Chemotherapeutika schädigen leider die Zellen häufiger als die Keime.

Daher wird man eine ersetzbare Kultur, die mit Pilzen infiziert ist, am ehesten vernichten und durch eine neue ersetzen. Wenn es sich aber um eine unersetzliche Kultur handelt, sollte man wissen, daß es eine Reihe von Methoden gibt, mit deren Hilfe man die Zellen retten kann. Sie sind alle sehr viel aufwendiger als eine einfache Behandlung mit Chemotherapeutika, aber für eine unersetzliche Hybridomkultur lohnt dieser Aufwand sehr oft.

Die folgenden Verfahrensweisen gelten also vor allem für Pilzinfektionen, obwohl sie sinngemäß auch bei Bakterien- und Mykoplasmen-Infektionen eingesetzt werden können.

Bei häufiger Kontrolle einer wachsenden Hybridomkultur im Phasenkontrastmikroskop kann man eine Infektion oft schon in ihrem Frühstadium entdecken, zu einem Zeitpunkt, wo die Hybridomzellen noch nicht von den Keimen überwuchert und evtl. getötet worden sind. Zu diesem Zeitpunkt sind die Chancen für eine der nachfolgend beschriebenen Methoden sehr viel besser als später. Man sollte die Maßnahmen dann sofort ergreifen und zumindest die Zellen einfrieren, auf keinen Fall noch einen Tag warten, um die Entwicklung der Infektion zu verfolgen oder um Gegenmaßnahmen vorzubereiten.

Welche der unten genannten Maßnahmen endgültig ergriffen wird, bleibt der Entscheidung des Experimentators überlassen. Ebenso bleibt es ihm überlassen, mehrere dieser Methoden sinnvoll miteinander zu kombinieren oder auch parallel vorzunehmen.

Gefrierkonservierung einer infizierten Kultur

Sind geeignete Gegenmaßnahmen noch nicht vorbereitet, kann die infizierte Kultur nach einer der beschriebenen Methoden (s. Kap. 5.3.1 und 5.3.2) durch Einfrieren konserviert werden. Hierdurch wird jedenfalls der vorhandene Zustand arretiert und nicht durch Verlängerung der Kulturdauer verschlechtert.

Waschen der Zellen

Für jede der unten aufgeführten Methoden ist es wichtig, einen Überschuß an Keimen zu vermeiden und daher die Keimzahl zu vermindern. Am einfachsten wird dies durch schwaches Zentrifugieren erreicht, wobei die Zellen jeweils vollständig sedimentiert werden, die Keime aber, abhängig von ihrer Größe, zu einem Teil im Überstand bleiben. Durch ein solches mehrmaliges Waschen kann die Keimzahl ganz erheblich reduziert werden, so daß die Erfolgschance für alle der unten aufgeführten Methoden vergrößert wird.

Dichtegradienten-Zentrifugation

Dichtegradienten in Stufen, wie sie auch zur Trennung von Zellpopulationen benutzt werden (Percoll, Ficoll, Ficoll-Hypaque, Albumin), eignen sich auch zur Abtrennung von Keimen. Beim Abnehmen der Banden muß darauf geachtet werden, daß die zum Abnehmen benutzte Kanüle oder Pipette nicht die Schicht, die die Keime enthält, durchstechen muß. Liegen die Zellen unterhalb der Keime, muß der Gradient von unten her abgelassen werden.

Klonieren

Ist die Keimzahl in der Größenordnung der Zellzahl, eventuell erreicht durch eine der obigen Methoden, ist es sinnvoll, die Zellen in einer Mikrotiterplatte zu klonieren. Statistisch wird es dann Näpfe geben, die Zellen, aber keine Keime enthalten. Da es aber riskant ist, infizierte und nicht-infizierte Kulturen so nah nebeneinander zu halten, sollten Näpfe mit Keimwachstum so bald als möglich erkannt und dann mit Kupfersulfat (s. Kap. 5.5) sterilisiert werden. Makrophagen, wie sie ohnehin zum Klonieren als Feederzellen eingesetzt werden, sind hier wegen der zusätzlichen Phagozytose eine sinnvolle Ergänzung.

Kokultivierung mit Makrophagen

Die von uns beschriebene Methode zur Elimination von Mykoplasmen durch Nutzung der phagozytären und antimikrobiellen Aktivität von Makrophagen (Schimmelpfeng et al. 1980) (s. Kap. 5.6.4.2) ermöglicht es auch, Bakterien und Pilze aus Kulturen zu entfernen. Es ist empfehlenswert, mehrere Näpfe parallel anzusetzen, in denen unterschiedliche Antibiotika / Chemotherapeutika eingesetzt werden.

Möglicherweise erzielt man eine Verbesserung der Reinigung, wenn man statt des üblicherweise verwandten Serums homologes, nicht inaktiviertes Serum einsetzt (Wekerle et al. 1983).

Tierpassage

Infizierte Kulturen lassen sich durch eine Tierpassage reinigen, eine Methode, die für Mykoplasmeninfektionen schon seit langem angewandt wird. Hierbei ist zu beachten, daß das Tier syngen mit den Zellen sein muß: Im Fall der Hybridomzellen aus Mäusen wird derselbe Mausstamm auch für die Tierpassage benutzt werden.

Handelt es sich um ein Hybridom aus unterschiedlichen Spezies, muß eine nackte Maus (die gleichzeitig einen Defekt in der Immunabwehr durch T-Lymphozyten besitzt) benutzt werden, da hier die Gefahr verringert ist, daß die Zellen abgetötet werden.

Die Maus wird mit Pristan vorbereitet (s. Kap. 7.2) und nach 7–10 Tagen das Zellmaterial intraperitoneal gespritzt. Nach 1–2 Wochen sollten die Zellen zurückgewonnen werden. Die Zellen vermehren sich intraperitoneal, gleichzeitig werden die Keime vernichtet. Zuweilen gehen die Zellen aber auch verloren, so daß man nicht sicher sein kann, die Zellen auch wiederzugewinnen.

Literatur

Schimmelpfeng L, Langenberg U, Peters JH (1980) Macrophages overcome mycoplasma infections of cells in vitro. Nature 285: 661–662

Wekerle H (1983) In vitro sterilisation of T lymphocyte lines infected with bacteria. J Immunol Meth 58: 239–241

5.5 Eingrenzen einer Infektion in Mehrnapfschalen

J. H. Peters

Infektionen, die zunächst nur in einem Napf einer vielnäpfigen Kulturplatte auftreten, haben die Tendenz, sich auf die Nachbarnäpfe auszubreiten. Pilze und Hefen sind gegen Chemotherapeutika und Antibiotika meist unempfindlich. Desinfektion des befallenen Napfes mit üblichen Desinfektionsmitteln und Methanol verbietet sich, da die Dämpfe die Nachbarkulturen stören können. Ethanol verdunstet zu schnell, um die Keime, besonders deren Sporen, abzutöten.

Stattdessen werden die Keime mit Kupfersulfat (ab 20 µg/ml aufwärts) abgetötet und anschließend der Napf durch eine Lage von dünnflüssigem Paraffin isoliert. Abdecken einer infizierten Kultur mit Paraffin allein, ohne die Keime abzutöten, genügt bei bakteriellen Infektionen, nicht aber bei Pilzen, die auch durch die Paraffinschicht hindurchwachsen können.

Chemikalien

Paraffin dünnflüssig   Merck-Nr. 7154
Kupfersulfat   Lösung ca. 10%ig

Vorgehen

1. Beim Durchmustern der Kulturplatte die infizierten Näpfe markieren.
2. Luftstrom der Sterilbank ausnahmsweise ausstellen, um die Ausbreitung der Keime bei geöffnetem Deckel zu verhindern.

3. Kupfersulfatlösung in die infizierten Näpfe geben. Falls der Napf schon sehr voll mit Medium ist, vorsichtig einen Teil absaugen.
4. Paraffin möglichst dick überschichten (Einmalpipette).
5. Die Kultur anschließend täglich durchmustern, da die Nachbarnäpfe schon vorher unsichtbar mitinfiziert gewesen sein können.

Weiterführende Literatur

Wallhäußer KH, Schmidt H (1967) Sterilisation, Desinfektion, Konservierung, Chemotherapie. Georg Thieme Stuttgart p 102-106

5.6 Mykoplasmen

J. H. PETERS

Mykoplasmen sind Mikroorganismen der Klasse der Mollicutes (formal richtig: Klasse der Mollicutes enthält Familie Mycoplasmataceae, darin Genus Mycoplasma und Genus Ureaplasma, und Familie Acholeplasmataceae mit Genus Acholeplasma). Sie wurden ursprünglich auch pleuropneumonia-like organisms (PPLO) genannt (Klieneberger-Nobel 1938), heute im allgemeinen Sprachgebrauch und auch hier nicht ganz korrekt zusammenfassend als Mykoplasmen bezeichnet.

Sie wachsen auf der Oberfläche von Zellen, ohne sie zu überwuchern. Meist töten sie die Zellen nicht, oft sehen die Zellen im Phasenkontrast nicht einmal krank aus. Daher bleiben die meisten Mykoplasmen-Infektionen unerkannt. Schätzungen besagen, daß 5-15% aller Permanentlinien Mykoplasmeninfiziert sind; vor wenigen Jahren lag dieser Wert noch bei über 50%.

Mykoplasmen verursachen eine bizarre Fülle von Effekten, die zu unangenehmen Artefakten und Fehlinterpretationen führen: neben dem rapiden Nährstoffverbrauch greifen sie in verschiedene Stoffwechselwege der Wirtszelle ein bis hin zur zytogenetischen Schädigung (Übersicht über die zellbiologischen Artefakte: Lang 1985, Mc Garrity et al. 1984). Immunologisch wichtig ist die Wirkung als Mitogen oder die Inhibition einer Mitogen-Stimulation (je nach Mykoplasmen-Stamm) sowie die überschießende Induktion von Interferon-Freisetzung und des sog. natural killing, wenn infizierte Linien mit Immunzellen kokultiviert werden (Birke et al. 1981). Neutrophile Granulozyten antworten auf Mykoplasmen mit einem „respiratory burst", der mit Hilfe von Chemilumineszenz nachgewiesen wird und auch als schneller Nachweistest vorgeschlagen worden ist (Bertoni et al. 1985).

Besonders wichtig sind die Störungen, die Mykoplasmen im Nukleinsäurehaushalt anrichten können: Thymidin und Hypoxanthin metabolisierende Mykoplasmen stören die HAT-Selektion, so daß auch HAT-insensitive Hybridome absterben, da sie von diesen Nukleosiden abhängig sind (Lang 1985). Dies gilt aber nicht für alle Mykoplasmen-Stämme, so daß entstehende Klone auch infiziert sein können. Thymidin ist in der HAT-Selektion zur Aufrechterhaltung der DNA-Synthese erforderlich; geht man stattdessen auf die Azaserin-Selektion über, ist es unnötig, Thymidin der Selektion zuzugeben (s. Kap. 6.1.2), so daß dieser Aspekt der Mykoplasmen-Gefährdung entfällt (Karsten und Rudolph 1985).

Thymidin degradierende Stämme führen zu einer zu geringen ^{3}H-Thymidin-Markierung von proliferierenden Zellen, da sie es abbauen, bevor es die Zellen erreicht. Andere Mykoplasmenstämme bauen Thymidin selbst so stark ein, daß es ebenfalls in zu geringer Menge die zu markierenden Zellen erreicht und je nach Aufbereitung der Proben eine zu hohe oder zu niedrige Markierung der Zellen ergibt.

Von Mykoplasmen sind bisher über 70 Arten beschrieben worden. Sie sind die einzigen Bakterien, die keine Zellwand besitzen. Sie sind leicht verformbar und schlüpfen trotz ihres Durchmessers von ca. 0,3 µm durch die Poren eines 0,2 µm Sterilfilters. Mycoplasma orale und M. salivarum befinden sich als harmlose Begleiter in der menschlichen Mundhöhle: ein Grund mehr, niemals mit dem Mund zu pipettieren.

Die alte Behauptung, daß Mykoplasmen auch intrazellulär wachsen, ist nicht mehr aufrechtzuerhalten: im Elektronenmikroskop dargestellte intrazelluläre Mykoplasmen sind dort durch Phagozytose hineingelangt und nicht überlebensfähig (Lang 1985). Anders ist es auch nicht zu erklären, daß es gelingt, Mykoplasmen von der Zelloberfläche mit Hilfe von Makrophagen abgrasen zu lassen und sie damit zu beseitigen (s. Kap. 5.6.4.2).

In der Zellkultur sind 19 verschiedene Spezies beschrieben worden (Barile et al. 1973), wovon vier besonders häufig sind: M. orale, M. arginini, M. hyorhinis und Acheloplasma laidawii. Außer auf der Zelloberfläche finden sie sich aber auch frei im Medium und an den Gefäßwänden.

Schutz vor Mykoplasmen-Infektionen von Zellkulturen bietet noch am ehesten die Prävention. Als Quellen kamen früher vor allem Serum und Trypsin in Frage, heute ist die Hauptquelle eine Querinfektion von einer Kultur in die andere, wenn dieselben Puffer und Medien für verschiedene Kulturen benutzt werden. Wichtig ist die Verschleppung über den Flüssigstickstoff, in dem Mykoplasmen aus geplatzten kontaminierten Zellproben perfekt konserviert werden. Hier besteht die Prävention darin, jede einzufrierende Charge von Zellen grundsätzlich auf Mykoplasmen zu testen. Zusätzlich sollte jede aufzutauende Ampulle kurz in Methanol zum Sterilisieren getaucht werden, bevor sie geöffnet wird (Methanoldämpfe sind toxisch und dürfen nicht eingeatmet werden).

Puffer und Medien sollten möglichst nicht für unterschiedliche Kulturen gleichzeitig benutzt werden. Im Fall einer Neuinfektion ist es einfacher, diese Lösungen gegen neue auszutauschen anstatt sie zu testen.

Infektion von außen (Tröpfcheninfektion aus der Atemluft) ist eine weitere Hauptursache für Mykoplasmeninfektionen. Wenn man ohne Antibiotika in den Medien arbeitet, wie wir für die Hybridomkultur allgemein raten, werden mit den Mykoplasmen meist gleichzeitig auch andere Keime in die Kulturen gebracht: Diese wachsen hoch, die Kultur wird eliminiert und damit die Gefahr einer Mykoplasmeninfektion verringert. Labors, die ohne Antibiotika als Medienzusatz arbeiten, haben weniger Mykoplasmenprobleme!

Daß eine gegebene Zellinie frei von Mykoplasmen ist, kann man nur behaupten, wenn man sie unmittelbar vorher getestet hat.

Zum Nachweis von Mykoplasmen stehen verschiedene Testmethoden zur Verfügung:

Als einfachste Darstellung von Mykoplasmen hat sich die Anfärbung mit DNA-spezifischen Farbstoffen durchgesetzt. Sind ein Fluoreszenzmikroskop und ein wenig Erfahrung vorhanden, sind nur wenige Minuten Färbe- und Auswertzeit notwendig (s. Kap. 5.6.2).

Die klassische Bebrütung auf Spezial-Nährböden, selbst hergestellten oder in Form von fertig käuflichen Kits (s. Kap. 5.6.1.) ermöglicht es, auch kleinste Mengen, die optisch nicht mehr nachweisbar sind, anzuzüchten, sowie die Mykoplasmenstämme zu klassifizieren. Allerdings schützt dieser wie der vorgenannte Test nicht vor falsch-negativen Ergebnissen.

Moderne Methoden benutzen spezifische Antikörper zum immunzytochemischen Nachweis, weisen ein Mykoplasmen-spezifisches Enzym nach oder setzen genetische Proben mit Tritium-markierter homologer DNA ein (s. Kap. 5.6.3).

Literatur

Barile MF, Hopps HE, Grabowski MW (1973) The identification and sources of mycoplasmas isolated from contaminated cell cultures. Ann. N. Y. Acad. Sci. 225, 251–264

Bertoni G, Keist R, Groscurth P, Wyler R, Nicolet J, Peterhans E (1985) A chemiluminescent assay for mycoplasmas in cell cultures. J Immunol Meth 78: 123–133

Birke C, Peter HH, Langenberg U, Hüller-Hermes WJP, Peters JH, Heitmann J, Leibold W, Dalügge H, Krapf E, Kirchner H (1981) Mycoplasma contamination in human tumor cell lines: effect on interferon induction and susceptibility to natural killing. J Immunol 127: 94–98

Karsten U, Rudolph M (1985) Monoclonal antibodies against tumor-associated antigens: mycoplasma as a major technical obstacle and its possible circumvention by azaserine selection medium. Arch Geschwulstforsch. 55(5): 305–310

Klieneberger-Nobel E (1938) Pleuropneumonia-like organisms of diverse provenance: Some results of an enquiry into methods of differentiation. J Hyg (Camb) 38: 458–476

Lang K (1985) Mykoplasmen und Zellkulturen. Biologie in unserer Zeit 15;2 52–61

McGarrity GJ, Vanaman V, Sarama J (1984) Cytogenetic effects of mycoplasmal infection of cell cultures: a review. In Vitro 20 1–18

Weiterführende Literatur

McGarrity GJ, Murphy DG, Nichols WW (ed) (1978) Mykoplasma infection of cell cultures. In: Nichols WW, Murphy DG (ed) Cellular senescence and somatic genetics. Plenum Press, New York London

5.6.1 Mykoplasmen-Anreicherungskulturen auf Nährböden

H. Gerlach

Spezialnährböden ermöglichen es, Mykoplasmen auch in Abwesenheit lebendiger Zellen anzuzüchten. Allerdings gibt es derzeit keinen Nährboden, auf dem alle bekannten Mykoplasma-Spezies gleich gut wachsen. In der Literatur wird auch das Vorkommen von Mykoplasmen diskutiert, die durch Adaptation so abhängig von ihren Wirtszellen geworden sind, daß sie auf zellfreien Medien nicht mehr wachsen können. Ihre Anwesenheit ist dann wohl nur elektronenmikroskopisch oder durch Anfärbung mit DNS-spezifischen Farbstoffen (s. Kap. 5.6.2) zu beweisen. Somit sind die speziellen Agar-Nährböden besonders zur Anreicherung, Differenzierung und Resistenzbestimmung geeignet.

Bevor die unten vorgeschlagenen Nährböden angesetzt werden, kann man es mit einem neuerdings fertig angebotenen Kultursystem versuchen, das ein breites Spektrum erfaßt:

Mycotrim TC (Hana-NEN Nr. NCC-350) wird in geschlossenen Zellkulturflaschen geliefert und propagiert das Wachstum von 15 Mykoplasma- und Acholeplasma-Spezies. Erhältlich sind auch Kontrollstämme und Transportmedium für Proben. Nach 3-tägiger oder längerer Bebrütung (in Abhängigkeit von der Keimzahl) zeigt ein Farbumschlag das Wachstum von Mykoplasmen an. Eine Ausnahme stellen M. fermentans (und andere Glukose nicht-fermentierende Spezies) dar, die zwar auch wachsen, aber keinen Farbumschlag bewirken.

Differentialdiagnostisch müssen bakterielle, zellwandgeschädigte bis völlig zellwandfreie L-Formen (Klieneberger 1935; Dienes and Edsall 1937) von den Mykoplasmen abgegrenzt werden. Das Vorkommen von L-Formen in Zellkulturen ist in der zugänglichen Literatur bisher nicht beschrieben worden, möglicherweise weil stabile, d. h. wandlose L-Formen kaum von Mykoplasmen unterscheidbar sind. Sogenannte instabile L-Formen wachsen häufig auf den mit Bakterienhemmstoffen supplementierten Mykoplasmen-Nährböden nicht an. Nach eigenen Erfahrungen sind L-Formen in Zellkulturen jedoch keineswegs selten. Eine Umwandlung in die parentale Form ist durch wiederholte Passagen auf isotonischen, Antibiotika-freien Medien und im weiteren Verlauf auf Blutagar möglich.

Bakterielle L-Formen entwickeln sich wohl am häufigsten durch den Zusatz von Antibiotika zu den Zellkulturmedien. Das Vorhandensein von L-Formen im Ausgangsmaterial für eine Zellkultur (Zellen, Medienzusätze wie Seren, Trypsin etc.) kann jedoch nicht völlig ausgeschlossen werden.

Allgemeines Vorgehen

Alle aufgeführten Kulturansätze benötigen im Gegensatz zu Bakterienkulturen ein größeres Inokulum, und geringe Keimzahlen müssen in der Regel in ein bis zwei Anreicherungsschritten (ca. 1 ml Zellkultur mit Medium) vermehrt werden, ehe ein Nachweis auf Agarplatten gelingt.

Zur Anreicherung eignen sich selbst hergestellte *biphasische Nährböden*, als Schrägagar in Kulturröhrchen angesetzt und mit einem Flüssignährboden überschichtet. Das Untersuchungsmaterial wird im Verhältnis von ca. 1:10 in das biphasische Medium (4 ml Schrägagar und 7 ml Flüssignährboden) eingebracht, mindestens 5 Tage bei 37 °C bebrütet und dann auf einem geeigneten Agarnährboden mit sterilen Wattetupfern ausgestrichen.

Agarplatten

Alle Agarplatten werden in einer feuchten Kammer ebenfalls mindestens 5 Tage bebrütet und dann unter einem Mikroskop ausgewertet. Aus den Röhrchen mit dem biphasischen Nährboden wird gleichzeitig etwa 1 ml Flüssigkeit in ein frisches Röhrchen überführt (Blindpassage) und nochmals für mindestens 5 Tage bebrütet. Die Inkubation von Röhrchen und Platten wird von manchen Autoren bis auf 14 Tage ausgedehnt. Die eigenen Erfahrungen zeigen jedoch, daß bei guten Nährböden eine einwöchige Beobachtungszeit der Kulturen ausreicht. Im Zweifelsfall wird eine zweite Blindpassage einer verlängerten Bebrütungszeit vorgezogen.

Bei allen Kulturversuchen ist das Mitführen von Kontrollstämmen empfehlenswert.

Die sichere Identifizierung von Mykoplasmen ist in der Regel nur in Speziallaboratorien möglich.

Die Vorbehandlung des Wassers richtet sich nach der ortsüblichen Wasserqualität. Bei bleibender Härte und Schwermetallionengehalt kann eine einfache oder doppelte Quarzdestillation notwendig sein. Bei besseren Wasserqualitäten genügt manchmal schon ein Ionenaustauschverfahren.

Material und Chemikalien

PPLO*-Broth w/o CV**	Difco Nr. 0554-01
PPLO*-Agar	Difco Nr. 0412-01
Thalliumazetat	z. B. Merck Nr. 12365 10%ige Stammlösung in Aqua dest.
Penicillin G	à 10.000.000 i. E. per Fläschchen, Klinikpackung, z. B. Hoechst
Pferdeserum	sterilisiert, z. B. Oxoid Nr. SR-35
Hefe	wird frisch beim Bäcker gekauft

---

* PPLO = Pleuro-Pneumonia-Like-Organisms
** w/o CV = ohne Kristallviolett

Seitz-Filter	ca. 2 l Fassungsvermögen mit K 7-Filterschicht zum Klarfiltrieren der Hefeautolysate, mit EKS II-Filterschicht zum Sterilisieren von Serum. Beide Filterschichten haben Durchmesser von 14 cm.
Petrischalen	90 mm Durchmesser, ohne Oberflächenbehandlung
Kulturröhrchen	Reagenzgläser ca. 14 mm × 15 cm ohne Bördelrand mit passendem Einmalzellstoffstopfen
Trypticase Soy Broth	Difco Nr. 0370-01-1
$MnSO_4 \cdot H_2O$	Chemikalienhandel
Agar hoch gereinigt	z. B. Merck Nr. 1613
„CVA" Enrichment	Gibco Nr. D100
Harnstoff	Chemikalienhandel
L-Cystein-HCl	Chemikalienhandel
Thioglycollate Broth	Oxoid Nr. CM 391
NaCl	Chemikalienhandel
KH_2PO_4	Chemikalienhandel
Phenolrot	Chemikalienhandel

Rezepturen

Mykoplasma-Flüssigmedium (nach Adler et al. 1954)

Difco PPLO* – Broth w/o CV**	30,0 g/l
Hefeautolysat (Rezeptur siehe dort)	55,0 ml/l
Thalliumazetat (10% Stammlösung)	5,0 ml/l
Aqua dest. oder bidest.	ad 1000,0 ml
Autoklavieren bei 134 °C für 15 Minuten	
Nach Abkühlung auf 56 °C Zugabe von Penicillin G	1000 E./ml
und steril filtriertem, inaktiviertem Pferdeserum	100,0 ml/l
pH des fertigen Mediums: 7,4–7,8	

Das Pferdeserum wird durch Seitzfilter mit Filterscheibe EKS II oder ähnliches Sterilfilter gefiltert. Bei starker Trübung des Serums empfiehlt sich eine Vorfiltration durch eine K 7-Filterscheibe. Das gefilterte Pferdeserum wird bei 56 °C 30 Minuten im Wasserbad inaktiviert und anschließend bei −20 °C bis zum Gebrauch aufbewahrt. Auch bei kommerziell sterilisiertem Pferdeserum empfiehlt sich bei vielen Chargen vor Gebrauch eine EKS II-Filtration. (Erfahrungsgemäß sind viele vorher nicht erkennbar unsterile Seren im Handel.)

Mykoplasma-Agarmedium *(nach Adler et al. 1954)*

Difco PPLO-Agar   55,0 g/l

Die übrigen Komponenten sind mit denen des Flüssigmediums identisch.

Es werden Plastikpetrischalen so mit Medium beschickt, daß der erstarrte Agar ungefähr 0,4 cm dick wird. Dies ist notwendig, um den Mykoplasma-Kolonien ein Einwachsen in die Agarschicht zu ermöglichen. Die unbeimpften Platten werden in Plastikbeuteln oder feuchten Kammern im Kühlschrank bis zum Gebrauch, jedoch möglichst nicht länger als 14 Tage aufbewahrt. Ein Abtrocknen der Plattenoberfläche verhindert das Wachstum von Mykoplasmen.

Biphasisches Medium *(nach Adler et al. 1954)*

Mit dem beschriebenen Agarmedium werden in sterile Kulturröhrchen kurze Schrägflächen (4 ml Medium) gegossen und in Schräglage ca. 24 h liegen gelassen. Danach werden die Schrägflächen mit 7 ml des Flüssigmediums überschichtet. Werden die Röhrchen sofort nach dem Erstarren der Schrägfläche überschichtet, so kommt es zum Hochsteigen des Schrägagars und damit zu Störungen beim Wachstum und bei der Weiterbearbeitung.

Herstellung des Hefeautolysates *(nach Adler et al. 1954)*

Frische Bäckerhefe   1500 g
Aqua bidest.   2500 ml

Die Hefe wird in Aqua bidest. suspendiert und 48 h im Wasserbad bei 56 °C autolysiert. Aqua bidest. fördert den Autolysevorgang. Bei der langsamen Erwärmung der relativ großen Hefemenge kommt es zum starken Aufschäumen der Suspension. Es ist deshalb mindestens ein 5 l Gefäß (vorzugsweise Glas) zu verwenden und in den ersten 2 h mehrmals umzurühren und dem gebildeten Gas Gelegenheit zum Entweichen zu geben (Watte- oder Gazeverschluß, durchbohrter Gummistopfen mit Glasröhrchen etc.).

Die Hefesuspension wird nach 48 h möglichst hochtourig (bis 15000 × g) abzentrifugiert und der Bodensatz verworfen. Der Überstand wird mit Seitz K 7-Filterscheibe o. ä. klar filtriert und bis zum Gebrauch bei −20 °C aufbewahrt. Kommerzielle Autolysate zeigen bei einer Reihe von M.spp. eine Hemmung statt einer Förderung des Wachstums.

Acholeplasma-Medium

Ein Teil der Acholeplasma-Stämme zeigt eine Empfindlichkeit gegen Thalliumazetat und wird durch einen solchen Zusatz im Wachstum deutlich gehemmt. Die für Mykoplasmen beschriebenen Medien eignen sich auch für Acholeplasmen besonders bei Verzicht auf Thalliumazetatzusatz.

Ureaplasma-Agarmedium (nach Shepard et al. 1974)

Ureaplasmen brauchen Harnstoff als Energiequelle.

Basalmedium (pH 5,5)		
Trypticase Soy Broth	4,8	g
$MnSO_4 \cdot H_2O$	0,031	g
Aqua dest.	165,0	ml
Agar (z. B. Noble-Agar, Difco)	2,1	g
Autoklavieren: 15 min bei 134 °C		

Vollständiges Medium (pH 6,0)		
Steriles Basalmedium	160,0	ml
Pferdeserum (steril, inaktiviert)	40,0	ml
Hefeautolysat	2,0	ml
„CVA" Enrichment (Gibco)	1,0	ml
Harnstoff (10%ige Lösung)	2,0	ml
L-Cystein-HCl (4%ige Lösung)	0,5	ml
Penicillin G (100 000 i. E./ml)	2,0	ml

Auf den Mangansulfat enthaltenden Agarplatten wachsen Ureaplasmen in sehr kleinen, dunkel- bis schwarzbraunen Kolonien.

Ureaplasma-Flüssigmedium (nach Shepard & Lunceford 1970)

Basalmedium (pH 5,5)		
Trypticase Soy Broth	1,5	g
Thioglycollate Broth	1,0	g
NaCl	0,5	g
KH_2PO_4	0,02	g
Aqua dest.	100,0	ml
Autoklavieren: 15 min bei 134 °C		

Vollständiges Medium (pH 6,0)		
Basalmedium	95,0	ml
Pferdeserum, steril und inaktiviert	5,0	ml
Harnstoff (10%ige Lösung)	0,5	ml
L-Cystein-HCl (2%ige Lösung)	0,5	ml
Phenolrot (1%ige Lösung)	0,1	ml
Penicillin G (100 000 i. E./ml)	1,0	ml

Wachsen Ureaplasmen in diesem Medium, so entsteht durch den Abbau von Harnstoff ein Indikatorumschlag nach alkalisch (Rotfärbung des Mediums).

Literatur

Adler HE, Yamamoto R, Bankowski RA (1954) A preliminary report of efficiency of various mediums for isolation of PPLO from exudate of birds with CRD. Amer J Vet Res 15: 463–465

Dienes L, Edsall J (1937) Observations on L-organisms of Klieneberger. Proc Soc Exp Biol Med 36: 740–744

Klieneberger E (1935) The natural occurrence of pleuropneumonia-like-organisms in apparent symbiosis with Streptobacillus moniliformis and other bacteria. J Path Bact 40: 93–105

Shepard MC, Lunceford CD (1970) Urease color test medium U 9 for the detection and identification of „T"-mycoplasmas in clinical material. Appl Microbiol 20: 539–543

Shepard MC, Lunceford CD, Ford DK, Purcell RH, Taylor-Robinson D, Razin S, Black FT (1974) Ureaplasma urealyticum gen. nov., sp. nov.: Proposed nomenclature for the human T (T-strain) mycoplasmas. Internat J Syst Bacteriol 24: 160–171

Weiterführende Literatur

Gylstorff I (ed) (1985) Infektionen durch Mycoplasmatales. VEB Gustav Fischer Verlag, Jena

Adressen

Nachstehend einige Adressen von Instituten, die gegebenenfalls bei Isolierung, Identifizierung und Antibiogramm-Durchführung behilflich sein können.

Institut für Allgemeine Hygiene und Bakteriologie am
Zentrum für Hygiene, Universität Freiburg
Prof. Dr. W. Bredt
Hermann-Herder-Str. 11
7300 Freiburg

Institut für Geflügelkrankheiten der
Ludwig-Maximilians Universität München
Prof. Dr. Helga Gerlach
Mittenheimerstr. 54
8042 Oberschleißheim

Institut für Mikrobiologie und Tierseuchen der
Tierärztlichen Hochschule Hannover
Prof. Dr. Helga Kirchhoff
Bischofsholer Damm
3000 Hannover

5.6.2 Fluoreszenztest zum Nachweis von Mykoplasmen-Infektionen in Kulturen adhärenter und suspendierter Zellen

J. H. PETERS

Als einfachste und schnellste Darstellung von Mykoplasmen hat sich die Anfärbung mit DNA-spezifischen Farbstoffen durchgesetzt. An fixierten Zellen wird die DNA von Zellen und Erregern zytochemisch durch DNS-spezifische Fluoreszenzfarbstoffe DAPI (Russell et al. 1975) oder Hoechst 33.258 angefärbt. Im Fluoreszenz-Mikroskop werden die Präparate ausgewertet. Mykoplasmen erkennt man an Größe und Lokalisation der angefärbten DNA.

Zu testende Zellen werden in Objektträger-Kulturkammern angezüchtet und in einem Schritt gleichzeitig fixiert und gefärbt. Suspendiert wachsende Zellen werden durch Zentrifugation und/oder durch koppelnde Substanzen auf den Objektträger gebracht.

Runde und zytoplasmaarme Zellen sind schwerer auszuwerten als langgestreckte adhärente Zellen. Einige wenige Stämme (M. arginini und M. orale) haften nur schwach an der Zelloberfläche (Lang 1985).

Die Methode verlangt einige Erfahrung und kann, da sie auf subjektiver Beurteilung beruht, in Grenzfällen unzuverlässig sein. Dann ist immer noch der Umweg über eine Indikatorzellinie sinnvoll (s. u.).

Geräte und Material

Objektträger-Kulturkammer	z. B. Flexiperm-Mikro-12: Heraeus, über Laborfachhandel
Inkubationsbox für Flexiperm	Quadriperm, Heraeus, über Laborfachhandel.
Glasobjektträger nur für suspendierte Zellen	Laborfachhandel
Zentrifuge mit Ausschwingrotor	z. B. Heraeus Digifuge GL mit Rotoreinsatz für Mikrotiterplatten.
Fluoreszenzmikroskop. Filterkombinationen Zeiss	BP 365/11, FT 395 und LP 397, Zeiss Nr. 487701, oder BP 340–380, RKP 400 und LP 430, Zeiss Nr. 487702
Filterkombination Leitz	BP 340–380, RKP 400 und LP 430, Leitz Nr. 513410
Autoklavierbeutel	z. B. Spezial-Vernichtungsbeutel, Greiner Nr. 643201

Chemikalien und Reagenzien

Farbstoff Hoechst 33.258	Bisbenzimid 3 HCl MW 587,96, Serva Nr. 15 090
oder	
Farbstoff DAPI	4-Diamidino-2-phenylindol-di-hydrochlorid, MW. 350,3 Boehringer Mannheim
für suspendierte Zellen	
Concanavalin A	Lektin aus Canavalia ensiformis, z. B. Serva Nr. 27 648
oder	
Poly-L-Lysin	Serva Nr. 33 220 oder Fluka Nr. 81 333, 20 ug/ml PBS
oder	
Adhäsionsobjektträger	BioRad
Eindeckmittel (fakultativ)	Fluoromount, Serva Nr. 21 648, oder Entellan, Merck Nr. 7961

Farbstoff-Stammlösung (100 × konzentriert)

Gilt für Hoechst 33.258 und DAPI: 1 mg in 10 ml PBS oder Wasser lösen. Löst sich der Farbstoff nur unvollständig, leicht ansäuern (pH 4).
Lagerung: lichtgeschützt im Kühlschrank, haltbar mindestens 1 Jahr.

Gebrauchslösung (für kombinierte Fixation und Färbung)

1 Teil Stammlösung in 99 Teilen Methanol lösen.
Lagerung: lichtgeschützt im Kühlschrank, mindestens 1 Jahr haltbar.

Vorbereitungen

Zellen in Medium mit *inaktiviertem* Serum (56 °C, 1 Std.) anzüchten. Seren enthalten in der Regel auch anti-Mykoplasmen-Antikörper. Gemeinsam mit einem aktiven Komplementsystem können die Antikörper die Mykoplasmen niederhalten. Das Komplementsystem im Serum kann durch einfache Hitzebehandlung ausgeschaltet werden (= inaktiviertes Serum).
  Stamm- und Gebrauchslösung des Fluoreszenzfarbstoffes ansetzen.
  Flexiperm-Mikro-12-Kammern auf Glasobjektträger montieren, in Folienbeutel einschweißen, autoklavieren und trocknen.
  Falls suspendierte Zellen angeheftet werden sollen, müssen die Objektträger nach dem Aufsetzen der Flexiperm-Slide-Kammer mit Concanavalin A (oder Poly-L-Lysin) beschichtet werden: Con A (50–1000 ug/ml PBS) oder Poly-L-Lysin (20 ug/ml PBS) einpipettieren und für 15–60 Min. inkubieren (Raumtemperatur). Danach absaugen, 2 × mit Puffer nachwaschen. Anschließend trocken lagern oder sofort mit Zellen beschicken.

Vorgehen

1. Zellen präparieren

a) Adhärent wachsende Zellen in sterilen Flexiperm-Mikro-12-Kammern in Medium mit inaktiviertem Serum aussäen und in der Quadriperm-Inkubationsbox inkubieren. Es ist zu beachten, daß die Enzymbehandlung einen Großteil der Mykoplasmen von den Zellen ablöst; in diesem Fall muß den Zellen mindestens 1 Tag Zeit gegeben werden, um sicher nachweisbare Mengen an Mykoplasmen auf der Zelloberfläche nachwachsen lassen zu können.

b) Suspendiert wachsende Zellen werden auf dem Objektträger entweder durch die Beschichtung mit Con A oder Poly-L-Lysin oder/und durch Zentrifugation aufgebracht.

Für suspendierte Zellen s. auch Anmerkung am Schluß.

2. Fixieren und Färben

a) Adhärente Zellen: Medium vollständig absaugen, Zellen einmal mit PBS waschen, auf den noch feuchten Monolayer die kombinierte Färbe- und Fixierlösung geben, 10-15 Min. bei Zimmertemperatur färben.

b) Suspendierte Zellen auf nicht beschichteten Objektträgern: Medium vorsichtig und nur unvollständig absaugen, dann kombinierte Fixier- und Färbelösung zugeben. Flexiperm-Mikro-12-Kammer zentrifugieren, entweder im Unterteil einer Quadriperm-Inkubationsbox im Zentrifugen-Einsatz für Mikrotiter-Platten oder direkt auf den Boden des Einsatzes eines konventionellen Ausschwingrotors stellen.

Für ca. 5 Min. bei ca. 500-1000 × g zentrifugieren. Abhängig von der Fliehkraft flachen sich Zellen unterschiedlich stark ab. Dadurch sind sie anschließend morphologisch besser zu beurteilen. Anschließend vollständig absaugen. Hierbei können Zellen verloren gehen, jedoch bleiben meist genügend Zellen zurück. Sonst beschichtete Objektträger (s. 1b) benutzen.

3. Präparat zum Mikroskopieren vorbereiten

Flexiperm-Slide vom Objektträger abnehmen, Färbelösung abgießen. Präparat nicht trocknen lassen, Zellen mit Wasser überschichten, sofort a, b oder c.

Alternativen:

a) Feucht lassen, mit Wasser mikroskopieren: Objektträger mit Wasser beschichtet lassen, Objektiv 40 × mit Wasserimmersion und Einstellring, Position für Wasser ohne Deckglas benutzen.

b) Wasser abgießen, lufttrocknen, eventuell lagern.

c) Wasser abgießen, Präparat trocknen und eindecken: Fluoromount (Serva Nr. 21648) oder Entellan (Merck Nr. 7961) und Deckglas. Die Haltbarkeit gefärbter Präparate soll beim Eindecken mit Entellan mehrere Monate betragen. Luftgetrocknete Präparate sind dagegen bei Aufbewahrung im Dunkeln (Zimmertemperatur) mehrere Jahre haltbar.

Fluoreszenztest zum Nachweis von Mykoplasmen-Infektionen 127

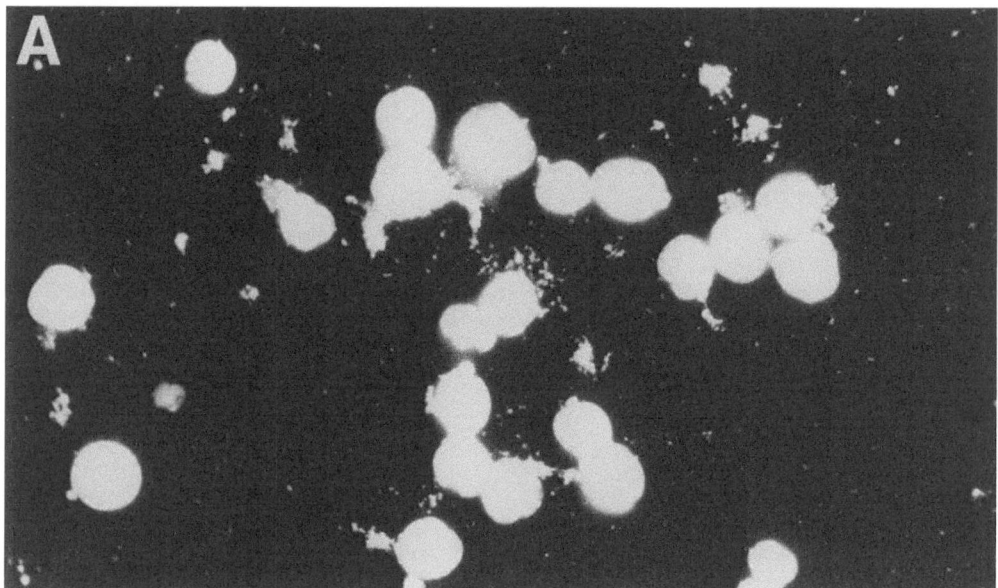

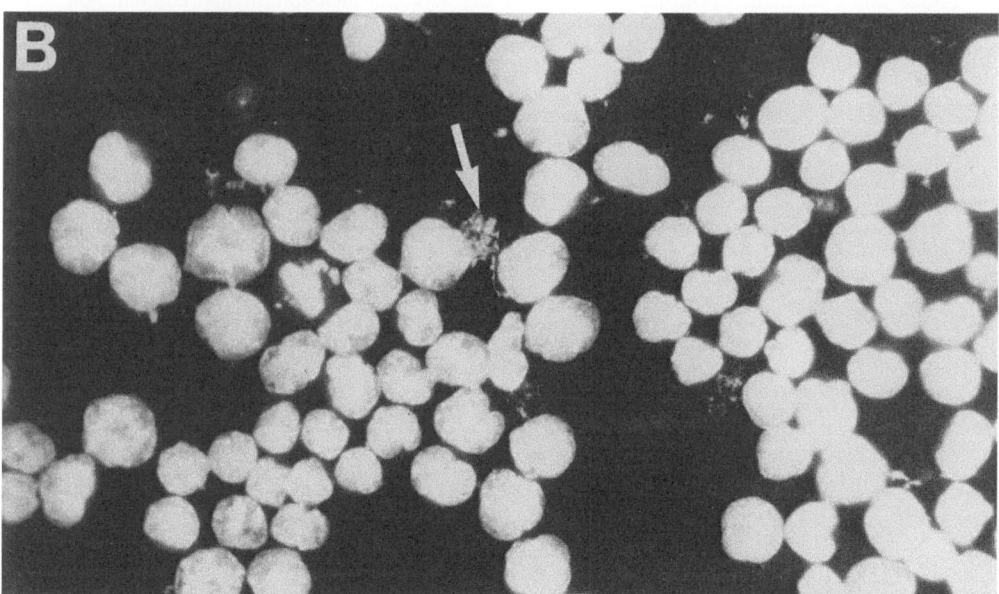

Abb. 11A, B. Mit Mykoplasmen infizierte Myelomzellen. **A.** Stark infizierte Zellen, **B.** Schwach infizierte Zellen mit typischer Lokalisation der Mykoplasmen (Pfeil). DAPI-Färbung, Objektiv 40fach, Wasserimmersion

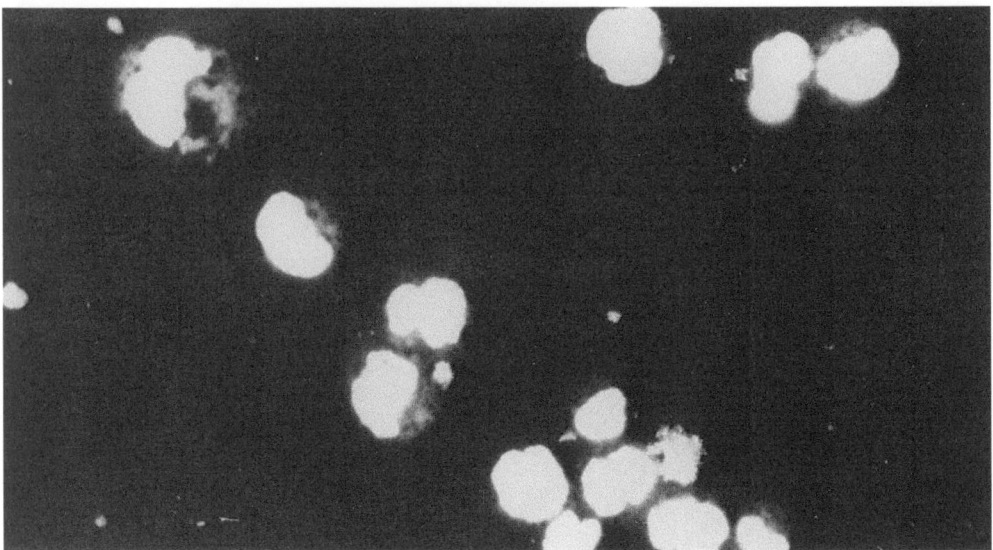

Abb. 12. Nicht-infizierte Myelomzellen. Die verstreuten leuchtenden Partikel unregelmäßiger Größe sind Zelltrümmer oder Farbstoffpartikel, die Mykoplasmen vortäuschen können, sich nach Form und Lokalisation aber von ihnen unterscheiden. Technische Daten wie in Abb. 11

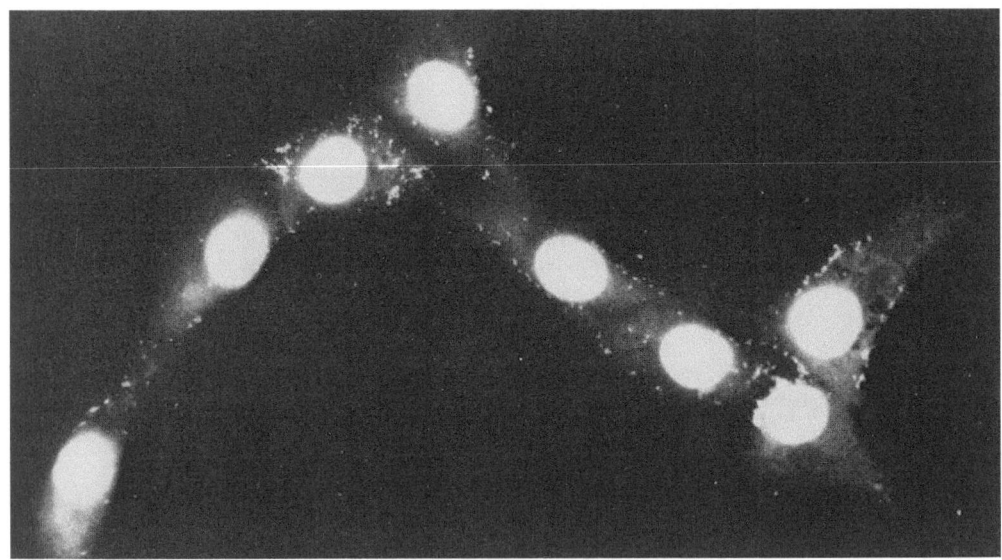

Abb. 13. Mykoplasmen-infizierte adhärente Zellen. Vero-Zellen mit typischer Lokalisation der Mykoplasmen. Technische Daten wie in Abb. 12

4. Auswerten

Bei nicht-infizierten Zellen leuchtet nur der Kern. Mykoplasmen sitzen an der Zellmembran und sind als kleine leuchtende Punkte einheitlicher Größe aber unregelmäßiger Verteilung an der Zellperipherie und besonders an den Zellfortsätzen zu sehen (Abb. 11). Da der Befall sehr unterschiedlich sein kann, muß das Präparat im Zweifelsfall sehr sorgfältig durchgemustert werden. Manchmal färbt sich das Zytoplasma der Zellen schwach und homogen an: Diese unspezifische Färbung hat nichts mit Mykoplasmen zu tun. Mitochondrien färben sich nach unseren Erfahrungen meist nicht an, wenngleich zuweilen intrazelluläre Partikel dargestellt werden, die aber auch aufgenommene Mykoplasmen sein können. Leuchtende Präzipitate außerhalb der Zellen können Mykoplasmen vortäuschen: sie sind aber unregelmäßig in Form und Größe und zeigen keine Beziehung zu den Zellen (Abb. 12).

Vorgehen bei Problemfällen

In seltenen Fällen ist eine Diagnose nicht einwandfrei zu stellen, so z. B. bei Zellen mit wenig Zytoplasma. Hier hilft entweder Zentrifugation (s. o.) oder das kompliziertere Überimpfen auf eine nicht-infizierte Indikator-Kultur:
  Einige Milliliter Medium aus der zu testenden Kultur werden auf eine Kultur von adhärent wachsenden Zellen mit genügenden Zytoplasmafortsätzen, so z. B. HeLa- oder Vero-Zellen, überimpft. Nach 3 Tagen oder länger werden die adhärenten Zellen getestet (Abb. 13).

Literatur

Lang K (1985) Mycoplasmen und Zellkulturen. Biologie in unserer Zeit 15,2 52-61
Russel WC, Newman C, Williamson DH (1975) A simple cytochemical technique for demonstration of DNA in cells infected with mycoplasmas and viruses. Nature 253: 461-462

5.6.3 Immunologische und genetische Mykoplasmen-Tests

J. H. Peters

MycoTect

Mykoplasmen, nicht aber Säugetierzellen, enthalten das Enzym Adenosin-Phosphorylase. Dieses ist in der Lage, das nichttoxische Substrat 6-Methylpurin-Desoxyribosid (6-MPDR) in die toxischen Produkte 6-Methylpurin und 6-Methylpurinribosid umzuwandeln.
  Innerhalb von drei Tagen sterben die infizierten Zellen und können mit Hilfe von Vitalfärbungen von den lebendigen unterschieden werden (Mycotect Kit, BRL Bethesda Research Laboratories Nr. 9576 SA oder Gibco Nr. 062-05672 A).

Der Test erfaßt mehr als 95% infizierter Linien. Bei gleichzeitiger Anwesenheit von Bacillus subtilis, Leishmanien, Schistosomen oder Trypanosomen reagiert er falsch-positiv, da diese Erreger ebenfalls Adenosin-Phosphorylase enthalten.

ELISA mittels selbst hergestellter Antiseren

Kaninchen-Antiseren werden durch Immunisierung mit M. hyorhinis, M. arginini, M. orale und A. laidawii entweder simultan oder getrennt hergestellt. Bei getrennter Immunisierung werden die Antiseren hinterher gemischt. Das sich aus beiden Protokollen ergebende polyspezifische Serum wird über Protein-A-Sepharose gereinigt, das IgG zum Coaten eines ELISA eingesetzt (Poutiers et al. 1986)

ELISA mittels MAK

Monoklonale Antikörper gegen A. laidlawii, M. hyorhinis, M. arginini, M. orale und M. salivarium, erhältlich bei Bethesda Research laboratories, wurden zum ELISA-Nachweis auf mikroporösen Membranen eingesetzt. Mittels Biotin-Avidin-Verstärkung konnte eine Sensitivität erreicht werden, bei der 10^5 bis 10^6 colony forming units/ml nachweisbar waren. Somit genügte ein Auftrag von 50 µl einer infizierten Zellkultur zum Nachweis (Gabridge et al. 1986).

MycoSpec

Dieser immunzytochemische Test beruht auf 5 monoklonalen Antikörpern, die gegen die 5 häufigsten Mykoplasmenstämme: M. hyorhinis, M. orale, M. salivarium, M. arginini, und A. laidlawii gerichtet sind. Sie können einzeln eingesetzt werden und werden anschließend durch einen biotinylierten zweiten Antikörper plus Streptavidin-Peroxidase innerhalb von 5 Stunden immunzytochemisch nachgewiesen werden. Die Einschränkung dieses Tests liegt darin, daß nur eine begrenzte Zahl von Stämmen diagnostiziert werden kann (Testkit: MycoSpec, Nr. 9575 SA, BRL Bethesda Research Laboratories).

Mycoplasma T.C. Detection Kit

Mittels einer Tritium-markierten DNA-Probe können 18 Spezies (A. laidawii, M. fermentans, M. orale, A. granularum, M. arginini, A. oculi, M. hyorhinis, A. morum, M. salivarium, M. hominis, S. citri, M. pirum, S. apis, M. muris, S. floricola, M. pneumoniae, M. arthritidis und A. axanthum) mit einer Probe diagnostiziert werden. Die Inkubationsdauer beträgt 30–60 Min. (Mycoplasma T.C. Detection Kit, Gen-Probe, z. B. über Hermann Biermann).

Literatur

Gabridge MG, Lundin DJ, Gladd MF (1986) Detection and speciation of common cell culture mycoplasmas by an enzyme-linked immunosorbent assay with biotin-avidin amplification and microporous membrane solid phase. In vitro cell developm. biol 22: 491–498

Poutiers F, Bébéar C, Mormède M, Mégraud F, Bové M (1986) Mycoplasmas, contaminants in cell cultures. In: Methods in Enzymatic Analysis Vol XI, Ed. Bergmeyer J, Graßl M. VCH Publishers, Deerfield Beach, U.S.A. pp 200–212

5.6.4 Reinigung Mykoplasmen-infizierter Zellen

5.6.4.1 Mykoplasmen-Elimination durch Antibiotika

J. H. Peters

Waren bis vor kurzem alle Versuche, Mykoplasmen durch Antibiotika abzutöten, zum Scheitern verurteilt, gibt es neuerdings erfolgreich wirkende Mittel.

Minocyclin und Tiamutin

Die Behandlung dauert 7–14 Tage. Die beiden Antibiotika werden alternierend eingesetzt: Tiamutin (auch Tiamulin und Pleuromutilin genannt) mit 10 µg/ml für 4 Tage, danach Minocyclin mit 5 µg/ml für 3 Tage. Dieses Schema wird, wenn nötig, noch einmal wiederholt (Schmidt und Erfle 1984). (Tiamutin und Minocyclin von Sebio, oder als BMcyclin von Boehringer Mannheim).

Nach unserer Erfahrung eignen sich diese Substanzen für viele Zellkulturen. Jedoch können die Substanzen für empfindliche Zellen toxisch sein. Etablierte Hybridome sind vielfach erfolgreich behandelt worden, während frische Fusionen zu empfindlich sind und sterben.

Ciprofloxacin

Dieses neue Antibiotikum (Schmitt et al. 1988) kann nur als Medikament bezogen werden (Ciprobay, Apotheken) und hat sich bisher hervorragend bewährt. Bei 10 µg/ml dauert die Behandlung 12 Tage. Dieselbe Dosis ist nicht toxisch für frisch fusionierte Hybridome.

Durchführung

In jedem Fall muß darauf geachtet werden, daß nicht nur das Medium die Substanzen erhält, sondern die Kulturflasche fest verschlossen und dann umgeschwenkt wird, so daß auch an der Wand klebende Keime mit erfaßt werden können. Als Kulturflaschen eignen sich besonders die neuen Flaschen mit kontaminationssicherem Verschluß, die hermetisch verschlossen werden können und über einen Sterilfiltereinsatz begast werden (z. B. Greiner Nr. 690175; 658175; 660175; Costar Nr. 3001).

Literatur

Schmidt J, Erfle V (1984) Elimination of mycoplasmas from cell cultures and establishment of mycoplasma-free cell lines. Exptl Cell Res 152: 565-570

Schmitt K, Däubener W, Bitter-Suermann D, Hadding U (1988) A safe and efficient method for elimination of cell culture mycoplasmas using ciprofloxacin. J Immun Meth 109: 17-25

5.6.4.2 Reinigung Mykoplasmen-infizierter Zellen durch Kokultur mit Makrophagen

J. H. PETERS

Sollten Antibiotika bei der Reinigung Mykoplasmen-infizierter Zellen erfolglos geblieben sein, bleibt noch die aufwendigere, aber bisher schnellste Methode (1–3 Tage): Hier werden die Mykoplasmen durch Makrophagen von den Oberflächen der Zellen abgefressen. Dieser Prozeß wird üblicherweise durch Antibiotika unterstützt.

Die Methode macht sich die Fähigkeit von Makrophagen zu nütze, Mikroorganismen zu phagozytieren und sie intrazellulär zu verdauen. Infizierte Zellen werden auf einen dichten Rasen von Makrophagen aufpipettiert, wobei ihnen durch die Makrophagenschicht sowie die gewählte hydrophobe Zellkultur-Oberfläche die Möglichkeit genommen wird, selbst zu adhärieren, während die Makrophagen auf dem hydrophoben Substrat anheften. Die zu reinigenden Zellen bleiben rund auf den Makrophagen liegen und werden dadurch allseitig „abgegrast". Manchmal genügt diese Methode allein, die Mykoplasmen vollständig zu entfernen. Üblicherweise unterstützt man sie aber durch Zugabe der Antibiotika Tylosin plus Lincomycin oder neuerdings durch Ciprofloxacin (s. Kap. 5.6.4.1).

Zusätzlich eignet sich die Methode der Kokultivierung mit Makrophagen auch zur Elimination anderer Keime wie Bakterien, Hefen und Pilze (Schimmelpfeng et al. 1980, Wekerle 1983), wobei jeweils entsprechende Antibiotika zugegeben werden.

Material

Petrischalen mit gasdurchlässiger hydrophober Folie	Petriperm, Typ hydrophob, Heraeus
Einsätze zur Abtrennung von 4 Näpfen	Flexiperm-Disc, Heraeus
Klarsicht-Haftfolie	Haushaltsgeschäft

Reagenzien

Tylosin	Tylocine, Anti-PPLO-Agent Gibco Nr. 043-5220, Lagerung bei 4 °C
Lincomycin-Hydrochlorid	Gibo Nr. 043-5600 Lagerung: eingefroren -20 °C oder Cillimycin Fertigspritze 2 ml entsprechen 600 mg Base, Hoechst
oder	
Ciprofloxacin	Medikament Ciprobay, Bayer-Leverkusen, Apotheken

Vorbereitungen

1. Petriperm-Schalen hydrophob mit autoklavierten Silikoneinsätzen Flexiperm-Disc versehen, so daß jede Petrischale in 4 Näpfe mit je 1.5 cm Durchmesser aufgeteilt ist.
2. Makrophagen präparieren und aussäen. Üblicherweise werden Maus-Peritoneal-Makrophagen genommen, die entweder ohne vorherige Stimulation ausgewaschen werden oder nach vorheriger Anlockung durch Thioglykolat-Medium (Thioglycollate Difco Nr. 0256-01, 10% in Wasser gelöst und mehrfach unter Sauerstoffzutritt autoklaviert, Lagerung bei 37 °C, davon 1 ml intraperitoneal gespritzt) nach 4-6 Tagen herausgewaschen werden.

    Aussaat in Medium plus 10% FKS, darf auch Penicillin und Streptomycin enthalten. Zahl der Makrophagen pro Napf: kleine, unstimulierte Zellen ca. 1×10^6/Napf, stimulierte Zellen etwa 5×10^5/Napf, da sie größer sind.

    Nach einem Tag beobachten, ob der Monolayer konfluent ist. Eventuell von vornherein eine Makrophagen-Verdünnungsreihe anlegen, um später in jedem Fall konfluente Makrophagenkulturen zu haben.

Vorgehen

1. Mykoplasmen-haltige Zellen gewinnen: adhärent wachsende Zellen müssen trypsiniert und dann mehrfach durch Zentrifugation und Neususpendieren in Puffer gewaschen werden: durch das Trypsinieren und Waschen verringert sich die Mykoplasmenzahl erheblich.

    Suspendierte Zellen ebenfalls mehrfach waschen, auch hier kann durch anfängliche Trypsin-Behandlung die Zahl der an den Zellen haftenden Mykoplasmen verringert werden.
2. Zellen zählen.
3. Lincomycin (100 µg/ml) plus
    Tylosin (100 µg/ml) in die Makrophagen-Kultur geben.
    Oder: Ciprofloxacin (10 µg/ml) (s. Kap. 5.6.4.1).

4. Aussaat der infizierten Zellen auf die Makrophagen: Richtwert in 4 Näpfen zwischen 1.000 und 8.000 je Napf (s. Punkt 5).
5. Petriperm-Schale mit Klarsicht-Haftfolie versiegeln, so daß die Mykoplasmen-haltigen Kulturen nicht den Brutschrank kontaminieren können. Die Zellen werden durch die gasdurchlässige Teflonfolie und die Klarsicht-Haftfolie hindurch ausreichend begast.

Zellen täglich im Phasenkontrast beobachten. Die behandelten Zellen sollen rund auf den Makrophagen liegen. Durch den Feeder-Effekt der Makrophagen können auch Zellen, die eigentlich adhärent wachsen, einen Wachstumsschub durchmachen und sich zu stark vermehren: die Zellen müssen dann in niedrigerer Dosis und mit verringerter Serum-Konzentration ausgesät werden, um innerhalb der üblichen 3 Tage-Kokultivierung eine kritische Zahl nicht zu überschreiten. Zellen können wegen der Vielgestalt der Makrophagen manchmal nicht deutlich von diesen zu unterscheiden sein, sodaß man den Eindruck hat, sie seien verschwunden; trotzdem lohnt es den Versuch, sie wiederzugewinnen.

Nur in seltenen Fällen werden die ausgesäten Zellen eliminiert und können nicht wiedergewonnen werden.
6. Nach 1-3 Tagen Zellen von den Makrophagen durch Spülen mit einer Pipette abwaschen, dabei nicht den Makrophagen-Monolayer oder die Teflon-Folie verletzen.

Abgespülte Zellen in 25-cm^2-Zellkulturflaschen anzüchten. Vorsichtshalber die Flaschen so bald wie möglich fest verschließen, um evtl. noch vorhandene Infektionen weder hinaus- noch hereinlassen zu können. Parallel dazu oder auch bei einer späteren Passage Zellen auf Objektträger-Kulturkammern aussäen, um sie auf Mykoplasmen zu testen (s. Kap. 5.6.2).

Literatur

Schimmelpfeng L, Langenberg U, Peters JH (1980) Macrophages overcome mycoplasma infections of cells in-vitro. Nature 285: 661-662
Schmidt J, Erfle V (1984) Elimination of mycoplasmas from cell cultures and establishment of mycoplasma-free cell lines. Exptl Cell Res 152: 565-570
Triglia T, Burns GF (1983) A method for in vitro clearance of mycoplasma from human cells. J Immunol Meth 64: 133-139
Wekerle H (1983) In vitro sterilization of T lymphocyte lines infected with bacteria. J Immunol Meth 58: 239-241

5.7 Fluoreszenztest zur Bestimmung der Vitalität von Zellen

R. WÜRZNER und J.H. PETERS

Viele *Vitalitätstests* in der Zellkultur beruhen auf der Tatsache, daß gewisse *Farbstoffe* nur von lebenden Zellen aufgenommen oder umgesetzt werden können, andere wiederum nur über vorgeschädigte Zellmembranen in die Zelle diffundieren oder von toten Zellen nicht umgesetzt werden können.

Trypan-Blau färbt tote Zellen, nicht aber solche mit intakter Zellmembran an. Diese Färbung hat den Nachteil, daß sie wie die Eosin- oder die *Nigrosinfärbung* nicht immer eindeutig beurteilbar ist (Mishell und Shiigi 1980). Alle drei Farbstoffe werden außerdem auch von lebenden phagozytierenden Zellen aufgenommen (Mishell und Shiigi 1980). Des weiteren wird nicht nur zellständiges Protein angefärbt (Phillips 1973), sondern auch lösliches Serumprotein (Gurr 1971), wie z.B. FKS. Schlecht angefärbt werden hingegen die Zellkerne lysierter Zellen (Jones und Senft 1985), was auch zu fehlerhaften Aussagen führen kann. Unzutreffende Färbungen erhält man auch bei EDTA- oder Trypsinbehandelten sowie bei mechanisch von adhärenten Oberflächen gelösten Zellen (Tennant 1964). Ein weiterer Nachteil ist, daß Trypan-Blau sehr schnell - innerhalb von 3-5 Minuten - ausgewertet werden muß, da danach die Anzahl der angefärbten Zellen ansteigt.

Daher sollten zur Vitalitätsbestimmung von Hybridomzellen stabile und eindeutig beurteilbare *Fluoreszenzfarbstoffe* benutzt werden. Diese werden häufig kombiniert eingesetzt, um lebende und tote Zellen gleichzeitig und unterschiedlich anzufärben. Gebräuchlich sind *Fluoreszeindiazetat (FDA)* oder *Acridin-Orange* (AO), die lebende Zellen durch grün emittiertes Licht markieren. Für die rot-orange Anfärbung devitaler Zellen kommt neben *Erythrosin B* und *Propidiumjodid* (PJ) (Jones und Senft 1985) insbesondere *Ethidiumbromid* (EB) in Frage. Häufige Kombinationen sind FDA+EB und AO+EB.

FDA wird als nicht fluoreszierende Vorstufe zwar von allen Zellen aufgenommen (Mishell et al. 1980), jedoch nur von lebenden Zellen durch intrazelluläre Esterasen zu einer grün fluoreszierenden Verbindung *(Fluoreszein)* hydrolytisch gespalten (Rotman und Papermaster 1966).

AO ist wie EB ein nukleinsäurebindender Farbstoff (Parks et al. 1979) und wie dieser mitogen und karzinogen (McCann et al. 1975). AO alleine färbt lebende und tote Zellen an. EB dringt innerhalb weniger Sekunden in tote Zellen ein, wo es den Zellkern rot-orange darstellt (Edidin 1970), bleibt jedoch im Gegensatz zu AO von lebenden Zellen ausgeschlossen - zumindest für einige Stunden. Bei gleichzeitiger Färbung verdrängt EB das AO kompetitiv von den Nukleinsäurebestandteilen toter Zellen (Lee et al. 1975).

Material

Fluoreszenz-Mikroskop mit Auflichteinrichtung, Filterkombination: z.B. Zeiss: BP 450-490 FF 510 LP 520 Nr. 487709-9903; Objektive: Neofluare, besonders geeignet Plan-Neofluar 25/08 Imm, eingestellt auf Position Wasserimmersion (+/− Deckglas-Position), ein Tropfen Wasser oder Puffer auf das Deckglas. Objektive mit hoher Vergrößerung haben einen niedrigen Arbeitsabstand, so daß nur dünne Deckgläser verwendet werden können. Es kann auch ohne Deckglas gearbeitet werden. Hierbei wird das Objektiv direkt mit dem Medium/Puffer in Kontakt gebracht (Wasserimmersion).

Wegen der Mitogenität und Karzinogenität von AO, EB und PJ sollte das Objektiv nach der Auswertung gründlich gesäubert werden.

Objektträger-Kulturkammern	Flexiperm-Mikro-12, Heraeus
Fluoreszeindiazetat (FDA)	Diazetylfluoreszein, Sigma Nr. F 7378
Acridin-Orange (AO)*	Diaminoethyl-Phenanthridiumbromid, Merck Nr. 1333, Serva Nr. 10665, Sigma Nr. A 6014
Ethidiumbromid (EB)*	Sigma Nr. E 8751, Serva Nr. 21238
alternativ: Erythrosin B	Sigma Nr. E 7505, Serva Nr. 21235
oder Propidiumjodid (PJ)*	Calbiochem Nr. 537059

Die mit * markierten Substanzen sind mitogen und karzinogen!

Stammlösungen (Lagerung über 1 Jahr im Dunkeln bei 4°C):

FDA	4 mg/ml in Aceton, (im verdunstungssicheren Glasgefäß)
AO	15 mg/ml in Ethanol, dann 0,3 mg/ml in PBS
EB	1 mg/ml in PBS
Erythrosin B	1 mg/ml in PBS
PJ	1 mg/ml in PBS

Gebrauchslösung: 1 Volumenteil FDA- oder AO-Stammlösung plus 1 Volumenteil EB-, PJ- oder Erythrosin B-Stammlösung plus 8 Volumenteile Phosphatpuffer (pH 7,2) zusammengeben. Haltbarkeit mind. 6 Monate bei 4°C.

Vorgehen

1. Vorbereitung der Zellen
   a.) Zellen in Puffer oder Medium (auch mit Serum) aufnehmen. Adhärent wachsende Kulturen vorher trypsinieren.
   b.) In *Objektträgerkulturkammern* (Flexiperm-Mikro-12-Kammern mit Glasobjektträgern) adhärent gewachsene Zellen können auch direkt gefärbt werden, ohne sie ablösen zu müssen.
2. Färben
   a.) Zellen in Suspension:
   95–99 Volumenteile Zellsuspension plus
   1–5 Volumenteile Gebrauchslösung
   miteinander mischen und sofort oder innerhalb einer Stunde in der Zählkammer auswerten.

b.) Zellen in Objektträgerkulturkammern:
95-99 Volumenteile Kulturmedium werden mit 1-5 Volumenteilen Gebrauchslösung maximal eine Stunde inkubiert. Nach Entfernung der Färbelösung werden die Zellen mit einem Tropfen Puffer und fakultativ einem Deckglas bedeckt und ausgewertet.

Auswertung

Vitale Zellen leuchten im Fluoreszenzmikroskop hellgrün über das gesamte Zytoplasma (FDA) oder nur im Bereich des Zellkerns (AO), tote Zellen zeigen eine rot-orange Kernfärbung.

Es können je nach Filterkombination nicht nur beide Farbstoffe gleichzeitig, sondern auch jeder Farbstoff einzeln sichtbar gemacht werden. Dies ist insbesondere auch für Farbschwache von Vorteil, die durch Hin- und Herschieben der Filter die Zellen somit beurteilen können (selektiver Filter für devitale Zellen: Z.B. BP 545 FT 580 LP 590 oder BP 365 FT 395 LP 420).

Wenn das Raster der Zählkammer sichtbar sein soll, kann schwaches Durchlicht zugeschaltet werden, da die Fluoreszenz im allgemeinen sehr stark ist.

Sollten während der Beobachtungszeit noch weitere Zellen sterben, so verändert sich bei der Kombination FDA-EB das ursprüngliche Ergebnis nicht, wenn man sich an der Grünfärbung orientiert, da die Zellen nach dem Absterben ihr Fluoreszein nur sehr langsam verlieren.

Gelegentlich können sich auch Proteinaggregate wie tote Zellen anfärben, so daß man nach Größe und Form entscheiden muß, was mitgezählt wird.

Hinweise zum Arbeitsschutz

Viele der Fluoreszenzfarbstoffe sind mitogen und karzinogen. Auch bei solchen, wo dies noch nicht zweifelsfrei ausgeschlossen wurde, sollte jeglicher direkter Hautkontakt vermieden werden. EB kann in 10% Na-Hypochlorit inaktiviert werden.

Literatur

Edidin M (1970) A rapid, quantitative flourescence assay for cell damage by cytotoxic antibodies. J Immunol 104: 1303-1306
Gurr E (1971) Synthetic dyes and biological problems, Academic Press, London, p 319
Jones KH, Senft JA (1985) An improved method to determine cell viability by simultaneous staining with fluorescein diacetate-propidium iodide. J Histochem Cytochem 33: 77-79
Lee SK, Singh J, Taylor RB (1975) Subclasses of T cells with different sensitivities to cytotoxic antibody in the presence of anesthetics. Eur J Immunol 5: 259-262
McCann J, Choi E, Yamasaki E, Ames BN (1975) Detection of carcinogens as mutagens in Salmonella/microsome test: Assay of 300 chemicals. Proc Nat Acad Sci 72: 5135-5139
Mishell BB, Shiigi SM (1980) Selected methods in cellular immunology, Freeman, San Francisco, p 16-19

Parks DR, Bryan VM, Oi VT, Herzenberg LA (1979) Antigen specific identification and cloning of hybridomas with a fluorescence-activated cell sorter (FACS). Proc Nat Acad Sci 76: 1962–1966

Phillips HJ (1973) Dye exclusion tests for cell viability. In: Kruse PF (ed) Tissue Culture. Academic Press, New York, p 407–408

6 Herstellung von Hybridomen

6.1 Grundlagen

6.1.1 Eigenschaften und Herstellung von Myelom- und Tumorlinien

D. BARON

Zur Fusion geeignete Myelom- und andere Tumorlinien müssen die folgenden 4 Bedingungen erfüllen:

1. Sie dürfen selbst keine kompletten Antikörper oder Immunglobulin-Leicht- oder Schwerketten mehr synthetisieren.
2. Sie sollen einen Enzymdefekt haben, um nach der Fusion selektiv eliminiert werden zu können.
3. Sie sollen gute Fusionseigenschaften haben, so daß eine möglichst große Zahl an Hybridomen entsteht.
4. Sie sollen die molekularen Eigenschaften mitbringen, im Hybridom eine hohe MAK-Syntheserate zu induzieren.

Auf die einzelnen Punkte soll nachfolgend detailliert eingegangen werden.

Keine Immunglobulin-Sekretion

Würde die Myelom- oder Krebszelle selber noch komplette Antikörper oder isolierte Antikörper-Ketten synthetisieren, würde das Hybridom Misch-Antikörper (mixed molecules) produzieren. Sie entstehen durch die willkürliche, im cisternalen Kompartiment stattfindende Kombination der verschiedenen Schwer- und Leichtketten, die je von den Chromosomen 2, 14, 22 (Mensch) bzw. 6, 12, 16 (Maus) der beiden Elternzellen codiert werden. Synthetisiert die Myelomzelle selbst keine Antikörper-Ketten mehr, dann können die sezernierten MAK nur von den intakten Chromosomen der Eltern-B-Zelle codiert sein; und das sind ja genau die gewünschten Antikörper.

Solche nicht mehr zur Eigensynthese von Ig-Ketten befähigten Myelomzellen („non-producer") entstehen entweder spontan aus Produzenten-Linien oder werden durch deren Mutagenisierung erhalten. Es ist nur eine Frage der Zeit und des Arbeitsaufwandes, bis solche Mutanten gefunden werden. Das braucht man allerdings heutzutage selbst nicht mehr zu tun, da gerade die etablierten Maus-Myelom-Zellen wie die P3x63Ag8.653, SP2/0-Ag14 und P3-NS1/1-Ag4-1 solche Mutanten sind. Die P3-NS-1/1-Ag4-1 (NS = non secretor) produziert allerdings intrazellulär noch freie Kappa-Ketten. Konstruiert man sich jedoch eine eigene Fusionslinie, was gerade bei der Herstellung humaner MAK aus Mangel an guten Fusionspartnern noch praktiziert wird, dann müssen anschließend auch noch Nicht-Produzenten herausselektiert werden.

Enzymdefekte für die Selektion

Nach der Fusion liegen 4 prinzipiell unterschiedliche Zellpopulationen vor: nicht-fusionierte Myelomzellen, nicht-fusionierte Lymphozyten, falsche Hybridome und die richtigen Hybridome. Was passiert mit den verschiedenen Zellen nach der Fusion? Die nicht-fusionierten B-Zellen sterben nach spätestens drei Wochen ab. Die falschen Hybridome, das sind Non-Sense-Fusionen aus 2 B-Zellen mit einer Myelomzelle, zwei Myelomzellen mit einer B-Zelle, 2 B-Zellen miteinander, B-Zellen mit T-Zellen etc., sind nicht lebensfähig und sterben ab. Die richtigen Hybridome, die üblicherweise in der geringen Frequenz (Hybridom-Frequenz) von 10^{-4} vorliegen, stellen die gesuchte Population dar und sollen anwachsen; allerdings sind da noch die nicht-fusionierten, in hoher Frequenz vorkommenden Myelomzellen, die nach der Fusion sofort zu proliferieren beginnen und die erwünschten Hybridome innerhalb weniger Tage hoffnungslos überwuchern würden; man hätte keine Chance, auch nur ein Hybridom zu erhalten. Folglich muß man einen Trick parat haben, um die nicht-fusionierten Myelomzellen nach der Fusion ebenfalls zu eliminieren.

Der Trick besteht darin, daß die zur Fusion eingesetzten Myelom- oder Krebs-Zellen einen Enzymdefekt haben; üblicherweise ist es die Thymidin-Kinase (TK) oder die Hypoxanthin-Guanin-Phosphoribosyl-Transferase (HGPRT). Wegen dieses Defektes können sie sich nicht eines bestimmten Giftes erwehren und sterben ab. Die mit Lymphozyten fusionierten Tumorzellen erhalten im Hybrid das nicht defekte Gen und überleben den Vergiftungs-Versuch. Die Details sind im Kap. 6.1.2 ausführlicher beschrieben. Dort wird auch dargestellt, wie man diese Enzymdefekte selbst setzen kann.

Gute Fusionseigenschaften

Die guten Fusionseigenschaften sind für das Gelingen der Hybridom-Herstellung essentiell. Selbst wenn eine Zell-Linie die drei anderen genannten Kriterien erfüllt, wäre eine schlechte Fusionseigenschaft ein entscheidender Grund, die Zelle nicht als Fusionspartner heranzuziehen. Ob eine Zelle gute oder schlechte Fusionsqualitäten hat, kann nur durch langwierige Fusionsexperimente ermittelt werden, wobei nach jeder Fusion die Hybridom-Frequenz, die Stabilität und die Vitalität der Hybridome bestimmt werden müssen. Bei einer gegebenen Zell-Linie können durch Einzel-Zellablage mit/ohne Mutagenisierung noch Subklone gefunden werden, die bessere Eigenschaften besitzen.

Hohe Syntheserate im Hybridom

Dieser Punkt ist dann wichtig, wenn größere MAK-Mengen (ab 10 Gramm aufwärts) hergestellt werden sollen. Dann ist es bezüglich des Produktionsaufwandes (Mäuse/Bioreaktoren) entscheidend, ob eine Hybridomkultur 10 µg/ml oder 50 µg/ml MAK produziert. Bisher zeigen nur Myelom-Zellen die gewünschte Fähigkeit, eine hohe Ig-Syntheserate zu induzieren; dies ist sicherlich der Hauptgrund, warum Myelom-Linien in der Hybridomtechnik so verbreitet sind. Bei anderen Fusionspartnern wie lymphoblastoiden Zellinien oder Heteromyelomen, die vorwiegend bei der Herstellung humaner MAK Anwendung finden, ist das nicht automatisch gegeben; hier hängt es vom Zufall und den individuellen Eigenschaften der Zell-Linie ab. Durch langwierige Fusionsexperimente, Subklonierungen und eine aufwendige Analytik können entsprechende Sub-Linien gefunden werden, die bessere Eigenschaften haben. In Zukunft wird es vielleicht möglich sein, mit Hilfe gentechnologischer Methoden (z.B. der „site"-spezifischen Integration von Enhancern) gute Fusions-Linien zu konstruieren, die eine hohe MAK-Produktionsleistung der Hybridome garantieren und dennoch alle genannten Kriterien einer guten Fusions-Linie zeigen.

6.1.2 Selektionsprinzipien

J. H. PETERS und R. K. H. GIESELER

Da die Zellfusion nicht alle Zellen erfaßt, bleiben nach der Fusion viele nichtfusionierte Zellen in der Kultur. Lymphozyten und Erythrozyten sterben im Laufe der Zeit ab. Makrophagen und andere adhärente Zellen aus der Milz wachsen entweder nicht oder nur langsam. Dagegen sind die eingesetzten Myelomzellen in der Lage, Hybridome und andere Zellen in kurzer Zeit zu überwuchern. Um dies zu verhindern, werden Selektionssysteme eingesetzt, am häufigsten Defektmutationen im Nukleinsäurestoffwechsel.

Nukleinsäuresynthese ist über zwei unterschiedliche Gruppen von Stoffwechselwegen möglich, Haupt- und Reservewege (salvage pathways, s. Abb. 14, 15). Ein Defekt in einem Stoffwechselweg ist für die Zelle so lange nicht letal wie der andere Weg benutzt werden kann. Vergiftet man die Hauptstoffwechselwege des Purin- und des Pyrimidin-Stoffwechsels durch *A*minopterin und bietet der Zelle diejenigen Vorstufen an, die sie für die Reservewege benötigt, nämlich *H*ypoxanthin und *T*hymidin (HAT-Medium), so kann sie überleben.

Eine Zelle, die einen Defekt in einem Reservestoffwechselweg hat, kann aber die HAT-Behandlung nicht überleben, da dann beide Stoffwechselwege blockiert sind.

Azaserin blockiert ähnlich wie Aminopterin, aber mit einem starken Dosisunterschied, so daß bei niedriger Dosis nur der Hauptstoffwechselweg der Purinsynthese blockiert wird. Man kann daher auf die Substitution von Thymidin verzichten (Horenstein et al. 1987). Da menschliche Zellen empfindlicher gegen Thymidin (Thymidin-Blockade des Zellzyklus) als Mauszellen sein sollen und man bei der Azaserin-Selektion ja auf Thymidin verzichten kann, wird es bisher meist bei Mensch-Fusionen eingesetzt (Edwards et al. 1982, Foung et al. 1982). Azaserin sollte Aminopterin aber auch im Maus-System ablösen, da es weniger lichtempfindlich (Fehlner et al. 1987) und daher zuverlässiger ist und praktisch ausschließlich HGPRT- und nicht TK-defekte Myelome als Fusionspartner eingesetzt werden.

Die zur Fusion benutzten Lymphozyten stellen „Wildtyp" dar und tragen keinen relevanten genetischen Defekt. Dagegen lassen sich die Myelomzellen mit einem solchen nützlichen Defekt versehen. Fusioniert man nun Lymphozyten mit einer Tumorlinie, die einen Defekt im Reservestoffwechselweg hat, wird die Hybridzelle durch genetische Komplementation „geheilt", d.h. der Gendefekt des Tumorpartners wird durch die Dominanz des normalen Lymphozyten-Gens kompensiert (komplementiert). Das Hybrid wird also unempfindlich gegen die Aminopterin-Behandlung und kann Hypoxanthin und Thymidin nutzen. Dagegen bleibt die nicht-fusionierte Tumorzelle genetisch defekt und wird durch die HAT-Behandlung abgetötet.

Beide genannten Reservestoffwechselwege kommen wahlweise für dieses Selektionsprinzip in Frage (s. Abb. 14):

a) Aufnahme von Hypoxanthin oder Guanin mit Hilfe des Enzyms Hypoxanthin-Guanin-Phosphoribosyl-Transferase (HGPRT oder HPRT), oder
b) Aufnahme von Thymidin mit Hilfe des Enzyms Thymidinkinase (TK).

Genetische Defekte entstehen sporadisch durch Mutationen in Zellkulturen. Es wäre aber sehr mühsam, Mutanten mit einem solchen Defekt durch Einzelzellklonierung zu suchen. Daher erleichtert man sich die Arbeit durch eine gezielte chemische Selektion, die auf der Umkehr der oben beschriebenen Aminopterin-Selektion beruht. In diesem Fall wird entweder das Gift 6-Thioguanin (TG) (besser als 8-Azaguanin, Evans and Vijayalaxmi 1981) über den von der Hypoxanthin-Guanin-Phosphoribosyl-Transferase (HGPRT) vermittelten Weg oder Brom-Desoxyuridin (BrdU) über den von der Thymidin-Kinase (TK) vermittelten Weg (s. Abb. 14) in die Zelle eingeschleust. Jede Zelle mit einem intakten Aufnahmeweg wird vergiftet und damit getötet. Eine Zelle, bei der der entsprechende Aufnahmeweg defekt ist, wird den Vergiftungsversuch aber überleben können, sodaß sie sich weiter vermehrt.

In einer Permanentlinie entstehen solche Defektmutanten sporadisch mit einer Frequenz von ca. 10^{-7}. Man kann durch Zugabe von chemischen Muta-

---

Abb. 14. Schema der Nukleinsäuresynthese und der Selektionsprinzipien (modifiziert nach Paul 1980). Abkürzungen: A, Adenosin; C, Cytosin; d, desoxy-; DP, Diphosphat; G, Guanosin; HGPRT, Hypoxanthin-Guanin-Phosphoribosyl-Transferase; MP, Monophosphat; T, Thymidin; TP, Triphosphat; U, Uridin. Unterbrochene Linien zeigen die Blockade bzw. Vergiftung eines Stoffwechselweges an. Einzelheiten im Text

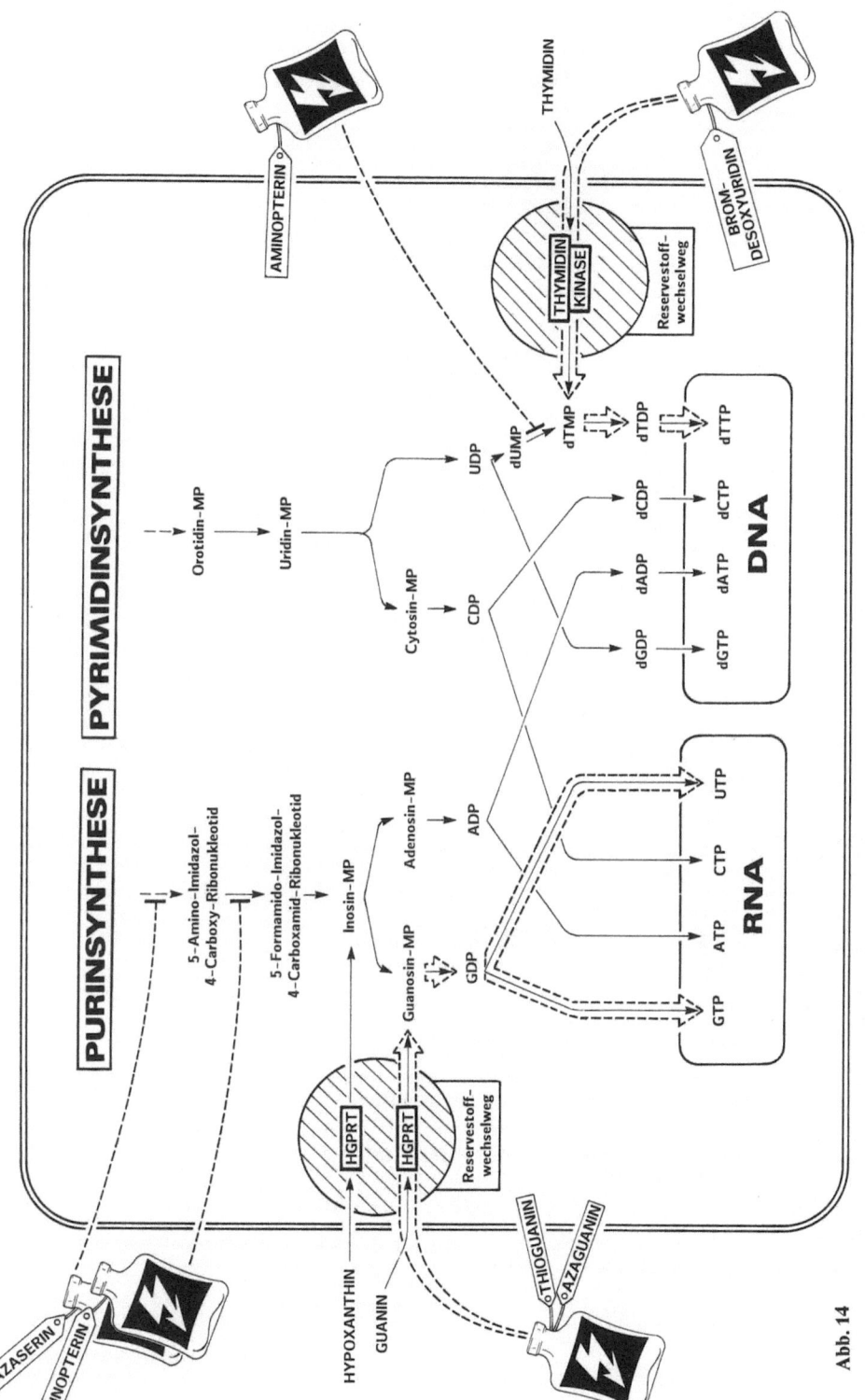

Abb. 14

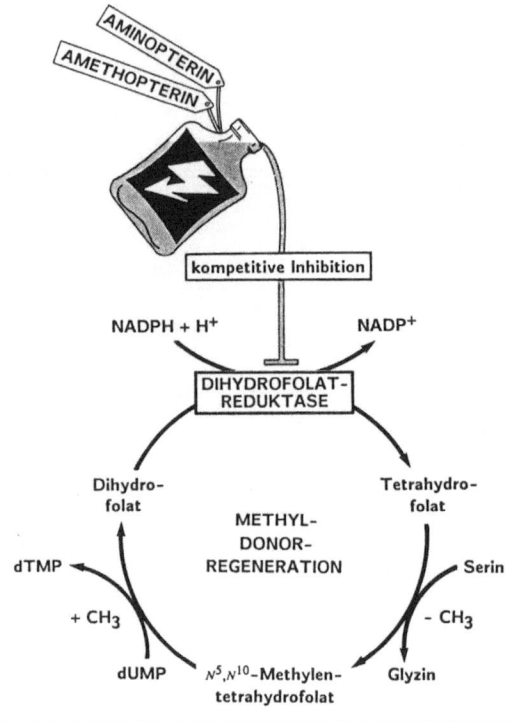

Abb. 15. Schema der Methylgruppen-Übertragung für die Nukleinsäuresynthese und deren Blockade durch Dihydrofolat-Analoge

genen (Ethyl-Methansulfonat, 100 µg/ml) oder durch ionisierende Strahlen (100-200 rad) die Mutationsrate erhöhen.

Anschließend selektiert man durch TG oder BrdU die entsprechenden Mutanten heraus. Bevor man die resistente Zelle einsetzt, muß überprüft werden, ob die Zelle tatsächlich empfindlich für die HAT-Behandlung ist: nicht jede TG- oder BrdU-unempfindliche Zelle ist auch HAT-empfindlich. Solche Zellen haben dann meist einen Defekt im Transportsystem für TG oder BrdU, nicht aber in der Kinase. Nach mehrtägiger HAT-Behandlung sollten Zellen mit dem korrekten TG- oder HGPRT-Defekt gestorben sein, nicht aber diejenigen mit einem Defekt im Transport-System.

Das bisher beschriebene Selektionsprinzip wird auch als einfache Selektion bezeichnet, da nur einer der beiden Fusionspartner nach der Fusion aktiv herausselektiert werden muß. Die beiden Defekte im Purin- und im Pyrimidin-Stoffwechselweg ermöglichen aber auch eine Doppelselektion, wie sie ursprünglich von Zybalski et al. (1962) und Littlefield (1964) konzipiert wurde: eine Linie wird mit dem HGPRT-, die andere mit dem TK-Defekt ausgestattet. Bei der Selektion mit HAT wird der doppelte Angriffspunkt von Aminopterin genutzt und beide Reservestoffwechselwege mit Hypoxanthin und Thymidin substituiert. Die Hybride überleben wiederum, in diesem Fall durch eine doppelte, gegenseitige Komplementation.

Weitere Selektionsprinzipien

Liegt ein dem HGPRT-Defekt analoger Defekt im Gen für die Adenin-Phosphoribosyl-Transferase (APRT) (Kusano et al. 1971), wird Adenin substituiert. Bei der Maus liegt das HGPRT-Gen auf dem X-Chromosom. Ein Hybridom, das spontan sein X-Chromosom einbüßt, könnte die HAT-Selektion nicht überleben, obwohl es weiterhin die Gene für die Antikörper-Produktion besitzt. Das Gen für APRT findet sich auf Chromosom 8, das für die schwere Kette auf Chromosom 12. Die Robertsonian (8.12)5Bnr-Maus trägt eine Translokation, bei der Chromosom 8 mit 12 verschmolzen ist. Somit segregieren sie gemeinsam.

Hierzu wird eine APRT-defiziente Partnerlinie benötigt, das HL-1 Friendly Myeloma-653, die zusätzlich auch noch HPRT- und Ig-negativ ist. HL-1 Friendly Myeloma-653-Zellen werden mit Milzzellen der Rb (8.12)5Bnr-Maus (beide von Jackson Labs, in Deutschland bei Orpegen) fusioniert. Sie werden anschließend in Adenin, Aminopterin und Thymidin (AAT) selektiert, woraufhin dann nur Klone herauswachsen, die den Lokus für die schwere Kette besitzen.

Anstelle des HGPRT-Weges läßt sich im Purin-Stoffwechsel das Gen für Adenosin-Desaminase (ADA) als Selektionsmarker benutzen. ADA-negative Zellen benötigen Adenosin oder Desoxyadenosin zum Überleben. Auch hier wird Aminopterin eingesetzt, um die Hauptstoffwechselwege zu blockieren, so daß zusätzlich zum Desoxyadenosin auch wieder Thymidin substituiert werden muß (Hirschhorn et el. 1985).

Die genannten klassischen Selektionsmöglichkeiten erfüllen alle Wünsche für eine konventionelle und industrielle MAK-Herstellung. Dennoch lohnt es, sich mit weiteren Selektionsprinzipien vertraut zu machen. Sie werden benötigt, wenn Zellen durch Mehrfachfusionen weiter manipuliert werden sollen. Zwei Beispiele zeigen dies: Für die Herstellung menschlicher Hybridome sucht man immer noch nach geeigneten Myelomlinien. Solange eine ideale Linie nicht vorliegt, behilft man sich damit, daß Maus- und Menschlinien miteinander fusioniert werden (Heteromyelome, s. Kap. 6.3.8.2), die dadurch die günstigen Eigenschaften der Mausmyelome mit Anteilen des menschlichen Genoms kombinieren.

Das zweite Beispiel sind bispezifische Antikörper (s. Kap. 6.9.4), die z. B. dann entstehen, wenn zwei Hybridome, jedes mit der Synthese eines eigenen Antikörpers, miteinander fusioniert werden. Da auch nach der Fusion beide Genome aktiv bleiben, kombinieren sich die jeweils synthetisierten Ig-Ketten unter anderem auch zu bispezifischen Antikörpern (s. Kap. 6.9.4). Auch hier ist es also notwendig, zweimal nacheinander zu fusionieren und zu selektieren.

Zellen lassen sich auch mit mehreren Defekten gleichzeitig versehen: so werden HGPRT- und Glucose-6-Phosphat-Dehydrogenase-Defizienz miteinander kombiniert (D'Urso et al. 1983). Eine HGPRT- und zusätzlich Neomycin-resistent gemachte Myelomlinie übertrug diese Resistenz auf das Hybridom. Dies war in der Lage, in Anwesenheit des Neomycin-Analogs G418 zu wachsen (Teng et al. 1983), wodurch gleichzeitig das Überwuchern von normalen T-Zellen verhindert wurde (van Snick et al. 1985). Hier, wie in vielen anderen Beispielen, wurden die Resistenzen nicht durch Mutagenisierung gesetzt, sondern durch Transfektion bakterieller Gene (Riera et al. 1984; Teng et al. 1983; Besnard et al. 1987) (s. Kap. 6.3.8.3). Adenosin-Kinase (Chan et al. 1978) und Ricin-Resistenz (Crane et al. 1985) wurden als weitere Selektionsprinzipien genutzt.

Der am häufigsten benutzte zusätzliche Selektionsmarker ist die Ouabain-Resistenz (Baker et al. 1974). In einer Heterofusion zwischen Mensch- und Nagetierzellen kann man die natürliche höhere Empfindlichkeit menschlicher Zellen gegen Ouabain (Strophantin) nutzen, um die menschlichen Zellen nach der Fusion abzutöten.

Zusätzlich können aus menschlichen Zellen auch Oubain-resistente Mutanten gewonnen werden, wenn man mit 10^{-7} M zu selektieren beginnt (Kennett 1979; Kozbor et al. 1982). Besonders bei menschlichen Myelomen (Ichimori et al. 1987), Heteromyelomen (Posner et al. 1987) und Heterohybridomen (Kozbor et al. 1982; Tiebout et al. 1987) sowie bei Myelomen, die zur Fusion mit EBV-transformierten menschlichen Zellen benutzt wurden (Foung et al. 1984; Haskard und Archer 1984; Hulette et al. 1985), wurde Ouabain-Resistenz eingesetzt.

Eine besondere Klasse genetisch fixierter Selektionsmarker stellen die in Mitochondrien lokalisierten Gendefekte dar. Sie eignen sich, wenn man kernlos gemachte Zellen (Zytoplasten) mit anderen Zellen zu sog. Cybriden fusionieren will. Hierfür benutzt man die Chloramphenicol- (Hayashi et al. 1983; 1984; 1985; Howell 1983), oder die Antimycin-Resistenz (Howell et al. 1983; 1984).

Selektionen lassen sich aber auch ohne genetisch fixierte Marker verwirklichen: Zellen wurden gegen Gifte vorübergehend resistent gemacht, indem man sie mit Antikörpern gegen das jeweilige Gift lud. Durch osmotischen Schock wurden die Zellmembranen vorübergehend permeabel gemacht, so daß die Zellen sich mit den von außen angebotenen Antikörpern gegen Ricin bzw. Diphtherie-Toxin aufladen konnten. Sie wurden miteinander fusioniert und einer Selektion durch Ricin und Diphtherie-Toxin ausgesetzt. Nur die Hybride überlebten diese Selektion (Wright 1984).

Werden zwei miteinander zu fusionierende Zellinien mit zwei unterschiedlichen Fluoreszenzfarbstoffen gefärbt, können nach der Fusion Heterokaryen, die beide Farbstoffe auf einer Zelle tragen, mittels Cell Sorter selektiert werden (Koolwijk et al. 1988). Zwei spezielle Farbstoffe erzeugen, wenn ihre Moleküle nicht weiter als 10 nm voneinander entfernt sind, nach Laserstrahl-Anregung das Phänomen des „Resonanz-Energie-Transfers". Werden die beiden zu fusionierenden Zellpopulationen mit den Fluorochromen R16 und F18 markiert, erzeugen zuerst die Heterokaryen, deren Membranen miteinander verschmelzen und dadurch die Moleküle der beiden Farbstoffe in kritische Nähe zueinander bringen, das mit dem Zellsorter meßbare RET-Phänomen (Wanda und Smith 1982; Tertov et al. 1989).

Schließlich seien noch zwei Selektionsmöglichkeiten genannt, die ohne jede chemische Behandlung auskommen und allein auf Zellkultur-Bedingungen beruhen. Sind beide Fusionspartner nicht in der Lage, in Weichagar zu klonieren, kann dennoch das Hybridom aus beiden hierzu in der Lage sein - so gezeigt bei einer T-T-Zell-Fusion (Platsoucas et al. 1987). Der Grund für dieses Vorgehen bestand darin, daß die Zellen zu empfindlich gegenüber Thymidin waren und eine HAT-Selektion daher nicht in Frage kam. Vielleicht hätte es auch eine Hypoxanthin-Azaserin-Selektion (s. oben) getan? Allein mit Hilfe eines speziellen serumfreien Mediums, in dem die gängigen Maus-Myelome nicht überleben, war es möglich, dennoch Hybridome in hoher Ausbeute zu gewinnen (Yabe et al. 1986).

Literatur

Baker RM, Brunette DM, Mankovitz R, Thompson LH, Whitmore GF, Siminovitch L, Till JE (1974) Ouabain-resistant mutants of mouse and hamster cells in culture. Cell 1: 9-21

Besnard C, Monthioux E, Jami J (1987) Selection against expression of the Escherichia coli gene gpt in hprt+ mouse teratocarcinoma and hybrid cells. Mol Cell Biol 7: 4139-4141

Chan RS, Creagen RP, Reardon MP (1978) Adenosine kinase as a new selective marker in somatic cell genetics: isolation of adenosine kinase-deficient mouse cell lines and human-mouse hybrid cell lines containing adenosine kinase. Somatic Cell Genet 4: 1-12

Crane IJ, Leung H, Parti S, Meager A (1985) Ricin-resistant human T-cell hybridomas producing interferon gamma. J Immunol Meth 77: 207-218

D'Urso M, Mareni C, Toniolo D, Piscopo M, Schlessinger D, Luzzatto L (1983) Regulation of glucose 6-phosphate dehydrogenase expression in CHO-human fibroblast somatic cell hybrids. Somatic Cell Genet 9: 429-443

Edwards PAW, Smith CM, Munro Neville A, O'Hare MJ (1982) A human-human hybridoma system based on a fast-growing mutant of the ARH-77 plasma cell leukemia-derived cell line. Eur J Immunol 12: 641-648

Engleman EG, Foung SKH, Grumet FC, Raubitschek AR, Larrick JW (1985) Human-murine hybridoma as a fusion partner and its products. Eur Pat Appl EP 148644 A2, 17 Jul 1985, 41 pp.

Evans HJ, Vijayalaxmi (1981) Induction of 8-azaguanine resistance and sister chromatid exchange in human lymphocytes exposed to mitomycin C and X rays in vitro. Nature 292: 601-605

Fehlner PF, Bencsath A, Lam T, King TP (1987) The photodecomposition of aminopterin. J immunol Meth 101: 141-145

Foung SKH, Saski DT, Grumet FC, Engleman EG (1982) Production of functional human T-T hybridomas in selection medium lacking aminopterin and thymidine. Proc Natl Acad Sci (U. S. A.) 79: 7484-7488

Foung SK, Perkins S, Raubitschek A, Larrick J, Lizak G, Fishwild D, Engleman EG, Grumet FC (1984) Rescue of human monoclonal antibody production from an EBV-transformed B cell line by fusion to a human-mouse hybridoma. J Immunol Meth 70: 83-90

Haskard DO, Archer JR (1984) The production of human monoclonal autoantibodies from patients with rheumatoid arthritis by the EBV-hybridoma technique. J Immunol Meth 74: 361-367

Hayashi J, Tagashira Y, Higashida H, Hirai S, Yoshida MC, Sekiguchi T (1984) Isolation and characterization of intraspecific cybrids. Effect of mitochondrial DNA on their cellular properties. Exp Cell Res 154: 357-366

Hayashi J, Tagashira Y, Watanabe T, Sekiguchi T (1983) Effect of mitochondrial DNA composition on the cellular properties of interspecific hybrid cells. Exp Cell Res 148: 258-264

Hayashi J, Tagashira Y, Yoshida MC (1985) Absence of extensive recombination between inter- and intraspecies mitochondrial DNA in mammalian cells. Exp Cell Res 160: 387-395

Hirschhorn R, Ellenbogen A, Martiniuk F (1985) An approach to a selection system for adenosine-deaminase-positive (ADA+) cells and detection of rat ADA+ „revertants". J Cell Physiol 123: 277-282

Horenstein AL, Glait HM, Koss A (1987) An improved selection procedure for the rescue of hybridomas. A comparative study of methotrexate versus aminopterin. J immunol Meth 98: 145-149

Howell N (1983) Origin, cellular expression, and cybrid transmission of mitochondrial CAP-R, PYR-IND, and OLI-R mutant phenotypes. Somatic Cell Genet 9: 1-24

Howell N, Huang P, Kelliher K, Ryan ML (1983) Mitochondrial genetics of mammalian cells: a mouse antimycin-resistant mutant with a probable alteration of cytochrome b. Somatic Cell Genet 9: 143-163

Howell N, Huang P, Kolodner RD (1984) Origin, transmission, and segregation of mitochondrial DNA dimers in mouse hybrid and cybrid cell lines. Somatic Cell Mol Genet 10: 259-274

Hulette CM, Effros RB, Dillard LC, Walford RL (1985) Production of a human monoclonal antibody to HLA by human-human hybridoma technology. A preliminary report. Am J Pathol 121: 10-14

Ichimori Y, Harada K Hitotsumachi S, Tsukamoto K (1987) Establishment of hybridoma secreting human monoclonal antibody against hepatitis B virus surface antigen. Biochem Biophys Res Commun 142: 805-812

Kaplan HS, Teng NNH, Lam KS, Calvo-Riera F (1986) Methods and cell lines for immortalization and monoclonal antibody production by antigen-stimulated B-lymphocytes. U. S US 4574116 A, 4 Mar 1986, 6 pp.

Kennett RH (1979) Cell fusion. in Methods in Enzymology. Vol. 58 Colowick SP, Kaplan NO, Eds. Academic Press, New York, p 345-359

Koolwijk P, Rozemuller E, Stad RK, De Lau WBM, Bast BJEG (1988) Enrichment and selection of hybrid hybridomas by Percoll density gradient centrifugation and fluorescent-activated cell sorting. Hybridoma 7: 217-225

Kozbor D, Lagarde AE, Roder JC (1982) Human hybridomas with antigenspecific Epstein-Barr virus-transformed cell lines. Proc. Natl. Acad Sci (U. S. A.) 79: 6651-6655

Kozbor D, Roder JC, Chang TH, Steplewski Z, Koprowski H (1982) Human anti-tetanus toxoid monoclonal antibody secreted by EBV-transformed human B cells fused with murine myeloma. Hybridoma 1: 323-328

Kusano T, Long C, Green M (1971) A new reduced human-mouse somatic cell hybrid containing the human gene for adenine phosphoribosyltransferase. Proc. Natl. Acad. Sci. U.S.A. 68: 82–86

Littlefield JW (1964) Selection of hybrids from matings of fibroblasts in vitro and their presumed recombinants. Science 145: 709–710

Paul J (1980) Zell- und Gewebekulturen. Walter de Gruyter Berlin New York

Platsoucas CD, Calvelli TA, Kunicka JA (1987) A new method for the development of human T-T cell hybrids without the use of HAT medium. Hybridoma 6: 589–603

Posner MR, Elboim H, Santos D (1987) The construction and use of a human-mouse myeloma analogue suitable for the routine production of hybridomas secreting human monoclonal antibodies. Hybridoma 6: 611–625

Riera FC, Blam SB, Teng NN, Kaplan HS (1984) Somatic cell hybrid selection with a transfectable dominant marker. Somatic Cell Mol Genet 10: 123–127

Teng NN, Lam KS, Calvo Riera F, Kaplan HS (1983) Construction and testing of mousehuman heteromyelomas for human monoclonal antibody production. Proc Natl Acad Sci USA 80: 7308–7312

Tertov VV, Sayadyan HS, Kalantarov GF, Molotkovxky JG, Bergelson LD, Orekhof AN (1989) Use of lipophilic fluorescent probes for the isolation of hybrid cells in flow cytometry. J Immunol Meth 118: 139–143

Tiebout RF, van Boxtel-Oosterhof F, Stricker EA, Zeijlemaker WP (1987) A human hybrid hybridoma. J Immunol 139: 3402–3405

Van Snick J, De Plaen E, Boon T (1985) A neomycin-resistant cell line for improved production of monoclonal antibodies to cell surface antigens. Eur J Immunol 15: 1151–1153

Wanda PE, Smith JD (1982) A general method for heterokaryon detection using resonance energy transfer and a fluorescence-activated cell sorter. J Histochem Cytochem 30: 1297–1300

Wright WE (1984) Toxin-antitoxin selection for isolating somatic cell fusion products between any cell types. Proc Natl Acad Sci USA 81: 7822–7826

Zybalski W, Hunter Zbalska E, Ragni G (1962) Genetic studies with human cell lines. Natl Cancer Inst. Monogr. 7, 75–89

6.1.3 Übersicht über Maus-Myelom-Linien

D. BARON

Im Maus-System wird fast ausschließlich mit etablierten Myelom-Linien gearbeitet, während im Human-System aus Mangel an vergleichbaren Myelomen eine Reihe von Fusionspartnern eingesetzt wird, die unten genauer vorgestellt werden sollen (Kap. 6.3.1).

Maus-Myelome als Fusionspartner

Im Maus-System werden eigentlich nur drei Myelomzell-Linien, synonym auch Plasmocytom-Linien genannt, und deren Abkömmlinge verwendet: die P3x63Ag8.653 (ATCC CRL 1580) (Kearney et al. 1979), Kurzbezeichnung Ag8, Synonym X63Ag8.653, die SP2/0-Ag14 (ATCC CRL 8287) (Shulman et al. 1978), Kurzbezeichnung SP2/0 und die P3-NS-1/1-Ag4-1 (Köhler et al. 1976), Kurzbezeichnung NS-1. Eine gebräuchliche Variante der Ag8 ist die P3x63Ag8U1, synonym P3×63AgU1. Die Ag8 und SP2/0 synthetisieren und sezernieren keine Ig-Ketten mehr, während die NS-1 zwar noch Kappa-Leichtketten synthetisiert und im Zytoplasma enthält, diese jedoch nicht sezerniert.

Alle Linien sind HAT- bzw. HAz-sensitiv, ihnen fehlt eine funktionelle HGPRT, d.h. sie sind gegenüber 8-Azaguanin resistent (die in den Zell-Namen erscheinende Abkürzung „Ag" steht für Aza-Guanin). Bisher gibt es keine weiteren empfehlenswerten Myelom-Linien und es wird sie wahrscheinlich auch nicht geben, da es viel wahrscheinlicher ist, daß in naher Zukunft neue Immortalisierungs-Methoden (Kap 6.6) anstelle der klassischen Fusions-Technik zum Einsatz kommen werden.

Murine Plasmocytom-Linien werden auch zur Herstellung humaner Hybridome verwendet, die in diesem Fall Heterohybridome genannt werden, da die Eltern-Zellen von zwei verschiedenen Spezies kommen (s. Tab. 7, Kap. 6.3.1).

Literatur

Kearney JF, Radbruch A, Liesegang B, Rajewski K (1979) A mouse myeloma cell line that has lost immunoglobulin expression but permits the contruction of antibody-secreting hybridoma cell lines. J Immunol 123: 1548–1558

Köhler G, Howe CS, Milstein C (1976) Fusion between immunoglobulin-secreting and nonsecreting myeloma cell lines. Eur J Immunol 6: 292–303

Shulman M, Wilde CG, Köhler G (1978) A better line for making hybridomas secreting specific antibodies. Nature 267: 269–271

6.2 Zellfusion zur Herstellung von monoklonalen Antikörpern der Maus

J.H. Peters

Immunglobulin-produzierende Lymphozyten aus der Mäusemilz sind in der Kultur nicht überlebensfähig und teilen sich nur wenige Male. Um sie unsterblich und unendlich teilungsfähig zu machen, werden sie mit Permanentlinien von Maus-Myelomen (Tumoren von B-Lymphozyten) fusioniert. Nach der Fusion wird durch eine chemische Selektion das Weiterleben der nicht fusionierten Zellen verhindert (s. Kap. 6.1.2). Die überlebenden Zellen sind daher Fusionsprodukte mit Beteiligung einer Tumorzelle (= Hybridome). Einige von ihnen sezernieren Immunglobuline, darunter einige spezifische Antikörper, die gegen das vorher zum Immunisieren benutzte Antigen gerichtet sind.

Das Fusionsprotokoll sichert eine Ausbeute an Klonen, die um 1–2 Größenordnungen höher liegt als in früheren Fusionsprotokollen angegeben (Fazekas de St Groth und Scheidegger 1980; Løvborg 1982). Es läßt sich sinngemäß auch auf Mensch- und Rattenzellfusionen anwenden.

Das hier zur Fusion eingesetzte Polyethylenglykol ist nicht toxisch; verringert wird die Toxizität anderer Produkte, wenn die Zellen nach der Fusion für 15 Min. in Ca^{++}-freiem PBS-Puffer gehalten werden (Schneiderman et al. 1979). Vorschläge, die Fusionsfrequenz zu erhöhen durch Colcemid (Miyahara et al. 1984), Dimethyl Sulfoxid (Norwood et al. 1976) und PEG-Derivate (Klebe und Mancuso 1981) sollen hier nur angeführt werden, sie sind jedoch kaum erforderlich. Für Problemfälle mit besonders schwachen Antigenen oder niedrigen Antikörpertitern empfehlen Lane et al. (1986) ihre verfeinerte Methode, die der hier beschriebenen aber sehr ähnlich ist. Hohe Fusionsausbeuten geben Myelome, die in vivo als Tumor angezüchtet wurden (Shi et al. 1987).

Weiter erhöhen läßt sich die Fusionsausbeute und die Zahl spezifischer Klone durch Anreicherung spezifischer B-Zellen vor der Fusion, durch Reinjektion in ein bestrahltes Tier, in dem sie sich selektiv vermehren, durch in vitro Immunisierung (Kap. 6.3 ff) und durch Antigen-Fokussierung, wobei das Antigen auf die Myelomzellen gebunden wird, an die die spezifischen B-Zellen dann rosettieren (Übersicht bei French et al. 1986; s. auch Kap. 6.9.1).

Tiere, Geräte, Materialien

Mäuse	BALB/c-Mäuse, möglichst weiblich, immunisiert
Zentrifugenröhrchen	50 ml glasklar, Greiner Nr. 210 161
Klonierungsplatten	384 Näpfe, Greiner Nr. 704 160
Zellkultur-Flaschen 25 cm	Nunc Nr. N 1460

Medien, Reagenzien, Zellen

Medium 80/20	80% RPMI 1640 plus 20% Medium 199 mit Earle's Salzen, Biochrom Nr. T 121 und T 061
Serum	10% fötales, Neugeborenen-, Kälber- oder Rinderserum. Die Chargen sollten vorgetestet sein (Biochrom oder Boehringer Mannheim) (s. auch Kap. 6.6.1 und 6.6.2). Inaktivieren ist meist unnötig.
oder	
Fertigmedium mit Serum HAz-Zusatz (Hypoxanthin, Azaserin)	Hybridomamedium Biochrom Nr F 5515 Stammlösung 50 × in Wasser: Hypoxanthin (z.B. Sigma Nr. H 9377) 27,2 µg/ml Azaserin (Sigma Nr. A 4142) 50 µg/ml
oder	
HAT-Zusatz (Hypoxanthin, Aminopterin, Thymidin)	Zellkultur-Firmen Lagerung: als 50 × -Konzentrat bei −20 °C nicht länger als 6 Monate, lichtgeschützt Nicht bei 4 °C lagern!

HT-Zusatz (Hypoxanthin, Thymidin)   Zellkultur-Firmen
Konditionierte Medien (CM)   s. Kap. 5.2
Polyethylenglykol PEG 4000 GC   MW 4000 für die Gaschromatographie,
  Merck Nr. 9727
  Lagerung:
  PEG als Trockensubstanz wie in
  Lösung kann altern (Oxydation) und
  dadurch unbrauchbar werden. Es wird
  dann sauer, was sichtbar ist, wenn es in
  Medium mit Phenolrot gelöst wird. Die
  Trockensubstanz wird im Exsikkator
  oder in Stickstoff aufbewahrt.
PBS Phosphatpuffer   ohne Calcium, Magnesium:
  PBS-Tabletten, Flow Nr. 28-103-05
Myelomlinien aus BALB/c-Maus   a) X63-Ag8.653, Kurzname „Ag8" oder
  „X 63".
  b) P3-NS1/1-Ag4-1, Kurzname NS 1

Langfristige Vorbereitungen

1. Immunisierung

BALB/c-Mäuse mit gewünschtem Antigen immunisieren, (s. Kap. 3.4). An den 4 Tagen unmittelbar vor der Fusion täglich eine Boost-Dosis ohne Adjuvans i. p. oder i. v. spritzen.

2. In-vitro-Immunisierung

Die präparierten Milzzellen (s. Kap. 4.2) können auch für 3-4 Tage in vitro durch Zugabe des Antigens weiterstimuliert werden. Dies erhöht die Zahl der Blasten und der später heranwachsenden Klone erheblich (Kap. 3.6 und 6.3.2 ff).

3. Myelomzellen kultivieren

Zellen aus Flüssigstickstoff auftauen, in Medium mit Serum aufnehmen und z.B. in 9-cm Petrischalen (Bakterienqualität) kultivieren. Es scheint wichtig zu sein, die Zellen frühzeitig an die spätere Serumcharge zu adaptieren. Sie müssen sich zum Zeitpunkt der Fusion in der exponentiellen Wachstumsphase befinden, d.h., daß sie mehrere Tage vor der Fusion täglich ausverdünnt und gefüttert werden sollten. Leicht angeheftete Zellen werden durch nicht zu scharfes Pipettieren abgelöst.

3 a. Myelomzellen in vivo anzüchten

Nach Shi et al. (1987) können die für die Fusion vorgesehenen Myelomzellen auch als subcutan gesetzter solider Tumor in der Maus angezüchtet werden. Nach dem Herausnehmen des Tumors wird eine Einzelzellsuspension hergestellt, die Zellen über Ficoll-Hypaque gereinigt und anschließend sofort als Fusionspartner eingesetzt.

Diese Methode eignet sich besonders, wenn die Zellkultur darniederliegt, sei es bei dem Zusammenbruch von Apparaten, Infektionsproblemen einschließlich der Mykoplasmenkontamination, oder bei Nachschubschwierigkeiten von Medien oder Seren. Kombiniert man diese Methode mit dem Einfrieren der Hybridome sofort nach der Fusion (s. Kap 5.3.1), kann man für diese Phase der MAK-Herstellung sogar vollständig auf die Zellkultur verzichten.

4. Polyethylenglykol ansetzen

20 g PEG möglichst steril einwiegen und in 20 ml Medium ohne Serum lösen. Erfahrungsgemäß sind die so hergestellten Ansätze steril, was durch Bebrüten einer verdünnten Probe getestet werden kann. Sterilfiltration ist wegen der Viskosität schwierig, Autoclavieren kann die Substanz chemisch verändern und toxische Aldehyde bilden (Kadish and Wene 1983; Klebe and Mancuso 1981). Soll PEG doch autoclaviert werden, so darf dies nur in ungelöstem Zustand geschehen: PEG in ein Becherglas geben, bei 121 °C für 20 Min. autoclavieren. Sofort anschließend die geschmolzene Substanz mit Medium ohne Serum mischen.

5. Konditionierte Medien

Konditionierte Medien (CM) aus humanen Endothelzellen oder Maus-Permanentlinien: s. Kap. 5.2.

6. Ansetzen des Selektionsmediums

- Medium (RPMI 1640 oder 80% RPMI 1640 plus 20% Medium 199) plus Glutamin. Auf Antibiotika sollte möglichst verzichtet werden (s. Kap. 5.1 und 5.6).
- Zugabe von HAz- (oder HAT-Konzentrat (50 ×): 10 ml/500 ml Medium).
- Fakultativ CM: 20-30% Endkonzentration.
- Vorpipettieren 1.5 ml pro Napf der Greiner-Klonierungs-Platte, bis zu 36 Platten pro Fusion, falls nicht ein Teil sofort eingefroren wird (s. Kap 5.3.1).

7. Feederzellen

In vielen Labors wird auf Feederzellen verzichtet, deren wachstumsfördernder Effekt durch HECS ersetzt werden kann (Kap. 5.2). Falls doch nötig: Präparation der Feederzellen s. Kap. 4.5). Platten mit Feederzellen sollten rechtzeitig vorbereitet werden, sie können bis zu 4 Wochen im Brutschrank gehalten werden, bevor sie eingesetzt werden. Die Phasenkontrast-Beobachtung zeigt, ob sich die Zellen unvorhergesehen vermehrt haben oder ob sie infiziert sind. In beiden Fällen werden die Kulturen ausgesondert. Als Quellen von Makrophagen eignen sich:

a) Einzelzell-Suspension von Peritoneal-Makrophagen BALB/c oder NMRI. Mengenrelation: Für die Fusion einer Milz müssen Peritoneal-Makrophagen

aus ca. 2 unbehandelten BALB/c-Mäusen oder aus 1 NMRI-Maus gewonnen werden.
b) Makrophagen aus der immunisierten Maus (vor Entnahme der Milz) entnehmen, dann genügt 1 Maus.
c) Mit Thioglykolat (s. Kap. 5.6.4.2) vorbehandelte 1 Maus.
d) Makrophagen aus menschlichen Blutmonozyten sind sehr geeignet. Sie werden aus menschlichen Monozyten durch Zugabe von z.B. menschlichem AB-Serum gezüchtet. Dagegen sind menschliche Monozyten nicht geeignet.

Vorbereitungen unmittelbar vor der Fusion

1. Blutentnahme ca. 30 Min. vor der Milzentnahme (s. Kap 4.1).

   Das Blut wird benutzt:
   a) zur Titerbestimmung, d.h. Kontrolle der Immunisierung,
   b) zur Vorbereitung des ELISA oder anderer Tests,
   c) zur Umverteilung von Blut in der Maus, so daß die Milz noch in vivo von Erythrozyten entleert wird. Innerhalb von 30 Min. nach Blutentnahme geht die Erythrozytenzahl in der Milz zurück. Anschließend kann auf eine Lyse der Erythrozyten verzichtet werden (eigene Beobachtung).

2. Makrophagen-Entnahme für Feederzellen, falls nicht schon vorher geschehen (s. oben).

3. Immunzellen aus der Milz präparieren (s. Kap. 4.2). Keine Entfernung adhärenter Zellen, keine Erythrozyten-Lyse. Lymphozyten zählen, oder besser: Zahl der Lymphoblasten bestimmen (s. unten und Abb. 3a). Falls es unmöglich ist, zu diesem Zeitpunkt zu fusionieren, können die Milzzellen auch gefrierkonserviert und damit für einen späteren Fusionszeitpunkt aufbewahrt werden (Marusich 1988).

4. PEG-Lösung auf 37 °C vorwärmen, PBS vorwärmen.

5. Myelomzellen zählen. Richtwert: eine 9-cm Petrischale enthält ca. 10^7 Zellen. Benötigt werden etwa 5–10 Schalen.

Zellfusion

1. Lymphozyten zählen: Es ist besser, im Phasenkontrast nur die B-Zell-Blasten (groß, rund, glänzend: Abb. 3a) als die Gesamtpopulation zu zählen. Sie werden mit Myelom-Zellen im gleichen Verhältnis vermischt. Bezieht man sich aber auf die Gesamtzahl der Milzlymphozyten, kann der Anteil der Myelomzellen niedriger sein. Angaben der Literatur schwanken zwischen 10% und 200% Anteil der Myelomzellen an den Milzzellen.
   Ein 50-ml-Zentrifugenröhrchen soll nicht mehr als 10^8 Zellen insgesamt enthalten, d.h. es werden 2 Röhrchen angesetzt.

2. Zentrifugieren (200 × g, 5 Min.),
   Überstand *vollständig* absaugen.

3. Röhrchen am unteren Ende mehrfach mit dem Finger schnippen, dabei schräg halten und langsam drehen, bis sich das Zellsediment lockert.
4. Ca. 1.5 ml 37 °C vorgewärmtes PEG über 1 Min. mit Pasteurpipette auf das Sediment geben, sanft schütteln oder, wenn Zellklumpen sich nicht auflösen, notfalls sanft durchpipettieren.
Für 1 Min. (im Wasserbad) bewegen.
5. Tropfenweise vorgewärmten Phosphatpuffer (PBS) zugeben, dabei ständig sanft bewegen:
1 ml in 30 Sek.,
3 ml in 30 Sek.,
16 ml in 60 Sek.
6. Sofort zentrifugieren (500 × g, 5 Min.), Zentrifuge soll *nicht* gekühlt sein.
7. 5 Min. bei Raumtemperatur oder bei 37 °C stehen lassen, Überstand absaugen.
8. Es empfiehlt sich, nur 10% des Zellmaterials sofort auszusäen, den Rest einzufrieren (s. Kap. 5.3.1).
Das Sediment in reinem Serum (zunächst noch ohne DMSO) als Basislösung zum Einfrieren wie zum Kultivieren (Volumen entspr. 10 Einfrierampullen) aufnehmen, *sanft* mit einer Pasteurpipette suspendieren, so daß kleine Zellklumpen nicht zerstört werden.

Aussaat

10% der Zellsuspension herausnehmen, in 4-8 ml Medium (für 4-8 Klonierungsplatten) aufnehmen und auf die Klonierungsplatten so verteilen, daß entweder jeder Napf einen Tropfen Zellsuspension enthält oder besser die Zellmenge von Napf zu Napf verändert wird. Dadurch läßt sich die für diese Fusion optimale Zelldichte ermitteln, die beim Auftauen weiterer Proben benutzt werden kann. Eine Kalkulation der Zelldichte in der Aussaat findet sich im Kap. 6.5. Die Näpfe enthalten bereits frisches Selektionsmedium mit Serum, Feederzellen und evtl. konditioniertem Medium.

9. Das restliche Zellmaterial wird nach Zugabe von DMSO (s. Kap. 5.3.1) eingefroren.

Zellkultur

Inkubieren bei 37 °C (Temperatur kontrollieren).

Auf die Stapel von je 5 Platten eine Haube aus Polycarbonat (Werkstatt) stülpen. Dadurch werden Verdunstungsverluste und die Gefahr der Infektion verringert.

Jeden 2. Tag sollten die Kulturen auf Infektionen und auf die Wirksamkeit der Selektion im Phasenkontrast überprüft werden.

Nach 1 Woche müssen die Zellen gefüttert werden: ca. die Hälfte des Mediums von oben aus der Mitte des Napfes absaugen (Saugleistung nicht stärker als ca. 30 ml/Min.). Zugabe von 0,5-0,8 ml Selektionsmedium, evtl. mit

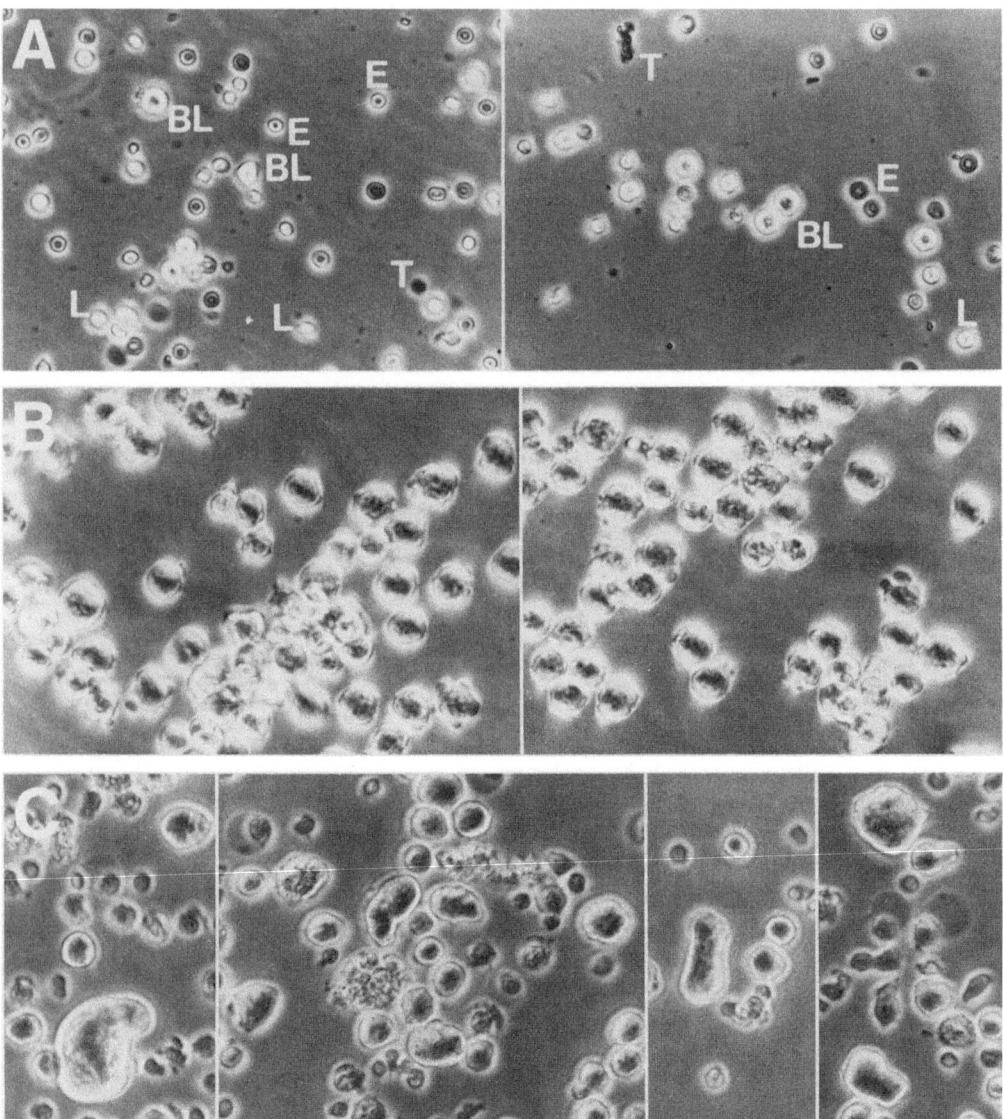

Abb. 16 A–C. Phasenkontrast-Darstellung von Milzzellen, Myelomzellen und frischen Fusionsprodukten. **A.** Milzzellen mit Erythrozyten (E), kleinen Lymphozyten (L), Lymphoblasten (BL), toten Zellen (T). **B.** Maus-Myelomzellen Ag8. **C.** Zellen unmittelbar nach der Fusion: An ihrer besonderen Form und Größe ist ein Teil der Fusionsprodukte zu erkennen. Objektiv 40 × Phasenkontrast, gleicher Maßstab

CM: Zutropfen aus einer Pipette mit weiter Öffnung in die Mitte des Napfes, wobei die Pipette etwa 3 mm über die Medium-Oberfläche gehalten wird. Später, wenn die Zellen heranwachsen, 2 mal pro Woche Medium wechseln. Nach 2 Wochen kann Azaserin oder Aminopterin abgesetzt werden, H oder HT können weiter gegeben werden.

Weiteres Vorgehen

Überprüfung des Fusionserfolges: Kap. 6.5
Kultur und Anreicherung von Hybridomen: Kap. 6.6
Zellklonierung: Kap. 6.7

Literatur

Fazekas de St Groth S, Scheidegger D (1980) Production of monoclonal antibodies: strategy and tactics. J Immunol Meth 35: 1-21
French D, Fischberg E, Buhl S, Scharff MD (1986) The production of more useful monoclonal antibodies. I. Modifications of the basic technology. Imm Today 7: 344-346
Kadish JL, Wenc KM (1983) Contamination of polyethylene glycol with aldehydes: implications for hybridoma fusion. Hybridoma 2: 87-90
Klebe RJ, Mancuso MG (1981) Chemicals which promote cell hybridization. Som Cell Gen 7: 473-488
Lane RD, Crissman RS, Ginn S (1986) High efficiency fusion procedure for producing monoclonal antibodies against weak immunogens. In: Methods in Enzymology. Langone JJ, Van Vunakis H (Eds) Vol 121 Immunochemical Techniques. pp 183-192. Academic Press, New York
Løvborg U (1982) Monoclonal antibodies. Production and maintenance. William Heinemann Medical Books. London
Marusich MF (1988) Efficient hybridoma production using previously frozen splenocytes. J Immunol Meth 114: 155-159
Miyahara M, Nakamura H, Hamaguchi Y (1984) Colcemid treatment of myeloma prior to fusion increases the yield of hybridomas between myeloma and splenocyte. Biochem Biophys Res Com 124: 903-908
Norwood TH, Zeigler CJ, Martin GM (1976) Dimethyl sulfoxide enhances polyethylene glycol-mediated cell fusion. Som Cell Gen 2: 263-270
Schneiderman S, Farber JL, Baserga R (1979) A simple method for decreasing toxicity of polyethylene glycol in mammalian cell fusion. Som Cell Gen 5: 263-269
Shi L, Xu H, Wang D, Dong Z (1987) An improving method to increase fusion rate by using in vivo myeloma cells from solid tumors in BALB/c mice. Chin J Microbiol Immunol 7: 324-327

Weiterführende Literatur

Fox PC, Berenstein EH, Siraganian RP (1980) Enhancing the frequency of antigen-specific hybridomas. Eur J Immunol 11: 431-434
Stähli C, Staehelin T, Miggiano V, Schmid J, Häring P (1980) High frequencies of antigen-specific hybridomas: dependence on immunization parameters and prediction by spleen cell analysis. J Immunol Meth 32: 297-304

6.3 Human-Hybridomtechnik

6.3.1 Fusionspartner-Linien und Methoden zur Herstellung menschlicher monoklonaler Antikörper

D. BARON

Maus-Myelome

Murine Plasmocytom-Linien (Myelome) (s. Kap. 6.1.3) werden auch zur Herstellung humaner Hybridome verwendet, die in diesem Fall Heterohybridome genannt werden, da die Eltern-Zellen von zwei verschiedenen Spezies kommen. Der Vorteil der murinen Myelom-Linien liegt darin, daß im Gegensatz zu den anderen als Fusionspartnern verwendeten Linien (s. Kap. 6.3.8-6.3.9) gute Fusionsfrequenzen von etwa 10^{-4} erzielt werden, die MAK-Produktionsleistung der Hybridome wesentlich besser ist (regelmäßig über 10-20 µg/ml) und keine Mischantikörper zu erwarten sind, da die Plasmocytome keine Ig-Ketten mehr sezernieren. Ein entscheidender Nachteil ist jedoch, daß die Heteromyelom-Linien eine ausgeprägte Instabilität bezüglich der MAK-Produktion zeigen, was darauf beruht, daß die humanen Chromosomen bevorzugt inaktiviert und eliminiert werden. Wenn es jedoch gelingt, eine stabile Heterohybridom-Linie zu etablieren, dann hat man sich die beiden wichtigen Vorteile der guten MAK-Produktions-Leistung und des oftmals auch gegebenen Wachstums im Aszites eingehandelt. Will man humane MAK herstellen, sollte man auf jeden Fall diese Technik der Mensch-Maus-Fusion versuchen (Thompson 1988). Weitere Diskussions-Punkte zu diesem Thema werden noch in Kapitel 6.3.8.2 abgehandelt.

Tab. 7. Liste der verschiedenen Zellkombinationen. EBV = Epstein-Barr-Virus. Lymphoblastoide Zellen sind humane EBV-transformierte Lymphozyten, die als permanente Linien wachsen. Myelome werden auch Plasmocytome genannt. Weitere Erklärungen im Text

Antikörper-Geber		Fusionspartner	
Spezies	B-Lymphozyt	Spezies	Permanentlinie
Maus	Maus ×	Maus	Myelom-Zellen
Mensch	Mensch ×	Maus	Myelom-Zellen
	Mensch ×	Mensch	Myelom-Zellen
	Mensch ×	Mensch	lymphoblastoide Zellen
	Mensch ×	(Mensch × Maus)	Heteromyelom-Zellen
	Mensch (EBV) ×	Maus	Myelom-Zellen
	Mensch (EBV) ×	Mensch	Myelom-Zellen
	Mensch (EBV) ×	Mensch	lymphoblastoide Zellen
	Mensch (EBV) ×	(Mensch × Maus)	Heteromyelom-Zellen

Mensch-Myelome

Im Human-System existieren bisher noch keine Linien, die annähernd so gute Eigenschaften haben wie die murinen Myelom-Linien. Folglich werden humane Myelomzellen, lymphoblastoide Zell-Linien oder selbst hergestellte Konstrukte wie Heteromyelome eingesetzt, die ihrerseits bereits ein Fusionsprodukt aus einer humanen und einer murinen Zelle sind.

Es gibt nur 2 etablierte humane Myelom-Linien, die zur Herstellung humaner MAK eingesetzt werden, die RPMI 8226 (Abrams et al. 1983) und die U 266. Beide Linien sind 8-Aza-Guanin-resistent, da die HGPRT defekt ist. Allerdings produzieren und sezernieren beide Linien noch komplette Antikörper, die RPMI 8226 IgG,L und die U 266 IgE,L. Bekanntere Varianten der U 266 ist die FU 266-E1 (Teng et al. 1983), die 6-Thioguanin- und Ouabain- resistent ist, und die SKO-007 (Olsson und Kaplan 1980), die zur Herstellung des ersten humanen MAK (gegen Tetanus-Toxoid) verwendet wurde (Olsson 1980); allerdings sezernieren beide Varianten immer noch komplette Immunglobuline vom Typ IgE,L. Alle genannten Myelom-Linien zeigen nur eine mittelmäßige Fusionsfrequenz von etwa 10^{-5} bis 10^{-6}. Die mit ihnen konstruierten Hybridome haben in den meisten Fällen auch nur eine geringe MAK-Produktionsleistung von weniger als 5 µg/ml. Generell läßt sich sagen, daß die humanen Plasmocytom-Linien aufgrund dieser eben genannten Nachteile nur selten angewendet werden und für die Herstellung humaner Hybridome praktisch bedeutungslos sind. Dafür gibt es bessere, nachfolgend beschriebene Zell-Linien.

Humane lymphoblastoide Zellinien

Lymphoblastoide Zellinien, abgekürzt LCL, sind permanent wachsende, Epstein-Barr-Virus transformierte humane Lymphozyten-Linien. Zur Herstellung humaner Hybridome wurden und werden sie häufiger eingesetzt als humane Myelom-Linien. Eine gewisse Bekanntheit und Verbreitung haben folgende Linien gefunden: WI-L2-729-HF2 (Heitzmann 1983), LICR-LON-HMy-2 (Edwards et al. 1982), GM4672 (Shoenfeld et al. 1982), GM-1500-6TG-A1-1 (Croce et al. 1980), KR4 (Kozbor et al. 1982) und UC-729-6-HF2 (Royston et al. 1984). Bis auf den Favoriten, die UC-729-HF2, zeigen die LCL die gleichen Nachteile wie die Myelom-Linien, nämlich relativ geringe Fusionsfrequenzen und Eigenproduktion an kompletten Immunglobulinen. Die einzige Ausnahme ist die UC-729-HF2, die selbst keine Ig-Ketten mehr sezerniert und die hervorragende Fusionsfrequenz von 10^{-4} zeigt; diese gute Frequenz zeigte übrigens bereits schon die Ausgangslinie WI-L2-729-HF2 (Heitzmann und Cohn 1983). Die KR-4 zeigt noch die Besonderheit, daß sie neben der üblichen Resistenz gegenüber 6-Thio-Guanin auch noch Ouabain-resistent ist und sich damit für Doppelfusionen eignet. Alle weiteren Details zu diesen Linien bezüglich Herkunft, produzierte Ig-Ketten, Resistenz und Literatur-Referenzen sind aus der Tabelle 8 ersichtlich.

Tab. 8. Liste der wichtigsten Fusionspartner zur Herstellung muriner und humaner monoklonaler Antikörper. 8-Ag = 8-Azaguanin; 6-TG = 6-Thioguanin; LCL = Lymphoblastoide Zellinie (Epstein-Barr-Virus tranformiert); PBL = Periphere Blut-Lymphozyten; (L) = Lambdaleichtkette; (K) Kappa-Leichtkette; G-418 = Neomycin

Name	Spezies	Elternlinie	Zelltyp	sezernierte Ig-Ketten	resistent gegenüber	Referenz
P3X63Ag8.653	Maus	P3K	Myelom	keine	8-AG	Kearney 1979
P3-NS1-Ag4-1	Maus	P3K	Myelom	keine	8-AG	Köhler 1976
SP2/0-Ag14	Maus	SP/2HLGK	Myelom	keine	8-AG	Shulman 1978
RPMI 8226-8AzR	Mensch	RPMI 8226	Myelom	IgG(L)	8-AG	Abrams 1983
SK0-007	Mensch	U 266	Myelom	IgE(L)	8-AG	Olsson 1980
= U-266 AR1						Olsson 1980
= U-266 (8AzR)						Abrams 1983
= FU-266						Teng 1983
FU 266-E1	Mensch	U 266	Myelom	IgE(L)	6-TG/ G-418	Teng 1985
LTR 228	Mensch	WI-L2	LCL	IgM(K)	6-TG	Larrick 1983
WI-L2-729-HF2	Mensch	WI-L2	LCL	IgM(K)/ IgG(K)	6-TG	Heitzmann 1983
UC 729-6	Mensch	WI-L2	LCL	IgM(K)	6-TG	Glassy 1983
UC-729-6-HF2	Mensch	WI-L2	LCL	keine	6-TG	Royston 1984
MC/MNS-2	Mensch	MC/CAR	LCL	IgG1(K)	8-AG	Ritts 1983
LICR-LON-HMy2	Mensch	ARH-77	LCL	IgG1(K)	8-AG	Edwards 1982
GM 4672	Mensch	GM 1500	LCL	IgG2(K)	6-TG	Shoenfeld 1982
GM 1500-6TG-A1-1	Mensch	GM 1500	LCL	IgG2(K)	6-TG	Croce 1980
KR4	Mensch	GM 1500-6TG-A1-1	LCL	IgG2(K)	6-TG/ Ouabain	Kozbor 1982
KR12	Mensch	KR4 × RPMI 8226	Hybridom	IgG(K)	6-TG/ Ouabain	Kozbor 1985
SHM D33	Mensch × Maus	FU 266-E1 × X63Ag8.653	Heteromyelom	keine	6-TG/ G-418	Teng 1985
SBC/H20	Mensch × Maus	Human-PBL × SP2-08AZ	Heteromyelom	keine	8-AG	Foung 1984
KGH6/B5	Mensch × Maus	Human-B-Lymphom × NS1-Ag4	Heteromyelom	keine	8-AG	Carroll 1986
HM-5	Mensch × Maus	Human-PBL × P3X63Ag8.653	Heteromyelom	keine	8-AG	Ichimori 1985
SPAZ-4	Mensch × Maus	Human-PBL × SP2/0	Heteromyelom	keine	8-AG	Östberg 1983
F3B6	Mensch × Maus	Human-PBL × NS-1	Heteromyelom	keine	6-TG	Larrick 1986

Heteromyelom-Linien

Auf diesem Sektor herrscht eine rege Aktivität und es werden ständig neue Zellinien etabliert. Heteromyelome, die ausschließlich zur Herstellung humaner Hybridome benutzt werden, sind Zellhybride aus humanen Lymphozyten und murinen Myelomzell-Linien. Als humane Lymphozyten werden meistens periphere Blut-Lymphozyten verwendet, aber auch Myelomzellen, wie die FU 266-E1 bei dem Heteromyelom SHM D33 (Teng et al. 1985), oder B-Lymphom-Zellen bei der KGH6/B5 (Carroll et al. 1986). Als murine Fusionspartner werden die gängigen Plasmocytom-Linien wie die Ag8, SP2/0 und NS-1 herangezogen. Da die MAK-produzierende Zelle, die nach der Fusion von Heteromyelom-Zellen mit immunisierten B-Lymphozyten entstanden ist, genau genommen ein Fusionsprodukt aus 3 Zellen ist, wird sie auch als Triom bezeichnet.

Alle bisher bekannten Heteromyelome sezernieren keine Immunglobuline mehr, was nicht allzu schwer zu erzielen ist, da Zell-Hybride aus humanen Lymphozyten und murinen Myelomzellen generell die starke Tendenz zeigen, die Produktion der humanen Ig-Ketten aufgrund der Eliminierung der korrespondierenden humanen Chromosomen einzustellen. Alle Linien sind HAT-selektionierbar, wobei die SHM D33 zusätzlich noch Neomycin-resistent ist. Da man Heteromyelom-Linien als „humanisierte" Maus-Myelomzellen ansehen kann, zeigen sie nicht mehr oder nur noch im geringen Maß die oben beschriebenen Nachteile der reinen murinen Myelomzellen und sind aus folgenden Gründen allen bisher vorgestellten Fusionspartnern überlegen:

1. Die Triome zeigen eine bemerkenswerte Chromosomen-Stabilität, so daß die humanen Chromosomen kaum noch eliminiert werden und damit die Produktion der humanen MAK nicht beeinträchtigt wird.
2. Die Triome zeigen durchweg eine hohe MAK-Produktionsrate von über 10 bis 15 µg/ml.
3. Die Fusionsfrequenz liegt in den meisten Fällen bei 10^{-4} bis 10^{-5}.
4. Die Heteromyelome produzieren selber keine Ig-Ketten mehr.

Da im Prinzip jedes Labor, das humane MAK herstellen will und im Besitz humaner Lymphozyten und muriner Myelomzellen ist, sich eine derartige Linie mit relativ geringem Aufwand herstellen kann, ist es wohl nur eine Frage der Zeit, bis hervorragende Linien zur Verfügung stehen, die in optimaler Weise die 4 Kriterien für Fusionspartner erfüllen, die zu Beginn des Kapitels 6.1.1 genannt wurden und gleich gute oder sogar bessere Eigenschaften zeigen als die murinen Myelomzellen im Maus-MAK-System. Die steigende Zahl an publizierten Heteromyelom-Linien scheint diesen Trend zu bestätigen.

EBV-Transformation und EBV-Hybridom-Technik

Diese Techniken werden ausschließlich bei der Herstellung humaner MAK verwendet. Das Epstein-Barr-Virus (EBV), das zur Gruppe der Herpes-Viren gehört, ist ein doppelsträngiges DNA-Virus, das fast ausschließlich humane B-Lymphozyten infiziert. Sein Rezeptor auf den B-Zellen ist der Komplement-Rezeptor C3d (CD21). Humane B-Zellen, die mit dem EBV in Kontakt kommen, können 2 prinzipiell verschiedene Antworten zeigen:
a) Entweder wird die Zelle nur stimuliert und zur Proliferation angeregt, dann wirkt das EBV als Mitogen; oder
b) das Virus-Genom wird in die Zelle eingeschleust, liegt dann zum Teil im Wirts-Genom integriert und zum Teil in freier Form vor. Dadurch wird die B-Zelle transformiert, das CD25 exprimiert, und es entsteht eine Tumorzelle,

die sich unbegrenzt in vitro teilt, also immortal ist. Solche permanenten EBV-Linien produzieren noch Antikörper (Rosen et al. 1977), und wenn man eine homogene Zell-Population, z.B. nach Klonierung, vorliegen hat, sind es monoklonale Antikörper.

Das bedeutet, daß man mit der EBV-Transformation eine Möglichkeit in der Hand hat, prinzipiell jede B-Zelle zu immortalisieren. Dadurch wird das Problem der in-vitro-Immunisierung und die Notwendigkeit zur selektiven Stimulierung von Antigen-spezifischen B-Lymphozyten relativiert, da man jetzt von einer unbehandelten Lymphozyten-Präparation ausgehen kann, sie nur mit EBV transformieren muß, worauf mit einer bestimmten Wahrscheinlichkeit neben anderen B-Zellen auch die Antigen-spezifische B-Zelle immortalisiert wird.

So einfach, wie es hier erscheinen mag, ist es allerdings nicht, da die EBV-Transformation einige Schwachpunkte zeigt:

1. EBV-transformierte Zellen sind nur schwer zu klonieren. Während es kein Problem bereitet, einen Klonierungsansatz mit 1000 Zellen pro Napf erfolgreich anzuzüchten, kann es bei 100 Zellen pro Napf schon Probleme geben, bei 10 Zellen pro Napf gelingt es meistens nicht mehr und bei 1 Zelle pro Napf wird nur noch in Extremfällen ein Klon anwachsen. Selbst bei Verwendung autologer Feederzellen (sie stammen von dem gleichen Spender wie die transformierten Lymphozyten) sind kaum bessere Resultate zu erzielen. Um dieses Handicap in den Griff zu bekommen, führt man bei der Klonierung in einer 96er Mikrotiterplatte gerne eine Stufentechnik durch: in die Reihe 1 und 2 werden je 1000 Zellen in Reihe 3 und 4 je 100 Zellen, in Reihe 5 und 6 je 10 Zellen und in Reihe 7 und 8 je 1 Zelle pro Napf abgelegt.
2. Permanente EBV-Linien sind oft genetisch instabil und stellen die Produktion der MAK ein.
3. EBV-Linien produzieren üblicherweise nur geringe MAK-Mengen, etwa 1–5 µg/ml.

Um diese Nachteile zu kompensieren, wird oft die EBV-Hybridom-Technik (Kozbor et al. 1982, Foung et al. 1984) angewendet, die eine Kombination aus EBV-Transformation und Fusion ist: die MAK-produzierende EBV-Linie wird mit einer der gängigen, oben genannten Zell-Linien fusioniert, z.B. mit einer murinen Myelomzelle, humanen Myelomzelle, humane LCL oder Heteromyelom. Dadurch wird in den meisten Fällen eine Zellinie erhalten, die genetisch stabiler ist, signifikant größere MAK-Mengen produziert, und evtl. sogar im Aszites wächst, gerade bei Verwendung von murinen Myelom-Linien und Heteromyelom-Zellen als Fusionspartnern.

Ein Problem der EBV-Hybridom-Technik stellt die Selektion dar, da beide Eltern-Zellen permanente Linien sind, die nach der Fusion am Wachsen gehindert bzw. zerstört werden müssen. Wird als Fusionspartner eine Maus-Plasmocytom-Linie genommen, bedient man sich gerne der Ouabain-Selektion, da humane Zellen gegenüber Ouabain sehr sensitiv sind, im Gegensatz zu murinen Zellen; humane Lymphozyten sterben bereits in Gegenwart von etwa 10^{-7} M *Ouabain* ab, murine Lymphozyten/Myelomzellen erst oberhalb 10^{-3} M (s. Kap.

6.1.2). So werden die Zellen nach der Fusion in Gegenwart von HAT und etwa 10^{-4} bis 10^{-5} M Ouabain ausplattiert; dann sterben die murinen Zellen aufgrund der HAT-Sensibilität und die humane EBV-Linie aufgrund der Ouabain-Sensibilität. Die Hybridomzelle kann unter diesen Kulturbedingungen überleben, da sie von jeder Elternzelle die Resistenz für das jeweilige Agens übertragen bekommen hatte. Bevor man dieses Selektionsprinzip anwendet, sollte man in Vorversuchen die genaue Ouabain-Konzentration ermitteln, bei der die humanen Zellen bereits absterben und die murinen Zellen noch wachsen können.

Ein anderes Selektionsprinzip muß gewählt werden, wenn als Fusionspartner eine humane lymphoblastoide Zellinie genommen wird, weil jetzt beide Elternzellen humanen Ursprungs sind und die gleiche Ouabain-Sensibilität haben. In diesem Fall bedient man sich oft der Geneticin-Resistenz, da humane Zellen in Gegenwart von etwa 500 µg/ml Geneticin absterben. Geneticin, das synonym auch als G-418 bezeichnet wird, ist ein Neomycin-Derivat. Das die Resistenz gegen Geneticin tragende Plasmid pSVneo wird durch Ca-Präzipitation (s. Kap. 6.3.8.3) oder Elektroporation auf die EBV-Linie transfiziert. Die genaue letale Geneticin-Konzentration sollte in Vorversuchen ermittelt werden. Das bedeutet, daß der Fusions-Ansatz in Gegenwart von Geneticin und HAT ausplattiert wird, so daß der Fusionspartner aufgrund seiner HAT-Sensibilität und die EBV-Linie aufgrund der G-418-Sensibilität abstirbt.

Zusammenfassend kann gesagt werden, daß die EBV-Hybridom-Technik bei der Herstellung humaner MAK einen hohen Stellenwert hat, da sie die Vorteile der EBV-Transformation (prinzipiell kann jede B-Zelle als EBV-Linie erhalten werden) und der Fusion (genetische Stabilität, gute MAK-Produktionsrate, besonders bei Verwendung muriner Fusionspartner) in sich vereint.

Vergleich der Methoden

Während für die Herstellung von murinen MAK bereits seit Jahren etablierte Fusions-Linien und Fusions-Protokolle vorliegen, existieren im Human-System so gut wie keine allgemeingültigen Vorgehensweisen. Angesichts der oben beschriebenen Vielfalt an Techniken und Zellinien ist es notwendig, Einschränkungen zu machen bzw. eine Prioritätenliste aufzustellen, da man nicht erwarten kann, daß ein Labor, das humane MAK herstellen will, alle Möglichkeiten durchspielen kann und will. Die Prioritätenliste sieht wie folgt aus:

1. Trotz des Risikos der genetischen Instabilität sollte die Human × Maus-Fusion probiert werden. Gelingt sie, was durchaus realistisch ist, hat man sich die wichtigen Vorteile der guten Fusionsfrequenz, hohen MAK-Produktionsleistung und evtl. Aszites-Gängigkeit eingehandelt (Thompson 1988).
2. Sehr zu empfehlen ist auch die EBV-Hybridomtechnik, vor allen Dingen bei Benutzung muriner Fusionspartner, die ebenfalls eine Reihe von Vorteilen bietet: (1) Es ist keine Ausarbeitung von ausgetüftelten in-vitro-Immunisierungsverfahren notwendig, da im Prinzip jede B-Zelle immortalisiert werden kann, (2) gute Fusionsfrequenz, (3) einfaches Ouabain-Selektions-Prinzip, (4) verbesserte MAK-Produktionsleistung, (5) erhöhte MAK-Produktions-Stabi-

lität und (6) Möglichkeit zur „beliebigen" Wiederholung der Fusion, da die die Elternzelle bereits eine permanente, MAK-produzierende EBV-Linie ist, von der größere Mengen kryokonserviert vorliegen sollten. Sollten also instabile oder schlecht produzierende Klone entstanden sein, kann die Fusion so oft wiederholt werden bis ein guter Klon vorliegt.

3. Fusion mit der lymphoblastoiden Zell-Linie UC 729-6-HF2 (ATCC CRL 8061) (Royston 1984). Vorteile: sehr gute Fusionsfrequenz und kein Auftreten von Mischantikörpern mehr, da diese Linie, im Gegensatz zu der immer noch gebräuchlichen Ausgangslinie WI-L2-729-HF2 (Heitzmann 1983), selber keine Ig-Ketten mehr sezerniert, wohl aber intrazellulär noch exprimiert. Nachteil: oft nur geringe MAK-Produktions-Leistung.

4. Fusion mit Heteromyelom-Linien. Eigentlich sollte diese Variante an Position 2 oder 3 der Prioritätenliste stehen, da sie offensichtliche Vorteile wie gute Fusionsfrequenz, gute MAK-Produktion und Stabilität hat; jedoch ist es zumindest gegenwärtig noch recht schwierig, an solche Linien heranzukommen, es sei denn, daß man zu dem Hersteller-Labor gute Beziehungen hat; die guten Linien werden immer noch hoch gehandelt, stehen oft unter Patent-Schutz und werden nur sehr restriktiv zur Verfügung gestellt. Es ist aber vorauszusehen, daß dies in naher Zukunft einfacher wird, wenn immer mehr Linien vorliegen und auch kommerziell erhältlich sind.

Literatur

Abrams PG, Knost JA, Clarke G, Wilburn S, Oldham RK, Foon KA (1983) Determination of the optimal human cell lines for development of human hybridomas. J Immunol 131: 1201-1204

Carroll WJ, Thieleman K, Dilley J, Levy R (1986) Mouse × human heterohybridomas as fusion partners with human B cell tumors. J Immunol Meth 89: 61-72

Croce CM, Linnenback A, Hall W, Steplewski Z, Koprowski, H (1980) Production of human hybridomas secreting antibodies to measles virus. Nature 288: 488-489

Edwards PAW, Smith CM, Neville AM, O'Hare, MJ (1982) A human-human hybridoma system based on a fast growing mutant of the ARH-77 plasma cell leukemia-derived line. Eur J Immunol 12: 641-648

Foung SHK, Perkins S, Raubitschek A, Larrick J, Lizak G, Fishwild D, Engleman EG., Grumet FC (1984) Rescue of human monoclonal antibody production from an EBV-transformed B cell line by fusion to a human-mouse hybridoma. J Immunol Meth 70: 83-90

Glassy MC, Handley HH, Hagiwara H, Royston I (1983) UC-729-6. A Human lymphoblasoid B-cell line useful for generating antibody-secreting human-human hybridomas. Proc Natl Acad Sci 80: 6327-6331

Heitzmann JG, Cohn M (1983) The WI-L2-729-HF2 human hybridoma system. Mol Biol Med 1: 235-243

Ichimori Y, Sasano K, Itoh H, Hitotsumachi S, Kimura Y, Kaneko K, Kida M, Tsukamoto K (1985) Establishment of hybridomas secreting human monoclonal antibodies against tetanus toxin and hepatitis B surface antigen against tetanus toxin and hepatitis B surface antigen. Biochim Biophys Res Comm 129: 26-33

Kozbor D, Lagarde AE, Roder JC (1982) Human hybridomas constructed with antigen-specific EBV-transformed lines. Proc Natl Acad Sci 79: 6651-6655

Kozbor D, Croce CM (1985) Human hybridoma fusion partner for production of human monoclonal antibodies. Europ Patentanmeldung Nr. EP 0182467

Larrick JW, Truitt KE, Raubitschek AA, Senyk G, Wang JCN (1983) Characterization of human hybrdidomas secreting antibodies to tetanus toxoid. Proc Natl Acad Sci 80: 6367-6380

Larrick JW, Raubitschek AA (1986) Gram-negative bacterial endotoxin blocking monoclonal antibodies and cells producing the same and formulations containing the same, and the production of all thereof. Europ Patentanmeldung Nr. EP 0174204
Östberg L, Pursch E (1983) Human × (mouse × human) hybridomas stabely producing human antibodies. Hybridoma 2: 361-367
Olsson L , Kaplan HS (1980) Human-human hybridomas producing antibodies of predefined specificity. Proc Natl Acad Sci 77: 5429-5431
Ritts RE, Ruiz-Argüelles A, Weyl KG, Bradley AL, Weihmeir B, Jacobson D, Strehlo BL (1983) Establishment and characterization of a human non-secretory plasmoid cell line and its hybridization with human B cells. Int J Cancer 31: 133-141
Rosen A, Gergely P, Jondal M, Klien G (1977) Polyclonal Ig-production after EBV-infection of human lymphocytes in vitro. Nature 267: 52-54
Royston I, Handley H, Seegmiller E, Thompson LF (1984) Immunoglobulin-secreting human hybridomas from a cultured human lymphoblastoid cell line. Amerikan Patent Nr 4.451.570
Shoenfeld Y, Hsu-Lin SC, Gabriels JE, Silberstein LE, Furie BC, Stollar BD, Schwartz RS (1982) Production of autoantibodies by human-human hybridomas. J Clin Invest 70: 205-208
Shulman M, Wilde CG, Köhler G (1978) A better line for making hybridomas secreting specific antibodies. Nature 267: 296-298
Teng NNH, Lam KS, Riera FC, Kaplan HS (1983) Construction and testing of mouse-human heteromyelomas for human monoclonal antibody production. Proc Natl Acad Sci 80: 7308-7312
Teng NNH, Kaplan HS, Herbert JM, Moore C, Douglas C, Wunderlich A, Braude AI (1985) Protection against gram-negative bacteremia and endotoxemia with human monoclonal IgM antibodies. Proc Natl Acad Sci 82: 1790-1794
Thompson KM (1988) Human monoclonal antibodies. Immunol Today 9: 113-117

6.3.2 Grundlagen der in-vitro-Immunisierung

D. BARON

Bei Mäusen ist die in-vivo-Immunisierung meist problemlos und effizient möglich. So besteht generell keine große Notwendigkeit, die in-vitro-Immunisierung auf dem Maus-Sektor voranzutreiben. Nur wenn eine in-vivo-Immunisierung nicht möglich ist, muß der Immunisierungsprozeß in die Kultur verlegt werden. Im Maus- und Rattensystem kann dies notwendig werden, wenn die Immunisierung auch unter Einsatz von Carriern und Adjuvantien erfolglos blieb. Aber auch wenn das Antigen oder der gebildete Antikörper toxisch oder unverträglich für den Organismus ist, kann die in-vitro-Immunisierung den Ausweg darstellen.

Zur Herstellung menschlicher monoklonaler Antikörper (MAK) ist in-vitro-Immunisierung jedoch essentiell, da die meisten Antigene nicht in vivo appliziert werden können. Die humane in-vitro-Immunisierung ist jedoch für die meisten Labors Neuland, und bis sich die ersten Erfolge einstellen, müssen erst Wochen oder sogar Monate an Aufbauarbeit investiert werden.

Ziel der in-vitro-Immunisierung ist es zunächst, ruhende Lymphozyten, die nur schwer fusionieren, in Blasten zu verwandeln, die wegen ihrer erhöhten Membranfluidität leichter fusionieren. Weiterhin sollen die für das betreffende Antigen spezifischen Blasten aber auch zur Proliferation gebracht werden, um die Zahl gleichartiger und spezifischer Zellen zu erhöhen. Dabei ist sowohl die absolute Zahl an spezifischen B-Zellen wichtig als auch ein möglichst großer Quotient aus spezifischen zu nicht-spezifischen B-Zellen innerhalb einer gegebenen Zellpopulation. Dadurch wird gewährleistet, daß nach der Immortalisierung möglichst viele spezifische Klone anwachsen.

Wenngleich die Grundlagen für die B-Zell-Aktivierung noch weniger bekannt sind als die für T-Zellen, gibt es jedenfalls für Mauszellen praktische Ansätze zur in-vitro-Immunisierung. Unglücklicherweise versagen diese weitgehend im menschlichen System, wo sie besonders notwendig wären. So ist der Mangel an brauchbaren in-vitro-Immunisierungssystemen der Haupt-Engpaß in der Herstellung menschlicher MAK.

In diesem Kapitel werden die Grundlagen für die in-vitro-Immunisierung zusammengestellt, durch eigene Protokolle ergänzt und daraus ein Vorschlag zur in-vitro-Immunisierung menschlicher Blutzellen entwickelt. Zusätzlich werden zwei Verfahren zur Erfolgskontrolle vorgestellt, die die Produktion spezifischer Antikörper auf der Einzelzellebene nachweisen (Kap. 10.11). Ein Einzelzellnachweis ist besonders im menschlichen System notwendig, da bei geringen Immunisierungserfolgen keine ausreichenden Konzentrationen spezifischer Antikörper im Überstand erreicht werden, die vom ELISA erfaßt werden könnten.

Bis heute ist es noch nicht gelungen, die Methodik der in-vitro-Immunisierung so zu optimieren, daß der in-vivo-Immunisierung adäquate Resultate erzielt werden, d.h. daß man auf die Immunisierung von Tieren verzichten kann. Es genügt nämlich nicht, nur die Lymphozyten mit Antigen zu inkubieren, in der Hoffnung, eine spezifische Stimulierung zu erreichen. Es sind Parameter beteiligt, von denen nur wenige genau bekannt sind und definiert werden können. Solche Parameter sind: Zusammensetzung der zu stimulierenden Zellpopulation (d.h. Anteil an B-Zellen, Helfer-T-Zellen, Suppressor-T-Zellen, Makrophagen/akzessorischen Zellen etc.), Herkunft (Organ) der Lymphozyten, Qualität (Alter und Lagerung) der Lymphozyten, Zustand der Lymphozyten (immunologische Vorgeschichte des Lymphozytenspenders), Konzentration des Antigens, Dauer der Stimulation sowie Typen und Konzentrationen der zugesetzten Mediatoren (Cytokine).

Grundlagen der in-vitro-Immunisierung von B-Lymphozyten der Maus

In der nachfolgenden Literaturübersicht soll versucht werden, Gemeinsamkeiten aufzuzeigen, so daß der Experimentator ein ungefähres Gefühl dafür bekommt, welche Parameter unproblematisch und welche kritisch sind.

Die verwendeten Lymphozyten stammen durchweg aus der Milz und werden in den meisten Fällen vor der Stimulierung nicht fraktioniert; nur in einem Fall wird eine Auftrennung in B- und T-Zellen mittels Panning vorgenommen (Borrebaeck und Möller 1986). Die Zellkonzentration liegt in einem engen Bereich zwischen $4-5 \times 10^6$/ml; in einem Fall werden auch 3×10^7 Zellen/ml eingesetzt (Van Ness et al. 1984). Die größten Schwankungen treten erwartungsgemäß bei der Antigen-Konzentration auf. Der Bereich liegt zwischen 0,1 µg/ml für Vimentin (Van Ness et al. 1984) und 100 µg/ml für Schweine-

Insulin und Wal-Myoglobin (Borrebaeck 1983). Bei diesem Punkt muß jedoch berücksichtigt werden, ob das Antigen in freier Form oder in Träger-gebundener oder modifizierter Form eingesetzt wird, um seine Immunogenität zu steigern; hier wird noch viel experimentiert: eine Steigerung der Antigenität wurde bei der Fixierung der Myosin-Schwerkette (30 µg) an Nitrozellulose (Gratecos et al. 1987) und von Vimentin (0,1 µg) und chromosomalen Nicht-Histon Proteinen (1-50 µg) an Silizium-Oxid-Partikel (0,007 µm) auch erreicht (Van Ness et al. 1984). Generell zeichnet sich der Trend ab, das Antigen an einen Träger zu immobilisieren, z.B. Glaskügelchen (Eddy et al. 1985) und/oder wenig Antigen einzusetzen; schon im Sub-Mikrogramm-Bereich werden signifikante Stimulationen und damit eine gesteigerte Zahl an Hybridomen erhalten; zur Erreichung der maximalen Werte werden dann aber doch Antigen-Mengen in den oben genannten Größenordnungen benötigt. Obwohl die Stimulierungsdauer den relativ weiten Bereich von 3 bis 9 Tagen überstreicht, liegt sie bei den meisten Publikationen bei 4-5 Tagen.

Den noch unklarsten Punkt stellen die Mediatoren dar, die zur Verbesserung der B-Zell-Differenzierung und Proliferation zugesetzt werden. In mehreren Arbeiten wird ein Mediator-Cocktail in Form eines "thymocyte conditioned medium (TCM)" in Endkonzentrationen von 33%-100% eingesetzt (Borrebaeck and Möller 1986, Van Ness et al. 1984, Borrebaeck 1983, Gratecos et al. 1987). Allerdings bestehen wichtige Unterschiede in der Herstellung des TCM: einfache Kultivierung der Thymozyten (2×10^8/ml) für 7-9 Stunden (Van Ness et al. 1984) oder gemischte Thymozyten-Kultur für 1-4 Tage (Borrebaeck 1986, Borrebaeck 1983). Zusätzlich können noch weitere Faktoren zugesetzt werden, z.B. 25% des konditionierten Überstand von EL-4-Zellen (murine Thymom-Linie), die für 40 Std. mit 10 ng des Tumorpromotors PMA (Phorbol-Myristat-Acetat) stimuliert worden waren; dieser Überstand ist ein sehr potentes Mediator-Gemisch und enthält 50-100 U/ml IL-2, BCGF, BCDF, BCDFµ und BCDFγ (Borrebaeck 1987). Auch humanes oder bovines TSH kann die in-vitro-Antikörper-Produktion um den Faktor 4 verstärken (Blalock et al. 1984). Zur direkten Aktivierung der B-Zellen und/oder gleichzeitigen Produktion von Mediatoren durch ebenfalls aktivierte T-Zellen und akzessorische Zellen wurden dem Stimulationsansatz Mitogene (Sethi und Brandis 1981) oder Dextran-Sulfat beigefügt (Schelling 1986).

Grundlagen der in-vitro-Immunisierung von B-Lymphozyten des Menschen

Zur Herstellung humaner MAK ist die in-vitro-Immunisierung essentiell, da die meisten Antigene aus medizinischen, ethischen und juristischen Gründen nicht in vivo appliziert werden können. Lediglich nach Schutzimpfungen und bei Überempfindlichkeitsreaktionen zirkulieren im Blut genügende Mengen spezifisch aktivierter B-Lymphozyten.

Die nachfolgend vorgestellten Daten wurden 10 relevanten Publikationen entnommen. Es zeichnen sich die gleichen Trends wie im Maus-System ab:

Die Inkubationsdauer liegt in einem Bereich von 3-7 Tagen, wobei die meisten Publikationen 7 Tage als optimal angeben.

Große Unterschiede gibt es erwartungsgemäß bei der Herkunft der Lymphozyten, die aus peripherem Blut (PBL), Tonsillen und der Milz isoliert wurden. So findet man z.B. Tumor-spezifische Lymphozyten in den drainierenden Lymphknoten (Schlom et al. 1980; Sikora und Wright 1981). Es besteht Einigkeit darüber, daß Lymphozyten aus Lymphorganen eine bessere Stimulierbarkeit zeigen als die aus peripherem Blut. Daß dennoch häufig PBL verwendet werden, liegt an ihrer relativ problemlosen Verfügbarkeit. Von Tonsillen ist aus Gründen der Insterilität und des hohen Risikos, Mykoplasmen ins Labor einzuschleppen, eher abzuraten.

Die eingesetzten Lymphozyten-Konzentrationen schwanken zwischen $1,5 \times 10^6$ und 4×10^6, wobei in den meisten Fällen eine Konzentration von 3×10^6/ml empfohlen wird, unabhängig von der Herkunft der Lymphozyten.

Die größten Unterschiede treten bei der Antigenkonzentration auf: sie liegt zwischen 1 ng/ml im Fall von H. influenza (Lagace und Brodeur 1985) und 10 µg/ml beim KLH-Arsonat (Wasserman et al. 1986). Hier können keine allgemeingültigen Angaben gemacht werden, außer daß – wie beim Maus-System – der Trend in Richtung geringe Mengen geht, d.h. in Bereiche unter 1 µg/ml. Genaue Werte können nur in entsprechenden Vorversuchen ermittelt werden.

Noch unklar ist das Vorgehen bei der Vorbehandlung der Lymphozyten und der Zugabe an polyklonalen Aktivatoren und/oder immunologischen Mediatoren. Vor der in-vitro-Stimulation wurden die CD8-Zellen durch Behandlung mit OKT8-Antikörpern und anschließender Komplement-Lyse entfernt oder die T- und B-Zellen durch E-Rosettierung getrennt (s. Kap. 6.3.5.1) und nach Bestrahlung der T-Zellen (1500 rad) wieder im Verhältnis 1:1 gemischt (Hulette et al. 1987). Vielversprechend erscheint die Behandlung mit L-Leucin-Methylester (s. Kap. 6.3.4.4), durch die inhibitorisch wirkende Lysosomen-reiche Zellen (Monozyten, „large granular lymphocytes", zytotoxische T-Zellen, Subset der CD8-Zellen) selektiv zerstört werden können (Borrebaeck et al. 1987, 1988).

In vielen Fällen wird zur direkten B-Zell-Stimulation und/oder gleichzeitiger Mediator-Produktion durch andere Zellen 0,2–1% PWM zugegeben, entweder als alleiniges Stimulans (Masuho et al. 1986; Wasserman et al. 1986; Hulette et al. 1987; Strike et al. 1984; Borrebaeck et al. 1988) oder in Kombination mit weiteren Agenzien wie 0,05% SAC (Staphylococcus aureus Cowan 1) (Jokinen et al. 1985) oder 10% Epstein-Barr-Virus als Mitogen (Kozbor und Roder 1984). Selbst LPS wurde im Human-System als Mitogen eingesetzt (Strike et al. 1984). In einem Fall wurden 25% PWM-stimulierter T-Zellen zusammen mit 100 U/ml Gamma-IFN und 10 U/ml IL-2 beigemischt (Borrebaeck 1987). Als Quelle für Mediatoren diente auch der Überstand einer PHA-stimulierten MLC (Terashima et al. 1987). Uneinigkeit besteht noch im Typ des zugesetzten Serums; einige Autoren propagieren humanes AB0-Serum oder autologes Serum, während wieder andere Autoren FKS für geeigneter halten.

Diskussion

Trotz der Komplexität der involvierten Faktoren können für einige Parameter allgemeingültige Angaben gemacht werden: Die Lymphozytenkonzentration sollte im Human- und Maussystem bei etwa $3-4 \times 10^6$/ml liegen, die Stimulationsdauer im Maussystem bei 4–5 Tagen und im Humansystem bei 7 Tagen. Als Lymphozytenquelle sollten in beiden Systemen die Milz oder Lymphknoten gewählt werden. Hinsichtlich des polyklonalen Aktivators scheint sich im Human-System das PWM in einer 0,5- bis 1%igen Endkonzentration herauskristallisiert zu haben. Im wesentlichen hängt aber noch viel vom persönlichen „Feeling" und der Routine des Experimentators ab. Angesichts der Vereinheitlichung bestimmter Parameter sind bereits 2 Firmen dazu übergegangen, in-vitro-Stimulations-Kits zur Herstellung von Maus-MAK anzubieten: IVIS (serumfreies in-vitro-Immunisierungs-System) von NEN und VITROTECH von BioInvent. Hier liegen noch keine breiten Erfahrungen vor.

Hinsichtlich der Mediatoren ist in naher Zukunft ein Fortschritt zu erwarten, da sie zunehmend in klonierter Form vorliegen und somit dem in-vitro-Stimulations-Ansatz in exakten Mengen und Mischungsverhältnissen zugegeben werden können anstelle von bisher undefinierten Kulturüberständen (conditioned medium). Wer in diese Problematik intensiver einsteigen will, dem können noch die folgenden Übersichtsartikel (Borrebaeck 1987, Borrebaeck 1986, Reading 1982 mit 369 Zitaten) und Original-Publikationen empfohlen werden, die sich mehr mit den experimentellen und theoretischen Grundlagen der in-vitro- Immunisierung im Human-System (Blalock et al. 1984, Lagace und Brodeur 1985, Luzzati et al. 1988, Jokinen et al. 1985) befassen.

Literatur

Blalock JE, Johnson HM, Smith EM, Torres BA (1984) Enhancement of the in vitro antibody response by thyrotropin. Biochem Biophys Res Comm 125: 30–34

Borrebaeck CAK (1983) In vitro immunization of mouse spleen cells and the production of monoclonal antibodies. Acta Chem Scand B37: 647–648

Borrebaeck CAK, Möller SA (1986) In vitro immunization. Effect of growth and differentiation factors on antigen-specific B cell activation and production of monoclonal antibodies to autologous antigens and weak immunogens. J Immunol 136: 3710–3715

Borrebaeck CAK (1986) In vitro immunization for production of murine and human monoclonal antibodies: present status. TIBTECH 6: 147–153

Borrebaeck CAK, Danielsson L, Möller SA (1987) Human monoclonal antibodies produced from L-leucine methyl ester-treated and in vitro immunized peripheral blood lymphocytes. Biochem Biophys Res Comm 148: 941–946

Borrebaeck CAK (1987) Development of in vitro immunization in murine and human hybridoma technique. J Pharm Biomed Anal 5: 783–792

Borrebaeck CAK, Danielsson L, Möller SA (1988) Human monoclonal antibodies produced by primary in vitro immunization of peripheral blood lymphocytes. Proc Natl Acad Sci 85: 3995–3999

Eddy EM, Muller CH, Lingwood CA (1985) Preparation of monoclonal antibody to sulfatoxygalactosylglycerolipid by in vitro immunization with glycolipid-glass conjugate. J Immunol Meth 81: 137–146

Gratecos D, Astier M, Semeriva M (1987) A new approach to monoclonal antibody production: In vitro immunization with antigens on nitrocellulose using Drosophila myosin heavy chain as an example. J Immunol Meth 103: 169–178

Hulette CM, Effros RB, Walford RL (1987) Immunization of normal human splenocytes in vitro to produce human monoclonal antibodies to cellular antigens. Tissue Antigens 30: 25-33

Jokinen I, Poikonen K, Arvilommi H (1985) Synthesis of human immunoglobulins in vitro: Comparison of two assays of secreted immunoglobulin. J Immunoassay 6: 1-9

Kozbor D, Roder JC (1984) In vitro stimulated lymphocytes as a source of human hybridomas. Eur J Immunol 14: 23-27

Lagace J, Brodeur BR (1985) Parameters affecting in vitro immunization of human lymphocytes. J Immunol Meth 85: 127-136

Luzzati AL, Giacomini E, Frugoni P (1988) A two-stage culture system for induction of antibody-forming cell clones in cultures of normal human blood lymphocytes. J Immunol Meth 109: 123-129

Masuho Y, Sugano T, Matsumoto Y, Sawada S, Tomibe K (1986) Generation of hybridomas producing human monoclonal antibodies against Herpes simplex virus after in vitro stimulation. Biochem Biophys Res Comm 135: 495-500

Reading CL (1982) Theory and methods for immunization in culture and monoclonal antibody production. J Immunol Meth 53: 261-291

Schelling M (1986) Increase of hybridoma formation by addition of dextran sulfate to in vitro immunization system. Hybridoma 5: 159-161

Schlom J, Wunderlich D, Teramoto RA (1980) Generation of human monoclonal antibodies reactive with human mammary carcinoma cells. Proc Natl Acad Sci 77: 6841-6845

Sethi KK, Brandis H (1981) Generation of hybridoma cell lines producing monoclonal antibodies against Toxoplasma gondii or rabies following fusion of in vitro immunized spleen cells with myeloma cells. Ann Immunol 132C:29-39

Sikora K, Wright R (1981) Human monoclonal antibodies to lung cancer antigens. Brit J Cancer 43: 496-700

Strike LE, Devens BH, Lundak RL (1984) Production of human-human hybridomas secreting antibody to sheep erythrocytes after in vitro immunization. J Immunol 12: 1798-1804

Terashima M, Shimada S, Komatsu H, Osawa T (1987) Production of human-human hybridomas secreting antibody to sheep erythrocytes after in vitro immunization of peripheral blood lymphocytes. Immunol Letters 15: 89-93

Van Ness J, Laemmli UK, Pettijohn DE (1984) Immunization in vitro and production of monoclonal antibodies specific to insoluble and weak immunogenic proteins. Proc Natl Acad Sci 81: 7897-7901

Wasserman RL, Budens RD, Thaxton ES (1986) In vitro stimulation prior to fusion generates antigen-binding human-human hybridomas. J Immunol Meth 93: 275-283

6.3.3 Vorbereitung humaner B-Lymphozyten für die in-vitro-Immunisierung: Prinzipien

D. BARON

Das Prinzip, unerwünschte Zellpopulationen wie Gesamt-T-Zellen, Suppressor-T-Zellen oder einen Überschuß an Monozyten/Makrophagen aus dem Ansatz zu entfernen, wird in der Literatur kontrovers diskutiert. Neben deutlichen Verbesserungen wurden auch negative Effekte beobachtet, was hauptsächlich daran liegt, daß

a) jeder Stimulationsansatz verschieden ist und als hauptsächliche Faktoren das Antigen und die Lymphozytenquelle sehr variabel sind, daß
b) die Methoden zur Entfernung von Zellpopulationen nicht einheitlich sind (Entfernung von Makrophagen durch Adhärenz (Kap. 6.3.4.2) an verschie-

dene Materialien oder durch Ingestion von Partikeln, Entfernung von T-Zellen durch Panning (Kap. 6.3.4.1), Säulen-Affinitätschromatographie, Rosettierung (Kap. 6.3.5.1)),
c) diese Methoden immer mit erheblichen Zellverlusten verbunden sind,
d) die Zellen bei diesen Manipulationen mehr oder weniger geschädigt oder in ihren biologischen Eigenschaften verändert werden, und
e) die fragliche Zellpopulation immer nur angereichert ist, und zwar in sehr variablen und schlecht reproduzierbaren Prozentsätzen.

Als Einstieg empfehlen wir, immer von unfraktionierten Gesamt-Zellpopulationen (z.B. nach Ficoll-Gradient, Kap. 4.3) auszugehen, die Zellzusammensetzung so nativ wie möglich zu belassen und die Zellen so wenig wie möglich zu stressen.

Es gibt positive Reinigungsverfahren, bei denen die B-Zellen selektiv adsorbiert und angereichert werden, z.B. Panning, Säulenaffinitätschromatographie und Rosettierung (s. Kap. 4.4) sowie negative Verfahren z.B. Panning, Komplement-Lyse und E-Rosettierung von unerwünschten Zellen, hauptsächlich T-Zellen, Suppressor-T-Zellen und Monozyten/Makrophagen, die nach der Anreicherung entfernt werden. Da die positiven Verfahren immer mit erheblichen Zellverlusten verbunden sind und die Ablösung der B-Zellen vom Liganden oft unter drastischen, zellschädigenden Bedingungen durchgeführt wird, empfehlen wir in erster Linie negative Anreicherungsverfahren.

Alle diese Methoden liefern jedoch keine hundertprozentig reine, sondern nur partiell angereicherte oder abgereicherte Zell-Präparationen, was im Fall der T-Zell-Entfernung auch wünschenswert ist, da für die spätere B-Zell-Aktivierung noch ein Mindestmaß an Helfer-T-Zellen benötigt wird.

6.3.4 Vorbereitung der Zellen

6.3.4.1 Entfernen von T-Lymphozyten durch Panning

D. BARON

Durch einen auf eine Plastikoberfläche gebundenen Antikörper werden T-Lymphozyten festgehalten, die nicht gebundenen B-Zellen werden durch Abwaschen gewonnen. Die B-Zellen können in dieser Form direkt für eine in-vitro-Stimulation (Kap. 6.3.6) oder EBV-Transformation (Kap. 6.3.8.1) eingesetzt werden. Für die in den folgenden Kapiteln beschriebene Methodik ist dieser Schritt nicht erforderlich. Der Ausdruck „panning" stammt aus der Goldwäscherei, wobei die Nuggets auf der Pfanne gewaschen werden.

Reagenzien

Zellen	s. Kap. 4.3
Anti-T-Zell-Antikörper	z. B. OKT 3, Ortho; Leu-2a, Becton Dickinson 2 µg MAK/ml 0,1 M Karbonat-Puffer, pH 9,6
RSA-Lösung	Rinderserumalbumin 1% in PBS

Vorgehen

1. Adhärenz zur Entfernung der Monozyten (s. Kap. 6.3.4.2), die sonst einen großen Teil der Plastik-gebundenen Antikörper (s. u.) abdecken und die B-Zell-Stimulierung inhibieren würden.
2. Petrischalen (10 cm Durchmesser) oder Zellkulturflaschen (250 ml oder 800 ml) werden mit einem gegen T-Lymphozyten gerichteten MAK beschichtet: 5 ml pro Petrischale, 10 ml pro 250 ml und 25 ml pro 800 ml Kulturflasche. Beschichtung für 1-2 Std. bei RT, selbstverständlich unter sterilen Bedingungen.
3. Abgießen und Aufbewahren der MAK-Lösung, kann noch ca. 3 Mal wiederverwendet werden.
4. Nachbeschichtung mit 1% RSA-Lösung in PBS, 1 Std. bei RT, 2 × Waschen der Kulturschale mit PBS oder 0,9% NaCl-Lösung und Verwerfen der Waschlösungen.
5. Zugabe der Lymphozyten von Schritt 1 und Inkubation für 1 Std. bei 37 °C.
6. Abgießen der angereicherten (ca. 60%) B-Zellen und 2 × Nachwaschen des Kulturgefäßes mit 10-20 ml Medium RPMI 1640 + 10% FKS durch leichtes und schonendes Bewegen des Kulturgefäßes.

6.3.4.2 Gewinnung von Monozyten durch Adhärenz

S. LENZNER and J. H. PETERS

Die Methode eignet sich gleichermaßen zum Entfernen wie zum Gewinnen von Monozyten, wobei die Effizienz bei etwa 50% liegt. Die Dimensionierung auf 16mm-Näpfe entspricht einer typischen Versuchsanordnung, wie sie zur späteren Kokultivierung mit Lymphozyten genommen wird, um in multiplen Näpfen optimale Antigendosen austesten zu können. Präparative Ansätze für die Fusion werden dann entsprechend größer angesetzt.

1. Dichtegradienten-Reinigung von mononukleären Zellen (Kap. 4.3) und Einstellen auf eine Konzentration von $1,4 \times 10^6$/ml Medium RPMI 1640 + 10% FKS (diese Zellzahl ist der späteren Kokultivierung mit Lymphozyten, Kap. 6.3.4.3 und 6.3.6 angepaßt).
2. Je 1 ml Zellsuspension in einen Napf einer 24-Napf-Platte füllen.
3. Inkubation für 1 Std. bei 37 °C.
4. Abspülen: Durch kreisende Bewegung der Platte auf dem Tisch die Zellen leicht aufwirbeln.

5. Eine Pasteur-Pipette über der Flamme leicht abbiegen und an eine Saugpumpe anschließen.
6. Platte schräg stellen, mit der hinteren Seite auf Petrischalen-Deckel, die vordere wird mit Klebeband fixiert.
7. Beidhändig arbeiten: Mit einer Hand saugen, mit der anderen das Medium zupipettieren, so daß die Zellen nicht austrocknen.
8. Dreimal waschen und aufwirbeln, bis nichtadhärente Zellen weitestgehend entfernt sind (mikroskopische Kontrolle).
9. Weiterinkubation der Monozyten zur Differenzierung akzessorischer Zellen (s. Kap. 6.3.4.3)

6.3.4.3 Differenzierung akzessorischer Zellen aus Monozyten

J. H. PETERS, S. LENZNER und R. K.H. GIESELER

Neben der Entfernung von störenden Zellpopulationen ist es wünschenswert, fördernde Populationen anzureichern. Hier wird die Gewinnung menschlicher Monozyten und deren in-vitro-Differenzierung zu akzessorischen Zellen als Starter-Zellen der in-vitro-Immunisierung beschrieben (Erstveröffentlichung).

Wir fanden, daß sich Monozyten in der Kultur zu hochaktiven akzessorischen Zellen (m-AC) züchten lassen, die den von Steinman beschriebenen lymphoiden dendritischen Zellen an Aktivität nicht nachstehen und damit weit aktiver sind als Monozyten und Makrophagen (Peters et al. 1987). Serumfreie Kultur sowie andere Faktoren verhindern, daß sich diese Zellen weiter zu Makrophagen differenziert werden. Aber auch in serumhaltiger Kultur können wir durch Gabe von Adenosin (Najar et al. 1989) die akzessorische Eigenschaft induzieren und die Entwicklung von Makrophagen verhindern. Makrophagen stellen besonders starke Immunsuppressoren dar.

Mit m-AC als Startern der Immunkaskade lassen sich die T-Zell-Aktivierung (Mitogenität, mixed lymphocyte reaction) und die in der Immunkaskade hiervon abhängige B-Zell-Aktivierung fördern, sowohl in der mitogenen (Gabrysiak 1988) als auch der Antigen-spezifischen Reaktion. Die hier vorgeschlagenen Zusätze fördern besonders die Differenzierung von akzessorischen Zellen, ohne die Lymphozyten-Aktivierung zu behindern (Gieseler und Peters 1988; 1989; Lenzner 1989). Vitamin E ist bereits früher als immunstimulierend erkannt worden (Colnago und Jun 1984; Pletsityi et al. 1984; Bendich et al. 1986; Reddy et al. 1986); wir sehen mit Gebremichael et al. (1984) die Wirkung auf die akzessorischen Zellen bezogen, obwohl es z.Zt. günstiger erscheint, diese erst dem Stimulationsansatz (s. Kap. 6.3.6) zuzusetzen.

Differenzierungsmedium

Medium 80/20 oder MEM Iscove ohne Lipidzusatz	80% RPMI 1640, 20% Medium 199 Earle's Boehringer Mannheim Nr. 633 372

Serum: FKS	hitzeinaktiviert, 10%
Adenosin	z. B. Sigma Nr. A-9521
	Endkonzentration 0,125 mM.
	Stammlösung 100 × konzentriert:
	33 mg / 10 ml PBS
Linolsäure	Sigma Nr. L-8134. Endkonzentration 1µg/ml.
	Stammlösung 1000 × konzentriert:
	50 mg in 1 ml Methanol, mit PBS auf 50 ml auffüllen, sterilfiltrieren.
Vitamine E und D_3	fakultativ, s. auch Kap. 6.3.6

Vorgehen:

1. Aussaat der mononukleären Zellen zur Gewinnung von Monozyten und
2. Entfernen der suspendierten Zellen s. Kap. 6.3.4.2
   (Lagern der Lymphozyten im Kühlschrank s. Kap. 5.3.3)
   (Depletion der Lymphozyten s. Kap. 6.3.4.4)
3. Inkubation: Die Monozyten werden für 24 Std. im Differenzierungsmedium kultiviert, anschließend wird das Medium durch entsprechendes frisches Medium ersetzt.
4. Die inzwischen gelagerten autologen Lymphozyten (Schritt 2), das Antigen und weitere Zusätze werden zum Stimulationsansatz zusammengegeben (s. Kap. 6.3.6).

Literatur

Bendich A, Gabriel E, Machlin LJ (1986) Dietary vitamin E requirement for optimum immune responses in the rat. J Nutr 116: 164-171

Colnago GL, Jensen LS, Long PL (1984) Effect of selenium on the development of immunity to coccidiosis in chickens. Poult Sci 63: 1136-1143

Gabrysiak T (1989) Aktivierung humaner B-Lymphozyten durch Mitogene und Antigene in vitro. Bedeutung akzessorischer Immunzellen. Inauguraldissertation Göttingen.

Gebremichael A, Levy EM, Corwin LM (1984) Adherent cell requirement for the effect of vitamin E on in vitro antibody synthesis. J Nutr 114: 1297-1305

Gieseler RKH, Peters JH (1988) Accessory cells differentiated from bone marrow in a serum-free liquid culture system. Immunobiol 178: 92-93

Gieseler RKH, Peters JH (1989) Myeloid bone marrow precursors of the rat develop into accessory dendritic cells at defined serum-free conditions. Exp Cell Biol 57: 69

Lenzner S (1989) In vitro Stimulation der Antigen-spezifischen Immunglobulin-Synthese humaner B-Lymphozyten. Diplomarbeit Göttingen

Najar HM, Boerner T, Ruppert J, Peters JH (1989) Immunoregulation by accessory cells and macrophages by noncyclic and cyclic nucleotides. Exp Cell Biol 57: 110

Peters JH, Ruhl S, Friedrichs D (1987) Veiled accessory cells deduced from monocytes. Immunobiol 176: 154-166

Pletsityi KD, Sukhikh GT, Davydova TV (1984) Vliianie vitamina E na soderzhanie T- i B-limfotsitov v perifericheskoi krovi i nekotorye pokazateli nespetsificheskoi rezistentnosti. Vopr Pitan 4: 42-44

Reddy PG, Morrill JL, Minocha HC, Morrill MB, Dayton AD, Frey RA (1986) Effect of supplemetal vitamin E on the immune system of calves. J Dairy Sci 69: 164-171

6.3.4.4 Entfernung Lysosomen-reicher Zellen

S. LENZNER und J. H. PETERS

In-vitro-Immunisierung menschlicher peripherer Blutlymphozyten wird durch inhibierende Zellpopulationen behindert. Nach Borrebaeck et al. (1988) können diese durch ein Agens, das Lysosomen-reiche Zellen zerstört (Thiele et al. 1983), entfernt werden. Anschließend ist eine in-vitro-Immunisierung möglich. Leucin-Methyl-Ester (Leu-O-Me) ist primär hydrophob, diffundiert in Lysosomen, wo es dann durch lysosomale Enzyme hydrolysiert wird, wodurch es hydrophil wird. Es kann dann nicht mehr durch die Lysosomen-Membran nach außen gelangen. Es reichert sich daher immer mehr an und führt zum osmotischen Schock der Lysosomen. Ihre Enzyme entleeren sich in das Zytoplasma und zerstören die Zelle von innen.

Materialien

Leu-O-Me   L-Leucin-Methylester, Sigma Nr. L 9000,
                  Endkonzentration 2,5 mM (bis 1,25 mM),
                  Stammlösung 100 × (200 ×) konzentriert:
                  45 g/l frisch angesetzt in Medium ohne Serum.

Vorgehen

1. Periphere Blutleukozyten 10^7 Zellen/ml in Medium mit Leu-O-Me suspendieren.
2. Inkubation für 10 Min. bei Raumtemperatur, dann Zugabe von 2% Serum.
3. 3 × waschen in Medium plus 2% Serum.
4. Zellen in einer Konzentration von 2×10^6/ml in Medium mit 10% Serum und 50 µM 2-Mercaptoethanol aufnehmen, um sie anschließend für die Kultur einsetzen zu können (s. Kap. 6.3.6).

Literatur

Borrebaeck CAK, Danielsson L, Möller SA (1988) Human monoclonal antibodies produced by primary in vitro immunization of peripheral blood lymphocytes. Proc Natl Acad Sci USA 85: 3995–3999

Thiele DL, Kurosaka M, Lipsky PE (1983) Phenotype of the accessory cell necessary for mitogen-stimulated T and B cell responses in human peripheral blood: delineation by its sensitivity to the lysosomotropic agent, L-leucine methyl ester. J Immunol 131: 2282–2290

6.3.5 Zusätze zu Immunisierungsansätzen

D. BARON

Wesentlich ist der Zusatz von Mediatoren. Einige von ihnen sind käuflich und in reiner Form zu haben (Interferone, Interleukine) und andere nur in Form ungereinigter oder grob fraktionierter, meistens lyophilisierter Kulturüberstände (BCGF = B-cell growth factor, BSF1 = B-cell stimulation factor 1, BCDF = B-cell differentiation factor). Die Frage, welche Faktoren in welchen Konzentrationen für wie lange dem in-vitro-Stimulationsansatz zugegeben werden müssen, um einen optimalen Immunisierungseffekt zu erreichen, ist noch völlig unklar. Als Einstieg schlagen wir die Verwendung von konditionierten Überständen vor, die in verschiedenen Konzentrationen und Zeiten dem Stimulationsansatz zugegeben werden. Die Überstände kann man sich entweder selbst herstellen (s. Kap. 6.3.5.1), wobei u. U. als zusätzliche Parameter noch die Stimulationszeit, die Konzentration und die Art des Stimulans (meistens Pflanzen-Mitogene) selbst variiert werden können, oder man kauft sich solche Überstände (z. B. BM-Condimed von Boehringer Mannheim, IL-2-(TCGF)-haltige Überstände von Biotest). Weitere Zusätze sind die in Kap. 6.3.4.3 angegebenen Additive, die beitragen, Monozyten zu akzessorischen Zellen zu differenzieren. Dieser Teil der in-vitro-Stimulation verlangt sicherlich noch die meiste Arbeit und wartet noch auf den großen Durchbruch.

Alle hier gegebenen Methoden müssen für den speziellen Anwendungsfall optimiert werden. Es werden daher zur eigenen Optimierung Ansätze in Mikrotiterplatten vorgeschlagen, bei denen die genannten Parameter systematisch variiert werden können, bevor dann anschließend größere Ansätze für die Fusion gewählt werden.

6.3.5.1 T-Zell-Rosettierung und Gewinnung eines konditionierten Mediums

S. LENZNER und J. H. PETERS

SPWM-T enthält IFN-gamma, Il-2 und B-Zell Wachstums- und Differenzierungs-Faktoren, die wichtige Mediatoren der B-Zell-Stimulation darstellen (Borrebaeck et al. 1988): T-Zellen werden durch Rosettierung mit Hammelerythrozyten gewonnen, bestrahlt, um sie am Wachstum und damit verbundenem Mehrverbrauch von Mediatoren zu hindern, und durch das T- und B-Zell-Mitogen Pokeweed mitogen (PWM) stimuliert. Das konditionierte Medium wird gewonnen. Die T-Zell-Rosettierung kann gleichermaßen für die Gewinnung wie für die Depletion von T-Zellen benutzt werden.

Zusätze zu in-vitro-Immunisierungsansätzen

Material

Hammelerythrozyten	frisch gewonnen oder z. B. Behringwerke Nr. ORAW 30/31
Trennmedium Ficoll-Hypaque	z. B. Lymphoprep, Nyegard
Polyethylenglykol (PEG)	MW 10000, Merck Nr. 82 1881. Stammlösung 10% in PBS, Sterilisation und Lagerung s. Kap. 5.1.2 und 6.2.
Erythrozyten-Lyse-Puffer	0,83% NH_4Cl (5,5 g) ad 500 ml Aqua dest. auffüllen (= Stammlösung 1) 0,17 M Tris-Puffer mit 1M HCl auf pH 7,2 einstellen (= Stammlösung 2) 9 Teile Stammlösung 1 + 1 Teil Stammlösung 2 mischen.
Pokeweed mitogen (PWM)	Gibco Nr. 061-05360

Gewinnung von T-Lymphozyten

1. Frische Hammelerythrozyten 5 ×, käufliche 3 × in PBS waschen (1600 × g, 10 Min., beim letzten Mal 15 Min.).
2. Leukozyten und Hammelerythrozyten in RPMI 1640 plus 5% FKS im Verhältnis 1:40 mischen. Praktisches Beispiel:
   Zu 2×10^6 Lymphozyten/ml 1% gepacktes Erythrozytensediment zugeben, zu 2×10^7 Lymphozyten/ml 10% gepacktes Erythrozytensediment zugeben.
3. PEG-Stammlösung 10% zugeben (Endkonzentration 1%) (Ocklind 1988).
4. Für 10 Min. bei Raumtemperatur stehen lassen.
5. Zentrifugieren für 4 Min. bei 200 × g.
6. Das Sediment für 60 Min. auf Eis inkubieren
7. Das Sediment vorsichtig in Kulturmedium oder PBS resuspendieren und auf das Trennmedium schichten.
8. Zentrifugation für 20 Min. bei 4 °C, 1100 × g, nicht abbremsen.
   Das Pellet enthält die T-Zellen und Erythrozyten.
   15 Min. waschen in PBS, 400 × g.
9. Das Pellet in Erythrozyten-Lyse-Puffer resuspendieren und so lange inkubieren, bis alle Erythrozyten lysiert sind (ca. 10–30 Min.), (mikroskopische Kontrolle), dann sofort weiter:
10. 2 × waschen, vgl. 5.

T-Zell-Stimulation mit PWM, Sammeln des Kulturüberstandes

1. Gewaschene T-Zellen in wenig Volumen mit 2000 rad bestrahlen. Zellkonzentration in Kulturmedium auf 2×10^6/ml einstellen. Stimulation mit 1:100 PWM, Inkubation im Brutschrank.
2. Der Kulturüberstand wird nach 24 Std. gesammelt und sterilfiltriert. Lagerung bei $-20\,°C$.

Literatur

Borrebaeck CAK, Danielsson L, Möller SA (1988) Human monoclonal antibodies produced by primary in vitro immunization of peripheral blood lymphocytes. Proc Natl Acad Sci USA 85: 3995–3999

Ocklind G (1988) All CD2-positive human lymphocytes rosette with sheep erythrocytes in the presence of polyethylene glycol. J Immunol Meth 112: 169–172

6.3.6 Ansätze für die in-vitro-Immunisierung menschlicher Lymphozyten

J. H. Peters

Nachdem in den vorhergehenden Kapiteln Einzelelemente für die in-vitro-Immunisierung zusammengestellt worden sind, sollen diese Bausteine jetzt in zwei Alternativen zu einem Gesamtkunstwerk zusammengesetzt werden (s. Flußdiagramm).

Alternative A ist die von Borrebaeck et al. (1988) konzipierte Version, die den Vorteil hat, relativ einfach und erfolgreich zu sein.

Alternative B stellt die von uns konzipierte Erweiterung dar, bei der aus Monozyten gezüchtete akzessorische Zellen eingesetzt werden. In einem ersten Schritt werden Monozyten durch Adhärenz aus der Population der mononukleären Zellen abgezweigt und innerhalb eines Tages zu hochaktiven akzessorischen Zellen differenziert (Kap. 6.3.4.3). Die Lymphozyten werden in der Kälte „zwischengelagert" (Kap. 5.3.3), am nächsten Tag von inhibitorischen Populationen depletiert (Kap. 6.3.4.4) und dann den „monozytären akzessorischen Zellen" (m-AC) zugegeben zusammen mit dem Antigen und den sonstigen Zutaten.

Borrebaeck et al. (1988) setzen dem Ansatz zusätzlich rekombinantes Interleukin-2 (IL-2) und ein von Pokeweed-Mitogen stimulierten Lymphozyten konditioniertes Medium hinzu (s. Kap. 6.3.5.1); von uns eingeführte Additive sind unten und in Kap. 6.3.4.3 angegeben.

In-vitro-Immunisierungen werden eigentlich immer in Massenkulturen (bulk-cultures) in 250 ml oder 800 ml Kulturflaschen angesetzt, in Zellkonzentrationen zwischen 2×10^6 und 4×10^6/ml (Literatur s. Kap. 6.3.2). Den Großansätzen müssen Optimierungsversuche vorausgehen, so z. B. zur Ermittlung der Antigendosis. Sie werden im Mikrotiter- oder, wie in unseren Beispielen, in 16-mm-Näpfen vorgenommen.

Es hat sich generell gezeigt, daß niedrige Antigen-Konzentrationen im Bereich von 1–50 ng/ml vorteilhafter sind als hohe Konzentrationen im µg-Bereich.

Inkubationsansatz

Differenzierungsmedium mit
Zusätzen   s. Kap. 6.3.4.3

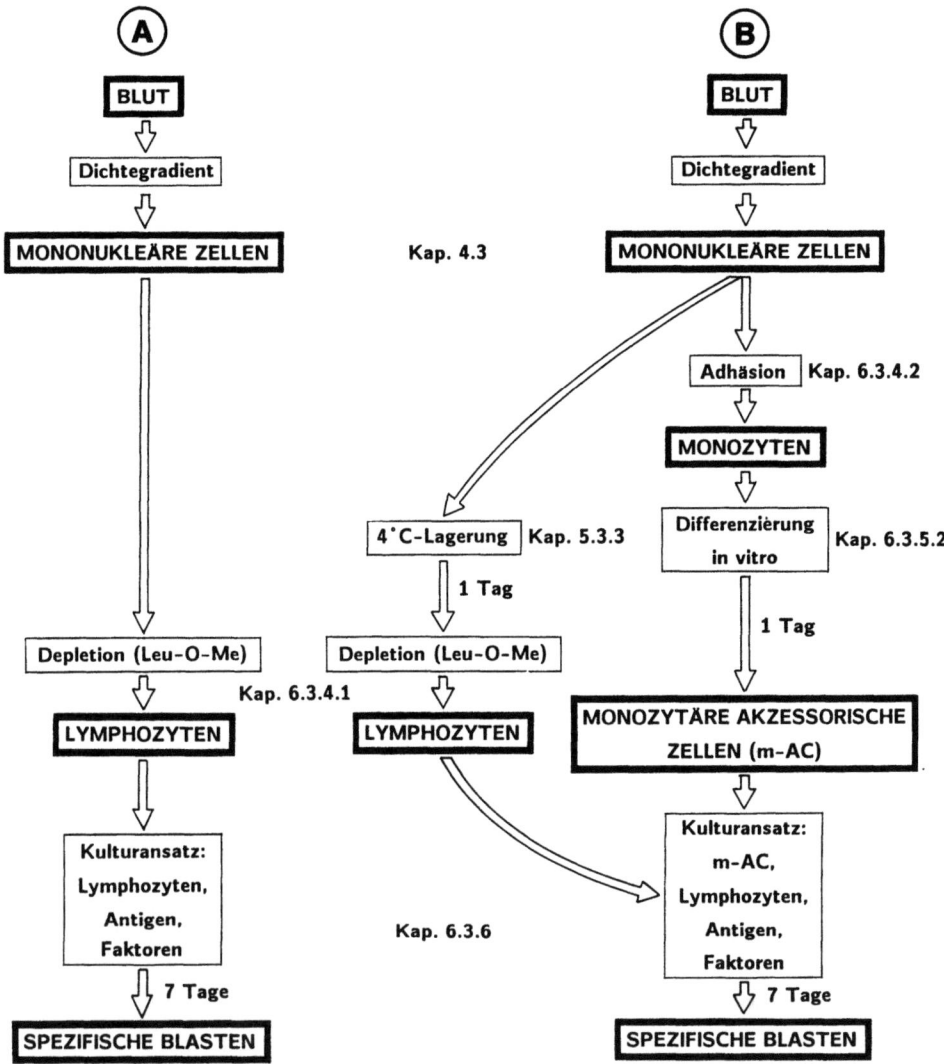

Abb. 17. In-vitro-Immunisierung: Alternative A zeigt das Vorgehen nach Borrebaeck et al. (1988), Alternative B unsere eigene Variante, bei der autologe Monozyten zu monozytären akzessorischen Zellen differenziert werden, um nach einem Tag mit Lymphozyten und Antigen inkubiert zu werden. Die Kapitel, in denen die einzelnen Schritte dargestellt sind, sind neben den Kästchen angegeben

Conditioniertes Medium
   sPWM-T   s. Kap. 6.3.5.1, Zusatz 25%
   Interleukin 2 (IL-2)   human rekombinant, Boehringer Mannheim
                                      Nr. 799 068
                                      Endkonzentration 1 U/ml

Vitamin E	d-α-Tocopherol, Typ V, Sigma Nr. T 3634. Endkonzentration 0,625 µM Stammlösung 1000 × konzentriert: Die Ausgangssubstanz ist 67%ig, sie wird in 8 Einzelschritten jeweils 1 + 1 mit PBS vermischt, durch Pipettieren emulgiert und weiter ausverdünnt zur Konzentration von 0,26%. Lagerung bei −20 °C.
Vitamin D_3	Cholecalciferol, Sigma Nr. C-9756 Endkonzentration 0,625 µM Stammlösung 3000 × konzentriert: 72 mg in 1 ml Methanol lösen, mit PBS auf 100 ml auffüllen, = 1,9 mM. Lagerung bei −20 °C.
Lymphozyten	s. Kap. 6.3.4.4
monozytäre akzessorische Zellen (m-AC), autolog	s. Kap. 6.3.4.2 und 6.3.4.3

Inkubation

Die Zellen werden für 5–7 Tage (Baron und Hartlaub 1987) (s. auch Kap. 6.3.2) oder 10 Tage (Foon et al. 1983) inkubiert. Wenn das Medium zu sauer wird (Milchsäureproduktion bei starker Proliferation), etwa am 4. Tag 1/3 des Mediums austauschen.

Erfolgskontrollen

Eine wichtige Kontrolle der Stimulation ist der Blick in das Phasenkontrastmikroskop. Das Auftreten von Blasten (s. Abb. im Kap. 6.5) ist ein sicheres Zeichen für insgesamt gute Kulturbedingungen. Durch Inkorporation von Tritium-Thymidin kann die Zellproliferation gemessen werden, ohne Auskunft über die Art und Spezifität der stimulierten Zellen zu geben. Ein ELISA zum Nachweis von Gesamt-Immunglobulin (s. Kap. 10.4.2 und 10.4.3) kann den Grad der Ig-Produktion angeben, während man mit einem ELISA zum Nachweis spezifischer Antikörper vielleicht schon scheitert. Hier kann der ELISPOT-Test (Kap. 10.11.1) und der immunzytochemische Nachweis von spezifischem Ig in einzelnen B-Zellen (Kap. 10.11.2) auch bei relativ geringer Ausbeute spezifisch stimulierter Zellen deutliche Auskunft geben.

Literatur

Baron D, Hartlaub U (1987) Humane monoklonale Antikörper. Springer Verlag Stuttgart, New York, S. 128
Borrebaeck CAK, Danielsson L, Möller SA (1988) Human monoclonal antibodies produced by primary in vitro immunization of peripheral blood lymphocytes. Proc. Natl. Acad. Sci. USA 85: 3995–3999

Foon KA, Abrams PG, Rossio JL, Knost JA, Oldham RK (1983) Human hybridomas: comparison of human cell lines for production of human hybridomas and development of human hybridomas producing antigen-specific IgG using in vitro-immunized peripheral blood cells as fusing parameters. In: Monoclonal Antibodies and Cancer, Ed. Boss BD, Langman R, Towbridge I, Dulbecco R (1983) Academic Press New York, pp 143-155

6.3.7 Fusion menschlicher Zellen

D. BARON und J. H. PETERS

Menschliche Lymphozyten werden prinzipiell nach derselben Methode fusioniert wie Mauszellen (s. Kap. 6.2). Viele Voraussetzungen sind dieselben: Aktivierte, blastoide Lymphozyten fusionieren besser als ruhende, kleine Lymphozyten; die eigentliche Verschmelzung der Zellen findet nicht bei der Zugabe des PEG, sondern erst bei seinem Herausverdünnen statt, das Verdünnen des PEG muß also unter definierten und kontrollierten Bedingungen geschehen; Proteine und besonders Serumproteine sollten bei der Fusion nicht zugegen sein, da sie die Fusionsausbeute reduzieren.

Die Fusion menschlicher Zellen unterscheidet sich von der muriner durch einige wichtige Vorbedingungen und experimentelle Unterschiede:

Lymphozyten aus Lymphorganen fusionieren besser als Lymphozyten aus peripherem Blut (Hadden 1982). Da Blutzellen aber leichter zugänglich sind als Milz- und Lymphknotenzellen, sind die hier angegebenen Methoden auf Blutlymphozyten optimiert.

Nur unter wenigen speziellen Bedingungen lassen sich aktivierte B-Zellen aus dem menschlichen Blut gewinnen, so bei aktiver Immunisierung und bei Überempfindlichkeitsreaktionen. In allen anderen Fällen muß auf die in-vitro-Immunisierung zurückgegriffen werden (s. Kap. 6.3.2 ff).

Für menschliche Myelome (getestet an LICR-LON-HMy2 und WI-L2-729-HF2) und deren Hybridome ist das für die Mausfusion angegebene Medium weniger gut geeignet. Stattdessen empfehlen wir RPMI 1640, supplementiert mit zusätzlichen 300 mg/l L-Glutamin und 2,2 g/l Glucose·H_2O (J. H. Peters, Originalmitteilung).

Als Feederzellen eignen sich humane periphere Blutleukozyten, aus Monozyten gezüchtete Makrophagen, humane Milzzellen, Maus-Milzzellen oder Maus-Peritonealexsudatzellen, die die besten Ergebnisse erbringen. Lymphozyten können bei Bedarf mit 3000 rad bestrahlt werden. Feederzellen können ebenfalls durch 10-20% HECS (s. Kap. 5.2) ersetzt werden.

Als Selektionsprinzip wird ausschließlich die HAz-Selektion empfohlen (s. Kap. 6.1.2 und 6.2), da humane Zellen besonders empfindlich gegenüber Thymidin sind.

Literatur

Hadden JW, Coffey RG (1982) Cyclic nucleotides in mitogen-induced lymphocyte proliferation. Immunol Today 3: 299-304

6.3.8 Epstein-Barr-Virus (EBV)-Transformation und EBV-Hybridom-Technik

D. BARON

Das Epstein-Barr-Virus (EBV) gehört zu den Herpes-Viren. Es ist ein B-lymphotropes Virus, für das auf humanen B-Zellen ein spezieller Rezeptor existiert. Infizierte menschliche B-Lymphozyten werden dadurch immortalisiert. Da sie weiter ihren spezifischen Antikörper sezernieren, ist hiermit die Herstellung monoklonaler Antikörper auf direktem Wege, ohne den Umweg über die Zellfusion, möglich. Nachteile dieser Technik liegen darin, daß EBV-transformierte B-Zellen nur geringe Mengen an Antikörper sezernieren und genetisch instabil sind. Daher dient die EBV-Transformation vor allem als Basis für die unten beschriebene EBV-Hybridomtechnik (Diskussion s. Kap. 6.3.1).

6.3.8.1 EBV-Transformation

Es existiert eine Reihe von methodischen Varianten der EBV-Transformation, auf die am Ende dieses Abschnittes noch kurz eingegangen wird. Nachfolgend soll die Methode beschrieben werden, die in der Literatur am häufigsten auftaucht und die sich in den Händen der Autoren als zuverlässig und empfehlenswert erwiesen hat.

Zunächst muß aber auf die Risiken im Umgang mit dem EBV hingewiesen werden. Dabei sind drei Punkte zu beachten:

Die Hantierung mit EBV verlangt außer den üblichen Vorsichtsmaßregeln der sterilen Zellkulturtechnik (Arbeiten an der Laminar Flow Werkbank der Sicherheitsklasse II (s. Kap. 2.2), Tragen von Einmalhandschuhen, Desinfektion mit 70% Ethanol, Verbot des Pipettierens mit dem Mund, Trink- und Eßverbote im Labor etc.) keine besonderen Vorkehrungen.

Die Durchseuchungsrate der Bevölkerung ist mit ca. 90% sehr hoch, so daß man davon ausgehen kann, daß fast jeder, der mit EBV arbeitet, auch seropositiv ist und seinen natürlichen Antikörper-Schutz hat. Dessen ungeachtet sollte man sich vor dem Experimentieren mit dem EBV serologisch untersuchen lassen (gegen EBNA und VCA, zwei lymphozytäre Antigene, die auf das Vorliegen des EBV-Genoms in der Zelle hindeuten). Entsprechende Untersuchungen werden an Kliniken oder Instituten (Hygiene-Institut) durchgeführt. Sollte man seronegativ sein, sollte man das Arbeiten mit EBV unterlassen.

Nie sollten eigene Lymphozyten oder die von Personal desselben Labors transformiert werden. Die Chance, daß diese immortalisierten Zellen durch eine kleine Wunde in die Zirkulation gelangen und dann auch noch zu einem Lymphom werden, ist zwar sehr gering, jedoch nicht auszuschließen. Zellen in der Kultur haben wahrscheinlich höhere Mutationsraten als im Körper, so daß sie sich weiter genetisch verändert haben können. Es bleibt das Risiko, daß die autologen Zellen vom Körper nicht als fremd erkannt werden und einen Tumor bilden, was für heterologe Zellen nach der langjährigen Erfahrung mit dem Arbeiten mit menschlichen Tumorlinien im Labor wohl ausgeschlossen werden kann.

Methodik

Gewinnung EBV-haltiger Überstände

Die Affen-Zellinie B95-8 (ATCC CRL 1612) (Miller 1973) wird in RPMI 1640 + 10% FKS in einer Anfangsdichte von 10^6/ml ausgesät. Nach 8-14 Tagen Kulturdauer (ohne zwischenzeitlichen Mediumwechsel oder Mediumzugabe) bzw. bei Konfluenz der Zellen (einige Laborvarianten wachsen leicht adhärent) wird der Überstand unter sterilen Bedingungen durch 10minütige Zentrifugation der Zellsuspension bei 800×g gewonnen und nochmals durch einen 0,45 µm Filter passiert, um sicher zu gehen, daß keine Zellen im Überstand sind. Er wird in Aliquots von 4 ml in Kryoröhrchen abgefüllt und durch direktes Eintauchen in flüssigen Stickstoff schockgefroren (snap-freezing).

Da der Zeitpunkt der Überstandsernte bzw. die Kulturdauer für den EBV-Gehalt entscheidend sind, wird folgendes Vorgehen empfohlen: Züchtung der B95-8 Zellen in 4 getrennten Kulturflaschen, ca. 100 ml Zellsuspension mit einer Anfangsdichte von 10^6/ml in einer 800 ml Flasche. Ernte des Inhaltes einer Flasche wie oben beschrieben am Tag 8, 10, 12 und 14 und Schockgefrieren des Überstandes. Danach Bestimmung des EBV-Titers bzw. der transformierenden Einheiten pro ml mittels eines Probe-Transformationsansatzes mit frischen PBL oder Milzlymphozyten:

Zugabe von 50 µl Medium RPMI 1640 + 10% FKS in 6 aufeinanderfolgenden Vertiefungen einer Flachbodenmikrotiterplatte, dann Zugabe von 50 µl des EBV-Überstandes in die erste Vertiefung und Herstellen von 5 seriellen Zweifachverdünnungen (1:2 bis 1:32); die sechste Vertiefung dient als Kontrolle (ohne EBV) und erhält noch 50 µl Kulturmedium. Am Ende hat man 4 Reihen (da 4 EBV-Überstände) à 6 Tüpfel. Dann Zugabe pro Vertiefung von 5×10^5 Lymphozyten in 100 µl Kulturmedium und 10 µl pro Tüpfel einer Cyclosporin A Lösung (32 µl Medium, Testverdünnung von 2 µg/ml). Kultivierung des Ansatzes für ca. 2-3 Wochen ohne Mediumwechsel. Auswertung durch grobes Abschätzen der Anzahl an Kolonien bzw. Klonen pro Tüpfel, oder bei nur geringen visuellen Unterschieden, Auszählen der Klone (ca. 10-200 Zellen pro Kolonie).

Zell-Transformation

1. Es werden Lymphozyten nach Ficoll-Isolation und ohne weitere Auftrennung verwendet.
2. Die Transformation wird in Form einer „bulk culture" in einem sterilen 50 ml Zentrifugenröhrchen durchgeführt; unmittelbar nach der Zugabe der Einzelreagenzien wird der Ansatz auf Mikrotiterplatten verteilt.

3. Der Transformationsansatz setzt sich wie folgt zusammen:
   14 ml Lymphozyten (2×10^6/ml Medium RPMI 1640 + 10% FKS)
   5 ml EBV-Überstand (Herstellung s. unter Punkt A.)
   1 ml Cyclosporin A Lösung (40 µg/ml)
4. Verteilen des Ansatzes in Flachboden-Mikrotiter-Platten ohne Feederzellen, 200 µl/Tüpfel (= $2,8 \times 10^5$ Zellen/Napf).
5. Kultivierung der Zellen für 2-3 Wochen unter Standard-Kulturbedingungen ohne Mediumwechsel oder Mediumzugabe.
6. Testen der Überstände, sobald sich das Medium verfärbt und deutliches Klonwachstum zu sehen ist.
7. Klonierung der Zellen so früh wie möglich. Die Klonierung ist problematisch, da die Zellen eine Verdünnung auf 1 Zelle/Tüpfel meistens nicht tolerieren und absterben, ja oft nicht einmal 10 oder 100 Zellen/Napf. Wir empfehlen die unter Kap. 6.6.1 näher beschriebene Technik der stufenweisen „Klonierung".

Diskussion

Es gibt einige Variationen des oben beschriebenen Standardansatzes, die aber alle mit einem größeren experimentellen Aufwand verbunden sind, sonst aber gleichwertig sind, so daß sie auch mit gutem Gewissen empfohlen werden können.

Die wichtigsten Varianten sind:

(a) Pulstransformation: Die Lymphozyten werden lediglich für 2 Std. mit dem EBV-haltigen Überstand inkubiert (und nicht für mehrere Wochen wie in dem Standardansatz), dann gewaschen und in frischem Medium ausplattiert.

(b) Konzentrierung des EBV mittels Ultrazentrifuge vor Zugabe zu dem Transformationsansatz.

(c) Abtrennung der T-Zellen (= Anreicherung der B-Zellen) vor Transformation mittels Panning (siehe Kap. 6.3.4.3) oder E-Rosettierung. Dadurch soll erstens der Überschuß an irrelevanten Zellen verringert und der Ansatz klein gehalten werden und zweitens T-Zell-vermittelte Killer- oder Suppressor-Reaktionen gegenüber den Virus-transformierten B-Zellen ausgeschaltet werden. Diese Reaktionen werden im oben illustrierten Standardansatz durch das Cyclosporin A inhibiert (Anderson 1984, von Knebel-Döberitz 1983).

Literatur

Anderson MA, Gusella JF (1984) Use of Cyclosporin A in establishing Epstein-Barr-virus-transformed human lymphoblastoid cell lines. In Vitro 20: 856-858

Knebel-Doeberitz M von, Bornkamm GW, Hausen H zur (1983) Establishment of spontaneously outgrowing lymphoblastoid cell lines with Cyclosporin A. Med. Microbiol. Immunol. 172: 87-99

Miller G, Lipman M (1973) Release of infectious Epstein-Barr-Virus by transformed marmoset leukocytes. Proc. Natl. Acad. Sci. 70: 190-194

6.3.8.2 Heteromyelomtechnik: Fusion EBV-transformierter B-Lymphozyten mit Maus-Myelomzellen

D. BARON

Das Ziel dieser Methode besteht darin, die beiden mit der EBV-Transformation verknüpften Nachteile, Instabilität der Klone und geringe MAK-Produktionsleistung, zu kompensieren, um stabile und gut produzierende Klone zu schaffen.

Als lymphozytärer Fusionspartner dient eine EBV-transformierte Zellinie (siehe Kap. 6.3.8.1), die zum Zeitpunkt der Fusion nur das Kriterium erfüllen muß, daß sie einen spezifischen Antikörper produziert. Die Zelle muß zu diesem Zeitpunkt weder sonderlich stabil sein, noch ein guter MAK-Produzent sein; gerade diese schlechten Eigenschaften sollen ja durch die Fusion ausgeglichen werden.

Maus-Myelome als Fusionspartner menschlicher Zellen werden menschlichen Myelomen vorgezogen, da sie erfahrungsgemäß zu problemlos wachsenden Hybridomen mit hoher Produktion von Immunglobulinen führen. Der Nachteil besteht darin, daß im Laufe der Zeit menschliche Chromosomen verloren gehen können.

Da sich beide Fusionspartner unbegrenzt teilen, müssen auch beide nach der Fusion eliminiert werden. Die Maus-Myelomzelle (z. B. P3X63Ag8.653 oder SP2/O-Ag14) besitzt bereits einen Selektionsmarker, den HGPRT-Defekt. Für eine klassische Doppel-Selektion müßte die menschliche Zelle TK negativ gemacht werden (Kap. 6.1.2). Dieser mühsame Weg ist im Fall einer Mensch-Maus-Fusion aber nicht nötig, da man die Selektion auf der unterschiedlichen Ouabain-Empfindlichkeit menschlicher und Maus-Zellen aufbauen kann (siehe Kap. 6.1.2): Der humane Partner ist stark Ouabain sensitiv (10^{-7} M letale Konzentration), während Maus-Zellen bis maximal 10^{-3} M tolerieren. Das heißt, daß die Zellen nach der Fusion in einem kombinierten Selektionsmedium aus HAT oder HAz plus 10^{-4} M Ouabain ausgesät werden. Das Ouabain kann bereits nach etwa 7-10 Tagen abgesetzt werden. Es ist jedoch empfehlenswert, sich vor der Durchführung dieser Technik zu vergewissern, welches die entsprechenden Ouabain-Konzentrationen sind, die die Zelle noch tolerieren bzw. bei denen die Zellen absterben.

Werden für die EBV-Hybridomtechnik andere als Maus-Zellen verwendet (humane Myelome oder Heteromyelom-Zellen), die diese Ouabain-Resistenz nicht besitzen, müssen andere Selektionsverfahren angewendet werden, z. B. die Geneticin-Resistenz (s. Kap. 6.1.2 und 6.3.8.3).

6.3.8.3 Transfektion des Geneticin-Resistenz-Gens

D. BARON

Bei dieser Methode soll eine humane LCL oder Heteromyelomzelle gegenüber dem Antibiotikum G-418 (Geneticin, ein Neomycin-Analogon) resistent gemacht werden. Für die Selektion sollte nicht Neomycin sondern G-418 verwendet werden, da es von den Zellen besser aufgenommen wird und in reinerer Form erhältlich ist. Die hier beschriebene Methode eignet sich auch für adhärent wachsende Zellen.

Für die Übertragung der Resistenz wird im allgemeinen das Plasmid pSVneo transfektiert und die Transfektanten über mehrere Wochen im Selektionsmedium gezüchtet, um nicht-transfizierte Zellen und instabile Klone zu eliminieren.

Vorgehen

1. Testen der zytotoxischen Geneticin-Konzentration

Es wird eine Stammlösung Neomycin (50 mg/ml) hergestellt. Davon wird dem normalen Wachstumsmedium 1% zugesetzt (1 ml Neomycin in 100 ml Medium; Konzentration 500 µg/ml). Danach wird eine Verdünnungsreihe (1:2-Verdünnungen) angesetzt mit jeweils 50 ml Medium bis zur Konzentration von 31,25 µg/ml. Die zu transfizierenden Zellen werden dann in Aliquots über einen Zeitraum von mindestens 14 Tagen getestet. Die toxische Wirkung des Geneticin tritt in der Regel erst nach etwa 10 Tagen auf. Die Schwellenkonzentration wird in weiteren Experimenten reproduziert. Üblicherweise sterben Zellen bei Konzentrationen zwischen 50 und 250 µg/ml.

2. Vorbereitung der Transfektion

Das Plasmid liegt gereinigt und überwiegend in der ccc-Form (closed circular coiled) vor. Dies wird durch zweimalige Reinigung über CsCl-Gradienten mit Ethidiumbromid erreicht. Bei dieser Methode lassen sich ccc-Formen von linearen DNA-Stücken abtrennen. Die Plasmidfraktion wird gegen Wasser oder TE (10 mM Tris, 1 mM EDTA) dialysiert und die Konzentration bestimmt (OD260 = 1 = 50 µg/ml).

Folgende Lösungen werden vorbereitet:

1. 0,1 M Na_2HPO_4, (1,78 g $Na_2HPO_4 \cdot 2\ H_2O$ in 100 ml H_2O lösen)
2. 2×HBS = 50 mM HEPES, 280 mM NaCl, 1500 µM Na_2HPO_4, pH 7,13 (5,96 g HEPES; 8,18 g NaCl; 7,5 ml 0,1 M Na_2HPO_4 ad 500 ml; pH 7,13 exakt einstellen mit etwa 5 ml 1 N NaOH)
3. 2 M $CaCl_2$
4. Glycerin, 15% in HBS (15 ml Glycerin, 50 ml 2×HBS, 35 ml H_2O)

Alle Lösungen werden sterilisiert und steril aufbewahrt. Am Tag vor der Transfektion werden die Zellen Kulturschalen mit 100 mm Durchmesser so ausgesät, daß sie am Tag der Transfektion etwa 90% Konfluenz erreicht haben.

3. Durchführung der Transfektion

In ein großes Reagenzglas wird steril folgender Ansatz pipettiert:

500 µl 2×HBS
× µl Plasmid-DNA, entsprechend 5 bis maximal
30 µg DNA
<u>× µl</u> H$_2$O oder TE
937,5 µl

Unter ständigem Durchmischen (Fingerschnippsen oder mildes Vortex-Schütteln) werden zu diesem Ansatz tropfenweise 62,5 µl 2 M Calcium-Chlorid hinzupipettiert. Anschließend bleibt der Ansatz zur Präzipitat-Bildung etwa 30 Minuten erschütterungsfrei stehen.

Während dieser Zeit werden die Zellen zweimal mit PBS gewaschen und schließlich das PBS abgesaugt. Dann wird das gebildete Präzipitat auf die Zellen gegeben und gleichmäßig verteilt (Schwenken der Schale). Nach etwa einer halbstündigen Inkubationszeit wird Medium auf die Zellen gegeben und weiter inkubiert (Brutschrank).

Nach insgesamt 4 Stunden Inkubation wird das Medium restlos abgesaugt und etwa 3 ml Glycerinlösung auf die Zellen pipettiert, 2 bis maximal 3 Minuten inkubiert, sofort abgesaugt, zweimal mit PBS gewaschen und über Nacht mit Medium inkubiert.

Am nächsten Tag wird das Medium gewechselt und die Zellen wie üblich kultiviert, wobei spätestens noch am zweiten Tag nach der Transfektion Neomycin im Medium enthalten sein sollte, und zwar in der gerade toxischen Konzentration.

6.3.9 Fusion mit Cytoplasten

D. BARON

Die bisher vorgestellten Fusionstechniken sowie die EBV-Transformation sind experimentell kompliziert oder führen zu niedrigen Antikörperausbeuten. Wie schon oben (Kap. 1.1; 6.3.8; 6.3.8.1) beschrieben wurde, besteht die ideale Immortalisierung einer Immunglobulin produzierenden B-Zelle in der Übertragung eines Wachstums-Gens. Gelingt es also, das wirksame Prinzip, das permanentes Wachstum ermöglicht, aus Tumorzellen zu isolieren und zu übertragen, werden alle komplizierteren Fusionstechniken überflüssig. Diesem Ideal nähert sich die Fusion mit Cytoplasten von permanent wachsenden Zellen, die jedoch noch nicht gründlich erforscht ist und hier daher nur schematisch wiedergegeben werden soll.

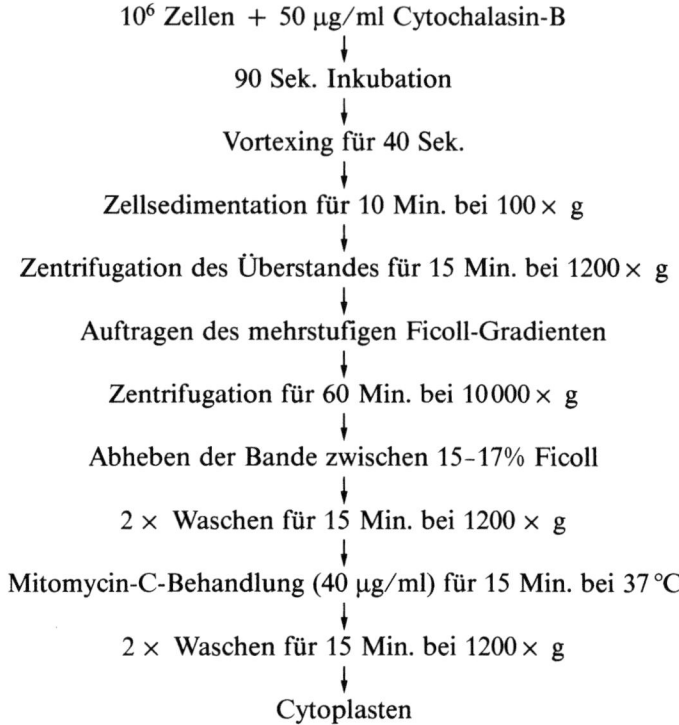

Abb. 18. Flußdiagramm zur Herstellung von Cytoplasten aus murinen L929-Zellen

Cytoplasten sind von lebendigen Zellen abgetrennte Membranvesikel, die wichtige Zytoplasma-Bestandteile enthalten. Wenn Zellen mit Cytochalasin B behandelt werden, stülpen sie die Kerne in einem Membransack nach außen. Durch mechanische Irritation (Vortexing) werden die Membransäcke vollständig von den Kernausstülpungen getrennt, wobei sich die Zellmembran um beide Fragmente herum wieder schließt. Die enukleierten Zytoplasma-Säcke werden Cytoplasten, die den Kern enthaltenden, von der Zellmembran umschlossenen Körper, Karyoplasten genannt. Beide sind noch für gewisse Zeit lebensfähig. Um ein Überlebensprinzip zu enthalten, müssen die Cytoplasten aus permanenten Linien hergestellt werden, um nach der Fusion immortalisierend zu wirken; Cytoplasten aus Normalzellen können dies nicht. Das bedeutet, daß in den Cytoplasten ein übertragbares „Krebsprinzip" enthalten ist. Die Einzelschritte der Cytoplasten-Präparation sind im Flußdiagramm dargestellt. Die eigentliche Zellimmortalisierung und der Transfer des „Krebsprinzips" erfolgt durch PEG vermittelte Fusion von Vesikeln mit Lymphozyten im Verhältnis 1:1 bis 1:10 (Lymphozyten zu Cytoplasten) (Abken 1986).

Literatur

Abken H, Jungfer H, Albert W, Willecke K (1986) Immortalization of human lymphocytes by fusion with cytoplasts of transformed mouse L cells. J Cell Biol 103: 795–805

6.3.10 DNA-Transformation

D. BARON

Diese Technik ist eine Weiterführung der Cytoplasten-Methode und verwendet zur Zellimmortalisierung extrahierte und vorgereinigte (Protease- und RNase-behandelte) DNA aus Cytoplasten. Die Details der DNA-Extraktion und der Zellimmortalisierung sind in den beiden folgenden Flußdiagrammen (Abb. 19 und 20) wiedergegeben (Willecke 1988).

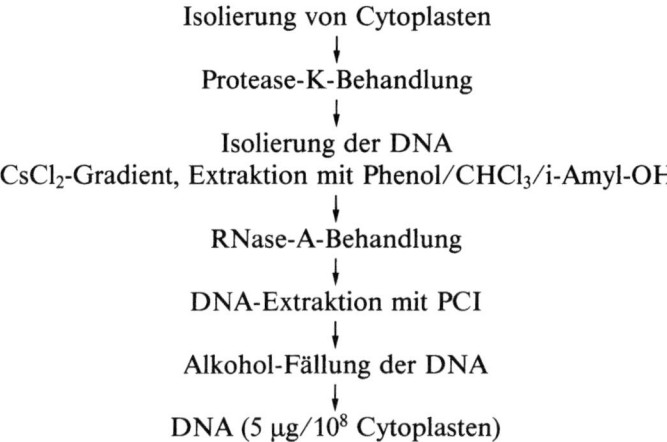

Abb. 19. Flußdiagramm zur Isolierung von transformierender DNA aus Cytoplasten

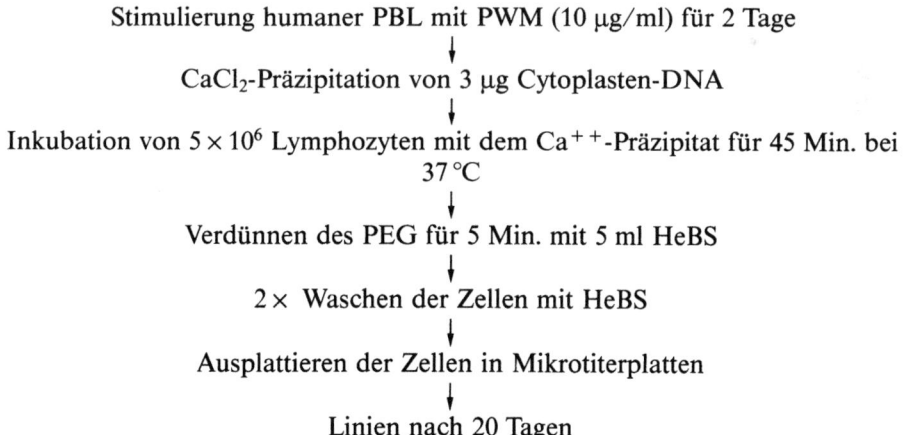

Abb. 20. Protokoll zur Immortalisierung (Transformation) von humanen B-Zellen mit isolierter Cytoplasten-DNA

Diskussion

Die genaue biochemische Natur und biologische Wirkungsweise des „Krebsprinzips" in Cytoplasten ist noch nicht bekannt. Bekannt ist nur folgendes:

1. Das „Krebsprinzip" ist nicht Protease- oder RNAse-labil und ist mit hoher Wahrscheinlichkeit DNA.
2. Diese DNA muß aus Tumorzellen stammen, die von verschiedenen Spezies kommen können, d. h. daß das „Krebsprinzip" über Spezies-Barrieren wirkt. Erfolgreich getestet wurden DNA-Präparationen aus Cytoplasten der murinen Zellinien L929, P3X63Ag8.653 und Ehrlich-Aszites-Zellen bzw. auch von humanen HeLa-Zellen. Immortalisiert wurden bisher humane T-Lymphozyten, B-Lymphozyten und Amnionfibroblasten (Willecke et al. 1988).
3. Mit Hilfe der DNA-Hybridisierung konnte ausgeschlossen werden, daß für die Zellimmortalisierung nicht die Sequenzen gängiger human-pathogener Viren verantwortlich sind, wie EBV (Epstein-Barr-Virus), HCMV (humanes Cytomegalie-Virus), HSV-1 und HSV-2 (Herpes simplex Virus Typ 1 und Typ 2), HTLV-I und HTLV-II (humanes T-lymphotropes Virus I und II) und Polyoma-Virus (Abken et al. 1986).

Die Methodik der Zellimmortalisierung mittels DNA und Oncogen-Produkten wird intensiv und zum Teil erfolgreich vorangetrieben. So konnte permanentes Wachstum durch Übertragung (Transfektion bzw. Elektroporation) von Ha-ras-p21 (Stacey und Kung 1984), manipulierten Sequenzen von SV40 (Ruley 1983), v-myc des Vogelmyelozytomatosis-Virus (Land et al. 1983) und SV40 T-Antigen (Cepko 1988) erreicht werden. Dabei darf allerdings nicht übersehen werden, daß das Hauptproblem nicht so sehr in der Zellimmortalisierung liegt als in der einhergehenden Produktion von möglichst großen Mengen an MAKs. Und das konnte bisher durch keine der genannten Methoden erzielt werden, da diese Zellinien ungefähr den Faktor 5 bis 10 weniger MAKs sekretieren als gute Hybridome; so müssen erst noch (gentechnologische) Folgemethoden entwickelt werden, um adäquate oder noch höhere MAK-Produktionsleistungen zu erreichen. Da dies wohl in wenigen Jahren möglich sein wird, ist damit zu rechnen, daß die klassische Fusionstechnik in naher Zukunft durch neue und effizientere Methoden wie die DNA-Transformation ersetzt werden wird.

Literatur

Abken H, Jungfer H, Albert W, Willicke K (1986) Immortalization of human lymphocytes by fusion with cytoplasts of transformed mouse L cells. J Cell Biol 103: 795-805

Cepko C (1988) Immortalization of neural cells via oncogene transduction. Trends Neurol Sci 11: 6-8

Land H, Parada LF, Weinberg RA (1983) Tumorigenic conversion of primary embryo fibroblasts requires at least two cooperating oncogenes. Nature 304: 596-602

Ruley HE (1983) Adenovirus early region 1A enables viral and cellular transforming genes to transform primary cells in culture. Nature 304: 602-606

Stacey DW, Kung HF (1984) Transformation of NIH 3T3 cells by microinjection of Ha-ras p21 protein. Nature 310: 508-511

Willecke K, Abken HJ, Jungfer H, Barchet H (1988) Immortalisierung durch DNS-Übertragung. Offenlegungsschrift DE 3627326 A1, Deutsches Patentamt.

6.4 Andere Fusionsmethoden

D. BARON

Wie kann man eine B-Zelle/Plasmazelle dazu bringen, sich unbegrenzt in vitro zu vermehren und auch noch Antikörper zu produzieren? Das ist die Kernfrage der MAK-Technologie. Ursprünglich gelöst wurde dieses Problem durch die Fusion von B-Zellen mit Tumorzellen mit Hilfe des inaktivierten Sendai-Virus. Sie ist fast vollständig durch die PEG-Fusion ersetzt worden und wird daher hier nur kurz angeführt. Die Elektrofusion ist die modernste Variante, hat aber die PEG-Fusion für die MAK-Herstellung nicht verdrängen können.

6.4.1 Fusion mit Viren

Manche Viren enthalten in ihrer Hülle Proteine, die die Fusion von Zellen vermitteln, zum Beispiel Herpes-, Myxo- und Paramyxo-Viren. Als Folge treten verschmolzene Zellen auf, Synzytien oder Hybridzellen, die zwei oder mehrere Kerne gleicher oder verschiedener Herkunft enthalten (Synkaryon beziehungsweise Heterokaryon). Die besten Fusionsergebnisse wurden mit dem Sendai-Virus erhalten, das auch von Köhler und Milstein für die Herstellung der ersten erfolgreichen MAK eingesetzt wurde (Köhler und Milstein 1975). Allerdings liegt die Wahrscheinlichkeit für ein Fusionsereignis bei etwa 10^{-6} und damit um mindestens zwei Zehnerpotenzen unter den heutigen Möglichkeiten. So soll diese Methodik auch nicht weiter vertieft werden, sondern wurde hier lediglich aus historischen Gründen genannt (Übersicht bei Ringertz und Savage 1976).

6.4.2 Elektrofusion

In einer speziellen Kammer mit zwei Elektroden werden die zu fusionierenden Zellen einem schwachen elektrischen Wechselfeld von circa 200 Volt pro cm^2 und 800 KHz ausgesetzt, worauf die Zellen sich perlschnurartig aneinanderlagern. Dieser enge Kontakt ist nötig, um anschließend durch kurze elektrische Impulse (20 µs; 2,5 kV pro cm^2) innerhalb von Minuten einen lokalen Membranzusammenschluß zu erzielen. An den Membrankontaktzonen bilden sich Phospholipidbrücken aus, gefolgt von einer Zellverschmelzung. Die Fusionsfrequenz liegt in der Regel oberhalb von 50 Prozent und ist um mehrere Größenordnungen höher als bei einer klassischen Fusion mit Viren oder PEG (Vienken et al. 1983; Vienken und Zimmermann 1985). Gearbeitet wird in Volumina zwischen 0,25 bis 1,0 ml und mit Zellmengen zwischen 2 und 10^7 Zellen.

Bisher liegen nur wenige Arbeiten über eine erfolgreiche Anwendung der Elektrofusion zur Herstellung von humanen Hybridomen vor (Bischoff et al. 1982). Dies liegt hauptsächlich an der geringen Vitalität der entstandenen

Hybridome, die nur selten zu permanenten Linien anwachsen. Bei der Fusion von Pflanzenzellen oder Hefezellen werden jedoch durchweg gute Ergebnisse erzielt.

Eine entscheidende Verbesserung wurde durch die Einbeziehung des Avidin-Biotin-Systems erreicht. In der ursprünglichen Arbeit (Lo et al. 1984) wurden nur murine Hybridome hergestellt, aber mittlerweile können so auch humane MAK produziert werden. Durch eine einfache chemische Reaktion wird ein Antigen-Avidin-Konjugat hergestellt, das sich über die Oberflächen-Ig an die spezifischen B-Zellen einer Lymphozytenpräparation anlagert. An den Fusionspartner, die Maus-Myelomzellinie P3X63Ag8.653, wird Biotin kovalent gekoppelt. Bei der Inkubation von Avidin-Antigen-beladenen B-Zellen und biotinkonjugierten Myelomzellen (je 10^7 Zellen) kommt es zu einem sehr engen Kontakt der beiden Zellpopulationen (Affinitätskonstante des Avidin-Biotin-Komplexes ist 10^{-15} M) beziehungsweise zu einem nur schwachen Kontakt zwischen irrelevanten B-Zellen und Myelomzellen. Durch die geeignete Wahl der elektrischen Parameter (4 Pulse von 5 μs Dauer bei 4 kV pro cm^2 bei 30 °C) wird erreicht, daß präferentiell nur die sehr eng aneinanderliegenden Zellen miteinander fusionieren.

Aufgrund der selektiven Fusionsbedingungen werden spezifische Fusionsfrequenzen von 1 bis 10 Prozent erreicht, die im Durchschnitt 500 Mal höher liegen als bei der PEG-vermittelten Fusion. Ein weiterer Vorteil besteht in der methodisch bedingten Selektion von spezifischen hochaffinen Klonen und damit der Produktion von hochaffinen MAK.

Der Nachteil dieser ursprünglichen Methode besteht darin, daß durch die Kopplung des großen Moleküls Avidin (MG 66 KD) das Antigen strukturell und immunologisch stark verändert werden kann. Dieses Problem kann durch die Kopplung von Biotin (MG 244) an das Antigen und die anschließende selektive Reaktion von biotinyliertem Antigen mit biotinylierten Myelomzellen über eine Streptavidin-Brücke gelöst werden (Wojchowski und Sytkowski 1986).

Zusammenfassend läßt sich sagen, daß die Elektrofusion zur Zeit noch nicht genügend ausgereift ist, um routinemäßig zur Herstellung stabiler, MAK-produzierender Hybridome eingesetzt werden zu können bzw. um eine echte Alternative zur PEG-Fusion darzustellen. An der Beseitigung der noch vorhandenen Mängel wird intensiv gearbeitet und es bestehen gute Chancen, daß die Methode in den nächsten Jahren für die MAK-Produktion einsatzbereit ist.

Literatur

Bischoff R, Eisert RM, Schedel I, Vienken J, Zimmermann U (1982) Human hybridoma cells produced by electrofusion. FEBS letters 147: 64–68

Köhler G, Milstein C (1975) Continuous cultures of fused cells secreting antibody of predefined specificity. Nature 256: 495–497

Lo MMS, Tsong TY, Conrad MK, Strittmatter SM, Hester LD, Snyder SH (1984) Monoclonal antibody production by receptor-mediated electrically induced cell fusion. Nature 310: 792–794

Ringertz NR, Savage RE (1976) Cell hybrids. Academic Press New York, San Francisco, London

Vienken J, Zimmermann U (1985) An improved electrofusion technique for production of mouse hybridoma cells. FEBS letters 182: 278-279

Vienken J, Zimmermann U, Fouchard M, Zagury D (1983) Electrofusion of myeloma cells on the single cell level. FEBS letters 163: 54-56

Wojchowski DM, Sytkowski AJ (1986) Hybridoma production by simplified avidin-mediated electrofusion. J Immunol Meth 90: 173-177

6.5 Berechnung der zu erwartenden Zahl von Hybridom-Klonen

J.H. Peters und H. Baumgarten

Die Zahl der aus fusionierten Milzzellen entstehenden Hybridomklone ist von einer Reihe von Faktoren abhängig. Ist nur einer der vielen aneinandergereihten Schritte nicht optimiert, so wird die Maximalzahl nicht erreicht. Die in diesem Buch vorgestellten optimierten Bedingungen führen zu einer Ausbeute an Klonen, die um 1-2 Größenordnungen höher liegen als in der vergleichbaren Literatur (Lövborg 1982, Fazekas de St. Groth und Scheidegger 1980).

Die tatsächliche Ausbeute an relevanten Klonen kann man durch Probeaussaat ermitteln (Kap. 6.6.1 und De Blas et al. 1983).

Aber auch schon unmittelbar nach der Fusion läßt sich die zu erwartende Ausbeute durch morphologische Auswertung vorausschätzen. Morphologische Methoden unterliegen aber stark der Interpretation und subjektiven Schwankungen. Trotzdem kann ein Untersucher sich Kriterien schaffen, die Maßstäbe zum Vergleich von mehreren Experimenten untereinander abgeben. Die hier gegebenen Zahlenwerte können daher auch nur als Beispiele gelten, wie sie sich in unserem Labor herausgebildet haben.

Morphologisch sichtbare Hybride stellen nicht immer die gewünschte Zweierkombination von Lymphoblast und Myelom dar, sondern ebenso von Myelomen und Blasten sowie Kombinationen aus mehr als zwei Zellen. Hieraus und aus der niedrigen Überlebenschance, die auch korrekte Kombinationen haben, ergibt sich die sehr viel niedrigere Zahl an Klonen.

Orientierungspunkte für die Vorausberechnung der Klonzahl sind:

1. Die Zahl der nach der Immunisierung vorhandenen stimulierten B-Zell-Blasten, und
2. die Zahl der nach der Fusion entstandenen morphologisch erkennbaren Zellhybride.

Beide Werte werden im gut justierten Phasenkontrast-Mikroskop bestimmt. Für die Bestimmung des Anteiles der B-Zell-Blasten an der Gesamtpopulation der Milzzellen eignet sich auch die Immunfluoreszenz-Darstellung der Ig-positiven Zellen (s. Kap. 10.6).

Mikroskopie

1. Bestimmung der Zahl der B-Zell-Blasten durch:

a) *Phasenkontrast:* B-Zell-Blasten lassen sich im gut justierten Phasenkontrast-Mikroskop bei 25 × oder 40 × Objektiv-Vergrößerung leicht von anderen Zellen unterscheiden: Sie sind deutlich größer als die Mehrzahl der unstimulierten Lymphozyten, sind meist annähernd rund (im Gegensatz zu T-Zell-Blasten) und glänzen im Phasenkontrast wie Perlen (s. Kap. 6.2, Abb. 16A).

b) *Immunfluoreszenz:* Die im Kapitel 10.6 beschriebene Technik der Darstellung Immunglobulin-produzierender Zellen kann benutzt werden, um den Anteil an B-Zell-Blasten zu bestimmen: Blasten sind größer als B-Lymphozyten und sind über das gesamte Zytoplasma angefärbt, während die kleineren B-Lymphozyten nur eine Membran-Fluoreszenz zeigen.

2. Zahl der Fusionsprodukte

a) *Phasenkontrast:* Unmittelbar oder bis zu 1 Stunde nach der Fusion werden die Zellen in der Zählkammer ausgewertet: Fusionierte Zellen sind auffallend groß und erinnern in ihrer Form (Acht- oder Kartoffelform) noch an ihre Herkunft aus 2 oder mehr Zellen (s. Kap. 6.2, Abb. 16C). Durch diese Methode erfaßt man selbstverständlich nicht alle Fusionsprodukte, aber doch eine repräsentative Zahl. Schon der Größenvergleich der Zellen in der Abb. zeigt, daß ein Hybrid aus einer Myelomzelle und einem Lymphoblasten wegen der relativ geringen Größe des letzteren sich in der Größe nicht von einer Myelomzelle unterscheiden wird, die schon während des Zellzyklus ihre Größe jeweils verdoppelt, ganz abgesehen von besonders großen Formen, die sich in jeder Kultur spontan bilden. Daher erkennt man vor allem Fusionen zwischen Myelomzellen, die jedoch repräsentativ für die Qualität der Fusion sind.

b) *Ausstrich und Färbung:* Ein kleiner Anteil der fusionierten Zellen wird ausgestrichen und hämatologisch gefärbt, wie es in Kap. 6.6.2 beschrieben ist. Besonders am Rand des Ausstrichs finden sich mehrkernige Zellen.

c) *Fluoreszenzmikroskopie:* Die im Kap. 5.6.2 beschriebene Methode der Fluoreszenzfärbung der zellulären DNA zur Mykoplasmendarstellung eignet sich auch zur Kerndarstellung. Im Wechsel mit Phasenkontrast lassen sich Hybridome gut erkennen.

Berechnungen

Unter optimalen Bedingungen finden wir:
- Zahl der Blasten aus einer Milz   0,5 bis 1×10^8
- Zahl der mikroskopisch sichtbaren Hybride   0,5 bis 2×10^7
- Zahl der entstehenden Klone maximal   1 bis 5×10^4

oder
aus 3000–10000 Blasten entstehen
ca.   600 Fusionsprodukte, daraus
ca.   1–3 Klone.

Aussaat

Um mit etwa 1 Klon rechnen zu können, müssen ca. 600 mikroskopisch erkennbare Hybride ausgesät werden. 5000-10000 Hybride werden pro Napf der Greiner-Klonierungsplatte, der in je 16 Felder unterteilt ist, ausgesät, so daß mit ca. 1 Klon pro Feld gerechnet werden kann. Besser ist es jedoch, die optimale Zelldichte in der Probeaussaat entspr. Kap. 6.6.1 durch einen Vortest zu ermitteln oder zunächst nur 10% des Fusionsmaterials in 4-8 Klonierungsplatten auszusäen und den Rest einzufrieren (s. Kap. 5.3.1).

Literatur

Blas AL de, Ratnaparkhi MV, Mosimann JE (1983) Estimation of the number of monoclonal hybridomas in a cell-fusion experiment. In: Methods in Enzymology, Immunochemical Techniques, Langone JJ, van Vunakis H (Eds). Academic Press New York, London, pp 36-39

Fazekas De St. Groth S, Scheidegger D (1980) Production of monoclonal antibodies: strategy and tactics. J Immunol Meth 35: 1-21

Lövborg U (1982) Monoclonal antibodies. Production and maintenance. William Heinemann Medical Books, London

6.6 Kultur und Anreicherung von Hybridomen

6.6.1 Anzucht von Hybridomen, Probeaussaat

J. H. PETERS and H. BAUMGARTEN

Für eine erfolgreiche Zellkultur müssen die in den Kap. 2.2 aufgeführten apparativen und die in Kap. 5.1 aufgezeigten strukturellen Voraussetzungen gegeben sein. Für den Fall, daß dann immer noch Schwierigkeiten auftauchen, gibt das Kap. 6.6.2 Hilfestellungen für die Fehlersuche.

Sind diese Voraussetzungen erfüllt, sind es eher arbeitsökonomische Überlegungen, die die Art der Aussaat und der Klonierung bestimmen. Hierfür empfehlen wir, zunächst 10% oder weniger einer Fusion auszusäen und den Großteil sofort nach der Fusion einzufrieren (s. Kap. 5.3.1). Die erste Aussaat soll dann die Information liefern, in welcher Dichte das Fusionsgut ausgesät wird, um daraus möglichst schnell und mit geringstem Aufwand spezifische Klone zu bekommen (Kontsekova et al. 1988).

Probeaussaat

Das Anwachsen von Hybridomzellen unmittelbar nach der Fusion hängt - wie auch bei etablierten Linien - ganz entscheidend von der Zellkonzentration ab. Es gilt also, die fusionierten und unfusionierten Leukozyten aus einer Mausmilz (ca. 1×10^8) optimal auszusäen. Doch was ist eine „optimale" Zellkonzentration? Ist das die Konzentration, bei der möglichst viele Klone hochwachsen oder die, bei der der relative Anteil von spezifischen Klonen besonders hoch ist, oder vielleicht gerade die Konzentration, wo nur noch maximal ein Klon pro Napf hochwächst? Ganz sicher gibt es also nicht „die" optimale Konzentration. Vielmehr gibt es für jeden der genannten Fälle einen immensen Konzentrationsbereich, in dem die Aussaat von Hybridomzellen unmittelbar nach der Fusion empfohlen wird, er reicht von 1×10^4 bis 1×10^6 pro Napf bzw. ml (vgl. Kontsekova et al. 1988). Ganz sicher kann man einen erheblichen Teil der wertvollen Hybridomzellen verlieren, wenn zu dicht oder zu dünn ausgesät wird. Die Konsequenz hieraus ist, daß für jede einzelne Fusion immer wieder die optimale Zellzahl ermittelt werden muß.

Wurden die Hybridomzellen unmittelbar nach der Fusion in ca. 10 Aliquots (s. Kap. 5.3.1) kryokonserviert, kann man mit den Zellen einer Ampulle die optimale Zelldichte durch Anlegen einer Zellverdünnungsreihe (z. B. 10^5-10^3 Zellen pro Napf einer Mikrotiterplatte) ermitteln. Will man sich etwa über die Spezifität der Antikörper bereits in der Primärkultur und nicht erst in der Klonkultur sicher sein, wird die Zelldichte bestimmt, bei der z. B. in nur jedem 10. Napf ein spezifischer (!) Klon hochwächst. Nur mit solchen Bedingungen lassen sich Aussagen über z. B. Kreuzreaktivität oder Affinität bereits in der Primärkultur machen. Die restlichen Ampullen können dann mit der so gefundenen optimalen Zellzahl ausgesät werden.

Propagieren

In der Klonierungsplatte (Greiner Nr. 704 160) wachsen einzelne Klone meist getrennt voneinander hoch (allerdings nur, wenn sie beim Mediumwechsel nicht aufgewirbelt worden sind). Derselbe Plattentyp eignet sich auch für das Reklonieren. In vielen Labors wird in Mikrotiter-Platten ausgesät und kloniert: hier ist um Faktor 6 weniger Material pro Napf einzusetzen.

Klone mit mehreren hundert Zellen sind bereits mit dem bloßen Auge sichtbar. Sie geben bereits ein positives Testsignal in einem empfindlichen ELISA, so daß nur Klone aus den positiven Näpfen weiter fortgeführt werden sollten. Sie werden mit einer Mikropipette, eingestellt auf 50 µl, „gepickt", d. h. durch rasches Auflassen des Kolbens in die Pipette hineingewirbelt. Dies geschieht in der Sterilbank am besten unter optischer Kontrolle, so am besten über einem Ablesespiegel (Dynatech Nr. M 16 oder M16 A), in dem man die Platte von unten vergrößert betrachten kann, oder auf einem umgekehrten Mikroskop mit Lupenvergrößerung (Objektiv 3,5 ×). Dabei ist darauf zu achten, daß das Mikroskop das Objekt aufrecht und seitenrichtig darstellt.

Nachdem ein Klon gewonnen worden ist, werden die Zellen dann zusammen mit Wachstumsfaktoren oder Feederzellen (Kap. 5.2) schrittweise in immer größeren Kulturgefäßen hochgezüchtet: Zunächst in Mikrotiter-Näpfen, dann in 1,5 cm-Näpfen, später in kleinen und erst dann in großen Zellkulturflaschen. Zellkulturflaschen werden von jungen Hybridomen nicht geliebt, möglicherweise ist die Plastik-Technologie hier nicht so perfekt wie bei offenen Platten. Eine neue Flasche von Greiner mit besonders hoher Angehrate könnte hier

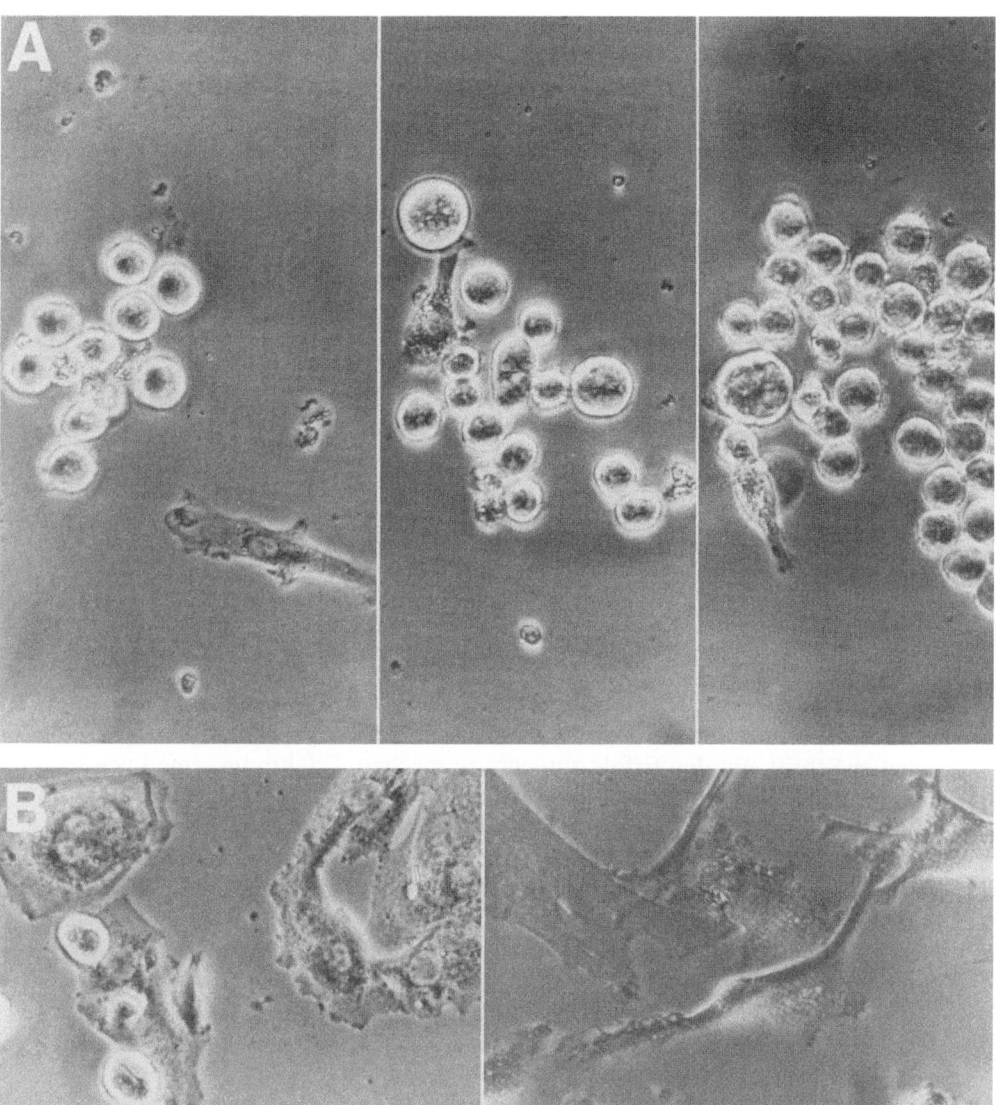

Abb. 21 A, B. Hybridomklone und Feederzellen. **A.** Die Abbildung zeigt Hybridomklone und normale Feeder-Makrophagen, wie sie innerhalb der ersten zwei Wochen nach der Fusion beobachtet werden. Hybridomzellen eines Klones liegen, solange sie nicht aufgewirbelt werden, immer nah beieinander. **B.** Zellen, die spontan aus der Feederzell-Population herauswachsen und das Wachstum der Hybridome stören können. Objektiv 40 ×, Phasenkontrast, gleicher Maßstab

Abhilfe schaffen. Der jeweilige Zeitpunkt für das Umsetzen ist erreicht, wenn ca. 75% der Bodenfläche mit Zellen besetzt sind. Nach dem Picken müssen die Klone täglich im Mikroskop kontrolliert werden, um die schnell wachsenden rechtzeitig umsetzen zu können.

Die Zellen können später auch ohne HT und CM weitergeführt werden. Für labile Klone empfiehlt es sich, weiter Feeder-Zellen einzusetzen!

Zellen, die anfangs gut wachsen, aber später aus unersichtlichen Gründen absterben, werden auf eine frische Flasche überführt!

Literatur

Kontsekova E, Novak M, Kontsek P, Borecky L, Lesso J (1988) The effect of postfusion cell density on establishment of hybridomas. Folia Biol (Praha) 34: 18–22

6.6.2 Fehlersuche bei der Herstellung und Aufzucht von Hybridomen

J.H. PETERS

In der Kette der experimentellen Schritte, die letztlich zur erfolgreichen Aufzucht von produzierenden Hybridomen führen sollen, genügt ein einziger fehlerhafter Schritt, um den Erfolg zunichte zu machen. Erfahrungsgemäß werden die meisten Fehler im Bereich der Zellkultur gemacht. Wer aus anderen Biowissenschaften kommt und bei der Herstellung von MAK zum ersten Mal mit der Zellkultur in Berührung kommt, wird z. B. lernen müssen, mit den Augen und einem gut justierten Phasenkontrastmikroskop den Zustand der Zellen nach Kriterien zu beurteilen, wie sie der Gärtner an seine Pflanzen anlegt, weil dies die direkteste und schnellste Methode ist, Zellkulturfehlern auf die Spur zu kommen.

Die hier zusammengestellte „Checkliste" stellt die häufigsten Fehler zusammen und gibt Ratschläge für das kriminalistische Vorgehen, das oft nötig ist, um die Fehler einzugrenzen und aufzuspüren.

Die Myelomzellen wachsen nicht oder zu langsam

a) Überaltertes Medium: s. Kap. 5.1.2
b) Ungeeignete Serumcharge: Serumtest (s. Kap. 5.1.2) und Testfusion vornehmen: s. u. 3.c
c) Mykoplasmen: s. Kap. 5.6
d) Brutschrank-Temperatur überprüfen: s. Kap. 5.1.2

Die Myelomzellen sterben bei der Aufzucht

a) Es wurde versehentlich HAT-Medium benutzt.
b) Intoxikationen durch Spülmittel-Rückstände, ungenügend nachgespülte Pipetten, Desinfektionsmittel, Formalin: Einmalpipetten benutzen, Ursachen der Intoxikation beseitigen.
c) Überaltertes Medium: frisches L-Glutamin zusetzen.
d) Ungeeignete Serumcharge: Serum vortesten (Kap. 5.1.2 und unten) oder bereits vorgetestetes Serum kaufen (Biochrom, Boehringer Mannheim).

Es wachsen keine Klone

Fast jeder der obengenannten Fehler kann zu diesem Ergebnis führen. Daher die oben aufgeführten Punkte überprüfen. Weitere Möglichkeiten:

Überwiegen der Feederzellen

Zu viele Makrophagen können das Entstehen von Klonen verhindern. Daher sollte bei der Aussaat die angegebene Zahl nicht überschritten werden. Man überzeuge sich im Phasenkontrastmikroskop, wie weit gestreut die Makrophagen liegen, wenn sie in korrekter Zahl ausgesät sind.

Die im Phasenkontrast-Mikroskop gemachte Erfahrung ist später nützlich, um ein Übermaß an Makrophagen erkennen zu können. Gleichzeitig wachsen Hybridom-Klone nur vermindert oder gar nicht. Dieses Mißverhältnis entsteht entweder durch eine versehentlich zu hohe Aussaat oder durch Auswachsen der Feederzellen: Makrophagen selbst oder aber eine Reihe anderer Zelltypen (Endothelien, Epithelien, Fibroblasten, s. Abb. Kap. 6.6.1) können mit ausgesät werden und zu proliferieren anfangen, so daß die Näpfe bald mit einem dichten Monolayer gefüllt sind. Dieses Phänomen wird oft als Beweis für einwandfreie Kulturbedingungen genommen, auch wenn keine Hybridom-Klone wachsen, jedoch ist das Gegenteil richtig: Es ist ein Zeichen für eine schwache Intoxikation, so z. B. durch Zusatz von Azid zum Wasserbad im Brutschrank.

Aufteilen in Einzelschritte

Sind die bisher genannten Fehlermöglichkeiten ausgeschlossen, muß der Fehler aufgespürt werden, indem die Abfolge der experimentellen Schritte in möglichst kleine Untereinheiten aufgeteilt wird, um sie dann einzeln zu testen.

a) *Kontrolle der Immunisierung:* Eine erfolgreiche Immunisierung führt zu ausreichenden Zahlen an B-Zell-Blasten und zu einem spezifischen Immunserum. Daher soll von jeder Maus vor der Fusion Blut entnommen werden (s. Kap. 4.1), das zur Titerbestimmung und zum Aufbau des Testsystems benutzt wird (s. Kap. 10.3.1). Andererseits garantiert ein hoher Titer aber nicht, daß auch B-Zell-Blasten in genügender Menge vorhanden sind, da die Immunglobuline länger als die Blasten persistieren.

Die erfolgreiche Immunisierung sieht man aber auch mit dem bloßen Auge an der stark vergrößerten Milz und mit dem Phasenkontrast-Mikroskop an der Zahl der B-Zell-Blasten. Liegen genügend Blasten vor (s. Kap. 6.5), kann der Mißerfolg nur an einem der nachfolgenden Schritte liegen.

b) *Bestimmung der Fusionsqualität:* Die Ausbeute an fusionierten Zellen kann man kontrollieren, ohne die Hybridome erst anzüchten zu müssen. Im Phasenkontrast lassen sich die Hybridzellen zumindest halbquantitativ bestimmen durch ihre Form und Größe (s. Kap. 6.5). Dasselbe gilt für Zellen, die innerhalb der ersten Stunden nach der Fusion als Ausstriche präpariert und gefärbt werden:

Ausstrichpräparate

Ein kleiner Teil der Zellen wird zentrifugiert (200 × g, 5-10 Min.), der Überstand wird abgesaugt. Das Sediment wird mit wenig Serum überschichtet, ohne es aufzuwirbeln. Anschließend wird der Überschuß an Serum bis auf einen Rest von 10-20 µl (je nach Menge der Zellen und der gewünschten Ausstriche) entfernt. Das Sediment wird in der verbliebenen Serummenge suspendiert und ein Tröpfchen von ca. 10-20 µl auf die rechte Seite eines Objektträgers gebracht. Ein geschliffenes Deckglas (20 × 26 mm) wird mit der 20-mm-Kante auf den Objektträger gesetzt, von links an den Tropfen gebracht und schräg nach rechts gekippt, so daß der Tropfen sich im spitzen Winkel zwischen Objektträger und Deckglas ausbreitet. Anschließend wird das Deckglas nach links über den Objektträger geschoben, so daß die Flüssigkeit hinterhergezogen wird. Lufttrocknen (trockene Präparate können ohne Fixation aufbewahrt werden). Färben, z. B. mit der Schnellfärbung Haemacolor (Merck Nr. 11661/1-3).

Die Vitalität der Zellen kann durch zu rauhe Behandlung gelitten haben: Dies wird durch den Vitalitätstest (s. Kap. 5.7) überprüft.

c) *Testfusion mit Mitogen-stimulierten Milzzellen:* Bevor man mit einer Immunmilz fusioniert, sollte man die Schritte von der Fusion bis zur Aufzucht von Klonen durch eine Testfusion überprüfen. Hierzu eignen sich Mitogen-stimulierte B-Zell-Blasten (eigene Befunde):

Mitogen-Stimulation

Die Milzzellen einer nicht immunisierten BALB/c-Maus werden präpariert (s. Kap. 4.2) und in 25 ml Medium plus Serum suspendiert. Ihnen wird zur B-Zell-Stimulation eine Kombination von Lipopolysaccharid und Dextransulfat zugesetzt:

Lipopolysaccharid (LPS) von E. coli, 055:B5 (Westphal-Methode). Difco Nr. 3120-25-0, Endkonzentration 50 µg/ml

Dextransulfat MW 500000, Gibco Nr. 890-1210. Pharmacia
Nr. 17-0340-01.
Endkonzentration 20 µg/ml

50 × konzentrierte Stammlösungen werden sterilfiltriert und sind für einige Monate im Kühlschrank haltbar. Nach einer Stimulationsdauer von 2-4 Tagen finden sich große Mengen von Blasten in der Zellkultur. Die Zellen werden wie die Zellen aus einer immunisierten Milz weiterbehandelt.

Die Selektion wirkt nicht

Es ist wichtig, die HAT- oder HAz-Empfindlichkeit der benutzten Myelomlinie vor der Fusion zu testen, um sicherzustellen, daß sich die Myelomzellen nach der Fusion abtöten lassen. Wie schon oben beschrieben, sind die Hauptursachen für eine ungewollte Proliferation dieser Zellen:

a) Mykoplasmeninfektion (s. Kap. 5.6 ff),
b) Alterung der HAT-Substanzen,
c) Kontamination des Myeloms mit einer Hybridomlinie,
d) falsch zusammengestellte Medien enthalten Nukleinsäurevorstufen, die die HAT-Selektion unterlaufen und
e) genetische Reversion von Zellen der Myelomlinie.

Alle genannten Möglichkeiten können auch schon vorher ausgetestet werden. Eine Mykoplasmen-Infektion kann jedoch auch noch nach dem Vortesten eintreten und die Fusion stören. Dabei kann die Ausbeute an Klonen auf Null zurückgehen, gleichzeitig kann die Selektion, d.h. die Abtötung der nicht fusionierten Myelomzellen, stark verlangsamt sein, wahrscheinlich bedingt durch metabolische Kooperation zwischen Mykoplasmen und Myelomzellen (Shin und van Diggelen 1977). Der Test auf Mykoplasmen ist sehr schnell ausgeführt (s. Kap. 5.6.2). Da jedoch Makrophagen als Feederzellen in der Kultur die Mykoplasmen niederhalten, kann die Besiedlung auch gering sein. In diesem Fall müssen die Mykoplasmen zum Nachweis erst angezüchtet werden (s. Kap. 5.6.1 und 5.6.2).

Das HAT-Konzentrat sollte nicht länger als 6 Monate eingefroren und vor Licht geschützt gelagert sein. Im Kühlschrank ist es nur für wenige Tage haltbar. Daher ist es besser, von HAT auf die HAz-Selektion überzugehen (s. Kap. 6.1.2 und 6.2).

Kontamination mit einer Hybridomlinie oder Reversion einer Myelomzelle läßt sich im Erscheinungsbild nicht voneinander unterscheiden: in beiden Fällen wachsen vermehrt oder überwiegend Klone, die nicht oder den falschen Antikörper produzieren. Sie sind HAT-unempfindlich. Viele Labors züchten daher ihre Myelomzellen in der zur Selektion des Gendefektes benutzten Substanz, für den Fall der am häufigsten benutzten Zellen mit HGPRT-Defekt also 8-Azaguanin (20 µg/ml) oder 6-Thioguanin (40 µg/ml).

Zellen stellen ihr Wachstum ein

a) Zunächst einmal sollte frisch angesetztes Medium eingesetzt werden, da Hybridomzellen besonders empfindlich auf die Alterung des Mediums reagieren.
b) Wie im Kap. 5.1. beschrieben, können Zellen die Kulturflasche negativ konditionieren, wodurch sie ihr Wachstum einstellen und sterben. Durch Umsetzen der Zellen auf eine neue Plastikflasche wird dieser Fehler behoben.

Hybridomzellen produzieren keinen spezifischen Antikörper mehr

a) Am häufigsten handelt es sich hierbei nur um ein scheinbares Versiegen der Antikörperproduktion, vorgetäuscht durch ein Versagen des Testsystems. Dies wird meist dadurch behoben, daß frisch angesetzte Testsubstanzen eingesetzt werden.
b) Man hat nicht wirklich kloniert, die positiven Zellen werden von negativen überwachsen. Es muß sofort nachkloniert werden.
c) Mykoplasmen (s. Kap. 5.6).
d) Genetische Veränderung: Der spontane Verlust des spezifischen Gens oder eine für die Genexpression wichtige Änderung der Regulation läßt sich nicht verhindern. Man kann sich aber gegen die Folgen schützen, indem man möglichst früh die unklonierten Zellen sowie die Klone einfriert (s. Kap. 5.3.1).
e) Produktschädigung der Zellen durch den monoklonalen Antikörper: Hypothetische Möglichkeit, die produzierende Myelomzelle durch Antikörper zu schädigen, die sich gegen lebenswichtige Serum- oder Zellfaktoren richten. So ist denkbar, daß sich Antikörper gegen Mediatoren, Wachstumsfaktoren oder Rezeptoren der Zelloberfläche richten. Die Möglichkeit eines solchen Mechanismus nehmen wir nur hypothetisch an, er ist bisher noch nicht bewiesen worden. Ein solcher Mechanismus kann durch Komplement vermittelt sein und dann durch Inaktivieren des Serums (56°C, 1 Std.) oder durch häufigen Mediumwechsel unterbunden werden.

Ausfall des Zellkulturlabors

Technische Geräte wie Brutschrank, Zentrifuge oder Sterilbank können ausfallen und dann Zellfusion oder Zellkultur unmöglich machen. Wenn dann trotzdem immunisierte Mäuse vorbereitet sind, sollte man nicht resignieren. Auch ohne Zellkultur kann man einige Zeit überbrücken, ohne das wertvolle Material zu verlieren.

Jede Zellkultur ist unmöglich

a) Die Milzen der immunisierten Tiere werden entnommen und die Zellen gefrierkonserviert, um sie nach dem Auftauen zu fusionieren (Marusich 1988).

b) Frisch aufgetaute Myelome werden in vivo in der Maus angezüchtet, als Tumor entnommen, zur Einzelzellsuspension gemacht und für die Fusion eingesetzt, anschließend wird das frische Fusionsmaterial eingefroren, bis die Zeiten besser geworden sind (Shi et al. 1987).

Literatur

Marusich MF (1988) Efficient hybridoma production using previously frozen splenocytes. J Immunol Meth 124: 155-159

Shi L, Xu H, Wang D, Dong Z (1987) An improving method to increase fusion rate by using in vivo myeloma cells from solid tumors in BALB/c mice. Chin J Microbiol Immunol 7: 324-327

Shin S-I, van Diggelen OP (1977) in: Mycoplasma Infection of cell cultures. Eds McGarrity GJ, Murphy DG, Nichols WW. Plenum Press, New York, p. 191

6.7 Zellklonierung

J. H. PETERS

Eine Kultur kann erst dann als monoklonal betrachtet werden, wenn sie ein- bis zweimal rekloniert worden ist, aber auch dann gilt die Annahme der Monoklonalität nur mit einer gewissen statistischen Wahrscheinlichkeit. Zur weiteren Absicherung der Monoklonalität dienen u. a. der DNA-Gehalt, isoelektrisches Fokussieren, Subklasse und SDS-Page. Da Klonieren einer der mühsamsten Schritte bei der Herstellung von MAK ist, wird man sich das Vorgehen genau überlegen. So ist es wichtig, möglichst frühzeitig schon eine klonale oder annähernd klonale Situation zu erreichen: die Probeaussaat (Kap. 6.6.1) ist der wirksamste Faktor zur Einsparung von Arbeit, denn sie gibt einem die Information, in welcher Zelldichte die eingefrorenen Chargen derselben Fusion ausgesät werden müssen, um schon in der Frühphase der Anzucht spezifische Hybridome annähernd klonal anzuzüchten.

Unter den verschiedenen Möglichkeiten des Klonierens hat sich die Einzelzellaussaat (s. Kap. 6.7.1) durchgesetzt. Die automatisierte Einzelzellablage durch einen Cell Sorter (Kap. 6.7.2) steht bisher nur wenigen Labors zur Verfügung. Klonieren in Weichagar (Campbell 1985) ist mühsam und wird daher nur noch selten angewandt; wenngleich es eine besonders logische und präzise Methode ist.

Bei der Limiting-Dilution-Klonierung (Kap. 6.7.1) wird im Idealfall eine Zelle pro Napf ausgesät. Nur wenn die Angehrate (cloning efficiency) einer Kultur bekanntermaßen schlecht ist, müssen höhere Zellzahlen ausgesät werden. Menschliche Hybridome sind schwerer zu klonieren als die der Maus, so wird man bei der limiting dilution Klonierung bis zu 10 Zellen pro Napf aussäen, um zu Klonen zu kommen. Die Zugabe von Interleukin 6 (s. Kap. 5.2) kann die Klonierung menschlicher Zellen verbessern.

Nachdem ein Klon mit der gewünschten Spezifität isoliert wurde, kann er expandiert, analysiert und weiterkultiviert werden. Dennoch ist der Klon damit noch nicht gesichert. Gerade in den ersten Monaten ist die Wahrscheinlichkeit groß, daß der Klon instabil ist, so daß er u. U. mehrfach rekloniert werden muß. Wichtig ist es in jedem Fall, von allen Zwischenstadien genügend Material einzufrieren, um immer darauf zurückgreifen zu können.

Literatur

Campbell AM (1985) Monoclonal antibody technology. Elsevier, Amsterdam, New York, Oxford

6.7.1 Limiting-Dilution-Klonierung

R. WÜRZNER

Mit Hilfe der Limiting-Dilution-Klonierung wird versucht, aus Zellgemischen die Zellen zu isolieren, die den gewünschten Antikörper produzieren. Dies ist notwendig, da nicht auszuschließen ist, daß in der Primärkultur als einzelne Klone erscheinende Zellkolonien nicht doch aus verschiedenen Klonen bestehen. Zu diesem Zweck werden den gewünschten Antikörper produzierende Zellkolonien der Primärkultur auf frische Zellkulturplatten ausgesät. Kommt dabei nur eine Antikörper-produzierende Zelle pro Napf zu liegen, die zu einem Klon hochwächst, so ist die Monoklonalität der produzierten Antikörper sicher. Dies kann durch mikroskopisch kontrollierte Einzelzellaussaat (Bell et al. 1983) oder Mikromanipulationsmethoden (Thompson et al. 1986) erreicht werden. Beide Methoden sind sehr aufwendig und werden in der Praxis daher kaum angewendet.

Gebräuchlicher ist die Methode nach Coller und Coller (1983): Hybridomzellen werden in Medium so verdünnt, daß sich nach der Aussaat – gemäß der Poisson-Verteilung – in jedem Napf statistisch höchstens eine Zelle befindet – bei vielen Näpfen ohne Zellen. Wegen möglicher Zellverklumpung und Adhäsion ist jedoch auch bei einer noch so hohen Zellverdünnung eine Aussaat von zwei oder mehr Zellen pro Napf nicht auszuschließen (Campbell 1984). Da einzeln ausgesäte Zellen nach dem Umsetzen häufig Wachstum und Proliferation einstellen (Mc Cullough et al. 1983), ist die Anzahl der angehenden Klone sehr viel geringer als die der ausgesäten Zellen. Die Wachstumsbedingungen können durch Zugabe von Feederzellen (Kap. 4.5) oder konditionierten Medien (Kap. 5.2) verbessert werden.

Trotzdem sollte man eine höhere Aussaatzelldichte anstreben, um in jedem Fall wachsende Klone zu erhalten. Bewährt haben sich verschiedene Verdünnungen zwischen statistisch 10 (hohe Wahrscheinlichkeit für das Anwachsen einzelner Klone) und 0,5 Zellen pro Napf (hohe Wahrscheinlichkeit für Monoklonalität, wenn ein Klon hochwächst). Die Näpfe mit einem, den gewünschten Antikörper produzierenden Klon und der geringsten Aussaatzelldichte werden propagiert und später auf dieselbe Weise rekloniert. Zwischendurch empfiehlt es sich, die Lage und Form der angehenden Klone zu protokollieren

(Leitzke und Unsicker 1985). Durch diese zwar sehr zeitaufwendige mikroskopische Kontrolle wird aber eine Monoklonalität wahrscheinlicher. Der Erfolg der Limiting-Dilution-Klonierung kann durch eine isoelektrische Fokussierung (Kap. 10.18) überprüft werden.

Die besten Resultate erzielt man mit logarithmisch wachsenden Zellen, daher sollten gerade aufgetaute oder frisch fusionierte Zellen erst kloniert werden, wenn sie gut wachsen. Die nicht für die Klonierung verwendeten Hybridomzellen können zur Sicherheit in Aliquots eingefroren (Kap. 5.3.1) werden.

Material

Zellkulturmedium
Zellkulturplatten   z. B. 96-Napf- oder 384-Napf-Platte (Klonierungsplatte Greiner Nr. 704 160), evtl. mit Feederzellen

Vorbereitung

Sollen Feederzellen verwendet werden, so werden sie möglichst ein oder zwei Tage vorher in Zellkulturplatten ausgesät (Kap. 4.5). Am Tag der Klonierung werden sie auf eventuell aufgetretene Infektionen durchgesehen.

Vorgehen

1. Hybridomzellen aufwirbeln und zählen.
2. Herstellung von verschiedenen Verdünnungen in Zellkulturmedium und Ausplattierung auf (Feeder-) Zellkulturplatten (z. B. 10, 5, 2,5 ... Zellen/ Napf).
3. Evtl. Kryokonservierung der nicht benötigten Zellen.
4. Nach 1–2 Wochen die Klone in den Näpfen mit der geringsten Aussaatzelldichte austesten.
5. Einige den gewünschten Antikörper produzierende Klone weiterpropagieren und 1–2 Wochen später reklonieren.

Literatur

Bell EB, Brown M, Ritternberg MB (1983) In vitro antibody synthesis in 20 µl hanging drops. J Immunol Meth 62: 137–145
Campbell AM (1984) Cloning by limiting dilution. In Campbell AM (ed) Monoclonal antibody technology. Elsevier, Amsterdam, p 158–160
Coller HA, Coller BS (1983) Poisson statistical analysis of repetive subcloning by the limiting dilution technique as a way of assessing hybridoma monoclonality. In: Langone JJ, Van Vunakis H (eds) Meths Enzymol, vol 121. Academic Press. New York, p 412–417
Leitzke R, Unsicker K (1985) A statistical approach to determine monoclonality after limiting cell plating of a hybridoma clone. J Immunol Meth 76: 223–228
McCullough KC, Butcher RN, Parkinson D (1983) Hybridoma cell lines secreting monoclonal antibodies against foot-and-mouth disease virus (FMDV). II Cloning conditions. J Biol Stand 11: 183

Thompson KM, Hough DW, Maddison PJ, Melamed MD, Hughes-Jones N (1986) The efficient production of stable, human monoclonal antibody-secreting hybridomas from EBV-transformed lymphocytes using the mouse myeloma X63-Ag8.653 as a fusion partner. J Immunol Meth 94: 7-12

Weiterführende Literatur

Bishop CE (1981) A miniaturised single-step method of cell cloning. J Immunol Meth 46: 47-51
Hlinak A, Jahn S, Grunow R, Mehl M, Heider G, Baehr R von (1987) Optimierungsversuche zur Klonierung von Maus-Maus- und Mensch-Maus-Hybridomen unter Verwendung verschiedener Feederzelltypen. Mh Vet-Med 42: 801-804
Koziol JA (1988) Evaluation of monoclonality of cell lines from sequential dilution assays. Part II. J Immunol Meth 107: 151-152
Koziol JA, Ferrari C, Chisari FVs (1987) Evaluation of monoclonality of cell lines from sequential dilution assays. J Immunol Meth 105: 139
Makowski F, Joffe MI, Rittenberg MB (1986) Single cell cloning of Epstein-Barr virus transformed cells in 20 µl hanging drops. J Immunol Meth. 90: 85-87
Underwood PA, Bean PA (1988) Hazards of the limiting-dilution method of cloning hybridomas. J Immunol Meth 107: 119-128

6.7.2 Zellklonierung mit Hilfe der Durchflußzytometrie

B. GOLLER

Die Durchflußzytometrie erlaubt die Messung physikalischer, biologischer und biochemischer Eigenschaften von Zellen. Die Zellen fließen in einem Flüssigkeitsstrom einzeln durch einen fokussierten Lichtstrahl. Jede Zelle erzeugt Signale, indem sie das Licht streut oder Fluoreszenz emittiert. Diese Signale werden detektiert, verstärkt, analysiert und dargestellt. Durch eine zusätzliche Vorrichtung wird die Sortierung der Zellen nach bestimmten Parametern ermöglicht.

Zum Sortieren wird der Flüssigkeitsstrom durch Vibration in kleine Tropfen zerlegt. Auf Tropfen, die eine Zelle enthalten, wird eine Ladung aufgebracht. Diese fallen durch ein elektrisches Feld und werden entsprechend ihrer Ladung jeweils in einen Napf der Mikrotiterplatte abgelenkt. Nach jeder Ablage wird die Mikrotiterplatte automatisch in die nächste Position gebracht. Die Vorteile dieser Methode liegen in der schnellen (1-2 Min. pro Platte) und präzisen Sortierung nach mehreren Parametern. Für reproduzierbare Klonierungen sollte deshalb die Einzelzell-Ablage mit dem Durchflußzytometer heute die Methode der Wahl darstellen, wenn auch der hohe Anschaffungspreis nachteilig ist.

Über die hier beschriebenen Sortiermöglichkeiten hinaus sind für den MAK-Entwickler noch interessant:

- Färbung der lebenden Zellen mit Fluoreszeindiacetat oder Rhodamin 123
- Nachweis von Oberflächen-Immunglobulinen mit fluoreszenz-markierten Antikörpern

- Vitalfärbung mit Hoechst 33342
- Färbung der Milz- und Myelomzellen mit unterschiedlichen Farbstoffen (z. B. Hoechst 33342 und Rhodamin 123), anschließende Fusion und Sortierung von doppelmarkierten Zellen
- Antigen-spezifischer Nachweis der Oberflächenimmunglobuline mit fluoreszierendem Antigen.

Geräteeinstellungen

1. *Tropfenfrequenz:* Die räumlich und zeitlich konstante Tropfenbildung wird durch Vibration der Düse mittels eines piezoelektrischen Wandlers erreicht. Die Vibrationsfrequenz gibt an, wieviel Tropfen pro Sekunde erzeugt werden. Die Größe und Frequenz der erzeugten Tropfen wird durch die Größe der Öffnung am Ausgang der Düse und durch die Geschwindigkeit des Flüssigkeitsstrahls bestimmt.

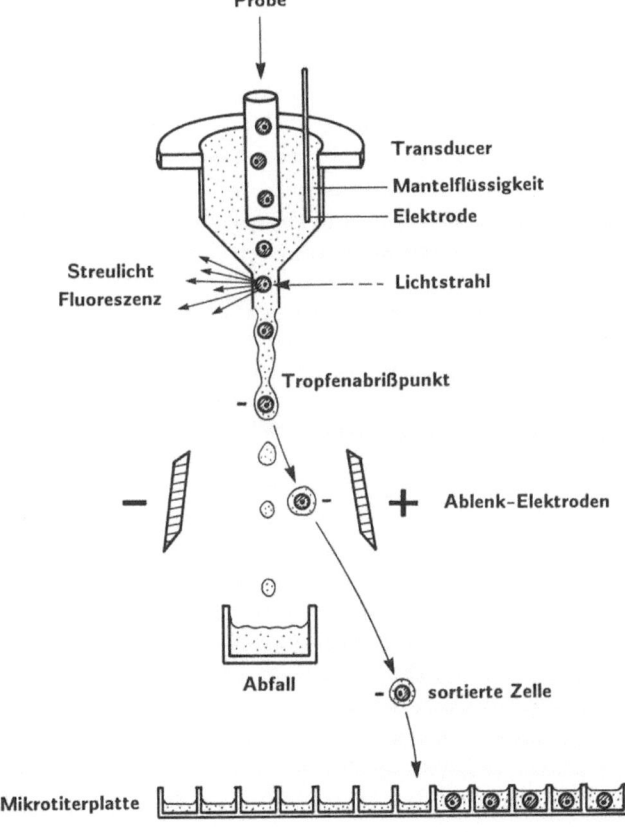

Abb. 22a. Schematische Darstellung eines Durchflußzytometers Darstellung des Fließsystems und der Einzelzellablage

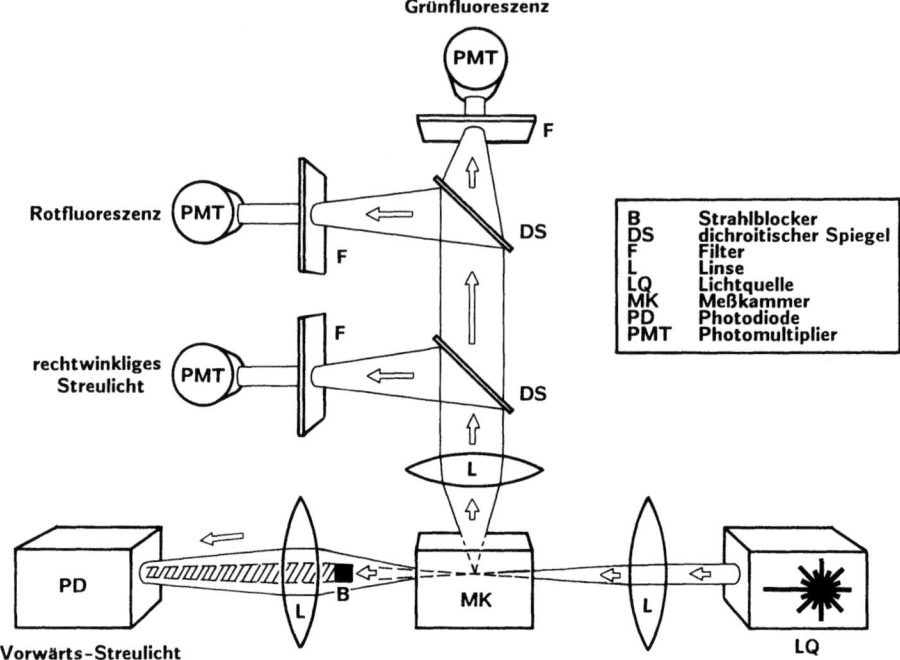

Abb. 22b. Schematische Darstellung eines Durchflußzytometers Darstellung des optischen Systems

Bei typischen Geschwindigkeiten von ca. 10 m/Sek. beträgt die Frequenz bei einem Außendurchmesser von

50 µm: ca. 40 KHz
75 µm: ca. 30 KHz
100 µm: ca. 20 KHz

Maus-Hybridomzellen haben in der Regel Durchmesser von maximal 30 µm, lassen sich deshalb gut mit einer 75 µm-Düse sortieren.

2. *Koinzidenzschaltung:* Im Idealfall befindet sich nur eine, die gewünschte Zelle, in einem Tropfen. In der Praxis wird die Reinheit einer Sortierung dadurch verringert, daß Zellen so dicht hintereinander fließen, daß sie entweder nicht als Einzelzelle (Doubletten, Tripletts etc.) erkannt werden oder aber nicht in getrennten Tropfen abgelegt werden können. Durch eine entsprechende Probenverdünnung kann der Anteil der Doubletten verringert werden. In jedem Fall sollten die Zellen vor der Auftrennung mikroskopiert werden und gegebenenfalls durch kräftiges Aufschütteln (Pipette) vereinzelt werden.

Zusätzlich läßt sich die Ablage von Tropfen, in denen unerwünschte Zellen enthalten sind, durch die sogenannte Koinzidenzschaltung verhindern, zumindest reduzieren.

3. *Drop Delay (Deflection Delay):* Die Zeit zwischen der Analyse der Zelle und der Ankunft der Zelle am Tropfenabrißpunkt wird Drop Delay oder Deflection

Zellklonierung mit Hilfe der Durchflußzytometrie

Delay genannt. Die Größe des Drop Delays ist abhängig von der Fließgeschwindigkeit und dem Abstand Meßpunkt-Tropfenabrißpunkt. Dieser Abstand sollte klein sein, da dadurch die Wahrscheinlichkeit von Störungen geringer wird. Dies wird durch die entsprechende Höhenverstellung der Küvette bzw. Düse erreicht. Einen Einfluß auf den Drop Delay hat auch die Transducer Amplitude.

4. Transducer Amplitude: Die Transducer Amplitude regelt die Stärke der Schwingungen, mit der die Tropfen gebildet werden. Eine große Transducer-Amplitude hat folgende Vorteile:

a. Je größer die Amplitude, desto näher ist der Tropfenabrißpunkt am Austritt der Düse bzw. Küvette, d.h. kleineres Drop Delay.
b. Der Einfluß der Zellmorphologie auf die Tropfenbildung wird reduziert.

5. Phase: Die elektrische Ladung soll kurz vor dem Abriß des Tropfens vom Flüssigkeitsstrom aufgebracht werden. Die Signale für die Tropfenerzeugung (s. Tropfenfrequenz) und die Tropfenladung sind synchronisiert. Der Ladungszeitpunkt bezüglich des Signals für die Tropfenerzeugung wird mit dem Regler „Phase" bzw. „Angle" eingestellt.

6. Durchflußrate: Die Durchflußrate ist abhängig von der Anzahl der verfügbaren Zellen. Bei hohen Durchflußraten kommt es jedoch zu einer Erhöhung der Koinzidenzen und damit zu einer Abnahme der Reinheit der sortierten Zellen. Bei der Sortierung von Hybridomen reicht eine Durchflußrate von 300–500 Zellen pro Sekunde aus, da meist der Vorschub der Mikrotiterplatte der limitierende Zeitfaktor ist. Die Beladung einer Platte dauert 1–2 Minuten.

7. Tropfenanzahl pro sortierte Zelle: Verschiedene Faktoren beeinflussen die exakte Vorhersage, welcher Tropfen die Zelle enthält. Um die Wahrscheinlichkeit zu erhöhen, die gewünschte Zelle abzulenken, werden mehrere Tropfen abgelenkt. Es sollen jedoch so wenig wie möglich abgelenkt werden, da sonst die Reinheit der Sortierung erniedrigt wird.

8. Ladung pro Tropfen: Die Ladung kann entweder positiv oder negativ sein. Die Ladung muß so justiert werden, daß die Tropfen in die Näpfe der Mikrotiterplatte fallen.

Material

Durchflußzytometer	z. B. FACStar, Becton Dickinson; Cytofluorograph, Ortho; Epics, Coulter
Nylongaze	Schweizerische Seidengazefabrik
Propidiumjodid (PI)	Sigma Nr. P-4170 (Stammlsg. 1 mg/ml PI in dest. Wasser)
fluoreszierende Partikel	∅ 2 µm z. B. Fluoresbrite, Polysciences Nr. 9847

ACHTUNG: Alle Farbstoffe, die an DNA oder RNA binden, sind toxisch, z. T. kanzerogen. Das Abwiegen der pulverförmigen Farbstoffe sollte deshalb immer unter dem Abzug erfolgen. Auch beim Umgang mit den gelösten Substanzen sind die üblichen Vorsichtsmaßnahmen zu beachten (s. Kap. 11).

Vorgehen

Vorbereitung von Zellen und Gerät

1. Sterilisation des Schlauchsystems mit 70% Ethanol (Probenzufuhr, Mantelflüssigkeit).
2. Sterilen Behälter für die Mantelflüssigkeit montieren.
3. Einfüllen sterilfiltrierter Mantelflüssigkeit (0.9% Kochsalzlösung, PBS, RPMI-1640 ohne pH-Indikator). Flüssigkeit soll Raumtemperatur haben. System 30 Min. vorlaufen lassen.
4. Justierung des optischen Systems mit fluoreszierenden Partikeln.
5. Einstellung einer stabilen Tropfenbildung und Zellablage (Phase, Amplitude, Anzahl geladener Tropfen, Drop Delay). Die Fluoreszenz- und Streulichtsignale dürfen sich nach dem Einschalten des Transducers nicht verändern. Exakte Justierung der Blocker-Bars!
6. Desinfektion aller Flächen der Sortiereinrichtung.
7. Evtl. Färbung(en) der Zellen:
   1 ml Zellsuspension (5×10^5 Zellen) + 1 µl PI-Lösung
   Inkubation für 10 Min. bei 37 °C, dann Messung.
8. Filtrieren der Zellsuspension durch eine sterile Nylongaze.
9. Sortierung in die Mikrotiterplatte (100 µl Medium pro Napf, evtl. plus Antibiotica).

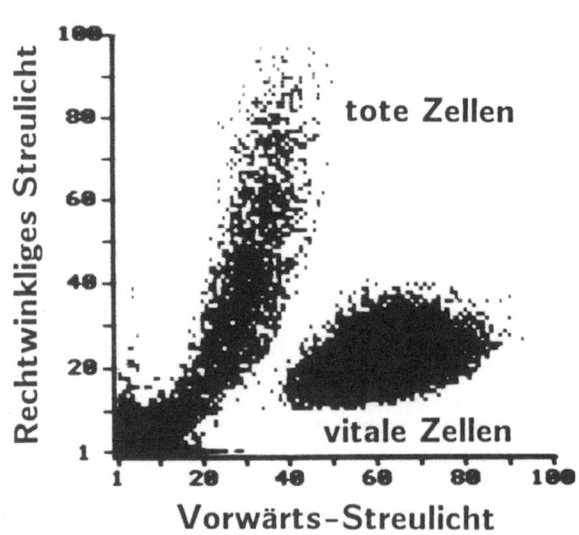

Abb. 23. Streulichtparameterdarstellung von Maushybridomen. X-Achse: Vorwärtsstreulicht, Y-Achse: rechtwinkliges Streulicht

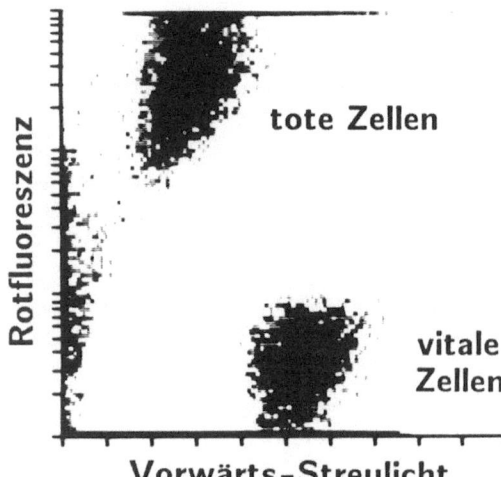

Abb. 24. Cytogramm von Propidiumjodid-gefärbten Hybridomen.
X-Achse: Vorwärtsstreulicht,
Y-Achse: Rotfluoreszenz

Sortierung nach Streulichtparametern

Tote Zellen erzeugen ein kleineres Signal im Vorwärtsstreulicht und ein größeres rechtwinkliges Streulichtsignal im Vergleich zu lebenden Zellen.

Sortierung nach Anfärbung der toten Zellen

Propidiumjodid ist ein interkalierender Farbstoff, der nur in toten Zellen angereichert wird. Diese emittieren eine rote Fluoreszenz.

Weiterführende Literatur

Dangl JL, Herzenberg LA (1982) Selection of hybridomas and hybridoma variants using the fluorescence activated cell sorter. J Immunol Meth 52: 1-14
Melamed MR, Mullaney PF, Mendelsohn ML (1979) Flow cytometry and sorting. John Wiley & Sons, New York
Parks DR, Herzenberg LA (1984) Fluorescence-activated cell sorting: theory, experimental optimization, and applications in lymphoid cell biology. Meth Enzymol 108: 197-241
Shapiro HM (1988) Practical flow cytometry. Alan R.Liss, New York
Van Dilla MA, Dean PN, Laerum OD, Melamed MR (1985) Flow cytometry: Instrumentation and data analysis. Academic Press, London
Yen A (1989) Flow cytometry: Advanced research and clinical applications. Vol. I+II, CRC Press, Boca Raton, Florida

6.8 Identifizierung von humanem Genom in Maus-Mensch-Hybridomen

Nach der Fusion von Milzzellen der Maus mit einem adäquaten humanen Fusionspartner werden Hybridome selektioniert, die humane Antikörper (MAK) produzieren. Eine Chromosomenanalytik mit dem Ziel, den Anteil von humanem Genom quantitativ zu bestimmen, kann z. B. in Instituten für Humangenetik durchgeführt werden (s. auch Kap. 7.5.2), jedoch nur mit größerem Aufwand. Meist wird man aber auf die Chromosomen-Kartierung verzichten und sich pragmatisch auf das wichtigste Kriterium für die Stabilität eines Klones beziehen: seine Fähigkeit, den spezifischen humanen MAK zu produzieren.

6.9 Finetuning von Hybridomen

6.9.1 Erhöhung des Anteils von Hybridomen, die für das gewünschte Antigen spezifisch sind

D. BARON

In der Maus kann schon durch die geschickte Immunisierung eine günstige Ausgangssituation für einen möglichst hohen Anteil an gewünschten Antikörpern geschaffen werden (Lane et al. 1986; Stähli et al. 1983; s. auch Kap. 3.1-3.5.6). Weiter bietet sich die Möglichkeit der adoptiven Milzzellübertragung in ein bestrahltes Tier und die in-vitro-Stimulation an (Siraganian et al. 1983).

Bei der Herstellung humaner MAK bewegt man sich aufgrund der limitierten Möglichkeiten der in-vivo-Immunisierung und der noch nicht ausgereiften Technik der in-vitro-Immunisierung in einem ungünstigen Bereich hinsichtlich des Verhältnisses an spezifischen zu unspezifischen B-Zellen vor der Fusion bzw. an spezifischen zu unspezifischen Hybridomen nach der Fusion. So ist es oft wünschenswert, dieses schlechte Verhältnis umzukehren und den Anteil an spezifischen Hybridomen zu erhöhen. Dafür stehen einige Methoden zur Verfügung, die nachfolgend kurz behandelt werden sollen. Dabei ist von ausschlaggebender Bedeutung, daß die Hybridome auf ihrer Oberfläche den MAK als integralen Membranbestandteil exprimieren; erscheint er im Rahmen des Exkretions-Vorganges nur transient auf der Oberfläche, sind die Möglichkeiten zur spezifischen Hybridom-Isolierung stark eingeschränkt. Bisher gibt es keine speziellen experimentellen Tricks, mit denen man das Entstehen nur solcher Hybridome steuern kann, die den MAK in der Zellmembran integriert haben. Hier ist man auf den Zufall angewiesen und muß diesen Punkt vorher abklären (z. B. Immunfluoreszenz mit markiertem Antigen oder Antikörpern).

Ist der MAK permanent exprimiert, können gängige biochemische Verfahren angewendet werden, wie Panning, Säulenaffinitätschromatographie, magnetische Abtrennung (Ossendorp et al. 1989) oder Flow-Zytometrie, die alle darauf basieren, daß das passende Antigen auf Plastik-Oberflächen immobilisiert wird, die spezifischen Hybridome adsorbiert und abgetrennt werden können. Dabei müssen die bekannten Nachteile jeder Methode berücksichtigt werden, wie Zellverluste, Adsorption auch unspezifischer Zellen und Zellstreß während der Elution der Zellen beim Panning und der Affinitätschromatographie, erhöhtes Infektionsrisiko bei der Säulenchromatographie, oder hohe Kosten und relativ geringe Zellmengen bei der Flow-Zytometrie. In jedem Fall benötigt man für alle Methoden eine gewisse Menge an reinem Antigen, das durch die Kopplung oder Markierung auch noch chemisch und immunologisch verändert wird; für die Flow-Zytometrie kann das Antigen auch nicht-kovalent an fluoreszierende Plastik-Partikel (Covaspheres) gebunden werden, wodurch die chemischen Veränderungen minimiert werden können.

Werden keine MAK permanent auf der Oberfläche des Hybridoms exprimiert, gibt es zur Zeit keine Routinemethoden zur Zellanreicherung. Probiert werden kann der Plaque-Test in Soft-Agar, bei dem das relevante Antigen mit gängigen Methoden kovalent oder adsorptiv an Schaferythrozyten gekoppelt wird, gefolgt von der Isolierung der spezifischen, Plaque-bildenden Hybridomzelle durch „Picken" mit einer fein ausgezogenen Pipette und dem Versuch, diese eine Zelle zu einem Klon zu propagieren.

Eine weitere Methode bedient sich der Flow-Zytometrie, bei der Fluorochrom-markiertes Antigen ohne Schädigung der Zelle ins Zytoplasma eingeschleust wird (z. B. Elektroporation) und an die intrazellulären MAK bindet, so daß die spezifischen Hybridome dann positiv sortiert und isoliert werden können (Neumann et al. 1982). In diesem Zusammenhang sei noch die Arbeit von Wang et al. (1986) erwähnt, in der durch chemische Behandlung (quervernetzende Agenzien) von Hybridomen, die den MAK nicht permanent auf der Zelloberfläche exprimieren, die Antikörper so fixiert wurden, daß ein zelluläres Immunosorbens resultierte. Ist eine derartige Fixierung auch ohne vitale Schädigung der Zelle möglich, wäre dies eine weitere Methode zur Sortierung der gewünschten Hybridome.

Literatur

Lane RD, Crissman RS, Ginn S (1986) High efficiency fusion procedure for producing monoclonal antibodies against weak immunogens. In: Methods in Enzymology 121: 183-192

Neumann E, Schaefer-Ridder M, Wang Y, Hofschneider PH (1982) Gene transfer into mouse myeloma cells by electrofusion in high electric fields. EMBO J 1: 841-845

Ossendorp FA, Bruning PF, Van den Brink JAM, De Boer M (1989) Efficient selection of high-affinity B cell hybridomas using antigen-coated magnetic beads. J Immunol Meth 120: 191-200

Siraganian RP, Fox PC, Berenstein EH (1983) Methods of enhancing the frequency of antigen-specific hybridomas. 17-26

Stähli C, Staehelin T, Miggiano V (1983) Spleen cell analysis and optimal immunization for high-frequency production of specific hybridomas. In: Methods in Enzymology, Immunochemical Techniques, Langone JJ, van Vunakis H (Eds). Academic Press New York, London, pp 26-36

Wang L, Feingers J, Gorsky Y, Catalano-Sherman J, Inbar M (1986) Monoclonal antibodies embedded in their hybridoma cells: an immunodiagnostic concept. Hybridoma 5: 237-242

6.9.2 Klassen-Switch-Varianten und genetisch veränderte monoklonale Antikörper

J. H. PETERS

Ebenso wie Myelome (Preud'homme et al. 1975) können auch Hybridome in der Kultur ihre Antikörperklasse und -subklasse wechseln (switch). Antikörper der Klassen IgA und IgE sind unter primär entstandenen Hybridomen besonders rar, können aber für spezielle Studien erwünscht sein. Oft ist eine bestimmte Effektorfunktion eines Antikörpers erwünscht, so z. B. Komplement-abhängige Zytotoxizität (Kiesel et al. 1987) und anti-Idiotyp-Therapie (Kaminski et al. 1986). Sie sind jeweils an bestimmte (Sub)klassen gebunden. Liegen diese nicht vor und sind auch durch besondere Immunisierungsstrategien nicht zu erzielen (s. Kap. 3.5.6), bleibt noch der mühsamere Weg, Klassenvarianten zu isolieren (Übersichten bei Kipps 1985; Spira et al. 1985; Radbruch 1986).

Die Wahrscheinlichkeit für die spontane Entstehung von Varianten liegt bei 10^{-5} bis 10^{-7} pro Generation (Aguila et al. 1986). Die Richtung ergibt sich meist aus der Anordnung der C_H-Gene auf dem Chromosom (Kipps 1985; Müller and Rajewsky 1983; Brüggemann et al. 1986; Pluschke and Bordmann 1987). Nach Hale et al. (1987) ist bei Ratten-Hybridomen die Wahrscheinlichkeit für einen switch von $C_{\gamma 2c}$ zu $C_{\gamma 2a}$ 10^{-10}, zu $C_{\gamma 1} = 10^{-9}$, zu $C_{\gamma 2b} = 10^{-10}$, von $C_{\gamma 2a}$ zu $C_{\gamma 1} = 10^{-8}$ bis 10^{-7} und zu $C_{\gamma 2b} = 10^{-10}$ bis 10^{-8}. Durch Mutagenisierung könnten diese Raten erhöht werden (Hale et al. 1987). Im Fall von Lymphomen kann die Konversionsrate und -richtung extrem zunehmen, wenn T-Zell-Faktoren oder Lipopolysaccharid als Induktoren eingesetzt werden (Alberini et al. 1987). Möglicherweise lassen sich auf diesem Weg die Hybridom-switches vermehren und in ihrer Richtung lenken.

Zum Isolieren der Varianten eignen sich zwei Techniken: Klonierung und FACS-Zellsortierung. Beide sind sehr arbeitsaufwendig und fast aussichtslos, wenn man eine Klassenumschaltung entgegen der bevorzugten Richtung wünscht. Bei der Sib-Selektion (Cavalli-Sforza and Lederberg 1955) werden zunächst zwischen 5000 und 150 Zellen pro Napf ausgesät (je nach Empfindlichkeit des Tests) und dann die Überstände im umgekehrten passiven Hämagglutinationstest (Hale et al. 1987) auf variante Ig getestet. Positive Näpfe werden weiter propagiert und die Zellen in immer geringerer Zahl bis zu 1–5 pro Napf ausgesät. Schließlich wird die Variante durch limiting dilution oder in Weichagar kloniert.

Die Sortierung entdeckt nur Zellen, die Ig auf der Oberfläche tragen und wird daher weniger benutzt.

Rekombinante Antikörper

Verschiedene Teile klonierter Ig-Gene können isoliert und mit Stücken anderer Ig, auch von anderen Spezies, ligiert werden. Diese rekombinanten Gene werden in Vektoren inseriert und in nicht-sezernierende Myelome transfiziert

(Morrison 1985; Übersicht bei Aguila et al. 1986). Wunschmoleküle können so hergestellt werden, die einen künstlichen class switch darstellen (Komori et al. 1988), oder andere, bei denen variable Regionen sogar mit fremden Molekülen kombiniert werden können, die eine eigene Effektorfunktion (Enzyme, Toxine) besitzen. Auf diesem Weg lassen sich auch variable Regionen der Maus mit konstanten des Menschen kombinieren und so quasi-menschliche Antikörper konstruieren und in Mauszellen propagieren.

Literatur

Aguila HL, Pollock RR, Spira G, Scharff MD (1986) The production of more useful monoclonal antibodies. 2. The use of somatic-cell genetic recombinant DNA technology to tailor-make monoclonal antibodies. Immunol Today 7: 380-383

Alberini C, Biassoni R, DeAmbrosis S, Vismara D, Sitia R (1987) Differentiation in the murine B cell lymphoma I.29: individual μ^+ clones may be induced by lipopolysaccharide to both IgM secretion and isotype switching. Eur J Immunol 17: 555-562

Brüggemann M, Free J, Diamond A, Howard J, Cobbold S, Waldmann H (1986) Immunoglobulin heavy chain locus of the rat: striking homology to mouse antibody genes. Proc Natl Acad Sci USA 83: 6075-6079

Cavalli-Sforza LL, Lederberg J (1955) Isolation of pre-adaptive mutants in bacteria by sib selection. Genetics 41: 367-381

Hale G, Cobbold SP, Waldman H, Easter G, Matejtschuk P, Coombs RRA (1987) Isolation of low-frequency class-switch variants from rat hybrid myelomas. J Immunol Meth 103: 59-67

Kaminski MS, Kitamura K, Maloney DG, Campbelld MJ, Levy R (1986) Importance of antibody isotype in monoclonal anti-idiotype therapy of a murine B cell lymphoma. A study of hybridoma class switch variants. J Immunol 136: 1123-1130

Kiesel S, Haas R, Moldenhauer G, Kvalheim G, Pezzutto A, Doerken B (1987) Removal of cells from a malignant B-cell line from bone marrow with immunomagnetic beads and with complement and immunoglobulin switch variant mediated cytolysis. Leuk Res 11: 119-125

Kipps TJ (1985) Switching the isotype of monoclonal antibodies. In: Springer TA (Ed) Hybridoma Technology in the Biosciences and Medicine. Plenum, New York, pp 89-101

Komori S, Yamasaki N, Shigeta M, Isojima S, Watanabe T (1988) Production of heavy-chain class switch variants of human monoclonal antibodies by recombinant DNA technology. Clin Exp Immunol 71: 508-516

Morrison SL (1985) Transfectomas provide novel chimeric antibodies. Science 229: 1202-1207

Müller CE, Rajewsky K (1983) Isolation of immunoglobulin class switch variants from hybridoma lines secreting anti-idiotype antibodies by sequential sublining. J Immunol 131: 877-881

Pluschke G, Bordmann G (1987) Isolation of rat immunoglobulin class switch variants of rat-mouse hybridomas by enzyme-linked immunosorbent assay and sequential sublining. Eur J Immunol 17: 413-416

Preud'Homme JL, Birshtein BK, Scharff MD (1975) Variants of a mouse myeloma cell line that synthesize immunoglobulin heavy chains having an altered serotype. Proc Natl Acad Sci USA 72: 1427-1430

Radbruch A (1986) Isotype switch variants. In: Weir DM (Ed), Handbook of Experimental Immunology, 4th edn. Blackwell, Oxford, pp 110.1-110.12

Spira G, Bargellesi A, Pollock RR, Aguila HL, Scharff MD (1985) The generation of better monoclonal antibodies through somatic mutation. In: Springer TA (Ed), Hybridoma Technology in the Biosciences and Medicine. Plenum, New York, pp 77-88

6.9.3 Strategien zur Herstellung stabiler Hybridome, die humane monoklonale Antikörper produzieren

D. BARON

Ein Hybridom wird als stabil angesehen, wenn es einen Produktionszyklus vom Auftauen der Ampulle bis zum Ende z. B. des Bioreaktor-Laufes ohne nennenswerten Verlust des Anteils von Ig-produzierenden Zellen durchsteht. Sind also bei einer Produktion in einem kleinen Bioreaktor (z. B. Rollerflasche) nur ca. 20 Zellteilungen, für einen großen Bioreaktor hingegen 50 Zellteilungen notwendig, muß der Klon jeweils für diese Zeit stabil sein. Mindestens 80% der Zellen sollten dann noch MAK produzieren.

An dieser Stelle sei betont, daß man beim Vergleich der MAK-Produktion von verschiedenen Hybridomen auf eine korrekte Angabe der Daten achtet. Angaben wie 10 µg/ml oder 10 µg/24 Stunden sind wenig informativ und unzulässig. Sinnvoll ist die Angabe der Zellzahl, mit der eine bestimmte Ig-Menge produziert wurde: µg MAK pro 1×10^5 Zellen Inokulum nach 24 Stunden Inkubationszeit ($\mu g/10^5$ Zellen/24 Std).

Zur Herstellung stabiler MAK-produzierender Hybridome können zwar eine Reihe von Tips gegeben werden, aber es gibt kein Allerweltsrezept, so daß oft verschiedene Wege beschritten werden müssen. Von Bedeutung ist, ob ein Homohybridom (Mensch × Mensch-Fusion), Heterohybridom (Mensch × Maus-Fusion) oder ein Triom (Mensch × Heteromyelom-Fusion) vorliegt, und ob die humanen B-Zellen „sterblich" oder EBV-Linien waren, bevor sie mit humanen oder murinen Zellinien fusioniert wurden. So werden diese verschiedenen Hybridom-Typen nachfolgend auch getrennt behandelt.

Bevor die spezifischen Punkte beschrieben werden, sollen die generellen Maßnahmen genannt werden: Häufiges Klonieren stellt ein sehr probates Mittel dar, da ein Zellklon immer genetisch instabil ist und damit eine gewisse Wahrscheinlichkeit für das Auftreten solcher Varianten besteht, die weniger oder keine MAK mehr produzieren, schneller wachsen und die MAK-bildenden Zellen innerhalb kurzer Zeit überwuchern. Aus energetischen Gründen haben diese Zellen einen Selektionsvorteil, da ein guter MAK-Produzent etwa 60% seiner Energie für die Synthese und Sekretion der MAK aufwendet und daher tendenziell langsamer proliferiert. Der Prozentsatz an Nicht-Produzenten läßt sich am einfachsten mit einer Einzelzellablage bestimmen. Ist der Anteil an Nicht-Produzenten größer als 10%, sollte dieser Klon verworfen werden und auf eine frühere Klonierung zurückgegriffen werden bzw. ein neuer Klon aus dieser Probeablage angezüchtet werden.

1. Die Mensch × Maus Hybridome neigen generell zur Instabilität und Verlust der MAK-Produktion, was auf die Inaktivierung und den Abbau von humanen Chromosomen zurückzuführen ist (Croce 1980, Rushton 1976). Auffallend ist, daß nicht alle Chromosomen gleichmäßig betroffen sind, sondern daß die Chromosomen 1, 2, 9, 12 und das X-Chromosom präferentiell verloren gehen. Beim Menschen wird auf Chomosom Nr. 2 die Kappa-Kette, auf Nr. 14 die

H-Kette und auf Nr. 22 die Lambda-Kette codiert. Als Gegenmaßnahme versuchte man die Bestrahlung der Mauszellen vor der Fusion mit Gamma-Strahlen, um vitale Reaktionen zu zerstören, so daß die Hybridomzelle zum Überleben auf die humanen Chromosomen angewiesen war, sie also nicht eliminieren konnte. Dieses Vorgehen hatte nur partiellen Erfolg. Im Prinzip gibt es gegen den Chromosomen-Verlust kein Gegenmittel außer das der häufigen Reklonierung.

2. Das Problem der Chromosomeninstabilität kann durch eine „Humanisierung" des murinen Fusionspartners größtenteils umgangen werden, d.h. durch die Herstellung von Heteromyelomzellen, die bereits Fusionsprodukte aus humanen Zellen und murinen Myelomzellen sind und die dann als Fusionspartner eingesetzt werden; die dabei erhaltenen Hybridzellen, auch Triome genannt, zeichnen sich durch eine wesentlich verbesserte MAK-Produktions-Stabilität aus (s. Kap. 6.3.1). Es findet jedoch immer noch ein signifikanter DNA- und Chromosomenverlust statt, der von Klon zu Klon sehr variabel ist (Koropatnik et al. 1988).

3. EBV-transformierte Zellen zeigen ebenfalls ein hohes Maß an MAK-Produktionsinstabilität, was noch dadurch erschwert wird, daß sich EBV-Linien nur schwer klonieren lassen. Trotz der Verwendung von autologen peripheren Blutlymphozyten als Feederzellen, Interleukinen und/oder HECS ist es kaum möglich, eine Einzelzellablage erfolgreich durchzuführen. Abhilfe kann durch drei Maßnahmen erreicht werden:

a) Eine stufenweise „Klonierung", bei der in die Reihe „A" und „B" einer 96er Mikrotiterplatte 1000 Zellen pro Napf abgelegt werden, in Reihe „C" und „D" 100 Zellen usw. bis 1 Zelle pro Napf in den letzten beiden Reihen. So kann man die Klonierfähigkeit ausreizen und bei der nächsten Klonierung versuchen, eine echte Einzelzellablage durchzuführen.
b) Eine Klonierung in Soft-Agar, was in vielen Fällen weniger Arbeit und schnelleren Erfolg bedeutet.
c) Fusion der EBV-Linien mit humanen oder murinen Fusionspartnern (s. Kap. 6.3.8). Neuesten Erkenntnissen zufolge scheinen die HLA-Antigene ein wichtiger Stabilitäts-Marker zu sein, d.h. sind sie vorhanden und bleiben exprimiert, dann ist die Wahrscheinlichkeit groß, daß auch die MAK-Produktion erhalten bleibt.

Literatur

Croce CM, Linnenback A, Hall W, Steplewski Z, Koprowski H (1980) Production of human hybridomas secreting antibodies to measles virus. Nature 288: 488–489

Koropatnik J, Pearson J, Harris JF (1988) Extensive loss of antibody production in heteromyeloma hybidoma cells. Mol Biol Med 5: 69–83

Rushton AR (1976) Quantitative analysis of human chromosome segregation in man-mouse somatic cell hybrids. Cytogenet Cell Genet 17: 343–254

6.9.4 Bispezifische und chimäre Antikörper

J. H. PETERS

Im Unterschied zu kreuzreagierenden Antikörpern (s. Kap. 1.2) sind bispezifische Antikörper künstliche Konstrukte, die mit zwei unterschiedlichen Antigen-Bindungsstellen ausgestattet sind (Martinis et al. 1982). Man erhofft sich hiervon Antikörper mit besonderen Schlepper-Funktionen, die z. B. an dem einen Arm ein Toxin binden und mit dem anderen eine Tumorzelle erkennen, somit also das Toxin an die Tumorzelle fokussieren. Statt des Toxins versucht man auch, menschliche Effektor-T-Zellen (zytotoxische und Killerzellen) über den Antikörper mit Tumorzellen zu koppeln (Lanzaveccia und Scheidegger 1987; Staerz und Bevan 1986; Übersichten bei Burnett et al. 1985; Campbell et al. 1987; Klausner 1987).

Als chimäre Antikörper bezeichnet man Konstrukte, in denen Ketten oder Domänen aus unterschiedlichen Spezies miteinander kombiniert sind (Boulianne et al. 1984; Morrison et al. 1984). Hier geht es meist darum, variable Regionen der Maus mit konstanten des Menschen zu kombinieren, um dadurch Antikörper zu erhalten, die sich bei der in-vivo-Therapie wie menschliche verhalten.

Das Ziel wird durch die Hybridomtechnologie, durch biochemische Auftrennung und Neuverknüpfung von Ketten oder ganzen Antikörpern oder durch genetische Rekombination verwirklicht.

Zwei Hybridome, die die beiden miteinander zu kombinierenden Antikörper produzieren, werden miteinander zu Hybrid-Hybridomen fusioniert und rekombinieren dann ihre Ketten miteinander (Milstein und Cuello 1983; Reading 1983).

Vorbedingung ist, daß beide Hybridome wieder einen genetischen Selektionsmarker erhalten, wobei jetzt auf die beiden Defekte für die Enzyme HGPRT und TK oder Neomycin-Resistenz (De Lau et al. 1989) selektiert wird. Nach der Fusion werden die Defekte gegenseitig komplementiert und bilden somit ein doppelt selektives System (s. Kap. 6.1.2).

Elegant ist auch die Lösung, ein Hybridom, das einen der beiden gewünschten Antikörper bereits sezerniert, wieder mit einem Selektionsmarker auszustatten und dann als Fusionspartner für Milzzellen aus einer Immunisierung gegen das zweite interessierende Antigen zu benutzen (Corvalan und Smith 1987).

In beiden Fällen produzieren die neuen Hybridome aber alle denkbaren Varianten von statistisch miteinander kombinierten Ketten, sodaß der gewünschte bispezifische Antikörper nur 1/8 der Moleküle ausmacht (Milstein und Cuello 1984) und erst durch Reinigung einheitlich dargestellt werden kann.

Fragt man sich kritisch, wie sich Aufwand und Nutzen zueinander verhalten, erscheint es für die meisten Anwendungen wesentlich einfacher, zwei vorhandene Antikörper chemisch miteinander zu vernetzen. Nur z. B. dann, wenn das gewünschte Molekül die Größe eines normalen Antikörpermoleküls nicht überschreiten darf (z. B. um gut penetrieren zu können), sollte man auf die obengenannten Möglichkeiten zurückgreifen.

Für die chemische Verknüpfung isolierter Ketten werden zunächst Einzelketten hergestellt, anschließend werden neue Partnerkombinationen wiederum über S-S-Brücken hergestellt. Prinzipiell ist dies auch mit polyklonalen Antikörpern möglich (Nisonoff und Mandy 1962). Verfeinerte Methoden ergeben eine hohe Ausbeute, die praktisch frei von monospezifischen Kontaminanten ist (Brennan et al. 1985).

Bei der genetischen Rekombination werden zunächst die für die variablen Regionen der schweren und leichten Kette kodierenden DNA-Fragmente aus Maus-Hybridomen kloniert. Diese werden dann in menschliche Expressions-Vektoren inseriert, die bereits die DNA-Fragmente enthalten, die für menschliche konstante Regionen kodieren. Nach der Transfektion produzieren Myelome dann den gewünschten chimären Antikörper, der wiederum im Hinblick auf die Therapie beim Menschen und in Ermangelung eines entsprechenden menschlichen Antikörpers in dieser Art kombiniert wurde. Benutzt man cDNA-Klone (die keine Introns enthalten), kann man die chimären Antikörper auch in Bakterien oder Hefen produzieren.

Literatur

Boulianne G, Hozumi N, Shulman MJ (1984) Production of functional chimaeric mouse/human antibody. Nature 312: 643-646

Brennan M, Davison PF, Paulus H (1985) Preparation of bispecific antibodies by chemical recombination of monoclonal immunoglobulin G_1 fragments. Science 229: 81-83

Burnett KG, Martinis J, Bartholomew RM (1985) Production of bifunctional antibodies by hybridoma technology. In: Cheremisinoff PN, Quellette RP (Eds) Biotechnology: applications and research. Technomic, Lancaster PA (USA), pp 401-409

Campbell AM, Whitford P, Leake RE (1987) Human monoclonal antibody multispecificity. Br J Cancer 56: 709-713

Corvalan JRF, Smith W (1987) Construction and characterisation of a hybrid-hybrid monoclonal antibody recognising both carcinoembryonic antigen (CEA) and vinca alkaloids. Cancer Immunol Immunother 24: 127-132

De Lau WBM, Van Loon AE, Heije K, Valerio D, Bast BJEG (1989) Production of hybrid hybridomas based on HAT-neomycin double mutants. J Immunol Meth 117: 1-8

Klausner A (1987) Second-generation antibodies: stage set for „immunological star wars". Biotechnol 5: 867-868

Lanziavecchia A, Scheidegger D (1987) The use of hybrid hybridomas to target human cytotoxic T lymphocytes. Eur J Immunol 17: 105-111

Martinis J, Kull JF, Franz G, Bartholomew RM (1982) Monoclonal antibodies with dual specificity. Protides Biol Fluids 30: 311-316

Milstein C, Cuello AC (1983) Hybrid hybridomas and their use in immunohistochemistry. Nature 305: 537-540

Milstein C, Cuello AC (1984) Hybrid hybridomas and the production of bi-specific monoclonal antibodies. Immunol Today 5: 299-304

Morrison SL, Johnson MJ, Herzenberg LA, Oi VT (1984) Chimeric human antibody molecules: mouse antigen-binding domains with human constant region domains. Proc Natl Acad Sci USA 81: 6851-6855

Nisonoff A, Mandy WJ (1962) Quantitative estimation of the hybridization of rabbit antibodies. Nature 194: 355-359

Reading CL (1983) European Patent Application No 82303197.6, Publication No 0 068 763

Staerz UD, Bevan MJ (1986) Hybrid hybridoma producing a bispecific monoclonal antibody that can focus effector T-cell activity

6.10 Benennung von monoklonalen Antikörpern

H. BAUMGARTEN und Th. WERFEL

Auf eine eindeutige Kennzeichnung von Hybridomen sollte bereits bei ihrer Etablierung geachtet werden. So können aus einer Fusion durchaus nur wenige spezifische Hybridome resultieren, doch entsteht anschließend meist durch die notwendige Klonierung und evtl. mehrfache Reklonierung eine Fülle von Zellpopulationen. Die Bezeichnung jeder Zellpopulation bzw. jedes Klones muß also seine Identität klar wiedergeben. Der Name eines Klones und damit des monoklonalen Antikörpers muß möglichst einfach aufgebaut sein, da er sonst erfahrungsgemäß gern verstümmelt wird. Unbedingt sollte die Nummer des Primärnapfes und des Klones aufgeführt werden. Wurden mehrere Fusionen durchgeführt, muß auch die Fusionsnummer genannt werden.

Die für Hybridome gewählte Arbeitsbezeichnung gibt dem Außenstehenden in der Regel keine Angaben über die Spezifität des monoklonalen Antikörpers. Beispiele aus der Literatur sind:

- M1/70.15.11.5
- SJK-287-38
- P3.6.2.8.1

Ein einsichtiger Klonname baut sich analog zur Entwicklung eines Hybridoms auf. Ein bewährtes Beispiel für die Entwicklung einer Hybridombenennung im eigenen Labor ist folgendes:

1. 3B2   Zellen aus der Primärkultur in Napf B2 von Platte 3.
2a. 3B2.7   Der aus 1 durch Einzelzellablage gewonnene Klon 7.
2b. 56.7   Wie 2a, allerdings wurde der Name dadurch vereinfacht, daß die Näpfe aller (24-Napf-) Platten durchnumeriert wurden.
3. 4.56.7   Wie 2b, allerdings wurden mehrere Fusionen durchgeführt, dieser spezielle Klon kommt aus der vierten Fusion.
4. 4.56.7a Wie 3, nach der 1. Reklonierung.
   4.56.7b Wie 3, nach der 2. Reklonierung etc.

Die allgemeine Formel für den Namen eines Hybridoms ist demnach:

- Fusion. Primärkultur. Klon. Subklon

Mit dieser Namensgebung kann also von Anfang an, d. h. von der Testung der Primärkulturen an, begonnen werden. Variationen mit z. B. anderen Trennzeichen (4/56, 56-7) usw. sollten unbedingt vermieden werden.

In aller Regel wird für das Hybridom und den von ihm produzierten MAK ein identischer Name verwendet. Für Publikationen kann neben seiner „Identitätsnummer" noch die Spezifität aus dem Namen hervorgehen, Beispiele hierfür sind:

- HNK-1 anti-human natural killer cell-1
- MAC-1 anti macrophage/granulocyte-specific antigen-1
- Ba-1 anti-human complement factor Ba-1

Wünschenswert ist, daß alle Hybridome bzw. die von ihnen produzierten MAK zukünftig nach einer allgemein akzeptierten Nomenklatur bezeichnet werden. Richtungsweisend ist hier die Arbeit des internationalen Workshops in Paris (1982), wo sich die Teilnehmer auf nachstehende Nomenklatur für MAK gegen Leukozyten-Antigene einigten (Bernard et al. 1984). Ihre Verwendung wird mittlerweile in vielen Fachzeitschriften verlangt.

	Generell	Beispiel
	CD β (Zelle, m. w.) „Name"	CD10(nT-nB,p.100) „J5"
C	Zellcluster, d. h. eine Gruppe von unterschiedlichen MAK gegen dasselbe Antigen	C
D	Differenzierung, Unterscheidungsmerkmal	D
β	Nummer, die dem Cluster vom o. a. Workshop offiziell zugewiesen ist	10
Zelle	besonders typische Zellinie oder typischer Zelltyp, mit dem das Molekulargewicht (m.w.) des Antigens ermittelt wurde	nT (non T) nB (non B)
m.w.	Stoffklasse und Molgewicht: p für Protein, gp für Glycoprotein, gl für Glycolipid, CHO für Kohlenhydrat, u für unbekannt, Molekulargewicht in Kilodalton	p 100
„Name"	der Name des speziellen MAK, wie er von den Autoren gebraucht wird	J5

Im Beispiel wurde gegen ein Antigen auf Zellen der akuten lymphoblastischen Leukämie, das sog. CALLA-Antigen, ein MAK entwickelt, der sog. „J5" MAK. Sein Antigen wird weder auf normalen T-Lymphozyten (nT) noch auf normalen B-Lymphozyten (nB) exprimiert und ist ein Protein mit dem Molekulargewicht 100 kD (p.100). Die offizielle Bezeichnung des CALLA-Antigens lautet entsprechend: CD10 (nT-nB,p.100) „J5".

Allgemein gültige Regeln für die Benennung von Antikörpern und ihren Derivaten existieren z. Zt. leider noch nicht, werden aber diskutiert (Baumgarten und Kürzinger 1989).

Literatur

Baumgarten H, Kürzinger K (1989) Designation of antibodies and their derivatives. Suggestions for a general nomenclature a discussion document. J Immunol Meth 122: 1-5

Bernard A, Boumsell L, Dausset J, Milstein C, Schlossman SF (1984) Leucocyte Typing. Human leucocyte differentiation antigens detected by monoclonal antibodies. Springer Verlag, Berlin pp 133-134

McMichael AJ (1987) Leucocyte Typing III, Oxford University Press, Oxford

Reinherz EL, Haynes BF, Nadler LM, Bernstein ID (1986) Leucocyte Typing II, Springer Verlag, Berlin, Heidelberg

7 Massenproduktion von monoklonalen Antikörpern

7.1 Massenproduktion von monoklonalen Antikörpern in Zellkultur oder Aszites

H. BAUMGARTEN und R. FRANZE

Die Herstellung großer Mengen monoklonaler Antikörper (MAK) hat in dem gleichem Maße an Bedeutung gewonnen, wie diese zunehmend in der human- und veterinärmedizinischen Diagnostik, im Agrikulturbereich und schließlich auch zur humanen Therapie eingesetzt werden. Nicht mehr wenige Mikro- oder Milligramm für analytische Zwecke, sondern Gramm-, z. T. sogar Kilogramm-Mengen werden benötigt. Für die Bereitstellung solcher Mengen ist eine Aszitesproduktion aus ethischen Gründen kaum noch zu vertreten, und so werden heute erfreulicherweise große MAK-Mengen praktisch ausschließlich in vitro, d. h. im Bioreaktor, produziert. Für die in vitro Produktion gibt es auch noch eine Reihe zusätzlicher praktischer Gründe:

1. Die Verwendung von Zellkulturüberständen ist immer dann notwendig, wenn körpereigene Antikörper der Maus (Aszites) stören würden. Ein reiner monoklonaler Antikörper ist praktisch nur aus einer serumfreien Zellkultur zu gewinnen.
2. Ein wichtiger Vorteil der serumfreien Zellkultur ist die relativ einfache Reinigung der Antikörper.
3. Je ähnlicher in vitro-Reaktorsysteme dem äußerst effizienten „Bioreaktor Maus" in physiologischer und physikochemischer Hinsicht werden, desto höher wird ihre Effizienz, die gleichbedeutend mit einer quantitativen, kostengünstigen und qualitativ hochwertigen MAK-Produktion ist. Die mittlerweile verfügbaren Bioreaktorsysteme weisen gegenüber dem Bioreaktor Maus deutliche Vorteile hinsichtlich Reproduzierbarkeit, Scale-Up, Überwach- und Steuerbarkeit auf.

Trotz dieser offensichtlichen Vorteile und Notwendigkeiten der in vitro Produktion wird allerdings auf eine Besprechung der Aszites-Produktion von murinen und humanen MAK in der Maus (Kap. 7.2.1 und 7.2.2) nicht verzichtet: Der Untersucher, der glaubt, auf die Aszitesproduktion nicht verzichten zu können, soll einen klaren Leitfaden zur Hand bekommen, mit dem sein Tierbedarf auf ein Minimum beschränkt werden kann.

Bevor eine Massenproduktion von MAK überhaupt gestartet wird, müssen ausreichend viele Hybridomzellen eingefroren vorliegen! Nur damit kann eine gleichbleibende MAK-Qualität garantiert werden.

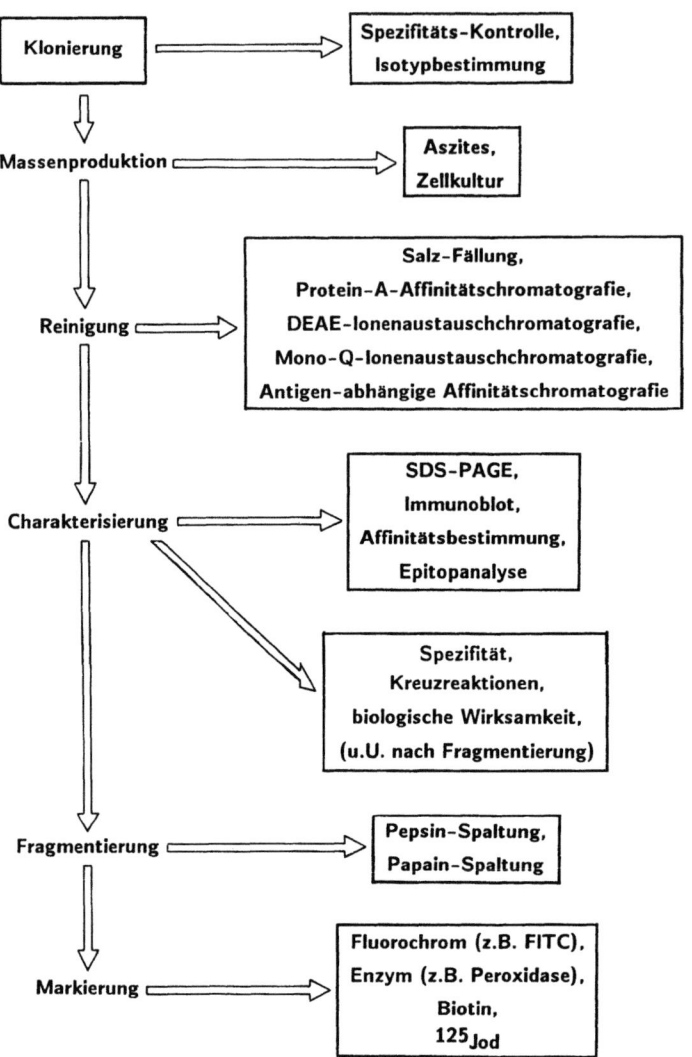

Abb. 25. Aufarbeitung und Charakterisierung von monoklonalen Antikörpern

Von einem spezifischen Klon wird deshalb zuerst mit 10-20 Ampullen eine Primary Seed Bank angelegt (Freshney 1985; Hay 1988). Sie stellt die eiserne Notreserve (das Urmeter) dar und sollte unbedingt auf verschiedene Einfrierbehälter verteilt werden. Hilfreich ist eine besondere Farbmarkierung solcher Ampullen mit z. B. roten Deckeln. Im nächsten Schritt wird die Master Cell Bank mit 10-30 Ampullen angelegt. Von diesen Zellen und ihrem MAK werden verschiedene Tests auf z. B. den Anteil der Ig-Produzenten (Producer), Mykoplasmenfreiheit, IEF-Muster und Überprüfung des MAK im späteren Testsystem durchgeführt. Nur aus so charakterisierten Zellen schließlich wird die Manufacturer's Working Cell Bank (MWCB) mit 20-50 Ampullen angelegt. Produktionskampagnen werden ausschließlich mit Zellmaterial aus der WCB gestartet, und diese Zellen werden nach dem Produktionslauf verworfen. Wenn möglich, sollte die Klonstabilität überprüft werden. Als Richtwert kann gelten, daß am Ende eines Produktionslaufes maximal 20% der Hybridomzellen Non-Producer sein dürfen.

Literatur

Freshney RI (1985) Animal cell culture. A practical approach (ed) IRL Press, Oxford
Hay RJ (1988) The seed stock concept and quality control for cell lines. Anal Biochem 171: 225-237

7.2 Produktion von monoklonalen Antikörpern in Mäusen

7.2.1 Produktion von murinen monoklonalen Antikörpern in der Bauchhöhle der Maus

H. BAUMGARTEN und J. H. PETERS

Eine Reihe von Faktoren beeinflußt das Wachstum von Immunglobulin-produzierenden Tumoren. Diese zu kennen, erleichtert die Bereitstellung optimaler Bedingungen für die Bildung von Aszitesflüssigkeit und damit der Produktion von monoklonalen Antikörpern (MAK) in der Maus. In den meisten Methodenbüchern wird dieses Kapitel eher kurz abgehandelt und der Eindruck einer weitgehend problemlosen Methode herrscht vor. Dem ist nicht so! Das folgende Kapitel gibt deshalb eine Fülle von Informationen, durch welche Faktoren das Entstehen von Aszitesflüssigkeit beeinflußt wird. Es möchte dazu beitragen, daß die benötigte Anzahl von Mäusen in der MAK-Entwicklung und -Produktion deutlich reduziert werden kann.

Grundlagen

Die Bauchhöhle der Maus bietet optimale Voraussetzungen für die Vermehrung von Hybridomzellen und damit für die Produktion von monoklonalen Antikörpern. Die besondere Eignung für die Vermehrung von Tumorzellen wurde erstmalig von Potter und Boyce (1962) beschrieben. Sie beobachteten nach Injektion von Mineralölen und Mineralöladjuvantien in die Bauchhöhle von Mäusen die Bildung von Plasmocytomen. Dieser stimulierende Effekt ließ sich auch bei der Proliferation von Hybridomzellen in der Bauchhöhle beobachten: Die zuvor in vitro vermehrten Hybridomzellen vermehren sich meist rasch in der mit Mineralölen vorbehandelten Bauchhöhle.

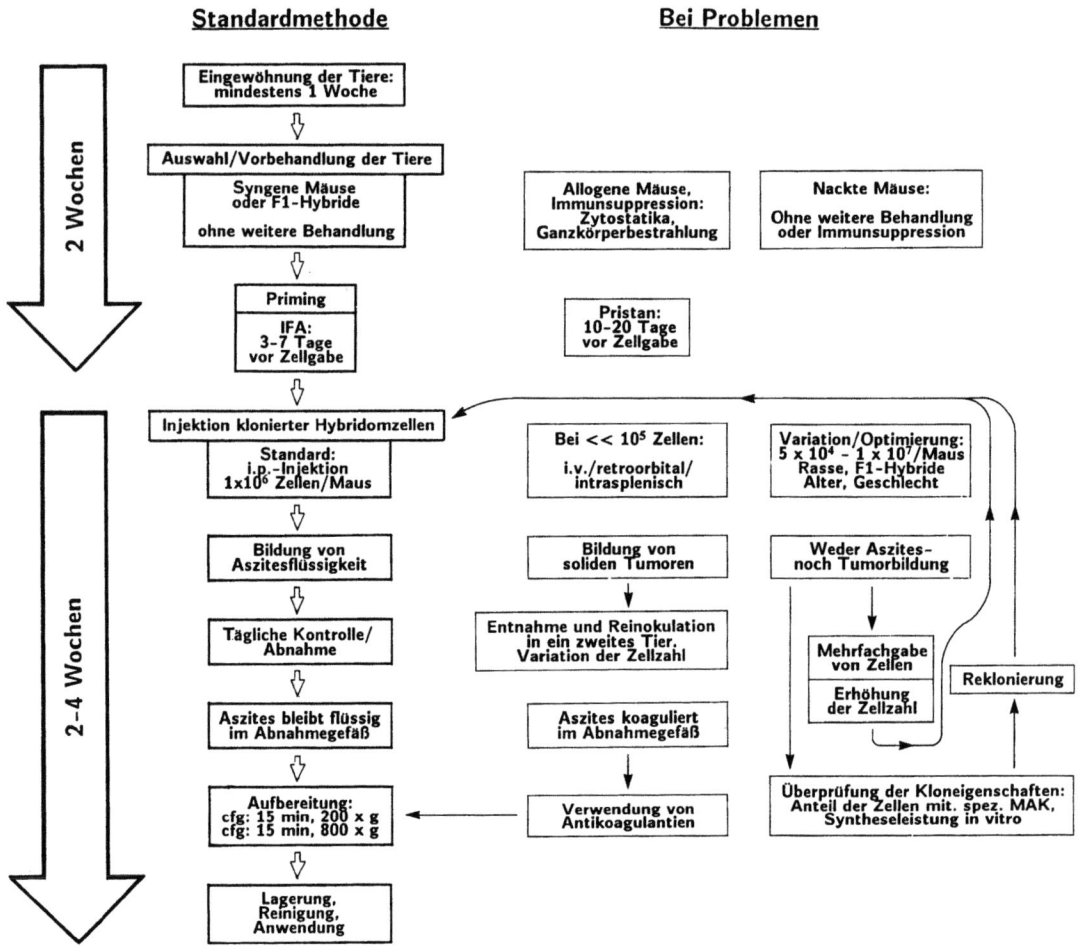

Abb. 26. Flußdiagramm zur Herstellung von murinen MAK in der Maus

Die Hauptursache für die fördernden Effekte der Mineralöle scheint die Einwanderung von adhärenten Zellen (Granulozyten, Makrophagen) in die Bauchhöhle und die damit verbundene Konditionierung dieses Kompartimentes zu sein. Die von den proliferierenden Zellen des entzündlichen Geschehens produzierten Wachstumfaktoren beschleunigen die Vermehrung der Hybridomzellen. Diese sezernieren ihre spezifischen Immunglobuline in die umgebende Flüssigkeit, den Aszites.

Durch Punktion der Bauchhöhle kann die Aszitesflüssigkeit gewonnen werden (Abb. s. Kap. 3.4.2). In dieser Flüssigkeit finden sich wesentlich höhere Antikörperkonzentrationen als in der Zellkultur. Sie liegen meist bei etwa 1 bis 20 mg Antikörper pro ml, also dem 100- bis 1.000-fachen eines Kulturüberstandes. Bei guten Antikörperproduzenten findet man auch weit über 20 mg pro ml.

Dem Vorteil der hohen Ausbeute an MAK durch die Aszitesproduktion stehen zwei entscheidende Nachteile entgegen: Zum einen ist die Aszitesbildung für die Tiere meist letal, zum anderen enthält diese Flüssigkeit körpereigene Immunglobuline. Der Anteil der körpereigenen Antikörper beträgt in der Regel 5–20%, so daß der aus dem Aszites gewonnene MAK streng genommen nicht mehr monoklonal ist.

Auch zur Reinigung infizierter Hybridomzellen aus der Zellkultur kann deren Injektion in die Bauchhöhle verwendet werden. In der Bauchhöhle wachsen zwar die Zellen, die kontaminierenden Bakterien, Pilze oder Mykoplasmen hingegen werden durch Phagozyten (Granulozyten und Makrophagen) abgetötet.

Auswahl und Haltung der Tiere

Nur im syngenen, erbgleichen Tier kommt es zum Wachstum der Hybridomzellen und nicht zur Abstoßungsreaktion. Demnach müssen Zellen, die z. B. aus einer Fusion der Myelomlinie X63.Ag8.653 (stammt aus Balb/c) und Balb/c-Milzzellen entstanden sind, wiederum in Balb/c-Mäusen vermehrt werden. Allerdings können auch Hybride der F1-Generation aus Balb/c und einem anderen Stamm verwendet werden.

Unter Umständen ist es nicht möglich, mit syngenen Tieren oder F1-Hybriden zu arbeiten, weil z. B. für Zellen aus einer Fusion von X63.Ag8.653 Zellen mit Zellen von C3H-Mäusen keine entsprechenden F1-Hybridmäuse zur Verfügung stehen. In solchen Situationen wird von Matthew und Sandrock (1987) eine schwach immunsupprimierende Behandlung empfohlen. Entweder mit einer relativ niedrigen Bestrahlungsdosis (500 rad = 5 Gy) und/oder der Injektion von ca. 0,5 mg Cyclophosphamid/20 g Tiergewicht (= 25 mg/kg Körpergewicht) 24 Stunden vor der Gabe der Tumorzellen.

Stehen weder syngene Tiere noch F1-Hybride für die Produktion von MAK zur Verfügung, wird von Weismann et al. (1985) auch die i. m. Gabe von 3 mg Hydrocortisonacetat oder Hydrocortisonsuccinat am 4. Tag vor der Zellinokulation empfohlen. Zusätzlich wird 2 Tage später noch eine subletale Ganzkörperbestrahlung mit 6 Gy (600 rad) angeschlossen.

Die Vermehrung von heterologen Maushybridomen, aber auch von Ratten- und humanen Hybridomen kann grundsätzlich nur in immundefizienten Tieren wie der sog. nackten Maus (Thymus-aplastisch) oder in immunsupprimierten Tieren durchgeführt werden (vgl. Kap. 3.5.4). Die Verwendung von mehrfach immundefizienten Tieren für die Aszitesproduktion wurde erstmalig von Ware et al. (1985) bei SCID-Mäusen (= severe combined immunodeficiency) beschrieben.

Tiere, die größer als Balb/c Mäuse sind, sollten auch höhere Aszitesmengen produzieren. Genau dies konnte von Brodeur und Tsang (1986) bei bestimmten F1-Hybriden gefunden werden. Die Kreuzung aus Balb/c Weibchen mit Swiss Webster/HPB Männchen produzierte bei gleicher Antikörperkonzentration bis zu viermal mehr Aszitesflüssigkeit als die Balb/c Eltern. Diesem Vorteil steht allerdings nachteilig die schwere Beschaffbarkeit solcher Hybride entgegen.

Das Volumen der Aszitesflüssigkeit ist nach Brodeur et al. (1984) bei Männchen signifikant höher als bei Weibchen. Allerdings ist zu berücksichtigen, daß pro Käfig in der Regel wesentlich weniger Männchen als Weibchen gehalten werden können. Gründe hierfür sind schnellere Verschmutzung des Käfigs durch Urin und Kot wie der bedeutende Streß durch dauernde Rangkämpfe (deswegen verminderte Aszitesproduktion).

Das Alter der Tiere hat nach Brodeur et al. (1984) keinen deutlichen Einfluß auf die Ausbeuten. Nach Tung (1983) allerdings produzieren Mäuse, die älter als 10-12 Wochen sind, vergleichbare Volumina bei schnellerer Tumorentwicklung und damit kürzerer Abnahmezeit. Da aber die Antikörperkonzentration im Aszites (s. u.) mit der Zeit zunimmt, ist die Gesamtausbeute bei älteren Tieren deutlich niedriger. Als Geheimrezept wird auch die Verwendung von „retired breeders" gepriesen, also Weibchen, die bereits mehrfach getragen haben.

Die Produktion von Aszites ist zeitaufwendig. So sind mindestens 4-6 Wochen für einen Zyklus, die Zeit zwischen Priming und letzter Aszitesabnahme, die Norm. Da zudem die Ausbeuten stark vom individuellen Tier und Klon abhängig sind, empfiehlt es sich, mindestens 5 Tiere pro Behandlungseinheit zu verwenden. Nur dann kann relativ sicher mit einer für erste Analysen ausreichenden Aszitesmenge gerechnet werden.

Auswahl des Priming-Materials

Die Bildung von Aszites durch die Maus hängt im wesentlichen davon ab, daß die Bauchhöhle der Maus vor der Applikation der Hybridomzellen (i. p. Injektion) vorbehandelt, „geprimt" wird. Dies geschieht meist durch Injektion der Mineralöle Pristan oder inkomplettes Freundsches Adjuvans (iFA).

Der Mineralöl-Bestandteil Pristan (2,6,10,14-tetramethylpentadecan), ein Seitenketten-Alkan, unterstützt die Aszitesbildung besonders gut.

Andere Agentien, die historisch für die Auslösung von entzündlichen Prozessen und für die Stimulation von Makrophagen verwendet wurden, wie Thioglykolat und Proteose-Pepton, sind nach Gillette (1987) der Verwendung von iFA, aber auch der von komplettem Freundschen Adjuvans (cFA) deutlich unterlegen. Demnach stellt die Verwendung von Pristan oder iFA für das Priming die Methode der Wahl dar.

Wenn die einmalige Injektion von Hybridomzellen nicht zur Tumorbildung führt, kann sie im Abstand von 2-5 Tagen (auch mehrfach) wiederholt werden. Der Primingeffekt der zuerst applizierten Zellen erleichtert das Anwachsen von später injizierten Zellen.

Zeitpunkt und Volumen des Priming

Nach Hoogenrad et al. (1983) und Brodeur et al. (1984) führt die Behandlung von Mäusen mit Pristan im Zeitraum von 10-20 Tagen vor der Injektion der Hybridomzellen besonders schnell zur Bildung von Aszites. Eine sehr kurze

Behandlungszeit (1 Tag) hat keinen fördernden Einfluß auf die Vermehrung der Hybridomzellen und damit die Aszitesbildung. Tiere der 10-Tage-Gruppe bildeten die höchsten Konzentrationen des MAK, so daß auch die Gesamtproduktion von Antikörpern pro Tier in dieser Gruppe (Hoogenraad et al., 1983) besonders hoch war.

Inkomplettes Freundsches Adjuvans (iFA) induziert nach Potter and Boyce (1962) genauso wie Pristan die Bildung eines Plasmocytoms. Mueller et al. (1986) verwendeten iFA zum ersten Male gezielt für die Produktion von MAK in der Bauchhöhle. Sie injizierten es am Tag der Zellgabe oder maximal 3 Tage vorher. Während die Gabe von iFA und Zellen am gleichen Tag nicht zur Ausbildung von Aszites führte, kam es zur Ausbildung von Tumoren bei längerer iFA-Behandlung. In eigenen Untersuchungen konnten wir diese Befunde bestätigen und fanden eine Vorbehandlungszeit von 3-4 Tagen mit iFA als optimal, auch bezüglich der Gesamtmenge Immunglobulin, die pro Maus gewonnen werden kann.

Die Zeit von der Gabe der Zellen bis zur Entwicklung der Tumoren und dann wiederum bis zum Versuchsende (Ende der Abnahme) ist bei iFA-Gabe nicht länger als bei der Pristan-Behandlung. Da allerdings die Vorbehandlungszeit deutlich kürzer ist, ergibt sich insgesamt (Priming bis Ende Abnahme) eine deutliche Zeitersparnis (1-2 Wochen) gegenüber der Pristan-Methode.

Die maximale Menge von Pristan sollte bei 0,5 ml pro Maus liegen (Brodeur et al., 1984). Bei Verwendung höherer Mengen (1-2 ml) sinken die Ausbeuten drastisch. Nach eigenen Erfahrungen sind 0,3 ml völlig ausreichend für Mäuse bis zu 20 Gramm Körpergewicht und 0,5 ml für alle schwereren Tiere.

Grundsätzlich sollten nur solche Mäuse für die Aszites-Produktion verwendet werden, die vorbehandelt wurden. Die Verwendung ungeprimter Tiere ist bei vielen Klonen sinnlos, außer die Zellen stammen bereits aus einem Aszites!

Applikationsform der Zellen

Die Hybridomzellen werden intraperitoneal (i.p.), also in die Bauchhöhle gespritzt. Steht allerdings nur eine sehr geringe Anzahl Hybridomzellen (deutlich $< 10^5$) zur Verfügung, so kann die Inokulation von Mäusen auch intravenös, retrobulbär oder intrasplenisch erfolgen. Witte und Ber (1983) berichten, daß 10^4 Zellen nach direkter Injektion in die Milz (vgl. Kap. 3.4.2) bereits zur erfolgreichen Aszitesproduktion ausreichen können, wenn auch nicht für jeden Klon. Damit können auch bereits Zellen eines Primärnapfes einer limiting dilution (Napf einer 96-Napf Mikrotiterplatte) ausreichend sein für die Inokulation von einer oder mehreren Mäusen. Bei dieser Art der Inokulation entwickelt sich der Tumor überraschenderweise vornehmlich im Mesenterium der Bauchhöhle.

Zellzahl

Die optimale Zellzahl zur Inokulation liegt nach Brodeur et al. (1984) bei $6-32 \times 10^5$ Zellen pro Maus. Hier ist auch die Ausbeute an spezifischem Immunglobulin am größten. Bei niedrigeren Zellzahlen leben die Tiere länger, bei höheren kürzer. In beiden Fällen wird deutlich weniger Immunglobulin produziert.

Für jeden Klon ist die optimale Zellzahl für die Inokulation unterschiedlich, muß deshalb neu ermittelt werden! Doch zeigt die Erfahrung, daß für die meisten Klone Inokulationszahlen zwischen 5×10^5 und 5×10^6 empfohlen werden können. Bei manchen Klonen müssen bis zu 10^7 Zellen gegeben werden. Werden zu hohe Zellzahlen verwendet, kommt es zur schnellen Tumorbildung mit deutlich verkürzter Überlebenszeit der Tiere, einer relativ kurzen Abnahmedauer und damit auch meist stark reduzierter Immunglobulin-Ausbeute.

Abnahmeform und -dauer

Eine Möglichkeit der Aszitesproduktion besteht darin, die Ausbildung des maximalen Aszitesvolumens abzuwarten, mit dem die Maus noch leben kann, um sie dann für die Aszitesabnahme zu töten. Die gängigere Methode bedient sich wiederholter Abnahmen. Nach Brodeur et al. (1984) und Keep et al. (1984) hat die wiederholte Abnahme zwei entscheidende Vorteile: Eine bis dreifach höhere Gesamtausbeute (Volumen) im Vergleich zur einmaligen Abnahme und eine während der Aszitesbildung steigende Immunglobulinkonzentration. Zwischen erster und letzter Abnahme können Konzentrationsunterschiede bis zum Sechsfachen beobachtet werden.

Meist kann wiederholt punktiert werden (max. 4 bis 6 mal). Häufig bilden jedoch im Laufe der Erkrankung die anfänglich in Suspension wachsenden Hybridomzellen solides Tumorgewebe aus, das für die Antikörpergewinnung wertlos ist.

Nach Keep et al. (1984) ist die Zahl der vitalen Zellen im Aszites weder mit dem Volumen der Flüssigkeit noch mit dem Antikörpergehalt korreliert.

Um Aszitesflüssigkeit auch von Tieren mit festen Tumoren zu gewinnen, empfiehlt Coll (1987) die Injektion von 5 ml physiologischer Kochsalzlösung vor der Abnahme.

Verwendung von Asziteszellen für erneute Inokulation

Da die Adaptation der Hybridomzellen an das Wachstum in der Bauchhöhle bei einzelnen Klonen mehrere Wochen dauern kann, sollten einmal adaptierte Zellen nicht verworfen werden. Wenn auch die Abnahme kaum steril erfolgen kann, so können doch mit solchen Zellen dann wesentlich schneller Tumoren induziert werden und es können sogar Mäuse erfolgreich inokuliert werden, die nicht geprimt wurden. Die Lagerung solcher unsteril abgenommener Zellen erfolgt in Einfriermedium bei $-80\,°C$, z. B. in Zentrifugenröhrchen, für max. 6 Monate (s. auch Kap. 5.3.1).

Aszites

Zumindest Pristan scheint Konformationsänderungen der DNS von Hybridomzellen in-vivo zu verursachen (Garrett et al. 1987), sein Einfluß auf die Klonstabilität ist noch unklar. Deshalb sollten derartige Reinokulationen nicht ohne eine Kontrolle der Zellen auf Ig-Produktion (s. Kap. 10.4.2) erfolgen.

In-vivo Radiomarkierung von MAK

Ist die spätere Verwendung des Antikörpers als radioaktiv markiertes Material vorgesehen, so kann diese Markierung nach Dobbelaere und Spooner (1985) sehr effizient in vivo durchgeführt werden. Hierzu eignet sich eine Mixtur aus tritiierten Aminosäuren, die an 4 aufeinander folgenden Tagen durch i. p.-Injektionen appliziert werden.

Material

Pristan	2,6,10,14-Tetramethylpentadecan, z. B. EGA-Chemie Nr. T2,280-2
iFA	inkomplettes Freundsches Adjuvans, z. B. Difco Nr. 0639-59
Mäuse	hier BALB/c (syngen), Versuchstierlieferanten s. Anhang
Einmalspritzen	2 ml, mit Luer-Lock Ansatz
Kanülen	
für Zellgabe	25 G × 5/8 (0,5 × 16 mm) 26 G × 1/2 (0,45 × 13 mm)
für Abnahme	19 G × 1 1/4 (1,1 × 30 mm)
Hautkleber	z. B. Histoacryl blau, Braun Nr. 105 005
Heparin	bzw. Natriumheparinat (Liquemin), z. B. 20.000 I. E. pro ml Hofmann-La Roche Nr. 49800
heparinisierte oder mit EDTA vorbehandelte Gefäße	z. B. von Sarstedt
Ether	zur Narkose, z. B. Hoechst Nr. A254

Vorgehen

1. Die Mäuse werden 10-20 Tage vor der Inokulation der Hybridomzellen mit jeweils 0,3-0,5 ml Pristan oder 3-4 Tage vorher mit jeweils 0,3 - 0,5 ml iFA i. p. behandelt.
ACHTUNG: Pristan ist nach Gilette (1985) kanzerogen.

2. Als Standardinokulum dienen 1×10^6 Hybridomzellen pro Maus, die in 0,5 ml (max. 1 ml) serum- und proteinfreiem Medium oder physiologischer Salzlösung injiziert werden. Geschieht das Einziehen der Zellen in die Spritze wie die Injektion zu schnell, können die Zellen durch die Scherkräfte zerstört werden.

ACHTUNG: In jedem Fall sollten Fremdproteine wie die Serum-Bestandteile aus dem Kulturmedium vorher sorgfältig ausgewaschen werden. Es besteht sonst die Gefahr einer Immunantwort (IgM- Bildung) der Mäuse auf eben diese Proteine und damit eine kritische Kontamination des spezifischen MAK.

3. In Abhängigkeit vom verwendeten Klon entwickeln sich nach 7-14 Tagen Aszites-produzierende Tumore, die an den stark geschwollenen Bäuchen der Mäuse leicht erkennbar sind. Nach 3-4 Wochen entwickelt sich nur noch in seltenen Fällen Aszites. Der Aszites wird nach Punktion der Bauchhöhle mit einer Kanüle (ohne Spritze) in ein Zentrifugenröhrchen ausgetropft.

Wird eine Maus wiederholt punktiert, sollte die Stichwunde nach der Entnahme mit einem geeigneten Hautkleber versiegelt werden.

Die Bildung von Aszites muß täglich kontrolliert werden, auch an Wochenenden: Manche Hybridome sind besonders aggressiv, d. h. nach Beginn der Aszitesbildung (ca. 1-2 Wochen) leben die Tiere nur noch wenige Tage und können demnach nur während dieser kurzen Zeit punktiert werden.

Zur finalen Aszitesabnahme kann dem durch Ethernarkose getöteten Tier die Bauchhöhle mit physiologischem Kochsalzpuffer (z. B. PBS) ausgespült werden.

Bei einem Teil der Klone kommt es bei der Abnahme zur raschen Gerinnung der Aszitesflüssigkeit. Hier ist eine Gerinnungshemmung sinnvoll: Entweder wird PBS-Heparin (50-100 I. E. pro ml Endkonzentration) in das Abnahmeröhrchen vorgelegt, oder es werden im Handel erhältliche, bereits mit EDTA oder Heparin beschichtete bzw. gefüllte Röhrchen verwendet. Zuvor sollte geklärt sein, ob diese Antikoagulantien bei der späteren Reinigung der MAK stören.

4. Gewinnung des Immunglobulins aus der Aszitesflüssigkeit:
Pelletieren der Zellen: 15 Min. bei $200 \times g$
Klären des Überstandes: 15 Min. bei $800 \times g$

Die Aufbewahrung erfolgt z. B. in:

a) 0,05% NaN_3 bei 4 °C oder
b) mit 50% Glycerin versetzt bei $-20\,°C$ oder
c) in physiologischem Puffer (pH 7,5) bei $-20\,°C$. IgM wird besser nach Methode a) oder b) aufbewahrt.

Literatur

Brodeur BR, Tsang PS (1986) High yield monoclonal antibody production in ascites. J Immunol Meth 86: 239-241

Brodeur BR, Tsang P, Larose Y (1984) Parameters affecting ascites tumor formation in mice and monoclonal antibody production. J Immunol Meth 71: 265-272

Coll JM (1987) Injection of physiological saline facilitates recovery of ascitic fluids for monoclonal antibody production. J Immunol Meth 104: 219-222

Dobbelaere DAE, Spooner PR (1985) Production in ascites fluid of biosynthetically labelled monoclonal antibody to Theileria parva sporozoites. J Immunol Meth 82: 209-214

Garrett LR, Pascual DW, Clem LW, Cuchens MA (1987) Conformational changes in the DNA of hybridoma cells from pristan treated mice. Chem-Biol Interactions 61: 249-263

Gillette RW (1987) Alternatives to pristan priming for ascitic fluid and monoclonal antibody production. J Immunol Meth 99: 21-23

Hoogenrad N, Helman T, Hoogenrad J (1983) The effect of pre-injection of mice with pristan on ascites tumour formation and monoclonal antibody formation. J Immunol Meth 61: 317-320

Keep PA, Rawlins GA, Bagshawe JAD, Rogers GT, Pentycross CR (1984) Serial ascitic fluid tapping and monoclonal antibody yield in passaged mice. Exp Clin Cancer Res 3: 235-238

Matthew WD, Sandrock AW (1987) Cyclophosphamide treatment used to manipulate the immune response for the production of monoclonal antibodies. J Immunol Meth 100: 73-82

Mueller UW, Hawes CS, Jones WR (1986) Monoclonal antibody production by hybridoma growth in Freund's adjuvant primed mice. J Immunol Meth 87: 193-196

Potter M, Boyce CR (1962) Induction of plasma cell neoplasms in strain BALB/c mice with mineral oil adjuvants. Nature 193: 1086-1087

Tung AS (1983) Production of large amounts of antibodies, nonspecific immunoglobulins, and other serum proteins in ascitic fluid of individual mice and guinea pigs. Meth Enzymol 93: 12-23

Ware CF, Donato NJ, Dorshkind K (1985) Human, rat or mouse hybridomas secrete high levels of monoclonal antibodies following transplantation into mice with severe combined immunodeficiency disease (SCID). J Immunol Meth 85: 353-361

Weismann D, Parker DJ, Rothstein TL, Marshak-Rothstein A (1985) Methods for the production of xenogeneic monoclonal antibodies in murine ascites. J Immunol 135: 1001-1003

Witte PL, Ber R (1983) Emproved efficiency of hybridoma ascites production by intrasplenic inoculation im mice. JNCI 70: 575-577

7.2.2 Produktion von humanen monoklonalen Antikörpern in der Bauchhöhle der Maus

A. BORGYA und D. BARON

Die Gewinnung von humanen monoklonalen Antikörpern (MAK) aus Maus-Aszites ist schwierig, da humane Hybridomzellen für die Maus ein Xenotransplantat darstellen und Abstoßungsreaktionen auftreten. Um dies zu umgehen, werden stark immungeschwächte Mäuse verwendet, z. B. thymusdefiziente, die keine T-Zellen zur Transplantatabstoßung bilden können und zusätzlich bestrahlt werden. Die Inokulation von humanen Hybridomzellen in normale Mäuse, z. B. Balb/c, sollte deshalb erst gar nicht versucht werden.

Die Aszitesproduktion humaner MAK ist in der Regel wesentlich aufwendiger als die von Maushybridomen und umfaßt mehrere Teilschritte (Abrams et al. 1984; Truitt et al. 1984). Im ersten Schritt werden die Hybridomzellen für das Anwachsen in der Maus durch Inokulation eines soliden Tumors adaptiert. Anschließend wird dieser entfernt und nach Vereinzelung der Tumorzellen invitro vermehrt und dann wieder in die Maus zur eigentlichen Aszitesproduktion injiziert.

Als besondere Nachteile der in-vivo Produktion von humanen MAK in Mäusen sind anzuführen:

1. Sie dauert lange und ist sehr personalintensiv: Von der Adaptation der Zellen an die Bauchhöhle über die Tumorisolierung und der in-vitro Kultivierung bis zur Aszitesgewinnung vergehen normalerweise 3 Monate.
2. Die Tiere sind sehr teuer und ihre Haltung (SPF-Haltung) ist problematisch.
3. Eine Bestrahlungsquelle ist oft nicht verfügbar.
4. Nur etwa 4/5 aller Tiere bilden Tumoren.
5. Die Ausbeuten sind vergleichsweise gering, da nur etwa 2-5 ml Aszitesflüssigkeit pro Maus mit einer maximalen Antikörper-Konzentration von 2 mg IgG/ml erhalten werden.

Besonders im Hinblick auf den ethischen Aspekt (hoher Tierverbrauch) und die Vielzahl der genannten Probleme muß von einer Produktion humaner monoklonaler Antikörper in der Maus eher abgeraten und eine Produktion im Bioreaktor empfohlen werden.

Material

Nacktmäuse	z. B. Balb/c Bom-nu/nu oder NMRI/Bom-nu/nu1, Lieferanten von Versuchstieren s. Kap. 2.1.2 und 12.3
Strahlenquelle	z. B. ^{137}Cäsium
Trypsinlösung	2,5%, z. B. Boehringer Mannheim Nr. 210 234
chirurgische Werkzeuge	

Vorgehen

1. Nackte Mäuse werden mit 350 rad (Cäsium 137) bestrahlt. Anschließend werden 5×10^6 Hybridomzellen unter die Haut (subcutan) injiziert. Nach 4-6 Wochen bildet sich an der Injektionsstelle ein solider Tumor.
Nach Kozbor et al. (1985) wachsen bei Verwendung von nicht bestrahlten nackten Mäusen subcutane Tumoren wesentlich schlechter an als in bestrahlten Mäusen.
2. Bei einer Größe des Tumors von 0,5-1 cm Durchmesser wird die Maus getötet und der Tumor unter sterilen Bedingungen entfernt. Die Zellen werden durch Zerkleinerung des Gewebes und anschließende Trypsinbehandlung im 50 ml Zentrifugenröhrchen mit 1,25%iger Trypsinlösung (Schüttelwasserbad, 30 Min., 37 °C) isoliert. Anschließend wird die Zellsuspension abzentrifugiert (10 Min., $450 \times g$, 4 °C) und in Kulturmedium aufgenommen. Die Zellen werden in einer Dichte von 5×10^5 Zellen/ml ausgesät und zwei Wochen kultiviert.

Es ist sinnvoll, von den kultivierten Zellen einen Teil einzufrieren und für weitere Injektionen zu verwenden.
3. Jeweils 5×10^6 dieser so Maus-adaptierten und in-vitro vermehrten Zellen werden in vorbereitete Nacktmäuse i. p. appliziert. Zur Vorbereitung wird den Mäusen 14 Tage vorher 0,5 ml Pristan i. p. injiziert und sie werden kurz vor der Zellgabe mit 380 rad bestrahlt.
4. Nach zwei bis drei Wochen können ca. 2-4 ml Aszitesflüssigkeit pro Maus gewonnen werden (s. Kap. 7.2.1). Eine mehrmalige Punktion der Mäuse ist meist nicht möglich, da die Tiere nach dem Angehen des Tumors in wenigen Tagen sterben.

Die Antikörperausbeute ist bei humanen Hybridomen im Vergleich zu Maushybridomen mit ca. 0,5-1 mg MAK/ml meist sehr gering.

Literatur

Abrams PG, Ochs JJ, Giardina SL, Morgan AC, Wilburn SB, Wilt AR, Oldham RK, Foon KA (1984) Production of large quantities of human immunoglobulin in the ascites of athymic mice: implications for the development of anti-human idiotype monoclonal antibodies. J Immunol 132: 1611-1613

Kozbor D, Abramow-Newerly W, Triputti P, Cole SPC, Weibel J, Roder JC, Croce CM (1985) Specific immunoglobulin production and enhanced tumorigenicity following ascites growth of human hybridomas. J Immunol Meth 81: 31-42

Truitt KE, Larrick JW, Raubitschek AA, Buck DW, Jacobson SW (1984) Production of human monoclonal antibody in mouse ascites. Hybridoma 3: 195-199

7.3 Massenzellkultur zur Produktion monoklonaler Antikörper

R. FRANZE und H. BAUMGARTEN

Die Produktion von größeren MAK-Mengen findet heute weitgehend in Massenzellkulturen statt. Hierzu sind in den letzten Jahren viele technische Neuerungen eingeführt worden, die in einer Fülle von Artikeln und Monographien publiziert wurden (s. Literaturverzeichnis).

Die Syntheseleistung kann von Hybridom zu Hybridom extrem variieren: so sezernieren nach Fazekas de St. Groth (1983) die von ihm getesteten Linien zwischen 500 und mehr als 8000 Ig-Molekülen pro Sekunde. Da diese Ig-Sekretion weitgehend unabhängig vom jeweiligen Kultursystem zu sein scheint (Evans und Miller 1988), muß die Zellzahl proportional zur gewünschten Ig-Menge ansteigen. Generell nimmt die MAK-Konzentration mit a) der maximal erreichbaren Endzelldichte und b) mit der vitalen Erhaltung der Zellen bei dieser Dichte proportional zu.

Hohe Zelldichten bei gleichermaßen hoher Vitalität der Zellen können jedoch nur dann erreicht werden, wenn die Ver- und Entsorgung der Hybridomzellen in den Kultursystemen optimiert wurde. Versorgung bedeutet, daß die Nährstoffzufuhr (Aminosäuren, Vitamine, Coenzyme, Hormone, Peptide, Lipide, C-Quelle, Salze, etc.) und die Physiologie des Mediums (Osmolalität, pH, gelöste Sauerstoffkonz., Temperatur, etc.) den Bedürfnissen der Zellen angepaßt sein muß. Unter Entsorgung wiederum versteht man die Befreiung des Kulturmediums von toxischen Komponenten wie z. B. Ammonium oder anderen niedermolekularen Substanzen, welche die Zellen vergiften können (Randerson 1985).

Tabelle 1 enthält geschätzte durchschnittliche Produktionswerte, die von einzelnen Klonen durchaus stark über- oder unterschritten werden können. Systematische Vergleiche von Klonen in verschiedenen Kultursystemen liegen kaum vor, auch sind die Angaben zur Produktausbeute meist nicht miteinander vergleichbar. Angaben wie µg/ml klingen interessant, gehen aber an der Hauptfrage vorbei, nämlich welche Kosten z. B. pro Gramm Antikörper anfallen. Die Kultursysteme in Tab. 1 sind nach steigender Zellzahl, Ausbeute und technischem Aufwand angeordnet.

Entscheidend für die richtige Wahl des Produktionssystems ist die Menge an benötigtem MAK: Mengen im µg-mg-Bereich können ohne weiteres in ruhenden Kulturschalen hergestellt werden, mg-g-Mengen in Spinnerkulturen, Hollow-Fiber Systemen oder gerührten Kleinfermentern. Für die Produktion größerer MAK-Mengen sind Fermentersysteme wegen deren einfacherer Hochdimensionierbarkeit und Benutzerfreundlichkeit/Bedienbarkeit eher geeignet als eine Aneinanderreihung kleinerer Produktionseinheiten wie z. B. große Hollow-Fiber Systeme. Geeignet sind auch Airlift- oder Perfusionsfermenter mit Spinfiltern oder Ultrafiltrationsmembranen, welche beim kontinuierlichen Mediumaustausch die Zellen zurückzuhalten vermögen (Mizrahi 1986).

Tab. 1. Produktionsleistungen in gängigen Bioreaktorsystemen

Kultursystem/-methode (1)	Kulturart	maximale Dichte ($\times 10^6$ Zellen/ml)	MAK-Konz. (mg/l)
Zellkulturflasche	SK	0,5– 1	10– 30
Spinnerkultur	RK	1 – 2	10– 50
Dialyseschlauch	RK	10 – 20	100– 300
Fermenter:			
– Batch	RK	1 – 2	10– 30
– Split-batch	RK	0,5– 1	10– 30
– Fed-batch	RK	2 – 3	30– 100
– Air-lift	GS	1 – 5	100– 350
– Perfusion mit Spin-Filter/Dialyse	RK	5 – 10	300– 600
– Enkapsulierung	RK	50 – 100	500–1000
Hollow-Fiber	–	100 –1000	500–1000
zum Vergleich: Aszites			bis 40.000

(1) SK = statische Kultur, RK = Rührkultur, GS = Kultur mit gerichteter Gasdurchströmung

Als Faustregel gilt:

1. Sind zur Beurteilung der MAK-Qualität nur μg-mg Mengen notwendig, können diese am einfachsten in normalen Zellkulturschalen oder Spinnerkultur-Flaschen produziert werden.
2. Die Herstellung großer MAK-Mengen für die eigentliche Anwendung ist in großen Anlagen i. a. kostengünstiger als in kleineren Einheiten.
3. Für die Minimierung des Produktionsrisikos größerer MAK-Mengen gilt: Je einfacher eine Anlage/ein Gerät zu bedienen und die steriltechnische Handhabung ist, desto niedriger liegt in der Regel auch die Ausfallquote durch mikrobielle Kontamination und/oder technische Probleme. Hier gilt uneingeschränkt die KISS-Regel: „*K*eep *i*t *s*imple and *s*tupid".
4. Die Produktsicherheit wird am effektivsten durch die Auswahl bzw. Selektion geeigneter Hybridome erhöht (s. auch Kap. 7.1 zur Klonstabilität).

Eine kostengünstige Produktion großer MAK-Mengen ist besonders dann möglich, wenn Klone mit kurzer Generationszeit (<20 Std.) und hoher mechanischer Belastbarkeit eingesetzt werden können, die auf maximale MAK-Produktion selektioniert („high-producer" mit Produktionsleistung >20 μg/10^6 Zellen/Tag) und an serumarme oder besser serumfreie und proteinarme Mediumbedingungen adaptiert wurden (s. Kap. 7.3).

Kultivierungsverfahren

Im einfachsten Fall wird der Bioreaktor nur einmalig mit Zellen inokuliert, wobei während der weiteren Kultivierung keine Substanzen hinzugefügt werden. Diesen An"satz" bezeichnet man als Satzkultur oder satzweise Reaktorführung (batch culture). In der batch-Kultur wachsen die Zellen i. a. bis zu einer maximalen Zelldichte von $1-2 \times 10^6$ Zellen/ml, wobei die Nährstofflimitierung und hohe Konzentrationen toxischer Nebenprodukte die Zellen in relativ kurzer Zeit absterben lassen.

Im „fed-batch"-Verfahren werden Nährstoffe und katalytisch aktive Substanzen kontinuierlich oder diskontinuierlich zugefüttert, was zu einer Steigerung der Zelldichte und erhöhter Produktausbeute führt. Die Kenntnis der individuellen Nährstoffbedürfnisse des jeweiligen Produktionsklones ist für diesen Verfahrenstyp Voraussetzung.

Soll über einen längeren Zeitraum kultiviert und geerntet werden, so bieten sich hier 2 Verfahrensvarianten an. Bei der Split-Batch-Fermentation wird die Zellkultur immer wieder in der logarithmischen Wachstumsphase auf die Ausgangszelldichte zurückgesetzt. Bei einem klonabhängigen Splittingverhältnis von 1:3 bis 1:10 oder mehr können 67-90% der Kulturüberstände jedes Mal abgeerntet werden. Limitierend für dieses Verfahren ist die Klonstabilität.

Im kontinuierlichen Perfusionsbetrieb, bei dem alle notwendigen Nährstoffe zu- und toxische Stoffwechselendprodukte abgeführt werden, werden Zelldichten von 10^7 Zellen/ml und mehr erreicht, wenn auch die Biomasse zurückgehalten wird. Dies ist mit Spinfiltern oder über Ultrafiltrationsmembranen möglich.

Die genannten Kultivierungsverfahren finden sowohl bei der MAK-Produktion im Labormaßstab als auch bei der Großproduktion Anwendung (Ratafia 1986).

Kleinproduktion im Labormaßstab

Die nachfolgenden Methoden für eine MAK-Produktion im Labormaßstab sind nach steigendem Schwierigkeitsgrad und umfangreicherer/teurerer Geräteausstattung angeordnet.

Ruhende Kulturen: Zellkulturflaschen, Wannenstapel, Kultivierungsbeutel

Die Propagation von Hybridomzellen in Zellkulturflaschen erlaubt nur niedrige Zelldichten bis max. 10^6 Zellen/ml. Damit ist sie zwangsläufig teuer und arbeitsintensiv, für kleine MAK-Mengen aber die Methode der Wahl.

Eine besonders platzsparende Variante ist der sog. Wannenstapel, bei dem mehrere rechteckige, flache „Wannen" übereinander gestapelt werden können.

Bei besonders langsam wachsenden Zellen ist die Gefahr einer Verkeimung in konventionellen, offenen Gefäßen relativ groß. Die sog. Lifecell Beutel (Baxter) – sie sehen so ähnlich wie Blutbeutel aus – können über eine Kanüle befüllt werden und sind dann vor Kontaminationen von außen absolut sicher; sie bilden ein geschlossenes System. Die Membran ist gasdurchlässig, eine ausreichende pH-Einstellung damit garantiert.

Rollkulturen

Größere Zellzahlen lassen sich in Rollkulturen propagieren. Bei 0,5 bis 3 UpM kommt es zur starken Proliferation der Hybridomzellen. Problematisch ist die korrekte Einstellung und Einhaltung eines physiologischen pH. CO_2-Begasung der Rollflaschen vor Kulturbeginn und die Zugabe von maximal 10 mM pH-stabilisierendem HEPES-Puffer sorgen für höhere Vitalität der Zellen.

Spinnergefäße

Herkömmliche Spinnergefäße mit einem kleinen Magnetstab sind ausreichend für die Hybridomzellkultur. Die meisten Klone sind unempfindlich gegenüber den Rührgeschwindigkeiten, die notwendig sind, die Zellen in Suspension zu halten (50–100 UpM). Ein Teil der Klone wird allerdings unter diesen Bedingungen relativ schnell mechanisch zerstört. Hierfür empfiehlt sich die Verwendung eines an einem Stab kreisenden kugeligen Rührers oder eines größeren Teflon-Paddels, der bei Rundbodengefäßen mit 15–30 UpM wesentlich niedrigere Rotationsgeschwindigkeiten ermöglicht (Fazekas de St. Groth 1983; de Bruyne und Morgan 1981).

Zytostaten

Höhere Zelldichten lassen sich bei der Verwendung eines Zytostaten bzw. mit Spinnergefäßen erreichen. In einem Zytostaten können dichtwachsende Kulturen in exponentiellem Wachstum gehalten werden, wenn der Zufluß neuen Mediums mit dem Ablauf verbrauchten, Antikörper-haltigen Mediums gleichgehalten wird (Perfusionskultur). In einem solchen Zytostaten regelt sich sowohl die Zell- wie die Antikörperproduktion auf einem hohen Niveau (mehr als 1×10^7 Zellen/ml) ein. In optimierten Zytostatkulturen lassen sich bis zu 40 µg reinen Antikörpers pro ml Medium und Tag produzieren (Fazekas de St. Groth 1983).

Dialyse-Schläuche

Einige der beim Zellwachstum freigesetzten Stoffwechsel-Endprodukte, z. B. Ammoniumionen, wirken bei höheren Konzentrationen zelltoxisch. Werden sie kontinuierlich aus der Kultur entfernt, können die Zellen wesentlich länger die gewünschten MAK produzieren. Eine einfache Methode zur Entfernung zelltoxischer Substanzen ist die Dialyse. Im einfachsten Fall werden die Zellen in einen Dialyseschlauch gefüllt und dieser in eine Kulturflasche gegeben (Sjögren-Jansson und Jeansson 1985). Adamson et al. (1983) erreichen mit Zellkulturen in Dialyseschläuchen (cut-off 10.000 D) Zelldichten bis $1,5 \times 10^7$ Zellen/ml und höhere Antikörperkonzentrationen als in ihrer Spinner-Batchkultur.

Ein häufig gebrauchtes Dialysesystem stellen die sog. Hollow Fiber-Bioreaktoren dar. Es gibt sie in verschiedenen Größen von wenigen ml Füllvolumen bis zu großen Produktionseinheiten (s. u.).

Mikro-Gelkügelchen

Die Inkorporation von Hybridomzellen in Mikro-Gelkügelchen aus Polyaminquervernetztem Alginat wurde ursprünglich für Inselzellen des Pankreas beschrieben. Sie wird aber auch inzwischen mit hoher Effizienz ($\geqslant 1 \times 10^7$ Zellen/ml) für Hybridomzellen verwendet (Nilsson et al. 1983; Lim 1984; Tanaka et al. 1984). Es gibt verschiedene Methoden der Enkapsulierung. In einer Methode werden die Zellen mit einer Na-Alginat Lösung gemischt und in eine $CaCl_2$-Lösung getropft. Dort erstarren die Tropfen zu einem Gel und werden anschließend mit einem Polymer (z. B. Poly-L-Lysin) umgeben. Dieses Polymer bildet eine passive Membran um die Zellen. Mit einer Na-Citratlösung wird das Alginatgel verflüssigt und ausgeschwemmt, wobei die Zellen wie in einem Käfig in der Polymerkugel (Mikrokapsel) verbleiben.

Je nach Anwendungsart können Durchmesser der Mikrokapseln, Porengröße und Membranstärke durch Tropfengröße und Konzentration der angesetzten Reagenzien kontrolliert gesteuert werden. Für die MAK-Produktion wird die Porengröße sinnvollerweise so eingestellt, daß die MAK bei den Zellen in der Mikrokapsel verbleiben. Am Ende der Kultivierung werden die Kapseln vom Medium durch einfache Sedimentation getrennt, die Membranen aufgebrochen und der MAK-haltige Überstand durch Abzentrifugation der Zellen und Membranfragmente gewonnen.

Da der Einschluß der Zellen in die Mikrokapseln technisch relativ aufwendig ist, hat sich diese Methode für eine Laborproduktion bis jetzt nicht durchsetzen können.

Großproduktion von MAK

Hollow-Fiber und Fermenter sind die wichtigsten Bioreaktorsysteme, die sich – ohne große Mehrarbeit – für ein Scale-up (Hochdimensionierbarkeit) vom kleinen Labor- zum industriellen Maßstab eignen.

Hollow-Fiber-Systeme

Hollow-Fiber Module bestehen aus einem Bündel Hohlfaser-Kapillarmembranen, die semipermeabel den extrakapillaren Raum des Moduls vom Innenraum der Hohlfasern trennen. Die Zellen besiedeln dabei den extrakapillaren Raum des Hohlfasermoduls, der je nach Größe des Moduls ein Volumen bis zu 3 Liter haben kann. Durch die Hohlfaserkapillaren strömt ein konditioniertes Kulturmedium, welches die Zellen mit Nährstoffen versorgt und toxische Abbauprodukte der Hybridomzellen abführt. Die Ausschlußgrenzen der semipermeablen Hohlfasermembranen, die häufig aus Cellulosederivaten (Cuprophan) oder Polysulfon, seltener aus Polyamid oder Acrylcopolymeren, bestehen, können zwischen 6.000 und 100.000 D Molekulargewicht liegen, gebräuchlich sind jedoch 10.000–20.000 D (Altshuler et al. 1986; Hopkinson 1985; Ku et al. 1981; Tharakan und Chau 1986).

In Hollow-Fiber Systemen können Zelldichten von 10^8–10^9 Zellen/ml erreicht werden, was einer organartigen Konsistenz des Zellverbandes entspricht. Vergleichbar dem natürlichen Gewebe teilen sich die Zellen auf Grund ihrer gegenseitigen Kontaktinhibierung nicht weiter und können über Wochen und Monate bei derart hohen Zelldichten erhalten werden (Tutunjian und Sewing 1984). Damit verbunden sind hohe Produktkonzentration von bis zu 1 mg/ml bei gleichwertig hohem MAK-Produktanteil an der Gesamt-Proteinkonzentration. Hohlfasermembranen mit 10–20 kD Ausschlußgrenze gestatten die Verwendung von kostengünstigen, proteinfreien Erhaltungsmedien im Kapillarkreislauf, vorausgesetzt natürlich, daß die Produktionsklone an diese adaptiert wurden.

ACHTUNG: Hollow-Fiber Module sollten nur einmal benutzt werden, da sich Protein- und Zellablagerungen an den Hohlfaserbündeln nach Kultivierungsende meist nicht vollständig entfernen lassen (Altshuler et al. 1986).

Eine kostengünstige Variante schildern Klerx et al. (1988), die Hämodialyse-Einheiten zur Produktion von 30–200 mg MAK pro Tag und Einheit verwendeten.

Tab. 2. Hollow-Fiber und artverwandte Bioreaktoren für die Massenproduktion von Hybridomzellen

Hersteller	Systemname	Charakteristika/Besonderheiten
Amicon	Vitaviber I und II	Hollow-Fiber-Module aus Polysulfon oder Acrylcopolymeren mit 10–100 kD Ausschlußgrenze (Einmalsystem)
Endotronics	MMCM Acusyst	Hollow-Fiber-System mit externer Expansionskammer für verbesserten Mediumsaustausch; Computer-kontrollierte Überwachung und Steuerung für Temperatur, pH, pO_2 und Mediumsdurchfluß
SETEC (Separation Equipment Technologies)	SETEC	Trizentrisches, autoklavierbares Polypropylenfasermodul (System „Fiber within fiber") für extrem hohe Zelldichten
Sulzer Biotech Systeme	Membroferm	Modifiziertes Wannenstapelsystem für 30–200 Einheiten; drei Kammersysteme für Trennung zwischen Zellkultur und Kulturmedium (100 kD cut-off) und zwischen Zellkultur und Produktkammer (0,45 μm cut-off), in situ sterilisierbar
Charles River Biotechnical Services	Opticell/ Opticore	Keramikkammer (Opticore) mit Computer-gesteuerter Kontroll- und Regeleinheit (Opticell), in situ sterilisierbar
Verax	Verax	„Fluidized bed bioreactor" (in situ sterilisierbar) für kontinuierliche Kulturführung bei höchster Zelldichte; die Zellen sind in Collagenmikrosphären immobilisiert

Gerade für den Anfänger stehen den genannten Vorteilen echte Nachteile entgegen: In das Modul kann man nicht hineinschauen, d.h. während eines Produktionslaufes läßt sich weder die Gesamtzellzahl noch die Zelldichteverteilung im Modul vernünftig bestimmen. Selbst eine mikroskopische Kontrolle des Anteils vitaler Zellen ist nicht möglich.

Da im Laufe der Kultivierung sehr hohe Zelldichten erreicht werden, kann eine vollständige Ver- und Entsorgung der Zellen im gesamten extrakapillaren Raum des Moduls nicht immer gewährleistet werden. Als Folge der Unterversorgung mit Nährstoffen und Sauerstoff, unzureichender Befreiung von Zellgiften sowie von Bereichen mit unphysiologischem pH, kann es zu ineffizienter Produktionsleistung und zum Zelltod kommen. Trotz dieser offensichtlichen theoretischen Nachteile werden im Hollow Fiber im allgemeinen hohe Produktausbeuten erreicht.

Alle genannten Systeme sind sowohl für Suspensionszellen wie für adhärent wachsende bzw. immobilisierte Zellen geeignet (van Brunt 1987).

Fermentersysteme

Es gibt inzwischen viele Hersteller (s. Tab. 4), die eigens für die Kultivierung animaler und humaner Zellen Standard- oder Spezialfermenter nach Spezifikation des Kunden fertigen. Zu den wesentlichen Grundmerkmalen aller gebräuchlichen Fermentersysteme zählt a) die automatisierte oder wenigstens teilautomatisierte Sterilisierbarkeit des Edelstahlkessels und der Peripherie (Vorlagen für Medium, Säure, Lauge, etc.) mit Wasserdampf bei 121 °C und b) die direkte Kontrolle und Regelung der Temperatur, der Rührdrehzahl, des gelösten Sauerstoffs (pO_2) und des pH im Fermenter. Weitere Parameter, die on-line überwacht und z. T. geregelt werden können, sind z. B. der Druck (p), der Gasdurchsatz, das Redoxpotential der gesamten Zellkulturbrühe und die Zellzahl über Trübungsmessung.

Hohe Transferraten von Nährstoffen und Abbauprodukten, die einen wirkungsvollen Stoffaustausch der Zellen gewährleisten, sind nur in homogener Kultur erreichbar. Die Methoden, die zur Durchmischung der Kultur eingesetzt werden, dürfen die äußerst empfindlichen Zellen in keiner Weise schädigen. Homogene Zellsuspensionen können in Fermentersystemen entweder durch Rührung oder gerichtete Gasdurchströmung erreicht werden.

Im ersteren Fall wird die Zellkultur durch ein Rührwerk mechanisch bewegt. Von den zahllos beschriebenen Rührelementen sind vor allem (Schräg-) Blatt- und insbesondere Schiffschraubenrührer („marine impeller") gut für Suspensionszellkulturen geeignet (für den Spezialisten s. Wilke et al. 1988). Die Rührerdrehzahl muß in Abhängigkeit des Klons und der Nährstofftransferraten optimiert werden und findet ihre Grenzen letztlich dort, wo übermäßige Schaumbildung und Scherung die Zellen letal schädigen.

Im zweiten Fall erfolgt die homogene Durchmischung der Kultur durch einen kontinuierlichen Gasstrom aus N_2, CO_2 und Luft, der aus einem Begasungsring oder einer Düse austritt und innerhalb eines Leitrohres hochsteigt. Dadurch entstehen Dichteunterschiede innerhalb und außerhalb des Leitrohres, die zu einer Zirkulation der Zellkultur führen. Solche Blasensäulen- bzw. Airlift-Reaktoren bestechen durch ihre einfache Konzeption, da sie ohne Rührwerk und Motor auskommen (Arathoon und Birch 1986).

Problematisch ist bei diesen Reaktoren die Schaumbildung, wenn serumhaltige bzw. proteinreiche Medien eingesetzt werden. Einmal in die Schaumphase ausgetragen, sterben tierische Zellen dort wegen der veränderten biochemischen und physikalischen Bedingung relativ schnell ab. Der Schaumbildung kann bis zu einem gewissen Grad, nämlich bis zum Erreichen der Toxizitätsgrenze, mit schaumbildungshemmenden Chemikalien („Entschäumer") oder durch eine kurze Wasserdampfinjektion entgegengewirkt werden.

Den für Zellen schonendsten Gaseintrag stellt die blasenfreie Begasung der Kultur dar. Diese ist entweder über eine hydrophobe, mikroporöse Membran (Lehmann et al. 1985) oder über einen Begasungszylinder möglich, der mit hoher Frequenz vibriert (Killinger 1988).

Hollow-Fiber versus Fermenter

Einen Vergleich der beiden Bioreaktorsysteme Hollow-Fiber und Fermenter gibt Tab. 3.

Massenzellkultur zur Produktion monoklonaler Antikörper

Tab. 3. Vergleich von Bioreaktorsystemen: Hollow-Fiber vs. Fermenter

Kriterien/Charakteristika	Hollow-Fiber	Fermenter
MAK-Produktionseignung	kleine Mengen	große Mengen
Anschaffungskosten für komplettes System inkl. Steuerung	hoch	hoch
laufende Betriebskosten, Betreuungsaufwand	hoch	niedrig
Handhabung der Technik	arbeitsintensiv	weniger arbeitsintensiv
Animpfdichte ($\times 10^5$ Zellen/ml)	hoch (10-50)	niedrig (0,1-1)
Mediumverbrauch (abhängig vom Verfahren)	hoch	mäßig
Einsatzmöglichkeiten/ Betriebsarten	eingeschränkt (nur kont.)	vielseitig (kont. + diskont.)
On-/Off-line Überwachung/ Meßtechnik	nicht etabliert	problemlos (*)
Scale-Up	Multiplikation der Anlage und des Betreuungspersonals	hochdimensionierbar
Eignung für adhärent wachsende Zellen/Suspensionskulturen	ja	ja

(*) pH, pO_2, Trübung, Probennahme etc. problemlos meß- und durchführbar

Spätestens an dieser Stelle wird der Leser konkrete Angaben zu Anschaffungs- und Betriebskosten vermissen, um sich für eines der beiden Systeme entscheiden zu können. Solche Angaben wären kaum sinnvoll, da Bioreaktoren meist mit unterschiedlicher Grundausstattung angeboten werden, was einen direkten Preisvergleich erschwert. Die Betriebskosten schließlich werden durch unterschiedliche Verfahren (und damit Medium-, Energie-, Personal- und andere Kosten) bestimmt und sind deshalb ebenfalls nicht direkt vergleichbar.

Auftragsproduktion

Verschiedene Firmen bieten einen MAK-Produktionsservice an, hierzu gehören z. B. Bioinvent, Boehringer Mannheim, Celltech, Charles River Biotechnical Services (über Dunn) und Damon. Die Kosten hierfür richten sich nach der gewünschten MAK-Menge, dem Reinheitsgrad etc.

Marktübersicht

In Tab. 4 wird ein Überblick über die zur Zeit in Europa bedeutendsten Anbieter von Bioreaktorsystemen gegeben (Adressen s. Kap. 12.3).

Tab. 4. Hersteller von Bioreaktoren für die Hybridomkultur

Reaktortyp	Hersteller
Spinner-Kultursysteme	Bellco, Techne, Wheaton
Hollow Fiber	Amicon, Endotronics
weitgehend komplettes Bioreaktorprogramm	Andritz, Bioengineering, Biolafitte, Braun Diessel, Chemap, Giovanola Freres, IMA, Infors, LH Fermentation, MBR, New Brunswick, Setric, Then

Zusammenfassung

Für die Produktion von MAK steht eine erdrückende Fülle von verschiedenen Systemen zur Verfügung. Ein häufiger Wechsel zwischen Systemen kostet nur Zeit und sollte vermieden werden. Werden nur einmalig oder selten MAK in größeren Mengen gebraucht, sollte dies in Fremdproduktion erfolgen. Eine Reihe von Firmen bietet diesen Service zu tolerablen Preisen an.

Literatur

Adamson SR, Fitzpatrick SL, Behie LA (1983) In vitro production of high titre monoclonal antibody by hybridoma cells in dialysis cultures. Biotechnol Lett 5: 573-578

Altshuler GL, Dziewulski DM, Sowek JA, Belfort G (1986) Continuous hybridoma growth and monoclonal antibody production in hollow fiber reactors-separators. Biotechnol Bioeng 28: 646-658

Arathoon WR, Birch JR (1986) Large-scale cell culture in biotechnology. Science 232: 1390-1395

de Bruyne NA, Morgan BJ (1981) Stirrers for suspension cell cultures. Amer Lab. June

Evans TL, Miller RA (1988) Large-scale production of murine monoclonal antibodies using hollow fiber bioreactors. BioTechniques 6: 762-767

Fazekas de St. Groth S (1983) Automated production of monoclonal antibodies in a cytostat. J Immunol Meth 57: 121-136

Hopkinson J (1985) Hollow fiber cell culture systems for economical cell-product manufacturing. Biotechnol Bioeng 3: 225 ff

Killinger A (1988) Zellzucht im industriellen Maßstab. Biotech-Forum 4: 260-262

Klerx JPAM, Jansen Verplanke C, Blonk CG, Twaalfhoven LC (1988) In vitro production of monoclonal antibodies under serum-free conditions using a compact and inexpensive hollow fibre cell culture unit. J Immunol Meth 111: 179-188

Ku K, Kuo MJ, Delente J, Wild BS, Feder J (1981) Development of a hollow-fiber system for large-scale culture of mammalian cells. Biotechnol Bioeng 23: 79-87

Lazar A, Silberstein L, Mizrahi A, Reuveny S (1988) An immobilized hybridoma culture perfusion system for production of monoclonal antibodies. Cytotechnol 1: 331-337

Lehmann J, Piehl GW, Schulz R (1985) Blasenfreie Zellkulturbegasung mit bewegten, porösen Membranen. Biotech-Forum 2

Lim F (1984) Microencapsulation of living cells and tissues - theory and practice in biomedical applications of microencapsulation. Florida, CRC Press, pp 137-154

Mizrahi A (1986) Production of biologicals from animal cells - an overview. Proc Biochem Aug.: 108-112

Nilsson K, Birnbaum L, Lygare S, Linse L, Schröder U, Jeppson U, Larsson P-O (1983) A general method for the immobilization of cells with preserved viability. Eur J Appl Microbiol Biotechnol 17: 319-326

Randerson, DH (1985) Large-scale cultivation of hybridoma cells. J Biotechnol 2: 241-255
Ratafia M (1986) Current issues in the scale-up of biotechnology processes. Pharm Technol June: 42-52
Sjögren-Jansson E, Jeansson S (1985) Large-scale production of monoclonal antibodies in dialysis tubing. J Immunol Meth 84: 359-364
Tanaka H, Masatoni M, Vellky IA (1984) Diffusion characteristics of substrates in Ca-alginate gel beads. Biotech Bioeng 26: 53-58
Tharakan JP, Chau PC (1986) A radial flow hollow fiber bioreactor for the large-scale culture of mammalian cells. Biotechnol Bioeng 28: 329 ff
Tutunjian RS, Sewing R (1984) Hollow-Fiber-Ultrafiltration in der Biotechnologie. Biotech-Forum 3:
van Brunt J (1987) A closer look at fermentors. BioTechnology 5: 1133-1142
Wilke H-P, Weber C, Fries T (1988) Rührtechnik: Verfahrenstechnische und apparative Grundlagen. Hüthig, Heidelberg

Weiterführende Literatur

Deckwer W-D (1987) Bioreaktoren: Ein Leitfaden für Anwender. Gesellschaft für Biotechnologische Forschung mbH, Braunschweig
Freshney RI (1986) Animal cell culture: a practical approach. IRL Press Ltd., Oxford
Lydersen, BK (1987) Large scale cell culture technology. Hanser Publishers: Munich, Vienna, New York
Seaver SS (1987) Commercial production of monoclonal antibodies (ed) Marcel Dekker Inc., New York
Spier RE, Griffiths JB (1987) Modern approaches to animal cell technology. Butterworth & Co.

7.4 Serumfreie Zellkultur

H. BAUMGARTEN und E. DEBUS

Die Etablierung von Hybridomen und ihre Kultur erfolgt in aller Regel in serumhaltigem Medium. Gegen die Verwendung serumhaltiger Medien und für serumfreie Medien (vgl. Mizrahi und Lazar 1988) sprechen vor allem:

1. Undefinierte Zusammensetzung von Seren mit erheblichen Chargenschwankungen, d. h. sie müssen einzeln getestet werden (s. Kap. 6.6.1).
2. Durch Serum können Virus- und Mykoplasmenkontaminationen übertragen werden.
3. Aus serumfreiem (SF) Medium ist die Reinigung von monoklonalen Antikörpern (MAK) wesentlich einfacher und billiger.
4. Das zumeist verwendete fötale Kälberserum ist sehr teuer.
5. Seren enthalten durchweg kontaminierende Immunglobuline.

Alle Gründe gegen eine serumhaltige Kultur sind Gründe für die serumfreie Zellkultur. Der wichtigste Vorteil ist aber, daß der so gewonnene MAK sicher frei ist von jedem kontaminierenden Antikörper. Erfreulich ist deshalb, daß mittlerweile praktisch alle Hybridome in serumfreien Medien kultiviert werden können (Glassy et al. 1988, Mizrahi und Lazar 1988).

Auswahl eines geeigneten Mediums

Versuche, Zellkulturen in völlig serumfreiem Medium durchzuführen, hat für die verschiedensten Zelltypen optimierte Medium-Mixturen erbracht. Für die Anzucht von Hybridomzellen sind zwei Gruppen von Zusätzen wichtig: Eine Gruppe enthält Insulin, Transferrin, Selen und Ethanolamin, diese sind offensichtlich essentiell (s. Tab. 1). Alle bekannten Medien für Hybridome enthalten diese Faktoren oder hohe Proteinkonzentrationen z. B. in Form von Serumfraktionen (u. U. mit diesen Bestandteilen als Kontaminanten). Die zweite Gruppe Substanzen enthält Faktoren, die individuell auf die Hybridomzellen abgestimmt sind und auch eine große Variationsbreite in der eingesetzten Konzentration zeigen. Dazu gehören: gereinigte Albumine (human oder bovin), Lipidquellen, Wachstumsfaktoren in Form von Rohextrakten, Serumfraktionen, BPE (Brain Pituary Extract), Colostrumfraktionen und Spurenelemente (Chang et al. 1980, Cleveland et al. 1983, Kawamoto et al. 1983, Kawamoto et al. 1986, Kovar 1986, Kovar und Franek 1984, Tharakan und Chau 1986, Shacter 1987, Waymouth 1984).

Allerdings gibt es „das" Medium noch nicht, es wird vielmehr weiter nach definierten Zusätzen gesucht, die das Wachstum von möglichst vielen Myelom- und Hybridomlinien ermöglichen. Die Liste wirksamer Substanzen wird kontinuierlich länger, in jüngster Zeit z. B. durch IL-6 (B-Zell Wachstumsfaktor), das für die Etablierung von Hybridomen überlegene Qualitäten aufzuweisen scheint (s. Kap. 5.2).

Serumfreie und definierte Medien

Serumfreie Medien lassen sich unterteilen in:

1. hoher Proteingehalt $>1,5$ mg/ml,
2. niedriger Proteingehalt und
3. kein Protein.

Die Proteinkonzentrationen der SF-Medien reichen von <50 µg/ml bis zu 3 mg/ml.

Anzustreben ist der Einsatz von serumfreien, komplett definierten Medien, hierzu gehört auch ein definierter Proteinzusatz.

Es wird unterschieden zwischen undefinierten und definierten SF-Medien. Die Kriterien für eine solche Einteilung liegen nicht fest, ein definiertes Medium sollte jedoch nur Stoffe mit bekannter molekularer Struktur und keine Proteine enthalten.

Reinheitsgrad von Mediumbestandteilen

Der Reinheitsgrad von Mediumkomponenten ist höchst unterschiedlich. Für Hormone kann praktisch 100% Reinheit garantiert werden, während dies bei

z. B. Proteinzusätzen kaum möglich ist. So ist die Reinheit von Albumin höchst variabel, es kann Fettsäuren enthalten oder nicht. Es kann chargenabhängig Endotoxin-frei sein oder störende Endotoxinmengen enthalten, z. B. abhängig von der Qualität und der Aufbereitungsmethode der Seren, aus denen Albumin gewonnen wird. Für die Produktion von MAK stellen derartige Kontaminationen in aller Regel kein Problem dar, weder für die Zellkultur noch für die Aufreinigung der MAK aus dem Kulturüberstand.

Kritischer sind allerdings einige Serumersatzstoffe, die undefiniert in ihrer Zusammensetzung sind, aber als billige Stickstoffquelle eingesetzt werden: Peptone pflanzlicher und tierischer Herkunft, Milchprodukte, Kolostrum, Eigelb-Emulsion und andere pflanzliche Proteine. Auch synthetische Polymere werden erfolgreich verwendet (Mizrahi und Lazar 1988).

Auswahl des Mediums

Ein gutes Medium zusammenzustellen ist sehr aufwendig: nicht nur die absoluten, sondern auch die relativen Konzentrationen einiger Bestandteile sind wichtig und Ungleichgewichte entstehen schnell. Die Verbesserung von Medienrezepturen erfordert deshalb sehr viel Zeit und endet u. U. darin, „das Rad wieder neu zu erfinden", d. h. die Effizienz eines bereits etablierten Mediums zu bestätigen. Hiervon muß unbedingt abgeraten werden! Es erscheint wesentlich sinnvoller, verschiedene Fertigmedien auszutesten oder bereits bekannte Medien mit unterschiedlicher Supplementierung zu mischen (Glassy et al. 1988, Shacter 1987).

Die Erfahrung hat gezeigt, daß generell für die serumfreie Hybridomkultur eine reichhaltige Basalmischung, z. B. DMEM/F12 1:1 (oder mit Medium 199), geeignet ist. Eine Reihe von Firmen (z. B. Biochrom, Boehringer Mannheim, Collaborative Research, Gibco, Hana, Sigma, Ventrex/Orpegen, Wako) bietet mittlerweile serumfreie Medien an (s. auch Samoilovich et al. 1987), die für das Wachstum von Hybridomen optimiert wurden. Systematische Vergleiche solcher Medien liegen bis jetzt allerdings nicht vor. Es sollte darauf geachtet werden, daß z. T. unterschiedliche Medien für die Kultivierung von Maus- bzw. Humanhybridomen angeboten werden.

Die meisten Firmen geben aus verständlichen Gründen die Zusammensetzung der SF-Medien nicht bekannt. Macht allerdings die Fragestellung des Versuches eine genauere Kenntnis der Mediumzusammensetzung notwendig, so werden auf Anfrage meist die notwendigen Informationen bereitgestellt.

Austestung von Zusätzen

Kriterien von Medium-Optimierungsstudien sollten sein: Zellwachstum, Klonstabilität, Produktionsleistung und mögliche Interaktionen zwischen Produkt und Medienkomponenten (Mizrahi und Lazar 1988, Jayme et al. 1988). Das Hauptziel ist nicht das Zellwachstum, sondern die Produktausbeute (nur vitale Zellen produzieren MAK).

Mit vertretbarem Arbeitsaufwand können – bei festgelegtem Basalmedium – nur etwa 5-10 Zusätze in einer vernünftigen Zeit variiert werden. Ein Klon, der danach immer noch nicht serumfrei wächst, sollte dann – wenn möglich – durch einen anderen Klon ersetzt werden. Die Konzentrationsbereiche der wichtigsten Zusätze sind nach Barnes und Sato 1980a, 1980b; Glassy et al. 1988; Kawamoto et al. 1986; Kovar und Franek 1984; Murakami et al. 1982 und Shacter 1987:

1. Insulin (0,1-10 µg/ml), Transferrin (0,5-100 µg/ml), Ethanolamin (5-20 µM) und Selendioxid (10-100 µM). Fertige Mischungen dieser Substanzen werden unter der Abkürzung ITS oder ITES von verschiedenen Herstellern angeboten.
2. β-Mercaptoethanol (1-10 µM).
3. Dazu sollte noch eine Fettquelle kommen, entweder in Form einer Rohfraktion Albumin (0,2-5 mg/ml) oder von fettsäurefreiem Albumin (1 mg/ml) mit einer spezifizierten Fettsäure, z. B. Linolsäure (0,05-5 µg) und LDL (0,1-2 µg). Andere Fettstoffquellen können auch eingesetzt werden, z. B. Sojabohnenlipide mit 20-200 µg/ml (vgl. Shacter 1987, Glassy et al. 1988).

Adaptation von Hybridomen an SF-Medien

Gutes Zellwachstum ist zwar Voraussetzung, aber primär gefragt ist eine möglichst hohe Immunglobulin-Sekretion. Die Umstellung der Hybridomzellen auf SF-Bedingungen kann auf verschiedene Weise erfolgen (s. u.). Es muß dabei berücksichtigt werden, daß jedes Hybridom andere Bedürfnisse an das Medium stellt. So gibt es viele robuste Klone, bei denen eine Adaptation an serumfreie Bedingungen schnell und problemlos möglich ist, aber auch einige Klone, bei denen dies schwierig oder gar nicht möglich ist.

Die Umstellung erfolgt in 2 Stufen:

1. Die Adaptationsphase an SF-Medium.
2. Die Etablierung dieser Zellen in SF-Medium erfordert mindestens 4 bis 6 Wochen kontinuierlichen Passagierens, bis sich stabil wachsende und produzierende Subzellinien etabliert haben. Zur Kontrolle wird in beiden Stufen mehrfach ein quantitativer Vergleich von Wachstum und Produktbildung unter standardisierten Kulturbedingungen durchgeführt.

Die Umstellung kann auf verschiedene Weisen durchgeführt werden:

1. Das Medium mit Serum wird ohne Adaptationsphase zu 100% durch das SF-Medium ersetzt. Im Extremfall wird direkt in serumfreiem Medium kloniert. Derartige Klone proliferieren allerdings häufig zu Beginn extrem langsam.
2. Der Serumgehalt wird über mehrere Passagen langsam reduziert. Diese Methode ist schonender, dauert aber vergleichsweise lang.
3. Es wird die gleiche Zellzahl ausgesät in Medium mit absteigender Serum-

Serumfreie Zellkultur 249

konzentration, in dem der Serumersatz aber schon zugegeben wird. Das Wachstumsverhalten wird beobachtet und bei der geringsten Serumkonzentration, bei der die Zellen gerade noch wachsen, werden die Zellen in dieser niedrigsten Konzentration für einige Tage gehalten, d. h. die erste Reduktion kann evtl. von 10% auf 2,5% oder 1% erfolgen. Nachdem sich die Zellen an diese Bedingung adaptiert haben, folgt eine zweite Reduktionsphase bis auf SF-Bedingungen, z. B. von 2% auf 1%, 0,5%, 0,2%, 0,1% und schließlich 0%. Wachsen die Zellen noch nicht in 0% Serum, muß eine dritte Adaptationsphase folgen.

Die Adaptation wird sinnvollerweise mit mehreren Replikaten pro Mediumvariante, z. B. in 96-Napf oder 24-Napf Kulturplatten durchgeführt.

ACHTUNG: Grundsätzlich steigt die Schwierigkeit, Zellen an serumfreies Medium zu adaptieren mit der Abnahme der Proteinkonzentration im Medium (s. o.). Zudem hat fast jeder Klon während der Umstellung auf SF-Bedingungen eine lag-Phase, der man durch Kulturmaßnahmen gegensteuern kann, indem man z. B. die Einsaatdichte erhöht (Faktor 2-3) oder nur 50% des Mediums beim Wechsel durch neues frisches Medium ersetzt.

Kritisch sind bei der Kultur von Hybridomen unter SF-Bedingungen:

1. Manche Klone sind empfindlich gegen zu niedrige Aussaatdichten (variieren!).
2. Die Zellen werden empfindlicher gegenüber mechanischen Belastungen (der Brutschrank muß vibrationsfrei sein, s. Kap. 6.6.1).

Abhilfe kann man im ersten Fall schaffen durch Erhöhung der Zellkonzentration, im zweiten Fall durch Zugabe von Substanzen, die die Viskosität erhöhen (z. B. mit Dextran) oder die mechanische Belastung reduzieren.

Bei einzelnen Klonen kann es Monate dauern, bis klar ist,

1. ob sich ein bestimmtes Hybridom überhaupt serumfrei kultivieren läßt,
2. welches die minimal benötigte Proteinkonzentration im SF-Medium ist und
3. welche Supplementkombination hierzu notwendig ist.

Inwieweit sich die Umstellung durch Zugabe von Wachstumsfaktoren wie z. B. HECS oder IL-6 (s. Kap. 5.2) beschleunigen läßt, ist noch unklar.

Wenn die Umstellung bei der Mehrzahl der Klone Probleme bereitet, sollte eine andere Myelomlinie zur Fusion verwendet werden oder es sollten robustere Klone bereits im Primärscreening selektiert werden.

Zu beachten ist, daß man bei allen Methoden Subzellinien erhält, die - wegen des ausgeübten Selektionsdrucks - nicht mehr unbedingt mit der Ausgangslinie identisch sind bezüglich des Karyotyps, der Wachstumseigenschaften und der Antikörperbildung.

Bei einmaliger MAK-Produktion

Einige Klone lassen sich nur unter großen Schwierigkeiten (Zeit, personeller Aufwand, Geld) an serumfreie Bedingungen adaptieren. In aller Regel stellen solche Hybridome ihr Wachstum unter serumfreien Bedingungen ein, sezernieren aber noch für mehrere Tage Immunglobuline in den Überstand. Eine sinnvolle Alternative ist nun, eine größere Menge von Zellen im gewohnten serumhaltigen Medium heranzuzüchten, die Zellen serumfrei zu waschen und dann direkt mit hoher Zelldichte (ca. $1-2 \times 10^6$ Zellen/ml) in das serumfreie Medium zu überführen. Je nach Kultursystem lassen sich solche Zellen mindestens 3 bis 14 Tage „melken".

Wachstumsverhalten und Produktionsleistung in SF-Medien

Vorhersagen kann man das Wachstumsverhalten im SF-Medium nicht. So kann die Verdopplungszeit unter SF-Bedingungen gleich bleiben oder sich aber auch wesentlich verlängern. Dabei bleibt die maximale Zellkonzentration meist niedriger als im serumhaltigen Medium (Tharakan und Chau, 1986).

Die Antikörperproduktion kann unter SF-Bedingungen genauso gut sein wie bei Zusatz von Serum (Cleveland et al. 1983). Es liegen sogar Daten über höhere Produktleistungen vor, die über längere Zeit (Monate) stabil bleiben (Chang et al. 1980, Glassy et al. 1988). Tharakan und Chau (1986) und Glassy et al. (1987) konnten zeigen, daß bei einzelnen Klonen mit diversen proteinarmen Medien eine höhere Ig-Ausbeute möglich war als beim Wachstum in Medium mit Serum.

Kostenbetrachtung

Ist der Hauptgrund für eine SF-Kultur der hohe Preis von fötalem Kälberserum (FKS), so gibt es einfache Möglichkeiten der Kostenreduktion:
1. Reduktion des Serumgehaltes auf 1–5% (geht meist problemlos),
2. Ersatz des FKS durch selbst vorgetestete Seren von Rindern oder Pferden (s. Kap. 6.6.1) und
3. der Einsatz von Serumfraktionen.

Mit diesen Varianten werden allerdings die oben genannten Probleme eines Serumzusatzes nicht geringer.

Der Preisvergleich zeigt, daß serumfreie Medien mit niedrigem Proteingehalt oder definierte Medien etwa gleich teuer sind wie Medium mit 10%igem FKS-Zusatz (Mizrahi und Lazar 1988). Ist allerdings für ein spezielles Hybridom der Zusatz besonderer Wachstumsfaktoren notwendig, können die Kosten deutlich höher liegen.

Der Preis von serumfreien Medien mag hoch erscheinen, ist aber durchaus begründet: Hybridomzellen, die Antikörper produzieren, sind komplexe Säugetierzellen, die wiederum komplexe Medien brauchen. Ohne entsprechende (und teure) Qualitätskontrollen wäre eine gleichbleibende Mediumqualität nicht zu garantieren.

Darüber hinaus sollten Mediumkosten im Gesamtrahmen der Produktionskosten gesehen werden. Diese enthalten das Anlegen einer Zellbank, den Zellproduktionslauf, das sog. downstream-processing (die Reinigung), eine Qualitätskontrolle etc. Wenn z. B. ein serumfreies Medium (bei doppelt so hohen Kosten wie herkömmliches) die Kosten für Reinigung und Qualitätskontrolle halbiert, können durchaus erhebliche Kostenersparnisse erzielt werden (Mizrahi und Lazar 1988).

Die größten Kosteneinsparungen sind aber wahrscheinlich durch die Selektion geeigneter Zellstämme möglich (Griffiths 1986). Es ist sicherlich vernünftiger, einen Klon zu selektieren, der zu einem Medium paßt, als ein Medium zu entwickeln, das zu einem bestimmten Klon paßt.

Literatur

Barnes D, Sato GH (1980a) Methods for growth of cultured cells in serum-free medium. Anal Biochem 102: 255-270

Barnes D, Sato G (1980b) Serum-free cell culture: a unifying approach. Cell 22: 649-655

Cleveland WL, Wood I, Erlanger BF (1983) Routine large-scale production of monoclonal antibodies in a protein-free culture medium. J Immunol Meth 56: 221-234

Chang TH, Steplewski Z, Koprowski H (1980) Production of monoclonal antibodies in serum free medium. J Immunol Meth 39: 369-375

Glassy MC, Peters RE, Mikhalev A (1987) Growth of human-human hybridomas in serum-free media enhances antibody production. In vitro Cell Develop Biol 23: 745-749

Glassy MC, Tharakan JP, Chau PC (1988) Serum-free media in hybridoma culture and monoclonal antibody production. Biotechnol Bioeng 32: 1015-1028

Griffiths B (1986) Can cell culture medium costs be reduced? Strategies and possibilities. TIBTECH October: 268-272

Jayme DW, Epstein DA, Conrad DR (1988) Fetal bovine serum alternatives. Nature 334: 547-548

Kawamoto T, Sato JD, Le A, McClure DB, Sato GH (1983) Development of a serum-free medium for growth of NS-1 mouse myeloma cells and its application to the isolation of NS-1 hybridomas. Anal Biochem 130: 445-453

Kawamoto T, Sato JD, McClure DB, Sato GH (1986) Serum-free medium for the growth of NS-1 mouse myeloma cells and the isolation of NS-1 hybridomas. Meth Enzymol 121: 266-292

Kovar J (1986) Hybridoma cultivation in defined serum-free media-growth supporting substances III. ethanolamine, vitamins and other low molecular weight nutrients. Folia Biol Prague 32: 369-376

Kovar J, Franek F (1984) Serum-free medium for hybridoma and parental myeloma cell cultivation: A novel composition of growth-supporting substances. Immunol Lett 7: 339-345

Kovar J, Franek F (1987) Iron compounds at high concentrations enable hybridoma growth in a protein free-medium. Biotechnol Letts 9: 259-264

Mizrahi A, Lazar A (1988) Media for cultivation of animal cells: an overview. Cytotechnology 1: 199-214

Murakami H, Masui H, Sato GH, Sueoka N, Chow TP, Kano-Sueoka T (1982) Growth of hybridoma cells in serum-free medium: ethanolamine is an essential component. Proc Natl Acad Sci USA 79: 1158-1162

Samoilovich S, Dugan CB, Macario AJL (1987) Hybridoma technology: new developments of practical interest. J Immunol Meths 101: 153-170

Shacter E (1987) Serum-free medium for growth factor-dependent and -independent plasmocytomas and hybridomas. J Immunol Meth 99: 259-270

Tharakan JP, Chau PC (1986) IgG production kinetics in serum free medium. Biotechnol Lett 8: 529–534

Waymouth C (1984) Preparation and use of serum-free culture media. In: Methods for preparation of media, supplements, and substrata for serum-free animal cell culture. New York: Alan R. Riss, pp 23–68

7.5 Überprüfung der Antikörper-Eigenschaften

7.5.1 Protokollierung der Produktion und Qualitätskontrolle von monoklonalen Antikörpern

H. BAUMGARTEN

Für die Generierung von antigenspezifischen Hybridomen, die Produktion von MAK und deren Qualitätskontrolle sind viele Einzelschritte notwendig, die einer Protokollierung bedürfen. Nur wenn dies tatsächlich gemacht wird, stehen später all die Daten zur Verfügung, die für einen effizienten Umgang mit diesem MAK oder für eine Publikation benötigt werden.

Speziell für die Qualitätskontrolle von Maus-MAK, die für den Einsatz im Patienten vorgesehen sind, gibt es nationale und europäische Richtlinien (s. Kap. 13). Diese gehen allerdings z. T. deutlich über den Rahmen hinaus, der für den ausschließlich in-vitro benutzten murinen MAK notwendig ist. Nur diejenigen Daten werden in der folgenden Liste aufgeführt, die für die letztgenannten MAK relevant sind.

Myelomzellen:
Herkunft (Lieferant)
Herkunft (Mausstamm)
Ig-Produzent (ja/nein)
Mykoplasmen-Kontamination (ja/nein)
Rückmuster eingefroren (ja/nein)

Immunzellen:
Mausstamm
Herkunft des Immunogens
Immunisierungsmethode

Fusion und Klonierung:
Fusionsmethode
Klonierungsmethode

Identität/Leistung der Hybridomlinie:
Immunglobulin-Klasse und -subklasse
Isoenzymmuster bzw. IEF-Fingerprint
Immunchemische Marker
Kontamination mit Mykoplasmen/anderen Mikroorganismen
Syntheseleistung: Ig im Überstand
Anteil Producer (= Prozentsatz Zellen mit Ig-Synthese)

Antikörper:
Diese Daten sollten in einem gesonderten MAK-Steckbrief zusammengefaßt werden:

MAK-Steckbrief (Analysenblatt, Qualitätskontrolle)

Schnell kann eine Fülle von Informationen zu einem MAK vorliegen. Verfügt man nur über ungereinigten Kulturüberstand, sind es wenige Daten. Verwendet man allerdings schon über z. B. enzymmarkierte Antikörperfragmente, so sind es viele Daten. Nur wenn entsprechende Qualitätskontrollen bei jedem wichtigen Präparationsschritt durchgeführt und dokumentiert werden, kann bei eventuellen Veränderungen der MAK-Eigenschaften eine Fehleranalyse betrieben werden.

Name des MAK/Klones	.... (z. B. die ATCC-Nr.)
(Re-)Klonierung	Nr...... vom ....
Antigen	....
Antigen-Spezifität	Kreuzreaktivität, Affinität, ...
Besonderes	Paraffingängigkeit, Komplement-Bindung,
Isotyp	IgG_1, IgG_{2a}, IgG_{2b}, IgG_3, IgM, IgA, IgD, IgE
Herkunft	Serum, Aszites, Kulturüberstand, serumfrei, serumhaltig, ...
Reinigung (Methode)	SAS-Fällung, DEAE-Chromatographie, Mono-S, Mono Q, Protein A/G ......
Reinheit (Methode)	Säulenchromatographie/HPLC/FPLC, SDS-PAGE, native PAGE, ...
Fragmentierung	F(ab')$_2$, F(ab') ....
Kopplung	Biotin, FITC, Rhodamin, Peroxidase, Toxin, ...
Effizienz der Kopplung	(F/P Quotient, etc.) ....
Proteinbestimmung nach	Folin, Bradford, OD280 (1% = 12), Ig-ELISA, ...
Eichprotein	RSA, Fraktion ... von ....
Lösungspuffer für MAK	PBS, PBS + 1% RSA, ...
MAK-Konzentration	.... µg/ml
Bemerkungen	....

Literatur

Hamilton RG, Reimer CB, Rodkey LS (1987) Quality control of murine monoclonal antibodies using isoelectric focusing affinity immunoblot analysis. Hybridoma 6: 205–217

Rickard EC, Sittampalam GS, Clodfelter DK (1988) Protein assays for monoclonal antibodies. Bio Techniques 6: 982–992

7.5.2 Genomstabilität von Maus-Hybridomen

M. Kubbies

Nach der Fusion von Milzzellen der Maus mit einem adäquaten Fusionspartner werden Antikörper-produzierende Hybridome selektiert. Aufgrund initialer Chromosomenverluste nach erfolgter Fusion besitzen die Hybridome unterschiedliche Chromosomensätze. Nach erfolgter Klonierung und bei genomischer Stabilität ist dann die Genomgröße ein charakteristisches Merkmal eines Klons.

Die Chromosomenanalytik ist aufgrund der folgenden Nachteile für ein schnelles und praktisches Routineverfahren kaum geeignet: hoher zeitlicher Aufwand, statistische Variabilität der Chromosomenzählung bei höheren Chromosomenzahlen (z. B. größer 60), nur sehr schwere Differenzierung der hauptsächlich akrozentrischen Chromosomen der Maus. Das gleiche Problem tritt auch bei Routineuntersuchungen der Genomstabilität von Maus-Mensch-Heterohybridomen auf. Für eine schnelle Routineanalytik eignet sich besser die Bestimmung der Genomgröße und deren Stabilität in Langzeitkulturen mit Hilfe der durchflußzytometrischen Bestimmung des DNA-Gehalts.

Hierbei werden die Hybridome nach Fixierung oder Detergenzlyse mit einem DNA- oder Nukleinsäure-spezifischen Fluoreszenzfarbstoff inkubiert. Die gebundene Menge an Fluorochrom wird in Durchflußzytometern lichtoptisch erfaßt, quantifiziert (Kap. 6.7.2.) und ist korreliert mit der Genomgröße der Zelle.

Optimal für solche Genomgrößenmessungen sind kleinere analytische Durchflußzytometer mit Quecksilberhochdrucklampen und Anregung mit UV-Licht. Bei Geräten mit Lasern als Lichtquelle empfiehlt sich die Anregung bei 488 nm mit etwa 50 bis 150 mW Ausgangsleistung.

Wegen grundlegend vorhandener Variabilitäten (Technik, Zytochemie) werden mindestens 1×10^4 bis 5×10^4 Zellen innerhalb einer Minute gemessen. Zur Absicherung gegenüber Meßsystemschwankungen und zur Quantifizierung der Genomgröße sollte ein invarianter, biologischer Standard gleichzeitig mit gemessen werden. Besonders geeignet sind hierfür die kernhaltigen Erythrozyten aus Huhn oder Forelle, die leicht in größeren Mengen präpariert werden können (bei 10^5 Erythrozyten pro Messung reicht 1 ml Hühnerblut für mehrere tausend Analysen). Je nach verwendetem Fluorochrom und Meßgerät liegt das Auflösungsvermögen von Genomgrößenunterschieden zwischen 2 und 4 Prozent des Gesamtgenoms.

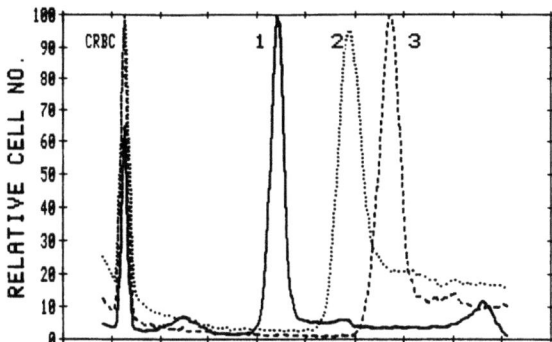

Abb. 27. Genomgrößen von verschiedenen Hybridomlinien

In Abb. 27 sind drei Beispiele von Genomgrößenschwankungen bei Maushybridomen dargestellt. Die Ergebnisse der Analysen verschiedener Hybridomlinien einer Antikörperspezifität wurden übereinandergelegt. Der linke Peak entspricht dem invarianten Hühnererythrozytenstandard (etwa 2,4 pg DNA pro Zellkern), und rechts zeigen die G1-Phase Zellen (Nummer 1, 2 und 3) unterschiedliche Fluoreszenzintensitäten und somit Genomgrößen. Für sich betrachtet sind die verschiedenen Klone jedoch homogen in ihrer Genomgröße mit einer symmetrischen Gaussverteilung.

Die Heterogenität von Hybridomen bezüglich ihrer Genomgröße innerhalb einer Kultur ist in Abb. 28 dargestellt. Nach erfolgter Reklonierung bildeten sich in der hochwachsenden Kultur drei verschiedene Klone mit unterschiedlicher Genomgröße heraus (G1', G1" und G1"').

Zwei Aspekte sind bei der Genomgrößenbestimmung von Hybridomen noch wichtig: 1. Der Verlust von Chromosomen kann, muß aber nicht zum Verlust der Antikörper-Produktion führen. 2. Das Herausbilden von Subpopulationen mit unterschiedlicher Genomgröße ist das wahrscheinliche Ereignis (Abb. 28), eine Genomgrößendrift der Gesamtpopulation aber äußerst unwahrscheinlich.

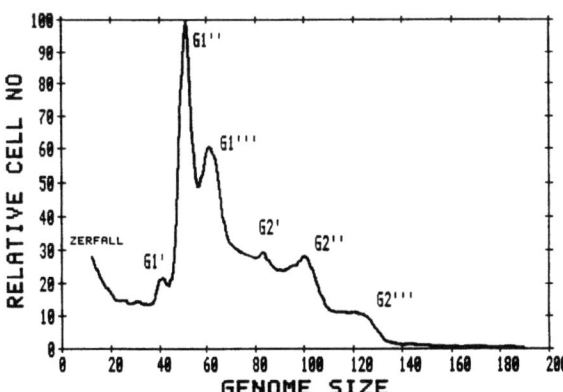

Abb. 28. Genomheterogenität von Hybridomen nach Klonierung

Material

DNA-Inkubationspuffer	100 mM Tris, pH 7,4
	154 mM NaCl
	1 mM $CaCl_2$
	0,5 mM MgCl2
	0,2% Rinderserumalbumin
	0,1% Detergenz Nonidet P40
	20 µg/ml Ethidiumbromid oder Propidiumjodid
	2 µg/ml Hoechst 33258 oder DAPI
	(bei Vermeidung bakterieller Kontamination ist diese Lösung mehrere Monate haltbar)
RNase	10 Kunitz Units/5×10^5 Zellen, Boehringer Mannheim Nr. 109 126
Alseverlösung	72 mM NaCl
	27 mM Natrium-Citrat
	2.6 mM Citronensäure
	103 mM D-Glucose
Einfriermedium	Medium, z. B. MEM oder RPMI-1640 mit 10% Serumzusatz und 10% DMSO

Sämtliche angegebenen Substanzen und Fluorochrome können ohne nennenswerte Qualitätsunterschiede von verschiedenen Herstellern (z. B. Merck, Serva) bezogen werden. Achtung: die Nukleinsäure-spezifischen Fluorochrome sind potentiell mutagen und kanzerogen; entsprechende Vorsichtsmaßnahmen wie z. B. das Tragen von Handschuhen und eine geeignete Abfallentsorgung sind zu berücksichtigen.

Vorgehen

Nach der Blutentnahme von Hühnern oder Fischen werden die Erythrozyten mehrfach mit Alseverlösung gewaschen, bis der Überstand klar ist. Sie werden in vorgekühltem Einfriermedium aufgenommen und bei $-20\,°C$ tiefgefroren (s. Kap. 5.3.1). Diese Zellen dienen als invarianter, biologischer Genomgrößenstandard und sind mindestens zwei Jahre bei unveränderter Qualität haltbar.

Nukleinsäurefärbung

Die Hybridomzellen werden aus der Kultur entnommen, und im Verhältnis von 1:5 bis 1:10 werden Standardzellen zupipettiert. Nach Zentrifugation wird zu dem Pellet DNA-Inkubationspuffer gegeben. Für die Messung sollte die Zellkonzentration etwa 5×10^5 Zellen/ml betragen.

Das DNA-bindende Fluorochrom wird je nach Anregungsart gewählt: Bei Anregung mit UV-Licht wird Hoechst 33258 oder Dapi verwendet, bei Blau-

Anregung (488 nm) Ethidiumbromid oder Propidiumjodid. Da beide letzteren Fluorochrome jedoch Nukleinsäure-spezifisch sind, muß zu den Zellen noch RNAse A zugegeben werden (wegen möglicher DNAse-Kontamination die RNAse-Lösung bei 85°C für 2 Std. inaktivieren).

Bei frischen oder auch aufgetauten Hybridomzellen beträgt die Inkubationsdauer in der Fluorochromlösung etwa 30 Minuten bei 4°C. Bei alkoholfixierten Zellen sollte mindestens zwei Stunden oder über Nacht inkubiert werden.

ACHTUNG: die Fluorochrome sind lichtempfindlich; die Proben sollen deshalb im Dunklen aufbewahrt werden.

Datenauswertung

Die Datenauswertung erfolgt über die Mittelwertsbestimmung des G1-Phase Peaks der Hybridome und des Peaks des invarianten Standards. Der Quotient beider Werte ist ein Maß für die Genomgröße der Hybridome. Zu beachten ist, daß bei Verwendung von Fluorochromen mit verschiedener Basenpaarspezifität (z. B. Hoechst 33258 AT und Chromomycin A3 GC) und bei unterschiedlicher AT/GC Ratio des Standards und der Hybridome die Quotienten unterschiedlich sind. Deshalb sollten alle Messungen mit einem Fluorochrom durchgeführt werden.

Literatur

Thornthwaite JT, Everett D, Sugarbaker V, Temple WJ (1980) Preparation of tissues for DNA flow cytometric analysis. Cytometry 1: 229–237
Vindelov LL, Christensen IJ, Nissen NI (1983) Standardisation of high-resolution flow cytometric DNA-analysis by the simultaneous use of chicken and trout red blood cells as internal reference standards. Cytometry 3: 328–331
Tietz F, Friedl R, Hoehn H, Kubbies M (1987) Determination of base pair ratio and DNA content in mammalian species using flow cytometry. In: Clinical Histometry and Cytometry, Burger G, Ploem JS, Goerttler K (eds), Academic Press, New York, pp 189–191

8 Reinigung von monoklonalen Antikörpern und Herstellung von Antikörper-Fragmenten

8.1 Reinigung von monoklonalen Antikörpern: Ein Überblick

M. Oppermann

Der Verwendungszweck eines monoklonalen Antikörpers (MAK) bestimmt wesentlich den erforderlichen Reinheitsgrad einer Antikörperpräparation. Wird beispielsweise in der indirekten Immunfluoreszenz oder -zytochemie ein ausreichend spezifisches anti-MAK Nachweiskonjugat eingesetzt, erübrigt sich in den meisten Fällen eine weitere Aufreinigung des konzentrierten Kulturüberstandes oder von Aszites. Sollen MAK hingegen direkt markiert werden (s. Kap. 9 ff.), muß eine Kontamination mit Fremdproteinen (wie Insulin oder Transferrin) aus dem Mausaszites oder dem Kulturmedium ausgeschlossen werden, da diese über eine Bindung an ihre spezifischen membranständigen Rezeptoren eine Bindung des MAK an diese Zellen vortäuschen könnten. Aus ähnlichen Gründen verbietet sich der Einsatz nur ungenügend gereinigten Materials in biologischen Testsystemen, in denen Kontaminanten Effekte bewirken können, die fälschlicherweise den MAK zugeschrieben würden. Ein Antikörper der gleichen Immunglobulinsubklasse, der nicht mit dem fraglichen Antigen reagiert, aber aus derselben Fusion stammt und unter gleichen Bedingungen hergestellt wurde, kann in derartigen Fällen als Kontrollantikörper dienen. Wiederum besonderen Kriterien müssen MAK-Präparationen genügen, die zu therapeutischen Zwecken in-vivo eingesetzt werden sollen (s. Kap. 1.3).

Welches Verfahren für die Reinigung von MAK gewählt wird, richtet sich neben dem angestrebten Reinheitsgrad vor allem nach der Produktionsweise (Kulturüberstand/Aszites), dem Ig-Isotyp und den zur Verfügung stehenden apparativen Voraussetzungen. Das in der Abb. 29 dargestellte Vorgehen hat sich in der Praxis bewährt, dennoch empfiehlt sich bei der erstmaligen Aufreinigung eines MAK, zunächst an einem kleinen Ansatz eine geeignete Methode zu ermitteln, die später auf größere Mengen übertragen werden kann. Dies gilt insbesondere für Reinigungsschritte unter potentiell denaturierenden Bedingungen wie die pH-Elution einer Protein-A/G-Affinitätssäule oder die Präzipitation von IgM-Euglobulinen, die mit einem Affinitäts- und Spezifitätsverlust der MAK einhergehen können.

Bei der Aufreinigung von MAK des IgG-Isotyps aus Aszites führt die Ammonium- oder Natriumsulfatfällung (s. Kap. 8.1.1) hauptsächlich zur Abtrennung des Albumins von den Immunglobulinen. Eine sich anschließende Anionenaustausch-Chromatographie (s. Kap. 8.1.3) führt in aller Regel zu

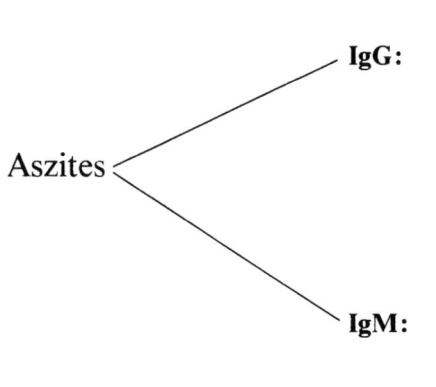
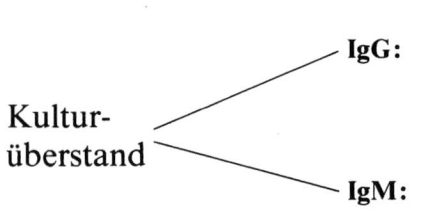

Abb. 29. Übersicht über die wichtigsten Reinigungsverfahren für monoklonale Antikörper. Erklärungen im Text

MAK-Präparationen, die eine für Markierungen und proteolytische Fragmentierungen ausreichende Reinheit aufweisen. Die Affinitätschromatographie auf Protein A (s. Kap. 8.1.2) bietet sich als Alternative für Maus-IgG2a und -IgG2b an, die an Protein A gut binden und bei der geringen Ionenstärke gelegentlich aggregieren, die für die Bindung an Anionenaustauschsäulen erforderlich wären. Aber auch MAK anderer IgG-Subklassen binden bei entsprechenden pH-Bedingungen an Protein-A- bzw. Protein-G-Affinitätssäulen (s. Kap. 8.1.2).

Monoklonale Antikörper des IgM-Isotyps sind wegen ihrer Anfälligkeit gegenüber denaturierenden Bedingungen weniger leicht zu handhaben als MAK des IgG-Typs. Im ersten Schritt wird das Ausgangsmaterial durch Fällung bei 40% Ammoniumsulfat (s. Kap. 8.1.1) oder die Herstellung einer Euglobulin-Fraktion bei niedriger Ionenstärke und einem pH nahe des isoelektrischen Punktes der IgM-Immunglobuline (z. B. 2 mM Phosphat-Puffer, pH 6,0) konzentriert und das Präzipitat in einem kleinen Volumen Phosphat-Puffer, pH 7,2 und 0,2 M NaCl aufgelöst. Es folgt eine Gelchromatographie auf Sepharose 6B oder Sephacryl S-500 (Pharmacia) oder vergleichbaren Säulenmaterialien anderer Hersteller. Eine alternativ oder zusätzlich vorgenommene Anionenaustauschchromatographie setzt voraus, daß Bedingungen gefunden werden, unter denen die IgM-MAK einerseits nicht aggregieren und andererseits noch an den Ionenaustauscher binden.

Die Reinigung von MAK aus Aszites führt bestenfalls zu Präparationen, deren Kontaminationen sich nach Affinitätschromatographie auf Protein A auf Immunglobuline des gleichen Isotyps aus der Aszitesmaus beschränken. Sollen auch derartige Kontaminationen durch Immunglobuline undefinierter Spezifität sicher ausgeschlossen werden, bietet sich die aufwendige Affinitätschromatographie am spezifischen Antigen oder die einfachere Aufreinigung von MAK aus Kulturüberständen an. Spezifische Probleme bei der Aufreinigung von MAK aus Kulturüberständen im Unterschied zu Aszites resultieren aus den wesentlich größeren Ausgangsvolumina und um den Faktor 100–1000 niedrigeren MAK-Konzentrationen. Ammoniumsulfatfällungen sind daher ebensowenig praktikabel wie Ionenaustausch-Chromatographien, bei denen übermäßig viel der verfügbaren Säulenkapazität durch Proteine des Kulturmediums beansprucht werden würde. Die Affinitätschromatographie auf Protein A bzw. Protein G ist aus diesen Gründen die Methode der Wahl für die Reinigung von MAK der IgG-Klasse (s. Kap. 8.1.2). Dieses Vorgehen eignet sich auf Grund der geringen Affinität von Protein A für IgM allerdings nicht für die Reinigung von IgM-MAK. Eine sich anschließende Anionenaustausch-Chromatographie kann u. U. die Reinheit der Präparation weiter steigern.

Neben den hier erwähnten und in den nachfolgenden Kapiteln im Detail beschriebenen Standard-Methoden sind in der Literatur eine große Zahl weiterer Verfahren zur MAK-Reinigung zu finden, auf die im folgenden kurz eingegangen werden soll.

Die Verwendung eines Kationen- anstelle eines Anionenaustauschers bei der Aufreinigung von MAK aus Kulturüberständen bietet den theoretischen Vorteil, daß bei entsprechenden Pufferbedingungen mehr Säulenkapazität für die Bindung der MAK zur Verfügung steht. So wurde ein Protokoll beschrieben, das die Aufreinigung von MAK verschiedener IgG-Isotypen aus Kulturüberständen mittels Umsalzung auf Sephadex G-25 und Kationaustauschchromatographie auf S Sepharose fast flow, gefolgt von einer Gelfiltration auf Sephacryl S-200 HR (alle Säulenmaterialien Pharmacia) ermöglicht (Malm 1987).

Die Entwicklung neuartiger Säulenmatrices, die hinsichtlich ihrer mechanischen und pH-Stabilität ebenso wie ihrer Partikelgrößen gegenüber konventionellen Säulenmaterialien Vorteile aufweisen, ermöglicht die Aufreinigung von Kulturüberständen wie auch von Aszites mittels HPLC-Anlagen mit verbesserter Auflösung bei hohen Flußraten. Für diese Zwecke eignen sich Anionenaustauschsäulen verschiedener Hersteller (Burchiel 1986; Crane 1987). Die Bakerbond ABx-Säule (Baker) ist ein Mischbettaustauscher, der eine verbesserte Selektivität in der Bindung von Immunglobulinen gegenüber den wichtigsten Proteinkontaminanten Albumin und Transferrin aufweist. Reine MAK-Präparationen verschiedener Maus- und Ratten-Ig-Subklassen ließen sich unter Verwendung dieser Säule sowohl direkt aus Aszites als auch aus Kulturüberständen herstellen (Crane 1987; Ross et al. 1987).

Eine heute selten praktizierte Reinigungsmethode besteht in der präparativen Zonen-Elektropherese, die Auftrennungen insbesondere von MAK der IgM- und IgA-Klasse ermöglicht. Nachteile bestehen in den nur geringen Ausbeuten und dem hohen experimentellen Aufwand.

Hinweise zur Aufreinigung monoklonaler Ratten-Antikörper aus Aszites bzw. aus Kulturüberständen finden sich bei Bazin et al. (1984) und Bodeus et al. (1985).

Literatur

Bazin H, Cormont F, De Clercq L (1984) Rat monoclonal antibodies. II. A rapid and efficient method of purification from ascitic fluid or serum. J Immunol Meth 71: 9–16

Bodeus M, Burtonboy G, Bazin H (1985) Rat monoclonal antibodies. IV. Easy method for in vitro production. J Immunol Meth 79: 1–6

Burchiel SW (1986) Purification and analysis of monoclonal antibodies by high-performance liquid chromatography. Methods Enzymology 121: 596–615

Crane LJ (1987) Purification of monoclonal antibodies by highperformance ion-exchange chromatography. In: Schook LB (Ed) Monoclonal antibody production techniques and applications. Marcel Dekker, New York/Basel, pp 139–171

De Rie MA, Zeijlemaker WP, Von dem Borne AEGK, Out TA (1987) Evaluation of a method of production and purification of monoclonal antibodies for clinical applications. J Immunol Meth 102: 187–193

Goding GW (1983) Monoclonal antibodies. Principles and practice. Academic Press, London/New York

Malm B (1987) A method suitable for the isolation of monoclonal antibodies from large volumes of serum-containing hybridoma cell culture supernatants. J Immunol Meth 104: 103–109

Menozzi FD, Vanderpoorten P, Dejaiffe C, Miller AOA (1987) One-step purification of mouse monoclonal antibodies by mass ion exchange chromatography on zetaprep. J Immunol Meth 99: 229–233

Ross AH, Herlyn D, Koprowski H (1987) Purification of monoclonal antibodies from ascites using ABx liquid chromatography column. J Immunol Meth 102: 227–231

8.1.1 Ammoniumsulfatfällung monoklonaler IgG-Antikörper aus Hybridomaszites

R. WÜRZNER und M. SCHULZE

Eine einfache Standardmethode zur Anreicherung monoklonaler Antikörper aus Hybridomaszites ist die Salzfällung. Anorganische Salze verringern die Dipolwechselwirkungen von Oberflächenaminosäuren mit dem Lösungsmittel, die für die Löslichkeit von Proteinen notwendig sind. Dies führt zum Ausfallen der Proteine. Salzfällungen denaturieren die Antikörper nicht (Jonak 1982), reduzieren aber den Anteil kontaminierender Serumproteine. Da das durch Zentrifugation gewonnene Pellet auch in kleineren Volumina wieder aufgenommen werden kann, ist hiermit auch eine Konzentrierung möglich. Bei der Ammoniumsulfatfällung wird als Stammlösung eine gesättigte Ammoniumsulfatlösung (saturated ammonium sulfate = SAS), bei der prinzipiell gleich durchgeführten Natriumsulfatfällung eine 36%ige (w/v) Na_2SO_4-Lösung verwendet.

Bei Endkonzentrationen SAS : (SAS + Aszites) unter 30% (v/v) fallen mit einigen Makromolekülen auch IgM aus. Die übrigen Immunglobuline präzipitieren bei einem Anteil von 35%-45% SAS (v/v), höhere Endkonzentrationen als 50% führen zur Präzipitation von Transferrin und Albumin (Goding 1983).

IgG Antikörper aus Aszites werden durch eine 50% SAS-Fällung gereinigt. Bei einer Reinigung von IgG aus Serum ist wegen des hohen IgM Anteils eine vorgeschaltete 28% SAS-Fällung der IgM zu empfehlen. Diese fraktionierte Fällung führt zu einer höheren Reinheit bei geringerer Ausbeute.

Zuzugebende gesättigte Ammoniumsulfatlösung berechnet sich wie folgt:

$$Vx = \frac{Cx - Co}{1 - Cx} Vo$$

wobei:

Vx = Volumen der zugegebenen gesättigten Ammoniumsulfatlösung (ml)
Vo = Volumen der Antikörperlösung (z. B. Aszites) (ml)
Cx = Endkonzentration des Ammoniumsulfates
Co = Anfangskonzentration des Ammoniumsulfates

Wird Aszites 50% gefällt, so ist Cx = 0,5 und Co = 0. Ist der 50% Fällung eine 28% Fällung vorausgegangen, so ist in diesem Fall Co = 0,28.

Ammoniumionen können mit Markierungen von MAK interferieren, wenn die Bindung über Aminogruppen erfolgt. Sie werden daher nach der Fällung durch Dialyse entfernt oder durch Gelfiltration z. B. über eine Sephadex G-25 Säule abgetrennt.

Material

Hochtourige Kühlzentrifuge   z. B. RC5B, Du Pont
Ammoniumsulfat   z. B. Merck Nr. 1211

Vorgehen

1. Herstellung einer gesättigten Ammoniumsulfatlösung: Eine gesättigte Lösung enthält 4,1 (3,9) Mol/l Ammoniumsulfat bei 25 °C (4 °C) mit einem pH bei 4,4. Ammoniumsulfatsalz (max. 800 g/l) wird unter ständigem Rühren solange in vorgewärmtes destilliertes Wasser gegeben, bis es nicht mehr in Lösung zu bringen ist. Die fertige Lösung kann im Kühlschrank für Wochen bis Monate gelagert werden, wobei die Kristallbildung am Boden des Gefäßes die Sättigung anzeigt.

2. Vorbereitung des Aszites: Die *Aszitesflüssigkeit* wird durch zweimalige Zentrifugation (zuerst 500 g, 10 Min., dann 10000 g, 10 Min.) von Zellresten und Gerinnseln gereinigt. Ein eventuell auf der Oberfläche schwimmender Lipidfilm wird verworfen. Daraufhin wird das Volumen bestimmt. Alle weiteren Schritte werden im Eisbad durchgeführt.

3. SAS-Fällung: Ammoniumsulfat wird in gesättigter Lösung langsam zugegeben, da hohe lokale Konzentrationen zu einer Präzipitation von Proteinen führen, die sonst erst bei einer höheren SAS-Konzentration (v/v) ausfallen. Die Probe sollte daher gerührt werden (Magnetrührer), während die kalte (4°C) SAS-Lösung innerhalb einer halben Stunde bis zu der gewünschten Endkonzentration zutropft (z. B. aus einer oben offenen Spritze mit Kanüle Nr. 21 G × 1 1/2).

Danach wird die Lösung 1 Stunde lang im Eisbad gerührt. Nach der Zentrifugation (20000 g, 20 Min., 4°C) befinden sich die IgG bei der 28% Fällung im Überstand, bei der 50% Fällung jedoch im Pellet.

Eine nochmalige 50% Fällung kann zur eventuellen Erhöhung der Reinheit angeschlossen werden. Dazu wird das Pellet im Ausgangsvolumen PBS wieder aufgelöst und nochmals gefällt und zentrifugiert.

Das Pellet wird im gewünschten Volumen und Puffer aufgelöst. Nach Dialyse gegen diesen Puffer wird es weiter aufgereinigt (Kap. 8.1) oder bei −20°C aufbewahrt.

Das Gelingen der Fällung sollte z. B. durch eine SDS-PAGE (Kap. 10.17) mit Auftrag aller Präzipitate und Überstände kontrolliert werden (s. Abb.).

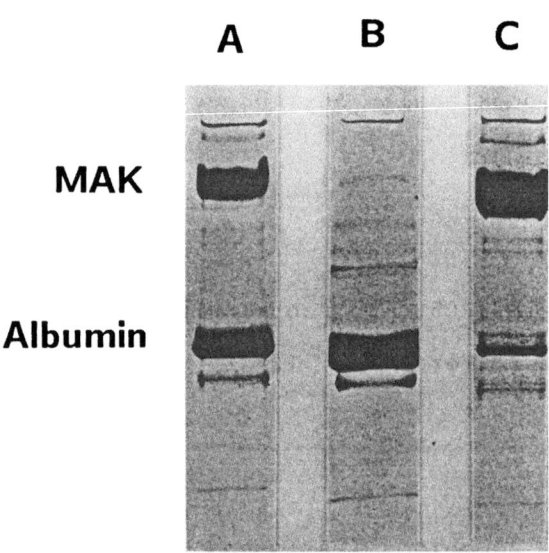

Abb. 30. SDS-PAGE von Aszitesflüssigkeit vor und nach Ammoniumsulfatfällung zum Nachweis der Proteinzusammensetzung von MAK aus Hybridomaszites nach Ammoniumsulfatfällung. Aufgetrennt wurden jeweils 30 µg Protein. Die Proteinbestimmung erfolgte durch Messung der optischen Dichte bei 280 nm. Anfärbung mit Commassie-Blue. *A* Hybridomaszites als Ausgangsmaterial, *B* Überstand und *C* Präzipitat nach 50% Ammoniumsulfat. Fremdprotein ist immer noch nachweisbar

Literatur

Goding JW (1983) Monoclonal antibodies: Principles and practice, Academic Press. London, p 100-101

Jonak ZL (1982) Isolation of monoclonal antibodies from supernatant by $(NH_4)_2SO_4$ precipitation. In: Kennett RH, McKearn TJ, Bechtol KB (eds) Monoclonal antibodies, Hybridomas: A new dimension in biological analyses. Plenum Press, New York, p 405-406

Weiterführende Literatur

Cooper TG (1981) Biochemische Arbeitsmethoden. Walter de Gruyter Verlag, Berlin, p 348-352

8.1.2 Protein A-/ Protein G-Säulen-Chromatographie

H. BAUMGARTEN

Protein A-Chromatographie

Unter der Vielzahl von Methoden für die Reinigung von monoklonalen Antikörpern (MAK) wird die Protein A-Chromatographie am häufigsten verwendet. Hierbei erfolgt eine einfache affinitätschromatographische Abtrennung von z. B. Maus- oder humanem IgG aus Aszitesflüssigkeiten oder Zellkulturüberständen (Forsgren und Sjöquist 1966; Langone 1982). Sie beruht auf der starken Bindung zwischen bakteriellem Protein A und dem Fc-Teil von Immunglobulin (Ig)-Molekülen. Die universellen Eigenschaften des Staphylokokkenproteins A (SpA) werden neuerdings auch bei der Reinigung rekombinanter Proteine ausgenutzt. Man fusioniert das SpA-Gen mit der kodierenden Sequenz für ein anderes Protein. Dies resultiert in einem Fusionsprodukt, das in einem Schritt affinitätschromatographisch aufgereinigt werden kann.

Das membranständige SpA des Cowan Stamm I hat ein Molekulargewicht von 42.000 Dalton und enthält kaum Zucker (weniger als 2%). Der isoelektrische Punkt liegt bei pH 5,1. Die Extinktion 1% bei 280 nm beträgt 1,65. SpA zeichnet sich durch eine außerordentliche pH-Stabilität von pH 1-12 aus. Die physikochemischen Eigenschaften von SpA anderer Stämme können jedoch von den genannten erheblich abweichen.

SpA hat vier globuläre, stark homologe, Immunglobulin-bindende Bereiche, die selektiv an die CH_2- und CH_3-Domäne binden. Die Bindung der verschiedenen humanen und Maus-IgG Subklassen ist pH-abhängig (Abb. 1). Gängige Rezepte zur Bindung von Maus-Ig verwenden Puffer im Bereich von pH 8-8,6. In diesem Bereich werden von den Maus-Immunglobulinen nur IgM, IgA und IgE eluiert. Ein Großteil der Maus-MAK hat die Subklasse IgG_1, die unter den üblichen Auftragungsbedingungen (pH 8-8,6) nur schwach an Protein A binden. Diese schwache Bindung von IgG1-MAK kann nach Juarez-Salinas und Ott (1985) durch Aufbringen der Probe bei pH 9 und 1 M Ammoniumsulfat deutlich gesteigert werden.

Die gebundenen Maus IgG-Antikörper lassen sich mit Stufengradienten eluieren: IgG$_1$ bei pH 6-8, IgG$_{2a}$ bei pH 4,5-6, IgG$_{2b}$ bei pH 3,5-4,5 und IgG$_3$ bei pH 4,5-6,0 (Seppälä et al. 1981). Aus praktischen Gründen wird aber meist nicht stufenweise, sondern nur mit einem einzigen Puffer im Bereich von pH 3,5 eluiert. Mit dieser 1-Schritt-Methode werden auch alle MAK mit abweichendem Elutionsverhalten erfaßt. Für humane Ig ergeben sich unterschiedliche Bindungs- und Elutionsprofile. Eine besonders schonende Variante für die Elution beschreiben Tu et al. (1988), die bereits mit einer Temperaturerhöhung auf 37 °C eine Ablösung vom Säulenmaterial beobachten.

Ausgangsmaterial für die Reinigung von MAK mit Hilfe der SpA-Chromatographie sind vor allem Aszitesflüssigkeiten und serumfreie *Zellkulturüberstände*. Medien, die Rinderserum (auch fötales) und damit bovines IgG enthalten, sind problematisch: Rinder-IgG, vor allem IgG$_{2a}$, hat eine höhere Affinität zu SpA als Maus-IgG (Langone 1982). Es konkurriert demnach mit Maus-IgG bereits bei der Bindung an SpA und reduziert damit die Bindungskapazität für den gewünschten monoklonalen Antikörper. Rinder-IgG eluiert allerdings schon bei pH 8, d.h. Maus IgG$_{2a}$, IgG$_{2b}$ und IgG$_3$ können sauber von Rinder-IgG getrennt werden.

Die hier geschilderte Methode der SpA-Chromatographie beschränkt sich auf die Reinigung von Maus-IgG. Für Immunglobuline anderer Spezies und Subklassen ist grundsätzlich dieselbe Methode anwendbar. Sie läßt sich ohne weiteres auch im Batchverfahren durchführen unter Verwendung identischer Puffer und Volumina.

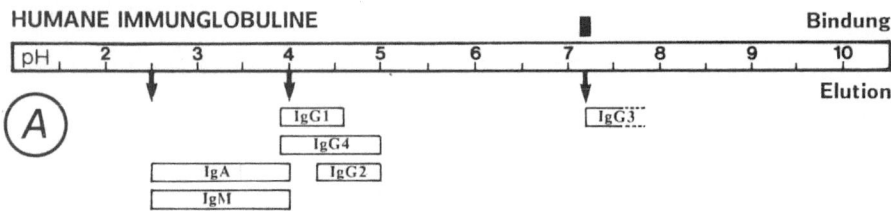

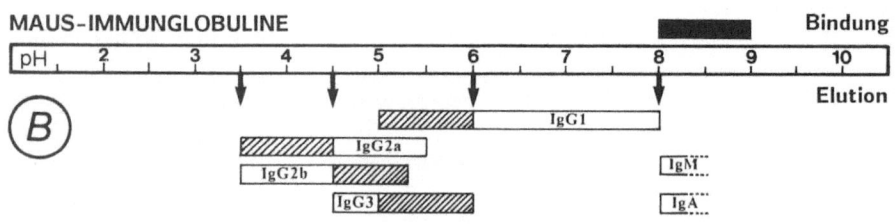

Abb. 31A, B. Schematisches Bindungs- und Elutionsprofil der Protein A-Chromatographie

Protein G-Chromatographie

In Ergänzung zu Protein A steht seit kürzerer Zeit auch Protein G zur Verfügung, ebenfalls ein Oberflächenprotein von Streptokokken (Nilson et al. 1986). Die physikochemischen Daten von Protein G sind: 2 Ig-Bindungsstellen, ca. 17.000 D, pI = 4,1 und pH-Stabilität von 2-10. Es bindet alle Immunglobuline aus Maus und alle IgG-Subklassen vom Menschen (nicht IgA und IgM). Darüber hinaus bindet es eine Reihe von Immunglobulinen, die von Protein A kaum oder nicht gebunden werden, z. B. Antikörper aus Ziege, Schaf und Rind (Akerstrom und Björk 1986; Akerstrom et al. 1985). Fc-freie Fragmente, z. B. F(ab')$_2$ werden nicht gebunden.

Die Bindung erfolgt bei niedrigerem pH als bei Protein A, nämlich bei pH 5-7. Bei höherem pH findet praktisch keine Bindung statt. Maus-MAK werden bei pH 4,8-6 mit einem Optimum bei pH 5,0 gebunden. Wegen einer hohen Bindungskonstanten zwischen Immunglobulin und Protein G (Dissoziationskonstante $10^9 - 10^{10}$ M/L) erfordert die Elution relativ saure Bedingungen, zwischen pH 2,5 und 3 mit einem Optimum bei pH 2,7. Eine stufenweise Elution verschiedener Subklassen verbietet sich deshalb.

Sowohl Protein A wie Protein G werden z. T. auch als rekombinantes Material von verschiedenen Herstellern (z. B. Boehringer Mannheim, Perstorp, Pharmacia, Sigma) angeboten. Über diese können auch umfangreiche Literaturlisten zu speziellen Anwendungen bezogen werden.

In der nachfolgenden Methode werden 3 Varianten der SpA/SpG-Chromatographie aufgeführt:

1. Das System mit dem geringsten apparativen Aufwand, die einfache Affinitätschromatographie,
2. die FPLAC (Fast Performance Liquid Affinity Chromatography) und
3. die HPLAC.

Material

Protein A-Sepharose	z. B. Protein A, kovalent gekoppelt an Sepharose CL-4B, Pharmacia Nr. 17-0780-01 (5 ml); Kapazität: 20 mg human-IgG/ml Gelbett
Protein G-Sepharose	z. B. rekombinantes Protein G, kovalent gekoppelt an Sepharose 4 Fast Flow, Pharmacia N. 17-618-01 (5 ml) Kapazität: 12 mg human-IgG/ml Gelbett
Protein G-Agarose	z. B. rekombinantes Protein G, kovalent gekoppelt an Agarose, Perstorp Biolytica Nr. 507452101 (1 ml) oder 507452105 (5 ml)
Photometer	z. B. UV-Monitor UV-1 von Pharmacia; für Durchflußmessung bei 280 nm mit angeschlossenem Schreiber, z. B. REC-2 und Pumpe P3, Pharmacia

Säule	z. B. 0,9 × 15 cm (Pharmacia: K9/15)
Puffer für Protein A	
Beladungspuffer	1 M Tris-HCl, pH 9,0
Elutionspuffer	0,2 M Na-Citratpuffer, pH 3,5
Puffer für Protein G	
Beladungspuffer	0,05 M NaH_2PO_4, pH 7,5 + 0,15 M NaCl
Elutionspuffer	0,1 M Zitrat, pH 2,5
FPLAC mit Protein G	
FPLC Säule	z. B. Pharmacia Nr. HR 5/10
Beladungspfuffer	20 mM Natriumphosphat, pH 7,0
Elutionspuffer	0,1 M Glycin, pH 2,7
HPLAC mit Protein G	rekombinantes Material, kovalent gekoppelt an Silica-Partikel, gepackt
HPLAC Säule	Perstorp Biolytica, Nr. 107103005 (5 cm × 3 mm) oder Nr. 107105005 (5 cm × 5 mm) Kapazität: 12 mg human-IgG/ml Gelbett
Beladungspuffer	0,05 M NaH_2PO_4, pH 6,5
Elutionspuffer	0,05 M Glycin, pH 2,5
Druckfilter-Gerät	z. B. Rührzelle zur Druckfiltration, Amicon
Filtermembranen	passend zur Rührzelle, YM 10 (Ausschluß 10.000), YM 30 (30.000 D) oder XM 50 (50.000 D)
Dialyseschlauch	Ausschlußvolumen 10.000 D, Laborfachhandel
Sepharose G-25	z. B. als 9 ml Fertigsäule (PD-10) von Pharmacia

Vorgehen

1. Vorbereitung: Die Säulen entsprechend den Herstellerangaben packen. Nicht-kovalent gebundenes Protein A (Protein G) und Produktionsrückstände mit mehrfachen Schaukelwaschungen - 100 ml pH 9,0 (7,5) mit 100 ml pH 3,5 (2,5) abwechselnd - eluieren.

2a. Probenauftrag auf Protein A: Aszitesflüssigkeiten (mindestens 1:5 in 1 M Tris-HCl mit pH 9,0 verdünnt) und Kulturüberstände (1:1) werden nach Sterilfiltration mit einem 0,2 μm Filter auf pH 9,0 titriert (1 N HCl/1 N NaOH) und auf die Säule gebracht.

Anm.: Die Bindung mancher klonaler IgG_1 ist bei pH 8 so schwach, daß sie bereits eluieren. Bei pH 9,0 hingegen binden fast alle IgG_1-Antikörper. Nur in Ausnahmefällen ist ein Auftrag bei pH 9 notwendig.

2b. Probenauftrag auf Protein G: Aszitesflüssigkeiten (mindestens 1:5 in 0,05 M NaH_2PO_4, pH 6,7 verdünnt) und Kulturüberstände (1:1) werden nach Sterilfiltration (0,2 µm Filter) auf pH 6,7 titriert (1 N HCl/1 N NaOH) und auf die Säule gebracht.

3. *Elutionsbedingungen:*
a) In der normalen Durchflußchromatographie wird die Pumpgeschwindigkeit beim Probenauftrag und bei der Elution auf 0,5 ml/Min. limitiert.
b) FPLAC: 0,8 ml/Min.
c) HPLAC: 1-3 ml/Min. (nach Herstellerangabe).

ACHTUNG: Die Protein A-Chromatographie sollte - wenn möglich - bei 4 °C durchgeführt werden, da sonst bakterielle Kontaminationen des Säulenmaterials relativ schnell zu beobachten sind. Bei Raumtemperatur soll die Säule grundsätzlich mit bakteriziden Puffern gelagert werden.

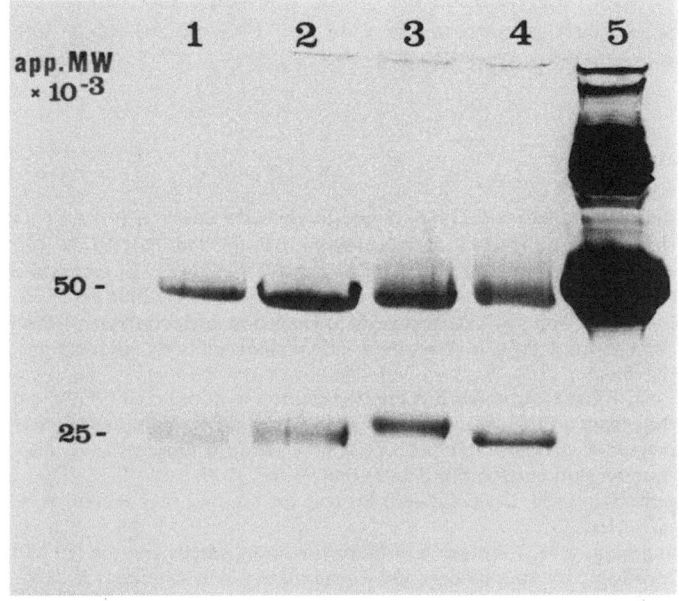

Abb. 32. SDS-PAGE von gereinigten IgG-Fraktionen. 3-20% SDS-Gel unter reduzierenden Bedingungen. Aufgetrennt wurden 4 verschiedene Aszitespräparationen (Bahn 1-4) nach Ammoniumsulfatfällung und Protein A-Chromatographie. Zum Vergleich wurde auch ungereinigter Aszites eingesetzt (Bahn 5)

4. *Regeneration des Säulenmaterials:* Nach einer Elution mit 2-3 Säulenvolumen des pH 3,5 bzw. 2,7 Puffers ist ein zusätzlicher Reinigungsschritt zum Regenerieren des Gels meist nicht notwendig. Falls Proben aufgetrennt wurden, die hydrophobe Proteine (z. B. Aszitesabnahme nach dem „Frühstück" der Mäuse) enthalten, ist allerdings der Zusatz von Detergentien, z. B. von 0,01-0,2% Tween 80 zum Waschpuffer sinnvoll.

5. Elution: Mit dem entgasten Puffer pH 3,5/2,7 wird bei 4°C eluiert, bis bei 280 nm kein Protein mehr nachgewiesen werden kann.

Anm.: Bei der Elution können Protein A Moleküle mit eluiert werden, und zwar in Mengen, die bei in-vivo-Applikation der MAK toxisch sind (Bloom et al. 1989).

6. Umpuffern und Einengen: Nach der Elution liegt das Immunglobulin in einem Puffer vor, der sich z. B. für die Anwendung bei vitalen Zellen verbietet. Es schließt sich deshalb zuerst eine Dialyse gegen den Puffer an, in dem der MAK später in den Tests eingesetzt wird, z. B. PBS. Im nächsten Schritt werden dann die Eluate über z. B. die Amicon-Druckfiltration konzentriert. Die hierbei verwendeten Membranen YM 10, YM 30 und XM 50 (Ausschluß 10000, 30000, 50000 D) werden vor dem Gebrauch intensiv (30 Min.) in destilliertem Wasser und anschließend mit dem Elutionspuffer gereinigt.

Alternativ können die MAK über eine Gelfiltration auf Sepharose G-25 (PD-10 Fertigsäulen mit je 9 ml von Pharmacia) nach den Angaben des Herstellers umgepuffert werden.

Literatur

Akerström B, Björck L (1986) A physicochemical study of protein G, a molecule with unique immunoglobulin G-binding properties. J Biol Chem 261: 10240-10247

Akerström B, Brodin T, Reis K, Björck L (1985) Protein G: a powerful tool for binding and detection of monoclonal and polyclonal antibodies. J Immunol 135: 2589-2592

Bloom JW, Wong MF, Mitra G (1989) Detection and reduction of Protein A contamination in immobilized Protein A purified monoclonal antibody preparation. J Immunol Meth 117: 83-89

Ey PL, Prowse SJ, Jenkin CR (1978) Isolation of pure IgG1, IgG2a and IgG2b immunoglobulins from mouse serum using protein A-sepharose. Immunochemistry 15: 429-436.

Forsgren A, Sjöquist J (1966) „Protein A" from S. aureus. I. Pseudo-immune reaction with human gamma-globulin. J Immunol 97: 822-827

Juarez-Salinas H, Ott GS (1985) Process for binding IgG protein A. UK Patent Application: GB 2160530

Langone JJ (1982) Protein A of Staphylococcus aureus and related immunoglobulin receptors produced by Streptococci and Pneumococci. Adv Immunol 32: 157-252

Nilson B, Bjoerck L, Akerstroem B (1986) Detection and purification of rat and goat immunoglobulin G antibodies using protein G-based solid-phase radioimmunoassays. J Immunol Meth 91: 275-281

Oi VT, Herzenberg LA (1980) Antibody purification: protein A sepharose column chromatography. In: Mishell BB, Shiige SM (eds) Selected methods in cellular immunology. Freedman WH, San Francisco, pp 368-372

Sarvas HO, Seppälä IJT, Tähtinen T, Peterfy F, Mäkel O (1983) Mouse IgG antibodies have subclass associated affinity differences. Mol Immunol 20: 239-246.

Seppälä IJT, Sarvas H, Peterfy H, Mäkelä O (1981) The four subclasses of IgG can be isolated from mouse serum by using protein A-sepharose. Scand J Immunol 14: 335-342

Tu YY, Primus FJ, Goldenberg DM (1988) Temperature affects binding of murine monoclonal IgG antibodies to protein A. J Immunol Meth 109: 43-47

8.1.3 Anionenaustausch-Chromatographie zur Reinigung monoklonaler IgG-Antikörper

M. OPPERMANN

Die Anionenaustausch-Chromatographie ist eine Standardmethode zur Endreinigung monoklonaler IgG-Antikörper aus Hybridomaszites. Maus-IgG liegen im basischen pH-Bereich (pH 7,5 – pH 8,0) als schwache Anionen vor und können bei niedriger Ionenstärke an Anionenaustauschergele gebunden werden. Sie werden durch kontinuierliche Erhöhung der Konzentration konkurrierender Chlorid-Ionen im linearen Salzgradienten vom Gel eluiert. Eine Vorreinigung des Aszites durch fraktionierte Ammoniumsulfatfällung (s. Kap. 8.1.1) trennt im wesentlichen Albumin von den Immunglobulinen ab und erhöht damit sowohl die für Immunglobuline verfügbare Säulenkapazität als auch die Reinheit der MAK-Präparationen nach der Chromatographie.

Neben der klassischen Diäthylaminoäthyl(DEAE)-Cellulose sind in den vergangenen Jahren Anionenaustauscher durch verschiedene Firmen verfügbar geworden, die hinsichtlich ihres Ionisierungszustandes über einen weiten pH-Bereich und verbesserter Fließeigenschaften Vorteile aufweisen. Bei uns wurden Chromatographien auf MonoQ, DEAE- bzw. Q-Sepharose „fast flow" (alle Pharmacia) und Fractogel TSK DEAE (Merck) in Verbindung mit einer FPLC-Anlage (Pharmacia) mit vergleichbaren Ergebnissen in bezug auf Ausbeute und Reinheit der MAK-Präparationen durchgeführt.

Von der Fa. Bio-Rad ist DEAE Affi-Gel blue erhältlich, das eine Kombination aus Anionenaustauscher und Affinitätsmedium darstellt. Der kovalent an den Träger gebundene Farbstoff Cibacron blue soll starke Affinität u. a. für Albumin und Serumproteasen besitzen und somit in Kombination mit DEAE-Chromatographie eine direkte Aufreinigung von Maus-IgG aus Aszites erlauben (Bruck et al. 1982).

Material

Anionenaustauschergele	z. B. MonoQ HR 5/5, Pharmacia Nr.17-0546-01 mit einer FPLC-Anlage, Pharmacia oder Q-Sepharose fast flow, Pharmacia Nr.17-0510-01 oder DEAE-Sepharose fast flow, Pharmacia Nr.17-0709-01 oder Fractogel TSK DEAE-650 (S), Merck Nr.14988
Geräte für die Säulenchromatographie	z. B. FPLC-Anlage, Pharmacia

Puffersubstanzen
TRIS z. B. Sigma Nr.T-1503
HCl z. B. Merck Nr.319
NaCl z. B. Merck Nr.6404
Dialyseschlauch z. B. Servapor, Serva Nr.44145
Startpuffer 20 mM TRIS-HCl, pH 7,9
Limitpuffer 20 mM TRIS-HCl, pH 7,9
350 mM NaCl

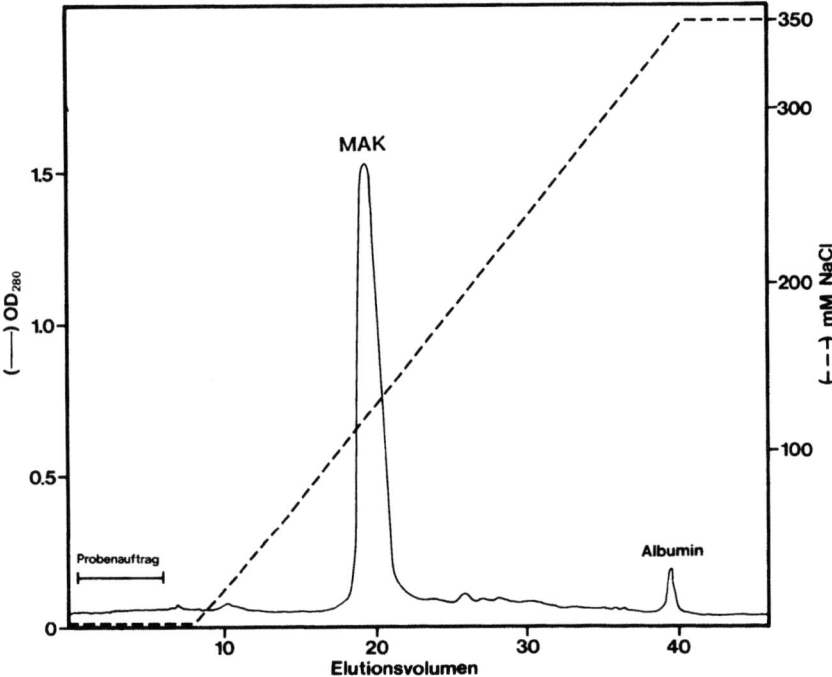

Abb. 33. Elutionsprofil. Reinigung von 8 mg Maus MAK (IgG1,kappa) nach Ammoniumsulfatfällung auf Mono Q HR 5/5

Vorgehen

Vorbereitung der Probe: Hybridomaszites nach Ammoniumsulfatfällung wird ausgiebig gegen Startpuffer dialysiert. Ausreichende Dialyse wird durch Kontrolle von pH-Wert und Leitfähigkeit überprüft. Gelegentlich fallen MAK bei dieser geringen Ionenstärke (Leitfähigkeit ca. 1,5 mS) aus. Dies kann häufig durch Zugabe von 10–20 mM NaCl in den Dialysepuffer verhindert werden, wodurch die Bindung der Immunglobuline an die Säule in aller Regel nicht beeinträchtigt wird. Alternativ kann das Präzipitat nach Zentrifugation (30 Min. 10 000 xg) in wenig Puffer mit NaCl aufgelöst werden und danach ebenso wie der Überstand durch einen Membranfilter (Porenweite 0,45 μm) gegeben werden.

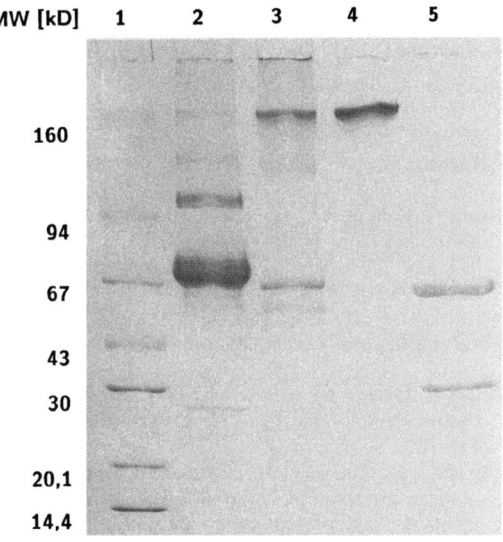

Abb. 34. SDS-PAGE/Coomassiefärbung von gereinigten MAK. Dokumentation der MAK-Aufreinigung mittels Ammoniumsulfatfällung und Anionenaustauschchromatographie in der Coomassie-Proteinfärbung nach SDS-PAGE (3-20% T). 1) MW-Markerproteine; 2) 1 µl Hybridomaszites als Ausgangsmaterial; 3) 10 µg Präzipitat nach 2 × 50% Ammoniumsulfatfällung; 4) 10 µg gereinigter MAK nach Chromatographie auf Mono Q; 5) wie 4) unter reduzierenden Bedingungen (DTT)

Durchführung der Chromatographie: Die Anionenaustauscher-Gele werden nach Herstellerangaben regeneriert, mit Startpuffer äquilibriert und in eine Chromatographiesäule gegossen. Das Entgasen des Gels wie auch von Start- und Limitpuffer unter Vakuum ist insbesondere dann vorzunehmen, wenn diese bei 4 °C gelagert wurden, die Chromatographie aber bei Raumtemperatur durchgeführt werden soll, wobei Gas weniger löslich ist. Abhängig vom Fremdproteingehalt der Probe verwenden wir 0,5-1,5 ml Gel für 10 mg Protein oder etwa 10% der vom Hersteller angegebenen Kapazität.

Nach dem Probenauftrag wird mit 2-3 Säulenvolumina Startpuffer gewaschen, bis kein Protein mehr im Eluat nachweisbar ist. Das Volumen des danach angeschlossenen Salzgradienten soll etwa dem 10-30fachen des Säulenvolumens entsprechen. Die monoklonalen Antikörper eluieren zwischen 50 und 200 mM NaCl (s. Abb. 33). Der Proteingehalt der Fraktionen, sofern er nicht bereits während des Säulenlaufes durchflußphotometrisch erfaßt wird, wird anschließend ermittelt und die Antikörper enthaltenden Fraktionen gegebenenfalls über spezifische Nachweisverfahren identifiziert und vereinigt. Der MAK wird durch Dialyse in den Puffer überführt, der für die weitere Verwendung des MAK benötigt wird.

Reinheitsgrade von mehr als 98% (ermittelt mit SDS-PAGE nach Anfärbung mit Coomassie-blue) lassen sich auf diese Weise erzielen (s. Abb. 34). Wird eine Säule für die Aufreinigung verschiedener MAK verwendet, muß das

Gel zwischen den Chromatographien *vollständig* gereinigt werden (siehe Herstellerangaben), um eine Kontamination der Präparationen mit anderen MAK unbedingt auszuschließen.

Literatur

Bruck C, Portetelle D, Glineur C, Bollen A (1982) One-step purification of mouse monoclonal antibodies from ascitic fluid by DEAE Affi-gel blue chromatography. J Immunol Meth 53: 313-319

Weiterführende Literatur

Bruck C, Drebin JA, Glineur C, Portetelle D (1986) Purification of mouse monoclonal antibodies from ascitic fluid by DEAE Affi-gel blue chromatography. Meth Enzymol 121: 587-622

Clezardin P, McGregor JL, Manach M, Boukerche H, Dechavanne M (1985) One-step procedure for the rapid isolation of mouse monoclonal antibodies and their antigen binding fragments by fast protein liquid chromatography on a Mono Q anion-exchange column. J Chromatogr 319: 67-77

Goding GW (1983) Monoclonal antibodies. Principles and practice. Academic Press, London /New York

Parham P, Androlewicz MJ, Brodsky FM, Holmes NJ, Ways JP (1982) Monoclonal antibodies: Purification, fragmentation and application to structural and functional studies of class I MHC antigens. J Immunol Meth 53: 133-173

Underwood PA, Bean PA (1985) The influence of methods of production, purification and storage of monoclonal antibodies upon their observed specificities. J Immunol Meth 80: 189-197

8.2 Herstellung immunreaktiver Fragmente aus monoklonalen Maus-Antikörpern

R. ZIERZ

Verschiedene Fragestellungen erfordern den Einsatz von Fragmenten monoklonaler Antikörper. So können Interaktionen mit zellulären Fc-Rezeptoren durch die Verwendung Fc-freier Antikörpermoleküle in Form von Fab, Fab', F(ab)$_2$ oder F(ab')$_2$-Fragmenten umgangen werden. Rezeptorstudien, Bestimmung der Antigenzahl zellulärer Proteine, Affinitätsbestimmungen u. a. können durch die vergleichende Verwendung monovalenter und divalenter Fragmente des zur Untersuchung benutzten Antikörpers erleichtert werden.

Als Fab-Fragmente (=fragment, antigen binding) werden die monovalenten antigen-bindenden Fragmente eines Immunglobulins bezeichnet, welche frei von Fc (=fragment, crystallizing) Anteilen sind. Fab-Fragmente werden durch die proteolytische Einwirkung von Papain unter thiolhaltigen Bedingungen erhalten.

Als F(ab)$_2$-Fragmente werden die divalenten antigen-bindenden Fragmente eines Immunglobulins benannt, die mittels Papain unter thiolfreien Bedingungen erhalten werden.

Herstellung von Antikörper-Fragmenten

F(ab')$_2$-Fragmente stellen divalente antigen-bindende Fragmente eines Immunglobulins dar, welche durch Pepsin-Einwirkung unter sauren pH Bedingungen entstehen.

Monovalente Fab'-Fragmente werden aus F(ab')$_2$-Fragmenten durch schonende Reduktion mit Thiolreagenzien erhalten.

Die in den folgenden Kapiteln dargestellten Methoden zur Fab und F(ab')$_2$ Herstellung aus monoklonalen Maus-Antikörpern stützen sich auf die von Parham (1986; Parham et al. 1982) ausführlich dargestellten Anleitungen zur Fragmentierung monoklonaler Antikörper; diese Arbeiten stellen eine Sammlung detailliert beschriebener Methoden dar.

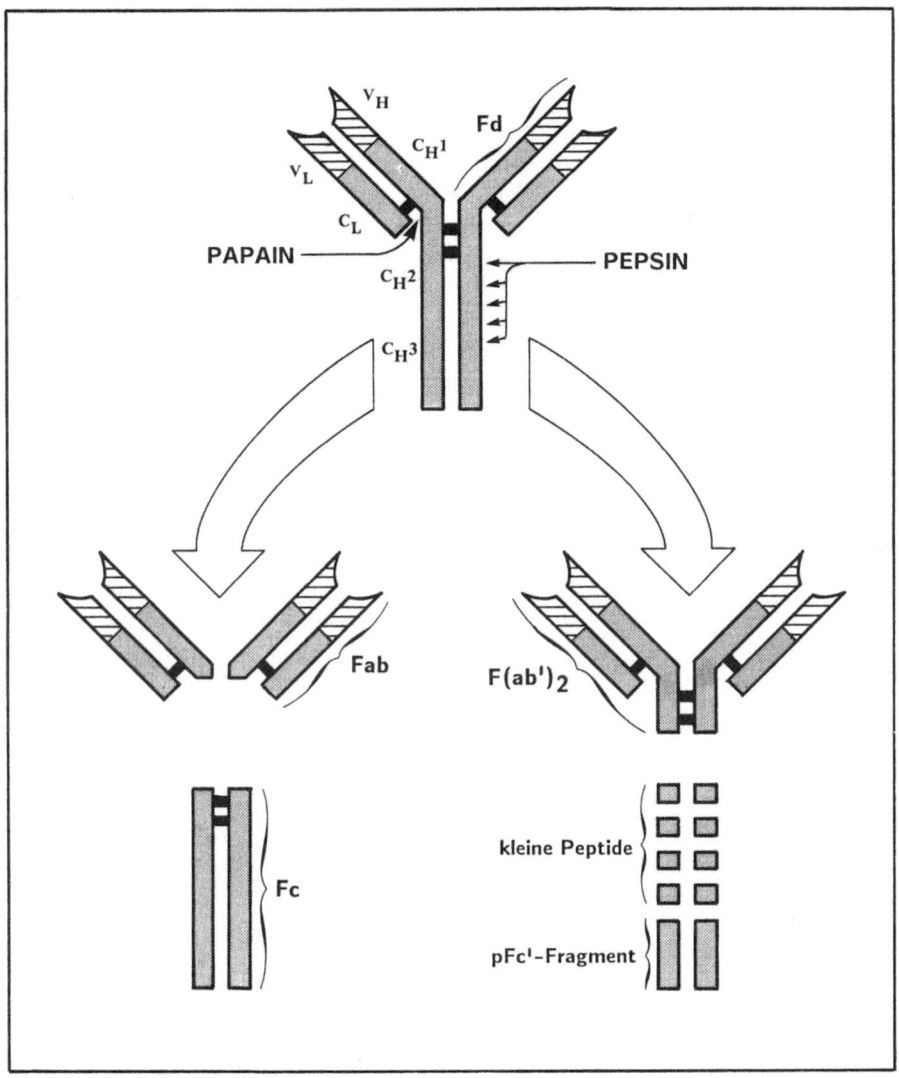

Abb. 35. Enzymatische Spaltung eines IgG und die entstehenden Fragmente

Zur Unterscheidung der verschiedenen Fragmente monoklonaler Maus-Antikörper dient die SDS-Polyacrylamid-Gelelektrophorese (SDS-PAGE) (Kap. 10.17), wobei durch den Zusatz eines Reduktionsmittels (z. B. Mercaptoethanol, Dithiothreitol) eine weitere Differenzierung möglich ist. Intaktes Maus-IgG erscheint mit einem MW $\approx$ 160000, unter reduzierenden Bedingungen werden die schweren Ketten mit einem MW $\approx$ 50000, die leichten Ketten mit einem MW $\approx$ 20000 bzw. $\approx$ 25000 dargestellt. Fab-Fragmente besitzen ein MW zwischen 40000-50000, unter Reduktion zeigt sich eine Doppelbande mit MW $\approx$ 20000, bestehend aus den leichten Ketten und den Fd-Anteilen der schweren Ketten. F(ab)$_2$-Fragmente besitzen ein MW zwischen 100000 - 120000, nach Reduktion zeigt sich wiederum eine Doppelbande (MW $\approx$ 20000), bestehend aus den leichten Ketten und den Fd-Anteilen der schweren Ketten.

Die Struktur eines Immunglobulin G und die durch Papain-Pepsineinwirkung entstehenden Fragmente sind in der Abb. 35 schematisch dargestellt.

Im Laufe der Präparation von Immunglobulinfragmenten können Aktivitätsverluste eintreten. Solche veränderten Eigenschaften werden durch den Vergleich der unfragmentierten und fragmentierten Immunglobuline im jeweiligen Testsystem aufgedeckt. Zur Verwendung von Fab-Fragmenten muß auf die verminderte Avidität dieser Fragmente im Vergleich zu den intakten Immunglobulinmolekülen hingewiesen werden. Darüber hinaus sind viele der kommerziell angebotenen Sekundärantikörper gegen den Fc-Anteil des im Testsystem verwendeten Primärantikörpers gerichtet. Der Nachweis von Primärantikörpern in Form von Fab, Fab', F(ab)$_2$ oder F(ab')$_2$-Fragmenten sollte daher mit Sekundärantikörpern geführt werden, die gegen Epitope des Fab-Anteils gerichtet sind (z. B. die leichten Ketten).

Literatur

Parham P (1986) Preparation and purification of active fragments from mouse monoclonal antibodies. In: D. M. Weir, Handbook of experimental Immunology. Blackwell Edinburgh, 14.1-14.23.

Parham P, Androlewicz MJ, Brodsky FM, Holmes NJ, Ways JP (1982) Monoclonal antibodies: Purification, fragmentation and application to structural and functional studies of class I MHC antigens. J Immunol Meth 53: 133-173

Weiterführende Literatur

Lamoyi E (1986) Preparation of F(ab')$_2$ Fragments from Mouse IgG of various subclasses. Meth. in Enzymology, 121: 652-663.

Mage M, Lamoyi E (1987) Preparation of Fab and F(ab')$_2$ fragments from monoclonal antibodies. In: L. B. Schook (Ed.) Monoclonal antibody techniques and applications. Marcel Dekker New York, Basel. pp 79-97.

Zierz R, Montz H, Baumgarten H (1986) Detection of monoclonal Fab antibody fragments bound to leukocyte antigens: optimization of the avidin-biotin system for quantitative membrane- and cell-ELISA. Immunobiol. 173: 321-322.

8.2.1 Präparation von Fab-Fragmenten

R. ZIERZ

Die Herstellung von monoklonalen Maus-Fab-Fragmenten geschieht durch die proteolytische Einwirkung von Papain unter leicht reduzierenden Bedingungen. Hierbei werden die Disulfidbrücken gelöst, welche die schweren Ketten des Immunglobulinmoleküles verbinden. Jedoch werden die leichten mit den schweren Ketten verbindenden Disulfidbrücken nicht gelöst. Die Inaktivierung des Papains und die Stabilisierung der erhaltenen Fab-Fragmente wird erzielt durch die Verwendung eines alkylierenden Reagenz wie Jodacetamid.

Material

Papain	Cooper Biomedical Nr. 3126
Phosphatpuffer	0,1 M, pH 7,2
L-Cystein, freie Base	Sigma Nr. C-7755
Jodacetamid	Sigma Nr. I-6125

Vorgehen

Der monoklonale Antikörper wird dialysiert gegen 0,1 M Phosphatpuffer, pH 7,2. Die Konzentration wird zu 1-5 mg/ml eingestellt. Die Antikörperlösung wird mit Cystein versetzt (5 mM Endkonzentration), anschließend wird sofort Papain zugesetzt. Das Verhältnis von Papain : Immunglobulin beträgt 1 : 40 (w : w). Die Inkubation wird 2-3 Std. bei 37 °C durchgeführt.

Die erfolgte Fragmentierung des monoklonalen Antikörpers wird durch eine SDS-Polyacrylamid-Elektrophorese (SDS-PAGE) überprüft (Abb. 38). Es ist essentiell, das in den Proben enthaltene Papain durch ein alkylierendes Reagenz zu inaktivieren. Andernfalls werden die Immunglobulinfragmente unweigerlich durch den weiter andauernden proteolytischen Angriff des Papains degradiert.

10-50 μl des Inkubationsansatzes werden entnommen. Der Hauptansatz wird bei −70 °C eingefroren. Hierdurch wird der enzymatische Abbau gestoppt, die SDS-PAGE Analyse kann zwischenzeitlich durchgeführt werden.

Das zur SDS-PAGE-Analyse dienende Aliquot wird vor der Zugabe von Probenpuffer mit Jodacetamid inaktiviert. Hierzu wird 1/10 Vol. einer 0,2 M Jodacetamidlösung (in Phosphatpuffer) zugesetzt (Endkonzentration 0,02 M). Die Inkubation vor dem Zusatz von SDS-Probenpuffer beträgt 30 Min bei 37 °C.

Zeigt die SDS-PAGE-Analyse noch Reste intakten Immunglobulins, so wird der Hauptansatz aufgetaut und bei 37 °C bis zur vollständigen Degradation des intakten Immunglobulins inkubiert. Zeigt die SDS-PAGE-Analyse eine vollständige Fragmentierung des Immunglobulins, so wird der Hauptansatz durch die Zugabe von Jodacetamid (Endkonzentration = 0,02 M) für 30 Min bei 37 °C inaktiviert.

Die zur vollständigen Fragmentierung eines MAK nötige Inkubationsdauer ist sehr variabel, unter Umständen genügen 30–45 minütige Inkubationen. Diese unterschiedlichen Eigenschaften verschiedener MAK zeigen jedoch keinen Bezug zum Isotyp des MAK. Die jeweils optimale Inkubationsdauer kann in einem Vorversuch mit einer analytischen Menge MAK (20–50 µg) ermittelt werden.

Aufreinigung von Fab-Fragmenten

Der Reaktionsansatz enthält nach der Inaktivierung des Papains neben den Fab-Fragmenten die Fc-Fragmente, Reste von intakten Immunglobulinmolekülen und andere niedermolekulare Fragmente. Zur Aufreinigung der Fab-Fragmente dienen eine oder mehrere der folgenden Chromatographietechniken.

1. Chromatographie über Protein-A: Hierbei erscheinen die Fab-Fragmente im Durchfluß. Fc-Fragmente und restliche intakte Immunglobulinmoleküle hingegen binden an Protein-A und werden erst durch saure Elutionspuffer eluiert (Abb. 36).

2. Anionenaustausch-Chromatographie: Die Aufreinigung der Fab-Fragmente kann über Anionenaustauscher erfolgen (Abb. 37). Hierbei können Fab-Fragmente in hoher Reinheit gewonnen werden, wodurch eine Aufreinigung über Protein-A oder eine zusätzliche Gelchromatographie überflüssig wird. Die

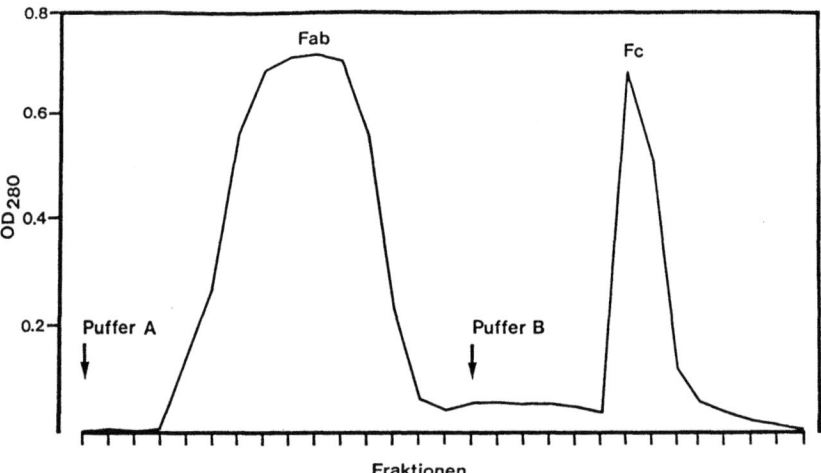

Abb. 36. Aufreinigung von Maus-IgG2a-Fragmenten über Protein-A-Agarose. Fragmente von Maus IgG2a nach Papaineinwirkung wurden chromatographiert über Protein-A-Agarose (Bio-Rad) in 0,1 M Tris Puffer, pH 8,6 (Puffer A). Fab-Fragmente erschienen im Säulendurchfluß, Fc-Fragmente und unfragmentiertes IgG wurden durch 0,1 M Citratpuffer, pH 4,0 (Puffer B) eluiert

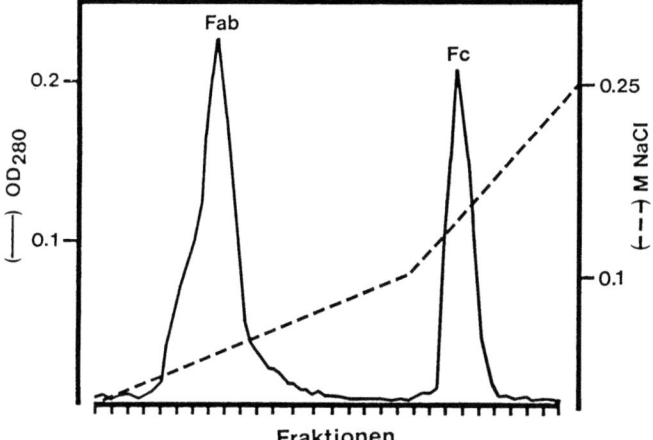

Abb. 37. Aufreinigung von Maus-IgG1-Fragmenten nach Papainverdau über DEAE-Sephacel. Fragmente von Maus IgG1 nach Papainverdau wurden chromatographiert über DEAE-Sephacel (Pharmacia) in 5 mM Tris Puffer, pH 7,8. Ein zwei-Stufen NaCl-Gradient bis 0,1 M bzw. 0,25 M in 5 mM Tris, pH 7,8 führt zur Trennung der verschiedenen Fragmente

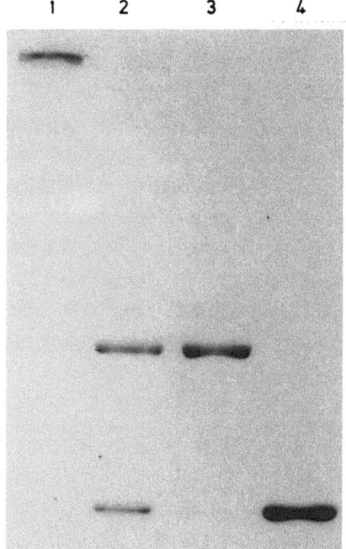

Abb. 38. SDS-PAGE-Analyse der Fab-Präparation eines Maus-Monoklonalen IgG1. Ansätze ohne Reduktionsreagenz. *Bahn 1* unfragmentiertes IgG; *Bahn 2* Fab- und Fc-Fragmente nach Papaineinwirkung; *Bahn 3* Fab-Fragmente nach Chromatographie über DEAE-Sephacel und Sephadex G-75 sf; *Bahn 4* Fc-Fragmente nach Chromatographie über DEAE-Sephacel

Chromatographie wird durchgeführt in 5-10 mM Tris-Puffer, pH 7,8; die Elution der verschiedenen Fragmente erfolgt durch einen NaCl-Gradienten bis 250 mM. Die Fab-Fragmente eluieren zu Beginn des NaCl-Gradienten, erscheinen jedoch oftmals bereits in den Durchflußfraktionen. In solchen Fällen dient eine nachfolgende Gelchromatographie zur Herstellung einer homogenen Fab-Präparation.

3. Gelchromatographie über Sephadex G-75 sf: Zur Entfernung restlicher Kontaminationen eignet sich die Chromatographie der Fab-Fragmente über Sephadex G-75 sf. in 0,1 M Phosphatpuffer, 0,25 M NaCl, pH 7,0. Fab-Fragmente eluieren als Hauptpeak.

Die chromatographischen Methoden zur Fab-Aufreinigung müssen von Präparation zu Präparation neu überdacht werden. Insbesondere muß die unterschiedliche Bindungskapazität von Protein-A zu den verschiedenen Maus Immunglobulin Subklassen in Betracht gezogen werden (s. Kap. 8.1.2). Für die Mehrzahl der Präparationen ist eine Anionenaustausch-Chromatographie mit anschließender Gelchromatographie ausreichend.

8.2.2 Präparation von F(ab)$_2$-Fragmenten

R. ZIERZ

Üblicherweise werden aus humanem-, Kaninchen- oder Ziegen-IgG durch Pepsineinwirkung Fc-freie, divalente Antikörperfragmente -F(ab')$_2$- hergestellt. Diese unter sauren pH-Bedingungen stattfindende Pepsinfragmentierung zeigt jedoch in der Anwendung auf Maus IgG erhebliche Nachteile. Auf die denaturierenden Auswirkungen des bei der Pepsinfragmentierung angewendeten sauren pH wird von vielen Autoren hingewiesen. Zudem zeigen sich Unterschiede im Fragmentierungsverhalten der verschiedenen Maus IgG Subklassen (Parham 1986; Parham et al. 1982). Daher können keine allgemein gültigen Anleitungen zur F(ab')$_2$-Herstellung monoklonaler Maus-Antikörper (MAK) durch Pepsineinwirkung gegeben werden.

Die besondere Anordnung der Disulfidbrücken des Maus IgG erlaubt allerdings eine Papain-vermittelte F(ab)$_2$-Herstellung. Das zur Aktivierung des Papains benötigte Reduktionsmittel Cystein wird kurz vor Beginn der Antikörperfragmentierung durch einen gelchromatographischen Schritt vom Papain entfernt. Der anschließende Papainverdau der Immunglobuline führt unter Cystein-freien Bedingungen zur Bildung von F(ab)$_2$-Fragmenten.

Material

Papain	Cooper Biomedical Nr. 3126
L-Cystein, freie Base	Sigma C-7755
Jodacetamid	Sigma I-6125
Acetatpuffer	0,1 M, pH 6,0
Gelfiltrationssäule	Sephadex G-25 med. Pharmacia

Vorgehen

Der monoklonale Antikörper wird dialysiert gegen 0,1 M Acetatpuffer, pH 6,0. Die Konzentration wird auf 1–10 mg/ml eingestellt. Die Präaktivierung des Papains erfolgt in 0,1 M Acetatpuffer, pH 6,0, 10 mM Cystein für 30 Min. bei

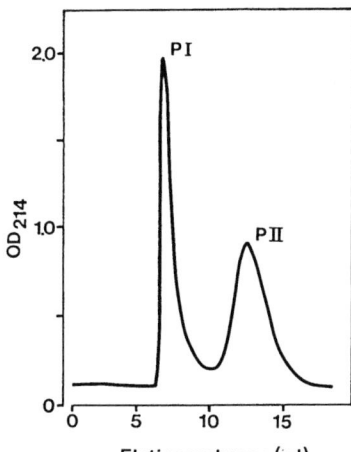

Abb. 39. Abtrennung präaktivierten Papains von Cystein durch Gelchromatographie über Sephadex G-25 med. PI Papain enthaltende Fraktionen; PII Cystein enthaltende Fraktionen

37°C. Die Trennung des Cystein vom aktivierten Papain erfolgt durch eine Umpufferung des Papains über Sephadex G-25 med. (Pharmacia) in 0,1 M Acetatpuffer, pH 6,0. Bei der Verwendung kleiner Aktivierungsvolumina (bis 0,5 ml) eignen sich PD-10 Fertigsäulen (Pharmacia). Bei größeren Aktivierungsvolumina ist ein 20-faches Volumen der Umpufferungssäule gegenüber der aufzutragenden Probe nötig, um eine vollständige Abtrennung des Cysteins zu gewährleisten. Die Trennung des Papains vom Cystein kann mittels eines Durchflußphotometers bei 214 nm verfolgt werden (Abb. 39). Der zuerst eluierende Peak enthält das präaktivierte Papain, dessen Konzentration näherungsweise mit der Hälfte der Ausgangskonzentration angesetzt werden kann. Eine genauere Bestimmung der vorliegenden Papainkonzentration kann nur durch einen Proteinassay ermittelt werden.

Zur Immunglobulinlösung (2-5 mg/ml) wird das Cystein-freie, präaktivierte Papain zugesetzt, wobei ein Papain : Immunglobulin Verhältnis von 1 : 40 (w:w) erzielt wird. Die Inkubation erfolgt für 3 Std. bei 37°C.

Im Laufe der enzymatischen Fragmentierung liegen nur zu einem bestimmten Zeitpunkt die erwünschten $F(ab)_2$-Fragmente in hoher Konzentration vor. Eine zu lang andauernde Papaineinwirkung resultiert in einer weiteren Degradation der $F(ab)_2$-Fragmente. Eine Kontrolle über den Fragmentierungszustand liefert eine Analyse durch SDS-Polyacryamid-Elektrophorese (SDS-PAGE) (Abb. 41).

Ein für eine SDS-PAGE-Analyse ausreichendes Aliquot (10-50 µl) wird entnommen. Die Inaktivierung des Papains (s. Kap. 8.2.1) erfolgt durch den Zusatz eines 1/10 Volumenteiles einer 0,2 M Jodacetamidlösung in Acetatpuffer (0,02 M Endkonzentration). Es erfolgt eine Inkubation für 30 Min. bei 37°C vor der Zugabe von SDS-Probenpuffer. Der Hauptansatz wird für die Dauer der SDS-PAGE-Analyse bei −70°C eingefroren. Zeigen sich noch erhebliche Reste von unfragmentiertem IgG, kann der Hauptansatz wieder aufgetaut und weiter inkubiert werden. Ist kein unfragmentiertes IgG mehr nachzuweisen,

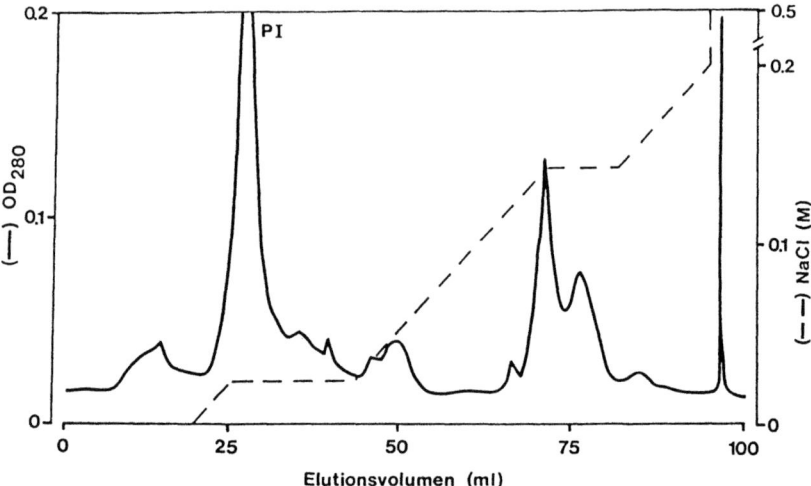

Abb. 40. Aufreinigung von Maus-IgG1-Fragmenten durch Anionenaustauschchromatographie über Mono Q (FPLC-Anlage, Pharmacia). Maus IgG1 Fragmente nach thiolfreiem Papainverdau wurden appliziert auf eine Mono Q Säule in 15 mM Trispuffer, pH 7,8. Die Elution erfolgte durch einen NaCl-Stufengradienten (bis 200 mM NaCl) in 15 mM Tris, pH 7,8. F(ab)$_2$-Fragmente sind in PI enthalten

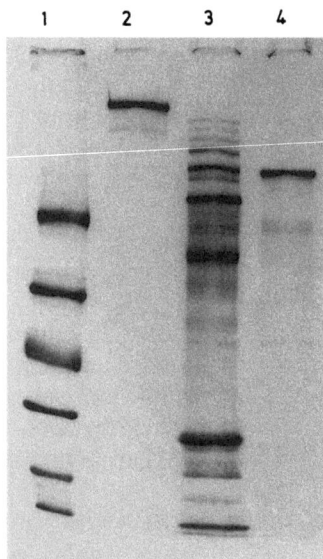

Abb. 41. SDS-PAGE-Analyse einer F(ab)$_2$-Ppäparation von Maus-IgG1. Proben ohne Reduktionsreagenz. Bahn 1 Markerproteine; Bahn 2 Unfragmentiertes IgG1; Bahn 3 Fragmente nach thiolfreiem Papainverdau; Bahn 4 F(ab)$_2$-Fragmente nach Anionenaustauschchromatographie

wird der gesamte Ansatz durch Zugabe eines 1/10 Volumenteiles einer 0,2 M Jodacetamidlösung (0,02 M Endkonzentration) für 30 Min. bei 37 °C inaktiviert.

Aufreinigung der (Fab)$_2$-Fragmente

Während der thiolfreien Papaineinwirkung entstehen in der Regel eine Vielzahl von Fragmenten. Die Aufreinigung der darin enthaltenen F(ab)$_2$-Fragmente kann durch eine Anionenaustausch-Chromatographie erzielt werden (Abb. 40). Eine anschließende Gelchromatographie (z. B. Sephadex G-100 sf bzw. G-75 sf, Pharmacia) dient zur Entfernung zusätzlicher Kontaminationen.

Auf die Inkorporation von Papain in F(ab)$_2$-Fragmente, bedingt durch Disulfidaustausch während der Fragmentierung, wird von Boguslawski et al. (1989) hingewiesen. Solche Papainverunreinigungen der F(ab)$_2$-Fragmente verursachen eine Degradation der F(ab)$_2$-Fragmente unter reduzierenden Bedingungen. Somit können SDS-PAGE-Analysen unter reduzierenden Bedingungen zu nicht interpretierbaren Ergebnissen führen. Die Entfernung solcher Papain-F(ab)$_2$-Addukte durch eine Papain-spezifische Affinitätschromatographie wird von Boguslawski et al. (1989) ebenfalls beschrieben.

Literatur

Boguslawski SJ, Ledden DJ, Fredrickson RA (1989) Improved procedure for preparation of F(ab')$_2$ fragments of mouse IgGs by papain digestion. J Immunol Meth 120: 51-61

Parham P (1986) Preparation and purification of active fragments from mouse monoclonal antibodies. In: D. M. Weir, Handbook of experimental Immunology. Blackwell Edinburgh, 14.1-14.23.

Parham P, Androlewicz MJ, Brodsky FM, Holmes NJ, Ways JP (1982) Monoclonal antibodies: Purification, fragmentation and application to structural and functional studies of class I MHC antigens. J Immunol Meth 53: 133-173

9 Kopplung von monoklonalen Antikörpern

9.1 Grundlagen

W. WÖRNER

Eine direkte Markierung von Antikörpern hat gegenüber indirekten Nachweisverfahren (z. B. Verwendung von markierten sekundären Antikörpern) Vorteile. Sie erlaubt eine einfachere und schnellere Testdurchführung und kann für bestimmte Testsysteme notwendig sein, z. B. bei Doppelmarkierungen oder wenn die Verwendung von sekundären Nachweisreagentien zu unspezifischen Wechselwirkungen führt.

Ziel der Kopplung ist es, eine stabile, kovalente Bindung des Markers unter milden Reaktionsbedingungen zu knüpfen. Eine schonende Markierung erhält weitgehend die Immunreaktivität der Antikörper.

Die wichtigsten zur Derivatisierung geeigneten funktionellen Gruppen von Antikörpern sind die Aminogruppen. Freie Thiolgruppen sind keine vorhanden, können aber durch reduktive Spaltung (z. B. von F(ab')$_2$ zu Fab') erzeugt bzw. mittels heterobifunktioneller Reagentien (Reagentien mit zwei verschiedenen reaktiven funktionellen Gruppen) über die Aminogruppen eingeführt werden. Eine Derivatisierung ist weiterhin möglich z. B. an Tyrosinresten (Iodierung, Diazotierung) oder am Kohlenhydratrest nach Oxidation mit Perjodat, wobei Aldehydgruppen erzeugt werden. Weitere reaktionsfähige funktionelle Gruppen (z. B. Maleinimidgruppen) können mit geeigneten Reagentien eingeführt werden.

Niedermolekulare Marker wie Biotin oder Fluoreszenzfarbstoffe werden in Form von reaktiven Derivaten eingesetzt, die mit den oben genannten funktionellen Gruppen der Antikörper reagieren können. In einigen Fällen ist es von Vorteil, Reagentien mit Spacern (Abstandshalter) zwischen der reaktiven Gruppe und dem Markermolekül einzusetzen. So werden bei der Biotinylierung von Antikörpern oft Biotinderivate verwendet, die eine verlängerte Seitenkette (z. B. mit ε-Aminocapronsäure oder Lysin als Spacer) besitzen. Damit sollen sterische Behinderungen bei der Wechselwirkung des gekoppelten Markers mit dem entsprechenden Bindeprotein (hier: Avidin bzw. Streptavidin) vermieden werden, die eine Abnahme der Bindeaffinität zur Folge haben können.

Wichtige Reaktionen für die Markierung von Antikörpern

1. Reaktion mit Aminogruppen: Niedermolekulare Marker werden oft in Form von N-Hydroxysuccinimidestern zur Kopplung eingesetzt. Diese reagieren unter milden Bedingungen (pH 7-9) relativ selektiv mit Aminogruppen von Proteinen zu stabilen Säureamiden (vgl. 9.3):

(a) Antikörper$-NH_2$ + [Struktur: N-Hydroxysuccinimidester] $N-O-\overset{O}{\underset{\|}{C}}-R$ $\longrightarrow$ Antikörper$-NH-\overset{O}{\underset{\|}{C}}-R$

Eine Markierung mit ^{125}I über die Aminofunktion kann mit Hilfe des Bolton-Hunter-Reagens durchgeführt werden (Bolton und Hunter 1973).

(b) Antikörper$-NH_2$ + [Succinimidester]$N-O-\overset{O}{\underset{\|}{C}}-CH_2-CH_2-\langle\bigcirc\rangle^{I^{125}}-OH$ $\longrightarrow$

Antikörper$-NH-\overset{O}{\underset{\|}{C}}-CH_2-CH_2-\langle\bigcirc\rangle^{I^{125}}-OH$

Einige wichtige Fluoreszenzfarbstoffe (Fluorescein, Tetramethylrhodamin) werden in Form von Isothiocyanaten zur Kopplung eingesetzt. Isothiocyanate reagieren unter schwach alkalischen Bedingungen (pH 9) mit Aminogruppen von Proteinen zu stabilen Thioharnstoffderivaten (vgl. 9.4.1):

(c) Antikörper$-NH_2$ + S=C=N$-$R $\longrightarrow$ Antikörper$-NH-\overset{S}{\underset{\|}{C}}-NH-R$

Proteine (Markerenzyme) können mit Hilfe des quervernetzenden Glutardialdehyd über ihre Aminogruppen an die Aminogruppen der Antikörper gekoppelt werden. Die genaue Struktur der gebildeten Produkte ist unklar. Eine Reduktion, wie bei Schiffschen Basen notwendig, ist nicht erforderlich (Avrameas et al. 1978).

Bei Glykoproteinen können durch Oxidation des Kohlenhydratanteils mit Natriumperjodat Aldehydgruppen erzeugt werden. Diese reagieren bei pH 9-10 mit Aminogruppen von Antikörpern zu (labilen) Schiffschen Basen, die durch Reduktion mit Natriumborhydrid in stabile sekundäre Amine überführt werden können (Wilson und Nakane 1978):

(d) Antikörper$-NH_2$ + $\overset{O}{\underset{H}{\overset{\|}{C}}}-$Protein $\longrightarrow$ Antikörper$-N=CH-$Protein

$\xrightarrow{NaBH_4}$ Antikörper$-NH-CH_2-$Protein

Grundlagen 287

Als Nebenreaktion kann auch eine Eigenvernetzung des oxidierten Glykoproteins über die eigenen Aminogruppen stattfinden (Anm.: bei oxidierter Peroxidase aus Meerrettich als Markerenzym ist diese Nebenreaktion zu vernachlässigen, da dieses Enzym nur wenige freie Aminogruppen besitzt).

Über die Aminogruppen können mit Hilfe von heterobifunktionellen Reagentien auch weitere funktionelle Gruppen eingeführt werden.

Einführung von Maleinimidgruppen (Ishikawa et al. 1983; vgl. auch 9.2.2):

(e) Antikörper$-NH_2$ + [Maleinimid]$-N-O-\overset{O}{\overset{\|}{C}}-X-N$[Maleinimid] $\longrightarrow$

Antikörper$-NH-\overset{O}{\overset{\|}{C}}-X-N$[Maleinimid]

Reagentien mit verschiedenen Spacern (X) sind kommerziell erhältlich (z. B. Boehringer Mannheim, Fluka, Pierce). Maleinimide sind instabil bei pH > 7 (hydrolytische Öffnung des 5-Rings), die Stabilität der einzelnen Verbindungen ist jedoch stark von den jeweiligen Spacern abhängig (s. Tab. 3).

Tabelle 3. Abbau von Maleinimidgruppen nach 30 Min. Inkubation bei den angegebenen pH-Werten in 50 mM Phosphatpuffer bei 30 °C (Kitagawa et al. 1981)

pH	m-Maleinimidobenzoesäure	6-Maleinimidocapronsäure
6,0	2,5%	3,0%
7,0	7,1%	4,5%
8,0	43,8%	8,4%

Einführung von SH-Gruppen mit S-Acetyl-Thioessigsäure-N-hydroxysuccinimid (SATA) (Duncan et al. 1983):

(f) Antikörper$-NH_2$ + [Succinimid]$-N-O-\overset{O}{\overset{\|}{C}}-CH_2-S-\overset{O}{\overset{\|}{C}}-CH_3$ $\longrightarrow$

Antikörper$-NH-\overset{O}{\overset{\|}{C}}-CH_2-S-\overset{O}{\overset{\|}{C}}-CH_3$ $\xrightarrow{NH_2OH}$

Antikörper$-NH-\overset{O}{\overset{\|}{C}}-CH_2-SH$

Es werden geschützte (acetylierte) Thiolgruppen eingeführt; die SH-Gruppe kann mit Hilfe von Hydroxylamin freigesetzt werden. Als weitere Reagentien zur Einführung von SH-Gruppen seien erwähnt S-Acetylmercaptobernsteinsäureanhydrid ((g), Klotz und Heiney 1982, Einführung einer geschützten SH-Gruppe), 2-Iminothiolan ((h), Kenny et al. 1979; Einführung einer freien SH-Gruppe) und 2-Pyridyldithiopropionsäure-N-hydroxysuccinimid (SPDP, (i), Carlsson et al. 1978; Einführung einer geschützten [2-Pyridyldisulfid] SH-Gruppe).

(g) Antikörper$-NH_2$ + [S-acetylmercaptobernsteinsäureanhydrid] ⟶

$$\text{Antikörper}-NH-\overset{O}{\overset{\|}{C}}-\overset{\overset{S-\overset{O}{\overset{\|}{C}}-CH_3}{|}}{CH}-CH_2-COO^{\ominus}$$

(h) Antikörper$-NH_2$ + [2-Iminothiolan] ⟶

$$\text{Antikörper}-NH-\overset{\overset{\oplus}{N}H}{\overset{\|}{C}}-CH_2-CH_2-CH_2-SH$$

(i) Antikörper$-NH_2$ + [SPDP-Reagenz: N-O-$\overset{O}{\overset{\|}{C}}$-$CH_2$-$CH_2$-S-S-Pyridyl] ⟶

$$\text{Antikörper}-NH-\overset{O}{\overset{\|}{C}}-CH_2-CH_2-S-S-\text{Pyridyl} \xrightarrow[\text{pH 4,5}]{\text{DTT}}$$

$$\text{Antikörper}-NH-\overset{O}{\overset{\|}{C}}-CH_2-CH_2-SH$$

2. Reaktion mit SH-Gruppen: Antikörper besitzen keine freien SH-Gruppen. Diese können jedoch z. B. durch reduktive Spaltung von $F(ab')_2$-Fragmenten zu Fab' erzeugt (Brennan et al. 1985) oder mittels der unter (f) bis (i) erwähnten heterobifunktionellen Reagentien eingeführt werden. Die freien SH-Gruppen sind oxidationsempfindlich. Stabilisierend wirken Zusatz von 1 mM EDTA zum Puffer und Erniedrigung des pH-Wertes (<6,5).

Maleinimidderivate reagieren unter milden Reaktionsbedingungen mit SH-Gruppen zu stabilen Thioethern. Diese Reaktion läßt sich sowohl zur Kopplung von niedermolekularen Substanzen als auch zur Markierung mit Enzymen anwenden.

Grundlagen

(k) Antikörper−SH + [maleimid: N−R] ⟶ Antikörper−S−[succinimid N−R]

Bei pH ≤7 reagieren praktisch nur SH-Gruppen. Maleinimidgruppen sind instabil bei pH >7 (vgl. Tab. 3) und in Gegenwart von Azid.

Anstelle der unter (k) beschriebenen Reaktionsführung können auch in die Antikörper Maleinimidgruppen eingeführt (vgl. e) und anschließend mit SH-Gruppen des Markers umgesetzt werden. Dies bietet sich insbesondere dann an, wenn die zu koppelnden Markermoleküle schon SH-Gruppen besitzen:

(l) Antikörper−NH−C(=O)−X−N[maleimid] + HS−R ⟶

Antikörper−NH−C(=O)−X−N[succinimid]−S−R

Eine sehr spezifische Derivatisierung von SH-Gruppen ist durch Thiol-Disulfid-Austausch möglich (Carlsson et al. 1978):

(m) Antikörper−SH + [2-Pyridyl]−S−S−R ⟶ Antikörper−S−S−R

Eine umgekehrte Reaktionsführung ist möglich, wenn in den Antikörper (vgl. i) 2-Pyridyldisulfidreste eingeführt werden:

(n) Antikörper−S−S−[2-Pyridyl] + HS−R ⟶ Antikörper−S−S−R

Zu beachten ist, daß die gebildeten Disulfide durch reduzierende Reagentien gespalten werden können, was Stabilitätsprobleme verursachen kann.

Als weitere Möglichkeit zur Derivatisierung von SH-Gruppen sei die Umsetzung mit Carboxymethylhalogenidderivaten zu Thioethern erwähnt (Gurd 1972; Bernatowicz und Matsueda 1986):

(o) Antikörper−SH + Br(I)−CH$_2$−C(=O)−R ⟶ Antikörper−S−CH$_2$−C(=O)−R

3. Reaktion mit Tyrosinresten: Eine Markierung mit ^{125}I kann durch Umsetzung mit ^{125}I- in Gegenwart von Oxidationsmitteln erfolgen (Iodogen: Fraker und Speck 1978; Chloramin T: Markwell 1982, Lactoperoxidase/H_2O_2: NN, Bio-Rad, Technical Bulletin 1071G, 1979):

(p) Antikörper—⟨◯⟩—OH + ^{125}I$^-$/Oxidationsmittel ⟶

Antikörper—⟨◯⟩—OH mit I^{125}

Eine Derivatisierung mit niedermolekularen Markern kann über Azo-Kopplung erfolgen. Der Marker, der in Form eines Derivats eines aromatischen Amins vorliegen sollte, wird mit Natriumnitrit/HCl zum reaktiven Diazoniumsalz umgesetzt. Der Reaktionsansatz wird anschließend direkt zur Azo-Kopplung eingesetzt (Wilchek et al. 1986). Die Imidazolgruppe von Histidin reagiert ebenfalls mit den Diazoniumsalzen.

(q) H_2N—⟨◯⟩—C(=O)—R $\xrightarrow{\text{NaNO}_2}{\text{HCl}}$

$N\equiv N^{\oplus}$—⟨◯⟩—C(=O)—R

Antikörper—⟨◯⟩—OH

⟶ Antikörper—⟨◯⟩—OH mit N=N—⟨◯⟩—C(=O)—R

Die gebildeten Azo-Derivate können mit Dithionit wieder gespalten werden (Jaffe et al. 1980).

4. Reaktion mit Aldehydgruppen (nach Oxidation der Antikörper mit Perjodat):
Antikörper enthalten Kohlenhydratreste. Diese können mit Perjodat oxidiert werden, wobei Aldehydfunktionen entstehen. Eine Eigenvernetzung der Antikörper über die Aminogruppen findet unter den gewählten Bedingungen (pH 5 bis 6) nicht statt, da die Aminogruppen in der nicht reaktiven protonierten Form vorliegen. Hydrazid-Derivate von Markern können dagegen aufgrund des niedrigen pK-Wertes der Hydrazidgruppe schon bei pH 5 bis 6 mit den Aldehydgruppen reagieren (O'Shannessy und Quarles 1987; Bayer et al. 1988).

(r) Antikörper—CHO + NH_2—NH—C(=O)—R ⟶

Antikörper—CH=N—NH—C(=O)—R

Der Vorteil dieser Methode besteht darin, daß die Derivatisierung der Antikörper auf den Kohlenhydratrest beschränkt bleibt, der an der Antigenerkennung nicht beteiligt und überwiegend im Fc-Teil lokalisiert ist. Eine Beeinträchtigung der Immunreaktivität der Antikörper bei der Derivatisierung ist somit nicht zu erwarten.

Literatur

Avrameas S, Ternynck T, Guesdon J-L (1978) Coupling of enzymes to antibodies and antigens. Scand J Immunol 8, S7: 7-23

Bayer EA, Ben-Hur H, Wilchek M (1988) Biocytinhydrazide - a selective label for sialic acids, galactose, and other sugars in glycoconjugates using avidin-biotin technology. Anal Biochem 170: 271-281

Bernatowicz MS, Matsueda GR (1986) Preparation of peptide-protein immunogens using N-succinimidyl bromoacetate as a heterobifunctional crosslinking reagent. Anal Biochem 155: 95-102

Bolton AE, Hunter WM (1973) The labelling of proteins to high specific radioactivities by conjugation to a 125I-containing acylating agent. Biochem J 133: 529-539

Brennan M, Davison PF, Paulus H (1985) Preparation of bispecific antibodies by chemical recombination of monoclonal immunoglobulin G1 fragments. Science 229: 81-83

Carlsson J, Drevin H, Axen R (1978) Protein thiolation and reversible protein-protein conjugation. N-succinimidyl 3-(2-pyridyldithio)propionate, a new heterobifunctional reagent. Biochem J 173: 723-737

Duncan RJS, Weston PD, Wrigglesworth R (1983) A new reagent which may be used to introduce sulfhydryl groups into proteins, and its use in the preparation of conjugates for immunoassay. Anal Biochem 132: 68-73

Fraker PJ, Speck JC (1978) Protein and cell membrane iodinations with a sparingly soluble chloroamide, 1,3,4,6-tetrachloro-3a,6a-diphenylglycoluril. Biochem Biophys Res Comm 80: 849-857

Gurd FRN (1972) Carboxymethylation. Meths Enzymol 25: 424-438

Ishikawa E, Imagawa M, Hashida S, Yoshitake S, Hamaguchi Y, Ueno T (1983) Enzyme-labeling of antibodies and their fragments for enzyme immunoassay and immunohistochemical staining. J Immunoassay 4: 209-327

Jaffe CL, Lis H, Sharon N (1980) New cleavable photoreactive heterobifunctional cross-linking reagents for studying membrane organization. Biochemistry 19: 4423-4429

Kenny JW, Lambert JM, Traut RR (1979) Cross-linking of ribosomes using 2-iminothiolane (methyl 4-mercaptobutyrimidate) and identification of cross-linked proteins by diagonal polyacrylamide/sodium dodecyl sulfate gel electrophoresis. Meths Enzymol 59: 534-550

Kitagawa T (1981) Enzyme labeling with N-hydroxysuccinimidyl ester of maleimide. In: Ishikawa E, Kawai T, Miyai K (eds) Enzyme immunoassay. Igaku-Shoin, Tokyo, pp 81-89

Klotz IM, Heiney RE (1962) Introduction of sulfhydryl groups into proteins using acetylmercaptosuccinic anhydride. Arch Biochem Biophys 96: 605-612

Markwell MAK (1982) A new solid-state reagent to iodinate proteins. I. Conditions for the efficient labeling of antiserum. Anal Biochem 125: 427-432

NN. Radioiodination of proteins with enzymobeads. Technical Bulletin 1071G, Bio-Rad Laboratories, Richmond

O'Shannessy DJ, Quarles RH (1987) Labeling of the oligosaccharide moieties of immunoglobulins. J Immunol Meths 99: 153-161

Wilchek M, Ben-Hur H, Bayer EA (1986) p-Diazobenzoyl biocytin - a new biotinylating reagent for the labeling of tyrosines and histidines in proteins. Biochem Biophys Res Comm 138: 872-879

Wilson MB, Nakane PK (1978) Recent developments in the periodate method of conjugating horseradish peroxidase (HRPO) to antibodies. In: Knapp W, Holubar K, Wick G (eds) Immunofluorescence and related staining techniques. Elsevier, Amsterdam, pp 215-224

9.2 Kopplung von Enzymen an monoklonale Antikörper

W. WÖRNER

Eine kovalente Verknüpfung von Antikörpern mit Enzymen erfolgt mit Hilfe von quervernetzenden Reagentien oder nach Einführung geeigneter reaktiver Gruppen in die Proteine (Ishikawa et al. 1983). Dabei sollen die Immunreaktivität der Antikörper und die Enzymaktivität weitgehend erhalten bleiben. Im folgenden werden drei Methoden vorgestellt, mit denen die am meisten verwendeten Markerenzyme Peroxidase, alkalische Phosphatase und β-Galaktosidase an Antikörper gekoppelt werden.

Vernetzung mit Glutardialdehyd

Dieses Verfahren wird vor allem zur Herstellung von Konjugaten mit alkalischer Phosphatase angewendet. Glutardialdehyd ist ein homobifunktionelles quervernetzendes Reagens (mit zwei identischen reaktiven Gruppen, hier: Aldehydgruppen), das mit Aminogruppen von Proteinen reagiert.

Die Herstellung von Konjugaten mit Glutardialdehyd ist sehr einfach durchzuführen. In einem Einschrittverfahren werden Enzym und Antikörper in Gegenwart von Glutardialdehyd inkubiert (Avrameas et al. 1978). Die Konjugation ist jedoch schlecht steuerbar, und es kann als Nebenreaktion eine Eigenvernetzung des Enzyms bzw. des Antikörpers stattfinden. Das Ausmaß der Derivatisierung der Aminogruppen mit Glutardialdehyd ist schwer zu kontrollieren; werden essentielle Aminogruppen blockiert, kann dies einen beträchtlichen Verlust der Immunreaktivität oder der Enzymaktivität zur Folge haben. Diese Nachteile können in manchen Fällen umgangen werden durch ein Zweischritt-Verfahren. Dabei wird erst eines der zu koppelnden Proteine mit Glutardialdehyd derivatisiert, in einem zweiten Schritt (evtl. nach Abtrennung des überschüssigen Glutardialdehyds) erfolgt dann die Umsetzung mit dem zweiten Protein (Engvall 1978). Voraussetzung für dieses Verfahren ist, daß das erste mit einem Überschuß von Glutardialdehyd umgesetzte Protein bei dieser Behandlung nicht inaktiviert wird.

Die mit Glutardialdehyd gebildeten Reaktionsprodukte sind stabil, eine Reduktion mit Natriumborhydrid ist nicht notwendig.

Vernetzung über Aldehydgruppen nach Periodatoxidation von Glykoproteinen

Dieses Verfahren wurde für die Herstellung von Konjugaten mit Peroxidase aus Meerrettich beschrieben (Wilson und Nakane 1978) und läßt sich prinzipiell auch für andere Glykoproteine anwenden. Durch Oxidation mit Natriumperjodat werden im Kohlenhydratanteil der Peroxidase Aldehydgruppen erzeugt; in einem zweiten Schritt bilden diese mit den Aminogruppen des zugegebenen Antikörpers Schiffsche Basen aus, aus denen nach Reduktion mit

Natriumborhydrid eine stabile Bindung erzielt wird. Eine Eigenvernetzung der Peroxidase findet praktisch nicht statt, da diese nur wenige freie Aminogruppen besitzt und die Oxidation bei niedrigem pH durchgeführt wird.

Kopplung über Maleinimid/SH-Gruppen

Maleinimidgruppen reagieren unter milden Bedingungen relativ schnell und selektiv mit SH-Gruppen. Diese Reaktion bildet die Grundlage für eine schonende Methode zur Kopplung von Proteinen. Das Verfahren ist recht universell anwendbar und vor allem dann besonders einfach, wenn das zu koppelnde Enzym schon SH-Gruppen besitzt, wie z. B. die β-Galaktosidase.

In einem ersten Schritt werden dabei in eines der zu koppelnden Proteine (das keine freien SH-Gruppen enthalten sollte, hier z. B. IgG oder Fab-Fragment) Maleinimidgruppen eingeführt, in einem zweiten Schritt erfolgt dann die Umsetzung mit dem zweiten Protein, das SH-Gruppen enthält (z. B. β-Galaktosidase) oder in das SH-Gruppen eingeführt wurden (z. B. Peroxidase, alkalische Phosphatase). Eine Eigenvernetzung der zu koppelnden Proteine wird durch diese Reaktionsführung verhindert. Die Einführung von Maleinimid- bzw. SH-Gruppen in die Proteine erfolgt in der Regel mit Hilfe von heterobifunktionellen Reagentien, z. B. aktivierten Estern (N-Hydroxysuccinimidester) von Maleinimid- bzw. Thiolderivaten, die mit den Aminogruppen der Proteine reagieren. Das Ausmaß der Derivatisierung (d. h. die Anzahl der in die Proteine eingebauten Thiol- bzw. Maleinimidfunktionen) läßt sich gut steuern, so daß die Verluste an Immun- und enzymatischer Aktivität auf ein Minimum beschränkt bleiben.

Markerenzyme

Die wesentlichen Anforderungen an die zur Herstellung von Enzym-Antikörper-Konjugaten verwendeten Enzyme (Markerenzyme) sind: eine hohe spezifische Aktivität für gut nachweisbare Substrate; die Enzymaktivität sollte auch nach der Kopplung mit Antikörpern weitgehend erhalten bleiben, die Konjugate sollten ohne Aktivitätsverlust über längere Zeit gelagert werden können.

In den folgenden Abschnitten werden Konjugationsverfahren für drei der am häufigsten eingesetzten Markerenzyme beschrieben: Peroxidase (aus Meerrettich), alkalische Phosphatase (aus Kälberdarm) und β-Galaktosidase (aus E.coli). Die Vorschriften sind für die Konjugation kleiner Antikörpermengen (5–10 mg) ausgelegt, können jedoch ohne Probleme höher dimensioniert werden.

Literatur

Avrameas S, Ternynck T, Guesdon J-L (1978) Coupling of enzymes to antibodies and antigens. Scand J Immunol 8, S7: 7–23

Engvall E (1978) Preparation of enzyme-labelled staphylococcal protein A and its use for detection of antibodies. Scand J Immunol 8, S7: 25–31

Ishikawa E, Imagawa M, Hashida S, Yoshitake S, Hamaguchi Y, Ueno T (1983) Enzyme-labeling of antibodies and their fragments for enzyme immunoassay and immunohistochemical staining. J Immunoassay 4: 209-327

Wilson MB, Nakane PK (1978) Recent developments in the periodate method of conjugating horseradish peroxidase (HRPO) to antibodies. In: Knapp W, Holubar K, Wick G (eds) Immunofluorescence and related staining techniques. Elsevier, Amsterdam, pp 215-224

9.2.1 Kopplung von Peroxidase

W. WÖRNER

Verwendet wird eine Peroxidase aus Meerrettich, die meist als Gemisch von Isoenzymen zu beziehen ist. Ihre Hauptform, die Peroxidase C, hat ein Molekulargewicht von 44.000 und einen Kohlenhydratanteil von 21% (Welinder 1979). Die Peroxidase besitzt keine freien SH-Gruppen und nur wenige Aminogruppen. Damit bietet sich die Herstellung von Peroxidase-Konjugaten nach der Methode von Wilson und Nakane (1978) an, die im folgenden beschrieben wird. Dabei werden durch Oxidation mit Natriumperjodat im Kohlenhydratanteil der Peroxidase Aldehydgruppen erzeugt; die so aktivierte Peroxidase reagiert mit den Aminogruppen der zugegebenen Antikörper unter Bildung von Schiffschen Basen, die anschließend durch Reduktion mit Natriumborhydrid in stabile sekundäre Amine überführt werden.

Material

Peroxidase aus Meerrettich	z. B. Boehringer Mannheim
Reinheitszahl	Nr. 814 407
[E403 nm/E275 nm] > 3	
Natrium-meta-perjodat	z. B. Merck Nr. 6597
Natriumborhydrid	z. B. Merck Nr. 6371
Gelfiltrationsmedien:	
Sephacryl S-200 bzw. S-300	Pharmacia-LKB bzw. äquivalente Materialien anderer Hersteller (Trennbereich bis 200.000 bzw. 400.000 Dalton)
Thymol	z. B. Merck Nr. 8167
Rinderserumalbumin	z. B. Calbiochem Nr. 126 609

Lösungen

1 mM Natriumacetatpuffer, pH 4,4
10 mM Kaliumphosphatpuffer, pH 8,0; 50 mM NaCl
0,5 M Natriumcarbonat/Natriumhydrogencarbonat-Puffer, pH 9,5
0,5 M Na_2CO_3 bzw. $NaHCO_3$
50 mM Kaliumphosphatpuffer, pH 7,5; 150 mM NaCl

Vorgehen

1. Aktivierung der Peroxidase: 4 mg Peroxidase aus Meerrettich werden in 1 ml dest. Wasser gelöst, mit 0,2 ml frisch hergestelltem 0,1 M Natriumperjodat (21,4 mg/ml dest. Wasser) versetzt (Farbumschlag von rotbraun nach grün) und 20 Min. bei 25 °C inkubiert. Anschließend wird über Nacht bei 4 °C gegen 1 mM Natriumacetatpuffer pH 4,4 dialysiert (2 Wechsel mit je 100 ml).

2. Vorbereiten der Antikörperlösung: Die Antikörperlösung wird, falls notwendig, gegen 10 mM Kaliumphosphatpuffer, pH 8,0/50 mM NaCl dialysiert (Ammoniak und Amin-haltige Puffer stören die Kopplung mit Peroxidase, Azid hemmt die Peroxidase). Anschließend wird die Immunglobulinlösung auf eine Konzentration von 8 mg/ml (IgG) bzw. 5 mg/ml (Fab) eingestellt.

3. Kopplung mit Peroxidase: Zur aktivierten Peroxidase wird 1 ml der Antikörperlösung zugegeben und die Reaktion durch Zugabe von 40 µl 0,5 M Natriumcarbonatpuffer pH 9,5 gestartet. Der pH wird sofort mit einigen µl 0,5 M Na_2CO_3 bzw. $NaHCO_3$ auf 9,5 nachgestellt. Nach zweistündiger Inkubation bei 25 °C wird der Ansatz gestoppt durch Zugabe von 0,1 ml einer frisch hergestellten Lösung von Natriumborhydrid (4 mg/ml dest. Wasser) und weitere 2 Std. bei 4 °C inkubiert.

4. Konjugatreinigung und -lagerung: Eine Abtrennung des Konjugats von nicht gekoppelter Peroxidase bzw. Antikörpermolekülen kann durch Chromatographie an Sephacryl S-200 (Fab-Peroxidase Konjugate) bzw. Sephacryl S-300 (IgG-Peroxidase Konjugate) erfolgen; Säulendimension: 40 × 2,5 cm, Puffer: 50 mM Kaliumphosphatpuffer, pH 7,5/150 mM NaCl. Die Konjugat enthaltenden Fraktionen, die vor nicht gekoppelter Peroxidase bzw. nicht gekoppelten Antikörpern eluieren (das Verhältnis E403 nm/E280 nm beträgt ca. 0.3–0,6 bei den IgG-Peroxidase-Konjugaten und ca. 1 bei den Fab-Peroxidase-Konjugaten), werden zu zwei bis drei Pools vereinigt. Zur Stabilisierung werden die Pools mit Rinderserumalbumin (ad 10 mg/ml) versetzt und nach Zugabe von einigen Körnchen Thymol (ca. 20–50 mg/ml) als antimikrobiellem Reagens in Glasgefäßen bei 4 °C aufbewahrt. Einige Aliquots können zusätzlich in flüssigem Stickstoff schockgefroren und bei −80 °C aufbewahrt werden. Mehrfaches Einfrieren/Auftauen ist zu vermeiden.

5. Anmerkungen zum Herstellungsverfahren:
a) Der pH-Wert bei der Oxidation der Peroxidase liegt bei 5–5,5, anschließend wird gegen einen Puffer mit pH 4,4 dialysiert. Da die Peroxidase nur wenige Aminogruppen besitzt, die bei diesen pH-Werten zudem noch überwiegend in der (unreaktiven) protonisierten Form vorliegen, findet unter diesen Bedingungen keine Eigenvernetzung der Peroxidase statt.
b) Die oxidierte Peroxidase kann ohne Verlust der Kopplungsfähigkeit bis zu einigen Tagen bei 4 °C gelagert werden (evtl. Zusatz von einigen Körnchen Thymol).

c) Die Geschwindigkeit der Kopplung der Antikörper mit der Peroxidase kann durch Variation der Konzentration von Antikörper bzw. Peroxidase bei der Kopplung beeinflußt werden: Erhöhung der Konzentration führt zu einer Reaktionsbeschleunigung. Das Verhältnis Peroxidase:Antikörper sollte dabei jedoch konstant gehalten werden.

Literatur

Welinder KG (1979) Amino acid sequence studies of horseradish peroxidase. Amino and carboxyl termini, cyanogen bromide and tryptic fragments, the complete sequence, and some structural characteristics of horseradish peroxidase C. Eur J Biochem 96: 483–502

Wilson MB, Nakane PK (1978) Recent developments in the periodate method of conjugating horseradish peroxidase (HRPO) to antibodies. In: Knapp W, Holubar K, Wick G (eds) Immunofluorescence and related staining techniques. Elsevier, Amsterdam, pp 215–224

9.2.2 Kopplung von β-Galaktosidase

W. WÖRNER

β-Galaktosidase aus E. coli ist ein tetrameres Protein mit einem Molekulargewicht von 465.000. Das im folgenden beschriebene Konjugationsverfahren erfolgt ähnlich einer von Ishikawa et al. (1983) beschriebenen Methode: In den zu koppelnden Antikörper werden Maleinimid-Gruppen eingeführt, in einem zweiten Schritt erfolgt die Kopplung mit den SH-Gruppen der β-Galaktosidase.

Material

β-Galaktosidase aus E. coli	z. B. Boehringer Mannheim Nr. 567 779
Maleinimidohexanoyl-N-hydroxysuccinimidester (MHS)	z. B. Boehringer Mannheim Nr. 728 497
Dimethylsulfoxid	z. B. Merck Nr. 9678
Gelfiltrationsmaterialien:	
PD-10 Säule	Pharmacia-LKB
Ultrogel AcA 22	Serva oder vergleichbare Materialien anderer Hersteller
Rinderserumalbumin	z. B. Calbiochem Nr. 126 609

Lösungen

50 mM Natriumphosphatpuffer, pH 7,0
10 mM Natriumphosphatpuffer, pH 6,5; 50 mM NaCl
1 M Na_2HPO_4
10 mM Natriumphosphatpuffer, pH 6,5; 0,1 M NaCl, 1 mM $MgCl_2$, 0,1% NaN_3

Kopplung von β-Galaktosidase

Vorgehen

1. Derivatisierung des Antikörpers mit Maleinimid-Gruppen: 10 mg IgG werden in 1 ml 50 mM Natriumphosphatpuffer, pH 7,0 gelöst und gründlich (3 × 100faches Volumen) gegen denselben Puffer dialysiert, falls die Antikörperlösung noch Amin-haltige Puffer (stören den Einbau der Maleinimid-Gruppen) oder Azid (inaktiviert die Maleinimid-Gruppen) enthalten sollte. Anschließend werden 20 µl einer frisch hergestellten Lösung von Maleinimidohexanoyl-N-hydroxysuccinimidester (6,2 mg/ml Dimethylsulfoxid) zugegeben und 1 Stunde bei 25 °C inkubiert. Der Reaktionsansatz wird dann bei 4 °C mittels Gelfiltration (z. B. PD 10-Säule, äquilibriert mit 10 mM Natriumphosphatpuffer, pH 6,5; 50 mM NaCl) entsalzt und so das derivatisierte IgG vom nicht eingebauten Maleinimidderivat abgetrennt.

2. Kopplung des derivatisierten Antikörpers an β-Galaktosidase und Reinigung des Konjugats: Die Konzentration des derivatisierten Antikörpers wird mit Hilfe des Extinktionskoeffizienten bestimmt (E280nm[1 mg/ml]=1,4) und mit 10 mM Natriumphosphatpuffer, pH 6,5; 50 mM NaCl auf 1,5 mg/ml eingestellt. 5 mg β-Galaktosidase (Proteingehalt des Lyophilisats beachten!) werden in 5 ml der Antikörperlösung gelöst, der pH wird mit 1 M Na_2HPO_4 auf 7,0 eingestellt und 1 Stunde bei 25 °C inkubiert. Anschließend wird der Reaktionsansatz auf eine Säule (70 × 2 cm) mit Ultrogel AcA 22, äquilibriert mit 10 mM Natriumphosphatpuffer, pH 6,5; 0,1 M NaCl, 1 mM $MgCl_2$, 0,1% NaN_3 gegeben. Die Konjugat enthaltenden Fraktionen werden entsprechend dem Elutionsprofil gepoolt und mit Rinderserumalbumin ad 10 mg/ml versetzt. Lagerung in Aliquots bei −20 °C.

3. Anmerkung zum Verfahren:
a. Die Geschwindigkeit der Vernetzung kann durch Änderung der Konzentration von Antikörper und Enzym beeinflußt werden. Erhöhung der Konzentration führt zu einer Beschleunigung der Vernetzung.
b. Eine starke Opaleszenz oder Trübung des Reaktionsansatzes nach der Kopplung deutet auf eine möglicherweise zu hohe Vernetzung hin (ggf. Verkürzung der Reaktionsdauer oder Erniedrigung der Konzentrationen von Antikörper und Enzym bei der Kopplung). Anmerkung: Es können − abhängig von der β-Galaktosidase-Charge − Unterschiede in der Vernetzungsgeschwindigkeit beobachtet werden.
c. Die Kopplungsreaktion kann gestoppt werden durch Zugabe von Cysteamin ad 1 mM. Dies ist notwendig, wenn vor der Reinigung durch Gelfiltration eine Konzentrierung des Ansatzes vorgesehen ist (im oben beschriebenen Verfahren werden die nicht umgesetzten Maleinimidgruppen durch das im Chromatographiepuffer enthaltene Azid zerstört).
d. Erfolgskontrolle für den Einbau von Maleinimidgruppen in den Antikörper: Aliquots des derivatisierten Antikörpers werden mit einer definierten Menge Cysteamin oder Cystein umgesetzt und die verbliebenen SH-Gruppen mit Hilfe von Ellman's Reagenz oder 4,4′-Dithiodipyridin bestimmt (z. B. Ishikawa et al. 1983).
Anzustreben ist ein Einbau von 1 bis 5 Maleinimidgruppen.

Literatur

Ishikawa E, Imagawa M, Hashida S, Yoshitake S, Hamaguchi Y, Ueno T (1983) Enzyme-labeling of antibodies and their fragments for enzyme immunoassay and immunohistochemical staining. J Immunoassay 4: 209–327

9.2.3 Kopplung von alkalischer Phosphatase

W. WÖRNER

Alkalische Phosphatase aus Kälberdarm ist ein dimeres Glykoprotein mit einem Molekulargewicht von ca. 120 000. Als Kopplungsverfahren wird nachstehend die – einfach durchzuführende – Einschritt-Glutardialdehydmethode (Avrameas et al. 1978) beschrieben. Dabei werden alkalische Phosphatase und Antikörper über ihre Aminogruppen in Gegenwart von Glutardialdehyd quervernetzt. Eine vergleichende Übersicht über weitere Verfahren zur Herstellung von Konjugaten mit alkalischer Phosphatase geben Jeanson et al. (1988).

Material

alkalische Phosphatase aus Kälberdarm (10 mg/ml) 30 mM Triethanolamin.HCl, pH 7,6; 3 M NaCl, 1 mM $MgCl_2$, 0,1 mM $ZnCl_2$)	z. B. Boehringer Mannheim Nr. 567 744
Glutardialdehyd, 25%	z. B. Merck Nr. 820 603
Sephacryl S-300	Pharmacia oder äquivalentes Gelmaterial mit Trennbereich bis 400 000 Dalton
Rinderserumalbumin	z. B. Calbiochem Nr. 126 609

Lösungen

0,1 M Kaliumphosphatpuffer, pH 6,8
1 M Lysin.HCl, pH 7,0
50 mM Tris.HCl, pH 8,0; 0,1 M NaCl, 1 mM $MgCl_2$, 0,1% NaN_3

Vorgehen

1. Vorbereitung: 1 ml einer Lösung von alkalischer Phosphatase (10 mg/ml) und 1 ml einer Lösung von IgG (5 mg/ml) bzw. Fab (2,5 mg/ml) werden vereinigt und gegen 2 × 500 ml (jeweils > 6 Stunden) 0,1 M Kaliumphosphatpuffer, pH 6,8 dialysiert. Damit sollen eventuell vorhandene störende Begleitsubstanzen wie Ammoniumionen oder primäre/sekundäre Amine (aus Puffersubstanzen) entfernt werden.

2. Kopplung und Konjugatreinigung: Zur dialysierten Lösung von alkalischer Phosphatase und Antikörper werden 50 µl 1% Glutardialdehyd (1 Volumen 25% Glutardialdehyd-Lösung mit 24 Volumina Wasser verdünnen) zugegeben und damit die Vernetzung gestartet. Anschließend wird 3 Stunden bei 25 °C inkubiert. Die Reaktion wird gestoppt durch Zugabe von 0,1 ml 1 M Lysin, pH 7,0. Nach weiteren 2 Stunden Inkubation bei 25 °C wird der Ansatz auf eine Säule (50 × 2,5 cm) von Sephacryl S-300 aufgetragen, die mit 50 mM Tris.HCl, pH 8,0; 0,1 M NaCl, 1 mM $MgCl_2$, 0,1% NaN_3 äquilibriert wurde. Die vor dem nicht gekoppelten Antikörper und Enzym eluierenden Konjugatfraktionen werden vereinigt, mit Rinderserumalbumin ad 10 mg/ml versetzt und bei 4 °C gelagert.

Literatur

Avrameas S, Ternynck T, Guesdon J-L (1978) Coupling of enzymes to antibodies and antigens. Scand J Immunol 8, S7: 7-23

Jeanson A, Cloes J-M, Bouchet M, Rentier B (1988) Preparation of reproducible alkaline phosphatase-antibody conjugates for enzyme immunoassay using a heterobifunctional linking reagent. Anal Biochem 172: 392-396

9.3 Biotinylierung monoklonaler Antikörper

F. BIEBER

Die extrem hohe Affinität von Avidin, einem Protein aus Hühnereiweiß, zu dem Vitamin Biotin (Affinitätskonstante 10^{-15} Mol/l) macht diese beiden Reagenzien zu einem sehr nützlichen Werkzeug beim Studium einer Reihe biologischer Probleme (Wilchek und Bayer 1984). Avidin hat vier Bindungsstellen für Biotin; es ist ein Glykoprotein mit einem Molekulargewicht von 68 kD und einem isoelektrischem Punkt (Ip) um 10 (Greene 1975). Der Zuckeranteil und der hohe Ip bewirken eine relativ starke unspezifische Bindung von Avidin an biologische Strukturen, z. B. an Zellmembranen. Diese Nachteile hat ein zu Avidin analoges Protein aus Streptomyces avidinii nicht: sein Ip liegt im leicht sauren pH Bereich, und Zuckergruppen fehlen. Dieses Streptavidin hat ein Molekulargewicht von 60 kD und bindet wie Avidin vier Moleküle Biotin mit der gleichen Affinitätskonstanten (Chaiet 1964). Das kleine Biotinmolekül (240 D) läßt sich über die reaktive Carboxylgruppe, die nicht an der Bindung mit Streptavidin beteiligt ist, leicht an monoklonale Antikörper (MAK) koppeln. Diese biotinylierten MAK können für viele immunchemische Techniken verwendet werden, da Avidin bzw. Streptavidin inzwischen von vielen Firmen (z. B. Amersham, Boehringer Mannheim, BRL, Calbiochem, Sigma, Vector) in Konjugation mit verschiedenen Nachweisenzymen (alkalische Phosphatase,

Peroxidase), Fluorochromen (Fluoreszein, Rhodamin, Texas Rot), Isotope oder Gold angeboten wird.

Die Markierung von MAK mit Biotin hat gegenüber der direkten Konjugierung der MAK mit Enzymen zwei wesentliche Vorteile:

1. Pro Antikörpermolekül lassen sich mehrere Biotinmoleküle koppeln, während die Enzymkonjugation in der Regel nur zu einem Enzymmolekül pro MAK führt.
2. Biotinylierte Antikörper können mit unterschiedlichen Avidin- oder Streptavidinkonjugaten nachgewiesen werden; die Reaktionszeiten sind meist deutlich kürzer als mit klassischen Immunreagenzien.

Neuere Untersuchungen der Streptavidin-Biotin Bindung zeigen, daß das Biotinmolekül fast vollständig in einer der vier Taschen des Streptavidins verschwindet. Ein direkt an den MAK gekoppeltes Biotin wird deshalb nicht gut in die Tasche passen und die eigentlich starke Bindung wird schwächer sein. Um dieser sterischen Behinderung entgegenzuwirken, läßt sich ein aliphatischer Rest (spacer) mit z. B. 6 CH_2-Gruppen (ε-Aminocapronsäure) zwischen Biotin und Protein einbauen (Costello et al. 1979). Zur Kopplung von Biotin an MAK eignet sich die Methode nach Guesdon (1979). Dazu verwenden wir den Biotinyl-ε-aminocapronsäure-N-hydroxysuccinimidester (Biotin-X-NHS), der spontan bei Zugabe zum Protein im Kopplungspuffer hydrolysiert, und dabei das Biotin-X über eine kovalente Peptidbindung an die ε-Aminogruppen der Lysine koppelt.

In allerdings sehr seltenen Einzelfällen kann die immunologische Reaktivität der Antikörper durch die Biotinylierung über Aminogruppen zerstört werden. Nur in diesen Fällen sollten alternative Kopplungen über Zuckergruppen (z. B. Biotin-X-Hydrazid) oder über SH-Gruppen (z. B. Maleimidobutyryl-Bio-

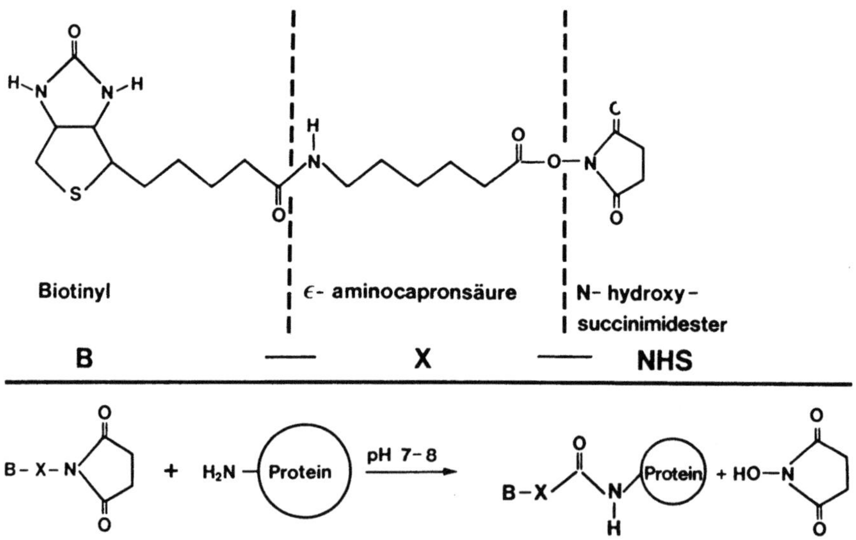

Abb. 42. Schema der Biotinylierung mit dem Biotinyl-X-N-hydroxy-Succinimidester

cytin) erprobt werden. Diese Kopplungen erfolgen nach den Herstellerangaben (s. o.) ähnlich einfach wie die hier beschriebene.

Das optimale Reaktionsverhältnis von Protein zu Biotin-X-NHS (w/w) liegt häufig zwischen 5 und 20, wenn das Protein (Maus-IgG) in einer Konzentration von ca. 1 mg/ml vorliegt.

Höhere Biotin-Konzentrationen sind nach unseren Erfahrungen meist nicht geeignet. Zum einen scheint sich durch Kopplung zu vieler Biotin-Moleküle pro Antikörper-Molekül die spezifische Bindungsfähigkeit der MAK deutlich zu verringern (im ELISA und Immunoblotverfahren getestet). Zum anderen verändern die MAK nach der Einführung des relativ hydrophoben Biotin-X ihren Ip und neigen zur Aggregation und Präzipitation.

Die im folgenden beschriebene Methode verwendet daher eine geringe Menge Biotin-X-NHS und führte bei uns zu gut reproduzierbaren Ergebnissen. Solche MAK zeigt nach Biotinylierung noch volle Affinität zum Antigen. Darüberhinaus erbrachte der Nachweis des biotinylierten MAK mit Streptavidin-POD gegenüber anti-Maus-Immunglobulin-POD eine Steigerung der Empfindlichkeit im ELISA und im Immunoblotting, wie auch andere Labors zeigen konnten (Costello et al. 1979).

Ist mit dieser Standardprozedur keine effiziente Biotinylierung zu erreichen, sollte die Biotinkonzentration um den Faktor 5 erhöht bzw. reduziert werden.

Material

Biotin-X-NHS	z. B. Calbiochem GmbH Nr. 203188
NaCl	z. B. Merck Nr. 6404 E
Na-Hydrogencarbonat	z. B. Merck Nr. 6329 E
Na-Acetat	z. B. Merck Nr. 6267
NaN_3	z. B. Merck Nr. 6688
Dialysierschlauch 10 kD	z. B. Serva Servapor
Dimethylformamid (DMF)	z. B. Merck Nr. 2937+
Entsalzungssäule	z. B. Sephadex G-25 Medium, Pharmacia
Kopplungspuffer	100 mM Na-Hydrogencarbonat pH 7,7
Entsalzungspuffer	100 mM Na-Acetat/200 mM NaCl pH 5,0
Phosphatpuffer (PBS)	pH 7,2

Kopplung

Die z. B. über FPLC (MonoQ) gereinigten MAK (s. Kap. 8.1.3) werden ausgiebig gegen den Kopplungspuffer dialysiert, um störende Aminogruppen (z. B. des Tris-Puffers) zu entfernen.

Die Proteinkonzentration wird auf 1 mg/ml eingestellt, z. B. durch Messung der optischen Dichte (OD) bei 280 nm. Eine MAK Lösung (Maus) mit 1 mg/ml hat bei 280 nm eine optische Dichte von 1,2.

Biotin-X-NHS wird unmittelbar vor der Reaktion in DMF ad 1 mg/ml gelöst, um die Eigenhydrolyse möglichst klein zu halten. Die Kopplung wird durch Zugabe von 50 µl dieser Biotin-X-NHS-Lösung zu 1 ml Proteinlösung gestartet.

Die Reaktion wird nach 30 Min. bei RT gestoppt, indem die Reaktionsprodukte z. B. über eine Ausschlußchromatographie getrennt werden (Säule: Durchmesser 1,6 cm × 25 cm, Sephadex G-25 Medium in Entsalzungspuffer). Der Proteingipfel wird ausgiebig gegen PBS 0.1% NaN_3 dialysiert, und die Proteinkonzentration bestimmt. Die biotinylierten MAK sind bei $-20\,°C$ nahezu unbegrenzt haltbar.

Überprüfung der Biotin-Kopplung

Die Effektivität der Biotinylierung, sowie die Affinität des MAK zum Antigen läßt sich mit Hilfe von zwei ELISA (s. Kap. 10.3) testen.

1. Der biotinylierte und der unbehandelte MAK werden seriell in Zweierschritten im Beschichtungspuffer ausverdünnt (1000 ng - 4 ng/ml).
Je 100 µl davon werden 2 mal so auf einer halben 96-Napf-Platte paarweise geschichtet, daß jeweils der biotinylierte und der nicht behandelte MAK untereinander zu liegen kommen. Ein Paar wird mit Streptavidin-HRP, das andere mit anti-Maus Immunglobulin-HRP (aM-HRP) entwickelt. Der Test gibt Aufschluß über die Effektivität der Biotinylierung, nicht jedoch über die funktionierende Antigen-Antikörper-Bindung.
2. Antigen wird auf eine 96-Napf-Platte geschichtet (z. B. 50 ng/Napf). Die folgenden Schritte erfolgen wie unter 1. beschrieben.
Mit diesem Antigen-Bindungstest läßt sich direkt die Empfindlichkeit beider Systeme (Streptavidin-HRP, aM-HRP) vergleichen. Der biotinylierte MAK konnte bei Streptavidin-HRP im Vergleich zu aM-HRP meist 4-8-fach verdünnter eingesetzt werden.

Literatur

Chaiet L, Wolf FJ (1964) The properties of streptavidin, a biotin-binding protein produced by streptomycetes. Arch Biochem Biophys 106: 1-5

Costello SM, Felix RT, Giese RW (1979) Enhancement of immune cellular agglutination by use of an avidin-biotin system. Clin Chem 25: 1572-1580

Greene NM (1975) Avidin. In: Anfinsen CB, Edsell JT, Richards FM (eds) Advances in Protein Chemistry Vol 29. Academic Press, New York London Toronto Sydney San Francisco p 85-133

Guesdon JL, Ternynck T, Avrameas S (1979) The use of avidin-biotin interaction in immunoenzymatic techniques. J Histochem Cytochem 27: 1131-1139

Wilchek W, Bayer EA (1984) The avidin-biotin complex in immunology. Immunology Today 5: 39-43

9.4 Fluorochromkopplung monoklonaler Antikörper

R. ZIERZ

Durch die Einführung Fluoreszenz-aktivierter Zellsorter hat die ursprünglich zur mikroskopischen Darstellung verwendete Immunfluoreszenztechnik einen erweiterten Anwendungsbereich gewonnen. Die grundlegenden Arbeiten von A. Coons zeigten, daß Fluoresceinisothiocyanat (FITC) an Immunglobuline gekoppelt werden kann, ohne daß die Antigen-Antikörper-Wechselwirkung beeinflußt wird. Inzwischen stehen eine Reihe verschiedener Fluorochrome zur Verfügung, die auf Grund ihrer unterschiedlichen Absorptions- und Emissionsspektren die kombinierte Verwendung in Doppel- oder Dreifachfärbungen ermöglichen. Eine detaillierte Charakterisierung der Gruppe der Fluorescein-, Rhodamin-, Phycocyanin- und Phycoerythrinfarbstoffe wird von Parks et al. (1986) beschrieben.

Die im folgenden beschriebene Methode zur Fluoresceinkopplung kann durch den Einsatz eines Rhodaminreagenzes zur Rhodaminkopplung abgewandelt werden (s. Kap. 9.4.2). Die Fluorochromkopplung von Immunglobulinen oder anderen Proteinen eines Ligand – Rezeptorsystems erfolgt nach folgendem Schema:

$$\text{Protein-NH}_2 + \text{S}=\text{C}=\text{N-Fluorochrom} \rightarrow \text{Protein-NH-}\underset{\underset{\text{S}}{\|}}{\text{C}}\text{-NH-Fluorochrom}$$

Der Zeitaufwand zur Fluorochromkopplung beträgt nur 1–2 Stunden. Ein Vorversuch mit analytischen Mengen dient zur Ermittlung der optimalen Kopplungseffizienz. Das im folgenden angegebene Vorgehen liefert jedoch in der Regel eine zuverlässige Fluorochromkopplung.

9.4.1 FITC-Kopplung

Zur FITC-Kopplung sollen ausschließlich homogene Immunglobulinpräparationen verwendet werden. FITC-markierte Kontaminanten können durch unspezifische Adsorption die Antigen-spezifische Bindung des Immunglobulinkonjugates verfälschen. Die Kopplung monoklonaler Antikörper wird in Anlehnung an die Methode von Rinderknecht (1960; 1962) durchgeführt. Hierzu wird an Kieselgur adsorbiertes FITC eingesetzt.

Material

Kopplungspuffer	0,1 M Na-Carbonat, 0,1 M NaCl, pH 9,2 mit HCl einstellen
Fluoresceinisothiocyanat	10% Adsorbat auf Kieselgur, 150 μm Serva 21600

Gelfiltrationssäule   Sephadex G-25 med, z. B. PD-10 Fertigsäulen, Pharmacia

Der Antikörper wird gegen Kopplungspuffer dialysiert. Typische Konzentrationen liegen zwischen 0,5-10 mg/ml. Zur Antikörperlösung wird FITC-Kieselgur zugesetzt und sofort gründlich vermengt (Vortex). Die Kopplungsreaktion erfolgt während der ersten Sekunden. Der Reaktionsansatz wird unter Rotation für 30 Min. bei Raumtemperatur inkubiert. Hierdurch wird ein Absetzen der Kieselgurpartikel vermieden.

Die Menge des eingesetzten FITC-Kieselgur ist abhängig von Immunglobulinmenge und -konzentration. Gebräuchliche Immunglobulin : FITC-Kieselgur Verhältnisse liegen zwischen 1:2-1:10 (W:W). Immunglobulinkonzentrationen unter 1 mg/ml erfordern Verhältnisse über 1:10. Das optimale Verhältnis sollte im Vorversuch ermittelt werden, da die Zahl der vorhandenen Kopplunggruppen (hauptsächlich ε-Aminogruppen der Lysine) variieren kann. Nur dann ist eine ausreichende Derivatisierung der Immunglobuline möglich.

Die Reaktion wird durch Pelletierung des FITC-Kieselgur abgestoppt, der Überstand wird zur Abtrennung freier FITC-Moleküle auf eine Sephadex G-25 med. Säule appliziert. Bei Probevolumina unter 2 ml empfehlen sich PD-10 Fertigsäulen (Pharmacia). Die Gelfiltrationssäule wird zuvor in den Puffer überführt, der im späteren Testsystem verwendet wird (z. B. PBS). Der erste Elutionspeak, zumeist spektakulär gelb gefärbt, enthält die FITC-markierten Immunglobuline. Freies FITC eluiert auf Grund von Interaktionen mit der Gelmatrix erst sehr spät. Der FITC-Immunglobulinpeak kann mittels eines Durchflußphotometers (280 nm) detektiert werden. Bei ausreichend hoher Proteinkonzentration (ab 0,5 mg/ml) ist das markierte Immunglobulin auch visuell gut erkennbar und kann direkt aufgefangen werden.

Zur vollständigen Regeneration der Gelmatrix wird eine Lösung aus 0,25N NaOH + 0,35 % H_2O_2 benutzt.

Bestimmung des F/P-Quotienten

Zur Angabe der Kopplungseffizienz eines Fluorochromes an ein Protein wird der sog. F/P-Quotient eines Konjugates angegeben. Dieser Quotient gibt das molare Verhältnis von Fluorochrom (F) zu Protein (P) an, somit die Anzahl der Fluorochrommoleküle je Proteinmolekül. Der F/P-Quotient eines Konjugates wird durch die Extinktionsbestimmung bei 280 nm und 495 nm ermittelt. Das Absorptions- und Emissionsverhalten von FITC ist pH-abhängig. Um F/P Quotienten verschiedener Konjugate vergleichen zu können, werden die Extinktionsmessungen bei pH 7,0-7,2 durchgeführt.

Die Bestimmung der Proteinkonzentration und des F/P Quotienten eines Konjugates erfolgen nach folgenden Formeln, wobei die entsprechenden Molekulargewichte (MW) und Extinktionskoeffizienten (E) eingehen:

$$\text{Proteinkonzentration (mg/ml)} = \frac{OD280 - (0{,}35 \times OD495)}{1{,}2}$$

$$F/P \text{ (molar)} = \frac{OD495 \times 1{,}2 \times 160\,000}{200 \times 390 \times (OD280 - 0{,}35 \times OD495)}$$

entsprechend IgG (Maus) $^{280}E_{1\,cm}^{1\%} = 12$
IgG (Maus) MW $= 160\,000$
FITC $^{495}E_{1\,cm}^{1\%} = 200$
FITC MW $= 390$

Die Formeln zur Berechnung von Proteinkonzentration und F/P Quotient können auch zur Charakterisierung anderer FITC gekoppelter Proteine angewendet werden. Hierzu müssen in den Formeln Molekulargewicht und Extinktionskoeffizient entsprechend geändert werden, s. auch Nomogramm bei Wells et al. (1966).

Der erforderliche F/P-Quotient zur Darstellung von antigenen Strukturen ist abhängig von der Anzahl und Verteilung der nachzuweisenden Antigene. Die Verwendung eines direkt markierten Antikörpers erfordert in der Regel einen F/P-Quotienten von 4-5. Sind die nachzuweisenden Antigene nur in geringer Kopienzahl vorhanden, so ist deren Nachweis oft nur durch einen Verstärkungsmechanismus (Avidin-Biotin, Sekundärantikörper o. ä.) möglich.

Der F/P Quotient eines Konjugates gibt einen statistischen Mittelwert an. Jede Konjugatpräparation enthält auch übermarkierte Immunglobuline, die durch unspezifische Bindungen falsch positive Resultate hervorrufen. Kontrollen (Verdrängen des markierten Antikörpers durch hohen Überschuß unmarkierten Antikörpers) geben über den Anteil übermarkierter Immunglobulinmoleküle Aufschluß. Fraktionen von Antikörpern mit definierten F/P Quotienten können durch Anionenaustauschchromatographie (The und Feltkamp 1970) hergestellt werden.

Verschiedene kommerziell erhältliche Fluorochromkonjugate werden nur durch den OD280 : OD495 Quotienten charakterisiert. Diese Angabe stellt nicht den F/P Quotienten dar und sollte vermieden werden.

Literatur

Coons AH (1961) The beginnings of immunofluorescence. J Immunol 87: 499-503
Gooding JW (1976) Conjugation of antibodies with fluorochromes: modifications to the standard methods. J Immunol Meth 13: 215-226
Parks DR, Lanier LL, Herzenberg LA (1986) Flow cytometry and fluorescence activated cell sorting (FACS). Weir DM (ed) Handbook of experimental Immunology. Blackwell London Oxford Edinburgh pp 29.1-29.21
Reisher JI, Orr HC (1968) Removal of fluorescein isothiocyanate from Sephadex after filtration of conjugated proteins. Anal Biochem 26: 178-179
Rinderknecht H (1960) A new technique for the fluorescent labelling of proteins. Experientia 16: 430-431
Rinderknecht H (1962) Ultra-rapid fluorescent labelling of proteins. Nature 193: 167-168
The TH, Feltkamp TEW (1970) Conjugation of fluorescein isothiocyanate to antibodies, I and II. Immunology 18: 865-881
Wells AF, Miller CE, Nadel MK (1966) Rapid fluorescein and protein assay method for fluorescent-antibody conjugates. Appl Microbiol 14: 271-275

9.4.2 Rhodamin- und Phycoerythrin-Kopplung

R. ZIERZ

Die Rotlicht emittierenden Farbstoffe Rhodamin bzw. Phycoerythrin werden bei Doppelimmunfluoreszenzfärbungen zusammen mit FITC eingesetzt. Dabei werden meist Immunglobuline als Primär- oder Sekundärantikörper mit dem Farbstoff gekoppelt.

Rhodamin eignet sich nicht für die Anregung durch Laser, sodaß es für Durchflußzytometer und Zellsorter mit Laser-Anregung nicht eingesetzt werden kann, ist hier Phycoerythrin vorzuziehen.

Rhodamin wird wie FITC gekoppelt (s. Kap. 9.4.1), jedoch unter Verwendung von

Rhodamin B Isothiocyanat
10% Adsorbat auf Kieselgur   Sigma Nr. R-5505.

Die Gruppe der orange-rot emittierenden Phycobiliproteine, insbesondere das Phycoerythrin (PE), eignen sich besonders zu Doppelimmunfluoreszenzfärbungen. Hiermit lassen sich in mikroskopischen Präparaten bei geeigneten Filterkombinationen im Anregungsbereich 450-490 nm (z. B. Zeiss 450-490; FT 510; LP 520) Fluorescein- und Phycoerythrin-Emission gemeinsam beobachten, d. h. ohne störenden Filterwechsel.

Einbettungsmedien mit Zusätzen gegen das schnelle Ausbleichen des Fluoresceins stören oftmals die Emission des PE erheblich. Die im jeweiligen Labor gebräuchlichen „anti-fading"-Zusätze sollten daher auf ihre Einwirkung auf die Phycoerythrin-Fluoreszenz geprüft werden.

PE wird vorzugsweise an zwei Reagenzien gekoppelt:

a) direkte Kopplung an ein Immunglobulin, oder
b) Kopplung an Streptavidin, wobei der Nachweis dann über einen biotinylierten Antikörper geführt wird.

Arbeitsanleitungen zur direkten PE-Markierung mittels (hetero-) bifunktioneller crosslinker finden sich bei Kronick (1986) oder sind z. B. von der Firma IMA zu erhalten.

Literatur

Kronick MN (1986) The use of phycobiliproteins as fluorescent labels in immunoassay. J Immunol Meth 92: 1-13

9.5 Kopplung von monoklonalen Antikörpern an feste Phasen (Immunabsorber)

Th. HEBELL

Die Immobilisierung von monoklonalen Antikörpern durch kovalente Bindungen unter Erhaltung ihrer Funktion ist wichtig, z. B. zur Isolierung von Antigenen, für Antigen-Meßsysteme und zur Zellstimulierung. Zur chemischen Modifizierung bieten sich hauptsächlich die Aminogruppen des MAK an (für eine Diskussion der möglichen Reaktionen s. Kap. 9.1). Im Einzelfall richtet sich das gewählte Verfahren nach den chemischen Gruppen, die auf den festen Phasen angeboten werden (z. B. Amino-, SH-Gruppen) (Matson and Little 1988) sowie nach der erforderlichen Menge an Quervernetzungen zwischen Träger und Protein: Eine große Anzahl an Bindungen verändert die Tertiärstruktur des Antikörpers, so daß Antigen-Antikörper Reaktionen teilweise nicht mehr möglich sind. Weitere qualitätsbestimmende Parameter sind die Bindungszeit, Ig-Dichte und Orientierung auf der Matrix (Matson and Little 1988).

Wenn möglich, sollte die Reaktion in zwei Schritten ablaufen: der Träger wird präaktiviert, das Kopplungsreagenz (sog. Crosslinker) entfernt und dann erst das Protein zu dem Ansatz gegeben. Dadurch wird eine Vernetzung des Proteins mit sich selbst verhindert und die Funktion bleibt mit größerer Sicherheit erhalten.

Viele bereits aktivierte Träger sind kommerziell erhältlich. Eine Übersicht findet sich in der Tabelle 4. Im folgenden werden Verfahren zur Kopplung an Amino-, Hydroxy-, Carboxy- und Thiolgruppen beschrieben.

Allgemeine Erwägungen

Geeignete Puffer sind Azetat-, Phosphat-, Borat- und Zitratpuffer. Sie sollten in der Regel keine primären Amine enthalten (z. B. Tris oder Glycin), da die meisten Crosslinker oder aktivierten Träger mit Aminogruppen reagieren. Der Reaktionsablauf sieht typischerweise wie folgt aus:

a) Der Träger wird durch den Crosslinker aktiviert. Der überschüssige Crosslinker wird durch Waschen entfernt. Bei einigen Kopplungsverfahren ist die aktivierte Gruppe nur kurze Zeit stabil, so daß hier schnell gearbeitet werden muß.
b) Der zu koppelnde Antikörper wird mit dem aktivierten Träger inkubiert.
c) Noch freie Bindungsstellen des Trägers werden durch Zugabe eines irrelevanten Liganden geblockt (z. B. Ethanolamin, Glycin, Tris).
d) Nicht kovalent gebundene Proteine werden von dem Träger entfernt.
e) Die beladenen Partikel werden in einen Aufbewahrungspuffer gewaschen, der mikrobielle Kontamination verhindert, z. B. durch Zugabe von Azid oder durch Verwendung von sterilen Lösungen.

Tabelle 4. Kommerziell erhältliche Träger zur kovalenten Bindung von Proteinen. Abkürzungen: CDI = Carbodiimid, GDA = Glutardialdehyd, SAH = Bernsteinsäureanhydrid (Succinic anhydrid), XL = erforderliches Reagenz zur Herstellung der kovalenten Bindung, 0 = kein Crosslinker erforderlich

zu derivatisierende Gruppe des Liganden: −SH

Reaktive Gruppe	XL	Entstehende Bindung	Matrix	Produktname	Firma
Oxiran	0	Thioester	Agarose	Epoxy-aktivierte Sepharose 6B	Pharmacia/LKB
Sulfonat	0	Thioether	Agarose	Tresyl aktivierte Sepharose 4B	Pharmacia/LKB
Dipyridyl disulfid	0	Disulfid	Agarose	Thiopropyl Sepharose 6B	Pharmacia/LKB
Dipyridyl disulfid	0	Disulfid	Agarose	Aktivierte Thiol-Sepharose 4B	Pharmacia/LKB
−SH	0	Disulfid	Agarose	Affi-Gel 401	Bio-Rad
−Hg	0	Mercaptid	Agarose	Affi-Gel 501	Bio-Rad
Sulfonat	0	Thioether	Acrylcopolymer	Dynosphere CA031A	PAESEL
Sulfonat	0	Thioether	Acrylcopolymer	Dynosphere XP6006	PAESEL

zu derivatisierende Gruppe des Liganden: −NH$_2$

Reaktive Gruppe	XL	Entstehende Bindung	Matrix	Produktname	Firma
Imidazolyl Carbamat	0	Alkyl Carbamat	Agarose	Reacti-Gel (6X)	Pierce
Imidazolyl Carbamat	0	Alkyl Carbamat	Vinyl	Reacti-Gel (HW-65F)	Pierce
Imidazolyl Carbamat	0	Alkyl Carbamat	Dextran	Reacti-Gel (25DF)	Pierce
Imidazolyl Carbamat	0	Alkyl Carbamat	Trisacryl	Reacti-Gel (GF-2000)	Pierce
Imidazolyl Carbamat	0	Alkyl Carbamat	Glas	CPG/CDI-aktivierte Glycophase	Pierce
Hydrazid	GDA	Amin	Polystyrol	Hydrazide Beads	Pierce
Alkylamin	SAH, CDI	Peptid	Polystyrol	Alkylamine Beads	Pierce
Imidocarbonat	0	Isoharnstoff	Agarose	CNBr-aktivierte Sepharose 4B	Pharmacia/LKB
−COOH	CDI	Peptid	Agarose	CH-Sepharose 4B	Pharmacia/LKB
−COOH	CDI	Peptid	Agarose	ECH-Sepharose 4B	Pharmacia/LKB
N-Hydroxysuccinimid Ester	0	Amin	Agarose	Aktivierte CH-Sepharose 4B	Pharmacia/LKB
Sulfonat	0	Peptid	Agarose	Tresyl-aktivierte Sepharose 4B	Pharmacia/LKB

Tabelle 4 (Fortsetzung)

Reaktive Gruppe	XL	Entstehende Bindung	Matrix	Produktname	Firma
Oxirane	0	Alkylamin	Agarose	Epoxy-aktivierte Sepharose 6B	Pharmacia/LKB
N-Hydroxysuccinimid Ester	0	Peptid	Agarose	Affi-Gel 10	Bio-Rad
N-Hydroxysuccinimid Ester	0	Peptid	Agarose	Affi-Gel 15	Bio-Rad
−COOH	CDI	Peptid	Agarose	Affi-Gel 202	Bio-Rad
−COOH	CDI	Peptid	Agarose	CM Bio-Gel A	Bio-Rad
−NH$_2$	GDA	Peptid	Acrylcopolymer	Dynosphere XP5103	PAESEL
Sulfonat	0	Amin	Acrylcopolymer	Dynosphere CA031A	PAESEL
Sulfonat	0	Amin	Acrylcopolymer	Dynosphere XP6006	PAESEL

zu derivatisierende Gruppe des Liganden: −COOH

Reaktive Gruppe	XL	Entstehende Bindung	Matrix	Produktname	Firma
−NH$_2$	CDI	Peptid	Agarose	AH-Sepharose 4B	Pharmacia/LKB
−NH$_2$	CDI	Peptid	Agarose	EAH-Sepharose 4B	Pharmacia/LKB
−NH$_2$	CDI	Peptid	Agarose	Affi-Gel 102	Bio-Rad
−NH$_2$	CDI	Peptid	Polyacrylamid	Aminoethyl Bio-Gel P-2	Bio-Rad
−NH$_2$	CDI	Peptid	Polyacrylamid	Aminoethyl Bio-Gel P-100	Bio-Rad
−NH$_2$	CDI	Peptid	Acrylcopolymer	Dynosphere XP5103	PAESEL

zu derivatisierende Gruppe des Liganden: −OH

Reaktive Gruppe	XL	Entstehende Bindung	Matrix	Produktname	Firma
Oxiran	0	Ether	Agarose	Epoxy-aktivierte Sepharose 6B	Pharmacia/LKB

Glutaraldehyd

Reagierende Gruppen

Glutardialdehyd (OCH-CH$_2$CH$_2$CH$_2$-CHO) kann zur Aktivierung von Trägern verwandt werden, die Aminogruppen enthalten. Die Proteine scheinen hauptsächlich über ε-Amino-Gruppen an das Glutaraldehyd-aktivierte Partikel zu binden.

Publizierte Reaktionsbedingungen

Zur Aktivierung des Trägers werden meist Phosphatpuffer verwandt in einem pH-Bereich von 5,5 bis 7,4. Die Aktivierung findet bei Temperaturen von 20-37°C in 2-16 Stunden statt. Die entstandene Verbindung auf dem Träger bleibt über längere Zeit stabil: so kann die Entfernung des Glutaraldehyds aus aktivierten Proteinen durch Dialyse oder durch Gelfiltration erfolgen, und aktivierte Partikel können über mindestens 4 Wochen bei 4°C aufbewahrt werden.

Für die Kopplung des Proteins werden meist beschrieben Phosphatpuffer mit physiologischem pH. Der Ansatz wird inkubiert zwischen 5 und 24 Stunden bei Temperaturen von 20-37°C. Zum Blockieren der noch freien Gruppen wird ein Überschuß an irrelevanten Aminogruppen hinzugefügt. Gebräuchlich sind Ethanolamin oder Lysin in Konzentrationen von 0,01 bis 1 M bei Temperaturen von 4-20°C über eine Zeit von 2-16 Stunden.

Glutaraldehyd-Kopplung

Material

Dynospheres XP-5103, Oberflächengruppe -NH_2	Paesel 50-010-XP5103
Glutaraldehyd, 25%	z. B. Merck 820603
Ethanolamin	z. B. Merck 800849

Lösungen

0,1 M Natriumphosphatpuffer, pH 7,7
1 M Ethanolamin, pH auf 8,0 eingestellt mit konz. HCl
0,5 M NaCl, 50 mM Natriumphosphatpuffer, pH 7,2
0,5 M NaCl, 50 mM Natriumzitratpuffer, pH 4,0
0,5 M NaCl, 50 mM Natriumcarbonatpuffer, pH 9,0
sterile PBS 2 M NaN_3 (Natriumazid)

Vorbereitungen

75 µg Antikörper wird in 100 µl 0,1 M Natriumphosphatpuffer, pH 7,7, gelöst bzw. über Nacht gegen diesen Puffer dialysiert.

Aktivierung des Trägers: 25 mg Dynosphere Beads werden in 1 ml 0,1 M Na-Phosphat, pH 7,7, hineingewaschen und versetzt mit 40 µl 25% Glutaraldehyd.

Die Suspension rotiert 2 Stunden bei Raumtemperatur. Danach werden die Beads pelletiert und der Überstand entfernt.

Vorgehen

Kopplung des Proteins: 75 µg Protein in 100 µl 0,1 M Na-Phosphat, pH 7,7, wurde zu den aktivierten Beads gegeben. Die Suspension rotiert über Nacht bei Raumtemperatur.

Blockade der freien Gruppen: Nach Pelletierung wird der Überstand entfernt und die freien Bindungsstellen blockiert durch Inkubation mit 1 ml 1 M Ethanolamin, pH 8,0, 4-6 Stunden bei Raumtemperatur.

Entfernen der nicht gebundenen Proteine: Die nicht kovalent gebundenen Proteine werden entfernt durch je zweimaliges Waschen mit 0,5 M NaCl Lösungen bei einem pH von 7,2, 4,0 und 9,0.

Aufbewahrung: Zur Aufbewahrung wird die Suspension mindestens fünfmal unter sterilen Bedingungen mit steriler PBS gewaschen (mit Zusatz von 20 mM NaN_3).

Sulfonate: Tosyl, Tresyl

Reagierende Gruppen

2,2,2-Trifluoroethansulfonylchlorid (Tresylchlorid) oder p-Toluolsulfonylchlorid (Tosylchlorid) reagieren mit Hydroxygruppen zu Sulfonaten (1). Mit Amino- oder Thiolgruppen an zu koppelnden Liganden entstehen anschließend stabile Verbindungen (2a, b):

1. Träger-CH_2OH + R-SO_2Cl → Träger-CH_2OSO_2-R
2a. Träger-CH_2OSO_2-R + H_2N-Ligand → Träger-CH_2-NH-Ligand + $HOSO_2$-R
2b. Träger-CH_2OSO_2-R + HS-Ligand → Träger-CH_2-S-Ligand + $HOSO_2$-R
   R = CH_2CF_3 (Tresyl), $C_6H_4CH_3$ (Tosyl)

Als Träger bieten sich alle Partikel an, die Hydroxylgruppen tragen. Der Einbau von Tosylresten kann durch UV-Photometrie verfolgt werden (E_{261} = 480 M^{-1} cm^{-1}). Tosylchlorid ist billiger und die Reaktivität ist niedriger als die von Tresylchlorid. Dadurch werden in der Regel weniger kovalente Bindungen geschaffen, so daß die Reaktivität des Antikörpers besser erhalten bleiben kann. Der optimale pH-Bereich liegt zwischen pH 9-10,5 für primäre Aminogruppen. Eine Tresylaktivierung ist dagegen bei physiologischem pH in der Kälte möglich.

Die Reaktivität des Sulfonat-aktivierten Trägers bleibt bei 4°C in Gegenwart von 1 mM HCl über mehrere Wochen erhalten. Gefriergetrocknete Tresylaktivierte Präparationen sind über ein Jahr im Exsikkator stabil.

Thiole und Amine sind die reaktivsten Gruppen für die Sulfonatkopplung. Thiolgruppen binden etwa doppelt so effizient wie Aminogruppen. Da viele derartige Gruppen auf einem gegebenen Protein zur Verfügung stehen, kommt eine sehr feste Bindung zustande. Um die Konfiguration des Proteins zu erhalten, können Amino- oder Thiol-Spacer verwandt werden.

Publizierte Reaktionsbedingungen

Eine Vorschrift zur Aktivierung des Trägers findet sich bei Nilsson (1984). Der aktivierte Träger bleibt bei Zugabe von 1 mM HCl über Monate stabil. Für die Kopplung des Proteins an den Träger werden für Tosylchlorid Carbonat und Phosphatpuffer im pH-Bereich von 7,5-10,5 beschrieben. Tresylchlorid setzt sich auch bei physiologischem pH um. Gebräuchlich sind z. B. Phosphat und HEPES-Puffer, pH 7-8,2.

Für die Blockade der unreagierten Gruppen werden Aminogruppen im Überschuß angeboten (1 M Ethanolamin oder 0,2 M Tris, pH 7,5-8,5 für Tresylchlorid, pH 9-10 für Tosylchlorid). Da die Reaktivität der Sulfonatgruppen für Thiole größer ist als für Amine, findet auch Mercaptoethanol Anwendung, besonders zur Absättigung des weniger reaktiven Tosylchlorids.

Tosyl-Kopplung

Material

Dynosphere XP6006,
Tosyl-aktiviert   PAESEL 50-010-XP-6006
Ethanolamin   z. B. Merck 800849

Lösungen

0,5 M Boratpuffer (0,125 M bezogen auf Natriumtetraborat), pH 9,5
0,005 M Boratpuffer, pH 9,5
1 M Ethanolamin, pH auf 9,5 eingestellt mit konz. HCl
0,5 M NaCl, 50 mM Natriumphosphatpuffer, pH 7,2
0,5 M NaCl, 50 mM Natriumzitratpuffer, pH 4,0
0,5 M NaCl, 50 mM Natriumcarbonatpuffer, pH 9,0 sterile PBS.
2 M NaN_3 (Natriumazid)

Vorbereitung

125 µg Antikörper werden in 125 µl PBS (150 mM NaCl, 10 mM Na-Phosphat, pH 7,2) gelöst.

Vorgehen

Kopplung des Proteins: Der Träger ist bereits aktiviert. 25 mg Beads werden in 1,5 ml 5 mM Borat, pH 9,5, gewaschen und der vorbereitete MAK (125 µg) hinzugefügt. Nach Zugabe von 400 µl 0,5 M Borat, pH 9,5, rotiert die Suspension über Nacht bei Raumtemperatur.

Blockade der freien Gruppen: Die restlichen reaktiven Gruppen werden blockiert durch Zugabe von 1 ml 1 M Ethanolamin, pH 9,5. Die Suspension wird erneut bei Raumtemperatur für 20 Stunden über Kopf rotiert.

Entfernung der ungebundenen Proteine: Die nicht kovalent gebundenen Proteine wurden entfernt durch je zweimaliges Waschen mit 0,5 M NaCl Lösungen bei einem pH von 7,2, 4,0 und 9,0.

Aufbewahrung: Zur Aufbewahrung wird die Suspension mindestens fünfmal unter sterilen Bedingungen mit steriler PBS gewaschen (mit Zusatz von 20 mM NaN_3).

Carbodiimid

Reagierende Gruppen

Carbodiimide (R-N=C=N-R') verbinden Carboxy- mit Amino-Gruppen. Das Carbodiimid reagiert zuerst mit der Carboxygruppe und dann erst mit der Aminogruppe, d. h. für eine Zweischrittaktivierung mit anschließender Entfernung des Crosslinkers muß der Träger eine Carboxygruppe tragen:

1. Träger-COOH + R-N=C=N-R' → Träger-COO-C(NH-R)(NH-R')
2. Träger-COO-C(NH-R)(NH-R') + H_2N-Ligand → Träger-CO-NH-Ligand + R-NH-CO-NH-R'

Als Reaktionsprodukte bei der Kopplung entstehen entweder die gewünschten Peptidverbindungen oder Acyl-Harnstoffe, letztere bei erhöhten Temperaturen und relativ langsam. Die Carboxygruppe muß protoniert sein, um mit Carbodiimid zu reagieren. Dies ist bei niedrigem pH der Fall. Die Aminogruppen stehen in größerer Zahl zur Verfügung bei höherem pH, wenn weniger $NH4^+$ vorliegt. Darum findet die Reaktion am besten unter Kühlung statt, der erste Schritt bei saurem und der zweite bei basischem pH. Falls beide zu koppelnden Partner gleichzeitig im Reaktionsansatz sind, kann als Kompromiß z. B. pH 6 gewählt werden.

Publizierte Reaktionsbedingungen

Für die Aktivierung des Trägers werden z. B. destilliertes Wasser, dessen pH auf ca. 4,5 eingestellt wird, sowie HEPES, pH 7,5, beschrieben. Die Reaktion läuft bei Temperaturen von 4–25 °C ab. Das Carbodiimid wird durch kurzes Sedimentieren des Trägers und Absaugen des Überstandes schnell gewaschen.

Das zu koppelnde Protein wird in PBS oder auch in dest. Wasser, pH ca. 4,5, hinzugegeben, und die Reaktion läuft bei Temperaturen von 4–25 °C für 1–16 Stunden ab.

Carbodiimid-Kopplung

Material

Ultraschallgerät Labsonic 1510 mit Nadelsonde	Braun, Melsungen
Mannitol	Sigma M-9647
1-Ethyl-3-(dimethylaminopropyl) Carbodiimide (EDAC)	Biorad 153-09951
Biomag, magnetischer Affinitätschromatographieträger	DRG Instruments Nr. 4125C
Cobalt-Samarium Magneten	z. B. DRG Instruments Nr. 4101S

Lösungen

0,35 M Mannitol, 0,01 M NaCl, pH 6,0, steril filtriert
10 mg/ml EDAC in Mannitol frisch gelöst, steril filtriert
1 M Ethanolamin, pH auf 8,0 eingestellt mit konz. HCl
0,5 M NaCl, 50 mM Natriumphosphatpuffer, pH 7,2
0,5 M NaCl, 50 mM Natriumzitratpuffer, pH 4,0
0,5 M NaCl, 50 mM Natriumcarbonatpuffer, pH 9,0
2 M NaN_3 (Natriumazid)

Vorbereitung

Ultraschallsonde in 80% Ethanol stellen, in Eis vorkühlen. Alle Lösungen auf Eis kühlen, 1 mg MAK in 1 ml PBS lösen, steril filtrieren.

Aktivierung des Trägers

Unter sterilen Bedingungen arbeiten: 1 ml Biomag auf dem Magneten sedimentieren, 5 ml 80% Ethanol hinzugeben, 5 Min. bei Raumtemperatur inkubieren. Alle weiteren Reaktionen sollten auf Eis stattfinden. Das Biomag wiederum sedimentieren und in 0,35 M Mannitol, 0,01 M NaCl aufnehmen, noch zweimal in diese Lösung hineinwaschen, resuspendieren in 0,75 ml 0,35 M Mannitol, 0,01 M NaCl. 100 µl 10 mg/ml EDAC in 0,35 M Mannitol, 0,01 M NaCl dazugeben und mischen, ca. 2 Min. miteinander reagieren lassen; das Biomag rasch sedimentieren, den Überstand möglichst vollständig absaugen.

Vorgehen

Kopplung des Proteins: Sofort 1 ml des MAK in einer Konzentration von 1 mg/ml in PBS dazugeben, gleich die Sonde des Ultraschallgerätes in die Lösung tauchen und 30 Sek. bei 20 W beschallen. Danach 1 Stunde bei 4 °C über Kopf rotieren lassen.

Blockade der freien Gruppen: Zur Absättigung der unreagierten Gruppen wird 1 ml 1 M Ethanolamin, pH 8,0, hinzugegeben und die Suspension über Nacht unter Rotation inkubiert.

Entfernung der ungebundenen Proteine: Die nicht kovalent gebundenen Proteine werden entfernt durch je zweimaliges Waschen mit sterilen 0,5 M NaCl Lösungen bei einem pH von 7,2, 4,0 und 9,0.

Aufbewahrung: Aufbewahren in 0,5 M NaCl, 50 mM Phosphat, pH 7,2 (mit Zusatz von 20 mM NaN_3).

Literatur

Elliott BE, Pross HF (1984) Rosetting techniques to detect cell surface markers on mouse and human lymphoreticular cells. In: Di Sabato G, Langone JJ, Van Vaunakis H (ed) Methods in Enzymology. Academic Press, Orlando, p 49-64

Johansen L, Nustad K, Berg Oerstavik T, Ugelstad J, Berge A, Ellingsen T (1983) Excess antibody immunoassay for rat glandular kallikrein. Monosized polymer particles as the preferred solid phase material. J Immunol Meth 59: 255-264

Lundblad RL, Noyes CM (1984) Chemical reagents for protein modification. CRC Press, Boca Raton

Matson RS, Little MC (1988) Strategy for the immobilization of monoclonal antibodies on solid-phase supports. J Chromatogr 458: 67-77

Molday RS (1984) Ch 11: Cell labelling and separation using immunospecific microspheres. In: Pretlow TG, Pretlow TN (ed) Cell Separation: Methods and selected applications. Academic Press, New York, p 237-263

Nilsson K, Mosbach K (1984) Immobilization of ligands with organic sulfonyl chlorides. In: Jakoby WB (ed) Methods in Enzymology 104. Academic Press, Orlando, p 56-69

Otto H, Takamiya H, Vogt A (1973) A two-stage method for cross-linking antibody globulin to ferritin by glutaraldehyd. J Immunol Meth 3: 137-146

Parsons GH (1981) Antibody-coated plastic tubes in radioimmunoassay. In: Di Sabato G, Langone JJ, Van Vunakis H (ed) Methods in Enzymology. Academic Press, Orlando, p 224-239

PIERCE (1987) Handbook & General Catalog. Oud-Beijerland, Pierce

Ternynck T, Avrameas S (1976) Polymerization and immobilization of proteins using ethylchloroformate and glutaraldehyde. In: Ruoslahti E (ed) Immunoadsorbents in protein purification. University Park Press, Baltimore, p 29-35

10 Nachweis von monoklonalen Antikörpern

10.1 Wie finde ich den richtigen monoklonalen Antikörper?

J. H. Peters, M. Schulze und M. Grol

Die Antwort auf die gestellte Frage ist ebenso trivial wie treffend: Man kann nur dann den richtigen Antikörper finden, wenn das richtige Testsystem eingesetzt wird!

Bei den vielfältigen Anwendungsgebieten für monoklonale Antikörper (MAK) sind entsprechend viele Testsysteme für ihren Nachweis verwendbar. Diese verwirrende Vielfalt von Tests kann dem Anfänger die Orientierung sehr erschweren. Bevor daher auf die gebräuchlichsten Testsysteme eingegangen wird, erscheint es sinnvoll, einige allgemeine Eigenschaften hervorzuheben, die für Testsysteme zur Identifikation antigenspezifischer Klone nach Zellfusionen bedeutsam sind und die die Auswahl des Testsystems erleichtern.

Zum Nachweis der MAK werden die Zellkulturüberstände der heranwachsenden Hybridome getestet. Nach gelungener Fusion und Selektion wächst u. U. eine sehr große Anzahl von Hybridomen heran, von denen nur ein Bruchteil die gesuchten Antikörper in anfangs geringer Menge in das Medium sezerniert. Zwei Voraussetzungen muß der Test deshalb erfüllen:

1. Er sollte sehr empfindlich sein, d. h. in der Lage sein, etwa 30–50 ng/ml spezifischen Antikörpers nachzuweisen. Diese Menge entspricht ungefähr der Antikörperproduktion von 500 Hybridomzellen innerhalb von 3 Tagen in 1 ml Kulturüberstand (berechnet nach Fazekas de St. Groth 1980). Wenn ein weniger empfindlicher Test verwendet wird, müssen die heranwachsenden Klone entsprechend länger kultiviert werden, bis die Nachweisgrenze des Testsystems überschritten wird. Das kann den Arbeitsaufwand erheblich vergrößern und ist bei einer großen Anzahl heranwachsender Klone praktisch unmöglich.
2. Entsprechend der großen Anzahl heranwachsender Klone muß innerhalb kurzer Zeit eine große Anzahl von Tests durchführbar sein.

Wenn irgend möglich, sollte ein Testsystem benutzt werden, das den Bedingungen der geplanten Anwendung entspricht bzw. ihm so nah wie möglich kommt. Das ist der schnellste Weg, um aus einer Vielzahl antigenspezifischer MAK die für die spezifische Anwendung günstigsten MAK zu selektieren. Der Anfänger sollte sich zunächst an sichere Standardtests halten, die empfindlich und uni-

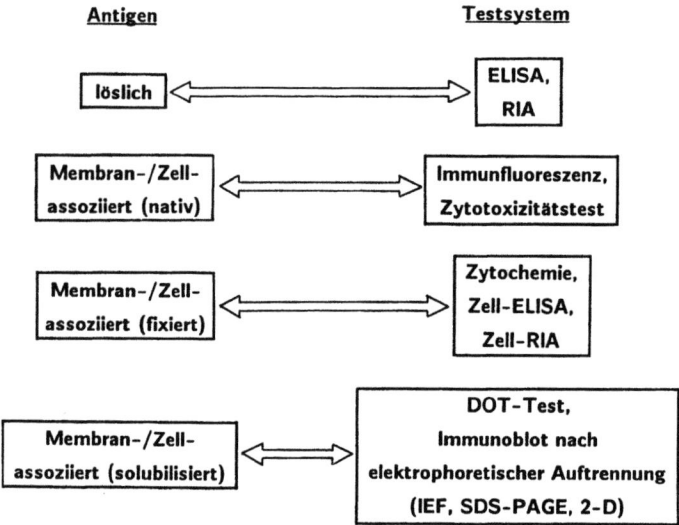

Abb. 43. Antigene und ihr Nachweis mit monoklonalen Antikörpern in verschiedenen Testsystemen

versell sind. Ist das anwendungsorientierte Testsystem nicht empfindlich genug, oder können damit in kurzer Zeit nicht ausreichend viele Tests durchgeführt werden, ist es besser, für das primäre Screening einen sensitiven, aber wenig selektiven Test zu benutzen. Die dabei positiven Klone stellen das Material dar, aus dem nun mit einem selektiven, anwendungsnahen Test geeignete Klone gesucht werden können.

Die gebräuchlichsten Verfahren (Abb. 43), die für das Primär-Screening verwendet werden, sind ELISA bzw. RIA zum Nachweis von MAK gegen lösliche Antigene, sowie Immunfluoreszenz, Zell-ELISA bzw. RIA zum Nachweis von MAK gegen Zell- oder Zellmembran-Antigene. Da absehbar ist, daß bereits in naher Zukunft RIAs vollständig durch nicht-radioaktive Screeningtests abgelöst werden, wird auf sie nicht näher eingegangen.

Ideal wäre, wenn in einem Screening-Test möglichst alle Epitope des Antigens für den Antikörper zugänglich sind und der Antikörper unabhängig von seiner Immunglobulinsubklasse nachgewiesen werden kann. Im folgenden werden einige Hinweise gegeben, wie eine Einschränkung des Nachweisspektrums des Tests vermieden werden kann:

1. Tests, die auf bestimmten biologischen Reaktionen wie z. B. auf Komplementfixierung, Agglutination oder Präzipitation beruhen, sind meist nicht empfehlenswert, da viele monoklonale Antikörper diese Eigenschaften nicht besitzen. Falls solche Tests die erforderliche Empfindlichkeit erreichen, sind sie nur dann empfehlenswert, wenn der Antikörper später ausschließlich in einer entsprechenden Reaktion eingesetzt werden soll.
2. IgM-Antikörper können durch Einfrieren und Auftauen in ihrer Aktivität geschwächt werden. IgM-haltiger Zellkulturüberstand sollte daher am besten direkt nach seiner Gewinnung in den Test eingesetzt oder mit 50% Glycerin

bei −20 °C gelagert werden. Die Lagerung bei 4 °C mit dem Konservierungsmittel Natriumazid ist wegen der Gefahr einer Hemmung von Peroxidase im Nachweissystem nicht zu empfehlen.

ANMERKUNG: Wird für den Suchtest z. B. ein anti-Maus-IgG-Konjugat verwendet, können MAK der IgM-Klasse nicht gefunden werden.

3. Existieren von einem Antigen verschiedene, genetisch determinierte Allele, so ist es sinnvoll, den Test mit der Antigenmischung durchzuführen, die auch zum Immunisieren verwendet wurde. Der Nachweis von allelspezifischen Antikörpern wird auf diese Weise erleichtert.
4. Wird nach MAK gegen Zell- oder Zellmembranantigene vitaler Zellen (s. Kap. 10.5) gesucht, so sollte der Screening-Test auch mit vitalen Zellen und nicht etwa mit fixierten durchgeführt werden. Es gibt allerdings auch MAK, die zwar durch Immunisierung mit vitalen Zellen induziert wurden, aber nur mit Aceton- oder Ethanol-fixierten Zellen reagieren. Meist ist bei der Vielfalt der zellulären Antigene das spezielle Verhalten eines bestimmten Antigens nicht vorherzusagen. Ein großes Spektrum verschiedener MAK läßt sich nur dann im Test nachweisen, wenn der Test mit vitalen und unterschiedlich fixierten Zellen durchgeführt wird.
5. Da Antigene während der Immunisierung biologisch abgebaut werden können, werden auch MAK gegen Determinanten gebildet, die auf dem nativen Antigen unzugänglich sind. Besteht Interesse an solchen Antikörpern - z. B. wenn Spaltprodukte des Antigens biologische Bedeutung haben - so ist es sinnvoll, den Test auch mit den entsprechenden Spaltprodukten (Baumgarten et al. 1983) oder mit auf andere Art hergestellten Fragmenten - z. B. limitierte Proteolyse mit Trypsin - durchzuführen.
6. Kopplungsreaktionen können die antikörperbindenden Regionen des Antigens verändern. Markierte Antigene (z. B. mit Enzymen) sind daher zum Nachweis von MAK weniger geeignet.

Die unter den genannten Einschränkungen geeigneten Testsysteme lassen sich grob in drei Hauptgruppen unterscheiden:

1. Antikörper gegen lösliche Antigene: Hier sei auf die ausführlich dargestellten Entscheidungskriterien in Kap. 10.2 verwiesen. Ausschlaggebend für die Wahl eines Testsystems sind dann oft praktische Gründe, so z. B. ob das Antigen auf Oberflächen adsorbiert werden kann (Coating), ob es rein vorliegt und ob bereits ein Antiserum zum Präsentieren vorhanden ist. Unter den in Kap. 10.2 aufgeführten Alternativen sollte man sich zunächst für einen heterogenen, nicht kompetitiven, indirekten Test entscheiden. Indirekt sollte der Test sein, da man ja nicht jeden zu testenden Überstand markieren kann. Er wird also indirekt durch einen anti-Maus-Antikörper einer anderen Spezies, der selbst schon markiert ist, nachgewiesen. Dieses vielseitige System (Kap. 10.3) ist die Basis für alle späteren Erweiterungen. Diese betreffen: Präsentation des Antigens durch einen schon vorhandenen Antikörper (Antiserum) sowie die Verstärkung des Nachweissystems zunächst durch das Biotin-Streptavidin-System und im weiteren durch das PAP- und das APAAP-System.

2. Antikörper gegen zelluläre Antigene zur Verwendung in der Histologie, Zytologie und Durchflußzytometrie. Gewebe bestehen nie aus einheitlichen Zellpopulationen, so daß die histologische Zuordnung ein wichtiges Kriterium für die Definition des Antikörpers beisteuert. Zellpopulationen müssen ebenfalls nicht hochgereinigt sein, da in der Durchflußzytometrie die Populationen voneinander unterschieden werden können und die jeweils nicht angefärbten Populationen Kontrollen für die positiven darstellen.

Für die Zytologie und Histologie bereitet man luftgetrocknete Zellausstriche oder Zytozentrifugen-Präparate oder Gefrierschnitte vor, die in der Kühltruhe gelagert werden. Wenn man Antikörper für den späteren Gebrauch in der Durchflußzytometrie sucht, kann man sie auch an zytologischen Präparaten vortesten: Hier entdeckt man in der Immunfluoreszenz auch dann noch positive Zellen, wenn sie weniger als 1% der Population ausmachen und somit im Durchflußzytometer nicht mehr vom Hintergrund zu unterscheiden sind. Die an sich mühsame Arbeit mit histologischen Präparaten wird dadurch belohnt, daß man immer wieder Antikörper mit unvorhersehbarer Spezifität findet.

Es ist in der Zytologie und Histologie wichtig, gleich mit einem verstärkenden System anzufangen, da es nicht riskiert werden sollte, daß der Suchtest zu unempfindlich ist. Erst wenn ein Antikörper etabliert und sein wirksamer Titer bekannt ist, kann man dann auf die einfacheren Testsysteme übergehen, die in der Routine Arbeit oder Kosten einsparen. Zum Einstieg empfehlen wir ein Testsystem mit hoher Empfindlichkeit und Sicherheit, das dennoch geringe Probleme mit der Hintergrund-Färbung mit sich bringt, z. B. die Strept-ABC-Technik (Kap. 10.8.5).

3. Unter dem Begriff der Funktionsantikörper werden alle Antikörper zusammengefaßt, die nicht nur passiv zur Messung oder Darstellung von Antigenen dienen, sondern die eine Funktion beinhalten oder in eine Funktion eingreifen. Einige von ihnen werden nach ELISA-Prinzipien ausgewählt, so z. B. Antikörper, die zur Immunaffinitätsreinigung von Antigenen eingesetzt werden sollen. Alle anderen, denen eine Funktion abverlangt wird (wie z. B. Komplement-abhängige Zytolyse, Förderung oder Hemmung einer Immun- oder Enzymreaktion, Wechselwirkung mit einem Rezeptor) müssen fast ausschließlich in dem jeweiligen Funktionstest gefunden werden. Deren Vielfalt ist so groß, daß sie hier nicht berücksichtigt werden konnten.

Literatur

Baumgarten H, Werfel T, Götze O (1983) Epitope analysis of human factor B and its physiological fragments Ba and Bb with the use of monoclonal antibodies. Immunobiol 165: 238

Fazekas de St. Groth S, Scheidegger D (1980) Production of monoclonal antibodies: strategy and tactics. J Immunol Meth 35: 1–21

Weiterführende Literatur

Bankert RB (1983) Rapid screening and replica plating of hybridomas for the production and characterisation of monoclonal antibodies. Meth Enzymol 92: 182–195

Campbell AM (1984) Monoclonal antibody technology. In: Burdon RH, van Knippenberg

PH (eds.) Laboratory techniques in biochemistry and molecular biology. Vol. 13, Elsevier, North Holland

Jacobson RA, Sato JD, Sato GH (1987) Biological screening of monoclonal antibodies. Biochem Biophys Res Comm 149: 309-213

Kemeny DM, Challacombe SJ (eds) (1988) ELISA and other solid phase immunoassays. John Wiley & Sons, London

Kenny GE, Dunsmoor CL (1983) Principles, problems, and strategies in the use of antigenic mixtures for the enzyme-linked immuno-sorbent assay. J Clin Microbiol 17: 655-665

Kurstak E (1985) Progress in enzyme immunoassays: production of reagents, experimental design, and interpretation. Bulletin of the World Health Organization 63: 793-811

Langone JJ (1982) Use of protein a in quantitative immunochemical analysis of antigens and antibodies. J Immunol Meth 51: 3-22

Langone JJ, Van Vunakis H (eds) (1983) Immunochemical techniques Part E: Monoclonal antibodies and general immunoassay methods. Meth Enzymol 92. Academic Press, New York

Legrain P, Juy D, Buttin G (1983) Rosette-forming cell assay for detection of antibody-synthesizing hybridomas. Meth Enzymol 92: 175-181

Maggio ET (1980) Enzyme-immunoassay. CRC Press, Boca Raton

Micheel B, Karsten U, Fiebach H (1981) A solid-phase immuno-fluorescence assay (SIFA) for screening antigen-specific hybridomas. J Immunol Meth 46: 41-46

Miyai K (1985) Advances in nonisotopic immunoassay. Adv Clin Chem 24

Tijssen P (1985) Practice and theory of enzyme immunoassays. In: Burdon RH, van Knippenberg PH (eds). Laboratory techniques in biochemistry and molecular biology. Vol. 15, Elsevier, North Holland

Yolken RH (1982) Enzyme immunoassays for the detection of infectious antigens in body fluids: current limitations and future prospects. Rev Inf Dis 4: 35-68

10.2 Immunoassays für lösliche Antigene: Ein Überblick

M. Grol und M. Schulze

Bei den Immunoassays werden homogene und heterogene Systeme unterschieden (Abb. 44). In homogenen Systemen wird die Enzymaktivität z. B. eines Hapten-Enzym-Konjugats durch die Antigen-Antikörper-Reaktion beeinflußt. Wasch- oder Trennschritte sind nicht notwendig. Homogene Tests sind in der Regel auf Haptene beschränkt und generell unempfindlicher als heterogene Tests. Durch die Festlegung auf eine unter vielen bekannten homogenen Testführungen wird das Spektrum antigenspezifischer MAK stark eingeschränkt. Deshalb werden zum Screening meist heterogene Tests verwendet.

Testsysteme, in denen die Enzymaktivität des Konjugats nicht beeinflußt wird, erfordern einen Trennschritt und werden deshalb als heterogene Tests bezeichnet. Die Abtrennung des freien vom gebundenen markierten Reaktanden wird durch Präzipitation oder Bindung des unmarkierten Reaktanden an eine Festphase erreicht. Bevorzugt werden beim ELISA (Enzyme Linked Immuno Sorbent Assay) bzw. RIA (Radio Immuno Assay) Träger aus Kunststoff, meistens aus Polystyrol und Polyvinyl, verwendet. An diese Träger kann der Antikörper oder das Antigen unspezifisch gebunden werden. Diese Bindung ermöglicht es, freie Reaktanden (z. B. Konjugate) durch Waschen zu entfernen. Die große Mehrzahl der Tests wird wegen des hohen Probendurchsat-

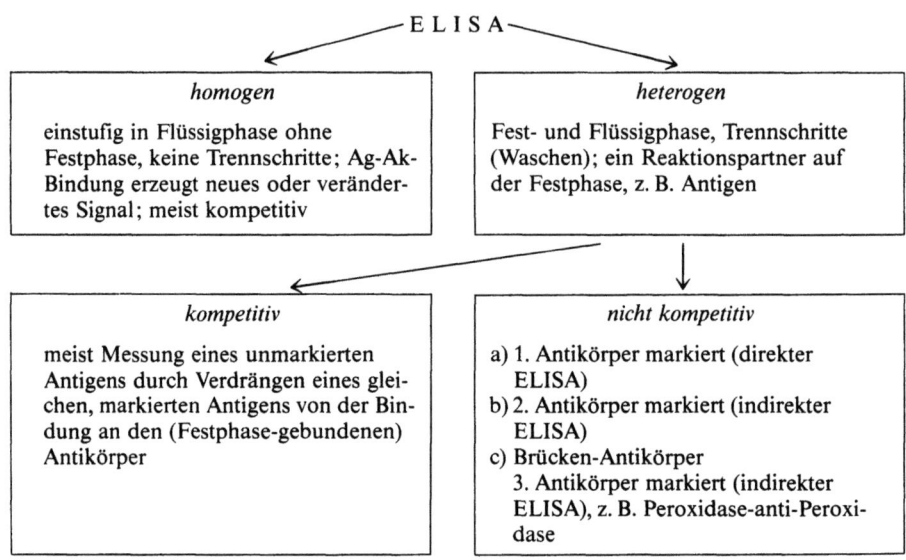

Abb. 44. Häufig gebrauchte ELISA für den Nachweis von MAK

zes in Mikrotiterplatten mit 96 Näpfen durchgeführt. Möglich sind aber auch Röhrchen (Tubes), Kugeln, magnetische Partikel bzw. für Dot-Tests permeable Folien aus proteinbindendem Material wie z. B. Nitrocellulose oder Immulon.

Als Marker können bei annähernd gleicher Empfindlichkeit Enzyme oder radioaktive Tracer verwendet werden. Praktikabler und kostengünstiger sind enzymatische Tests, da alle Probleme des Umgangs mit radioaktiven Substanzen entfallen wie Strahlenrisiko, Entsorgung, geringe Haltbarkeit der markierten Substanzen, hoher Messaufwand. Enzymmarkierte Konjugate sind über viele Monate hinweg stabil und der Aktivitätsverlust ist minimal. Eine halbquantitative Auswertung eines Enzymimmunoassay kann notfalls sogar ohne Photometer erfolgen.

Die Detektion von Antigen-spezifischen MAK in Zellkulturüberständen mit einem Enzymimmunoassay kann nach zwei Varianten erfolgen. Sie sind leicht zu etablieren, benötigen kein markiertes Antigen und arbeiten mit käuflichen, markierten Antikörpern gegen Mausimmunglobuline:

Variante a): Immuntest mit Festphasen-gebundenem Antigen (direkt und indirekt)

Bei diesem ELISA wird das Antigen direkt an die Festphase, meist unspezifisch, gebunden. Bei der Inkubation mit dem Zellkulturüberstand wird der spezifische MAK über das Antigen an die Festphase gebunden. Durch Waschen werden nicht gebundene Proteine entfernt. Im einfachsten Fall ist schon der Nachweis-Antikörper enzymmarkiert (s. Abb. 45). Beim Screening wird dieser Test allerdings nur verwendet, wenn ähnliche MAK wie der bereits markierte gefunden werden sollen (Verdrängungstest). In aller Regel wird aber der wand-

Antikörper-Enzym-Konjugat

Antigen an die Festphase gekoppelt

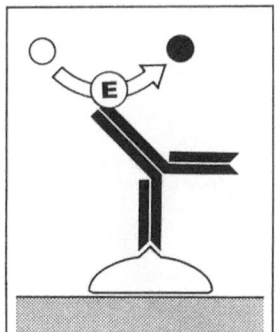

Abb. 45. Festphasen-gebundenes Antigen, direkter Nachweis

Antikörper-Enzymkonjugat zum
Nachweis von Maus-Immun-
globulinen

antigenspezifischer MAK

Festphasen-gebundenes Antigen

Festphase

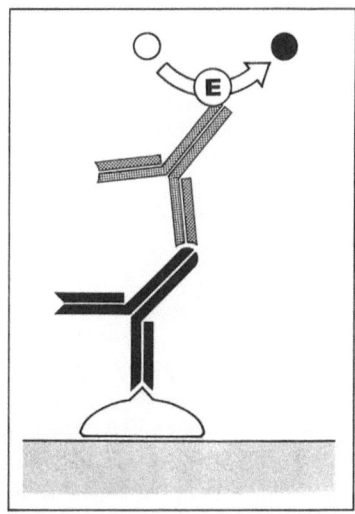

Abb. 46. Festphasen-gebundenes Antigen, indirekter Nachweis für Screening

gebundene unmarkierte MAK nach Inkubation mit Enzym-markiertem Antikörper gegen Maus-Ig, Waschen und Inkubation mit Substrat durch eine Farbreaktion nachgewiesen (s. Abb. 46).

Variante b: Immuntest mit Fangantikörper (indirekt)

Das Antigen wird hier über einen polyklonalen Antikörper einer anderen Spezies an die Festphase gebunden. Der Nachweis des MAK erfolgt wie im ersten Verfahren (Abb. 47).

Die beiden Verfahren sind in der Durchführung sehr ähnlich, haben in der Praxis jedoch recht unterschiedliche Vor- bzw. Nachteile.

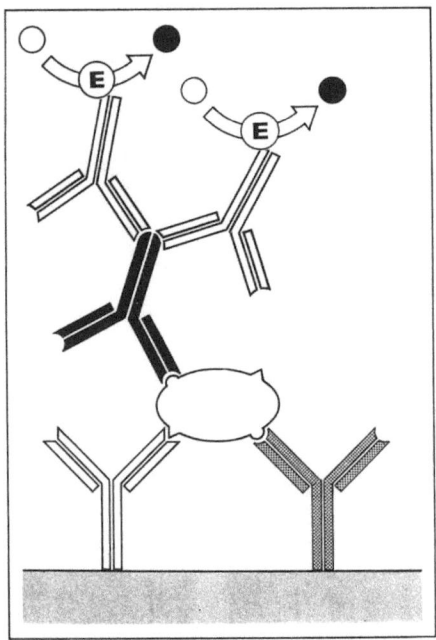

Antikörper-Enzymkonjugat zum Nachweis von Maus-Immunglobulinen

antigenspezifischer MAK

Antigen

Festphasen-gebundene antigen-spezifische Immunglobuline

Festphase

Abb. 47. Immuntest mit Fangantikörper, indirekter Nachweis

Wahl der Festphase

Besondere Sorgfalt sollte auf die Wahl des Kunststoffmaterials für die Festphase verwandt werden. Speziell für ELISA vertriebene Mikrotiterplatten verschiedener Hersteller sind auf die Bindung von *Immunglobulinen* optimiert. Besonders dann, wenn das *Antigen* direkt beschichtet wird (Variante a), können verschiedene Plattentypen unter identischen Testbedingungen bezüglich Signalhöhe, Background und Präzision stark differieren. Da der Erfolg des Primärscreening wesentlich von der Empfindlichkeit des verwendeten Tests abhängt, sollte bei der Etablierung eines ELISA immer mit Versuchen zur Wahl des richtigen Plattentyps bzw. der -Charge begonnen werden. Für die Eignung der Mikrotiterplatten ist die Signalhöhe einer Positivkontrolle wie das Meßwert/Leerwert-Verhältnis, d. h. das Verhältnis der Signale einer Positivkontrolle und einer Negativkontrolle wichtig. Zusätzlich sollte die Reproduzierbarkeit von Platte zu Platte und die Präzision innerhalb einer Platte gemessen werden. Da zu diesem Zeitpunkt meist keine Zellkulturüberstände für die Tests zur Verfügung stehen, kann als Positivkontrolle Immunserum einer mit dem Antigen immunisierten Maus verwendet werden. Als Negativkontrolle dient Maus-Normalserum oder Immunserum einer anderen Spezifität.

Wahl des Konjugates

So gut wie alle anti-Immunglobulin Antikörper verschiedener Spezies zeigen Kreuzreaktivität mit Immunglobulin (Ig) anderer Spezies. Beim Testen von Zellkulturüberständen auf MAK ist dies in zwei Situationen zu beachten:

1. Kreuzreaktivität kann bestehen mit dem Ig aus dem Zellkulturserum, in dem die Klone heranwachsen. Dies ist in der Regel Rinder-Ig. Während der Inkubation des Zellkulturüberstands können diese Ig unspezifisch an die Festphase binden. Im nachfolgenden Inkubationsschritt werden dann kreuzreagierende Antikörper des Konjugates gebunden und führen zu einer Steigerung des Leerwerts. Kriterium für die Eignung des Konjugats ist wie oben der Absolutwert und das Verhältnis der Signalhöhen von Positivkontrolle und Negativkontrolle. Ein hoher Leerwert kann evtl. durch Präabsorption mit dem Zellkulturserum reduziert werden (9 Teile unverdünntes Konjugat + 1 Teil Serum, 30 Min. RT).
2. Wird das Antigen mit Hilfe eines polyklonalen Antikörpers an die Festphase gebunden (Variante b), so sollte der gegen Maus-Ig gerichtete Antikörper des Konjugats aus der gleichen Spezies stammen wie der antigenspezifische Fangantikörper. Kreuzreaktionen zwischen diesen Partnern des Ansatzes werden so vermieden und vergleichsweise komplizierte Präabsorptionen unnötig.

In jedem Fall sollte zur Vermeidung falsch negativer Resultate das verwendete Konjugat alle gesuchten Subklassen des Maus-Ig nachweisen können. Diese Anforderung spricht gegen die Verwendung von Enzym-markiertem Protein A, das Maus-IgM nicht und die Subklassen von Maus-IgG recht unterschiedlich bindet.

Blockierung der Festphase durch Nachbeschichtung

Nach unspezifischer Bindung von Antigen bzw. Wandantikörper können noch freie Bindungsstellen vorliegen, an die Antikörper aus dem Zellkulturüberstand binden und somit zu einem hohen Leerwert beitragen können. Es ist deshalb üblich, diese freien Bindungsstellen mit Proteinen zu blockieren, die keine Kreuzreaktion mit den Reaktanden des Tests (z. B. dem Konjugat) zeigen, wie z. B. RSA (meist 1 % w/v), Crotein C (1% w/v), Gelatine (0.5% w/v), Casein (1% w/v), unspezifisches Serum wie Fötales Kälberserum (1% v/v) oder Rinder-Gammaglobulin (1% w/v) in PBS.

Wird ein Zellkulturüberstand, der zumeist 10% Serum enthält, unverdünnt im Test eingesetzt, kann auf die Blockierung verzichtet werden. In diesem Fall verhindern die im Überschuß vorliegenden Immunglobuline aus dem Serum die unspezifische Bindung von nicht Antigen-spezifischen Immunglobulinen aus dem Kulturüberstand an die Festphase.

Verschiedene Substanzen sollten nach den aufgeführten Kriterien überprüft werden. Zur Reduzierung hoher Leerwerte durch unspezifische Bindung des ersten bzw. zweiten Antikörpers empfiehlt es sich, in den Inkubationspuffer der folgenden Reaktionen Tween 20 oder Triton X-100 (0.01-0.05% v/v) zu geben. Höhere Konzentrationen können zum „Bluten" der Festphase (s. u.) führen.

Antigenbindung an die Festphase

Bei der Arbeit mit monoklonalen Antikörpern wird deutlich, daß die Bindung eines MAK an sein Antigen sehr stark davon abhängen kann, in welcher Art das Antigen dem MAK präsentiert wird. Es gibt MAK, die mit dem Antigen z. B. im ELISA gut reagieren, es aber im Immunoblot nicht binden. Solche MAK sind gegen Epitope des Antigens gerichtet, die bei Veränderungen des Milieus, in dem sich das Antigen befindet, ebenfalls starke Veränderungen zeigen. Solche Milieuänderungen sind z. B. die direkte Bindung des Antigens an die feste Phase (Al Moudallal et al. 1984) und Veränderungen von pH und Ionenstärke. Antikörper, die diese Eigenschaft zeigen, binden wahrscheinlich Epitope, die vorwiegend von der Tertiär- oder Quartärstruktur des Antigens, geladenen Aminosäuren u. ä. bestimmt werden (Konformationsdeterminanten, s. Kap. 10.21). Diese spezifischen Effekte werden bei polyklonalen Antiseren durch die Vielzahl verschiedener Antikörper überspielt und bleiben daher unerkannt. Dies kann in einigen Fällen auch zur Folge haben, daß ein Testsystem, das das Immunserum der Maus nachweisen kann, nicht in der Lage ist, MAK gegen das gleiche Antigen nachzuweisen (Al Moudallal et al. 1984).

Bei der direkten Bindung von Antigenen an die Festphase können u. U. Antikörper gefunden werden, die das gleiche Antigen als gelöstes Protein nicht binden. Hierbei ist sicher auch zu bedenken, daß das dabei verwendete Beschichtungsprotokoll (niedrige Ionenstärke, basischer pH) die Antigenstruktur ebenfalls verändert. Ausreichende Beschichtung der Festphase ist je nach Antigen aber auch unter physiologischen Bedingungen oder im sauren pH-Bereich möglich. Ähnlich wie bei der Wahl des Materials für die Festphase sollten bei direkter Beschichtung des Antigens die günstigsten Beschichtungsbedingungen vorher untersucht werden.

Die indirekte Bindung eines Antigens an die Festphase führt nach unserer Erfahrung meist nicht zu derartigen Veränderungen des Antigens. Problematisch ist hier die Tatsache, daß die Festphase-gebundenen polyklonalen Antikörper Epitope des Antigens besetzen können, die eigentlich für den Nachweis der MAK frei sein sollten. Dies ist besonders dann der Fall, wenn die Festphasen-Antikörper in hoher Konzentration eingesetzt werden (je nach Immunisierung und Antigen mehr als 500 ng Ig/Napf) oder das Antigen ein geringes Molekulargewicht (kleiner 20.000 Dalton) hat und nur wenige Antikörper das Antigen gleichzeitig binden können. Bei der Etablierung des Testsystems mit einem Fangantikörper ist es daher vorteilhaft, die geringste notwendige Konzentration der Festphasen-Antikörper zu titrieren.

Es muß daran erinnert werden, daß die Proteine in der Regel nicht-kovalent an die Festphase gebunden werden und es deshalb möglich ist, daß die Proteine sich während der folgenden Inkubationsschritte von der Festphase lösen. Dieses „Bluten" ist insofern problematisch, weil es die Nachweisgrenze

Immunoassays für lösliche Antigene: Ein Überblick 327

erhöht. Ursache hierfür ist, daß das ungebundene Antigen spezifische Antikörper in der flüssigen Phase blockiert und dadurch die Bindung an die Festphase reduziert. Dieses Bluten kann bevorzugt bei hohen Beladungskonzentrationen auftreten, weshalb Mikrotiterplatten in der Regel mit niedrigen Proteinkonzentrationen von 0,5–10 µg/ml beschichtet werden. Nach unseren Erfahrungen zeigen gamma-bestrahlte Mikrotiterplatten kaum eine Tendenz zu bluten.

Physikalische Einflüsse, Randphänomen

Nur mit guten Materialien und Reagenzien lassen sich gut reproduzierbare Enzymtests durchführen. Unterschätzt wird aber häufig, daß auch so einfache Einflüsse wie die Temperatur der Puffer und die Länge der Inkubationszeit (Verdunstung) einen erheblichen Einfluß auf die Qualität des Tests haben können. Beispielhaft sei hier der Temperaturgradient erwähnt, der sich z. B. bei der Verwendung eiskalter Puffer in zimmerwarmen Mikrotiterplatten ausbilden kann und hohe unspezifische Meßwerte für die randständigen Näpfe verursachen kann (Oliver et al. 1981).

Vorgehen bei geringen Antigenmengen (60–200 µg)

Mit den geringen Mengen an reinem Antigen wird keine Maus, sondern z. B. ein Kaninchen immunisiert. Mehrere Mäuse werden mit einer unreineren Präparation des Antigens (Kontaminationen am besten weniger als 50% des Gesamtproteins) immunisiert. Die IgG-Fraktion des Immunserums des Kaninchens wird gewonnen und zum Beschichten der Festphase eingesetzt. Zum Binden des Antigens an die Festphase wird nun ebenfalls eine unreine Präparation des Antigens verwendet. Da die gebundenen Ig antigenspezifisch sind, wird aus dem Gemisch nur das gesuchte Antigen an die Festphase gebunden und dementsprechend auch nur antigenspezifischer MAK nachgewiesen. Dieses Verfahren hat den Vorteil, daß Antigene z. T. ohne jede Vorreinigung in den Test eingesetzt werden können, wir haben in solchen Systemen z. B. mit Erfolg verdünntes Vollserum verwendet. Darüber hinaus können auch besonders labile Antigene auf diese Weise in fast unveränderter Form dem MAK präsentiert werden.

Tests mit Haptenen

Haptene (s. Kap. 3.2.2) binden meist nicht direkt an die Festphase oder sind bei passiver Bindung wegen ihrer geringen Größe nicht für den Antikörper zugänglich. Wie für die Immunisierung können sie aber an Trägerproteine gebunden werden, die eine Festphasenbindung des Haptens vermitteln und eine Reaktion mit dem Antikörper ermöglichen. Für Immunisierung und Test sollten unterschiedliche Trägerproteine verwendet werden, da auf diese Weise der Nachweis von MAK gegen das Trägerprotein des Immunogens vermieden wird. Die Kopplung des Haptens an das Trägerprotein über einen Linker kann zur Ausbildung von „Brückenantikörpern" führen. Diese erkennen bei kleinen Haptenen (z. B. Steroide) bevorzugt das Hapten zusammen mit dem Linker und zeigen deshalb im Test zum Teil eine wesentlich höhere Affinität zum Hapten-Trägermolekül-Komplex als zum freien Hapten. Werden MAK mit hoher Affinität zu freiem Hapten gesucht, ist es erforderlich, nicht nur die Bindung des Antikörpers an das Festphasen-gebundene Hapten, sondern zusätzlich auch die Verdrängung durch freies Hapten zu messen. In solchen Fällen ist es besser, das Hapten für Immunisierung und Tests mit unterschiedlichen Linkern an das Trägerprotein zu binden (Tiefenauer et al. 1989).

Empfindlichkeit und Reagenzienverbrauch

Wird in einem Labor zum ersten Mal ein ELISA zum Testen der Zellkulturüberstände etabliert, liegen meist keine Erfahrungen vor, ob der Test für diesen Zweck ausreichend empfindlich ist. Wenn keine kalibrierte Präparation antigenspezifischer Maus-Ig (z. B. über Affinitätschromatographie hergestellt) vorhanden ist und in definierten Mengen zur Ermittlung der Nachweisgrenze in den Test eingesetzt wird, kann die Empfindlichkeit des Tests mit Hilfe der folgenden Angaben doch zumindest grob geschätzt werden:

Wird die Immunisierung der Maus entsprechend der in diesem Buch vorgeschlagenen Methode (s. Kap. 3.4) vorgenommen, so sollte der Test bei Antigenen mit einem Molekulargewicht von mehr als 50.000 Dalton das Immunserum der Maus noch in einer Verdünnung von über 1:100.000 nachweisen können, bei Antigenen kleiner als 50.000 Dalton noch in einer Verdünnung von über 1:25.000. Dieser Unterschied erklärt sich aus der schlechteren Immunogenität kleinerer Antigene. Diese Empfindlichkeit ist meist nur für die ersten Testungen erforderlich. Mit der Vermehrung der Antikörper-produzierenden Zellen können die Zellkulturüberstände im ELISA Extinktionen erreichen, die die 1:1.000 Verdünnung des Immunserums übersteigen.

Für diese Empfindlichkeit müssen im direkten ELISA meist 50 bis 400 ng reinen Antigens für die Beschichtung eines Mikrotiternapfes verwendet werden. Im indirekten Verfahren sind dazu meist ca. 10 bis 100 ng pro Napf notwendig. Die IgG-Fraktion des polyklonalen Immunserums kann für den Anfang mit 200 bis 1000 ng pro Napf beschichtet werden. Die optimale Menge kann später allerdings je nach Immunisierung niedriger liegen.

Literatur

Al Moudallal Z, Altschuh D, Briand JP, Van Regenmortel MHV (1984) Comparative sensitivity of different ELISA procedures for detecting monoclonal antibodies. J Immunol Meth 68: 35–43
Oliver DG, Saners AH, Hogg RD, Woods-Hellmann I (1981) Thermal gradients in microtitration plates, effects on enzyme-linked immunoassay. J Immunol Meth 42: 195–201
Tiefenauer LX, Bodmer DM, Frei W, Andres WY (1989) Prevention of bridge binding in immunoassays: a general estradiol tracer structure. J Steroid Biochem 32: 251–257
Ullman FE, Maggio ET (1980) Principles of homogenous enzyme-immunoassay. In: Maggio ET (ed) Enzyme-immunoassay. CRC Press, Boca Raton, pp 105–134

Weiterführende Literatur

Ansari AA, Hattikudur NS, Joshi SR, Medeira MA (1985) ELISA Solid phase: stability and binding characteristics. J Immunol Meth 84: 117-124

Butler JE, Peterman JH, Suter M, Dierks SE (1987) The immunochemistry of solid-phase sandwich enzyme-linked immunosorbent assays. Fed Proc 46: 2548-2556

Butler JE, Spradling JE, Suter M, Dierks SE, Heyermann H, Peterman JH (1986) The immunochemistry of sandwich ELISAs I. The binding characteristics of immunoglobulins to monoclonal and polyclonal antibodies adsorbed on plastic and their detection by symmetrical and asymmetrical antibody-enzyme conjugates. Mol Immunol 23: 971-982

Brennand DM, Danson MJ, Hough DW (1986) A comparison of ELISA screening methods for the production of monoclonal antibodies against soluble protein antigens. J Immunol Meth 93: 9-14

Douillard JY, Hoffman T (1983) Enzyme-linked immunosorbent assay for screening monoclonal antibody production using enzyme-labeled second antibody. Meth Enzymol 92: 168-174

Geoghegan WD, Struve MF, Jordan RE (1983) Adaptation of the Ngo-Lenhoff peroxidase assay for solid phase ELISA. J Immunol Meth 60: 329-339

Hammack S, Searle MA, Panush RS (1985) A simplified enzyme-linked immunosorbent assay. Advantages of pre-coated microtiter plates. J Immunol Meth 84: 381-382

Kemp HA, Morgan RA (1986) Studies on the detrimental effects of bivalent binding in a microtitration plate ELISA and possible remedies. J Immunol Meth 94: 65-72

Kendall C, Ionescu-Matiu I, Dreesman GR (1983) Utilization of the biotin/avidin system to amplify the sensitivity of the enzyme-linked-immunosorbent assay (ELISA). J Immunol Meth 56: 329-339

Kenna JG, Major GN, Williams RS (1985) Methods for reducing non-specific antibody binding in enzyme-linked immunosorbent assay. J Immunol Meth 85, 409-419

Kenny GE, Dunsmoor CL (1983) Principles, problems, and strategies in the use of antigenic mixtures for the enzyme-linked immuno-sorbent assay. J Clin Microbiol 17: 655-665

Lew AM (1984) The effect of epitope density and antibody affinity on the ELISA as analysed by monoclonal antibodies. J Immunol Meth 72: 171-176

Lovborg U (1984) Guide to solid phase immuno assaays. NUNC, Roskilde

Mierendorf RC, Dimond RL (1983) Functional heterogeneity of monoclonal antibodies obtained using different screening assay. Anal Biochem 135: 221-229

Munoz C, Nieto A, Gaya A, Martinez J, Vives J (1986) New experimental criteria for optimization of solid-phase antigen concentration and stability in ELISA. J Immunol Meth 94: 137-144

Oellerich M (1984) Enzyme-Immunoassay: A Review. J Clin Chem Clin Biochem 22: 895-904

Sorensen K, Brodbeck U (1986) Assessment of coating-efficiency in ELISA plates by direct protein determination. J Immunol Meth 95: 291-293

Vaidya HC, Dietzler DN, Ladenson JH (1985) Inadequacy of traditional ELISA for screening hybridoma supernatants for murine monoclonal antibodies. Hybridoma 4: 271-276

Vogt RF, Phillips DL, Henderson LO, Whitfield W, Spierto FW (1987) Quantitative differences among various proteins and blocking agents for ELISA microtiter plates. J Immunol Meth 101: 43-50

Vos Q, Klasen EA, Haaijman JJ (1987) The effect of divalent and univalent binding on antibody titration curves in solid-phase ELISA. J Immunol Meth 103: 47-54

Yolken RH (1982) Enzyme immunoassays for the detection of infectious antigens in body fluids: Current limitations and future prospects. Rev Inf Dis 4: 35-67

10.3 ELISA zum Nachweis von monoklonalen Antikörpern gegen lösliche Antigene

M. GROL, S. SCHIEFER und H. BAUMGARTEN

Das lösliche Protein (Antigen), gegen das die monoklonalen Antikörper (MAK) gesucht werden, wird im einfachsten Fall direkt durch unspezifische Bindung an eine Mikrotiterplatte gebunden (s. Kap. 10.2, Variante a). Alternativ kann es mit sog. Fangantikörpern (catching/capture antibody) gebunden/ präsentiert werden, dies sind polyklonale Immunglobuline, die gegen das Antigen gerichtet sind (Variante b). Die so vorbereiteten Näpfe der Platte werden darauf mit der Maus-Immunglobulin enthaltenden Lösung, den Hybridomüberständen bzw. dem Aszites, inkubiert.

Antigenspezifische Antikörper binden sich dabei an das Antigen und sind dann ebenfalls an der Festphase gebunden. Die Näpfe werden dann mit enzymmarkierten Immunglobulinen, die gegen Maus-Immunglobulin gerichtet sind, inkubiert. Dieses Enzymkonjugat bindet nur in Näpfen, die bereits im vorhergehenden Schritt Maus-Immunglobuline gebunden haben. Gebundene antigenspezifische Maus-Immunglobuline können jetzt mit Hilfe einer von dem eingebrachten Enzym katalysierten Farbreaktion nachgewiesen werden (s. Abb. 46 in Kap. 10.2).

Die Nachweiseigenschaften dieser beiden ELISA-Varianten sind in Kapitel 10.2 erörtert. Bei der Erkennung von Konformations-Determinanten (siehe Kap. 10.21) kann das System mit Fangantikörper sehr viel günstiger sein.

Die Auswertung von ELISAs erfolgt heute mit kommerziellen Programmen, die - gegen Aufpreis - mit den Plattenphotometern lieferbar sind. Das Schreiben eigener Programme (z. B. La Belle 1987) steht heute in keinem vernünftigen Verhältnis zum Aufwand.

Material

Antigen	lösliches Protein oder Polyhapten
Antiserum zur Beschichtung	polyklonales Antiserum (nicht aus der Maus) gegen das zu testende Antigen, bevorzugt als IgG
Probe	Hybridom-Überstände, Aszites
Kontrollen	Als Positivkontrolle dienen spezifische Seren von Mäusen, die mit dem gleichen Antigen immunisiert wurden. Als Negativkontrolle dient frisches Zellkultur-Medium.
Enzymkonjugat	Peroxidase-markierte Antikörper gegen Maus-Immunglobuline, z. B. DAKOPATTS Nr. P16112 oder Anti-Maus-Ig-Peroxidase Hybridoma Screening Reagenz Boehringer Mannheim Nr. 1047523

ELISA für lösliche Antigene

Seren für die Präabsorption des Enzymkonjugats	Probe des Serums, das als Zusatz zum Zellkulturmedium verwendet wird (z. B. Rinderserum, fötales Kälberserum)
Natriumcarbonat	Na_2CO_3 wasserfrei, p. a., z. B. Merck Nr. 6392
Natriumbicarbonat	$NaHCO_3$, p. a., z. B. Merck Nr. 6329
Natriumchlorid	NaCl, p. a., z. B. Merck Nr. 6404
Tween 20	z. B. SERVA Nr. 37470
TRIS	Tris(hydroxymethyl)aminomethan, z. B. Boehringer Mannheim Nr. 127 434
Rinderserum Albumin (RSA)	z. B. Albumin, Fraktion V, Boehringer Mannheim Nr. 735 086
Natriumperborat-Trihydrat	$NaBO_2.H_2O_2 \times 3H_2O$, rein, z. B. Merck 6560
Citronensäure-Monohydrat	p. a., z. B. Merck Nr. 244
Di-Natriumhydrogenphosphatdihydrat	$Na_2HPO_4-2H_2O$ p. a., z. B. Merck Nr. 6580
ABTS (Substrat)	2,2'-Azino-di-[3-ethylbenzthiazolinsulfonat(6)], Ammoniumsalz (MW = 549), Boehringer Mannheim Nr. 102 946 als Tabletten: Boehringer Mannheim Nr. 1112 422
Puffer für ABTS	als Fertigpuffer: Boehringer Mannheim Nr. 1112 597
Thymol krist.	reinst, z. B. Merck 8167
1 N Schwefelsäure	z. B. Merck Nr. 731
Mikrotiterplatten	z. B. NUNC-Immunoplatten TYP II-96F Nunc Nr.4-42404
Schüttler	z. B. IKA Schüttler MTS
Waschgerät für Mikrotiterplatten (MTP)	z. B. Nunc-Immuno Wash (manuell), SLT Easy Washer (automatisch)
Photometer für MTP	z. B. Dynatech Microplate Reader MR 700, SLT Easy Reader EAR 340 AT

Herstellen der Lösungen

1. Beschichtungspuffer: 0,2 M Na-Carbonat; pH 9,4-9,7:
2,12 g Na_2CO_3 in bidest. Wasser lösen und auf 100 ml verdünnen.
1,68 g $NaHCO_3$ in bidest. Wasser lösen und auf 100 ml verdünnen.
Gebrauchslösung: 74 ml $NaHCO_3$-Lösung mit 26 ml Na_2CO_3 Lösung auf pH 9,4-9,7 einstellen.

Diese Lösung ist stabil bei 4 °C (gut verschließen, um Kontakt mit CO_2 zu vermeiden).

2. Antigen-Lösung für die ELISA-Variante a. 0,5-10 µg Antigen pro 1 ml Beschichtungspuffer (1) lösen. Bei hochmolekularen Verbindungen wie Proteinen entspricht das Antigen dem Immunogen. Bei Polyhaptenen sollte weder das gleiche Trägerprotein noch der gleiche Linker wie im Immunogen verwendet werden (s. Kap. 3.2.2).

3. Antigen-Lösung für die ELISA-Variante b mit Fangantikörper. 0,5-2 µg Antigen (nach Optimierung auch weniger) pro 1 ml Verdünnungspuffer (8) lösen.

4. Antikörper-Lösung zur Beschichtung der Festphase in ELISA-Variante b. Das gegen das Testantigen gerichtete polyklonale Antiserum z. B. vom Kaninchen in Beschichtungspuffer (1) 1:500 verdünnen. IgG-Fraktionen werden auf 2 µg/ml oder nach Optimierung auch weniger in Beschichtungspuffer (1) eingestellt.

Die Stabilität der Lösungen 2, 3 und 4 ist abhängig vom eingesetzten Antigen bzw. Antikörper.

5. Wasch-Lösung
0,9% (w/v) NaCl; 0,1% (v/v) Tween 20:
9 g NaCl und 1 ml Tween 20 in bidest. Wasser lösen und auf 1 l verdünnen.

6. Stammlösung für Nachbeschichtungspuffer (7) und Verdünnungspuffer (8).
50 mM Tris-HCl; 150 mM NaCl; pH 7,5:
6,06 g TRIS und 8,77 g NaCl in 800 ml bidest. Wasser lösen; pH mit 2 M HCl bei Raumtemperatur auf 7,5 einstellen und auf 1 l mit bidest. Wasser auffüllen.
Lösungen 5 und 6 sind stabil bei 4 °C.

7. Nachbeschichtungspuffer zur Blockierung. 50 mM Tris-HCl; 150 mM NaCl; pH 7,5; 1% (w/v) Rinderserum Albumin (RSA):
1 g RSA in 100 ml Stocklösung (6) lösen.

8. Verdünnungspuffer. 50 mM Tris-HCl; 150 mM NaCl; pH 7,5; 0,5% (w/v) Rinderserum Albumin; 0,05% (v/v) Tween 20:
0,5 g RSA und 50 µl Tween 20 in 100 ml Stocklösung (6) lösen.
Lösungen 7 und 8 sind stabil bei -20 °C, in Aliquots lagern.

9. Antikörper-Lösung. Zellkulturüberstände werden unverdünnt oder in einer Verdünnung von maximal 1:100, Aszitesflüssigkeit je nach Titer in Verdünnungen von $1:10^3$ - $1:10^6$ in Verdünnungspuffer (8) eingesetzt. Als Positivkontrolle dient Serum einer immunisierten Maus in Verdünnungen von $1:10^3$ bis $1:10^6$ in Verdünnungspuffer (8). Als Negativkontrolle dient frisches Zellkultur-Medium.
Lösung 9 ist stabil, wenn sie bei -70 °C unverdünnt eingefroren wird.

ELISA für lösliche Antigene

10. Konjugat-Lösung. Es empfiehlt sich, speziell für das Screening von Zellkulturüberständen vertriebene Konjugate zu verwenden, die keine Kreuzreaktion mit IgG anderer Spezies als Maus, wie z. B. gegen Rinder-IgG, zeigen. Die Konjugatlösungen sollten zur Vermeidung mikrobieller Kontamination bei der Lagerung bis zur Sättigung mit einigen Thymol-Kristallen versetzt werden.
Lösung 10 ist mindestens 6 Monate bei 4 °C stabil.
POD-Konjugate dürfen nicht eingefroren werden !

11. Konjugat-Verdünnung. Die Konjugat-Verdünnung sollte kurz vor dem Test angesetzt werden. Mit Verdünnungspuffer (8) auf ca. 25 mU/ml verdünnen.

Präabsorption, falls erforderlich: Mit dem Zellkulturserum kreuzreagierende Konjugatantikörper müssen vor dem Gebrauch im Test absorbiert werden. Hierzu werden je 10 µl Zellkulturserum (konz.) mit 10 µl Enzymkonjugat für 30 Min. bei 37 °C inkubiert. Danach wird die Lösung mit Verdünnungspuffer (8) auf 10 ml aufgefüllt.
Lösung 11 unmittelbar vor Gebrauch verdünnen.

12. Substrat-Puffer. 3,25 mM Natriumperborat; 39,8 mM Citronensäure; 60 mM Di-Natriumhydrogenphosphat; pH 4,4-4,5: 50 mg Natriumperborat, 835,9 mg Citronensäure-monohydrat und 1,068 g Di-Natriumhydrogenphosphat-dihydrat in bidest. Wasser lösen und auf 100 ml verdünnen. Der pH sollte 4,4-4,5 betragen.
Lösung 12 ist stabil bei 4 °C.

13. Substrat-Lösung. 95,3 mg ABTS in 100 ml Substrat-Puffer (12) lösen.
Lösung 13 ist 3 Monate bei 4 °C stabil. Vor Licht schützen!

Alle für den indirekten und direkten ELISA benötigten Reagenzien können auch z. B. als Maus-Hybridoma-Screening Kit (Enzyme Immunoassay) bezogen werden von Boehringer Mannheim Nr. 1 110 225 (für 20.000 Tests).

Vorgehen

Die Empfindlichkeit des Tests beträgt ca. 10 ng Antikörper/ml. Sie läßt sich durch Erhöhung der Konjugat-Konzentration auf das Doppelte und/oder durch Verlängerung der Substrat-Reaktion (bei Raumtemperatur bis auf 2 Std.) noch weiter erhöhen. Eine weitere Erhöhung der Empfindlichkeit läßt sich z. B. erzielen durch Verwendung von Anti-Maus Ig-Biotin und Streptavidin-POD.

Die Zeitangaben der Reaktionen gelten für Inkubationen bei Raumtemperatur ohne Schütteln. Bei Raumtemperatur mit Schütteln (300 UpM) gelten die Zeitangaben in Klammern. Die Zahlen hinter den Puffern beziehen sich auf die obengenannten Lösungen.

ELISA-Variante b (s. Abb. 47 in Kap. 10.2)

1. Beschichten (coating) der Platte mit dem polyklonalen antigenspezifischen Immunserum: Pro Napf 100 µl Antikörper-Lösung (4) einpipettieren. 1 Std. (30 Min.) inkubieren. Die Beschichtung kann auch über Nacht bei 4 °C erfolgen.

2. Waschen: Platte ausleeren, Flüssigkeitsreste durch kräftiges Klopfen auf ein sauberes, trockenes Tuch (z. B. Zellstoff) entfernen. Waschen mit 200 µl Wasch-Lösung (5) pro Napf. Ca. 15 Sek. einwirken lassen, ausleeren, ausklopfen. Waschvorgang 2 × wiederholen.

3. Nachbeschichten zur Blockierung: 200 µl Nachbeschichtungspuffer (7) pro Napf einpipettieren. 15 Min. (15 Min.) inkubieren.

4. Waschen: s. o.

5. Bindung des Antigens: 100 µl Antigen-Lösung (3) einpipettieren. 1 Std. (30 Min.) inkubieren.

6. Waschen: s. o.

Weiteres Vorgehen bei 7

ELISA-Variante a

1. Beschichten der Platten mit Antigen: Pro Napf 100 µl Antigen-Lösung (2) einpipettieren. 1 Std. (30 Min.) inkubieren. Die Beschichtung kann auch über Nacht bei 4 °C erfolgen.

2. Waschen: s. o.

3. Nachbeschichten zur Blockierung: s. o.

4. Waschen: s. o.

Weiteres Vorgehen (für beide Varianten)

7. Reaktion mit Hybridom-Überstand oder dem verdünnten Aszites: Je Napf 100 µl Antikörper-Lösung (9) einpipettieren. 1 Std. (30 Min.) inkubieren.

8. Waschen: s. o.

9. Inkubation mit Konjugat: Pro Napf 100 µl Konjugat-Verdünnung (11) einpipettieren. 1 Std. (30 Min.) inkubieren.

10. Waschen: s. o.

11. Substrat-Reaktion: 100 µl Substrat-Lösung (13) in jeden Napf einpipettieren. Ca. 1 Std. (30 Min.) inkubieren bis die Positivkontrolle dunkelgrün ist. Die Enzym-Reaktion kann durch Zugabe von 50 µl 1 N H_2SO_4 pro Napf gestoppt werden (Gallati und Brodbeck 1982).

12. Auswertung: Die Auswertung erfolgt visuell (positiv = dunkelgrün, negativ = praktisch farblos) oder mittels eines sog. Microplate-Readers bei einer Wellenlänge von 405 nm und einer Referenzwellenlänge bei 490 nm. Vor dem Einlegen die Mikrotiterplatte kurz schütteln. Der Napf A1 enthält als Blank nur Substrat-Lösung (13) zur Nullpunktkorrektur des Microplate-Readers. Zur Frage der Anzahl der Replikate s. auch Raggatt (1989).

Problempunkte

Es empfiehlt sich, alle Reaktionen bei Raumtemperatur durchzuführen und die Lösungen vor der Reaktion auf Raumtemperatur zu temperieren. Bei höheren Temperaturen (30–37 °C) besteht die Gefahr, daß sich ein Temperaturgradient zwischen den äußeren und inneren Näpfen der Platte ausbildet (Oliver et al. 1981). Dadurch können falsch positive Ergebnisse in den Näpfen am Rande resultieren (Randphänomen).

Es muß darauf geachtet werden, daß die Volumina von Antikörper- und Konjugat-Lösung keinesfalls größer sind als das Volumen des Nachbeschichtungs-Puffers, um den Kontakt mit unbeschichteter Fläche zu vermeiden.

Fehlersuche

1. Problem: Fehlende oder zu schwache Farbentwicklung

Möglicher Grund	Empfehlung
Zu schwache Bindung des Antigens an die Mikrotiterplatte.	Beladungskonzentration bis zu 30 µg/ml erhöhen.
Alle Primärkultur-Überstände sind negativ.	Prüfung der Primärkultur-Überstände auf Bakterienkontamination.
Mangelnde Bindung	Alle Lösungen nach der Nachbeschichtung ohne Tween-20 herstellen und verwenden.
Substrat-Lösung (13) falsch gelagert oder zu alt.	Substrat-Lösung (13) frisch ansetzen. Lagerung bei 4 °C. Lichtgeschützt.
Konjugat-Lösung (10) oder Konjugat-Verdünnung (11) ist inaktiviert durch falsche oder zu lange Lagerung.	Konjugat-Lösung (10) oder Konjugat-Verdünnung (11) frisch herstellen. Lagerung bei 4 °C. Nicht einfrieren!

2. Problem: Hoher „Background"

Möglicher Grund	Empfehlung
Substrat-Lösung (13) ist zu alt (die Farbe schlägt von hellgrün nach dunkelgrün um). Ungenügende Nachbeschichtung.	Frische Substrat-Lösung (13) ansetzen. E(405 nm, 1 cm) soll < 0.16 sein. Punkt 3 auf 30 Min. verlängern.
Waschschritt nach der Antikörper- oder der Konjugat-Reaktion ist ungenügend.	5–10 × waschen.
Im Zellkultur-Überstand befinden sich „klebrige" Proteine.	3–4 Tage vor dem Screening Kulturmedium wechseln.

Literatur

Gallati H, Brodbeck H (1982) Peroxidase aus Meerrettich: Reagenz zum Abstoppen der katalytischen Umsetzung der Substrate H_2O_2 und 2,2′-azino-di(ethyl-benz-thiazolinsulfonsäure-(6)) (ABTS). J Clin Biochem 20: 757–760

La Belle M (1987) Computer-assisted collection and analysis of enzyme-linked immunosorbent assay data. J Immunol Meth 102: 251–258

Oliver DG, Saners AH, Hogg RD, Woods-Hellmann I (1981) Thermal gradients in microtitration plates, effects on enzyme-linked immunoassay. J Immunol Meth 42: 195–201

Weiterführende Literatur

Benjamin DC et al. (1984) The antigenic structure of proteins: A reappraisal. Ann Rev Immunol 2: 67–101

Porstmann B, Porstmann T, Nugel E (1981) Comparison of chromogens for the determination of horse radish peroxidase. J Clin Chem Clin Biochem 19: 435–439

Raggatt PR (1989) Duplicates or singletons? – An analysis of the need for replication in immunoassay and a computer program to calculate the distribution of outliers, error rate and the precision profile from assay duplicates. Ann Clin Biochem 26: 26–37

Yolken RH (1982) Enzyme immunoassays for the detection of infectious antigens in body fluids: current imitations and future prospects. Rev Infect Diseases 4: 35–65

Zaitsu K, Ohkura Y (1980) New fluorogenic substrates for horse-radish peroxidase: Rapid and sensitive assays for hydrogen peroxide and the peroxidase. Anal Biochem 109: 109–113

10.4 Tests zum quantitativen Nachweis der Syntheseleistung von Hybridomzellen

10.4.1 Bestimmung von zellulärem Protein

H. BAUMGARTEN

In der Regel werden nur die von den Hybridomzellen sezernierten MAK gereinigt und weiterverwendet, nicht jedoch die intrazellulären MAK. Damit sind besonders die Hybridome interessant, die viel MAK in den Überstand abgeben. Für die Bestimmung der in-vitro-Syntheseleistung von Hybridomen ist es deshalb sinnvoll, die Sekretion von Immunglobulinen auf die Zellzahl oder die Zellmasse zu beziehen. Für quantitative Bestimmungen wird meist der Protein- oder DNS-Gehalt der Zellen als Referenz angegeben. Die spezifische Messung der Ig-Sekretion (s. Kap. 10.4.2) wird dann als Quotient aus Ig-Menge/Zellzahl(-masse) oder Ig-Menge/DNS-Gehalt ausgedrückt.

Neben der genannten Fragestellung eignet sich der Nachweis von zellulärem Protein auch zur Optimierung von Zellkulturbedingungen. Die Güte eines Serums oder - allgemein - der Kulturbedingungen für das Wachstum von Zellen kann überprüft werden durch eine Zellzahlbestimmung oder Vitalitätsbestimmung (s. Kap. 5.7). Die Proteinbestimmung hingegen hat den Vorteil, daß eine bessere Korrelation zu anderen Kulturparametern hergestellt werden kann, z. B. µg Ig/mg Zellprotein.

Der hier vorgestellte einfache Test zur Bestimmung zellulären Proteins (Baumgarten 1985) nutzt die Bindung von Coomassie brilliant blue an Proteine (Sedmak und Grossberg 1977, Bradford 1976). Bei der Bindung des Farbstoffs an Proteine kommt es zu einem Farbumschlag von blaß-bräunlich zu blau. Die Intensität der Farbreaktion kann durch die photometrische Auswertung im Absorptionsmaximum bei 595 nm oder 630 nm quantifiziert werden.

Da in diesem Testsystem auf Detergentien verzichtet wird, ist der Farbstoff-bindende Test weitgehend störunempfindlich.

Gerade beim Vergleich der Produktionsleistung von verschiedenen Klonen/Subklonen wird in unserem Labor eine Testversion praktiziert, die auf die Verwendung von Mikrotiterplatten adaptiert ist.

Der Meßbereich erstreckt sich von ca. 200 ng/Napf bis 50 µg/Napf (RSA als Standard). Dies entspricht ca. 1.000 bis 500.000 Leukozyten pro Mikrotiternapf.

ACHTUNG: Die hier beschriebene Methode läßt sich nicht ohne weiteres in größeren Ansätzen und in anderen Gefäßen durchführen.

Material

Zellen	adhärente oder suspendierte Zellen
Medium	mit oder ohne Serumzusatz

Farbstoff-Lösung	Coomassie brilliant blue G-250 in 55% Phosphorsäure, standardisiert, Bio-Rad Nr. 500-0006
Phosphatpuffer	(PBS), pH 7,2
Proteinstandards:	
Rinderserumalbumin (RSA)	z. B. Protein Standard II, Bio-Rad Nr. 500-0007
Rinder-Gammaglobulin	z. B. Protein Standard I, Bio-Rad Nr. 500-0005
Kontrollserum	Precinorm Protein, Boehringer Mannheim Nr. 557897
Mikrotiterplatten	mit Flachboden, Zellkulturqualität ist nicht notwendig
Plattenphotometer	z. B. Dynatech MR700

Vorgehen

1. Adhärente und suspendierte Zellen werden durch Waschen von Protein befreit:

a) Zellen aus Suspensionskulturen, die nicht in Mikrotitrationsplatten kultiviert wurden, oder trypsinierte Zellen, werden zweimal in PBS serumfrei gewaschen. Dann werden von dieser Zellsuspension jeweils 200 µl pro Mikrotiternapf auspipettiert.

Zellen, die bereits in Mikrotiterplatten kultiviert wurden, werden auch in den Platten gewaschen: Die Zellen werden in einem Ausschwingrotor für Mikrotitrationsplatten (z. B. Digifuge, Heraeus) für 10 Min. bei $300 \times g$ pelletiert (gilt für Leukozyten). Der Überstand wird mit einer Vielkanalpipette vollständig abgehoben und verworfen. Anschließend werden die Zellen in 200 µl PBS aufgenommen und noch einmal für 10 Min. bei $300 \times g$ pelletiert.

ACHTUNG: Die photometrische Messung erfolgt mit einem Lichtstrahl, der durch die Mitte der Näpfe geht. Deshalb kann die Proteinbestimmung nur dann korrekte Werte liefern, wenn die Zellen eine möglichst gleichmäßige Zellschicht (Monolayer) bilden.

Werden Zentrifugen mit Unwucht oder nicht genau tarierte Platten verwendet, werden die Zellen eher ringförmig pelletiert. Der Meßstrahl geht dann genau durch den Teil der Platten, in dem keine oder wenig Zellen sind.

b) Adhärente Zellen werden direkt in Mikrotitrationsplatten kultiviert und vor dem Test 2mal mit je 200 µl PBS serumfrei gewaschen.

2. Der Puffer wird mit der Vielkanalpipette möglichst vollständig abgehoben und verworfen.

3. Anschließend werden die Zellen für ca. 1 Std. bei 37-50 °C luftgetrocknet, es bildet sich ein milchig-trüber Belag in den Näpfen der Mikrotiterplatten. Das Ergebnis des Tests wird verfälscht, wenn die Zellen nicht vollständig getrocknet sind.

4. Zu den lufttrockenen Zellen und in die Näpfe der Proteinstandards wird jeweils 30 µl Farbstoff gegeben. Dieser ist in 55% Phosphorsäure gelöst und entsprechend viskös (langsam pipettieren !). Die Platte wird 5 Min. geschüttelt, und jeder Napf wird mit 120 µl PBS auf ein Endvolumen von 150 µl aufgefüllt. In die Näpfe der Proteinstandards werden ebenfalls 120 µl proteinhaltige PBS gefüllt.

5. Nach erneutem Schütteln und einer Inkubation für 10 Min. bei Raumtemperatur wird die optische Dichte bei 630 nm in einem Plattenphotometer bestimmt. Das Absorptionsmaximum liegt bei 595 nm und damit geringfügig höher (15%) als bei 630 nm, für 595 nm steht jedoch meist kein serienmäßiges Filter zur Verfügung. Als Referenzwellenlänge kann ein Filter mit 490 nm verwendet werden.

Auswertung

Die Eichung des Farbstoff-bindenden Tests erfolgt mit einem Standardprotein, z. B. RSA, Rinder-IgG oder einem Standardprotein-Gemisch, z. B. Precinorm. Vom Standardprotein wird eine Verdünnungsreihe hergestellt, die den gesamten Meßbereich (ca. 0-1,2 OD) umfaßt. Für RSA sind dies etwa 0-100 µg/ml.

Der Farbstoff ist nicht stabil, deshalb sollte der Test innerhalb einer Stunde ausgewertet werden.

Literatur

Baumgarten H (1985) A simple microplate assay for the determination of cellular protein. J Immunol Meth 82: 25-37

Bradford M (1976) A rapid and sensitive method for the quantitation of microgram quantities of protein utilizing the principle of protein-dye binding. Anal Biochem 72: 248-254

Sedmak JJ, Grossberg SE (1977) A rapid, sensitive and versatile assay for protein using Coomassie brilliant Blue G-250. Anal Biochem 79: 544-552

10.4.2 Nachweis von Maus- und Human-IgG: Standardmethode

J. ENDL

Der ELISA zum Nachweis von Maus- bzw. Human-IgG dient primär zur Unterscheidung von Antikörper-produzierenden von nicht-produzierenden Klonen. Durch Mitführen einer Standardkurve kann mit diesem Test auch die Ig-Produktion einzelner Klone quantifiziert werden.

Der ELISA ist nach dem Sandwich-Prinzip aufgebaut. Beschichtet wird mit einem polyklonalen Antikörper, der an die schweren Ketten der IgG-Moleküle bindet. Der Nachweis erfolgt mit einem Enzym-gekoppelten Antikörper, der für leichte Ketten spezifisch ist. Die Bindung des Konjugates wird über eine Farbreaktion (ABTS) nachgewiesen (Abb. 48).

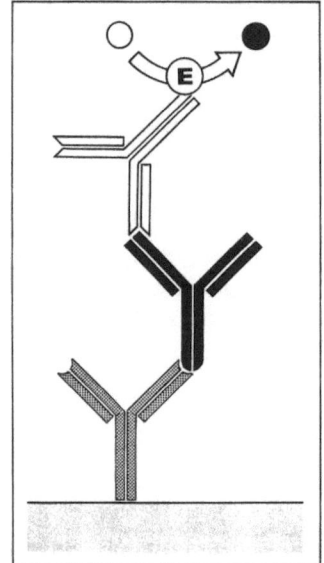

Antikörper-Enzymkonjugat zum Nachweis der leichten Ketten von Maus IgG

MAK

Festphase-gebundenes Ig (Fangantikörper), spezifisch für den Fc-Teil von Maus-IgG

Festphase

Abb. 48. Schema des Maus-IgG ELISA

Die in diesem Testsystem verwendete Reagenzien-Kombination hat den Vorteil, daß nur intakte Antikörper-Moleküle nachgewiesen werden. Hybridom-Zellen, die „Antikörper-Hälften" bestehend aus einer L- und einer H-Kette produzieren, sind unseres Wissens noch nicht beschrieben worden. Dagegen findet man gelegentlich, daß Hybridome - vor allem humane - L-Ketten im Überschuß herstellen (eigene Beobachtungen). Diese werden von dem hier beschriebenen Testsystem nicht erfaßt und stören den Test auch nicht.

Die quantitative Auswertung erfolgt mit einem Photometer für Mikrotiterplatten. Allerdings können positive Reaktionen auch mit dem Auge ausreichend genau beurteilt werden, wenn die entsprechenden Kontrollen mitgeführt werden.

Material

Beschichtungsantikörper
a) Ziege anti-Maus IgG; Fc-spezifisch z. B. Dianova Nr. 115-005-071
b) Ziege anti-Human IgG; Fc-spezifisch z. B. Dianova Nr. 109-005-098

Standard bzw. Probe
a) gereinigtes Maus-IgG, z. B. Dianova Nr. 015-000-003
b) gereinigtes Human-IgG, z. B. Dianova Nr. 009-000-003
Die Verdünnung der Standards bzw. Proben erfolgt in Zell-Kulturmedium.

Konjugat	a) F(ab')$_2$ Ziege anti-Maus IgG; F(ab')$_2$-spezifisch; Peroxidase gekoppelt; z. B. Dianova Nr. 115-036-072 b) F(ab')$_2$ Ziege anti-Human IgG; F(ab')$_2$-spezifisch; Peroxidase (POD) gekoppelt; z. B. Dianova Nr. 109-036-097
Beschichtungspuffer	Lösung A: 0,2 M Na$_2$CO$_3$ (21,2 g/l); Lösung B: 0,2 M NaHCO$_3$ (16,8 g/l); Gebrauchslösung: 17 ml Lösung A + 8 ml Lösung B ad 100 ml H$_2$O (Gebrauchslösung pH 10,6)
Waschpuffer (PBS-Tween)	23,279 g Na$_2$HPO$_4$ × 12 H$_2$O 3,45 g NaH$_2$PO$_4$ × H$_2$O ad pH 7,2 81,816 g NaCl 5 g Tween 20 (Serva Nr.37470) ad 10 Liter Aqua demin.
Blockierungs- und Konjugatverdünnungslösung	1% Rinderserum-Albumin (z. B. Boehringer Nr. 735086) in PBS
Substrat (ABTS)	0,1 M Na-Azetat (13,61 g/l) 0,05 M NaH$_2$PO$_4$ × H$_2$O (6,9 g/l) ad pH 4,2 4 mM ABTS (0,22 g/l) 2,2'-Azino-di(3-ethylbenzthiazolinsulfonsäure-(6) = ABTS, z. B. Boehringer Nr. 102946 2,5 mM H$_2$O$_2$ (entspricht 30 µl 3% H$_2$O$_2$ pro 10 ml Substratpuffer, unmittelbar vor Zugabe zum Test zumischen).
ELISA-Platten	z. B. Immunoplatten Typ II-96F; Nunc Nr. 442404
Waschgerät für Mikrotiterplatten	z. B. Dynatech Miniwash
Plattenphotometer	z. B. SLT Easy Reader EAR400AT

Vorgehen

1. Beschichten der Platten. Das anti-Fc$_\gamma$ Antiserum wird auf 10 µg/ml mit dem Beschichtungspuffer verdünnt. Je Napf werden 100 µl dieser Lösung pipettiert. Die Bindung an die feste Phase erfolgt für 1 Std. bei Raumtemperatur oder über Nacht im Kühlschrank.

2. Entfernen des Puffers, Waschen der Platte. Die Platte wird auf einer Zellstoffunterlage einmal ausgeschlagen. Anschließend wird die Platte dreimal im Mini-Wash oder mit Hilfe einer 8- bzw. 12-Kanalpipette mit jeweils 200 µl PBS/Tween pro Napf gewaschen.

3. Freie Bindungsstellen der Platte werden durch Zugabe von 200 µl Blockierungslösung abgesättigt. Inkubation für 1 Std. bei Raumtemperatur.

4. Entfernen der Blockierungslösung durch Ausschlagen der Platte.

5. Gereinigtes Maus-IgG bzw. Human-IgG wird in Doppelproben in folgenden Konzentrationen zu je 100 µl je Napf eingebracht: 100; 50; 25; 12,5; 6,25; 0 ng/ml. Hybridom-Überstände werden in Verdünnungen von 1:10, 1:100, 1:500 einpipettiert (je 100 µl).

ACHTUNG: Unverdünnte Kulturüberstände sollten grundsätzlich nicht verwendet werden, sie sind relativ häufig falsch positiv. Standardwerte und Proben werden in Duplikaten pipettiert. Inkubation für 1 Std. bei Raumtemperatur.

6. 3 × Waschen; s. 2.

7. Zugabe von je 100 µl anti-Maus F(ab')$_2$-POD bzw. anti-Human F(ab')$_2$-POD; ca. 100 mU/ml. Inkubation für 1 Std. bei Raumtemperatur.

8. 3 × Waschen; s. 2.

9. Zugabe von 100 µl ABTS/Napf.

10. Die Peroxidase-katalysierte Umsetzung des Substrates ABTS erfolgt in einer relativ kurzen linearen Kinetik, so daß bereits nach 20-25 Min. die Substratumsetzung ein Plateau erreicht bzw. die Meßobergrenze des Photometers erreicht ist. Idealerweise erfolgt die Messung der Farbentwicklung zu verschiedenen Zeiten nach Beginn der Enzymreaktion, z. B. nach 10, 15, 20, 25 Min. Die Auswertung wird mit derjenigen Messung vorgenommen, bei der der 100 ng/ml Standardwert 1000-1200 mE erreicht hat. Die Messung der spezifischen Absorption erfolgt bei 405 nm (Referenzwellenlänge 455 nm).

Hinweise zur Auswertung

1. In den Näpfen A1 und A2 wird nur Substratpuffer eingefüllt. Die Extinktion dieser Werte wird vom Photometer automatisch von allen anderen Absorptionswerten abgezogen (Blank). Damit wird eine Anfärbung durch den Substratpuffer allein korrigiert.

2. Als Negativ-Kontrolle dient der Nullwert der Standardkurve (reines Zellkulturmedium).

3. Aus den Extinktionen der Standardwerte wird eine Eichkurve gezeichnet. Diese sollte zumindest bis zum 50 ng/ml Standardwert linear verlaufen. Mit der Eichkurve kann aus den Extinktionen der Proben deren Gehalt berechnet werden. Die Auswertung erfolgt bei uns mit einem über Interface an das Photometer angeschlossenen Kleincomputer. Verwendet werden fertige Pro-

gramme, die von den Photometer-Herstellern geliefert werden, z. B. „ELISA" von SLT.

4. Bei der Quantifizierung von verschiedenen IgG-Subklassen ist zu berücksichtigen, daß die meisten anti-Fc$_\gamma$ Antiseren die einzelnen Subklassen unterschiedlich gut erkennen. Vor allem Maus-IgG$_3$ wird häufig schlecht gebunden. Deshalb sollte für genaue Mengenbestimmungen immer die der Probe entsprechende M-IgG-Subklasse als Standard mitgeführt werden. Die z. B. von Boehringer Mannheim angebotenen Reagenzien für die Bestimmung von M-IgG sind speziell auf eine möglichst einheitliche Erkennung der verschiedenen Subklassen hin ausgewählt worden.

Weiterführende Literatur

Engvall E (1980) Enzyme immunoassay ELISA and EMIT. Meth Enzymol 70, 419-439
Fleming JO, Pen LB (1988) Measurement of the concentration of murine IgG monoclonal antibody in hybridoma supernatants and ascites in absolute units by sensitive and reliable enzyme-linked immunosorbent assay (ELISA). J Immunol Meth 110, 11-18
Macy E, Kemeny M, Saxon A (1988) Enhanced ELISA: how to measure less than 10 picograms of a specific protein (immunoglobulin) in less than 8 hours. FASEB J 2: 3003-3009

10.4.3 Nachweis von Maus- und humanem IgG mit dem Streptavidin-Biotin-System

J. ENDL

Der im folgenden beschriebene ELISA zum Nachweis von Maus- bzw. Human-IgG ist eine sensitivere Variante des unter 10.4.2. beschriebenen Tests. Somit können auch die Überstände von sehr kleinen Klonen (wenige Dutzende bis Hunderte von Zellen) erfolgreich getestet werden.

Der Testaufbau ist dem in Kapitel 10.4.2. beschriebenen analog (Sandwich-Prinzip). Das durch einen Beschichtungsantikörper spezifisch gebundene Maus- bzw. Human-IgG wird über einen biotinylierten anti-F(ab')$_2$ Antikörper und Streptavidin-Peroxidase (POD) nachgewiesen (vgl. Macy et al. 1988) (Abb. 49).

Material

Außer den im folgenden aufgeführten sind alle weiteren Testkomponenten identisch mit denen unter 10.4.2.

Konjugat 1   F(ab')$_2$ Ziege anti-Maus IgG, F(ab')$_2$ spezifisch, Biotin konjugiert;
                   z. B. Dianova Nr. 115-066-072 bzw.
                   F(ab')$_2$ Ziege anti-Human IgG,
                   F(ab')$_2$-spezifisch, Biotin- konjugiert;
                   z. B. Dianova Nr. 109-066-097

344   Nachweis von monoklonalen Antikörpern

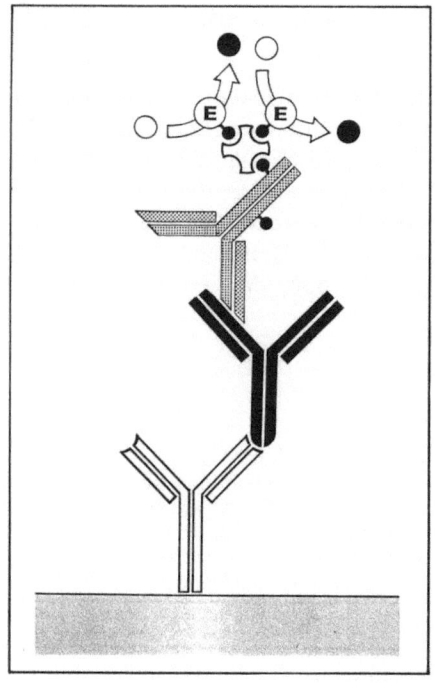

Streptavidin-Peroxidase

Biotinkonjugat zum Nachweis
von F(ab')$_2$-Fragmenten
von Maus IgG

MAK

Festphase-gebundenes Ig
(Fangantikörper), spezifisch
für den Fc-Teil von Maus-IgG

Festphase

Abb. 49. Schema des Maus-IgG ELISA, verstärkt mit dem Streptavidin-Biotin-System

Konjugat 2   Streptavidin-Peroxidase (POD); z. B. Amersham
                          Nr. 1231 oder Boehringer Mannheim
                          Nr. 1089153

Vorgehen

Schritte 1-6 siehe Kapitel 10.4.2. Allerdings niedrigste Standardkonzentration 1 ng/ml; höchste Standardkonzentration 25 ng/ml.

7. Zugabe von 100 µl anti-Maus F(ab')$_2$-Biotin bzw. anti-Human F(ab')$_2$-Biotin; meist ca. 2 µg/ml. Genaue Konzentration eventuell titrieren. Inkubation für 1 Std. bei RT.

8. 3 × Waschen.

9. Zugabe von 100 µl Streptavidin-POD in einer Verdünnung von 1:1000. Inkubation für 30 Min. bei RT.

10. 4 × Waschen.

11. Zugabe von 100 µl ABTS. Mehrmalige Messung bei 405/455 nm. Auswertung der Messung, die beim höchsten Standard (25 ng/ml) ca. 1-1,2 O.D. anzeigt.

Auswertung

wie unter 10.4.2. beschrieben.

Literatur

Bayer EE, Wilchek M (1980) The use of the avidin-biotin complex as a tool in molecular biology. Meth Biochem Anal 26: 1–46
Kendall C, Ionescu-Matiu I, Dreesman GR (1983) Utilization of the biotin/avidin system to amplify the sensitivity of the enzyme-linked immunosorbent assay (ELISA). J Immunol Meth 56: 329–339
Macy E, Kemeny M, Saxon A (1988) Enhanced ELISA: how to measure less than 10 picograms of a specific protein (immunoglobulin) in less than 8 hours. FASEB J 2: 3003–3009
Schulze M, Götze O (1984) A sensitive quantitative enzyme-immuno-assay for human C5a using a monoclonal antibody. Immunobiol 168: 111
Yolken RH (1982) Enzyme immunoassay for the detection of infectious antigens in body fluids: Current limitations and future prospects. Rev Inf Dis 4: 35–68

10.5 Wahl des Testsystems zum Nachweis von monoklonalen Antikörpern gegen zelluläre Antigene

H. BAUMGARTEN

Monoklonale Antikörper (MAK) gegen zelluläre Antigene lassen sich zum Nachweis von intrazellulären, membranassoziierten und isolierten Antigenen einsetzen. Dies kann entweder über den direkten Antigennachweis oder indirekt über Änderungen zellulärer Funktionen erfolgen, z. B. mit MAK gegen den IL-2-Rezeptor. In vitalem Zustand werden die Zellen für den Test mit MAK nur dann belassen, wenn die untersuchten Antigene ohne Zerstörung der Zellmembran für die Antikörper erreichbar sind. In allen anderen Fällen werden die Zellen fixiert. Bei isolierten Antigenen wird sowohl die Bindung an native wie an fixierte Antigene untersucht. Zunächst wird auf die Vitalfärbung eingegangen und anschließend auf die wesentlich komplexeren Tests mit fixierten Zellen.

Das Screening- und Testsystem sollte immer auf den späteren Verwendungszweck der MAK abgestimmt sein. Sollen Antigene auf vitalen Zellen markiert werden, muß auch im Suchtest mit vitalen Zellen gearbeitet werden. So ist z. B. die Suche nach Antikörpern, deren Bindung an die Zellen deren Funktionen verändert, mit fixiertem Material sinnlos.

Vitale Zellen

Die Verwendung vitaler Zellen ist immer dann notwendig, wenn das Antigen durch eine chemische Modifikation (Fixation, Isolierung) so verändert wird, daß der Antikörper es nicht mehr erkennen kann. Ein besonderer Vorteil von vitalen Zellen ist sicherlich, daß schon beim Screening auf neue MAK eine Selektion betrieben werden kann. So lassen sich durch Behandlung von lebenden Zellen mit Enzymen, Lektinen und metabolischen Inhibitoren Informationen gewinnen, wie die Antigene und Epitope beschaffen sind, mit denen anti-Zell MAK reagieren. Als Enzyme dienen z. B. Neuraminidase, Pronase und Papain, als Inhibitoren z. B. Puromycin, Cycloheximid und Tunicamycin. Damit läßt sich schon sehr früh klären, ob MAK gegen Kohlenhydrat-Strukturen gerichtet sind, gegen Proteine oder Lipide. Besonders wichtig ist dies bei Antigenen, die durch Reinigung (PAGE, Blotting, Präzipitation etc.) teilweise oder ganz denaturiert werden (Zola et al. 1984).

Zur Anfärbung von Membrankomponenten vitaler Zellen werden meist Fluorochrom-Konjugate benutzt, mit denen die Bindung des spezifischen Antikörpers an die Zelle sichtbar gemacht wird. Bei immunchemischen Nachweisen werden meist Enzymkonjugate, z. B. Peroxidase-gekoppelte Kaninchen anti-Maus Immunglobulin Antikörper verwendet.

Besonders solche Methoden, die von Firmen zum Gebrauch ihrer Antikörper vorgeschlagen werden, eignen sich zum Kennenlernen der Vitalfärbung. Gerade von Anfängern sollte der Test mit Antikörpern bekannten Reaktionsmusters nach einer solchen zuverlässigen Anleitung mit möglichst *exakt* den angegebenen Reagenzien aufgebaut werden. Bei Verwendung von z. B. nicht spezies-spezifischen (s. u.) oder nicht ausreichend präabsorbierten Antikörpern sind falsch positive Ergebnisse zwangsläufig. Auf die experimentellen Schwierigkeiten bei der Immunfluoreszenzfärbung von vitalen Leukozyten wird in einem bemerkenswert kritischen Artikel von Preud'homme (1984) ausführlich eingegangen.

Selektive Zellverluste bei Tests mit vitalen Zellen

Wenn nach Antikörpern gegen Zell-Subpopulationen gesucht wird, muß garantiert sein, daß der betreffende Zelltyp zum Zeitpunkt der Auswertung, d. h. nach der Anfärbung noch im Untersuchungsmaterial zu finden ist. Bei der Vitalfärbung von Zellen in Suspension ist hingegen wegen der Zentrifugationsschritte mit einem erheblichen Verlust von etwa 20% bis weit über 50% des Ausgangsmaterials zu rechnen. Ein selektiver Verlust, u. U. auch ein vollständiger Verlust von z. B. kleinen Zellen oder besonders haftfreudigen Zellen (Fibroblasten, Monozyten, etc.) während der Inkubations- und Waschschritte kann nicht ausgeschlossen werden. Bei der Vitalfärbung entspricht damit die Zusammensetzung der in den Test eingesetzten Zellsuspension meist nicht der Zusammensetzung am Ende des Tests. Dies muß bei der Interpretation des Versuchsergebnisses berücksichtigt werden.

Ein Medium-/Pufferwechsel, bei dem *Zellverluste* minimal sind, wird durch mehrfaches, unvollständiges Absaugen erreicht: Eine Kanüle Nr. 2, mit Absaugschlauch verbunden, wird senkrecht in der Mitte des Zellgefäßes (z. B. der Napf einer Mikrotiterplatte) auf den Boden gesetzt. Der Schrägschliff bewirkt, daß bei einem Restvolumen von ca. 50 µl Luft gesaugt wird. Der Napf wird mehrfach aufgefüllt, zentrifugiert und mit der Kanüle abgesaugt.

Vorteile der Fixierung von Zellen

Ist die Erkennung von vitalen Zellen nicht notwendig, bietet die Fixation von Zellen drei entscheidende Vorteile: Zellen - auch suspendierte - lassen sich durch Fixation quantitativ ohne Verlust von Subpopulationen an eine feste Phase binden (s. Abb. 50). Nach der Fixation kann das Zellmaterial praktisch beliebig lange bis zum eigentlichen Test aufbewahrt werden und schließlich kann nur bei fixierten Zellen intrazelluläres Antigen immunchemisch charakterisiert werden.

Das Problem von unerwünschten Zellverlusten kann nur die quantitative Fixation von allen suspendierten Zellen an eine feste Phase lösen. Hierzu bietet sich die Bindung von Zellen an z. B. mit Poly-L-Lysin oder Lektinen (Concanavalin A) vorbehandelte Flächen an. Unmittelbar nach der Sedimentation der Zellen werden sie mit einem der unten genannten Fixative behandelt und damit relativ stark an die feste Phase gebunden. Ist eine Bindung an vorbehandelte Flächen nicht gewünscht, weil dadurch bedingte Veränderungen in der Zellmembran erwartet werden, so müssen die suspendierten Zellen im Schwerefeld der Zentrifuge auf eine Oberfläche (Objektträger, Mikrotiterplatte) gepreßt werden. Hierzu sind gerade bei Zellen mit wenig Zytoplasma, etwa Lymphozyten, rigide Bedingungen notwendig (10 Min. bei $1.000 \times g$).

Eine dauerhafte Fixation solcher Festphasen-adhärierter Zellen ist zu praktisch 100% mit Reagenzien auf Aldehyd-Basis möglich. Die Fixation mit Ethanol, vor allem bei Raumtemperatur, ist nicht vollständig, wie die mikroskopische Kontrolle zeigt. Die Alkoholfixation sollte daher in der Kälte und ebenfalls im Schwerefeld der Zentrifuge (10 Min. bei $1.000 \times g$) erfolgen.

Zellen, die mit den genannten Methoden an Glas- oder Kunststoffflächen fixiert wurden, bleiben während üblicher Testbedingungen zu über 95% haften (mikroskopische Kontrolle oder Proteinbestimmung). Gerade beim Nachweis von MAK gegen kleine Subpopulationen oder bei quantitativen Tests wie dem Zell-ELISA (vgl. Kap. 10.10) ist auf die Effizienz der Fixation allergrößter Wert zu legen.

Die Strept-ABC-Technik (Kap. 10.8.5) hat sich bei uns für das histologische Screening bewährt, wobei die Gefrierschnitte mit Aceton ($-20\,°C$ oder $4\,°C$ für 3-5 Min.) fixiert sowie die endogene Peroxidase und andere unspezifische Färbungen sicher mit der Kombination H_2O_2 plus 0,1% Na-Azid plus 10% Serum (aus derselben Spezies wie das Zellpräparat) unterdrückt werden (s. Kap. 10.8.2).

Nachteile der Fixation von Zellen

Eine optimale Fixation würde unter Standardbedingungen alle Arten von Antigenen immobilisieren, ihre Antigenität ausreichend und gleichmäßig konservieren, den verwendeten Antikörperpräparationen optimale Bindung gestatten und die Struktur von Geweben und Zellen auf licht- und elektronenmikroskopischer Ebene bewahren. Eine derartige, einheitliche Fixation existiert jedoch nicht! Ausführlich wird die Fixation und Präparation von Geweben und Zellen

Fixation mit	Wirkung	Membran	Cytoplasma
Gefrierschnitt	erhält natives Gewebe		
Luft- und Gefriertrocknung	Wasserentzug	+++	
Alkohole	Präzipitation von Proteinen und Kohlenhydraten, z. T. reversibel	+++	+++
Äthanol	partielle Denaturierung		
Äthanol/Aceton	Auflösung der Phospholipidmembran	+++	+++
Äthanol/Carnoy Lösung	Auflösung der Phospholipidmembran		
Methanol/Aceton		+	++
Chloroform/Aceton	Auflösung der Phospholipidmembran	+++	+++
Quervernetzung auf Aldehyd-Basis			
Formalin (gepuffert)	Bildung inter- und intramolekularer Brücken durch kovalente Bindungen	−	++
Baker's Formalin Kalzium	weniger quervernetzend als Formalin		
Essigsäure-Formalin Kochsalzlösung		−	+++
Boin's Lösung			
Glutaraldehyd	Quervernetzung: Bildung inter- und intramolekularer Brücken		
Periodat-Lysin-Paraformaldehyd	Bildung einer Vielzahl von linearen und zyklischen Reaktionsprodukten	++	++
Carbodiimid			+++

modifiziert nach Janossy und Amlot (1987)

Abb. 50. Überblick über die Wirkung von Fixationsmitteln

für die Immunzytochemie und die Immunfärbung selbst von Nairn (1976), Pearse (1980), Brandtzaeg (1982), Polack und van Noorden (1986), Larsson (1988) und Reisner und Wick (1988) diskutiert, es wird daher hier nur kurz auf sie eingegangen. Auf die Fixation nach der Antigen-Antikörper Reaktion wird in Kap. 10.10.1 eingegangen.

Besondere Relevanz gewinnt die Fixierung von Säugetierzellen, inbesondere humaner Zellen, in der Diagnostik: Bei der steigenden Zahl von Zelluntersuchungen mit Hilfe der Durchflußzytometrie ist die potentielle Kontamination mit humanpathogenen Viren, z. B. HIV, ein Sicherheitsrisiko. Die Fixation

IgG, A, M	Morphologie	Besonderes	Literatur
	sehr gut	extrazelluläre Antigene, Ig in Nierenbasalmembranen, Zellmembranantigen	
	schlecht	enthält Konformationsepitope	Stein et al. (1984)
+++	gut	kleine Moleküle (<1000 D) können aus Zellen diffundieren	
	schlecht		Sainte-Marie (1962)
+++	schlecht		Karlsson-P et al. (1983)
		Proteine der Intermediärfilamente	Reisner und Wick (1988)
+++	gut		Janossy und Amlot (1987)
+++	sehr schlecht		Janossy und Amlot (1987)
			Brandtzaeg (1982)
+++	sehr gut	Gefahr der Maskierung von Antigenen, Fixation in der Gegenwart von Serum (Medium) verstärkt Maskierung, geeignet für Histopathologie, Peptidhormone	Janossy und Amlot (1987)
		für Konservierung von Phospholipiden geeignet	Brandtzaeg (1982)
		Neuropeptide und biogene Amine	
	sehr gut	Zerstörung von Konformations-Determinanten, Immunelektronenmikroskopie	Pearse (1980)
++	sehr gut	Ausbildung längerer quervernetzender Arme, Schonung der Tertiärstruktur (Konformation)	McLean und Nakane (1974)
	gut	Glykoproteine, Membranantigene	Willingham und Yamada (1979)

der Leukozyten mit 0,37% Formaldehyd inaktiviert das AIDS-assoziierte Retrovirus und konserviert die Streuungs- und Fluoreszenzeigenschaften von Zellen (Lifson et al. 1986).

Sucht man einen Antikörper, der Antigene auf Paraffinschnitten anfärbt, sollte man dennoch mit Gefrierschnitten vortesten und die gefundenen Antikörper anschließend auf Paraffinschnitten austesten, anderenfalls würden zu viele interessante, aber nicht „paraffingängige Antikörper" übergangen werden (der Ausdruck ist mißverständlich, da es immer das Antigen ist, das die Paraffineinbettung übersteht oder nicht). Wichtig bei der Paraffineinbettung ist es, das Paraffin möglichst niedrig zu erhitzen.

Blockierung von unspezifischen Bindungen

Ladungsbedingte unspezifische Anheftung von Antikörpern an Zellen läßt sich durch Zugabe von Fremdprotein wie Albumin oder Serum verhindern (z. B. Kap. 10.12). Unvermeidbar scheint in manchen Testsystemen die Anfärbung von toten Zellen zu sein, auch wenn diese das spezifische Antigen nicht enthalten. Solche Artefakte sind besonders dann kritisch, wenn auf das bewährte Mikroskopieren verzichtet wird und die Auswertung ausschließlich mit dem Durchflußzytometer erfolgt.

Unspezifische Bindung an Fc-Rezeptoren

Grundsätzlich sollten – wenn irgend möglich – nur F(ab')- oder F(ab')$_2$-Fragmente verwendet werden: bei ihnen ist eine Bindung an den Fc-Rezeptor ausgeschlossen. Solche Fragmente penetrieren – wahrscheinlich wegen ihrer Größe – auch wesentlich besser in fixierte Zellen und Gewebe, als dies intakte Immunglobuline tun.

Hat die Zielzelle Rezeptoren für den konstanten Teil des Antikörpermoleküls (Fc-Rezeptor) und werden intakte Ig-Moleküle verwendet, so können diese unspezifisch gebunden werden. Ein Blockieren solcher Fc-Rezeptoren ist mit einer Immunglobulin-Präparation aus nicht-immunisierten Kontrolltieren (möglichst gleicher Spezies wie das Konjugat) möglich. Wichtig ist, die für aggregiertes IgG besonders affinen Rezeptoren zu blockieren. Deshalb sollten die IgG des Blockierserums (z. B. aus dem Kaninchen) durch dreimaliges Frieren-Tauen zur Aggregation gebracht werden (mit MAK prinzipiell auch möglich) und ohne vorherige Zentrifugation 1:10 verdünnt eingesetzt werden. Das eigentliche Blockieren geschieht in einer Vorinkubation der Präparate oder durch Zugabe zum primären Antikörper.

Die Bindung von Maus-IgG an Maus-Fc-Rezeptoren erfolgt mit relativ hoher Affinität (10^8 bis 10^9 M^{-1}), an humane Fc-Rezeptoren hingegen mit etwa 100- bis 1000-fach niedrigerer Affinität. Humane IgG binden an humane Zellen ebenfalls hoch affin (Lubeck et al. 1985).

Unspezifische Konjugatfärbung

Ein besonderes Problem ist die sog. Spurenanfärbung: Dies ist jegliche Anfärbung, die sowohl in den Kontroll- als auch in den experimentellen Ansätzen auftritt und damit nicht spezifisch mit dem primären Antikörper in Zusammenhang steht. Diese Anfärbung wird in Gewebeschnitten häufig dann beobachtet, wenn nicht Spezies-spezifische zweite Antikörper verwendet werden: Ist z. B. ein Schaf anti-Maus Ig Konjugat auch mit humanem Ig reaktiv, so wird bei der Anfärbung von humanem Gewebe auch humanes Ig unspezifisch angefärbt (Houser et al. 1984).

Reaktion mit homologem Ig

Ein weiteres Problem bei der indirekten Anfärbung ergibt sich aus der Verwendung von Allo- oder Autoantikörpern. So werden humane MAK zum Nachweis von humanen Antigenen genauso wie endogenes humanes Ig vom zweiten Antikörper erkannt. Eine wirkungsvolle Art der Blockierung besteht in der Absättigung durch monomere Pepsin-Fragmente (Fab'), z. B. Kaninchen antihuman Ig, wenn humane Ig gesucht werden sollen. Für humanes IgM reichen nach Nielsen et al. (1987) bereits weniger als 1 mg/ml anti-IgM Antikörper-Fragmente aus.

pH-Abhängigkeit der Bindung

Zur Immunfärbung von Zellen werden in aller Regel Puffer mit einem pH im Neutralbereich bei pH 7,0–7,5 verwendet. Durch Veränderung des pH bereits in einem Bereich von pH 6,0–8,5 kann die Ladung des MAK und/oder des Antigens stark verändert werden (Mosmann et al. 1980). Ergebnis kann eine deutliche Veränderung des Reaktionsmusters der MAK sein.

Zur Wahl der Färbung

	Vorteile
Immunfluoreszenz	– schneller Test – Doppelfärbung erlaubt Differenzierung, auch wenn ein Antigen nur schwach, das andere hingegen stark exprimiert wird – quantitative Auswertung mit Hilfe der Durchflußzytometrie
Zytochemie	– gleichzeitige Untersuchung der Morphologie und des Färbebildes – keine Wechsel von Filtern oder von Dunkelfeld- zur Lichtmikroskopie notwendig – Verwendung amplifizierender Enzymsysteme wie dem APAAP (s. Kap. 10.8.4) möglich – Intensität der Färbung läßt sich steuern – Auswertung mit einfachem Labormikroskop möglich
	Nachteile
Immunfluoreszenz	– teure Grundausstattung, – anstrengende Auswertung: Adaptation an Dunkelraum, schnelles Ausbleichen (Fading) von FITC
Zytochemie	– Identifizierung intrazellulärer Strukturen kaum möglich

Primäre und sekundäre Antikörper, ungekoppelt, mit einem Enzym oder mit einem Fluorochrom (= Fluoreszenzfarbstoff) konjugiert, werden von einer Vielzahl von Firmen angeboten (z. B. Amersham Buchler, ATAB, Becton Dickinson, Behringwerke, Bio-Rad, Boehringer Mannheim, Conco, DAKOPATTS, Dianova, Medac, Nordic, Ortho, Paesel, Zymed Lab; vgl. Adressenliste).

Immunfluoreszenz

Für den Gebrauch von Fluoreszenz-Farbstoffen (Fluorescein-Isothiocyanat, Rhodamin, Phycoerythrin, Texas Rot) bei fixierten Zellen spricht, daß erst sie die Beurteilung feiner subzellulärer Strukturen, z. B. des Zytoskeletts, ermöglichen. Die damit verfügbare optische Auflösung wird durch keine andere lichtmikroskopische Methode erreicht. Nachteilig ist bei Verwendung von Fluorochromen, daß relativ teure Fluoreszenzmikroskope gebraucht werden.

Die Nachweisgrenze für Membranantigene mit Hilfe von Fluoreszenzfarbstoffen ist limitiert durch die Anzahl der Farbstoffmoleküle, die an jedes Nachweis-Ig gekoppelt werden können. Dies sind in der Regel z. B. 2-5 FITC Moleküle pro Ig. Eine deutliche Amplifikation ist z. B. möglich durch mehrfache enzymatische Färbekaskaden (s. Kap. 10.8) oder die Verwendung von Liposomen, die hunderte von Fluorochrommolekülen in jedem Vesikel enthalten und kovalent an den AK gekoppelt sind. Hiermit lassen sich weniger als 800 Kopien eines Membranantigens noch sicher nachweisen (Truneh und Machy 1987).

Zytochemie

In der Zytochemie bedient man sich der Bildung von wasserunlöslichen Farbstoffen durch eine Enzymreaktion. Diese Anfärbungen lassen sich auch mit dem einfachen Durchlichtmikroskop beurteilen. Damit können allerdings nur relativ grobe Strukturen wie Zellmembran, Vakuolen oder Zytoplasma voneinander unterschieden werden. Besonders geeignet ist die Immunzytochemie auch für Mehrfachfärbungen. Der größte Vorzug von zytochemischen Präparaten ist sicherlich die Stabilität der fixierten Präparate.

Meerrettichperoxidase, Glucoseoxidase, saure und alkalische Phosphatase und Cytochrom C werden häufig als Verstärkungssystem verwendet. Unterschiedliche Methoden der immunzytochemischen Signalverstärkung lassen sich besonders elegant mit Hilfe eines an die Mikrotiterplatte adaptierten immunozytochemischen Assays (MIA) quantifizieren: Hier wird z. B. die klassische Immunperoxidase-Reaktion verglichen mit der Verstärkung durch Immunogold bzw. -silber und wird bei 410 nm mit einem Plattenphotometer ausgewertet (Thomas et al. 1987).

Markierung mit kolloidalem Gold

Seit wenigen Jahren hat sich die Färbung mit partikulärem Gold bewährt: kolloidales Gold ist ein negativ geladenes Sol, dessen Stabilität durch elektrostatische Abstoßung aufrechterhalten wird (Horisberger 1979). Mit kolloidalem Gold ist z. B. eine Dreifachfärbung für die Durchflußzytometrie möglich: Gold (90 Grad Scatter), Phycoerythrin (rot), FITC (grün) (Festin et al. 1987).

Kontrollen

Mindestens 3 Kontrollen sollten in jedem Test eingeschlossen sein:

1. In indirekten Tests werden bis auf die Zugabe der spezifischen MAK alle Schritte durchgeführt. Dies ist die Konjugatkontrolle, die eine Aussage über evtl. unspezifische Bindung des Konjugates an die Zellen erlaubt.

2. Bei der negativen Kontrolle wird im kompletten Ansatz ein MAK eingesetzt, der nicht an Zellen bindet. Idealerweise hat der Kontrollantikörper dieselben physikochemischen Eigenschaften, also den gleichen Isotyp, wie der Test-MAK, z. B. IgG_1. Als Kontrolle werden häufig folgende monoklonalen Antikörper verwendet:

Isotyp	Name	Typ (1)	ATCC-Nr. (2)
IgG_1	MOPC21	Myelomprotein	TIB 8
IgG_{2a}	ADJPC5	Myelomprotein	TIB 10
IgG_{2b}	N-S.8.1	Hybridomprotein	TIB 109
IgG_3	N-S.7	Hybridomprotein	TIB 144
IgM	N-S.4.1	Hybridomprotein	TIB 110
IgA	MOPC315	Myelomprotein	TIB 23
IgE	IGEL b4	Myelomprotein	TIB 141

(1) Bei den Myelomproteinen ist das Antigen unbekannt, die hier genannten Hybridomproteine sind alle gegen rote Blutkörperchen des Schafes gerichtet.
(2) ATCC = American Type Culture Collection (s. Kap. 12.3).

Die gereinigten Immunglobuline können von den oben genannten Firmen bezogen werden. Die Hybridomzellen selbst sind zum Selbstkostenpreis über die ATCC zu beziehen („Catalogue of cell lines and hybridomas" anfordern). Alternativ hierzu kann auch Serum von nicht immunisierten Mäusen in einer Verdünnung von 1:100–1:1.000 eingesetzt werden. Serum und Aszites für negative Kontrollen kann von verschiedenen MAK-Lieferanten bezogen werden.

3. Bei der positiven Kontrolle wird ein Antikörper mit bekanntem Reaktionstyp eingesetzt: Ein Antikörper gegen dasselbe Antigen oder ein aus der immunisierten Maus gewonnenes Antiserum. Notfalls kann auch ein gegen ein anderes Antigen gerichtetes Antiserum (Antikörper) verwendet werden. Diese Kontrolle zeigt auch an, daß die dem Primärantikörper folgenden Schritte in Ordnung sind.

Literatur

Adams RLP (1980) Cell culture for biochemists. Elsevier/North Holland, pp 260–262
Brandtzaeg P (1982) Tissue preparation methods for immunocytochemistry. In Bullock GR and Petrusz P (eds): Techniques in immunocytochemistry. Academic Press, London, pp 2–75
Festin R, Bjoerklund B, Toetterman TH (1987) Detection of triple antibody-binding lympho-

cytes in standard single laser flow cytometry using colloidal gold, fluorescein and phycoerythrin as labels. J Immunol Meth 101: 23-28

Horisberger M (1979) Evaluation of colloidal gold as a cytochemical marker for transmission and scanning electron microscopy. Biol Cellulaire 36: 253-258

Houser CR, Barber RP, Crawford GD, Matthews DA, Phelps PE, Salvaterra PM, Vaughn JE (1984) Species-specific second antibodies reduce spurious staining in immunocytochemistry. J Histochem Cytochem 32: 395-402

Janossi G, Amlot P (1987) Immunofluorescence and immunohistochemistry. In: Klaus GGB (ed) Lymphocytes. A practical approach. Oxford, Washington: IRL Press, pp. 67-107

Johnson GD, Holborow EJ (1986) Preparation and use of fluoroprochrome conjugates. In: D. M. Weir, L. A. Herzenberg, and C. Blackwell (Eds): Handbook of Experimental Immunology. Vol. 1 Immunochemistry. Blackwell Scientific Publications. Oxford, pp. 28.1-28.21

Karlsson-Parra A, Forsum U, Klareskog L, Sjöberg O (1983) A simple immunoenzyme batch staining method for the enumeration of peripheral human T lymphocyte subsets. J Immunol Meths 64: 85-90

Larsson L-I (1988) Immunocytochemistry: theory and practice. CRC Press, Boca Raton

Lifson JD, Sasaki DT, Engleman EG (1986) Utility of formaldehyde fixation for flow cytometry and inactivation of the AIDS associated retrovirus. J Immunol Meth 86: 143-149

Lubeck MD, Steplewski Z, Baglia F, Klein MH, Dorrington KJ, Koprowski H (1985) The interaction of murine IgG subclass proteins with human monocyte Fc receptor. J Immunol 135: 1299-1304

McLean IW, Nakane PK (1974) Periodate-lysine-paraformaldehyde fixative: A new fixative for immunoelectron microscopy. J Histochem Cytochem 22: 1077-1083

Mosmann TR, Gallatin M, Longnecker BM (1980) Alteration of apparent specificity of monoclonal (hybridoma) antibodies recognizing polymorphic histocompatibility and blood group determinants. J Immunol 125: 1152-1156

Nairn RC (1976) Fluorescent protein tracing. Churchill Livingstone, New York

Nielsen B, Borup-Christensen P, Erb K, Jensenius JC, Husby S (1987) A method for the blocking of endogenous immunoglobulin on frozen tissue sections in the screening of human hybridoma antibody in culture supernatants. Hybridoma 6: 103-109

Pearse AGE (1980) Histochemistry, theoretical and applied. Preparation and optical technology. Churchill Livingstone, London

Polak JM, Van Noorden S (1986) Immunocytochemistry. Modern methods and applications. John Wright & Sons, Bristol

Preud'homme JL (1984) Lymphocyte markers: diagnostic help or costly vogue? Diagnostic Immunol 2: 242-248

Reisner HM, Wick MR (1988) Theoretical and technical considerations for the use of monoclonal antibodies in diagnostic immunohistochemistry. In Wick MR and Siegal GP (eds): Monoclonal antibodies in diagnostic immunohistochemistry. Marcel Dekker, New York, Basel pp 1-49

Sainte-Marie G (1962) A paraffin embedding technique for studies employing immunofluorescence. J Histochem Cytochem 10: 250-256

Schuit HRE, Hijman W, Asma GEM (1980) Identification of mononuclear cells in human blood. I. Qualitative and quantitative data on surface markers after formaldehyde fixation of the cells. Clin Exp Immunol 41: 559-566

Stein H, Gatter KC, Herget A, Mason DY (1984) Freeze-dried paraffin-embedded human tissue for antigen labeling with monoclonal antibodies. Lancet July 14: 71-73

Thomas NT, Bennett R, Jones CN (1987) A comparison of immunocytochemical staining enhancement methods using a rapid microtitre immunocytochemistry assay (MIA). J Immunol Meth 104: 201-207

Truneh A, Machy P (1987) Detection of very low receptor numbers on cells by flow cytometry using a sensitive staining method. Cytometry 8: 562-567

Willingham MC, Yamada SS (1979) Development of a new primary fixative for electron microscopic immunohistochemical localization of intracellular antigens in cultured cells. J Histochem Cytochem 27: 947-960

Zola H, Moore HA, Hunter IK, Bradley J (1984) Analysis of chemical and biochemical properties of membrane molecules in situ by analytical flow cytometry with monoclonal antibodies. J Immunol Meth 74: 65-77

Weiterführende Literatur

Edwards BS, Shopp GM (1989) Efficient use of monoclonal antibodies for immunofluorescence. Cytometry 10: 94–97
Krenik KD, Kephart GM, Offord KP, Dunnette SL, Gleich GJ (1989) Comparison of antifading agents used in immunofluorescence. J Immunol Meth 117: 91–97
van Noorden S (1986) Tissue preparation and immunostaining techniques for light microscopy. In Polak JM and van Noorden S (eds): Immunocytochemistry. Modern methods and applications. John Wright & Sons, Bristol, pp 26–53
Willingham MC, Pastan I (1985) An atlas of immunofluorescence in cultured cells. Academic Press, Orlando, San Diego, pp 5–7

10.6 Immunfluoreszenz-Nachweis von zytoplasmatischem Ig in fixierten Lymphozyten

J. ENDL

Für den Nachweis von zytoplasmatischem Immunglobulin (Ig) in B-Lymphozyten gibt es verschiedene Methoden, u. a. die Immunfluoreszenz. Auf zwei Varianten wird näher eingegangen. Die Lymphozyten können mit Hilfe einer Zytozentrifuge auf Objektträger aufzentrifugiert werden und nach Fixierung mit einem anti-Ig-FITC Konjugat gefärbt werden. Die Auswertung erfolgt dann im Mikroskop. Bei der zweiten Variante werden die Lymphozyten in Suspension fixiert und gefärbt. Diese Methode erlaubt neben der mikroskopischen auch eine Auswertung im Durchflußzytometer (s. Kap. 6.7.2).

Beide Methoden können selbstverständlich mit der direkten (Abb. 51) und der indirekten Fluoreszenz-Technik (Abb. 51) durchgeführt werden. Die direkte Immunfluoreszenz ist einfacher und schneller durchzuführen, während der

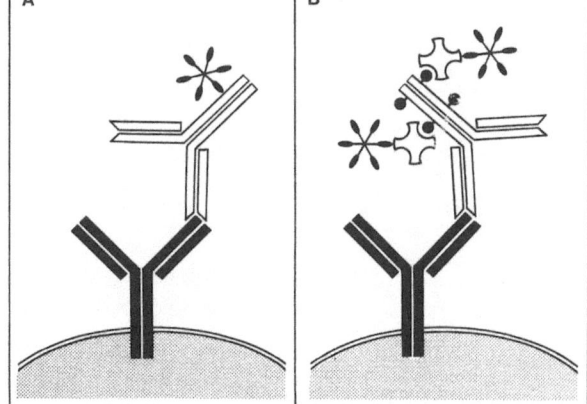

z. B. Kaninchen anti-human Ig, mit A: FITC-gekoppelt
B: Biotin-gekoppelt, Nachweis über Streptavidin-FITC

zellassoziiertes Antigen
(Antikörper des Menschen)

Abb. 51 A, B. Immunfluoreszenz-Nachweis von zellulären Human-Immunglobulinen. **A** Nachweis mit einer direkten Methode, **B** Nachweis mit einer indirekten Methode

Vorteil der indirekten Immunfluoreszenz darin liegt, daß eindeutigere Negativkontrollen, z. B. mit einem irrelevanten Primärantikörper, durchgeführt werden können. Außerdem ist die indirekte Immunfluoreszenz meist sensitiver als die direkte Technik.

Anforderung an die Antikörper

Hinsichtlich der Spezifität ist entscheidend, ob man alle Ig-produzierenden Zellen erfassen will oder nach Isotypen getrennt auswerten will, ansonsten s. Kap. 10.7.

Fixationsmittel

Das Fixationsmittel der Wahl für den Nachweis von zytoplasmatischem Ig ist ein Gemisch aus Ethanol und Eisessig. Andere Fixationsmittel ergeben entweder ein zu hohes unspezifisches Signal (Methanol) oder eine zu starke Zerstörung antigener Determinanten auf den Ig-Molekülen (Bouin-Fixativ).

Praktisches Beispiel

Mit der vorliegenden Methode wird die Gesamtzahl der Antikörper-produzierenden Zellen in humanem Blut bestimmt. Deshalb wird ein anti-Human-Ig-FITC verwendet, welches alle Human-Ig-Isotypen erkennt. Als Kontrolle dienen Zellen, die kein Ig produzieren, z. B. eine T-Zell-Linie. Diese werden analog zu den Ig-positiven Zellen behandelt.

Material

Zytozentrifuge	z. B. Shandon Cytospin 2
Laborzentrifuge	z. B. Hettich Roto Silenta
Lymphozyten aus peripherem Blut	Isolierung s. Kap. 4.3
Verdünnungspuffer PBS/RSA	PBS pH 7,2; 1% Rinderserum-Albumin bzw. PBS pH 7,2
Konjugat	Kaninchen anti-Human-Ig-FITC, z. B. DAKOPATTS Nr. F200
Fixationsmittel	Ethanol/Eisessig = 95/5 (v/v); frisch hergestellt; auf $-20\,°C$ vorkühlen
Einbettmedium	z. B. Mowiol, Hoechst Nr. 4182/30
1,4-Phenylendiamin	z. B. Sigma Nr. P 1519

Mounting-Medium (nach Platt und Michael, 1983)	1 Teil Glycerin mit 2 Teilen PBS (pH 8,5) mischen. 180 µl dieser Mischung unmittelbar vor Gebrauch mit 20 µl Phenylendiamin-Lösung (1%-ig w/v) versetzen. Diese Lösung in Tagesportionen bei $-20\,°C$ aufbewahren. (verhindert Ausbleichen von FITC)

Vorgehen

Variante 1: Zellen trägerfixiert

1. Zellen 2-3 × in PBS waschen; Zellsuspension auf 3×10^5 Zellen/ml einstellen mit PBS.
2. 100 µl der Zellsuspension in Zytozentrifugen-Kammer einfüllen; 100 µl PBS zugeben und die Zellen bei 30 × g auf Objektträger (10 cm) aufzentrifugieren.
3. Noch in feuchtem Zustand fixieren mit Ethanol/Eisessig bei $-20\,°C$, 20 Min.
4. Objektträger 3 × waschen durch Eintauchen in eine mit PBS gefüllte Küvette für jeweils 3-5 Min.
5. Unspezifische Proteinbindungsstellen blockieren durch Eintauchen der Objektträger in PBS/RSA für 30 Min. bei RT.
6. Objektträger mit Ausnahme des Zellbereiches mit ungebleichtem Fließpapier trocken wischen. Der Zellbereich selbst darf während der gesamten Färbeprozedur nicht austrocknen!
7. Zugabe von 20 µl Antikörper-Konjugat (verdünnt in PBS/RSA); 30 Min. bei RT in einer feuchten Kammer inkubieren.
8. Objektträger 3 × waschen wie bei 5.
9. Nach möglichst vollständigem Abnehmen des Puffers das Präparat in Mowiol einbetten und mikroskopieren.

Variante 2: Zellen in Suspension

1. Zellen 2-3 × in PBS waschen; von der Zellsuspension 1×10^6 Zellen in ein Zentrifugenröhrchen geben und abzentrifugieren.
2. Überstand abnehmen und unter Schütteln 1 ml Ethanol/Eisessig $-20\,°C$ zugeben; Suspension für 10 Min. bei $-20\,°C$ stehenlassen.
3. 3 ml PBS zugeben und mit 200 × g bei $4\,°C$ zentrifugieren.
4. Zellen in 3 ml PBS/RSA resuspendieren. Hinweis: Sollten sich durch das Fixieren einige Zellklumpen gebildet haben, dann die aufgewirbelte Zellsuspension kurz (ca. 5 Min.) bei RT stehenlassen. Die Zellklumpen haben sich gewöhnlich nach dieser Zeit abgesetzt, und der Überstand enthält eine Einzelzell-Suspension.
5. Waschvorgang nochmals mit PBS/RSA wiederholen.
6. Zellen mit 1 ml PBS/RSA resuspendieren und bei RT für 30 Min. stehenlassen (Blockieren unspezifischer Bindungsstellen).
7. Zellen abzentrifugieren; Pellet mit 100 µl Antikörper-Konjugat (verdünnt in PBS/RSA) für 30 Min. bei RT unter gelegentlichem Schütteln inkubieren.
8. Nichtgebundenes Konjugat durch 3 × Waschen in PBS entfernen.

9. Zellen mit 20 µl Mounting Medium resuspendieren und auf Objektträger mikroskopieren oder alternativ in PBS resuspendieren und im Durchflußzytometer analysieren.

Literatur

Platt JL, Michael AF (1983) Retardation of fading and enhancement of intensity of immunofluorescence by p-phenylenediamine. J Histochem Cytochem 31: 840–842
Wick G, Baudner S, Herzog F (1978) Immunefluorescence. Medizinische Verlagsgesellschaft, Marburg/L.
Johnstone A, Thorpe R (1982) Immunochemistry in practice. Blackwell Scientific Publications, London

10.7 Immunfluoreszenz-Nachweis von Membranantigenen vitaler Lymphozyten

J. ENDL

Für das Screening auf monoklonale Antikörper (MAK) gegen Lymphozyten-Antigene eignet sich u. a. die Immunfluoreszenz-Technik. Hierzu werden native Lymphozyten zunächst mit einem unmarkierten Antikörper gegen Membranantigene inkubiert. Überschüssige, nichtgebundene Antikörper werden durch Waschen entfernt. Die gebundenen Antikörper werden in einem zweiten Schritt mit Fluorochrom-gekoppelten Sekundärantikörpern (z. B. anti Maus Ig) nachgewiesen. Diese Methode wird als indirekte Immunfluoreszenz bezeichnet (s. Kap. 10.2). Bei der sogenannten direkten Immunfluoreszenz werden die Zellen direkt mit einem Fluorochrom-markierten Antikörper inkubiert. Als Suchtest für Kulturüberstände ist die direkte Methode also nicht geeignet. Diese Modifikation ist vor allem bei Doppelmarkierungen von Bedeutung (Pryzwansky 1982).

Der eigentliche Nachweis der Bindung von Fluorochrom-Konjugaten an die Zelloberfläche erfolgt im Fluoreszenz-Mikroskop. Hierbei wird das gebundene Fluorochrom durch eine geeignete Lichtquelle (meistens Quecksilberdampflampen) angeregt und das emittierte Licht über geeignete Filtersätze, welche das Anregungslicht aussperren, dem Auge des Beobachters zugeführt.

Als Fluorochrome zur Kopplung an Antikörper dienen:

Fluorochrom	Anregungslicht	emittiertes Licht
Aminomethylcoumarin	UV (Max. bei 345 nm)	blau (Max. bei 445 nm)
Fluorescein-Isothiocyanat (FITC)	blau (Max. bei 500 nm)	grün (Max. bei 525 nm)
Phycoerythrin R	blau (Max. bei 488 nm)	orange (Max. bei 578 nm)
Tetramethyl-Rhodamin-Isothiocyanat (TRITC)	grün (Max. bei 575 nm)	rot-orange (Max. bei 587 nm)

Immunfluoreszenz-Nachweis von Membranantigenen

ANMERKUNG: Mikroskop-Firmen stellen gerne Tabellen zur Verfügung, aus denen die jeweils optimale Filterkombination für einen bestimmten Farbstoff zu ersehen ist.

Eine Kopplung dieser Farbstoffe an Immunglobuline ist relativ einfach selber durchzuführen (s. Kap. 9.4). Die oben genannten Farbstoffe können auch in der Durchflußzytometrie eingesetzt werden.

Bei einer Einfachfärbung verwendet man meistens die relativ kräftig leuchtenden FITC-Konjugate. Bei Doppelfärbungen kann man die Kombination FITC/TRITC oder FITC/Phycoerythrin verwenden. Die erste Kombination hat den Vorteil, relativ preiswert zu sein. Außerdem werden von den verschiedenen Firmen bisher mehr TRITC-Konjugate als Phycoerythrin-Konjugate angeboten. Die zweite Kombination hat den Vorteil, daß mit nur einer Filterkombination beide Fluorochrome angeregt werden können und somit kein Umschalten von einer Filterkombination in eine andere notwendig ist, wenn man beide Färbungen beobachten will. Allerdings ist diese Methode nicht geeignet, um die Verteilung von zwei Antigenen nachzuweisen, die zusammen auf einer Zelle vorkommen können.

Bei der indirekten Immunfluoreszenz von Lymphozyten-Membranantigenen sollten alle Inkubationen bei 4 °C durchgeführt werden. Bei Raumtemperatur (RT) kann ein sogenanntes „Capping" eintreten, das heißt, die Immunfluoreszenz konzentriert sich an einem Pol der Zelle. In dessen Folge kann der Antigen-Antikörper-Komplex internalisiert oder auch in das Medium abgegeben werden („Shedding"). Beide Fälle können irrtümlich zu einem negativen Resultat führen, obwohl das Zielantigen auf der Zelle vorhanden war. Durch Inkubation bei 4 °C werden diese aktiven metabolischen Prozesse weitgehend zurückgedrängt.

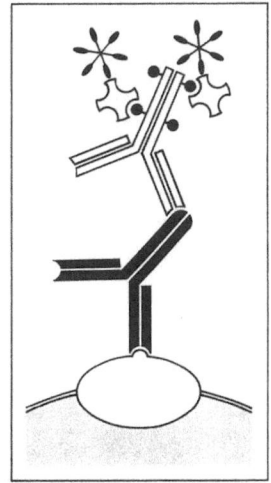

Streptavidin-Fluorochrom-Konjugat

zweiter Antikörper biotinyliert

erster Antikörper

Antigen

Zelle

Abb. 52. Immunfluoreszenznachweis von membranantigenen vitaler Lymphozyten

Anforderungen an Fluorochrom-Antikörper-Konjugate

Als polyklonale Antikörper sollten nur immunaffinitätsgereinigte Präparate verwendet werden. Die Fluorochrom-Antikörper-Konjugate sollten neben der richtigen Spezifität eine möglichst hohe optische Sensitivität besitzen; dies wird durch ein optimales Fluorochrom/ Antikörperprotein (F/P)-Verhältnis bestimmt. Auf molarer Basis liegt dieses Verhältnis meistens zwischen 3-5. Eine zu geringe Zahl von Fluorochrom-Molekülen pro Antikörper ergibt eine zu niedrige optische Sensitivität, ein zu hohes Verhältnis führt zu Quenching-Effekten und zu unspezifischen Bindungen. Die Konjugatlösung muß unbedingt frei sein von Immunglobulin-Aggregaten. Diese entstehen häufig beim Lyophilisieren von Fluorochrom-Konjugaten und sollten unbedingt entfernt werden (s. u.).

Weiterhin sollte das Konjugat keine Interaktion mit Fc-Rezeptoren auf den Zellen zeigen. Deshalb wird die Verwendung von konjugierten F(ab')$_2$-Fragmenten empfohlen.

ACHTUNG: Bei der Fluorochrom-Konjugation von monoklonalen Antikörpern wird manchmal eine Inaktivierung des Antigen-Bindungsbereiches beobachtet; diese läßt sich auch durch besonders niedrige F/P-Konjugationsgrade nicht beseitigen. Andererseits kann es vorkommen, daß monoklonale Antikörper selbst bei hohen F/P-Verhältnissen keine vernünftige optische Sensitivität zeigen, obwohl sie nachweislich nicht im Antigen-Bindungsbereich inaktiviert sind.

Praktisches Beispiel

Im folgenden wird die indirekte Immunfluoreszenz-Färbung der CD4-positiven T-Lymphozyten aus humanem Blut beschrieben. Hierzu wird der gereinigte monoklonale Antikörper T151 (IgG$_{2a}$) verwendet, der spezifisch für das CD4-Antigen ist. Dieser Test läßt sich prinzipiell mit allen suspendierten Zellen in ähnlicher Form durchführen. Als Negativkontrolle dient ein monoklonaler Antikörper desselben Isotyps gegen β-Galaktosidase (β-Gal). Beide Antikörper werden in einer Konzentration von 10 µg/ml verwendet. Diese Konzentration kann als Richtwert für analoge Experimente angesehen werden.

Material

mononukleäre Zellen aus peripherem Blut	Isolierung s. Kap 4.3
PBS/RSA	Phosphatpuffer ohne Ca^{++}, Mg^{++}, pH 7,2 1% Rinderserum-Albumin
MAK anti-CD4; 10 µg/ml in PBS/RSA	z. B. Boehringer Mannheim Nr. 881171 oder Dianova Nr. 0115
MAK anti-β-Gal; 10 µg/ml in PBS/RSA	z. B. Boehringer Mannheim Nr. 1083104

F(ab')₂ anti-Maus-IgG-FITC;
Verd. in PBS/RSA   z. B. Dianova Nr. 115-016-003
1,4-Phenylendiamin   z. B. Sigma Nr. P 1519
Mounting-Medium   1 Teil Glycerin mit 2 Teilen PBS
(nach Platt und Michael,   (pH 8,5) mischen. 180 µl dieser Mischung
1983)   unmittelbar vor Gebrauch mit 20 µl
       Phenylendiamin-Lösung (1%-ig w/v)
       versetzen. Diese Lösung in Tagesportionen bei
       −20 °C aufbewahren.
       (Verhindert Ausbleichen von FITC)
Laborzentrifuge   z. B. Hettich Roto Silenta

Vorgehen

1. Die lyophilisierten Antikörper werden rekonstituiert und durch Ultrazentrifugation (ca. 30 Min. bei 100.000 × g) von Aggregaten befreit. Nur die obersten 80% dieser Ig-Lösung werden abgehoben und verwendet.
2. Die durch Dichtegradienten-Zentrifugation gereinigten Lymphozyten werden 2 × in PBS/RSA gewaschen und auf eine Zelldichte von 7×10^6 Zellen/ml eingestellt. Je 100 µl dieser Suspension werden in 15-ml-Zentrifugenröhrchen (Spitzboden) pipettiert und nochmals abzentrifugiert. Der Überstand wird möglichst vollständig abgehoben.
3. Die Zellen werden mit 100 µl MAK-Lösung resuspendiert und unter gelegentlichem Schütteln 20–30 Min. bei 4 °C inkubiert. Dann wird 1 ml eiskalte PBS/RSA zugegeben und 5 Min. bei 200 × g in der Kälte (4 °C) zentrifugiert. Der Überstand wird abgesaugt und der Waschschritt wiederholt.
4. Zum aufgewirbelten Zell-Sediment werden 100 µl F(ab')₂ anti-Maus-IgG-FITC in der vom Hersteller empfohlenen Verdünnung pipettiert und unter gelegentlichem Schütteln 20–30 Min. bei 4 °C inkubiert. Anschließend wird 3 × mit je 1 ml eiskalter PBS/RSA gewaschen.
5. Das aufgewirbelte Zellsediment wird mit 10–20 µl Mounting-Medium versetzt. 1 Tropfen wird auf einen Objektträger aufgebracht, mit Deckgläschen abgedeckt und im Fluoreszenz-Mikroskop mit dem FITC-Filtersatz betrachtet.

Auswertung

Die Probe mit dem anti-β-Gal-MAK sollte keine oder nur eine sehr schwache Fluoreszenz zeigen, wobei diese unspezifische Anfärbung typischerweise über die gesamte Zelle verteilt und nicht auf die Zellmembran beschränkt ist. Tote Zellen können sehr kräftige Fluoreszenz zeigen, wobei das gesamte Zellvolumen hell leuchtet. In der Probe mit dem spezifischen MAK sollten 30–50% der Zellen eine typisch ringförmige Membranfluoreszenz zeigen. Durch Umschalten auf normales Durchlicht kann die Gesamtzahl der Zellen in einem Gesichtsfeld zur Zahl der Fluoreszenz-markierten in Relation gesetzt werden.

Bei großen Probenzahlen

Sollen größere Probenzahlen verarbeitet werden, so kann die Fluoreszenz-Markierung auch in flexiblen Mikrotiter-Platten mit Spitzboden (z. B. Dynatech M25) durchgeführt werden. Für die Waschschritte werden die Platten nach der Zentrifugation kurz ausgeschleudert und mit einem Whirlmix Napf für Napf kurz durchgeschüttelt. Die flexiblen Mikrotiterplatten erleichtern eine gute Resuspendierung.

Literatur

Platt JL, Michael AF (1983) Retardation of fading and enhancement of intensity of immunofluorescence by p-phenylenediamine. J Histochem Cytochem 31 (6): 840–842

Pryzwansky KB (1982) Applications of double-label immunofluorescence. In: Bulbock GR, Petrusz P (eds) Techniques in immunocytochemistry vol 1, Academic Press, New York, London, p 77–90

Wang K, Feramisco JR, Ash JF (1982) Fluorescent localisation of contractile proteins in tissue culture cells. Meth Enzymol 85: 514–553

Wick G, Baudner S, Herzog F (1978) Immunefluorescence. Medizinische Verlagsgesellschaft, Marburg/L.

10.8 Immunzytochemische Färbetechniken

10.8.1 Immunzytochemischer Nachweis von Antigenen fixierter Zellen

J. ENDL

Mit Hilfe der Immunzytochemie können Antigene fixierter Zellen nachgewiesen werden. Voraussetzung hierfür ist allerdings, daß durch die verwendete Fixierungsmethode das Antigen nicht soweit denaturiert wurde, daß der Antikörper nicht mehr oder nur noch mit sehr niedriger Affinität binden kann. In letzterem Fall kann oft mittels verschiedener Verstärkungssysteme ein ausreichend hohes Meßsignal erzeugt werden. Die angeführten Verstärkungsmethoden werden auch dann angewandt, wenn nur eine sehr geringe Anzahl an Antigenkopien pro Zelle vorliegt (weniger als 20.000). Wenn die Zellen dagegen in schonender Weise fixiert werden (z. B. mittels eiskaltem Aceton oder mit niedrigprozentiger Glutaraldehyd-Lösung) bzw. wenn die relevanten Epitope in hoher Kopienzahl exprimiert werden, dann kann ein ausreichendes Meßsignal auch bereits mit einer indirekten immunzytochemischen Anfärbetechnik, z. B. indirekter Immunperoxidase-Technik, erzielt werden. Zur Blockade der endogenen Enzymaktivitäten s. Kap. 10.8.2 und 10.8.4.

Beispiele für verstärkte Systeme sind:

1. Peroxidase-anti-Peroxidase (PAP)-Technik (Sternberger et al. 1970, Petrali et al. 1974, Landsdorp et al. 1984) (Kap. 10.8.3).
2. Alkalische Phosphatase-anti-alkalische Phosphatase (APAAP)-Technik (Cordell et al. 1984, Mason 1985) (Kap. 10.8.4).
3. Biotin-Streptavidin-System (Bayer und Wilchek 1980) (Kap. 10.8.5).

Literatur

Bayer EE, Wilchek M (1980) The use of the avidin-biotin complex as a tool in molecular biology. Meth Biochem Anal 26: 1-46

Cordell JL, Falini B, Erber WN, Ghosh AK, Abdulaziz Z, Mac Donald S, Pulford KAF, Stein H, Mason DY (1984) Immunoenzymatic labelling of monoclonal antibodies using immune complexes of alkaline phosphatase and monoclonal anti-alkaline phosphatase (APAAP complexes). J Histochem Cytochem 32 (2): 219-229

Landsdorp PM, van der Kwast TH, De Boer M, Zeijlmaker WP (1984) Stepwise amplified immunoperoxidase (PAP) staining. I. Cellular morphology in relation to membrane markers. J Histochem Cytochem 32: 172-178

Mason DY (1985) Immunocytochemical labelling of monoclonal antibodies by the APAAP immunoalkaline phosphatase technique. In: Bullock GR, Petrusz P (ed) Techniques in immunocytochemistry, vol. 3, Academic Press, London, p 25-42

Petrali JP, Hinton DM, Moriarty GC, Sternberger LA (1974) The unlabeled antibody enzyme method of immunocytochemistry. J Histochem Cytochem 22: 782-801

Sternberger LA, Hardy PW, Cuculis JJ, Meyer HG (1970) The unlabeled antibody enzyme method of immunohistochemistry. J Histochem Cytochem 18: 315-333

Weiterführende Literatur

Bullock GR, Petrusz P (1982) Techniques in immunocytochemistry, Vol. I-III. Academic Press, London

Holzmann B, Johnson JP (1983) A beta-galactosidase linked immunoassay for the analysis of antigens on individual cells. J Immunol Meth 60: 359-367

Stein H, Gatter KC, Heryet A, Mason DY (1984) Freeze-dried paraffin-embedded human tissue for antigen labelling with monoclonal antibodies. The Lancet. July 14: 71-73

Steinmetz T, Pfreundschuh MG (1987) Production of monoclonal antibodies against glucose oxidase, alkaline phosphatase and peroxidase. Their application in a highly sensitive antigen spot microassay. J Immunol Meth 101: 251-259

10.8.2 Indirekte Immunperoxidase-Technik

J. ENDL, H. XU und J. H. PETERS

Der Vorteil dieser Methode liegt in der einfachen und damit schnellen Durchführung. Mit der im folgenden beschriebenen Mikrotechnik lassen sich mit geringem Arbeitsaufwand an einem Tag mehrere hundert Hybridom-Überstände auf Reaktivität mit zellulären Antigenen testen.

Endogene Peroxidase-Aktivität

Rote und weiße Blutzellen (Monozyten, Makrophagen, Granulozyten) sowie einige Nervenzellen enthalten endogene Peroxidase. Folgende Methoden wurden vorgeschlagen, um sie zu unterdrücken:

- Fixation in Methanol plus 1% Essigsäure und 1% Natrium-Nitroferricyanid,
- Ethanol plus 0,07% HCl,
- Perjodsäure-Borhydrid (Heyderman 1979; Kelly et al. 1987),
- Natriummetaperjodat,
- Wasserstoffsuperoxid allein (Köller et al. 1986),
- Wasserstoffsuperoxid (0,5%) in Methanol für 15 Min. (Streefkerk 1972),
- Wasserstoffsuperoxid plus Phenylhydrazin-Hydrochlorid (Straus 1972),
- Wasserstoffsuperoxid plus 0,005 M Natrium-Azid (Farr and Nakane 1981),
- Wasserstoffsuperoxid 0,04% plus Natrium-Azid 0,65% plus Nachbehandlung in Zitronensäure-Phosphatpuffer pH 2,3 für 20 Min. (Malorny et al. 1988),
- Wasserstoffsuperoxid 1,5–2% plus Natrium-Azid 0,1% in PBS plus 5% Serum (der selben Spezies wie die Schnitte) (Xu, Originalmitteilung).

Wir empfehlen die letztgenannte sowie die Perjodsäure-Borhydrid-Behandlung, die beide besonders schonend sind. Wichtig ist es, zusätzliche Kontrollen (Weglassen des Peroxidase-Konjugates) einzuplanen.

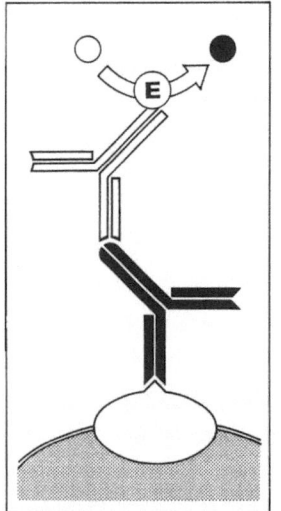

Antikörper-Enzymkonjugat zum Nachweis von Maus-Immunglobulinen

antigenspezifischer MAK

Zelluläres Antigen

Abb. 53. Indirekte Immunperoxidase-Technik

Material

Zellen	hier Melanom-Zellinien
Beschichtungslösung	Poly-L-Lysin (Sigma P1399) 50 µg/ml, wässrige Lösung
Waschpuffer	Phosphat gepufferte Kochsalzlösung, pH 7,2 (PBS)
Blockierungs- u. Verdünnungspuffer	PBS + 1% Rinderserumalbumin (RSA)
Fixativ	0,05% Glutardialdehyd (z. B. Merck Nr. 820603) in PBS
H_2O_2 (35%)	z. B. Merck Nr. 8600
monoklonale Antikörper	z. B. Kulturüberstände aus Hybridomen mit Spezifität gegen Melanom-assoziierte Antigene
Konjugat	Schaf-anti-Maus Ig Peroxidase-Konjugat (z. B. Boehringer Mannheim Nr. 821489)
Substrat (AEC)	3-Amino-9-ethylcarbazol (z. B. Sigma A-5754)
Substrat-Lösung	2 mg AEC in 1,2 ml DMSO lösen. Zugabe von 28,8 ml 50 mM Tris-HCl-Puffer pH 7,3. Kurz vor dem Test 2 µl 30%iges H_2O_2 zugeben und gut schütteln. Substrat täglich frisch ansetzen.
Zubehör	Terasaki-Platten, Zählkammer, Zentrifuge mit Mikrotitereinsatz (z. B. Heraeus Sepatech Digifuge mit Mikrotiterplatten-Rotor).

Vorgehen

1. Terasaki-Platten mit Poly-L-Lysin beschichten (10 µl/Napf). 20-30 Min. bei Raumtemperatur stehenlassen.
2. Zellen mindestens 3× mit PBS waschen (Reste an Proteinen aus dem Kulturmedium inhibieren die Fixierung). Zellen mit PBS auf $2-3 \times 10^5$/ml einstellen.
3. Die beschichteten Terasaki-Platten 3× mit PBS waschen (durch Untertauchen und kräftiges Ausschleudern). Mit Papiertuch die Oberseite der Platte gründlich abtupfen.
4. 10 µl der Zellsuspension/Napf einfüllen.
5. Die Zellen 5 Min. bei 50 × g pelletieren.
6. Die Terasaki-Platte mit 10 ml einer 0,05% Glutardialdehyd-Lösung fluten. 5 Min. bei Raumtemperatur stehenlassen.
7. Fixativ abkippen und Terasaki-Platte 3× mit PBS waschen.
8. Unspezifische Bindungsstellen durch Zugabe von 10 ml PBS/1% RSA blockieren (20 Min. bei Raumtemperatur).

In diesem Stadium können die Platten bei 4 °C bis zu 1 Woche gelagert werden.
9. Blockierungslösung abkippen und Platte mit Papiertuch trocknen.
10. Zugabe der monoklonalen Antikörper: 10 µl/Napf; eventuelle Verdünnungen in Kulturmedium ansetzen. Inkubation 30–45 Min. bei Raumtemperatur.
11. Platten 5 × mit PBS waschen.
12. Zugabe des Konjugates (Schaf anti-Maus IgG-Peroxidase); 1:50 verdünnt in PBS/1% RSA. Inkubation 30–45 Min. bei Raumtemperatur.
13. Platten 10 × mit PBS waschen.
14. Substratzugabe: 10 ml/Platte. Ungefähre Entwicklungszeit 15–30 Min. bei Raumtemperatur. Die Substratreaktion kann solange ablaufen, wie eine mitgeführte Negativkontrolle sich nicht verfärbt.
15. Auswertung: durch Beobachtung der Färbung der Zellen im Invertmikroskop. Zellen mit gebundenem Antikörper färben sich rot-braun. Bei der Negativkontrolle müssen die Zellen farblos bleiben.
16. Nach der Entwicklung Substrat abkippen und Platten mit PBS nachwaschen. Zum Lagern die Platten mit 60% Glycerin/0,1% Natrium-Azid in PBS überschichten. Im Kühlschrank gelagert sind die Platten mehrere Wochen haltbar.

Abwandlungen der Methode

1. Sollen vor allem zytoplasmatische Antigene nachgewiesen werden, so empfiehlt es sich, die Zellen nach der Fixierung durch Behandlung mit 0,2% Triton X-100 (in PBS) aufzuschließen. Hierzu genügt eine 10–30 minütige Inkubation bei Raumtemperatur. Nach dreimaligem Waschen mit PBS erfolgt die Zugabe der monoklonalen Antikörper.
2. Der Nachweis von zytoplasmatischen Antigenen bei adhärent wachsenden Zellen gelingt am besten nach der folgenden Methode:

– Zellen auf Glasobjektträgern mit Lochmasken (z. B. Flow Nr. 60-408-05) wachsen lassen (bis ca. 50% der maximalen Zelldichte).
– Zellen durch Eintauchen der Objektträger in Aceton (−20 °C) fixieren (5–10 Min.).
– Zellen sofort in PBS eintauchen und mit Schritt 10 der oben beschriebenen Methode fortfahren.

Literatur

Farr AG, Nakane PK (1981) Immunohistochemistry with enzyme-labeled antibodies: a brief review. J Immunol Meth 47: 129–144
Heyderman E (1979) Immunoperoxidase technique in histopathology: applications, methods, and controls. J Clin Pathol 32: 971–978
Kelly J, Wheland CA, Weir DG, Feighery C (1987) Removal of endogenous peroxidase activity from cryostat sections for immunoperoxidase activity visualisation of monoclonal antibodies. J Immunol Meth 96: 127–132

Köller U, Stockinger H, Majdic O, Bettelheim P, Knapp W (1986) A rapid and simple immunoperoxidase staining procedure for blood and bone marrow samples. J Immunol Meth 86: 75-81

Malorny U, Bildau H, Sorg C (1988) Efficient inhibition of endogenous peroxidase without antigen denaturation in immunohistochemistry. J Immunol Meth 111: 101-107

Straus W (1972) Phenyl hydrazine as inhibitor of horseradish peroxidase for use in immunoperoxidase procedures. J Histochem Cytochem 20: 949-951

Streefkerk JG (1972) Inhibition of erythrocyte pseudoperoxidase activity by treatment with hydrogen peroxide following methanol. J Histochem Cytochem 20: 829-831

10.8.3 Peroxidase-anti-Peroxidase (PAP)-Technik

J. ENDL

Die PAP-Technik bietet vor allem zwei Vorteile:

1. Bei der Verwendung von polyklonalen Antiseren, die als Konjugate (z. B. Enzym-Konjugate) verwendet werden, kommt es immer wieder zu unerwünschten Reaktionen der spezifischen Antigen-Bindungsstellen mit zellulärem Material. Gelingt es, diese Antikörper von vornherein mit ihrem spezifischen, bereits gebundenen Antigen in den Test zu bringen, so ist eine „unspezifische" Bindung über die Antigen-bindende Region des Moleküls nicht mehr möglich.

Werden nun Antiseren gegen das Enzym Peroxidase mit dem Enzym inkubiert, kommt es zur Ausbildung von Immunkomplexen aus Peroxidase und dem Antikörper gegen Peroxidase. Derartige PAP-Komplexe bestehen üblicherweise aus 2 Antikörper- und 3 Peroxidase-Molekülen (Petrali et al. 1974), woraus dann auch der Verstärkungseffekt resultiert (Abb. 54). Eine zusätzliche kovalente Bindung von weiteren Peroxidase-Molekülen an die Antikörper erfolgt nicht.

2. PAP-Komplexe werden zur Verstärkung der Nachweisreaktionen anstelle eines Konjugates eingesetzt. Sie stammen aus derselben Spezies wie der erste Nachweisantikörper. Bei der Verwendung eines Maus-monoklonalen-Antikörpers stammt dann auch der PAP-Komplex aus der Maus. Die Brücke zwischen den beiden Antikörpern wird durch einen anti-Maus Immunglobulin (Ig) Antikörper, z. B. aus dem Kaninchen, hergestellt.

Kritisch ist bei der hier verwendeten PAP-Technik die Konzentration des Brückenantikörpers (z. B. Kaninchen anti-Maus Ig): sie muß so gewählt sein, daß im Idealfall genau eine der beiden Antigen-bindenden Regionen besetzt ist. Wird nun der lösliche Komplex aus Peroxidase und Maus-anti-Peroxidase zugegeben, wird dieser Komplex von der zweiten, freien Antigen-bindenden Stelle des Konjugates gebunden. Die Bindung des PAP-Komplexes wird durch die enzymvermittelte Farbentwicklung des Substrates AEC oder anderer Farbstoffe sichtbar gemacht.

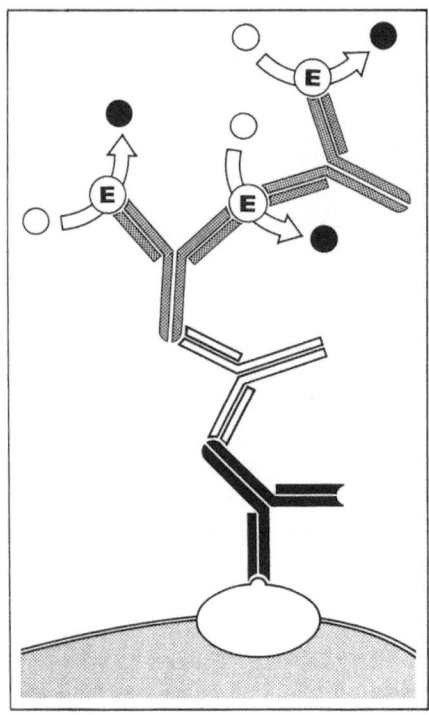

Substratumwandlung

Komplex von Peroxidase (E)
und anti-Peroxidase-Antikörper

Brückenantikörper

erster Antikörper

Antigen

Zelle

Abb. 54. Peroxidase-anti-Peroxidase-Technik

Material

Zellen	hier Melanom-Zellinien
Beschichtungslösung	Poly-L-Lysin (Sigma P-1399) 50 µg/ml, wässrige Lösung
Waschpuffer	Phosphat gepufferte Kochsalzlösung, pH 7,2 (PBS)
Blockierungs- und Verdünnungspuffer	PBS + 1% Rinderserumalbumin (RSA)
Fixativ	0,05% Glutardialdehyd (z. B. Merck Nr. 820603) in PBS
H_2O_2 (35%)	z. B. Merck Nr. 8600
monoklonale Antikörper	z. B. Kulturüberstände aus Maus-Hybridomen mit Spezifität gegen Melanom-assoziierte Antigene
Brückenantikörper	Kaninchen anti Maus IgG, z. B. DAKOPATTS Z-259 oder Boehringer Mannheim Nr. 1092618 1:10–1:20 in PBS/1% RSA

Peroxidase-anti Peroxidase (PAP)	löslicher Komplex aus Peroxidase und monoklonaler Maus anti-Peroxidase, z. B. Dianova Nr. Mc 100 oder Boehringer Mannheim Nr. 1092626
Substrat (AEC)	3-Amino-9-ethylcarbazol, z. B. Sigma A-5754
Substrat-Lösung	wie Kap. 10.8.2
Zubehör	wie Kap. 10.8.2

Vorgehen

Arbeitsschritte 1–11 analog wie in Kap. 10.8.2 beschrieben. Weiteres Vorgehen:

12. Zugabe des Brückenantikörpers (Kaninchen anti Maus IgG); 1:10–1:20 in PBS/1% RSA verdünnt. Inkubation 30 Min. bei Raumtemperatur.
13. Platten 5 × waschen mit PBS.
14. Zugabe des PAP-Komplexes; 1:10 bis 1:30 in PBS/1% RSA verdünnt. Inkubation 30–45 Min. bei Raumtemperatur.
15. Platten mindestens 10 × waschen mit PBS.
16. Substratzugabe: 10 ml/Platte. Ungefähre Entwicklungszeit 15–30 Min. bei Raumtemperatur. Die Substratreaktion kann solange ablaufen, wie eine mitgeführte Negativkontrolle (ohne ersten Antikörper bzw. mit irrelevantem ersten Antikörper) sich nicht verfärbt.
17. Auswertung:
Durch Beobachtung der Färbung der Zellen im Invertmikroskop. Zellen mit gebundenem Antikörper färben sich rot-braun. Bei der Negativkontrolle müssen die Zellen farblos bleiben.
18. Nach der Entwicklung Substrat abkippen und Platten mit PBS nachwaschen. Zum Lagern die Platten mit 60% Glycerin/ 0,1% Natrium-Azid in PBS überschichten. Im Kühlschrank gelagert sind die Platten mehrere Wochen haltbar.

Abwandlungen der beschriebenen Methode

1. Um die Bindung von PAP an Fc-Rezeptoren zu verhindern, können auch F(ab')$_2$-PAP-Komplexe verwendet werden, z. B. Dianova Nr. 223-006-024. Die F(ab')$_2$-PAP-Komplexe werden auch empfohlen, wenn zytoplasmatische Antigene nachgewiesen werden sollen, da diese Komplexe aufgrund ihres niedrigeren Molekulargewichtes leichter in Zellen eindringen.
2. Um eventuell auftretende unspezifische Bindungen an die fixierten Zellen zu unterdrücken, kann zu den Verdünnungen der Brückenantikörper 10%iges hitzeinaktiviertes Normalserum der gleichen Spezies zugefügt werden, z. B. im oben genannten Beispiel Kaninchen-Normalserum (z. B. Dianova 011-000-001). Siehe auch die unter 10.8.2 angeführten Punkte zur Abwandlung der Standard-Methode.

Literatur

Petrali JP, Hinton DM, Moriarty GC, Sternberger LA (1974) The unlabeled antibody enzyme method of immunocytochemistry. J Histochem Cytochem 22: 782-801

10.8.4 Alkalische Phosphatase – anti-alkalische Phosphatase (APAAP)-Technik

J. ENDL

Die APAAP-Technik ist eine Modifikation der PAP-Technik, bei der als Nachweis-Reagenz vorgefertigte lösliche Komplexe aus anti-AP-Antikörpern und AP-Molekülen fungiert. Zum Prinzip dieser Technik gelten analog die in Kap. 10.8.3 gemachten Ausführungen mit Abbildung.

Die APAAP-Technik bietet folgende Vorteile:

1. Durch die Verwendung des Enzyms alkalische Phosphatase werden Störungen durch die häufig in Zellen vorkommende endogene Peroxidase umgangen.
2. Wenn die Anfärbung mit der Standard-APAAP-Methode schwach ausfällt, so kann die Reaktion durch weitere Anlagerung der APAAP-Komplexe verstärkt werden ohne nennenswerte Anhebung der unspezifischen Färbung.

Hemmung der endogenen alkalischen Phosphatase

Die APAAP-Anfärbung kann nicht bei Zellen verwendet werden, die intestinale alkalische Phosphatase enthalten, z. B. Zellen des Darmepithels. Das in Endothelzellen bzw. Granulozyten vorkommende Isoenzym der alkalischen Phosphatase kann dagegen mit Levamisol gehemmt werden, die endogene alkalische Phosphatase der Nierentubuli mit Tetramisole (Sigma Nr. T 1512) (Ponder and Wilkinson 1981; Janckila et al. 1985).

Material

Zellen	hier humane mononukleäre Leukozyten (MNL), über Ficoll-Hypaque Dichtegradientenzentrifugation präpariert
Waschpuffer	0,05 M Tris-gepufferte Saline (TBS), pH 7,6. 6,06 g Tris/l; 8,8 g NaCl/l. pH mit HCl einstellen.
Blockierungs- und Verdünnungspuffer	TBS/1% Rinderserumalbumin (RSA)
Substratpuffer	0,05 M TBS; pH 8,2

Fixativ	0,05% Glutardialdehyd (z. B. Merck Nr. 820 603) in TBS
monoklonale Antikörper	spezifische monoklonale Antikörper aus der Maus gegen leukozytenständige Antigene
Brückenantikörper	Kaninchen anti Maus IgG, z. B. DAKOPATTS Nr. Z-259 oder Boehringer Mannheim Nr. 1092618 1:10-1:20 in TBS/1% RSA
Alkalische-Phosphatase-anti-alkalische Phosphatase (APAAP-Komplex)	z. B. DAKO Nr. D-651 oder Boehringer Mannheim Nr. 1122037 1:50-1:100 verdünnt in 1% RSA/TBS
Substrat	Naphthol AS-MX-Phosphat, z. B. Sigma N-4875; Fast Red, z. B. Sigma F-1500; Levamisol, z. B. Sigma L-9756; Dimethylformamid (DMF), z. B. Merck 3034
Substrat-Lösung	2 mg Naphthol AS-MX-Phosphat in 200 µl DMF lösen (Abzug!); dazu 9,8 ml TBS (pH 8,2!), 4 mg Levamisol geben. Zu dieser Lösung 10 mg Fast Red geben, gut mischen und sofort auf die zu färbenden Zellen filtrieren. Die Substratlösung unbedingt frisch ansetzen, da sich sonst größere Präzipitate bilden.
Zubehör	Terasaki-Platten, Zählkammer, Zentrifuge mit Mikrotiterplatteneinsatz, z. B. Heraeus Sepatech Digifuge mit Mikrotiterplattenrotor.

Vorgehen bei der Standard-APAAP-Methode

Schritte 1-11 wie in Kap. 10.8.3 beschrieben, aber unter Verwendung der oben angeführten Reagenzien. (Zur Erklärung: ein hoher Überschuß an Phosphat-Ionen kann die alkalische Phosphatase-Aktivität inhibieren. Deshalb bei dieser Methode mit phosphatfreien Puffern arbeiten.)

12. Zugabe des Brückenantikörpers (Kaninchen-anti-Maus IgG); 1:10 bis 1:20 in TBS/1% RSA verdünnt. Inkubation 30 Min. bei Raumtemperatur.
13. Platten 5 × waschen mit TBS.
14. Zugabe des APAAP-Komplexes; 1:50 bis 1:100 in TBS/1% RSA verdünnt. Inkubation 30 Min. bei Raumtemperatur.
15. Platten 10 × waschen mit TBS.
16. Substrat-Zugabe: 10 ml/Platte. Ungefähre Entwicklungszeit 15-20 Min. bei Raumtemperatur.
17. Auswertung: Beobachtung der Färbung der Zellen im Invertmikroskop. Zellen mit gebundenem Antikörper färben sich kirschrot. Bei der Negativkontrolle dürfen die Zellen nur leicht gelb gefärbt sein.
18. Nach der Entwicklung Substrat abkippen; Platten mit TBS nachwaschen und mit 60% Glycerin/0,1% Natrium-Azid in PBS überschichten.

APAAP-Methode mit gesteigerter Empfindlichkeit

1. Inkubationsschritte der Standard-APAAP Methode 1-15 durchführen wie dort beschrieben.
2. Wiederholung der Inkubationsschritte 12-15 der Standard APAAP-Methode ein- oder zweimal. Dabei Inkubationszeiten auf jeweils 10 Min./Raumtemperatur reduzieren.
3. Durchführung der Inkubationsschritte 15-18 der Standard APAAP-Methode.

Durch die mehrfache Anlagerung der APAAP-Komplexe kann die Färbung auch zu stark ausfallen. Dies macht sich durch eine schwarz-rote Präzipitation des Farbstoffes bemerkbar, wodurch eine Beurteilung des Färbeergebnisses erschwert wird.

Literatur

Janckila AJ, Yam LT, Li C-Y (1985) Immunoalkaline phosphatase cytochemistry: technical considerations of endogenous phosphatase activity. Am J Clin Pathol 84: 476-480

Ponder BA, Wilkinson MW (1981) Inhibition of endogenous tissue alkaline phosphatase conjugates in immunohistochemistry. J Histochem Cytochem 29: 981-984

10.8.5 Streptavidin-biotinylierte Peroxidase-Komplex (Strept-ABC)-Technik

J. ENDL

Bei dieser Verstärkungstechnik folgt auf den Primärantikörper eine zweite Schicht mit einem biotinylierten Sekundärantikörper. Die dritte Schicht bildet ein vorgefertigter Komplex aus Streptavidin und biotinylierter Peroxidase. Die beiden Reaktionspartner in diesem Komplex werden in einem solchen Verhältnis gemischt, daß noch einige Biotin-Bindungsstellen am Streptavidin-Molekül frei bleiben, um mit dem Biotin des Sekundärantikörpers reagieren zu können. Auf diese Weise kann eine sehr große Menge an Peroxidase an den Primärantikörper gebunden werden. Die Peroxidase wird dann herkömmlich mit einem immunhistochemischen Substrat, z. B. AEC, entwickelt. Für eine weitere Diskussion der Methode, insbesondere im Vergleich mit anderen Techniken, siehe Guesdon et al. 1979; Hsu and Raine 1981; Hsu et al. 1981; Childs and Unabia 1982. Schwierigkeiten mit der Methode ergeben sich dann, wenn Zellen signifikante Mengen an endogenem Biotin enthalten, z. B. Leber- und Nierenzellen. Von Wood and Warnke (1981) wurde eine Methode beschrieben, bei der man die Zellen/ das Gewebe zunächst mit unkonjugiertem Streptavidin reagieren läßt. Unbesetzte Bindungsstellen am Streptavidin werden dann mit freiem Biotin abgesättigt. Diese Prozedur blockiert eine weitere unspezifische Anlagerung des Streptavidin-Biotin-Peroxidase-Komplexes.

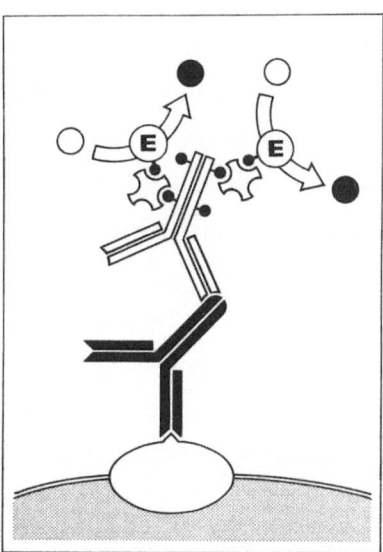

Enzym-Biotin-Komplex

Streptavidin

Sekundärantikörper
biotinyliert

Primärantikörper

Zelluläres Antigen

Abb. 55. Prinzip der Strept-ABC-Technik

Material

Zellen	hier humane mononukleäre Leukozyten (MNL), über Ficoll-Hypaque Dichtegradientenzentrifugation präpariert
Waschpuffer	0,05 M Tris-gepufferte Saline (TBS), pH 7,6. 6,057 g Tris/l; 8,8 g NaCl/l. pH mit HCl einstellen.
Blockierungs- und Verdünnungspuffer	TBS/1% (Rinderserumalbumin) RSA
Fixativ	0,05% Glutardialdehyd (z. B. Merck Nr. 820 603) in TBS
H_2O_2 (35%)	z. B. Merck Nr. 8600
monoklonale Antikörper	z. B. Kulturüberstände aus Maus-Hybridomen mit Spezifität gegen Melanom-assoziierte Antigene. Bei der Anwendung der Strept-ABComplex-Technik müssen diese Kulturüberstände erfahrungsgemäß verdünnt werden.
Sekundär-Antikörper, Biotin-markiert	biotinyliertes Kaninchen anti-Maus IgG, z. B. DAKOPATTS Nr. E-354; 1:200-1:600 in TBS/1% RSA verdünnt

Streptavidin-Biotin-Enzym-Komplex	z. B. Strept-ABComplex DAKOPATTS Nr. K-377; Präparation des Komplexes (ca. 30 Min. vor Gebrauch): Zu 5 ml TBS werden 1 Tropfen der Streptavidin-Lösung und 1 Tropfen der biotinylierten Peroxidase-Lösung gegeben, sorgfältig gemischt und 30 Min. bei Raumtemperatur inkubiert.
Substrat (AEC)	wie Kap. 10.8.2
Zubehör	wie Kap. 10.8.2

Vorgehen

Arbeitsschritte 1–11 analog wie in Kap. 10.8.2 beschrieben.
Weiteres Vorgehen:

12. Zugabe des Konjugates (biotinyliertes Kaninchen anti-Maus IgG); 1:200–1:600 verdünnt in TBS/1% RSA. Inkubation 30–45 Min. bei Raumtemperatur.
13. Platten 5× mit TBS waschen.
14. Zugabe des StreptABComplex. Inkubation 30 Min. bei Raumtemperatur.
15. Platten 10× mit TBS waschen.
16. Substratzugabe: 10 ml/Platte. Ungefähre Entwicklungszeit 15–30 Min. bei Raumtemperatur. Die Substratreaktion kann solange ablaufen wie eine mitgeführte Negativkontrolle sich nicht verfärbt.
17. Auswertung:
Durch Beobachtung der Färbung der Zellen im Invertmikroskop. Zellen mit gebundenem Antikörper färben sich rot-braun. Bei der Negativkontrolle müssen die Zellen farblos bleiben.
18. Nach der Entwicklung Substrat abkippen und Platten mit PBS nachwaschen. Zum Lagern die Platten mit 60% Glycerin/ 0,1% Natrium-Azid in PBS überschichten. Im Kühlschrank gelagert sind die Platten mehrere Wochen haltbar.

Literatur

Childs GU, Unabia G (1982) Application of the avidin-biotin-peroxidase complex (ABC) method to the light microscopic localization of pituitary hormones. J Histochem Cytochem 30: 713–716

Guesdon JL, Ternynck T, Avrameas S (1979) The use of avidin-biotin interaction in immunoenzymatic techniques. J Histochem Cytochem 27: 1131–1139

Hsu SM, Raine L (1981) Protein A, avidin and biotin in immunocytochemistry. J Histochem Cytochem 29: 1349–1353

Hsu SM, Raine L, Fanger H (1981) Use of avidin-biotin-peroxidase complex (ABC) in immunoperoxidase techniques. J Histochem Cytochem 29: 577–580

Wood GS, Warnke R (1981) Suppression of endogenous avidin-binding activity in tissues and its relevance to biotin-avidin detection systems. J Histochem Cytochem 29: 1196–1204

10.8.6 Doppel-immunoenzymatische Färbung von Gewebeschnitten und zytologischen Präparaten

J. ENDL

Bei der immunhistochemischen Analyse von Gewebestrukturen ist es häufig notwendig zu entscheiden, ob ein Paar von Antigenen auf derselben Struktur lokalisiert oder an verschiedenen Stellen exprimiert ist. Beispiele hierfür sind die Lokalisation von Peptidhormonen in den Inselzellen des Pankreas, von Immunglobulin kappa- und lambda-Ketten im lymphatischen Gewebe sowie die Expression von verschiedenen Neuropeptiden im Nervengewebe. Eine Doppelmarkierung ist auch dann sehr hilfreich, wenn man z. B. in Tumorgeweben zwischen den eigentlichen Tumorzellen und den oft sehr zahlreich vorhandenen infiltrierenden Zellen des lymphoiden Systems unterscheiden will.

Die am meisten verwendete Technik für Doppelmarkierungen basiert auf der Verwendung von zwei Fluorochromen, Fluorescein und Rhodamin (Pryzwansky 1982). Der Vorteil dieser Technik liegt darin, daß auch noch eine geringe Menge des einen Antigens gegen eine hohe Konzentration eines zweiten Antigens nachgewiesen werden kann. Für einen solchen Zweck ist die Doppel-Immunfluoreszenz ideal, da durch die Benutzung von zwei unterschiedlichen Filtersystemen jedes Fluorochrom separat angeregt und beobachtet werden kann. Der Nachteil dieser Technik liegt einerseits im schnellen Ausbleichen der Fluorochrome, zum anderen aber auch in der zeitaufwendigen Auswertung, da jede Zelle separat mit jedem Filter beobachtet werden muß (hier nicht dargestellt).

Bei der Doppelfärbung mit Enzymkonjugaten können die beiden Markierungen gleichzeitig beobachtet werden. Dadurch ist ein schneller Überblick möglich, wie die beiden Marker im Gewebeschnitt verteilt sind. Zum Beispiel kann sehr schnell beurteilt werden, ob in einer Lymphknoten-Biopsie vorwiegend nur eine leichte Ig-Kette exprimiert wird (Hinweis auf eine Neoplasie), oder ob eine gemischte Population an Zellen vorhanden ist (Kappa- und Lambda-Expression) und damit eine polyklonale Proliferation vorliegt (Mason et al. 1980). Bei der im folgenden beschriebenen Technik können auch Zellen nachgewiesen werden, die gleichzeitig zwei Antigene exprimieren, da die beiden verwendeten Substrate eine eindeutig zu identifizierende Mischfarbe erzeugen (Mason and Woolston 1982). Allerdings kann es, wie bereits erwähnt, durch stark ungleiche Expression der beiden Antigene zu einer Überdeckung des in niedriger Konzentration vorhandenen Antigens kommen.

Bei dem im folgenden beschriebenen Beispiel werden die beiden Antigene durch in zwei verschiedenen Tierspezies erzeugte erste Antikörper nachgewiesen. Die zweiten Antikörper sind zwei nicht-kreuzreagierende anti-Spezies Immunglobuline gegen die beiden Spezies. Die zweiten Antikörper sind an verschiedene Enzyme (Peroxidase und alkalische Phosphatase) gekoppelt. Dadurch können die gesamten Antigen-/Antikörper-Reaktionen in nur zwei aufeinanderfolgenden Inkubationsschritten durchgeführt werden (Abb. 56). Die alkalische Phosphatase wird mit einem Substrat entwickelt, welches eine

2. Antikörper Ziege-anti-Maus-Ig, Peroxidase konjugiert	2. Antikörper Ziege-anti-Kaninchen-Ig, alkal. Phosphatase konjugiert
1. Antikörper Maus-anti-Mensch-Lambda-Kette	1. Antikörper Kaninchen-anti-Mensch-Kappa-Kette
Antigen: Lambda-Leichtkette	Antigen: Kappa-Leichtkette
Zelle (Mensch)	Zelle (Mensch)

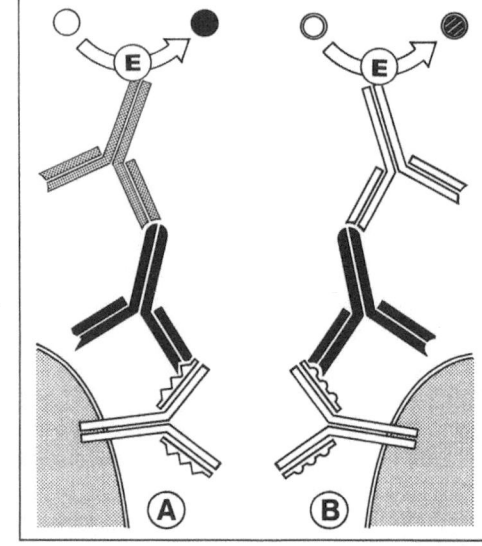

Abb. 56. Prinzip der immunzytochemischen Doppelmarkierung

blaue Anfärbung der Zellen erzeugt. Die Peroxidase-Reaktion liefert ein rotes Endprodukt. Liegen in einer Zelle beide Antigene vor, so resultiert eine Mischfarbe (braun-violett), die gut von den beiden Ausgangsfarben unterschieden werden kann.

Material

Gewebeschnitte	hier von menschlichen Tonsillen
Waschpuffer	0,05 M Tris-gepufferte Saline (TBS), pH 7,6. 6,06 g Tris/l; 8,8 g NaCl/l. pH mit HCl einstellen.
Verdünnungspuffer	TBS/1% Rinderserumalbumin (RSA)
Fixativ	Methanol/Eisessig (95/5 Vol/Vol) Methanol z. B. Merck Nr. 6009 Eisessig z. B. Merck Nr. 63
H_2O_2 (35%)	z. B. Merck Nr. 8600
Lösungen für Blockierung der endogenen Peroxidase	Lösung A: 0,01 mM H_2O_2 in TBS (10 µl 30%iges H_2O_2 in 1000 ml) Lösung B: 0,05 M Phenylhydraziniumchlorid, z. B. Merck 7253 (0,74 mg in 100 ml) in Lösung A
Primäre Antikörper	a) monoklonaler Maus anti Human Lambda Antikörper, z. B. DAKOPATTS M614 b) polyklonales Kaninchen anti Human Kappa IgG, z. B. DAKOPATTS A191

Doppelfärbung

Konjugate	a) Ziege anti Maus IgG, Peroxidase markiert; z. B. Dianova Nr. 115-035-100, 1:50-1:100 verdünnt in TBS/1% RSA. b) Ziege anti Kaninchen IgG, alkal. Phosphatase markiert; z. B. Dianova Nr. 111-056-045, 1:100 - 1:200 verdünnt in TBS/1% RSA.
Substrate	a) für die Peroxidase-Reaktion 3-Amino-9-ethylcarbazol (AEC); z. B. Sigma A-5754 Substratlösung: 2 mg AEC in 1,2 ml DMSO lösen. Zugabe von 28,8 ml 50 mM Tris-HCl-Puffer pH 7,3. Kurz vor dem Test 2 µl 30%iges H_2O_2 zugeben und gut schütteln. Substrat täglich frisch ansetzen. b) für die alkalische Phosphatase-Reaktion Naphthol AS-MX-Phosphate; z. B. Sigma Nr. N-4875 Fast Blue BB; z. B. Sigma Nr. F-3378 Dimethylformamid (DMF); z. B. Merck Nr. 822275
Blockade der endogenen Alkal. Phospatase	Levamisol; z. B. Sigma Nr. L-9756 Substratlösung: 2 mg Naphthol AS-MX-Phosphat wird in 0,2 ml DMF in einem Glasgefäß gelöst. Dann werden 9,8 ml 0,1 M Tris-HCl pH 8,2 zugegeben. Diese Stammlösung kann bei 4 °C für mehrere Wochen gelagert werden. Unmittelbar vor Gebrauch werden 1 mg Fast Blue BB und 0,8 mg Levamisol je ml Substratstammlösung zugegeben, gut geschüttelt und direkt auf die Schnitte filtriert.
Einbettungsmittel	Kaisers Glycerin/Gelatine; z. B. Merck Nr. 9242
Zubehör	Glasküvetten, feuchte Kammer zum Inkubieren der Schnitte

Vorgehen

1. Die Gewebeschnitte werden durch Eintauchen in die -20 °C kalte Methanol/Eisessig-Mischung 10 Min. lang fixiert. Fixativ abdampfen lassen.
2. Blockierung der endogenen Peroxidase: Die Schnitte werden für 10 Min. bei 37 °C in 0,01 mM H_2O_2 (in TBS) inkubiert.
   Danach werden die Schnitte in die Blockierungslösung B (Phenylhydrazin-Hydrochlorid in H_2O_2/TBS) eingebracht und bei 37 °C für 60 Min. inkubiert.
3. Schnitte 3 × je 3-5 Min. in TBS waschen.
4. Zugabe der Primärantikörper: Maus anti Human Lambda und Kaninchen anti Human Kappa. Inkubation 45-60 Min. bei Raumtemperatur.

5. wie 3.
6. Zugabe der Konjugate: Ziege anti Maus IgG und Ziege anti Kaninchen IgG. Inkubation 45-60 Min. bei Raumtemperatur.
7. wie 3.
8. Entwickeln der alkalischen Phosphatase-Reaktion. Die Lösung auf den Schnitt filtrieren. Die Entwicklung eines blauen Präzipitates unter dem Lichtmikroskop verfolgen. Entwicklungszeit 10-20 Min. bei Raumtemperatur.
Die Schnitte in TBS spülen.
9. Entwickeln der Peroxidase-Reaktion: Die AEC-Lösung auf den Schnitt auftropfen und die Entwicklung eines roten Präzipitates lichtmikroskopisch verfolgen. Entwicklungszeit 10-20 Min. bei Raumtemperatur. Die Schnitte in TBS spülen.
10. Mit Kaisers Glycerin/Gelatine einbetten.

Literatur

Pryzwansky KB (1982) Applications of double-label immunofluorescence. In: Bullock GR, Petrusz P (ed) Techniques in immunocytochemistry. Vol 1, Academic Press, London, pp 77-90.

Mason DY, Woolston RE (1982) Double immunoenzymatic labelling. In: Bullock GR, Petrusz P (ed) Techniques in immunocytochemistry. Vol 1, Academic Press, London, pp 135-154

Mason DY, Bell JI, Christensson B, Biberfeld P (1980) An immunohistological study of human lymphoma. Clin exp Immunol 40: 235-248

Weiterführende Literatur

Sako H, Nakane Y, Okino K, Nishihara K, Kodama M, Kawata M, Yamada H (1986) Simultaneous detection of B-cells and T-cells by a double immunohistochemical technique using immunogold-silver staining and the avidin-biotin-peroxidase complex method. Histochem 86: 1-4.

Kelly J, Whelan CA, Weir DG, Feighery C (1987) Removal of endogenous peroxidase activity from cryostat sections for immunoperoxidase visualisation of monoclonal antibodies. J Immunol Meth 96: 127-132.

Visser L, Groenewoud R, Poppema S (1987) Methods in immunohistology. Biotest Bulletin 3: 115-120

10.9 Immunzytochemischer Nachweis von Membranantigenen vitaler Zellen

J. ENDL

Mit der im folgenden beschriebenen immunenzymatischen Färbetechnik (Single Cell ELISA) kann die Bindung von monoklonalen Antikörpern an native, unfixierte Zellen nachgewiesen werden. Alle üblichen Fixierungsmethoden können zu einer Zerstörung bzw. Denaturierung einzelner antigener Determinanten führen. Da für die Immunisierung zur Erzeugung von Antikörpern gegen Zelloberflächen-Antigene im Regelfall native Zellen verwendet werden, können mit einem Suchtest, bei dem fixierte Zellen verwendet werden, möglicherweise relevante Antikörper nicht erkannt werden. Dieses Problem wird mit dem hier beschriebenen Test vermieden, wobei gleichzeitig ein hoher Probendurchsatz ohne aufwendige Wasch- und Zentrifugationsschritte gewährleistet ist. Ein weiterer Vorteil dieses Tests besteht darin, daß ausschließlich Antikörper gegen Membranantigene nachgewiesen werden, da die Zellen während der Antikörper-Inkubation intakt bleiben.

Die Methode beruht darauf, daß adhärente Zellen in den Näpfen von Terasaki-Platten kultiviert werden. Nach der Inkubation mit dem primären Antikörper und dem Entfernen des Antikörper-Überschusses werden die Zellen zwecks besserer Haftung leicht fixiert. Dann erfolgen die üblichen Anfärbeschritte mit Konjugat- und Substratinkubation. Soll mit nicht-adhärent wachsenden Zellen gearbeitet werden, so kann die Plastikoberfläche chemisch so vorbehandelt werden, daß eine gute Haftung der Zellen gewährleistet ist.

Der im folgenden Beispiel beschriebene Test wurde als Suchtest für humane monoklonale Antikörper gegen Melanom-assoziierte Antigene verwendet.

Material

Zellen	hier Melanom-Zellinien
Serum	Fötales Kälberserum (FKS), z. B. Boehringer Mannheim, Nr. 210471
Medium	RPMI 1640 (z. B. Boehringer Mannheim Nr. 209945), supplementiert mit 10% FKS
Fixativ	0,1% Glutardialdehyd (z. B. Merck Nr. 820603) in PBS
Waschpuffer	1) RPMI 1640; 2) Phosphatpuffer (PBS)
Verdünnungspuffer bzw. Blockierungspuffer	Phosphatpuffer (PBS), pH 7,2 + 1% Rinderserumalbumin (RSA)
primäre Antikörper	Kulturüberstände von Human-Hybridomen
Konjugat	Schaf anti-Human Ig, schwere und leichte Kette, Peroxidase-gekoppelte Fab-Fragmente, z. B. Boehringer Mannheim Nr. 1089196
Substrat (AEC)	3-Amino-9-ethylcarbazol, z. B. Sigma A-5754 Substrat-Lösung: 2 mg AEC in 1,2 ml DMSO lösen. Zugabe von 28,8 ml 50 mM Tris-HCl-Puffer pH 7,3. Kurz vor dem Test 2 µl 30%iges H_2O_2 (z. B. Merck Nr. 8600) zugeben und gut schütteln. Substrat täglich frisch ansetzen.

Bei nicht adhärent wachsenden Zellen zusätzlich:

Poly-L-Lysin	wässrige Poly-L-Lysin-Lösung, z. B. Sigma Nr. P1399
sonstiges Zubehör	Terasaki-Platten, Zählkammer, Zentrifuge mit Mikrotitereinsatz, z. B. Heraeus Sepatech Digifuge mit Mikrotiterplatten-Rotor

Vorgehen

a) *Bei adhärent wachsenden Zellen:*

1. Zellen aus dem Kulturgefäß ablösen, mit RPMI/10% FKS 2× waschen und Zellzahl auf $1-2 \times 10^5$/ml (je nach Zellgröße) einstellen. Je 20 µl dieser Zellsuspension in Terasaki-Platten-Näpfe pipettieren und Zellen über Nacht unter Zellkulturbedingungen kultivieren.
2. Zellen durch Fluten der Terasaki-Platten mit 10 ml RPMI/10% FKS 1× waschen und vorsichtig die Waschflüssigkeit ausschleudern.

ACHTUNG: Diese Flüssigkeit ist potentiell infektiös, muß deshalb dekontaminiert werden, z. B. durch Autoklavieren.

3. Zugabe der unverdünnten Hybridom-Überstände (10 µl/Napf). Die Platten bei 4 °C für 1-2 Std. inkubieren (Hinweis: bei RT und noch verstärkt bei 37 °C kann es zu „Shedding" und „Capping" der Membranantigene kommen!).
4. Platten vorsichtig 3× mit Medium ohne (!) FKS waschen.
5. Fixieren der Zellen durch Zugabe von 10 ml 0,1% Glutardialdehyd-Lösung (5 Min., RT).
6. Abgießen des Fixativs und Zugabe von 10 ml PBS/1% RSA. Inkubation 30 Min./RT.
7. Zugabe des Konjugates: Schaf anti-Human Ig, H- und L-Ketten spezifisch; Peroxidase-konjugiert. Inkubation 60 Min./ RT.
8. 5× waschen mit PBS.
9. Zugabe des Substrates.

b) *Bei nicht-adhärenten Zellen*

Hierzu wird die Plastikoberfläche der Terasaki-Näpfe mit Aldehydgruppen aktiviert. Nach dem Aufzentrifugieren der Zellen wird nur die Region der Zellmembran fixiert, die mit der Plastikoberfläche in Kontakt ist. Die für die Antikörper zugängliche Zelloberfläche bleibt unfixiert.

1. Vorbehandeln der Plastikoberfläche mit Poly-L-Lysin: 50 µg/ml; 10 ml pro Platte; 30 Min./RT.
2. Abgießen der Poly-L-Lysin-Lösung und 3× waschen mit PBS.
3. Zugabe von 10 ml Glutardialdehyd-Lösung (10%). Inkubation 60 Min./RT.
4. Zwischenzeitlich Waschen der Zellsuspension mit PBS (3×). Einstellen der Zellzahl auf 3×10^5/ml.
5. Die Glutardialdehyd-Lösung abgießen und die Platten 3× mit PBS waschen.

6. Je 10 µl der Zellsuspension in die Terasaki-Näpfe füllen und 5 Min. bei 50×g zentrifugieren. Nach dem Zentrifugieren Platten 30 Min. bei RT inkubieren.
7. Zum Blockieren überschüssiger Aldehyd-Gruppen die Platten mit 10 ml PBS/1% RSA fluten und 15 Min. bei RT inkubieren.
8. Zugabe der Hybridom-Überstände: wie bei a)
9. Platten 3× mit PBS waschen.
10. Zugabe des Konjugates: wie bei a)
11. wie 9.
12. Substratzugabe: wie bei a)

Literatur

Maples JA (1985) A method for the covalent attachment of cells to glass slides for use in immunohistochemical assays. Am J Clin Pathol 83,3: 356-363.

10.10 ELISA zum Nachweis von Antigenen fixierter Zellen (Zell-ELISA)

10.10.1 Etablierung des Zell-ELISA

H. BAUMGARTEN

Seitdem monoklonale Antikörper (MAK) verfügbar sind, ist die Charakterisierung und Identifizierung von Zellen anhand ihrer spezifischen Oberflächenmarker erheblich vereinfacht worden. Das Screening von Hybridomen, die Antikörper gegen zelluläre Antigene bilden, ist in der Regel wesentlich aufwendiger als die Suche nach Antikörpern gegen lösliche Antigene. Sollen etwa verschiedene Zellinien auf ihre Reaktivität mit Überständen von Hybridomen getestet werden, und dies in Abhängigkeit von verschiedenen Fixationsbedingungen, so sollte eine Nachweismethode gewählt werden, die die Testung einer großen Anzahl von Hybridomüberständen erlaubt. Eine hierfür geeignete Methode ist der sog. Zell-ELISA (Landsdorp et al. 1980; Landsdorp et al. 1982; Layton und Smithyman 1983; Baumgarten et al. 1987).

Beim Zell-ELISA bindet der spezifische Antikörper an das zelluläre Antigen und wird über die Bindung eines enzymgebundenen zweiten Antikörpers (anti-Ig) und anschließender Substratumsetzung (=Farbreaktion) nachgewiesen. Daß die mit dieser Methode gewonnenen Ergebnisse sehr gut mit denen der konventionellen Fluoreszenzmikroskopie korrelieren, wurde kürzlich von Karbowiak und Appel (1988) bei der Bestimmung von Subpopulationen humaner Lymphozyten gezeigt.

Bei vitalen Zellen können nur diejenigen Zellmembran-assoziierten Antigene nachgewiesen werden, die außen auf der Zellmembran für die Nachweisantikörper erreichbar sind. Zum Nachweis von intrazellulären Antigenen ist eine Lyse oder Fixation der Zellen notwendig. Dies macht die Zellmembran permeabel für den freien Zugang des Nachweisantikörpers zum Antigen (s. Kap. 10.5). Sinnvollerweise werden zum Screening von Hybridomkulturen Zellen verwendet, die identisch zum späteren Test fixiert wurden. Wird das spezifische Antigen auch innerhalb der Zelle exprimiert, kann es nicht nur auf der Zellmembran der lebenden Zelle, sondern auch intrazytoplasmatisch in der fixierten Zelle nachgewiesen werden. Dieser Effekt ist sehr nutzbringend, da die Mehrheit der Membranantigene auch in signifikanten Mengen innerhalb der Zellen vorhanden sind.

Ein entscheidender Vorteil der hier vorgestellten, auf Mikrotiterplatten adaptierten Methode ist, daß die an die Platten fixierten Zellen bei 4°C in der Gegenwart von Bakteriostatika (z. B. NaN_3) für Tage bis Wochen vor dem eigentlichen Test gelagert werden können.

Bei der Verwendung von Zellgemischen, z. B. Blutzellen oder trypsinierten Gewebszellen, muß die Fixation der Zellen besonders sorgfältig durchgeführt werden, damit es im Laufe des Tests nicht zur selektiven Ablösung von einzelnen Zellpopulationen kommt (s. Kap. 10.5). Dies betrifft vor allem Zellen mit einem relativ niedrigen Verhältnis von Zytoplasma zu Kern. Bei einer optimalen Fixation würde die Antigenität z. B. der Proteine erhalten und die Zellen gleichzeitig fest an die Plastikoberfläche gebunden. Der Zell-ELISA kann nur dann relevante Ergebnisse liefern, wenn für eine wirkungsvolle Fixation gesorgt wird. Gerade bei der Etablierung der Methode sollte deshalb nach jedem Schritt überprüft werden, ob es zu größeren Zellverlusten gekommen ist. Eine sehr brauchbare Methode hierfür ist die Lufttrocknung, gefolgt von einer Ethanolfixation.

Die optimalen Bedingungen für den Zell-ELISA können am einfachsten gefunden werden, wenn ein Kontroll-MAK und anstelle des wasserlöslichen Substrates ABTS ein wasserunlösliches Substrat, z. B. 3-Amino-9-Ethylcarbazol (AEC), verwendet wird. Hiermit ist eine einfache Kontrolle für die unspezifische Bindung von Immunglobulinen an die Platte möglich: Zellfreie Stellen in der Mikrotiterplatte oder Zellen, die aufgrund ihrer Morphologie nicht mit dem zu testenden Antikörper reagieren sollten, sind angefärbt. Diese Kontrolle ist wichtig, weil in Immunoassays mit Zellen die Nachweisantikörper im Mikrogrammbereich verwendet werden. Dies sind Konzentrationen, die um den Faktor 100-1000 über den Konzentrationen im zellfreien ELISA liegen.

Zum Nachweis der zellgebundenen MAK wird ein hochtitriges, meist aus Kaninchen oder Schaf stammendes Antiserum gegen Maus-Immunglobulin verwendet, an das das Nachweisenzym Peroxidase gekoppelt ist. Allerdings kann auch ein universelleres System zur Signalverstärkung, z. B. das Biotin-Streptavidin System mit Biotin-gekoppeltem anti-Maus Ig und Peroxidase-gekoppeltem Streptavidin, verwendet werden. Mit beiden hier beschriebenen Nachweissystemen kann unter optimierten Bedingungen eine hohe Empfindlichkeit des Testsystems erreicht werden, es können wenige tausend Zellen nachgewiesen werden. Damit ist auch das Screening von MAK gegen Subpopulationen von Zellgemischen ohne weiteres möglich.

Etablierung des Zell-ELISA

Material

Medium	Medium 199, RPMI 1640 oder andere Medien ohne Serumzusatz
PBS	phosphatgepufferte Kochsalzlösung (PBS), pH 7,3 mit 0,01 M Natriumphosphat und 0,14 M NaCl
Blockierungspuffer	PBS mit 1% Gelatine und 50 µg/ml Kaninchen-IgG (Normal-IgG)
Verdünnungspuffer	PBS + 0,1% Gelatine
Gelatine	Hydrolysat, Sigma Nr. G 0262
Kaninchen-IgG	z. B. DAKOPATTS Nr. X903
Schaf anti-Maus IgG, Peroxidase-gekoppelt	z. B. Dianova Nr. 515-035-003 oder DAKOPATTS Nr. P260
Schaf anti-Maus IgG, biotinyliert	z. B. Dianova 515-035-003
Streptavidin-Peroxidase	z. B. Boehringer Mannheim Nr. 1089152
3-Amino-9-Ethylcarbazol	Fa. Sigma, Nr. A5754 10 mg AEC in 6 ml DMSO + 50 ml 0,2 M Na-Acetat, pH 5,0 frisch ansetzen + 30 µl H_2O_2 (6%)
Substrat (ABTS)	0,1 M Na-Azetat (13,61 g/l) 0,05 M $NaH_2PO_4 \times H_2O$ (6,9 g/l) ad pH 4,2 4 mM ABTS (2,2 g/l) 2,2'-Azino-di(3-ethylbenzthiazolinsulfonsäure-(6)) = ABTS, Boehringer Mannheim Nr. 102946 2,5 mM H_2O_2 (entspricht 30 µl 3% H_2O_2 pro 10 ml Substratpuffer, unmittelbar vor Zugabe zum Test zumischen).
Mikrotiterplatten	mit Flachboden, Zellkultur-Qualität ist nicht notwendig
Plattenphotometer	z. B. Dynatech MR700
Zentrifuge mit Halter für Mikrotiterplatten	z. B. Heraeus Sepatech Digifuge

Vorgehen

1. Die Zellen in serum- und proteinfreiem Medium auf 5×10^5/ml einstellen und jeweils 200 µl Zellsuspension in die Näpfe einer Mikrotiterplatte (Flachboden !) pipettieren. Die maximal applizierbare Zellzahl liegt bei etwa 100–300.000 Zellen bei einem mittleren Zelldurchmesser von 15 µm.

2. Die Platten für 2 Min. bei 700 × g zentrifugieren und die Zell-Überstände vom Rand der Näpfe her mit einer Mehrkanalpipette vollständig abheben. Die Zellen sollten nach der Zentrifugation eine möglichst gleichmäßige Zellschicht bilden. Liegen offensichtlich mehrere Zellschichten übereinander, muß die Zellzahl reduziert werden. Bilden die Zellen ringförmige Ablagerungen, hat entweder die Zentrifuge eine Unwucht, oder die verwendeten Platten haben keine planen Böden. Im letzteren Fall sollten andere Chargen bzw. Produkte anderer Hersteller verwendet werden.
3. Die Zellen bei 37–45 °C für mindestens 1 Stunde trocknen. Ausreichend getrocknete Zellen bilden einen gut sichtbaren, milchig-trüben Belag in den Näpfen. Zur Fixation und gleichzeitigen Inaktivierung der endogenen Peroxidase je 200 µl Fixans (99 Teile Ethanol p.a. + 1 Teil 36%-iges H_2O_2) zufügen und die Platten für weitere 10 Min. bei 1500 × g während der Fixation zentrifugieren. Wird während der Fixation nicht hochtourig zentrifugiert, kann sich ein Teil der luftgetrockneten Zellen wieder ablösen. Die Fixationslösung dekantieren und 200 µl PBS zu jedem Napf zugeben.

Wenn im Test kein Antigennachweis möglich ist, könnte das Antigen durch die Ethanolfixation zerstört worden sein. In diesem Fall müssen auch andere Fixationsmittel (s. Kap. 10.5) erprobt werden.
4. Zur Reduktion unspezifischer Bindung von Immunglobulinen an die Zellen je 100 µl Blockierungspuffer zu den entleerten Näpfen zugeben. Dieser Puffer enthält 1% Gelatine und 50 µg polyklonales Kaninchen IgG/ml von Kontrolltieren. Nach einer Inkubation bei RT für mindestens 2 Std. den Überstand entfernen.
5. 100 µl Zellkulturüberstand bzw. Kontroll-MAK in PBS mit 0,1% Gelatine (Fremdproteingabe zur Reduktion unspezifischer Bindungen) je Napf zufügen. Die optimale Konzentration des Kontroll-MAK muß vorher durch Immunzytochemie (s. Kap. 10.8) ausgetestet werden, meist werden MAK mit etwa 0,1–20 µg/ml eingesetzt. Über Nacht (> 12 Std.) bei 4 °C inkubieren, die Antikörperlösung abheben und mit 4 × 200 µl Verdünnungspuffer waschen.

ANMERKUNG: Bei Verwendung von weniger als etwa 70–100 µl pro Napf in Mikrotiterplatten kann in der zur Kontrolle durchgeführten Zytochemie regelmäßig eine schwächere Färbung der in der Mitte gelegenen Zellen im Vergleich zu den randständigen Zellen beobachtet werden. Daher sollten immer Volumina von mindestens 70 µl, besser aber 100 µl, verwendet werden.

6a. 100 µl Konjugat (Peroxidase-gekoppeltes anti-Maus Ig, 1:50 in Verdünnungspuffer) zugeben. Nach einer Inkubation für 1 Std. bei RT das ungebundene Konjugat abheben und mit 4 × 200 µl Verdünnungspuffer waschen.
6b. 100 µl Konjugat (biotinyliertes anti-Maus Ig, 1:200 in Verdünnnungspuffer) zugeben. Nach einer Inkubation für 1 Std. bei RT das ungebundene Konjugat abheben und mit 4 × 200 µl Verdünnungspuffer waschen.
100 µl Peroxidase-gekoppeltes Streptavidin (1:200 in Verdünnungspuffer) zugeben. Nach einer Inkubation für 1 Std. bei RT das ungebundene Konjugat abheben und mit 4 × 200 µl Verdünnungspuffer waschen.

7. 100 µl ABTS-Substratpuffer zugeben und für 15-30 Min. bei RT inkubieren. Die Ablesung erfolgt bei 405 nm (410 nm) gegen eine Referenz (490 nm).

Anmerkung zur hochtourigen Zentrifugation von Mikrotiterplatten:

Mikrotiterplatten haben sinnvollerweise einen gegenüber dem Rand höher stehenden Plattenboden. Dadurch wird ein Verkratzen der Platte und ein Verfälschen der Meßwerte verhindert. Bei hohen Beschleunigungen ($> 1000 \times g$) allerdings kann der Plattenboden auf die Zentrifugationsunterlage gepreßt werden, und die starren Platten können zerbrechen. Dies läßt sich leicht durch Unterlagen aus Silikonkautschuk verhindern, die zwischen Plattenboden und Plattenrand genau ausgleichen.

Zur Anfertigung entsprechender Silikonmatten kann Silikonmasse zur Fugenabdichtung (Heimwerkermarkt) verwendet werden. Die Masse wird in die waagerecht und umgekehrt liegende Platte (Unterseite nach oben) gegossen bzw. gespritzt und mit einer Glasplatte glatt abgedeckt. Die Polymerisation erfolgt für 1-2 Stunden bei 37 °C (keinesfalls im CO_2-Brutschrank wegen toxischer Dämpfe) oder über Nacht bei RT. Anschließend wird die Silikonmatte vorsichtig aus der Platte herausgezogen, und überstehende Ränder werden mit einem Skalpell abgeschnitten. Jeweils 2 zueinander gehörende Silikonmatten müssen schließlich auf dasselbe Gewicht gebracht werden und gleichartig markiert werden.

Literatur

Baumgarten H, Beulshausen H, Bätzing-Feigenbaum J, Bieber F, Zierz R, Götze O (1987) Determination of the T3-3A1 antigen in PHA-induced human T-cells by standardized cell-ELISA. J Immunol Meth 96: 201-209

Karbowiak I, Appel S (1988) Determination of lymphocytes subpopulations by enzyme immunoassay. Comparison with conventional fluorescence microscopy. J Immunol Meth 112: 31-35

Landsdorp PM, Astaldi GCB, Oosterhof F, Janssen MC, Zeijlemaker WP (1980) Immunoperoxidase procedures to detect monoclonal antibodies against cell surface antigens. Quantitation of binding and staining of individual cells. J Immunol Meth 39: 393-405

Landsdorp PM, Oosterhof F, Astaldi GCB, Zeijlemaker WP (1982) Detection of HLA antigens on blood platelets and lymphocytes by means of monoclonal antibodies in an ELISA technique. Tissue antigens 19: 11-19

Layton GT, Smithyman AM (1983) A cell ELISA technique. The direct detection and semiquantitation of immunoglobulin positive cells in 7 day lymphocyte cultures using the microtiter culture plates as the solid phase. J Immunol Meth 57: 37-42

10.10.2 Standardisierung des Zell-ELISA

H. BAUMGARTEN

Die Produktionsleistung von Hybridomen, d. h. ihre Sekretion von Immunglobulinen, kann mit Hilfe eines anti-Maus Ig ELISA (s. Kap. 10.4.2) gemessen werden. Hiermit können verschiedene Subklone oder verschiedene Kulturbedingungen miteinander verglichen werden. Solche Tests erlauben aber keine Aussage über den Anteil immunreaktiven Antikörpers am gemessenen Gesamt-Ig. Hierzu ist ein funktioneller Test notwendig, in dem die Bindung des MAK an sein spezifisches Antigen in bzw. auf einer Zelle überprüft wird, etwa ein standardisierbarer Zell-ELISA (Baumgarten 1986; Baumgarten et al. 1987).

Im allgemeinen werden Immuntests mit vitalen Zellen zum Nachweis von zellassoziierten Antigenen (z. B. die Immunfluoreszenz) nur für Screeningzwecke verwendet. Der Grund hierfür ist, daß die Reproduzierbarkeit gering und die Standardisierung solcher Methoden aufwendig ist. Werden hingegen fixierte Zellen verwendet, ist eine Standardisierung mit Hilfe von antigenhaltigen Zellmembranen möglich. Allerdings sind nur solche Epitope geeignet, die durch Fixation nicht oder nur wenig verändert werden, wenn also die Bindung der Antikörper an das native und fixierte Antigen weitgehend gleich ist.

Da in der Regel bei der Suche nach Antikörpern gegen zelluläre Antigene das Antigen nicht in gereinigter Form vorliegt, ist es sinnvoll, direkt antigenhaltige Zellen, Zellmembranen oder -lysate für die Kalibrierung zu verwenden. Das in der vorliegenden Methode verwendete Standardmaterial ist eine Membranfraktion. Grundsätzlich können aber auch rohe Membranpräparationen oder Gesamtzell-Lysate verwendet werden, die das spezifische Antigen enthalten. In diesem Fall sollte überprüft werden, ob die mit dem gereinigten Antigen und der Membranpräparation erhaltenen Eichgeraden einen ähnlichen/identischen Verlauf zeigen oder erheblich voneinander abweichen. Im letzteren Fall ist eine Kalibrierung mit den Membranen kaum sinnvoll.

Die Mikrotiterplatten (MTP) müssen nicht mit hochgereinigten Membranpräparationen beschichtet werden, es können deshalb sehr einfache Methoden der Membranpräparation verwendet werden. Da der absolute Antigengehalt nicht bekannt ist bzw. sein muß, kann diese Methode auch nur den relativen Antigengehalt von unbekannten zellulären Proteinen ermitteln.

Die Bindung der Membranpräparation an die MTP erfolgt besonders effizient z. B. durch Lufttrocknung mit anschließender Alkoholfixation oder nach Liebert et al. (1985) mit Glutardialdehyd an Poly-l-Lysin beschichtete Platten.

Voraussetzung für eine quantitative Auswertung ist, daß alle Proben definierte Zellzahlen enthalten oder z. B. der Proteingehalt jeder Probe bekannt ist. Da allerdings die Zelleinsaat in individuelle Probengefäße, etwa die Näpfe einer MTP, auch bei sorgfältigem Pipettieren sehr schwanken kann, ist nur die Zellzahlbestimmung jeder einzelnen Probe ein verläßlicher Parameter für die tatsächlich eingesetzten Zellzahlen. Bei kleinen Zellzahlen oder einer großen Anzahl von Proben (Screening von Hybridomüberständen) ist eine Zellzahlbestimmung praktisch nicht möglich. Eine einfache Alternative hierzu stellt die Bestimmung zellulären Proteins mit einem Farbstoff-bindenden Test (FBT) dar (s. Kap. 10.4).

Die Standardisierung des Zell-ELISA wird zweistufig durchgeführt:

1. Zielzellen werden in MTP ausplattiert. Dann wird mit Hilfe eines Zell-ELISA die Bindung von MAK aus Zellkulturüberständen an die Zielzellen gemessen. Die Eichung erfolgt über reproduzierbare Mengen des Antigens, die an Testnäpfe gebunden wurden.

2. Von jeder Probe wird mit Hilfe des FBT eine Bestimmung des zellulären Proteins vorgenommen.

Anschließend kann für jede Probe der spezifische Antigengehalt errechnet werden: Units Antigen/µg Zellprotein. Der so geeichte Zell-ELISA erlaubt die quantitative Bestimmung einer spezifischen Antigenkonzentration von vielen Proben in der MTP. Die Konzentration kann in relativen Einheiten (Mengen) – bezogen auf den Standard – angegeben werden und erlaubt den Vergleich verschiedener Proben in unterschiedlichen Platten.

Der vorliegende Zell-ELISA verwendet ein polyklonales, Peroxidasegekoppeltes Antiserum zum Nachweis der zellgebundenen monoklonalen Antikörper. Allerdings kann die Empfindlichkeit des Nachweissystems z. T. deutlich gesteigert werden, wenn der spezifische Antikörper biotinyliert und über ein Streptavidin-Enzym-Konjugat nachgewiesen wird (vgl. Kap. 10.8.5).

Die Messung des zellulären Proteins im Anschluß an den Zell-ELISA ist nur möglich, wenn keine extrazellulären Proteine vorhanden sind, die mit dem FBT interferieren. Gelatine wird bei der verwendeten Konzentration von Coomassie Blau praktisch nicht gebunden und eignet sich deshalb besonders gut. Andere Proteine wie RSA oder Casein sind nicht geeignet.

Die Empfindlichkeit des Zell-ELISA hängt von der Antigenkonzentration ab und kann durch Verdünnungsreihen von Zellen oder rohen Zellmembran-Präparationen ermittelt werden. Typischerweise können weniger als 10.000 Zellen oder weniger als 200 ng Plasmamembran nachgewiesen werden, die Nachweisgrenze liegt bei etwa 3.000 Zellen und 50 ng Membran.

Material

wie in Kap. 10.10.1
Aufschlußpuffer   Tris-HCl (20 mM, pH 7,3) + 145 mM NaCl + 1,5 mM $MgCl_2$

Proteasehemmer-Mix   1 mM Phenylmethylsulfonylfluoride (z. B. Boehringer Mannheim Nr. 236608)
                               + 0,1 mM Pepstatin (z. B. Boehringer Mannheim Nr. 253286)
                               + 10 µg/ml Chymotrypsin (z. B. Boehringer Mannheim Nr. 103322)
                               + 10 kIU Aprotinin (= Trasylol) (Sigma Nr. A-6279)

Homogenisator   z. B. Ultra Turrax T18 von IKA
Ultraschallgerät   z. B. Labsonic 150 von Braun Melsungen

Membranpräparation

Erfolgt nach Standardmethoden am Beispiel von Leukozyten:

1. Leukozyten werden 4mal im Aufschlußpuffer gewaschen und auf 1×10^8 Zellen/ml eingestellt.
2. Die Zellen werden mechanisch zerstört durch Homogenisation mit einem Ultra-Turrax T18 Apparat (IKA, Staufen) bei 20.000 UpM für 3×20 Sek. im Eisbad.
3. Die Kerne werden bei $1.500 \times g$ für 15 Min. bei 4°C pelletiert und die Überstände noch einmal bei $175.000 \times g$ für 1 Std. bei 4°C.
4. Die Membranen im Pellet werden dann mit 10 mM Tris-HCl (pH 7,3) bei $175.000 \times g$ gewaschen.
5. Die Lagerung der rohen Membranfraktionen erfolgt bei $-70°$ bis $-80°C$ in Aliquots. Mehrmaliges Einfrieren und Auftauen sollte unbedingt vermieden werden.
6. Unmittelbar vor ihrer Verwendung werden die Membranen homogenisiert durch Ultraschallbehandlung z. B. mit dem Labsonic 150 Gerät (Braun, Melsungen) für 6×10 Sek. bei 100 W im Eisbad. Dadurch erhält man Membranpartikel relativ homogener Größe, wie man durch Betrachtung im Phasenkontrastmikroskop kontrollieren kann.

ANMERKUNG: Grundsätzlich sollten während der Membranpräparation Proteaseinhibitoren zugefügt werden, da viele Proteine für den proteolytischen Abbau durch zelluläre Proteasen empfindlich sind.

Vorgehen

Die Verarbeitung der Zellen, Zugabe von Konjugaten etc. erfolgt exakt nach dem Rezept von Kap. 10.10.1 bis zur Substratzugabe. Angeschlossen wird für die Quantifizierung lediglich noch eine Bestimmung des zellulären Proteins der fixierten Zellen:

1. 100 µl ABTS-Substratpuffer zugeben und für 15 Min. bei RT inkubieren. Die Ablesung erfolgt bei 405 nm (410 nm) gegen eine Referenz (490 nm). Nach Ablesung der optischen Dichte wird die Substratlösung sofort abgehoben, die Platte 4mal mit je 200 µl Ethanol gewaschen und die Zellen erneut für 1 Std. bei RT luftgetrocknet.
2. Der Gehalt zellulären Proteins wird für jeden Napf mit Hilfe des FBT bestimmt.
3. Aus den ELISA- und Proteindaten wird die spezifische Peroxidase-Aktivität für jeden Napf errechnet:
OD $\times \mu g^{-1}$ zelluläres Protein.

Literatur

Baumgarten H (1986) A cell ELISA for the quantitation of leukocyte antigens. Requirements for calibration. J Immunol Meth 94: 91–98

Baumgarten H, Beulshausen H, Bätzing-Feigenbaum J, Bieber F, Zierz R, Götze O (1987) Determination of the T3-3A1 antigen in PHA-induced human T-cells by standardized cell-ELISA. J Immunol Meth 96: 201–209

Liebert M, Ballou B, Taylor RJ, Reiland JM, Hakala TR (1985) A method of membrane preparation for immunoassay. J Immunol Meth 85: 97–104

10.11 Lokale Nachweise spezifischer Antikörper

J. H. PETERS

Das Ziel, einzelne Ig-produzierende Zellen nachzuweisen, wurde zuerst durch den Jerne-Plaque-Test erreicht und besonders in der Modifikation von Cunningham und Szernberg (1968) viel benutzt. Einschränkungen liegen darin, daß als Indikatorsystem die Komplement-abhängige Lyse von Erythrozyten verwendet wird. Er hat damit eine Präferenz für Komplement-bindende Ig (z. B. IgM) und ist durch Schwankungen der Komplement-Qualität gefährdet. Er wird daher wohl immer mehr durch Tests wie die nachstehenden abgelöst werden.

Beim ELISPOT-Test (Kap. 10.11.1) werden die in der Umgebung einer lebenden und sezernierenden Plasmazelle freigesetzten Antikörper lokal gebunden und nach Entfernen der Zellen mit einer Immun-der Zytologie ähnlichen Methode angefärbt. Als Matrix dient hier eine ELISA-Mikrotiter-Platte, während beim hier nicht beschriebenen Filter-Immuno-Plaque-Assay (Möller and Borrebaeck, 1985) eine Filtermembran mit besonders großer Bindungskapazität eingesetzt wird. Beim immunzytochemischen Nachweis (Kap. 10.11.2) werden die spezifischen Ig innerhalb der Plasmazelle durch Bindung des Antigens dargestellt.

Literatur

Cunningham AJ, Szernberg A (1968) Further improvements in the plaque technique for detecting single antibody forming cells. Immunology 14: 599–609

Möller SA, Borrebaeck CAK (1985) A filter immuno-plaque assay for the detection of antibody-secreting cells in vitro. J Immunol Meth 79: 195–204

10.11.1 Elispot (Spot-ELISA) zum Nachweis spezifischer B-Lymphozyten

S. LENZNER und J. H. PETERS

Mit dieser Methode können antigenspezifische, Immunglobulin-sezernierende Zellen erfaßt werden, hier am Beispiel von Rubella-Antigen dargestellt.

Der Boden einer ELISA-Mikrotiter-Platte wird mit Antigen beschichtet. Anschließend wird die zu testende Zellsuspension zugegeben; innerhalb eini-

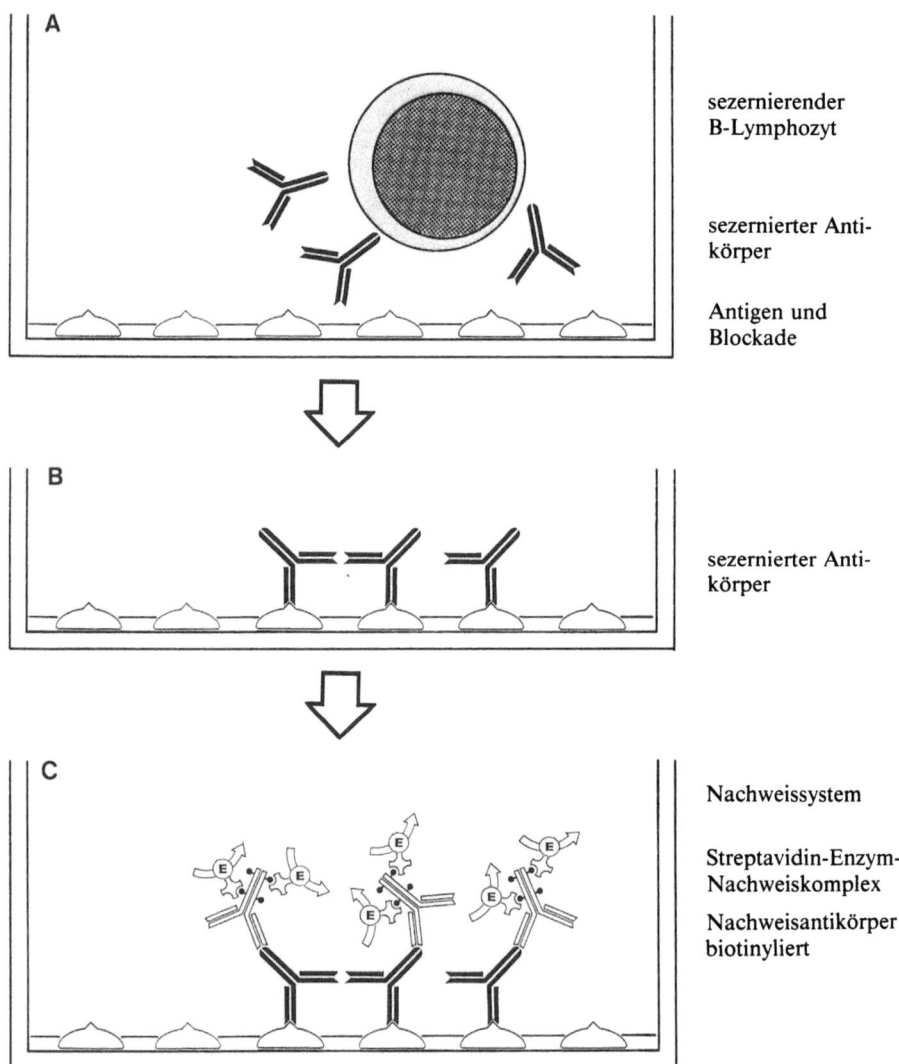

Abb. 57 A-C. Schema des Elispot

ger Stunden sezernieren die aktivierten B-Zellen die spezifischen Antikörper, die unmittelbar um die Zellen herum an ihr Antigen binden. Nach dem Abspülen der Zellen wird ein enzymbeladener anti-Humanimmunglobulin-Antikörper zugegeben und schließlich eine ca. 45 °C warme Agarose-Lösung, in der sich das Enzymsubstrat befindet. An den Stellen, wo ursprünglich Antikörpersezernierende Zellen waren, wird das Substrat durch das Enzym umgesetzt, und es erscheinen in der Agaroseschicht farbige Punkte (Spots).

Material

Röteln-HA-Antigen	aus BHK-Zellen, lyophilisiert, Orion Nr. D-448
Beschichtungspuffer	Lösung A: 0,2 M Na_2CO_3 (21,2 g/l) Lösung B: 0,2 M $NaHCO_3$ (16,8 g/l) Gebrauchslösung: 17 ml Lösung A + 8 ml Lösung B ad 100 ml H_2O (Gebrauchslösung pH 10,6)
Phosphatpuffer	(PBS) pH 7,2
Gelatine	z. B. Bacto Gelatin, Difco Nr. 0143-02
Blockierungspuffer	PBS + 1,5% Gelatine
Waschpuffer	PBS + 0,5% Gelatine
Konjugat 1	Ziege-anti-human-IgG/IgM Antikörper (H&L), biotinyliert, Dianova Nr. 109-6544
Konjugat 2	Streptavidin-biotinylierter alkalische Phosphatase-Komplex, Amersham Nr. 1052
Substrat	5-BCIP (5-Bromo-4-chloro-3-indolyl-phosphat) p-Toluidin-Salz, Sigma Nr. B-8503
gelöst in	AMP-Puffer (2-Amino-2-methyl-1-propanol), freie Base, Sigma Nr. A-9879
ELISA-Platten	z. B. Immunoplatten TYP II-96F, Nunc Nr. 4-42404
Lupe, Binokular o. ä.	(günstig ist eine 20-25 fache Vergrößerung)

Vorbereitungen

Für 1 Liter AMP-Stammlösung: 150 mg $MgCl_2 \times 6\ H_2O$, 0,1 ml Triton X-405 (Sigma) und 1,0 g Na-Azid in etwas dest. Wasser lösen, 95,8 ml AMP unter Rühren zugeben. Mit dest. Wasser auf ca. 90% des Endvolumens auffüllen und den pH mit konz. HCl auf 10,25 einstellen. Lösung über Nacht bei Raumtemperatur stehenlassen, dann pH nachkorrigieren. Mit Wasser auf 1 L auffüllen und bei 4 °C aufbewahren. 5-BCIP mit einer Endkonzentration von 2,3 mM in die AMP-Stammlösung einrühren. Nach ca. 1 Stunde die Substrat-Lösung sterilfiltrieren und bei 4 °C lagern.

Agarose: 3% Agarose in dest. Wasser ansetzen. Am Tag des Tests die 5-BCIP-Stammlösung auf 45 °C vorwärmen, die Agarose schmelzen und mit der 5-BCIP-Lösung zu einer Endkonzentration von 0,6% mischen. Bis zum Gebrauch auf 45 °C halten.

Vorgehen

1. Beschichten der Platten: Das Rötelnantigen wird je nach Ausgangskonzentration z. B. 1:10 in Beschichtungspuffer verdünnt. Je Napf werden 50 µl dieser Lösung eingebracht. Die Bindung an die Festphase erfolgt über Nacht bei 4 °C.
2. Die Platte wird ausgeschlagen (je nach Antigen kann die Lösung auch gesammelt und bis zu zweimal wiederverwendet werden). Die Platte wird mit 200 µl Blockpuffer pro Napf 1 Std. bei 37 °C oder über Nacht bei 4 °C stehengelassen.
3. 3-maliges Waschen der Platte mit 200 µl Waschpuffer je Napf.
4. Zugabe von 100 µl Zellsuspension pro Napf. Die Platte wird nun 2–16 Std. vibrationsfrei (!) bei 37 °C aufbewahrt.
5. Platte ausschlagen; 4-maliges Waschen, vgl. 3.
6. Zugabe von je 100 µl des biotinylierten Ziege anti-human Ig Antikörpers in einer Verdünnung von 1:500 in Waschpuffer; Inkubation für 2 Std. bei 37 °C oder über Nacht bei 4 °C.
7. 4-maliges Waschen, vgl. 3.
8. Zugabe von je 100 µl pro Napf des Streptavidin-biotinylierten alkalische Phosphatase-Komplexes in einer Verdünnung von 1:500 in Waschpuffer; Inkubation für 1 Std. bei Raumtemperatur.
9. 4-maliges Waschen, vgl. 3.
10. Zugabe von je 100 µl Agarose-Substrat-Lösung pro Napf. Die Platte muß hierbei auf einer waagerechten Fläche stehen und darf nicht bewegt werden, bis die Agarose erstarrt ist (nach ca. 5 Min.). Inkubation für 2 Std. bei 37 °C, danach bei Raumtemperatur.
11. Nach den 2 Std. Inkubationszeit oder einige Std. später können blaue Spots bei ca. 20-facher Vergrößerung ausgezählt werden; nur sollte man die Spots immer nach gleicher Inkubationsdauer auszählen, um vergleichbare Ergebnisse zu erzielen; denn da die Farbreaktion nicht abgestoppt wird, erscheinen nach z. B. 16 Std. mehr Spots als nach 2 Std.

Weiterführende Literatur

Czerkinsky CC, Nilsson L-A, Nygren H, Ouchterlony Ö, Tarkowski A (1983) A Solid-Phase Enzyme-Linked Immunospot (ELISPOT) Assay for the Enumeration of specific Antibody-Secreting Cells. J Immunol Meth 65: 109–121

Franci C, Ingles J, Castro R, Vidal J (1986) Further studies on the ELISA-spot technique. J Immunol Meth 88: 225–232

Franci C, Vidal J (1988) Coupling redox and enzymic reactions improves the sensitivity of the ELISA-spot assay. J Immunol Meth 107: 239–244

Möller SA, Borrebaeck CAK (1985) A filter immuno-plaque assay for the detection of antibody-secreting cells in vitro. J Immunol Meth 79: 195–204

Sedwick JD, Holt PG (1983) A Solid-Phase Immunoenzymatic Technique for the Enumeration of Specific Antibody-Secreting Cells. J Immunol Meth 57: 301–309

Sedwick JD, Holt PG (1986) The ELISA-plaque assay for the detection and enumeration of antibody-secreting cells. J Immunol Meth 87: 37–44

10.11.2 Nachweis spezifischer Immunglobuline in Einzelzellen mit der wiederholten APAAP-Technik

W. BEUCHE, R. S. THOMAS und J. H. PETERS

Mason (1985) gelang es, die Empfindlichkeit der APAAP-Technik (s. Kap. 10.8.4) so weit zu steigern, daß einzelne Ig-produzierende Zellen spezifisch getestet werden können. Dabei wird der in der Einzelzelle zytoplasmatisch vorhandene Antikörper in situ als „catching antibody" benutzt, um daran zunächst das Antigen zu binden. Ein zweiter antigenspezifischer Antikörper einer anderen Spezies startet die Nachweisreaktion. Das Verstärkungsprinzip der APAAP-Technik wird hier dreimal hintereinandergeschaltet, so daß sich der Verstärkungseffekt multipliziert. Trotzdem bleibt die Hintergrundfärbung niedrig. Diese Technik hat sich z. B. bei der Liquor-Diagnostik, bei der nur wenige Zellen anfallen, schon bewährt (Beuche et al. 1989). Als Gegenfärbung zur Darstellung aller Ig-enthaltenden Zellen wird ein fluoreszierendes anti-human-Ig-Antiserum eingesetzt.

Material

Ultraschallgerät	Branson Sonifier Cell Disrupter B 15
Inkubator-Schüttler	Heidolph DSG 304
Antigen-Präparation	
Nachweisantikörper oder -serum	gegen das Antigen gerichtet, aus der Maus
Brückenantikörper	Kaninchen-anti-Maus Ig DAKOPATTS Nr. Z 259
APAAP	DAKOPATTS Nr. D 651
Tris-Puffer	Tris 0,9 mM pH 7,4, Merck Nr. 8382
N,N-Dimethylformamid	Merck Nr. 3053
Substrat	1. 150 µl Neufuchsin (Serva Nr. G. J. 42520) plus 1g $NaNO_2$ (z. B. Merck Nr. 6549) in 25 ml Aqua dest., 2. Levamisole (Sigma Nr. L-9756) 16 µg in 50 ml Tris-Puffer, 3. Naphthol AS Biphosphat (Sigma Nr. N-2125) 25 mg in 300 µl Dimethylformamid.

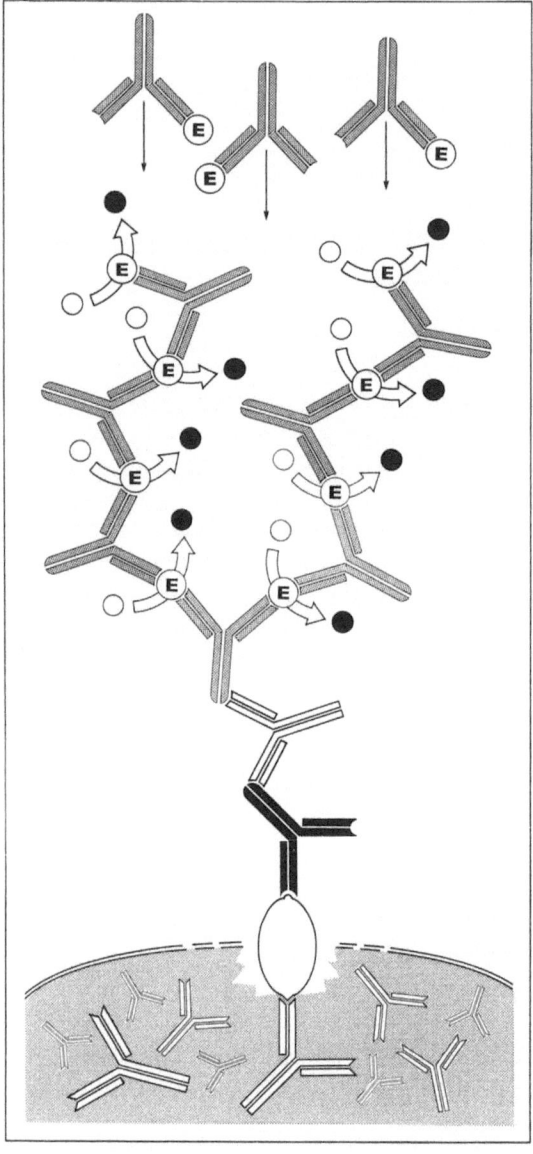

Abb. 58. Nachweis spezifischer Antikörper in Einzelzellen

Fixativ 2,58% Formaldehyd	Formaldehyd 37%, Merck Nr. 3999	4,5 ml
	Aceton (99,9%)	30 ml
	Ethanol (99,9%)	30 ml
Ziege-anti-human-Ig Serum FITC	Sigma Nr. F-6506	
Antigen	z. B. Varicella-Zoster-Virus	

Blockierungspuffer   z. B. Kuhmilch
Adhäsionsobjektträger   BioRad

Vorgehen

1. Zellen werden auf Glasobjektträger aufgebracht (Zytozentrifugation, Ausstrichtechnik (s. Kap. 6.6.2), Adhäsionsobjektträger). Aus der Kultur stammende Zellen werden vorher sedimentiert und in Serum aufgenommen, wodurch nach dem Auftrocknen die Morphologie besonders gut erhalten bleibt. Die Präparate werden luftgetrocknet. Sie können getrocknet bei −70 °C aufbewahrt werden.
2. Fixation in Aceton-Ethanol-Formalin für genau 60 Sek. bei Raumtemperatur.
3. Antigen in 0,9 mM Tris-Puffer pH 7,4 plus 0,5% fötales Kälberserum. Auf Eis 10 mal beschallen mit 34 Watt, damit sich eventuelle Aggregate auflösen.
4. Inkubation mit dem Antigen:
   Aufnehmen des Antigens in Medium RPMI 1640 plus 3% fötales Kälberserum, und eventuell Natrium Azid (0,01 M). 2 Stunden Inkubation bei 22 °C in feuchter Atmosphäre.
5. 3 mal Waschen in Tris-Puffer für je 10 Min., dabei leicht schütteln (Schüttler, Frequenz ca. 200/Min.).
6. Inkubation mit dem Nachweisantikörper, oder auch Antiserum aus der Maus gegen das Antigen, z. B. im Titer 1:50 bis 1:200, in Medium plus 3% FKS, 60 Min. bei Raumtemperatur.
7. Waschen wie bei 5.
8. APAAP-Reaktion in drei Wiederholungen:
   (1) Brückenantikörper Rabbit-anti-Maus   30 Min.,
       APAAP-Komplex   30 Min.,
   (2) Brückenantikörper   20 Min.,
       APAAP-Komplex   20 Min.,
   (3) Brückenantikörper   10 Min.,
       APAAP-Komplex   10 Min.
   Nach jedem einzelnen Schritt für 5 Min. mit 3 Pufferwechseln waschen. Falls hierbei Zellen verlorengehen, spezielle Objektträger mit stark adhäsiver Wirkung (s. o.) einsetzen.
9. Substrat: Die drei Komponenten zusammengeben und filtrieren. Färben für 1 Stunde bei ständiger Bewegung.
10. Abstoppen unter fließendem Leitungswasser.
11. Kontrollen: Zugabe von FITC-konjugiertem Ziege-anti-human-Ig Antiserum.

Auswertung

Kontrolle Punkt 11 sollte alle anderen zytochemisch nicht gefärbten B-Blasten anfärben, wodurch eine endogene negative Kontrolle vorliegt. Als positive

Kontrolle können periphere Blutzellen von einem Varicella zoster Virus-Infizierten oder Hybridome gewählt werden.

Literatur

Beuche W, Thomas RS, Felgenhauer K (1989) Demonstration of zoster virus antibodies in cerebrospinal fluid cells. J Neurol 236: 26-28

Mason DY (1985) Immunocytochemical labeling of monoclonal antibodies by the APAAP immunoalkaline phosphatase technique. In: Bullock GR, Petrusz P (eds), Techniques in Immunocytochemistry Vol 3, Academic Press, London, pp 25-42

10.12 Dot-Immunobinding Test

H. BAUMGARTEN und M. DENDEN

Der Dot-Immunobinding Test (deutsch: Tüpfel-Test) ist ein einfach durchzuführender Test, der meist zum Nachweis von Antigenen in Seren, Säuleneluaten, Zellmembranen, Zellüberständen, Zellhomogenaten und -lysaten etc. verwendet wird. Seine besondere Stärke ist der Nachweis von hydrophoben Proteinen (z. B. Membranproteinen) oder stark detergenzienhaltigen Proben. Diese binden schlecht an Kunststoffe und sind somit auch schlecht in Tests einsetzbar, die z. B. auf der Mikrotitertechnologie (ELISA etc.) beruhen. Hingegen spielt die Natur des zu untersuchenden Materials im Dot-Immunobinding Test nur eine untergeordnete Rolle. Hier werden die Antigene an Nitrozellulose- (NC-) oder Nylonmembranen mit hohem Adsorptionsvermögen spontan gebunden (Abb. 59). Positiv sind auch der niedrigere Materialverbrauch und die damit höhere Umweltverträglichkeit im Gegensatz zu den gängigen ELISA-Techniken.

Der Dot-Immunobinding Test erlaubt die Testung vieler Proben und eignet sich daher besonders zum Screening. Die Nachweisgrenze des Dot-Tests ist mit der von konventionellen Methoden wie dem ELISA vergleichbar.

Von mehreren Firmen werden Geräte angeboten, die - im gleichen Format wie 96-Napf-Mikrotiterplatten - die simultane Testung von 96 Proben ermöglichen. Der Test läßt sich aber auch relativ leicht ohne solche Geräte durchführen, indem in Streifen geschnittene Nitrocellulose-Folie in Testlösungen inkubiert wird. Mit geringem apparativen Aufwand sind semiquantitative Aussagen möglich. Die Anschaffung von densitometrischen Auswertegeräten im Werte von 30.000-40.000 DM ist sicherlich nur in Einzelfällen sinnvoll.

Testprinzip

Nitrozellulose-Folie hat mit 80 µg Protein/cm^2 und Nylonfolie mit 480 µg Protein/cm^2 (Gershoni und Palade, 1983) eine hohe Proteinbindungskapazität. Die maximal adsorbierte Proteinmenge von herkömmlichen Plastiksystemen liegt mit ca. 400 ng/cm² erheblich niedriger. Antigene binden spontan an NC aufgrund eines nicht einwandfrei geklärten Mechanismus. Die Bindung an positiv geladene Nylonfolie erfolgt über elektrostatische Wechselwirkungen. Da eventuell freie Bindungsstellen im weiteren Verlauf noch andere Proteine und damit auch unspezifisch die Nachweisreagenzien, binden können, müssen sie mit antigenfreiem Protein (z. B. Gelatine, Serum oder Serumalbumine verschiedener Spezies) abgesättigt bzw. abgeblockt werden.

Der Antigennachweis erfolgt in der Regel mit Hilfe eines gegen den ersten Antikörper gerichteten zweiten Antikörpers, der mit Peroxidase (POD) markiert ist. Zum Nachweis ist grundsätzlich auch das in der Zytochemie ver-

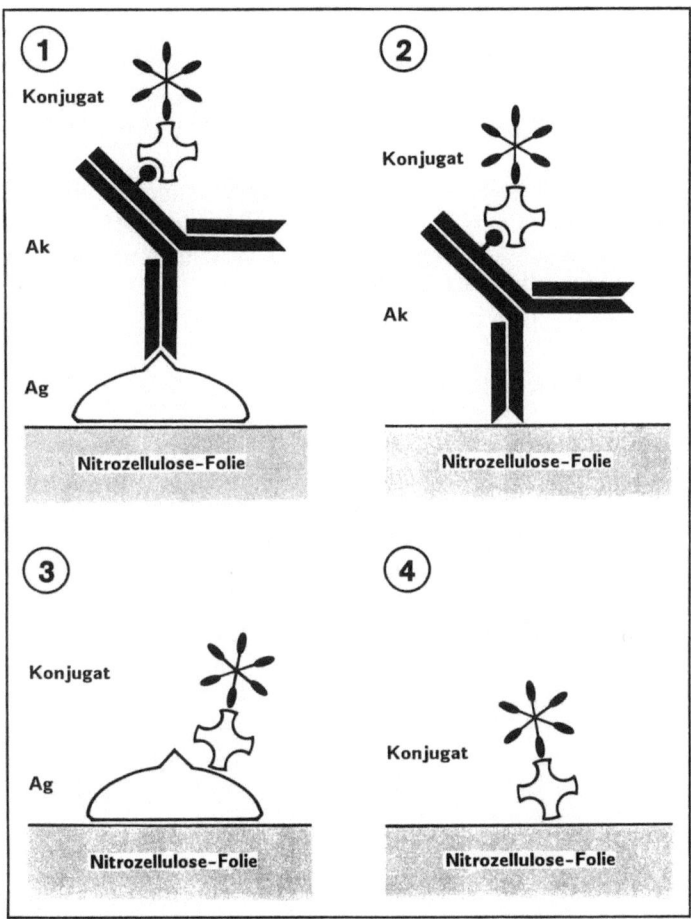

Abb. 59. Schematischer Aufbau des Dot-Immunobinding Tests (1) und sinnvoller Kontrollen (2–4). Das Antigen wird an die Festphase, die Nitrocellulose-Folie, gebunden

1. Positivkontrolle mit gereinigtem Antigen (spez. Nachweis)
2. Kontrolle auf unspezifische Bindung des Antikörpers an die Nitrocellulose-Folie
3. Kontrolle auf unspezifische Bindung des Konjugates an das Antigen
4. Kontrolle auf unspezifische Bindung des Konjugates an die Nitrocellulose-Folie

wendete Enzym alkalische Phosphatase mit einem geeigneten Substrat (s. Kap. 10.8.4) geeignet. Wenn der erste Antikörper ein monoklonaler Maus-Antikörper (MAK) ist, kann er mit einem POD-markierten anti-Maus Ig nachgewiesen werden. Alternativ hierzu können zum Nachweis biotinylierte, spezifische Antikörper verwendet werden, die mit Streptavidin-Peroxidase als Konjugat und anschließender Farbreaktion sichtbar gemacht werden. Das Enzym katalysiert über die Oxidation eines geeigneten Substrates die Bildung eines nicht-löslichen Farbstoffes.

$$\text{Peroxidase} + H_2O_2 \Rightarrow \text{Peroxidase-}H_2O_2$$
$$\text{Peroxidase-}H_2O_2 + \text{Farbstoff-H2} \Rightarrow \text{Peroxidase} + \text{Farbstoff} + 2H_2O$$
$$\text{(farblos)} \qquad\qquad\qquad \text{(farbig)}$$

Als Farbstoffe bieten sich das von Graham et al. (1965) eingeführte 3-Amino-9-Ethylcarbazol (AEC) oder das von Hawkes et al. (1982) eingeführte 4-Chlor-1-Naphthol an. Beide Substrate gelten als nicht kanzerogen und zeigen einen kräftigen Farbumschlag von farblos nach rotbraun (AEC) bzw. blauschwarz/ lila (Chlor-Naphthol).

Alternativ zu den enzymatischen Nachweisen können auch kolloidales Gold-gekoppeltes IgG (+/− Silberverstärkung) oder ^{125}J-gekoppeltes Protein A verwendet werden. Die Nachweisgrenzen für diese verschiedenen Systeme sind nach Kimball et al. (1988) in etwa gleich.

Vermeidung unspezifischer Proteinbindung

Es gibt keinen Standardpuffer, um unspezifische Proteinbindungen zu verhindern. Es kann daher unter Umständen notwendig sein, mehrere Blockadepuffer auszutesten. Variiert werden sollte die Salzkonzentration (Zugabe von 50-200 mM NaCl), die Konzentration des Detergenz (z. B. Tween 20, Triton X-100, jeweils maximal 0,1%) und die des Fremdproteins (bis 5%). Limitierend für die Konzentration des Fremdproteins (RSA, Casein, Serum, etc.) ist meist die Durchlässigkeit der Filtermembran: So führt etwa Gelatine selbst in sehr geringen Konzentrationen von weniger als 0,1% zum Verstopfen der Membranen, während das niedermolekulare Kollagen-Hydrolysat Crotein C in Konzentrationen bis 3% verwendet werden kann. Weitere erprobte Zusätze sind Hämoglobin bis 5%, Ethanolamin bis 10% und Polyvinylpyrollidon bis 2%. In jedem Fall sollte daher ein Vorversuch zur Ermittlung der maximal applizierbaren Konzentration des Fremdproteins durchgeführt werden.

Kontrollen

Werden nicht biotinylierte Antikörper z. B. aus Kulturüberständen mit einem zweiten, enzymmarkierten Antikörper nachgewiesen, muß unbedingt eine eventuelle Kreuzreaktion dieses zweiten Antikörpers mit dem Antigen vermieden werden. Dies kann durch eine Präadsorption des zweiten Antikörpers bzw. des Konjugates mit dem Antigen erreicht werden (vgl. Kap. 10.3.1). Die dazu not-

Dot-Immunobinding Test

wendigen Kontrollen sollten in jedem Test mitgeführt werden (Abb. 59, 60). Neben dieser spezifischen Bindung haben verschiedene Antikörper und Konjugate eine unterschiedliche Tendenz, sich unspezifisch an die Nitrocellulose-Folie bzw. das Antigen zu binden.

Die nachfolgende Methode wurde mit folgenden Geräten etabliert: 1. Minifold, 2. Slot-Blot, Minifold II (beide von Schleicher+Schüll) 3. Bio-Dot (Bio-Rad) und enzymmarkierte Nachweisantikörper. Drei verschiedene Testführungen sind mit den angegebenen Reagenzien möglich:

a) Antigen – MAK – Peroxidase-markiertes Konjugat
b) Antigen – MAK – biotinyliertes Konjugat – Streptavidin-Peroxidase
c) Antigen – biotinylierte MAK – Streptavidin-Peroxidase

Material

Geräte für den Immunodot-Test:

z. B. Minifold	Schleicher & Schüll
z. B. Biodot	Bio-Rad
Nitrocellulose-Folie	z. B. Schleicher & Schüll, Porengröße 0,45 µm, BA 85 Nr. 401188
Abklatschpapier	z. B. Schleicher & Schüll, GB 003, Nr. 426896 oder Whatman No. 3
Gelbond Folie	z. B. BIOzym Nr. 16022
Antigen	z. B. Zellmembranen, gereinigt und in PBS+/− Detergens aufgenommen; die maximal nicht störende Konzentration des Detergens muß vorgetestet werden
Blockadepuffer	z. B. RSA, Gelatine, entfettetes Casein, Crotein C (hoher/höchster Reinigungsgrad ist unnötig), in PBS, siehe Text
Waschpuffer	PBS, besser 1:10 in PBS verdünnter Blockadepuffer
Antiserum	Serum von immunisierten Mäusen, wird zur Etablierung des Tests benötigt
Monoklonale Antikörper	aus Überständen von Zellkulturen oder aus Aszitesflüssigkeiten; bevorzugt wird gereinigter, biotinylierter Antikörper
Konjugat 1	Schaf anti-Maus Ig Antikörper, Peroxidase-markiert; z. B. Dianova Nr. 515-035-003, 1:100 verdünnt in PBS
Konjugat 2	Schaf anti-Maus Ig Antikörper, Biotin-gekoppelt; z. B. Amersham Nr. 1001, 1:200 verdünnt in PBS

Konjugat 3	Streptavidin-Peroxidase; z. B. Amersham Nr. 1001, 1:100 verdünnt in PBS
4-Chlor-1-Naphthol Stammlösung: Gebrauchslösung:	z. B. Merck Nr. 11952 10 mg Chlornaphthol/ml Methanol 20 ml 50 mM Na-Azetat pH 6 + 200 µl Chlor-Naphthol (RT) + 50 µl H_2O_2 (3%-ig)
3-Amino-9-Ethylcarbazol Gebrauchslösung:	z. B. Fa. Sigma, Nr. A57541 10 mg AEC in 6 ml DMSO + 50 ml 0,2 M Na-Acetat, pH 5,0 frisch ansetzen + 30 µl H_2O_2 (6%)

Kurzschema

10 ml mit antigenhaltiger Lösung (<10 µg/ml) die NC-Folie beschichten	30 Min.	RT
60 ml NC-Folie 3mal mit 20 ml PBS waschen		
10 ml Blockieren für 30 Min.	30–60 Min.	RT
NC-Folie einspannen		
100 µl erster Antikörper	30–60 Min.	RT
200 µl PBS (4 ×)		
100 µl Enzymkonjugat	30–60 Min.	RT
200 µl PBS (4 ×)		
100 µl Substrat	15 Min.	RT

Vorgehen

1. Die Antigen-Beschichtung, Blockade und Konjugat-Inkubation erfolgt außerhalb des Gerätes, z. B. in einer mit Protein abgesättigten Polystyrolschale: Hierzu wird ein 8 × 11,5 cm großes Stück NC-Papier mit Wasser gleichmäßig angefeuchtet. Anschließend wird es in eine flache Schale (z. B. den Deckel einer Mikrotiterplatte) überführt und für 30 Min. mit 10 ml antigenhaltigem Puffer (Konzentration < 10 µg Protein/ml) überschichtet.
Kleinere Stücke von Nitrocellulose oder Nylonmembranen werden beschichtet, indem sie z. B. in ein Zentrifugenröhrchen mit Antigenlösung getaucht werden oder auf eine hydrophobe Folie, z. B. Gelbond, gelegt und mit dem antigenhaltigen Puffer überschichtet werden.
Die Empfindlichkeit des Tests kann unter Umständen dadurch erhöht werden, daß das Antigen in basischem oder saurem Puffer gelöst und aufgetragen wird.
2. Verwerfen der Antigenlösung und 3mal waschen mit je 20 ml PBS ohne Fremdprotein-Zusatz. Obwohl nur ein Teil des Antigens bindet, sollte die Antigenlösung nicht (!) wiederverwendet werden.

Blockieren der NC-Folie durch Inkubation in 10 ml Blockadepuffer, z. B. PBS+3% RSA, für 30–60 Min. bei RT.
Ungeduld bei diesem Schritt hat häufig falsch positive Resultate zur Folge!

3. Die NC-Folie wird nach Abgießen des Blockadepuffers gemäß den Herstellerangaben zusammen mit Abklatschpapier in das Gerät eingespannt. Werden kleinere Stücke NC-Papier verwendet, werden die nicht bedeckten Näpfe mit Parafilm verschlossen. Leere Nachbarnäpfe sollten mit Blockadepuffer gefüllt werden, um eine Diffusion der Proben zu vermeiden.
Die Dichtigkeit des Systems kann dadurch leicht überprüft werden, daß durch den Ausfluß mit einer 50 ml Spritze Puffer/Wasser in das Gerät gepumpt wird.

ACHTUNG: Nitrocellulose-Papiere dürfen bis zur Farbreaktion nur mit einer Pinzette (breitbackig, stumpf) manipuliert werden.

4. Zugabe von je 100 µl Antikörperlösung (Mehrkanalpipette). Die Inkubation erfolgt für mindestens 30 Min. bei RT.
Kulturüberstände werden konzentriert oder bis zu 1:20 verdünnt eingesetzt, Mausseren $1:10^3$ bis $1:10^6$ verdünnt.
Die Proben müssen 1–2 mm oberhalb der Folie abgegeben werden, sonst kann bei Berührung der Folie mit den Pipettenspitzen die Folie leicht verletzt werden. Beim Pipettieren in die relativ tiefen Näpfe der Dot-Geräte kann ein Teil der Probe an den oberen Bereichen der Wand hängenbleiben und dadurch verloren gehen. Quantitative Aussagen sind dann kaum noch möglich.

5. Absaugen und 5 mal mit je 400 µl PBS pro Napf waschen.
6. Zugabe von je 100 µl mit Konjugat, das vorher mit dem Antigen präabsorbiert wurde. Die Inkubation erfolgt für mindestens 30 Min. bei RT.
7. Absaugen und waschen (s. 4).
8. Starten der Farbreaktion durch Zugabe von je 100 µl Färbereagenz. Die Reaktion kann meist nach ca. 15 Minuten, sonst nach Eintreten einer deutlichen Färbung durch Absaugen der Lösung und mehrfaches Waschen mit Leitungswasser beendet werden. Dies kann besonders effizient nach Entnahme des Filters aus dem Gerät unter fließendem Wasser erfolgen.

Auswertung

Die Auswertung erfolgt visuell im Vergleich zu den Kontrollen bzw. im semiquantitativen Test gegen eine Kontroll-Verdünnungsreihe (Abb. 60). Eine unregelmäßige, kreisförmige Anfärbung der NC-Folie (Bildung von Halos) im Bereich der Probe tritt bei Dot-Geräten regelmäßig auf. Ergebnisse von Immunodots können deshalb in der Regel nicht die Präzision haben wie ein Enzymtest in der Mikrotiterplatte.

Da 4-Chlor-1-Naphthol im Tageslicht schnell ausbleicht, müssen gefärbte NC-Folien im Dunklen aufbewahrt werden.

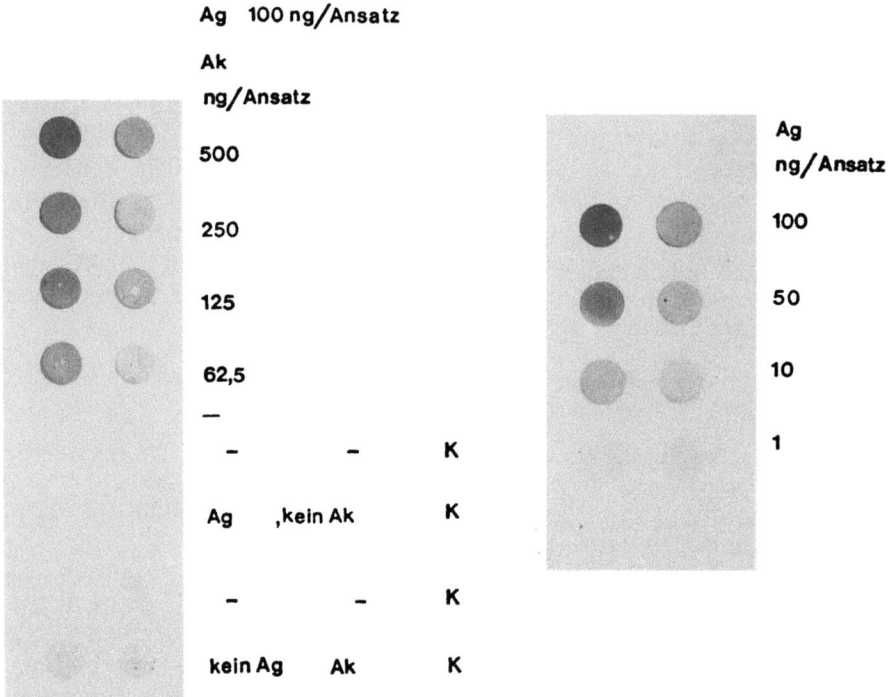

Abb. 60. Typische Dot-Bilder:
1. Eine Verdünnungsreihe zweier gegen das gleiche Antigen gerichteter Antikörper
2. Eine Verdünnungsreihe von Antigen bei optimaler Antikörperkonzentration

Literatur

Gershoni JM, Palade GE (1982) Electrophoretic transfer of proteins from sodium dodecyl sulfate-polyacrylamide gels to a positively charged membrane filter. Anal Biochem 124: 396–405

Gershoni JM, Palade GE (1983) Protein-blotting: principles and applications. Anal Biochem 131: 1–15

Graham C, Lundholm V, Kaprowsky MJ (1965) Cytochemical demonstration of peroxidase activity with 3-amino-9-ethylcarbazole. J Histochem Cytochem 13: 150–152

Hawkes R, Niday E, Gordon J (1982) A dot-immunobinding assay for monoclonal antibodies. Anal Biochem 119: 142–147

Weiterführende Literatur

Grondahl-Hansen J, Huang J-Y, Nielsen LS, Andreasen PA, Dano K (1986) General detection of proteins after electroblotting by trinitrobenzene sulphonic acid derivatization and immunochemical staining with a monoclonal antibody against the trinitrophenyl group. J Biochem Biophys Meth 12: 51–59

Handman E, Jarvis HM (1985) Nitrocellulose-based assays for the detection of glycolipids and other antigens: mechanism of binding to nitrocellulose. J Immunol Meth 83: 113–123

Sternberg J, Jeppesen P (1983) Dot-blotting - a novel screening assay for antibodies in hybridoma cultures. J Immunol Meth 64: 39-43

Stya M, Wahl R (1984) Dot-base ELISA and RIA: two rapid assays that screen hybridoma supernatants against whole live cells. J Immunol Meth 73: 75-81

Towbin H, Gordon J (1984) Immunoblotting and dot immunobinding - current status and outlook. J Immunol Meth 72: 313-340

Literatur: Blockieren

Bird CR, Gearing AJH, Thorpe R (1988) The use of Tween 20 alone as a blocking agent for immunoblotting can cause artefactual results. J Immunol Meth 106: 175-179

Hauri H-P, Bucher K (1986) Immunoblotting with monoclonal antibodies: importance of the blocking solution. Anal Biochem 159: 386-389

Literatur: Signalverstärkung

Cox DP, Schroff PD (1986) Immunogold staining reagents: a sensitive technique for biomedical research. Internat. Biotechnol Lab 4: 34-45

Egger D, Bienz K (1987) Colloidal gold staining and immunoprobing of proteins on the same nitrocellulose filter. Anal Biochem 166: 413-417

Hauber R, Geiger R (1987) A new, very sensitive, bioluminesscence-enhanced detection system for protein blotting. J Clin Chem Clin Biochem 25: 511-514

Hunter JB, Hunter SM (1987) Quantification of proteins in the low nanogram range by staining with the colloidal gold stain aurodye. Anal Biochem 164: 430-433

Laing P (1986) Luminescent visualization of antigens on blots. J Immunol Meth 92: 161-165

Sampson J, Matthews JA, Thorpe GH (1985) An enhanced luminescence dot-immunobinding assay for Cytomegalovirus antibody monitored using instant photographic film. Anal Letters 18(B11): 1307-1320

Swerdlow PS, Finley D, Varshavsky A (1986) Enhancement of immunoblot sensitivity by heating of hydrated filters. Anal Biochem 156: 147-153

10.13 Immunpräzipitation von Membranantigenen mit monoklonalen Antikörpern

Th. WERFEL, A. NEELEMAN, R. E. SCHMIDT und P. A. T. TETTEROO

Monoklonale Antikörper gegen Membranproteine werden häufig zum Nachweis der Antigenexpression sowie in funktionellen Studien eingesetzt. Die biochemische Charakterisierung der erkannten Antigene ist in der Regel unerläßlich. Mit der hier dargestellten Methode können Molekulargewichte bestimmt und die Präsenz von Disulfidbrücken im Membranprotein nachgewiesen werden. Die Immunpräzipitation hat dem Immunoblot gegenüber den Vorteil, daß sie meist einen empfindlicheren Nachweis erlaubt und das Antigen vor der Bindung mit dem Antikörper nicht denaturiert werden muß. Für weitergehende Fragen, z. B. nach der Glykosylierung, der Phosphorylierung oder der Synthese von Membranproteinen liegen Übersichtsarbeiten vor (z. B. Davies and Brown, 1987).

Die vorliegende Methode wurde zur Untersuchung des MAK-Bindungsverhaltens an Granulozyten (Werner et al. 1986; van der Schoot et al. 1987), Thrombozyten (Tetteroo et al. 1983) und Lymphozyten (Borst et al. 1982) verwendet (Abb. 61).

Radioaktives Jod wird direkt vor allem in Tyrosine der Membranproteine substituiert. Hierzu müssen die Proteine in Gegenwart eines mild oxidierenden Agens mit trägerfreiem ^{125}NaI behandelt werden. Wahrscheinlich entsteht hierbei kationisches Jod, das in die Aminosäuren, die in geringem Maße in anionischer Form vorliegen, eingebaut wird (Bolton and Hunter 1986). Durch die – unerwünschte – Oxidierung von Aminosäuren, z. B. von Tryptophan, Cystein, Methionin (Alexander 1974; Schechter et al. 1975), besteht die Gefahr der Modifizierung bzw. Zerstörung antigener Determinanten. Um die Exposition des Proteins bzw. der Zellen mit dem Oxidans nach der Markierungsreaktion zu verringern, wird daher hier das unlösliche, an die Markierungsgefäße gebundene Jodogen (Fraker and Specks 1978; Markwell and Fox 1978) dem löslichen Chloramin T (Hunter and Greenwood 1962) vorgezogen. Eine ebenfalls milde Oxidation wird mit der Lacto-Peroxidase-Methode erreicht (Morrison 1980). Bei vorhandenen intrazellulären Peroxidasen kann allerdings intrazelluläres Material mit markiert werden (Goding 1986). Eine vergleichende Darstellung der Markierungsmethoden findet sich bei Bolton (1985) und Bolton and Hunter (1986).

Die Antikörper-Bindungsreaktion erfolgt in der Regel nach Lyse der Zellen mit nicht-ionischen (z. B. NP-40) oder leicht ionischen Detergenzien, die das Antigen im nativen Zustand in Lösung bringen. Stark ionische Detergenzien (z. B. SDS) können verwendet werden, wenn maskierte Epitope freigelegt werden sollen, die im nativen Zustand des Antigens dem Antikörper nicht zugänglich sind, z. B. nach Immunisierung mit synthetischen Peptiden. Bei der Lyse mit milden Detergenzien (z. B. CHAPS, Digitonin) entstehen makromolekulare Komplexe, in denen sich das untersuchte Antigen evtl. befindet (Neugebauer 1987; Davies and Brown 1987). Da mit der Lyse proteolytische Enzyme freigesetzt werden, muß sie stets zusammen mit Proteinaseinhibitoren vorgenommen werden (Neugebauer 1987). Gelingt der Antigennachweis nicht, sollten andere Detergenzien, evtl. auch eine Bindung der MAK an die Zellen vor Lyse versucht werden.

Kritisch ist die Vorreinigung des Zellysates (z. B. mit nicht spezifisch bindenden Immunglobulinen) vor dem eigentlichen Immunpräzipitationsschritt. Unspezifische Bindungen, insbesondere an Fc-Rezeptoren, werden hierbei verhindert.

Monoklonale Antikörper allein präzipitieren das Antigen in der Regel nicht. Zur Verstärkung der Aggregation werden anti-MAK Antikörper verwendet, hierbei entstehen Immunkomplexe. Sollte der Einsatz von Immunkomplexen vermieden werden, z. B. weil Fc-Rezeptoren nicht blockiert werden sollen, kann der MAK auch alternativ an Staphylococcus aureus (Cowan strain II), Protein A Sepharose oder CNBr-aktivierte Sepharose (s. Kap. 9.5) gekoppelt werden. Dabei ist zu beachten, daß nicht alle Ig-Isotypen von Maus und Ratte an Protein A binden (s. Kap. 8.1.2).

Material

Nonidet P40 (NP40)	z. B. Sigma Nr. N6507
Natrium-dodecylsulfat (SDS)	z. B. Serva Nr. 20760
Triton X-100	z. B. Sigma
Tris-Puffer	z. B. Trizma Base, Sigma Nr. T 1503
Rinder-Serumalbumin (RSA)	z. B. Paesel Nr. 04-100-810
Trypsin Inhibitor aus Sojabohnen	z. B. Sigma Nr. T9003
Phenylmethylsulfonylfluorid (PMSF)	z. B. Sigma Nr. P7629
Jodo-Gen	z. B. Pierce Nr. 28600
^{125}I	z. B. Amersham Nr. MS.30
anti-Maus Immunglobulin	z. B. CLB Nr. GM17-02-P
Protein A-Sepharose	z. B. Pharmacia Nr. 17-0780-01
Molekulargewichtsmarker 14-200 kD, ^{14}C markiert	z. B. Amersham, Nr. CFA.626
Röntgenfilm	z. B. Kodak X-Omat RP
Entwicklungskassette	z. B. MAVIG, Kodak
Verstärkungsfolie	z. B. DuPont Cronex
verschließbares Glasgefäß für die Markierung	z. B. Gewinde Präparategläser 35 × 12 mm mit Alu Schraubklappe (z. B. Schütt Nr. 3 562 123)

Elektrophoreseeinrichtung wie in Kap. 10.17 beschrieben. Alle anderen Chemikalien sind z. B. von Merck in p. a. Qualität erhältlich.

Vorbereitungen

1. Pufferlösungen
Immunpräzipitationspuffer (IPP)

0,15 M NaCl
0,01 M Tris/HCl (pH 7,8)
1 % NP40

Waschpuffer für die Immunpräzipitation (WP)

0,5 M NaCl
50 mM Tris/HCl (pH 7,5)
2 % (w/v) RSA
0,25% (w/v) SDS
0,5 % (w/v) Triton X-100

Lysepuffer

1 ml IPP
1 mM PMSF
0,02 mg/ml Trypsin-Inhibitor
5 mM EDTA

2. Vorbereitung der Jodogen-Gefäße (Unter dem Abzug arbeiten!). Jodo-Gen wird in Dimethylchlorid gelöst (1 mg/ml). Je 0,1 ml der Lösung werden in ein fest verschließbares Glasgefäß (1 cm × 5 cm) gegeben. Die Gefäße werden über Nacht bei Raumtemperatur im laufenden Abzug oder im Abzug unter einem sanften Strom von trockenem N_2 5 Min. lang getrocknet.

Sie werden in einem fest verschlossenen Exsikkator bei 4 °C aufbewahrt und sind ca. drei Monate lang verwendbar.

Vorgehen

1. Herstellung von präformierten Immunkomplexen zur Vorreinigung des Zellysates. Als Maus-Ig Quelle werden 50 µl normales Mausserum oder Aszites verwendet, der irrelevanten, möglichst isotypgleichen MAK enthält. Es wird mit 250 µl Ziege-anti-Maus Ig Antiserum als IgG Fraktion (10 mg/ml) drei Stunden bei 4 °C unter dauernder Agitation (über-Kopf-Rotation) inkubiert. Die Lösung wird 15 Min. bei 13.000 × g zentrifugiert. Das Präzipitat wird zweimal im WP gewaschen und in 100 µl aufgenommen. Die Lagerung erfolgt bei 4 °C bzw. −70 °C.

2. Kopplung von normalem Mausserum (NMS) an Protein A Sepharose zur Vorreinigung des Zellysates. 500 µl einer Protein A-Sepharose Stammlösung werden dreimal mit 200 µl IPP in einem Eppendorfhütchen gewaschen und in 100 µl PBS aufgenommen. 20 µl NMS werden hinzugefügt, mindestens 5 Min. bei Raumtemperatur inkubiert und zweimal mit je 200 µl IPP gewaschen. Das Präzipitat wird in 120 µl IPP aufgenommen.

3. Herstellung von spezifischen präformierten Immunkomplexen zur spezifischen Präzipitation. 20 µl Aszites bzw. 100 µg des gereinigten MAK werden mit 100 µl des Ziege-anti-Maus Ig Antiserums wie oben zu präformierten Immunkomplexen verarbeitet.

4. Jodierung von Membranmolekülen. 1×10^7 Zellen werden dreimal in PBS gewaschen und in 0,5 ml PBS in ein vorbereitetes Gefäß gegeben. Das Gefäß wird unmittelbar vor Benutzung nochmals mit PBS gewaschen, um nicht gebundenes Jodogen zu entfernen.

Im Spezialabor unter dem Abzug; wenn möglich, in einer Isolationskammer mit Abzug arbeiten!

Den Zellen werden 37 MBq ^{125}I zugegeben. Es wird 30 Min. bei Raumtemperatur inkubiert. Die Reaktion wird mit PBS mit 2 µg Vitamin C/ml in einem

15 ml Zentrifugenröhrchen gestoppt. Die Zellen werden dreimal mit PBS gewaschen. Der Überstand wird verworfen (Spezialabfall!).

5. *Lyse von jodierten Zellen.* Nach dem letzten Waschgang werden die Zellen in 200 µl Lysepuffer aufgelöst und 30-60 Min. vorsichtig - ohne Schaumbildung! - auf Eis gerührt. Nach 5 Min. Zentrifugation (13.000 × g) wird der Überstand (=Zellysat) vorsichtig abpipettiert und bis zur Verwendung (beachte Halbwertszeit ^{125}I: 60 Tage!) bei $-70\,°C$ aufbewahrt.

1 µl des Lysates sollte etwa 1×10^6 cpm haben.

6. *Vorreinigung des Zellysates.* Der Überstand wird in einem neuen Eppendorfhütchen mit 50 µl Protein A-Sepharose-NMS 3 Stunden unter Agitation inkubiert, dann 15 Min. bei 4 °C 13.000 × g zentrifugiert. Der Überstand wird zweimal (jeweils in einem neuen Eppendorfhütchen) mit 10 µl präformierten Immunkomplexen wie oben gewaschen.

7. *Immunpräzipitation mit spezifischen MAK.* 30 µl Lysat werden in 200 µl IPP mit 10 µl präformierten Immunkomplexen drei Stunden über Kopf rotiert und 15 Min. bei 13.000 × g zentrifugiert. Die anschließende Reinigung der Immunkomplexe muß eventuell für die zu untersuchenden Zellen, Antigene und Antikörper - vor allem durch Testen verschiedener Detergenzien (Überblick bei Neugebauer 1087) - optimiert werden. Die dargestellte Vorgehensweise erwies sich u.a. zur Charakterisierung des CD16 Antigens auf klonierten NK-Zellen als am erfolgreichsten (Abb. 62).

8. *Isolierung der Immunkomplexe.* Das Präzipitat wird zweimal in IPP und zweimal in 10 mM Tris/HCl (pH 6,8) gewaschen (Zentrifugation jeweils 15 Min. 13.000 × g). Das Präzipitat wird dann in einem Eppendorfhütchen auf einen Saccharosegradienten gebracht, der aus einer unteren, aus 700 µl bestehenden 20% Saccharoselösung (20% Saccharose (w/v) in 10 mM NaCl, 10 mM Tris/HCl, pH 7,8) und einer darüber liegenden 10% Saccharoselösung (10% Saccharose (w/v) in IPP) besteht. Der Gradient wird 15 Min. bei 10.000 × g zentrifugiert. Das Präzipitat wird zweimal mit 10 mM Tris/HCl (pH 6,8) gewaschen.

9. *Elektrophorese* und *Autoradiographie.* Die Antigen-Antikörper Bindung wird im Probenpuffer der SDS-PAGE unter fünfminütigem Kochen gelöst. Allerdings kann eine irreversible Aggregation entstehen, wenn unlösliche Proteine, die dem SDS nicht zugänglich sind, sofort gekocht werden. Alternativ wird empfohlen, die Pellets zuvor 1 Std. bei 56 °C mit Probenpuffer zu inkubieren (keine Vortex-Behandlung). Die Elektrophorese wird in einem 10% Polyacrylamidgel durchgeführt (s. Kap. 10.17). Zusätzlich zu den dort angegebenen Molekulargewichtsmarkern zur Überprüfung der elektrophoretischen Trennung müssen auch markierte Proteine mit bekannten Molekulargewichten zur Überprüfung der Autoradiographie und Molekulargewichtsbestimmung der Probe mitgeführt werden. Die Autoradiographie wird in Bleikassetten, z. B. auf einem Kodak X-Omat AR Film in Kombination mit Verstärkungsfolien durchgeführt und dauert bei 300-1000 cpm pro Bande etwa 3 bis 7 Tage.

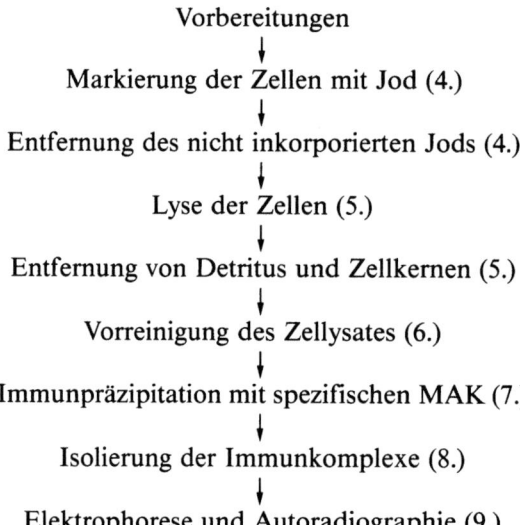

Abb. 61. Übersicht über die Immunpräzipitation

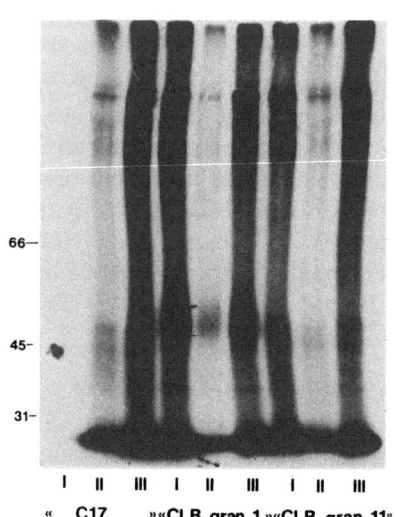

Abb. 62. Einfluß verschiedener Waschprozeduren auf das Ergebnis nach Immunpräzipitation. Zellen des NK-Klons JT_B18 wurden wie beschrieben jodiert. Immunkomplexe wurden mit den anti-Thrombozyten Antikörpern C17 und den anti CD16 Antikörpern CLB gran 1 und CLB gran 11 präformiert. Die Waschprozeduren waren wie folgt:

I. 2 × IPP mit 0,5% NP40, 2 × IPP mit 0,5% Deoxycholsäure (DOC), 1 × IPP mit 0,5% NP40, Saccharosegradient 2 × 10 mM TRIS pH 6,8

II. wie im Text (Punkt 8) beschrieben

III. 2 × IPP mit 0,5% NP40, 2 × IPP mit DOC, 1 × IPP mit 0,5 M NaCl, Saccharosegradient, 2 × TRIS pH 6,8

Literatur

Alexander NM (1974) Oxidative cleavage of tryptophanyl peptide bonds during chemical and peroxidase catalyzed iodinations. J Biol Chem 249: 1946-1952

Bolton AE (1985) Radioiodination techniques. Amersham Review 18, 2nd edition.

Bolton AE, Hunter WM (1986) Radioimmunoassay and related methods. In: Weir DM (ed) Handbook of Experimental Immunology, Vol 1, p 26.1-26.56

Borst J, Prediville MA, Terhorst C (1982) Complexicity of the human T lymphocyte specific cell surface antigen T3. J Immunol 128: 1560-1565

Davies AA, Brown MH (1987) Biochemical characterization of lymphocyte surface antigens. In: Klaus GGB (ed) Lymphocytes: A practical approach. IRL Press, p 229-253.

Fraker PJ, Specks JC (1978) Protein and cell membrane iodinations with a sparingly soluble chloroamide, 1,3,4,6-tetrachloro-3α,6α-diphenylglycolurie. Biochem Biophys Res Comm 80: 849-857

Goding J (1986) Membrane and secretory immunoglobulins: structure, biosynthesis, and assembly. In: Weir DM (ed) Handbook of Experimental Immunology, Vol 1, p 20.1-20.33

Hunter WM, Greenwood FC (1962) Preparation of ^{131}iodine-labelled human growth hormone of high specific activity. Nature 194: 495-496

Markwell MAK, Fox CF (1978) Surface-specific iodination of membrane proteins of viruses and eucaryotic cells using 1,3,4,6-tetrachloro-3α,6α-diphenylglycolurie. Biochemistry 17: 4807-4817

Morrison M (1980) Lactoperoxidase-catalysed iodination as a tool for investigation of protein. Meth Enzymol 70: 214-220

Neugebauer J (1987) A guide to the properties and uses of detergents in biology and biochemistry. Calbiochem Brand Biochemicals

Shechter Y, Burstein Y, Patchornik A (1975) Selective oxidation of methionine residues in proteins. Biochemistry 14: 4497-4503

Tetteroo PAT, Lansdorp PM, Leeksma OC, Kr von dem Borne AEG (1983) Monoclonal antibodies against human platelet glycoprotein IIa. Brit J Haematol 55: 509-522

Van der Schoot CE, Visser FJ, Bos MJE, Tetteroo PAT, von dem Borne AEG (1987) Serological and biochemical characterization of myeloid-specific antibodies of the myeloid panel. In: Leukocyte Typing III, Oxford University Press, p 603-611

Werner G, Kr von dem Borne AEG, Bos MJE, Tromp JF, von der Plas CM, van Dalen CM, Visser FJ, Engelfriet CP, Tetteroo PAT (1986) Localization of the human NA1 alloantigen on neutrophil Fc$_\gamma$ In: Leukocyte Typing II, Springer Verlag, pp 109-121

10.14 Depletion von Zellen in der Suspension durch partikelgebundene Antikörper (Magnetpartikel)

T. HEBELL

Ein Gemisch von verschiedenen Zellen wird mit Antikörpern (AK) gegen Membranantigene auf einer Subpopulation des Zellgemisches inkubiert. Die spezifischen Antikörper werden entweder vor oder nach der Inkubation an inerte Partikel gebunden. Die entstehenden Komplexe aus Zellen und AK-beladenen Partikeln können dann aus dem Gemisch z. B. durch Dichtegradientenzentrifugation oder über ein Magnetfeld entfernt werden. Dieses Verfahren ist anwendbar für alle Zellen, die in Suspension gebracht werden können.

Für eine Übersicht der festen Phasen, an die Antikörper gebunden werden können, und mögliche Kopplungsverfahren, s. Kap. 9 ff. Bei magnetischen Depletionsverfahren ist es wichtig, daß die Partikel nicht permanent magneti-

Tab. 5. Magnetisierbare feste Phasen

Matrix	aktivierbar	Hersteller/Autor
Benzolderivate	Diazotisierung	Enzacryl FEO-M, Aldrich
Polyacrylamid-Agarose	Cyanogenbromid, Glutaraldehyd	Magnogel, LKB
Polyacrylamid	N-Hydroxysuccinimid	Pollak et al. (1980)
Dextran	Periodat	Molday (1982)
Albumin	Glutardialdehyd	Kandzia et al. (1984)
Magnetit	Amino-, Carboxy-, Aminopropylgruppen	BioMag; DRG Instruments Advanced Magnetics
Polystyrol	Tosylgruppen	DYNAL, Dianova

siert sind, daß sie also ihre magnetische Eigenschaft nur entwickeln, wenn direkt ein Magnetfeld angelegt wird (=paramagnetisch). Magnetisierte Partikel würden sich gegenseitig anziehen und für eine Depletion von Zellen nicht in reproduzierbarer Menge zur Verfügung stehen. Zur Herstellung der festen Phasen werden meist magnetische Partikel in eine Polymermatrix inkorporiert. Eine Übersicht einiger beschriebener fester magnetisierbarer Phasen findet sich in der Tabelle 5.

Magnetpartikel mit einem Durchmesser von mindestens 0,5 μm lassen sich mit relativ einfachen Magneten in kurzen Zeiten (<10 Min.) abtrennen. Bei noch kleineren Partikeln sind dann besonders starke Magnetfelder nötig, z. B. im MACS-System (Miltenyi), das 150 μm Partikel verwendet. Vorteil so kleiner Partikel ist, daß sie auch längere Zeit ohne Aufschütteln in Suspension verbleiben.

Die gewünschten Zellen können durch eine positive Selektion direkt isoliert werden. In vielen Fällen führen die dabei verwendeten Antikörper zu einer Aktivierung der Zellen, die die weiteren Analysen erschwert oder unmöglich macht. Dies gilt z. B. für Antikörper gegen Oberflächen-Immunglobuline auf B-Lymphozyten. In einem solchen Fall sollte man sich für eine negative Selektion entscheiden. Die kontaminierenden Zellen werden dabei durch Antikörper gebunden und aus dem Ansatz entfernt. Wichtig ist hier, daß eine unspezifische Bindung der Zielzellen an die Antikörper verhindert wird. Im Falle der Isolierung von B-Lymphozyten fügt man z. B. 10% autologes Plasma zum Ansatz hinzu.

Die Immobilisierung der Antikörper auf der festen Phase kann erfolgen durch:

1. Eine adsorptive Bindung, dies ist bei z. B. IgM-Antikörpern von Vorteil,
2. eine direkte chemische Bindung, oder
3. durch Protein A oder Sekundärantikörper (anti-Maus), die selbst gebunden sind. Bei Verwendung von Protein A sollten die zellulären Antikörper so immobilisiert werden, daß ihre Fc-Stücke nicht mehr eine unspezifische Bindung hervorrufen und die Antikörper selber durch ihre sterisch günstige Position optimal an die Zellen binden können. Das gleiche gilt für den zweiten Antikörper, wenn er spezifisch für das Fc-Stück ist.

Eine Fülle verschiedener Partikel, die bereits mit den unterschiedlichsten Proteinen gekoppelt vorliegen, sind kommerziell erhältlich (z. B. Dianova, DRG Instruments, Paesel, Sigma).

Bei Verwendung von Protein A oder eines zweiten Antikörpers bieten sich wieder zwei Vorgehensweisen an:

1. Die Zellen werden mit dem spezifischen Antikörper beladen und dann erst mit den Partikeln. Hierbei besteht das Risiko, daß nicht alle positiven Zellen von den Partikeln entfernt werden. Zellen, die nur geringe Mengen Antigen auf ihrer Membran tragen, binden nur wenig Antikörper und bilden dadurch auch nicht so viele Brücken mit den Partikeln. Bei nur geringer mechanischer Beanspruchung wird die Bindung zerstört und die Zellen verbleiben in Suspension. Dies haben wir beobachtet mit dem 3A1 Antikörper, der gegen T-Zellen gerichtet ist und ein Antigen (CD 7) erkennt, das je nach Aktivierung der Zellen in sehr unterschiedlichen Mengen exprimiert wird. Eine Analyse der verbleibenden Zellen durch z. B. indirekte Immunfluoreszenz mit Antikörpern gegen Mausimmunglobuline würde dann durch die verbleibenden Zellen gestört.
2. Die den Sekundär-Antikörper tragenden Partikel werden mit den zellulären Antikörpern beladen und dann erst mit den Zellen inkubiert. Hierbei bleiben nach unseren Beobachtungen keine Antikörper-tragenden Zellen in Suspension. Tragen die Zellen stark unterschiedliche Mengen an Antigen, ist allerdings auch hier die Depletion nicht vollständig.

Anforderung an die feste Phase

Die Dichte der Zellen und der zur Depletion verwendeten Partikel sollte etwa gleich sein, damit eine gute Durchmischung in der Suspension erfolgen kann. Theoretisch erscheint es vorteilhaft, wenn die Partikel kleiner sind als die Zellen, so daß die Zelloberfläche mit mehr Partikeln besetzt werden kann. So sind z. B. gute Erfolge bei der Trennung von lymphatischen Zellen erzielt worden mit sphärischen Teilchen, die 3,5 µm Durchmesser haben. Für eine chemische Bindung von Antikörpern müssen die Teilchen chemische Gruppen tragen, die leicht modifizierbar sind.

Anforderung an Antikörper

Subtyp

Monoklonale Antikörper (MAK) sollten von einem Subtyp sein, der auch nach Kopplung an die feste Phase seine Affinität bewahrt und keine Interaktionen mit Fc-Rezeptoren auf den Zellen zeigt:

- ein Antikörper gegen Natural Killer Zellen vom IgM-Typ band nach kovalenter Bindung mit Carbodiimid keine Zellen mehr.

- Antikörper vom Subtyp IgG_{2a} gegen Natural Killer Zellen bzw. T-Lymphozyten banden nach Kopplung an magnetische Teilchen schon in kleinsten Dosen Monozyten und B-Zellen, so daß eine spezifische Depletion nicht mehr meßbar war.

Affinität

Aussagen über die Bedeutung der Affinität der Antikörper für den Trennerfolg sind nicht möglich, da diese bei zellspezifischen Antikörpern nicht bekannt sind. Sollen Zellen durch negative Selektion entfernt werden, haben theoretisch Antikörper mit einer hohen Affinität für das Antigen Vorteile. Nach positiver Selektion von Zellen müssen für viele Zwecke die Antikörper wieder von den Zellen entfernt werden. Theoretisch ist in diesem Fall eine geringere Affinität der Antikörper von Vorteil.

Anforderung an Kopplungsverfahren

Durch die chemische Bindung sollen die Antikörper fest, möglichst kovalent, unter Erhaltung ihrer Funktion an die Partikel gebunden werden. Die Bindung sollte sich nicht lösen und Antikörper in dem Ansatz freisetzen. Dies würde dazu führen, daß die relevanten Membranantigene, die eigentlich selektioniert werden sollten, bereits mit löslichen Antikörpern abgesättigt sind und durch die Partikel-gebundenen MAK nicht mehr erfaßt werden können.

Im folgenden wird die Depletion von Monozyten aus humanem Blut beschrieben. Sie erfolgt über monoklonale Antikörper, die durch Carbodiimid-Bindung an magnetische Partikel gebunden sind.

Verwendet wird der monoklonale Antikörper 63D3 vom Subtyp IgG1,kappa. Die Antikörper wurden als Aszites aus der Maus gewonnen und die Immunglobuline angereichert durch 50% Ammoniumsulfatfällung und Dialyse des Niederschlags gegen PBS. Danach wurde der Antikörper mit Carbodiimid an magnetische Partikel gebunden. Die entstandene Suspension enthielt 1 mg Antikörper in 10 ml magnetischen Partikeln. Sie wurde steril hergestellt und steril aufbewahrt in 0,5 M NaCl, 50 mM Natriumphosphat, pH 7,3.

Material

Magnetpartikel	z. B. DRG Instruments
MAK 63D3	wird von der Hybridomlinie HB44 (ATCC s. Kap. 10.5) gebildet; für die Bindung an die Magnetbeads wird gereinigter MAK verwendet.
mononukleäre Lymphozyten	aus peripherem Blut, s. Kap. 4.3
50 ml Zellkulturflasche	z. B. Nunclone 1, Nunc 63371

Kipper zur sanften Durchmischung der Suspension	z. B. Tecnomara Rockomat
Cobalt-Samarium Magnet	z. B. Fa. DRG Instruments
Monozyten-Esterase-Kit	Fa. Technicon T01-0529, T01-0530, T01-0678, T01-0679, T01-0680

Vorbereitung

Partikel vorbereiten

Vor Verwendung werden die Partikel zweimal in PBS gewaschen. Dem PBS wird Plasma des Zellspenders zu 10% (Inkubationspuffer) zugesetzt, um Zellverluste über Fc-Rezeptoren zu verhindern. Die Menge des zugesetzten Plasmas scheint unkritisch zu sein, auch mit 5% oder mit höheren Konzentrationen wird eine spezifische Depletion erzielt. Beim Einsatz von MAK des Subtyps IgG$_{2a}$ ist allerdings auch durch autologes Plasma die Fc-Interaktion nicht zu verhindern (s. o.). Nach zweimaligem Waschen werden die Partikel im Inkubationspuffer zum Ausgangsvolumen resuspendiert.

Zellen vorbereiten

Mononukleäre Lymphozyten werden mit Hilfe der Dichtegradientenzentrifugation (s. Kap. 4.3) z. B. aus dem Leukozytenkonzentrat einer Blutkonserve isoliert und auf 10^7 Zellen/ml im Inkubationspuffer eingestellt.

Inkubation

Die Anzahl der Monozyten in der Zellsuspension wird mit Hilfe der unspezifischen Esterasefärbung ermittelt. In der Regel sind dies zwischen 15 und 30% der MNL. Zu 10^8 Monozyten im Ansatz werden 500 µl der Partikelsuspension gegeben. Die Inkubation erfolgt in einer 50 ml Zellkulturflasche auf Eis unter sanftem Kippen für eine Stunde. Wichtig ist bei diesem Schritt, daß die entstehenden Komplexe aus Monozyten und Magnetpartikeln nicht wieder auseinander gerissen werden. Eine Überkopf-Rotation ist ungeeignet.

Vorgehen

Magnetische Depletion der Monozyten

Für die magnetische Depletion gibt es Magneten im Mikrotiterformat von den genannten Firmen. Verwendbar sind aber auch einzelne kleine Magneten, die an die Flasche geklebt werden können. Der Abstand zwischen Magnet und Zellsuspension soll möglichst klein sein.

Die Zellkulturflasche wird, ohne sie stark zu bewegen oder die Zellen zu resuspendieren, auf einer Magnetplatte festgeklebt. Diesen Aufbau läßt man in einem Winkel von 45° zur Horizontalen 10 Min. auf Eis sedimentieren. Dann werden die oberen 4/5 der Suspension für die weiteren Versuche gewonnen. Es wird nicht das gesamte Volumen abgehoben, da die Komplexe aus Magnetpartikeln und Zellen nicht fest genug an dem Magneten haften und das Risiko besteht, sie mit in die depletierte Zellsuspension aufzunehmen. Die so gewonnenen Zellen enthalten in der Regel weniger als 1% Monozyten (unspezifische Esterasefärbung).

Ausbeuten

Die Monozyten können von ca. 20% auf weniger als 1% reduziert werden. Dabei werden in der Regel nur 10% der restlichen Zellen unspezifisch verloren.

Literatur

Englert D, Hempel K (1981) Magnet separation. Int Archs Allergy Appl Immunol 66: 326-331
Kandzia J, Scholz W, Anderson, MJ, Müller-Ruchholtz W (1984) Magnetic albumin/protein A immunomicrospheres. I. Preparation, antibody binding capacity and chemical stability. J Immunol Meth 75: 31-41
Kandzia J, Scholz W, Anderson MJ, Müller-Ruchholtz W (1985) Magnetic albumin/protein A immunomicrospheres. II. Specificity, reproducibility, and resolution of the magnetic cell separation technique. Diagn Immunol 3: 83-88
Kemshead JT, Heath L, Gibson FM, Katz F, Richmond F, Treleaven J, Ugelstad J (1986) Magnetic microspheres and monoclonal antibodies for the depletion of neuroblastoma cells from bone marrow: Experiences, improvements and observations. Br J Cancer 54: 771-778
Kemshead JT, Ugelstad J (1985): Magnetic separation techniques: their application to medicine. Molec Cell Biochem 67: 11-18
Kronick P, Gilpin RW (1986) Use of superparamagnetic particles for isolation of cells. J Biochem Biophys Methods 12: 73-80
Kvalheim G, Fodstad O, Pihl A, Nustad K, Pharo A, Ugelstad J, Funderud S (1987) Elimination of B-lymphoma cells from human bone marrow: model experiments using monodisperse magnetic particles coated with primary monoclonal antibody. Cancer Res 47: 846-851
Lea T, Vartdal F, Davies C, Ugelstad J (1985) Magnetic monosized polymer particles for fast and specific fractionation of human mononuclear cells. Scand J Immunol 22: 207-216
Molday RS (1984) Cell labelling and separation using immunospecific microspheres. In: Pretlow TG, Pretlow TN (eds) Cell Separation: Methods and selected applications 3. Academic Press, New York, pp 237-263
Owen CS (1984) Magnetic Cell Sorting. In: Pretlow TG, Pretlow TN (eds) Cell separation: Methods and selected applications 2. Academic Press, New York, pp 127-144
Owen CS, Sykes NL (1984) Magnetic labeling and cell sorting. J Immunol Meth 73: 41-48
Pollak A, Blumenfeld H, Wax M, Baughn RL, Withesides GM (1980) Enzyme immobilization by condensation copolymerization into cross linked polyacrylamide gels. J Am Chem Soc 102: 6324-6336
Schröder U, Segren S, Gemmefors C, Hedlund G, Jansson B, Sjogren H-O, Borrebaeck CAK (1986) Magnetic carbohydrate nanoparticles for affinity cell separation. J Immunol Meth 93: 45-53
Shreve P, Aisen AM (1986) Monoclonal antibodies labeled with polymeric paramagnetic ion chelates. Magn Reson Med 3: 336-342

Vartdal F, Kvalheim G, Lea TE, Bosnes V, Gaudernack G, Ugelstad J, Albrechtsen D (1987) Depletion of T lymphocytes from human bone marrow. Use of magnetic monosized polymer microspheres coated with T-lymphocyte-specific monoclonal antibodies. Transplantation 43: 366–371

Watson J (1973) Magnetic filtration. J Appl Physics 44: 4209–4015

Whitesides GM, Kazlauskas RJ, Josephson L (1983) Magnetic separations in biotechnology. Trends in Biotechnology 1: 144–148

10.15 Subklassentypisierung von Antikörpern der Maus mittels ELISA

U. Essig

Zur Subklassentypisierung von Antikörpern der Maus gehört die Aufklärung der Immunglobulinklasse (z. B. IgA, IgG, IgM) und -subklasse (IgG1, IgG2a, IgG2b, IgG3) durch die Bestimmung der Schwerkette H (Abb. 63) sowie die Bestimmung der Leichtkette L (kappa, lambda) (Abb. 64).

Die im folgenden beschriebenen enzymimmunologischen Tests vom Sandwich-Typ verwenden einen festphasengebundenen polyklonalen „Fangantikörper". Dieser ist speziesspezifisch, d. h. er bindet alle Maus-Immunglobuline. Zur eigentlichen Typisierung der hiermit an die Festphase gebundenen Maus-Immunglobuline dienen schwerketten- bzw. leichtkettenspezifische polyklonale Antikörper. Zur Visualisierung dient ein enzymmarkiertes Sekundärreagens.

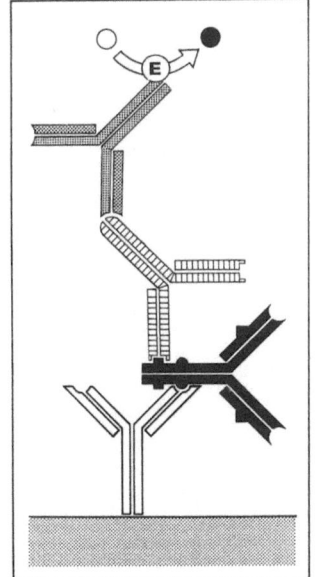

Schaf-anti-Kaninchen-Peroxidase-Konjugat

Kaninchen-anti-Maus-H-Kette

Maus-MAK

Ziege-anti-Maus-Ig festphasengekoppelt

Abb. 63. Schema der H-Ketten-Bestimmung

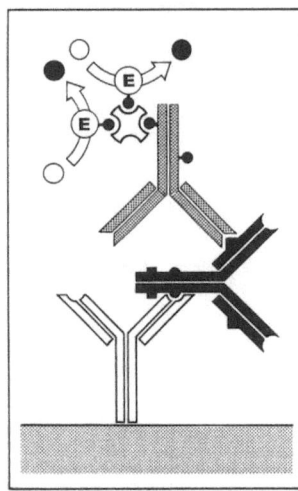

Streptavidin-Biotin-
Peroxidase-Komplex

Ziege-anti-Maus-L-Kette
biotinyliert

Maus-MAK

Kaninchen-anti-Maus-Ig
festphasengebunden

Abb. 64. Schema der L-Ketten-Bestimmung

Der Vorteil dieses Testaufbaus ist, daß nur 1 Antikörper-Enzym-Konjugat zur Visualisierung für alle H-Ketten-Typen notwendig ist. Damit verbunden sind ein geringer Syntheseaufwand und direkte Vergleichbarkeit der Meßsignale. Nachteilig ist im Vergleich zu anderen möglichen Testführungen (s. unten), daß ein Inkubationsschritt mehr benötigt wird.

Alternativen zum hier beschriebenen Testaufbau zur H-Ketten-Bestimmung sind:

a) Die Nachweisantikörper werden direkt enzymmarkiert eingesetzt – dies spart einen Inkubationsschritt, erfordert dafür jedoch viele (teure) Antikörper-Enzym-Konjugate anstatt nur eines für die gesamte Schwerkettenpalette.
b) Die zu typisierenden Immunglobuline werden mit Hilfe festphasengebundenen Antigens *spezifisch* „gefangen", sofern das Antigen überhaupt in reiner und löslicher Form vorliegt und sofern das Antigen durch die Adsorption an die Festphase keine nachteiligen Konformationsänderungen erleidet bzw. das entscheidende Epitop des Antigens nicht unzugänglich wird.

Alternativen zum hier beschriebenen Testaufbau zur L-Ketten-Bestimmung können im Prinzip sein:

a) Es werden unmarkierte Anti-Leichtketten-Antikörper einer bestimmten Spezies plus enzymmarkierte Antikörper gegen diese Spezies eingesetzt.
b) Es werden direkt enzymmarkierte Anti-Leichtketten-Antikörper eingesetzt.
   In unserem Labor erwiesen sich von allen untersuchten die (biotinylierten) Anti-Leichtketten-Antikörper der Firma Amersham (s. Materialien) als die Reagenzien mit der höchsten Spezifität.

Die jeweiligen optimalen Mengen bzw. Konzentrationen an einzusetzendem Fangantikörper, Nachweisantikörper und Antikörper-Enzym-Konjugat bzw. ABC müssen in Vorversuchen austitriert werden und können sich von Charge zu Charge verändern.

ACHTUNG:

1. Nicht vergessen werden sollte, daß der Nachweisantikörper von einer anderen Spezies stammen muß als der Fangantikörper, da sonst starke, nicht zu beseitigende unspezifische Signale auftreten können.
2. Positivkontrollen, also Antikörper mit bekannten H- bzw. L-Ketten, müssen für die erstmalige Etablierung eines Typisierungstests, für die Überprüfung neuer Reagenzien sowie für die Fehlersuche bei mißlungenen Bestimmungen eingesetzt werden. Für jede vorkommende H- bzw. L-Kette ist eine entsprechende Positivkontrolle erforderlich. In Betracht kommen hierfür Myelomproteine oder normale Antikörper bekannter Klasse, Subklasse bzw. Leichtkette. Die Verwendung von Myelomproteinen als Positivkontrollen sollte mit Vorsicht betrachtet werden. Insbesondere mit Myelomproteinen des Typs lambda (von verschiedenen Herstellern, zum Teil mehrerer Chargen eines Herstellers) wurden in unserem Labor äußerst unbefriedigende, nicht kongruente Erfahrungen gemacht. In routinemäßig durchgeführte Testserien mit bereits geprüften Reagenzien müssen Positivkontrollen nicht integriert werden.
3. Negativkontrollen, d. h. Kontrollen für das Ausmaß unspezifischer Bindung bzw. die Höhe unspezifischer Signale, müssen einbezogen werden:
   a) Anstelle des zu typisierenden MAK entweder Puffer oder Kulturmedium;
   b) Anstelle der im obigen Schema für die H-Ketten-Bestimmung aufgeführten Kaninchen-anti-Maus-IgA usw. ein Kaninchen-Antikörper anderer Spezifität;
   c) Anstelle der im obigen Schema für die L-Ketten-Bestimmung aufgeführten biotinylierten Ziegen-anti-Leichtketten-Antikörper ein biotinylierter Ziegen-Antikörper irrelevanter Spezifität.
4. Kreuzreaktionen von Nachweisantikörpern mit anderen als den erwünschten H- bzw. L-Ketten sowie unspezifische Bindung von Nachweisantikörpern oder Antikörper-Enzym-Konjugaten lassen sich reduzieren oder ausschalten durch entsprechende Präadsorption (negative bzw. positive Affinitätsreinigung).
5. Beim Austesten von Aszitesproben mit geringen Gehalten an spezifischem MAK können die ebenfalls in der Aszitesflüssigkeit vorhandenen endogenen Antikörper der Aszitesmaus eine eindeutige Typisierung erschweren. Oft ist es in diesen Fällen durch Einsatz verschiedener Verdünnungen der Proben doch noch möglich, zu einem klaren Befund zu kommen.
6. Die häufig üblichen, diffusionsbedingt langen Inkubationszeiten (pro Schritt mehrere Std. bei Raumtemperatur oder über Nacht bei 4 °C) können durch Schütteln der Mikrotiterplatten während der Inkubationen deutlich verkürzt werden (pro Schritt z. B. auf 1 Std.). Damit läßt sich die Subklassentypisierung bequem innerhalb eines Arbeitstags durchführen.

Material

Mikrotiterplatten	z. B. Immuno Plate MaxiSorp, NUNC Nr. 4-42404
12-Kanal-Pipette Schüttler für Mikrotiterplatten Abdeckfolien für Mikrotiterplatten	
ELISA-Reader	z. B. Dynatech MR 700
Mikrotiterwaschanlage	z. B. Skatron Microwash II
Beschichtungspuffer	20-100 mM Carbonat/Bicarbonat, pH 9,6
Probenpuffer	10 mM Na-Phosphat-Puffer, 0,9% NaCl, 0,5% Rinderserumalbumin, pH 7,4
Waschlösung	0,9% NaCl + 0,05% Tween 20
Substratlösung für Peroxidase	2 mM 2,2'-Azino-di-[3-ethylbenzthiazolin-sulfonat(6)] = ABTS, Boehringer Mannheim Nr. 756407 bzw. 102946 (1 bzw. 2 g Pulver) in 100 mM Na-Azetat, 50 mM Na-Phosphat, pH 4,4, plus 2,5 mM H_2O_2
Fangantikörper	z. B. Ziege-anti-Maus-Ig, Bio Science Nr. 11234, 10 µg/ml oder Kaninchen-anti-Maus-Ig, Bio Science Nr. 11234, 10 µg/ml
Positivkontrollen	Maus-IgA, Maus-IgG1, Maus-IgG2a, Maus-IgG2b, Maus-IgG3, Maus-IgM oder entsprechende Myelomproteine, Maus-Ig mit Kappa- bzw. Lambda-Leichtkette
Nachweisantikörper	z. B. Kaninchen-anti-M-IgA, Bionetics Nr. 8403-01 z. B. Kaninchen-anti-M-IgG1, Bionetics Nr. 8403-03 z. B. Kaninchen-anti-M-IgG2a, Bionetics Nr. 8403-04 z. B. Kaninchen-anti-M-IgG2b, Bionetics Nr. 8403-06 z. B. Kaninchen-anti-M-IgG3, Bionetics Nr. 8403-07 z. B. Kaninchen-anti-M-IgM, Bionetics Nr. 8403-08 z. B. Ziege-anti-M-kappa, biotinyliert, Amersham Nr. RPN.1179 z. B. Ziege-anti-M-lambda, biotinyliert, Amersham Nr. RPN.1178

Sekundärreagenzien	z. B. Schaf-anti-K-Fc-gamma, F(ab')$_2$-Fragment, markiert mit Meerrettichperoxidase, Bio Science Nr. 11311 Streptavidin-biotinylierte Meerrettichperoxidase-Komplex, Amersham Nr. RPN.1051
Käufliche Typisierungskits	z. B. Hybridoma Sub-Typing Kit, Mouse, Calbiochem Nr. 386445 oder Mouse-Hybridoma Subtyping Kit, Boehringer Mannheim Nr. 1183117

Vorgehen

1. Die Mikrotiterplatte mit 100 µl Fangantikörper-Lösung pro Napf 1 Std. bei Raumtemperatur unter Schütteln inkubieren.
2. Überstände verwerfen, Mikrotiterplatte 3 mal mit je 200 µl Waschlösung waschen.
3. Nachbeschichten (= Blockade freier Bindungsstellen) mit 150 µl Probenpuffer pro Napf, 30 Min. bei Raumtemperatur unter Schütteln.
4. Wie 2.
5. In je 8 Näpfe der Mikrotiterplatte (Spalte, senkrecht) werden je 100 µl Probe (Konzentration ca. 100 ng/ml) pipettiert. Bei unbekannter Antikörperkonzentration muß mit verschiedenen Verdünnungen probiert werden (Aszitesproben haben z. B. IgG-Gehalte zwischen 1 und 30 mg/ml; Zellkulturüberstände müssen in der Regel zwischen 1:10 und 1:2 verdünnt werden). Inkubation wie 1.
6. Wie 2.
7. In je 1 Reihe (waagerecht) der Mikrotiterplatte werden pro Napf 100 µl der verschiedenen H- bzw. L-Ketten-spezifischen Nachweisantikörper-Lösungen pipettiert. Inkubation wie 1.
8. Wie 2.
9. Von den Lösungen der zugehörigen Sekundärreagenzien werden jeweils 100 µl pro Napf zugegeben. Inkubation wie 1.
10. Wie 2.
11. Pro Napf werden 100 µl der Substratlösung pipettiert. Die Inkubationsdauer ist abhängig von der Geschwindigkeit der Farbbildung. Die Zeit sollte nach der Probe mit der geringsten Signalentwicklung gewählt werden. Überschießende Reaktionen bei anderen Proben („OVER" im ELISA-Reader) sind bei diesem qualitativen ELISA ohne Belang, sofern nur eine eindeutige Zuordnung von H- und L-Kette möglich ist (s. 13.).
12. Bei Verwendung von ABTS als Substrat wird bei 405 nm gemessen (Referenzwellenlänge: 490 nm).
13. Die Auswertung erfolgt qualitativ: Das relativ höchste Signal zeigt den Typ der H- bzw. der L-Kette an.

ACHTUNG:

Werden bei einer Probe mehrere hohe, aber nicht signifikant unterschiedliche Signale gemessen, muß die Bestimmung mit geringerer Probenmenge wiederholt werden. Läßt sich eine Differenzierung auch damit nicht erreichen, sind vermutlich die verwendeten Reagenzien nicht spezifisch. Wirkliche Kreuzreaktivität von an sich hochspezifischen Reagenzien mit zufällig auf einem MAK vorkommenden, anderen H- oder L-Ketten-Typen ähnelnden Strukturen ist zwar nicht auszuschließen, aber doch unwahrscheinlich.

Nachfolgend werden beispielhaft Meßwerte für ein eindeutiges (1) und ein nicht eindeutiges (2) Typisierungsexperiment gezeigt:

Typ	Meßwerte 1 (E)	Meßwerte 2 (E)	Negativkontr. (E)
IgA	0.083	0.076	0.060
IgG1	OVER	0.979	0.157
IgG2a	0.295	1.971	0.223
IgG2b	0.206	1.418	0.175
IgG3	0.143	1.289	0.119
IgM	0.135	0.282	0.073
kappa	0.087	0.077	0.000
lambda	0.000	0.000	0.000

Neben der hier beschriebenen ELISA-Technik existieren natürlich auch noch andere Techniken zur Subklassentypisierung wie z. B. die radiale Immundiffusion (RID). Auch hierzu gibt es käufliche Kits, z. B. den Monoclonal Typing Kit der Firma ICN (Nr. 64-690-1).

10.16 Analytische HPLC von monoklonalen Antikörpern

U. ESSIG

Die *High* Performance Liquid Chromatography (HPLC) wird nicht nur für präparative, sondern auch für analytische Zwecke eingesetzt. Unter dem Begriff der analytischen HPLC werden hier quantitative, semiquantitative und qualitative Verfahren zusammengefaßt.

Quantitative Verfahren

Schwerpunkt dieses Kapitels ist die quantitative Bestimmung des IgG-Gehalts von Proben mit standardisierten Routinemethoden. Die folgenden Anforderungen/Randbedingungen sind gegeben:

1. Bei den Proben handelt es sich um Aszitesflüssigkeiten oder um aufgereinigte MAK-Präparationen. Zellkulturüberstände sind nur einsetzbar, wenn *kein Serum* enthalten ist und wenn sie auf den nachfolgend angegebenen IgG-Gehalt ankonzentriert wurden.
2. Die Konzentration an spezifischem Antikörper muß - bedingt durch die Auflösung der Methode - bei Aszitesflüssigkeiten >1 mg IgG/ml, bei aufgereinigten Präparationen und angereicherten Zellkulturüberständen >0,1 mg IgG/ml sein.
3. Es müssen große Probenzahlen durchgesetzt werden, deshalb darf die einzelne Bestimmung nur wenig Zeit erfordern, nach Möglichkeit <30 Min. Dies bedeutet auch, daß eine Optimierung der Laufbedingungen für jede einzelne Probe nicht akzeptiert werden kann. Der IgG-Gehalt möglichst aller Proben muß mit einer standardisierten Prozedur verläßlich erhalten werden.
4. In der Regel liegen die Proben erstmalig vor und es ist nichts über sie bekannt, deshalb ist eine Standardisierung mit *einem* Referenz-MAK mit bekanntem IgG-Gehalt für *alle* Proben erforderlich.
5. Das Ergebnis der Bestimmung darf nicht von der Subklasse des IgG abhängen.

Ionenaustauschchromatographie

Prinzip: Die Proben werden über eine Ionenaustauschersäule mit einem Salzgradienten aufgetrennt. Die Detektion erfolgt anhand der Absorption bei 280 nm. Die Peaks werden aufgezeichnet und die Fläche des IgG-Peaks mit Hilfe eines Integrators bestimmt. Durch Bezug auf die Peakfläche des Referenz-MAK wird der Gehalt der Probe berechnet.

Am besten werden die Anforderungen bei Einsatz eines starken Anionenaustauschers, z. B. Mono Q HR5/5 (Pharmacia), erfüllt. Pro Lauf werden nur 17,5 Min. benötigt; bei mehr als 85% aller anfallenden Aszitesproben wird mit dem unten beschriebenen Gradienten eine saubere Trennung des spezifischen IgG von allen anderen Komponenten erreicht (Abb. 65). Bei den übrigen Proben findet sich entweder kein Peak bei der häufigsten IgG-Retentionszeit (6-8 Min.) oder der IgG-Peak überlappt ganz oder teilweise mit dem Albuminpeak. In sehr seltenen Fällen wird das IgG mit dem Standardgradienten gar nicht eluiert. In diesen Fällen ist eine Wiederholung mit einem anderen Gradienten oder der Einsatz einer anderen Methodik erforderlich (Hydroxylapatitchromatographie, Gelpermeationschromatographie, s. u.). Die Abweichungen von der Regel sind nicht mit der Zugehörigkeit der IgG zu bestimmten Subklassen verknüpft.

Weitere Vorzüge der bei uns verwendeten Anionenaustauschersäule sind eine große Kapazität, sehr gute Beständigkeit über einen großen pH-Bereich (2-12), Druckstabilität bis ca. 50 bar, gute Regenerierbarkeit und somit lange Lebensdauer (mehrere hundert Läufe pro Säule). Bedingt durch das Trennprinzip nach Ladungen können IgG und IgM allerdings nicht klar unterschieden sowie Schwer- und Leichtketten nicht in jedem Fall getrennt und unterschieden werden.

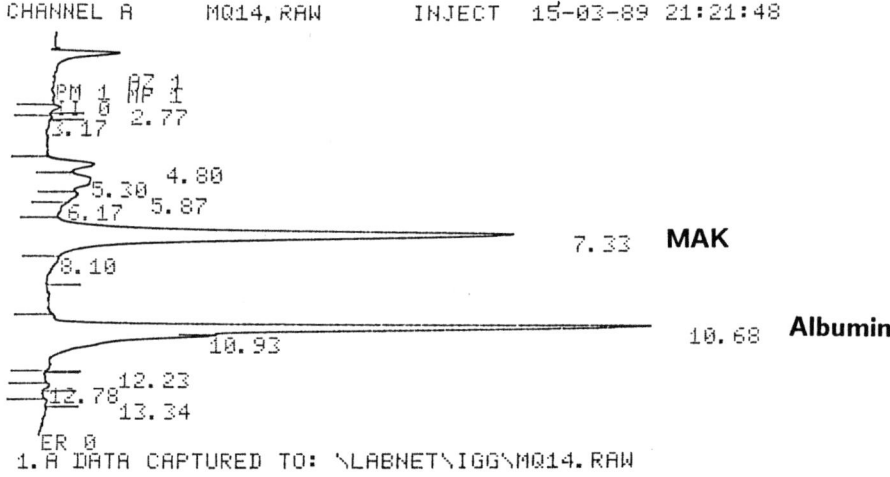

Abb. 65. HPLC einer MAK-Probe an Mono Q. Typisches Chromatogramm

Eine Alternative zur Anionenaustauschchromatographie ist die Auftrennung an *Hydroxylapatit* (HA). Die erforderliche Zeit pro Lauf ist für eine gute Auflösung etwas länger als bei der Mono-Q-Säule. Bei Proben, deren IgG sich an Mono Q nicht von Albumin trennen läßt, kann diese Trennung an HA unter Umständen erreicht werden. Wesentlich bei HA ist die Optimierung des verwendeten Gradienten und vor allem des verwendeten Kations: zur Abtrennung von IgG werden mit Na-Phosphat wesentlich bessere Ergebnisse erzielt als mit K-Phosphat.

HA-Säulenmaterialien mit der für HPLC erforderlichen Druckstabilität (wie z. B. Pentax PEC 101) sind noch nicht so lange kommerziell erhältlich wie die übrigen Ionenaustauscher, so daß die Aussage über ihre Eignung hier noch ohne Berücksichtigung ihrer Lebensdauer gemacht wird.

Die Anwendung von HA-Säulen führt bereits über die rein quantitative Bestimmung von IgG hinaus. Möglich sind hiermit auch qualitative Untersuchungen wie z. B. die Auftrennung von Idiotypen (Henson 1985, Salinas et al. 1986).

Die hauptsächliche (aber nicht zu vermeidende) Fehlermöglichkeit bei allen hier beschriebenen quantitativen IgG-Bestimmungen liegt in der Verwendung eines Referenz-MAK, der naturgemäß einen anderen Extinktionskoeffizienten haben kann als die unbekannte Probe. Des weiteren ist denkbar, daß der Extinktionskoeffizient eines MAK bei unterschiedlichen Ionenstärken etwas unterschiedlich ist, so daß der Fehler noch vergrößert oder aber verkleinert werden könnte, wenn Probe- und Referenz-MAK bei unterschiedlichen Ionenstärken eluieren.

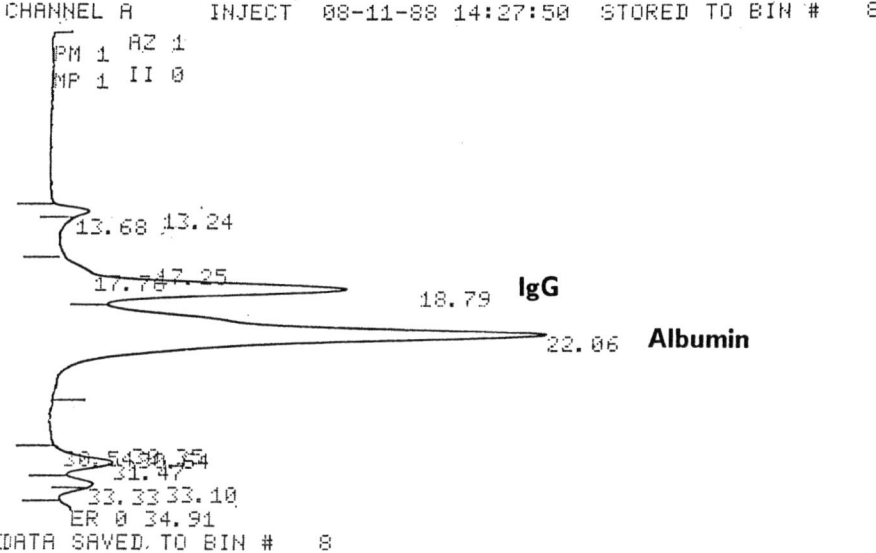

Abb. 66. HPLC einer MAK-Probe an TSK G3000SW. Typisches Chromatogramm

Semiquantitative und qualitative Verfahren

Gelpermeationschromatographie

Es gibt wenige Fälle, bei denen an einer Anionenaustauschersäule der IgG- und der Albuminpeak überlappen und deren Trennung an einer HA-Säule ebenfalls nicht erreicht wird bzw. eine solche Säule nicht zur Verfügung steht. Hier ist eine zumindest grobe Abschätzung des IgG-Gehalts nach einer Auftrennung der Proben nach dem Molekulargewicht möglich (z. B. an TSK G3000SW- oder TSK G4000SW-Säulen von LKB), auch wenn innerhalb akzeptabler Laufzeiten (<60 Min.) keine Basislinientrennung von IgG und Albumin erreichbar ist (Abb. 66).

Weitere Charakteristika dieser Säulen sind:

- Ein Lauf dauert ca. 40 Min.
- Alle IgG-Subklassen eluieren zur gleichen Zeit.
- IgG und IgM können klar unterschieden werden.
- Freie Schwer- und Leichtketten können getrennt werden.

Affinitätschromatographie

Protein-A- und Protein-G-Säulen sind in erster Linie für präparative Zwecke geeignet (s. Kap. 8.1.2). Im analytischen Bereich kommt ihre Verwendung für Untersuchungen im Zusammenhang mit den verschiedenen IgG-Subklassen in Frage, da diese bei unterschiedlichen pH-Werten eluiert werden (Ey et al. 1978).

Chromatographie an gemischten Ionenaustauschern

Gemischte Ionenaustauscher (wie z. B. AB_x von Baker) bieten ein enormes Potential zur Trennung selbst von Komponenten, die sich in Molekulargewicht und Ladung nur minimal unterscheiden. Sie erfordern aber eine auf den Einzelfall zugeschnittene Optimierung der Laufbedingungen und sind deswegen für die Anwendung als Routinemethode, d. h. für raschen Durchsatz großer Stückzahlen unter standardisierten Bedingungen, nicht geeignet.

Material

HPLC-Anlage:
Controller	z. B. LKB 2152
Detektor	z. B. LKB 2151
Pumpe	z. B. LKB HPLC Pump 2150
Probengeber	z. B. Perkin-Elmer ISS-100
Schreiber	z. B. LKB Two Channel Recorder 2210
Integrator	z. B. Spectra Physics SP 4270
PC mit Auswertungssoftware	z. B. Spectra Physics Chromstation-AT

Säulen:
Mono Q HR5/5
   $2,5 \times 50$ mm   Pharmacia Nr. 17-0546-01
oder PEC 101 $7,5 \times 100$ mm   Pentax Nr. SH-0710 M
oder TSK G3000SW
   $7,5 \times 300$ mm   LKB Nr. 2135-330
oder TSK G4000SW
   $7,5 \times 300$ mm   LKB Nr. 2135-430
Vorsäule für TSK-Säulen:
TSK SWP $7,5 \times 75$ mm   LKB Nr. 2135-075

Membranfilter für
Pufferfiltration   z. B. Millipore Nr. GVWP 04700
Membranfilter für
Probenfiltration   z. B. Millipore Nr. GVWP 01300
                           oder Acro LC 13, Gelman Sciences
                           Nr. 4453

Glas- und Mikroproben-Fläschchen für HPLC mit Teflonseptum und Bördelkappe

$CaCl_2 * 2H_2O$	z. B. Merck Nr. 2382
HCl 25%ig	z. B. Fluka Nr. 34424
KH_2PO_4	z. B. Merck Nr. 4873
K_2HPO_4	z. B. Merck Nr. 5099
NaCl	z. B. Merck Nr. 6404

Analytische HPLC von monoklonalen Antikörpern

$NaH_2PO_4 * H_2O$	z. B. Merck Nr. 6346
$Na_2HPO_4 * 2 H_2O$	z. B. Merck Nr. 6580
NaN_3	z. B. Merck Nr. 6688
Tris (= Tris(hydroxymethyl) aminomethan)	z. B. Merck Nr. 8382
Referenz-MAK: IgG	DEAE-gereinigt
Helium 4.6	Linde Nr. 332C

Puffer für Mono Q:

Konzentrat von A:	200 mM Tris*HCl, pH 7,6
Konzentrat von B:	100 mM Tris*HCl/500 mM NaCl, pH 7,6 (pH-Wert mit 25%iger HCl einstellen)

A: Konzentrat 1:10 mit H_2O verdünnen
B: Konzentrat 1:5 mit H_2O verdünnen

Puffer für PEC 101:

C: z. B. 10 mM Na-Phosphat/0,01 mM $CaCl_2 * 2H_2O$, pH 7,0
D: z. B. 500 mM Na-Phosphat/0,01 mM $CaCl_2 * 2H_2O$, pH 7,0

Puffer für TSK:

E: 100 mM K-Phosphat/7,6 mM NaN_3, pH 6,8

Alle Puffer werden vor Gebrauch filtriert und mit Helium entgast.

Im folgenden wird beispielhaft das Vorgehen bei den in unserem Labor häufigsten Anwendungen beschrieben.

Vorgehen bei Mono Q

1. Vorbereitung der Referenz-MAK-Lösung: Die portionierte Stammlösung (jeweils 50 µl, mit 10,0-15,0 mg IgG/ml) wird bei −80°C aufbewahrt. Eine Portion der Stammlösung wird aufgetaut und mit 700 µl Puffer A verdünnt und gemischt. Je 75 µl dieser Referenz-MAK-Lösung werden blasenfrei in Mikroproben-Fläschchen pipettiert.
2. Probenvorbereitung: In der Regel wird von der Probe ebenfalls eine 1:15-Verdünnung hergestellt - abhängig von der zu erwartenden Konzentration - (700 µl Puffer A vorlegen, 50 µl Aszites zupipettieren), gemischt und in numerierte Glasfläschchen filtriert.
Mikroproben- und Glas-Fläschchen werden jeweils mit Teflonseptum und Bördelkappe verschlossen.
3. Aufbau einer Analysenserie: Bei uns hat es sich bewährt, mit 3 Referenz-MAK-Läufen zu beginnen, mit 6 Probenläufen, 1 Referenz-MAK-Lauf, 6 Probenläufen, 1 Referenz-MAK-Lauf etc. fortzufahren und mit 1 Referenz-MAK-Lauf abzuschließen.

4. Laufparameter: Injektionsvolumen: 50 µl
　Flußrate: 1,5 ml/Min.
　Standard-Gradient:

Zeit (Min.)	%B
0,0	0
5,0	20
8,4	40
11,7	100
13,7	100
14,5	0
17,5	0

Auf Details zu Geräteeinstellungen (Controller, Detektor, Pumpe, Probengeber, Schreiber, Integrator), Auswertungssoftware, Start- und Abschlußprogramm sowie Regenerieren der Säule kann hier nicht eingegangen werden.

Vorgehen bei PEC 101

1. Die Vorbereitung von Referenz-MAK und Proben erfolgt analog zu der bei Mono Q beschriebenen Prozedur mit Puffer C.
2. Die Analysenserien werden aufgebaut wie bei Mono Q beschrieben.
3. Laufparameter: Injektionsvolumen: 50 µl
　Flußrate: 1,0 ml Min.
　Gradient: z. B.

Zeit (Min.)	%B
0	0
5	0
15	20
25	50
29	100
30	0

Vorgehen bei TSK

1. Die Vorbereitung von Referenz-MAK und Proben erfolgt analog zu der bei Mono Q beschriebenen Prozedur mit Puffer E; Verdünnung: 1:20.
2. Die Analysenserien werden aufgebaut wie bei Mono Q beschrieben.
3. Laufparameter: Injektionsvolumen: 50 µl
　Flußrate: 1,0 ml Min.
　Isokratische Trennung mit Puffer E
　Zeit pro Lauf: 38 Min.

Auswertung

Die Kalibration des Proben-IgG-Peaks erfolgt über die beiden zeitlich nächsten Referenz-Chromatogramme. Das Auswertungsprogramm berechnet die Konzentration der Proben nach folgender Formel:

$$c_{Probe} = \frac{A * \text{Fläche der Probe} * c_{Referenz}}{B * (\text{Fläche Ref.1} + \text{Fläche Ref.2}) * \frac{1}{2}} \text{ mg/ml}$$

A = Verdünnung des Referenz-MAK (z. B. 1:15)
B = Verdünnung der Probe (1:...)

Literatur

Ey PL, Prowse SJ, Jenkin CR (1978) Isolation of pure IgG1, IgG2a and IgG2b immunoglobulins from mouse serum using protein A-sepharose. Immunochemistry 15: 429-436
Henson GW (1985) The HPLC of Immunoglobulins. In: Lefkovits I and Pernis B (eds) Immunological Methods Vol III, Academic Press, New York, p 111-124
Juarez-Salinas H, Ott GS, Chen J-C, Brooks TL, Stanker LH (1986) Separation of IgG idiotypes by high-performance liquid chromatography. Meth Enzymol 121: 615-622

Weiterführende Literatur

Burchiel SW (1986) Purification and analysis of monoclonal antibodies by high-performance liquid chromatography. Meth Enzymol 121: 596-615
Regnier FE (1984) High-performance ion-exchange chromatography. Meth Enzymol 104: 170-189
Unger K (1984) High-performance size exclusion chromatography. Meth Enzymol 104: 154-169
Wehr CT (1984) High-performance liquid chromatography: Care of columns. Meth Enzymol 104: 133-154

10.17 Analytische SDS-Polyacrylamid-Gel-Elektrophorese (SDS-PAGE)

E. HEMPELMANN

Um ein bestimmtes Polypeptid der Analyse zugänglich zu machen, ist es in der Regel unumgänglich, dieses Protein von anderen Probenbestandteilen abzutrennen. Eigenschaften wie Molekülform, Hydrophobizität, Ladung, Stabilität oder Affinität können dabei zur Trennung genutzt werden. Elektrophoretische Trennmethoden nutzen die unterschiedliche Mobilität - bedingt durch Ladungsdichte und Reibungswiderstand - von Proteinen im elektrischen Feld (Tiselius 1937). Bei der Zonenelektrophorese dienen Papiere, Stärkegele (Smithies 1955) und verschiedene Agarsorten als Träger. Raymond und Weintraub haben 1959 Cyanogum 41, das Polymerisationsprodukt von Acrylamid und Bisacrylamid, als weiteren Träger eingeführt. Wegen seiner vorteilhaften Eigenschaften hat Polyacrylamid seitdem andere Trägermaterialien weitgehend ersetzt. Weitere Verbesserungen waren die Einführung der Gly/Cl/TRIS Puffersysteme (Disk-Elektrophorese) (Ornstein 1964), die Verwendung von Gradientengelen (Margolis and Kenrick 1967, Slater 1968) und die Vorinkubation der Proteine mit Na-Dodecylsulfat (SDS) (Summers et al. 1964). Mit Aus-

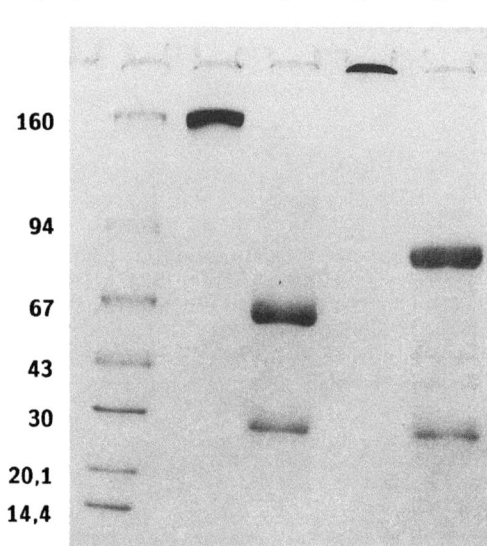

Abb. 67. SDS-Polyacrylamid-Gelelektrophorese. Auftrennung von humanem IgG und IgM in 6-20% Acrylamid. Coomassie-Proteinfärbung

1. Molekulargewichtsmarker
2. humanes IgG unreduziert
3. humanes IgG reduziert: schwere und leichte Ketten
4. humanes IgM unreduziert
5. humanes IgM reduziert: schwere und leichte Ketten

nahme der Glykoproteine und Lipoproteine haben alle aufgefalteten SDS-Protein Komplexe eine einheitliche Ladungsdichte. Da die Trennung bei der SDS-Elektrophorese nach dem Reibungswiderstand erfolgt, ist die Laufstrecke dem Molekulargewicht proportional (Abb. 67).

Das Bilden hochkonzentrierter Startzonen (Stapelbildung) vor der eigentlichen Auftrennung ist die Ursache der guten Trennleistung der Disk-Elektrophorese. Der SDS-Proteinstapel bildet sich nach Anlegen einer Spannung an der Grenze zwischen dem Cl des Gelpuffers und dem Gly des Kathodenpuffers. Beim Durchwandern eines Porengradienten wird der Proteinstapel („steady-state" Anordnung) nach und nach aufgelöst. Zur vollständigen Auflösung ist eine Polyacrylamid-Gelkonzentration von über 16% notwendig.

Die Zwei-Gel-Systeme von Laemmli (1970) und Neville (1971) stellen Grenzfälle des Gradientengels dar. Die vorgeschlagene pH-Diskontinuität der Puffer ist - wie bei Systemen ohne SDS (Clarke 1964, Hjerten et al. 1965) - ohne Bedeutung für die Trennschärfe (Hempelmann 1982).

Material

Acrylamid	z. B. Serva Nr. 10675
Ammoniumpersulfat (PER)	z. B. Bio-Rad Nr. 161-0700
Cleland's Reagenz (DTT)	Dithiothreitol, z. B. Bio-Rad Nr. 161-0610; Stammlösung 200 mg/ml in H_2O
Glycin (Gly)	z. B. Merck Nr. 4201
Harnstoff	z. B. Serva Nr. 24524
Na-Dodecylsulfat (SDS)	z. B. Serva Nr. 20760
NN'-Methylenbisacrylamid (BIS)	z. B. Bio-Rad Nr. 161-0201
NNN'N'-Tetramethyläthylendiamin (TEMED)	z. B. Bio-Rad Nr. 161-0800
Phenol Rot	Sigma Nr. P-4758
Elektrophorese Kammer	z. B. Protean Bio-Rad Nr. 165-1420
Reinstwasser-Anlage	z. B. Barnstead Nr. D1797
Serva Blau	Serva Nr. 35051
Trichloressigsäure (TCA)	z. B. Merck Nr. 807
Tris(hydroxymethyl)aminomethan (TRIS)	z. B. Sigma Nr. T 1503
Färbelösung	750 mg Serva Blau R in 1 L Methanol und 150 g TCA in 1,5 L H_2O lösen, anschließend beide Lösungen mischen
Entfärbelösung	30% Methanol +65% Wasser + 5% Essigsäure (v/v/v)
Imprägnierlösung	50% Methanol +10% Glycerin +40% Wasser (v/v/v)

Vorgehen (nach Hempelmann et al. 1987)

1. Vorbehandeln der Proben. Etwa 20 µg Protein werden zur Bildung von SDS-Protein Komplexen in 10 µl Probenpuffer gelöst.

Probenpuffer

2,0 ml 10 M Harnstoff (gelöst in Wasser)
0,025 ml 0,1% Phenolrotlösung (gelöst in Elektrodenpuffer)
0,475 ml Wasser
50 mg SDS
10 µl DTT (200 mg/ml) wird zugesetzt, wenn Disulfidbrücken reduziert werden sollen. Cleland's Reagenz besitzt ein Redox-Potential, durch das die meisten Disulfide quantitativ reduziert und Monothiole stabilisiert werden.

2. Gießen der Gradientengelplatten (6%-20%). Jeweils 8 ml der Gellösungen a und b werden in einen Gradientenmischer gegeben und mit einer Flußgeschwindigkeit von 5 ml/Min. in eine Glasküvette (14 × 12 × 0,075 cm) gepumpt: Dies ergibt eine Auftrennung der Probe beginnend mit 6%. Eine gute Parallel-Schichtung wird erreicht, wenn an vielen verschiedenen Stellen eingetropft wird. Die Gele sind 4 Stunden nach dem Gießen gebrauchsbereit.

a. 3%iges Gel	b. 20%iges Gel
2,0 ml Lös. 1	2,0 ml Lös. 1
0,75 ml Lös. 2	5,0 ml Lös. 2
7,25 ml H$_2$O	3,0 ml H$_2$O
5 mg PER	5 mg PER
entgasen	entgasen
5 µl TEMED	5 µl TEMED

Lösungen

Lösung 1: 0,8 M Tris-HCl pH 8,6 (9,69 g Tris/100 ml Wasser)
Lösung 2: 38,9 g Acrylamid und 1,1 g BIS, mit Wasser ad 100 ml.

Elektrodenpuffer

24 g Tris und 15 g Glycin werden in 5 l Wasser gelöst (pH 8,7-8,8). Von diesem Puffer werden 4,4 l als Anodenpuffer benutzt, zu den restlichen 600 ml Kathodenpuffer werden noch 500 mg SDS zugesetzt.
Die Elektrophorese erfolgt bei 4 °C mit konstanter Stromstärke (15 mA).

3. Färben und Entfärben. Nach der elektrophoretischen Trennung wird das Gel für etwa eine Stunde in Serva Blau Lösung gefärbt.
Das durchgefärbte Gel wird dann in eine Entfärbelösung gelegt. Bei mehrmaligem Wechsel des Entfärbebades ist die Gelplatte nach ca. 2 Std. vollständig entfärbt und kann ausgewertet werden. Zur Aufbewahrung wird das Gel 1 Std. in ein Imprägnierbad gelegt, dann zwischen Polyesterfolie und Cellophanfolie eingeschweißt und zwischen Filterpapieren getrocknet.

Literatur

Clarke JT (1964) Simplified „Disc" Electrophoresis. Ann N Y Acad Sci 121: 428-436
Hempelmann E (1982) Bilden und Auflösen von Proteinstapeln. In: Radola BJ (ed) Elektrophorese Forum '82, Technische Universität, München, p 111-116
Hempelmann E, Schirmer RH, Fritsch G, Hundt E, Gröschel-Stewart U (1987) Studies on glutathione reductase and methemoglobin from human erythrocytes parasitized with Plasmodium falciparum. Mol Biochem Parasitol 23: 19-24
Hjerten S, Jerstadt S, Tiselius A (1965) Some aspects of the use of „continuous" and „discontinuous" buffer systems in polyacrylamide gel electrophoresis. Anal Biochem 11: 219-223
Laemmli UK (1970) Cleavage of structural proteins during the assembly of the head of bacteriophage T4. Nature 227: 680-685
Margolis J, Kenrick KG (1967) Electrophoresis in polyacrylamide concentration gradient. Biochem Biophys Res Comm 27: 68-73
Neville DM (1971) Molecular weight determination of protein-dodecyl sulfate complexes by gel electrophoresis in a discontinuous buffer system. J Biol Chem 246: 6328-6334
Ornstein L (1964) Disc electrophoresis-background and theory Ann N Y Acad Sci 121: 321-349
Raymond S, Weintraub L (1959) Acrylamide gel as a supporting medium for zone electrophorese. Science 130: 711
Slater GG (1968) Pore-limit electrophoresis on a gradient of polyacrylamide gel. Anal Biochem 24: 215-217
Smithies O (1955) Zone electrophoresis in starch gels: group variations in serum proteins of normal human adults. Biochem J 61: 629-641
Summers DF, Maizel JV, Darnell JE (1965) Evidence for virus-specific noncapsid proteins in poliovirus infected HELA cells. Proc Nat Acad Sci 54: 505-513
Tiselius A (1937) A new apparatus for electrophoretic analysis of colloidal mixtures. Transactions of the Faraday Society 33: 524-531

10.18 Analytische isoelektrische Fokussierung von monoklonalen Antikörpern

U. ESSIG

Bei der isoelektrischen Fokussierung (IEF) wird in einem antikonvektiven Medium ein (idealerweise) stabiler pH-Gradient aufgebaut. Als Medien sind heute im wesentlichen Agarose- und Polyacrylamidgele gebräuchlich. Proteine oder andere amphotere Moleküle, die in dieses System eingebracht werden, wandern im elektrischen Feld entsprechend ihrer Gesamtladung entlang dem vorgebildeten pH-Gradienten. Wird beispielsweise ein Protein in der Nähe der Anode (also im sauren Bereich) eingebracht, wird es durch die Protonierung von Aminogruppen zu Ammoniumionen und von Carboxylationen zu Carboxylgruppen eine positive Gesamtladung erhalten. Deshalb wird dieses Protein sich zur Kathode (also in Richtung zu basischerem pH-Wert) bewegen. Je weiter solche Moleküle in den basischen pH-Bereich kommen, desto mehr Ammoniumionen und Carboxylgruppen werden deprotoniert. Die verbleibende positive Gesamtladung und damit ihre Wanderungsgeschwindigkeit wird immer geringer. Umgekehrt ergibt sich bei Einbringen eines Proteins in der Nähe der Kathode (also im basischen Bereich) durch Deprotonierung der Ammonium- und Carboxylgruppen eine negative Gesamtladung. Das Protein wird sich zur Anode (also in Richtung zu saurerem pH-Wert) bewegen usw.

Schließlich ergibt sich bei einem bestimmten pH-Wert die Nettoladung Null. Dieser pH-Wert ist der sog. isoelektrische Punkt (pI). An diesem Punkt erfahren amphotere Moleküle im elektrischen Feld keine Kräfte mehr und wandern nicht mehr weiter. Jede Entfernung der Moleküle aus dieser Position in Bereiche mit pH ≠ pI (z. B. durch Diffusion) führt zu erneuter Ladungsbildung und damit wieder zur Wanderung des Moleküls in den Bereich mit pH = pI. Die so zustandekommende *Fokussierung* von Molekülen in scharfen Banden an ihrem isoelektrischen Punkt gibt dieser Methode ihren Namen.

Einen ausgezeichneten Überblick über die Thematik gibt das Buch von Righetti (1983). Es skizziert die Entwicklung seit den ersten Vorläufern der Methode im Jahr 1912 bis heute. Theorie und grundsätzliche Aspekte der IEF werden ausführlich beschrieben wie auch die noch vorhandenen Schwächen. Den breitesten Raum nimmt die Diskussion taktischer und praktischer Erwägungen zu präparativer und analytischer IEF sowie von experimenteller Methodik ein. Kurz angerissen werden verschiedene Anwendungsgebiete der IEF.

Mit Träger-Ampholyten wird der pH-Gradient durch eine Vorfokussierung vor Auftragung der Proben erzeugt. Einige der mit den gelösten und deshalb beweglichen Träger-Ampholyten verknüpften Probleme treten mit sog. immobilisierten pH-Gradienten (IPG) nicht mehr auf. Hierbei wird ein Gradient geeigneter Komponenten in ein Gel einpolymerisiert (Rosengren et al. 1978; Rosengren et al. 1981; Bjellqvist et al. 1982; Dossi et al. 1983; Gianazza et al. 1983).

Vor- und Nachteile verschiedener Elektrophoresesysteme

Jedes *analytische* System sollte Trennungen mit hoher *Auflösung* in kurzer Zeit und mit wenig Material ermöglichen. Es sollte einfach zu handhaben sein und die gleichzeitige Bearbeitung mehrerer Proben sowie einen leichten und dauerhaften Nachweis erlauben. Im folgenden wird auf die dem Stand der Technik entsprechenden Elektrophoresesysteme eingegangen, die auch für die schnelle analytische Untersuchung größerer Zahlen von monoklonalen Antikörpern geeignet sind, von denen jeweils nur kleine Mengen verfügbar sind.

Die Arbeit mit größeren und dickeren Gelen (z. B. 125 × 240 mm, Dicken bis zu 2 mm, z. B. Altland and Hackler 1981) erfordert den höchsten manuellen und Zeitaufwand, verbunden mit dem größten Materialeinsatz.

Neuere Entwicklungen sind ultradünne Gele ($\leq$ 1 mm) auf Zellophanträgern (Görg et al. 1978) und Polyesterfolien (Görg et al. 1982; Görg et al. 1986) sowie ultradünne Gele mit kovalenter Bindung an Glasplatten und Polyesterfolien (Radola 1980a; Radola 1980b). Sie zielen vor allem ab auf die folgenden Verbesserungen:

a) Bessere Handhabung: Die Gefahr der Beschädigung bzw. des Verziehens des Gels während des Färbens oder Trocknens wird verringert.
b) Geringerer Materialeinsatz.
c) Geringere Hitzeentwicklung: Wegen geringerer Querschnitte ist eine Verringerung der Stromstärke möglich.

d) Bessere Kühlung: Durch kürzere Distanzen ist der Hitzetransport verbessert. Dies erlaubt höhere Feldstärken und somit schnellere Auftrennung (Allen 1980).
e) Kürzere Fokussierungsstrecken: Hiermit wird eine schnellere Auflösung erreicht (Kinzkofer and Radola 1981).

Von Vorteil ist bei den großflächigen Gelen die Möglichkeit, in *einem* Gel und Lauf viele Proben (20–30) gleichzeitig aufzutrennen. Solche Gele können auch für die Erzeugung besonders langer und flacher pH-Gradienten bei der IEF nötig sein.

Bei der vertikalen Mikroelektrophorese wurden die Vorteile kurzer Trennstrecken bereits früh erkannt (Rüchel et al. 1974; Neuhoff 1980). Kurze Trennstrecken und hohe Feldstärken verringern die Trennzeit, die gute Auflösung bleibt dabei erhalten (Peter et al. 1976; Poehling and Neuhoff 1980).

Die derzeit neueste Entwicklung auf dem Gebiet der horizontalen analytischen Elektrophorese, das PhastSystem, verbindet alle Vorteile von kleinen und dünnen Gelen (z. B. 50 × 43 × 0,45 mm oder 50 × 43 × 0,35 mm) mit einem hohen Grad an Automatisierung und Standardisierung (Olsson et al. 1988). Die Handhabung wird hierdurch enorm erleichtert und die Reproduzierbarkeit verbessert.

Analytische IEF von MAK

Monoklonale Antikörper trennen sich bei der IEF in charakteristische Muster aus mehreren Banden auf. Diese Mikroheterogenität beruht vermutlich auf unterschiedlicher Glykosylierung (bei identischer Aminosäuresequenz!) oder auf sonstigen posttranslationalen Modifikationen (z. B. Desamidierungen) der Antikörper; experimentell belegt wurden diese Erklärungen bisher jedoch nicht. Die IEF ist nicht geeignet, die Monoklonalität eines Antikörpers zu beweisen. Sie dient vielmehr dazu, Identität oder Nicht-Identität verschiedener Antikörper zu zeigen. Dies ist vor allem wichtig bei der Entwicklung von monoklonalen Antikörpern. Hier soll in der Regel ein Spektrum verschiedener MAK vorgelegt werden, aus dem dann für den Verwendungszweck geeignete selektiert werden müssen. Die Kultivierung identischer Klone soll in der Regel vermieden werden, da dies eine unnötige und u. U. erhebliche Mehrarbeit bedeuten würde. Eine weitere Anwendung ist die genaue Charakterisierung von monoklonalen Antikörpern, z. B. für die Sicherung von Besitzansprüchen durch Patente. Derart eindeutige Aussagen zur Identität oder Nicht-Identität von MAK wie mit der IEF sind mit keiner anderen Methode in so kurzer Zeit möglich.

Die Wahl des Gelmaterials hängt davon ab, welche Proben fokussiert werden sollen und welche Art von Nachweis nach der IEF durchgeführt werden soll:

a) Für die Fokussierung von IgG sind Polyacrylamid und Agarose gleichermaßen geeignet. Für die Fokussierung von IgM müssen Agarosegele verwendet werden, da nur mit Agarose die für IgM nötigen größeren Poren und gleichzeitig eine gute Gelstabilität erreichbar sind.

b) Der *Nachweis* von MAK nach der IEF kann *im Gel* spezifisch durch Immunfixation mit einem Sekundärantikörper oder unspezifisch nach Fixierung durch Proteinanfärbung mit Silber oder Coomassie Brilliant Blue (s. Kap. 10.19) geführt werden. Sofern es sich bei dem Sekundärantikörper um ein IgG handelt, sind Agarose- und Polyacrylamidgele gleichermaßen geeignet; die unspezifische Anfärbung mit den genannten niedermolekularen Agentien gelingt ebenfalls in beiden Gelarten.

Diffusionsblotting (s. Kap. 10.20) verläuft aufgrund der Porengröße aus Agarosegelen rascher als aus Polyacrylamidgelen. Für Elektroblotting (s. Kap. 10.20) muß entweder das Gel von der Trägerfolie abgelöst werden oder von vornherein auf einem durchlässigen Gewebe aufgebracht sein. Da hier der Transfer durch das elektrische Feld forciert erfolgt, sind beide Gelarten verwendbar.

In die IEF können Zellkulturüberstände, Aszitesflüssigkeiten oder andere Antikörperlösungen eingesetzt werden.

Probleme bei der IEF von MAK

Von Nachteil kann bei der IEF von MAK wie auch anderen Proteinen sein, daß manchmal mehrere Läufe nötig sind:

a) Werden Proben bei einem von ihrem pI stark verschiedenen pH-Wert aufgetragen, können sie irreversibel denaturieren und ausfallen, z. T. auch verschmieren. In diesem Fall muß in einem zweiten Lauf bei unverändertem pH-Gradienten an einer anderen Stelle aufgetragen werden.

b) Unterschiedliche isoelektrische Punkte verschiedener MAK führen zu unterschiedlich guter Auflösung in einem gegebenen pH-Gradienten; eindeutige Bandenmuster und damit Aussagen über die Identität von MAK sind teilweise erst durch die Wahl eines spezielleren pH-Gradienten (z. B. 2,5-6,5) anstatt des anfänglichen (z. B. 3,5-9,5) zu erhalten (Abb. 68).

Bei der IEF befinden sich die Proteine nach kurzer Laufzeit in einer völlig salzfreien Umgebung. Manche Proteine, in Einzelfällen auch MAK, denaturieren unter diesen Bedingungen.

Einschränkungen gibt es bei der IEF bezüglich der maximalen Salzkonzentration der Proben. Hohe Salzgehalte führen zu stärkerer Erhitzung der Gele durch höhere Stromstärken sowie bei IPG zu einem „Überlaufen" von Proben in Nachbarbahnen.

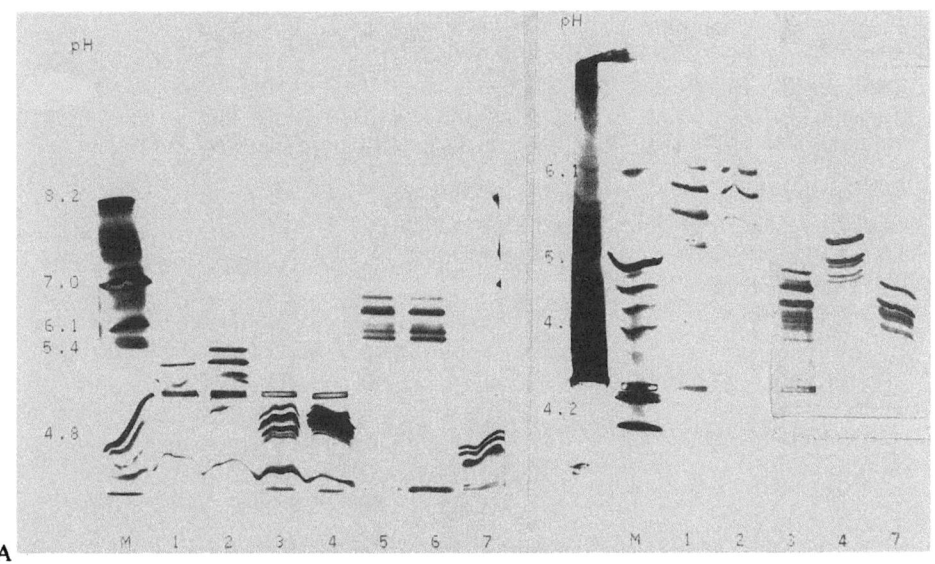

Abb. 68. IEF von MAK mit unterschiedlichen isoelektrischen Punkten

A: pH-Gradient 3,5–9,5
MAK 5 und 6 sind sauber fokussiert und identisch; MAK 3, 4 und 7 sind im sauren Bereich zusammengedrückt, bei MAK 3 und 4 kann keine eindeutige Aussage gemacht werden, MAK 7 unterscheidet sich sehr wahrscheinlich von MAK 3 und 4.
B: pH-Gradient 2,5–6,5
MAK 3, 4 und 7 sind sauber fokussiert und alle drei eindeutig voneinander verschieden.
M = Markerproteine

Material

1. Für selbstgegossene größere Agarosegele, z. B. für Multiphor-System

Gießkassette mit
Abstandhalter   z. B. LKB
Glastrichter
Absaugflasche
Wasserstrahlpumpe mit
Sicherheitsflasche
Wasserbad
Erlenmeyerkolben
Hand-Gummiwalze
Thermometer
Kühlschrank
Filterpapier
Petrolether
Applikationsstreifen
Elektrodenstreifen

Elektrophoresekammer	Multiphor System II, LKB Nr. 2117
Stromversorger	z. B. Power Supply, LKB Nr. 2197
Volt-Stunden-Integrator	z. B. IMA
Thermostat	z. B. Multitemp, LKB Nr. 2209
Trägerfolie	z. B. Gelbond, BIOzym Nr. 16022
Markerproteinkit	z. B. pI Markers FMC, BIOzym Nr. 866901
Gel: 0,16 g Agarose IEF	z. B. Pharmacia Nr. 17-0468-01
2,0 g D-Sorbit	z. B. Serva Nr. 35230
1,4 ml Träger-Ampholyte	z. B. Ampholine pH 3,5-9,5, LKB Nr. 1818-101 oder Ampholine pH 4,0-6,5, LKB Nr. 1818-116
18,5 ml H$_2$O bidest.	

Elektrodenlösungen für pH-Gradient 3,5-9,5:

Anode	z. B. 83 mg L-Asparaginsäure
	92 mg L-Glutaminsäure
	25 ml H$_2$O bidest.
Kathode	z. B. 109 mg L-Arginin
	91 mg L-Lysin
	3 ml Ethylendiamin
	22 ml H$_2$O bidest.

Elektrodenlösungen für pH-Gradient 4,0-6,5:

Anode	z. B. 1,4 ml H$_3$PO$_4$
	23,6 ml H$_2$O bidest.
Kathode	z. B. 1,876 g L-Glycin
	25 ml H$_2$O bidest.

2. Für selbstgegossene größere Polyacrylamidgele, z. B. für Ultraphor-System

2 Glasplatten	(125 × 240 × 3 mm)
Proben-Applikationsband aus Silikon für 5-10 µl	z. B. Serva Nr. 42989
Probe	
Acrylamid (2 × kristallisiert)	z. B. Serva Nr. 10675
N,N'-Methylen-bis-acrylamid (Bis)	z. B. Bio-Rad Nr. 161-0201
N,N,N',N'-Tetramethylethylendiamin (TEMED)	z. B. Bio-Rad Nr. 161-0800; der Zusatz von Radikalstabilisatoren (TEMED) ist normalerweise nicht notwendig, da Ampholine diese Funktion auch ausüben können.
Ammoniumpersulfat	z. B. Bio-Rad 161-0700
Glycerin	z. B. Baker Nr. 5514
Hand-Gummiwalze	
Folie, hydrophil	z. B. Serva Nr. 42969
hydrophob	z. B. Serva Nr. 42980

Klebeband (0,15 mm Dicke)	z. B. Serva Nr. 42921
Filterpapier	
Petrolether	
Elektrodenstreifen- Filterpapier	z. B. Serva Nr. 42987
Träger-Ampholyte	z. B. Servalyt pH 3-10, Serva Nr. 42940 und Servalyt pH 5-7, Serva Nr. 42905 z. B. Bio-Lyte 3/10, Bio-Rad Nr. 163-1112 und Bio-Lyte 5/7, Bio-Rad Nr. 163-1152, z. B. Pharmalyte 3-10, Pharmacia Nr. 17-0456-01 und Pharmalyte 5-8, Pharmacia Nr. 17-0453-01
Proteinkit zur Kalibrierung, geeignet für die pI-Bestimmung im Be- reich von pH 3-10	z. B. Pharmacia Nr. 17-0471-01
Elektrophoresekammer	z. B. Ultraphor, LKB Nr. 2217-001
Stromversorger	z. B. Power Supply, LKB Nr. 2197
Volt-Stunden-Integrator	z. B. IMA
Thermostat	z. B. Multitemp, LKB Nr. 2209

Lösung für ca. 12 ml Gel:

2,0 ml Lösung A (29,1 g Acrylamid, ad 100 ml H_2O bidest.; im Kühlschrank mehrere Monate stabil)

5,7 ml Lösung B (18 mg Bis, ad 5,7 ml mit H_2O bidest.; wahlweise auch 18 mg Bis in 1 ml H_2O bidest.+4,7 ml 10 M Harnstoff; diese Lösung ist nur etwa 1 Woche haltbar)

3,0 ml Glycerin (oder 3,78 g abwiegen)

1,2 ml Träger-Ampholyte (s. Vorgehen, z. B. 0,8 ml pH 3-10+0,4 ml pH 6-8; Trockengewicht 40%)

3,2 µl TEMED

Die fertige Lösung muß vor Gebrauch unbedingt entgast werden!

120 µl Ammoniumpersulfat (die Stammlösung hat 100 mg/ml in H_2O bidest.)

3. Für die Elektrophorese im PhastSystem

Komplette Elektrophorese- Apparatur „Phast- System" inkl. Zubehör	Pharmacia Nr. 18-1601-01
Gele	verschiedene PhastGele, s. unter „Käufliche Fertiggele"

Lösungen entsprechend Arbeitsanleitung

Käufliche Fertiggele:

Polyacrylamidgele für Multiphor-System:	z. B. Servalyte Precotes, pH-Bereich 3-6, Serva Nr. 42974

Polyacrylamidgele für
PhastSystem: z. B. PhastGel IEF (pH-Bereich 3-9), Pharmacia
                   Nr. 17-0543-01
                   dto. (pH-Bereich 4-6,5), Nr. 17-0544-01
                   dto. (pH-Bereich 5-8), Nr. 17-0545-01

Vorgehen

1. Elektrophorese mit größeren Agarosegelen im Multiphor-System. Auf die Glasplatte ohne Abstandhalter wird die Trägerfolie mit Hilfe eines dünnen Wasserfilms luftblasenfrei aufgebracht und mit der Hand-Gummiwalze gut festgewalzt. Die zweite Platte mit Abstandhalter wird darauf gelegt, mit den Klammern verschlossen und in den Inkubator bei 70 °C gestellt. Außerdem wird der Glastrichter mit aufgesetzter blauer Pipettenspitze in den Inkubator gestellt.

Agarose, Sorbit und Wasser (s. Material für isoelektrische Fokussierung) werden im Wasserbad 10 Min. gekocht. Die Träger-Ampholyte werden im Erlenmeyerkolben vorgelegt und in den Kühlschrank gestellt. Die Agaroselösung wird 1 Min. an der Wasserstrahlpumpe entgast. Die Träger-Ampholyte werden in den Inkubator gestellt. Nach Abkühlen der Agarose auf 80 °C (falls die Agarose weiter abgekühlt ist, nochmals erwärmen) werden Gießkammer und Trichter aus dem Inkubator genommen. Ist die Agarose auf 75 °C abgekühlt, wird die Agarose auf die Träger-Ampholyte gegossen, kurz gemischt und die Mischung mit Hilfe des Trichters in die Kammer gegossen. Das Gel polymerisiert eine Stunde bei RT aus und wird über Nacht im Kühlschrank (4 °C) aufbewahrt.

Der Thermostat wird auf 10 °C (Gel mit pH-Bereich 3,5-9,5) bzw. 5 °C (Gel mit pH-Bereich 4,0-6,5) temperiert. Das Gel wird mit Petrolether luftblasenfrei aufgelegt. Die mit den jeweiligen Elektrodenlösungen getränkten Elektrodenstreifen werden aufgelegt und leicht angedrückt.

Vorfokussierung: 1400 V, 5 W, 30 Min. (Gel mit pH-Bereich 3,5-9,5),
                   600 V, 5 W, 10 Min. (Gel mit pH-Bereich 4,0-6,5).

Zur Beseitigung ausgetretenen Wassers wird kurz trockenes Filterpapier zwischen den Elektrodenstreifen aufgelegt und wieder abgenommen. Der Applikationsstreifen wird in der Regel 2 cm von der Anode entfernt aufgelegt. Dies kann variiert werden, falls der pH-Wert dieses Auftragsorts die Proben schädigt. Je 5 µg Probe wird über den Applikationsstreifen aufgetragen.

Entsalzen: 150 V, 5 W, 30 Min. (Gel mit pH-Bereich 3,5-9,5),
                   150 V, 5 W, 15 Min. (Gel mit pH-Bereich 4,0-6,5).

Hauptlauf: 1400 V, 5 W, 105 Min. (Gel mit pH-Bereich 3,5-9,5),
                   600 V, 5 W, 180 Min. (Gel mit pH-Bereich 4,0-6,5).

2. Elektrophorese mit größeren Polyacrylamidgelen im Ultraphor-System. Die Gießkammer wird von zwei gleich großen Glasplatten gebildet. Um gleichmäßige Gele zu produzieren, müssen die Scheiben auch während des Gießens des Gels absolut plan bleiben. Dies ist nur bei dicken Gläsern (stärker als 2 mm) der Fall. Auf die zwei Glasplatten werden zwei verschiedene Folien mit Hilfe eines dünnen Wasserfilms luftblasenfrei aufgebracht und mit der Hand-Gummiwalze gut festgewalzt: auf der einen Platte eine hydrophile Folie, auf diese wird das Gel aufpolymerisiert. Auf die andere Platte wird eine hydrophobe Folie gebracht, von dieser läßt sich das fertige Gel ohne Beschädigung abziehen (diese Folie vorher markieren!). Der (luftblasenfreie!) Kontakt der Folien mit den Glasplatten wird durch einen dünnen Wasserfilm erreicht. Auf den beiden Längsseiten der rechteckigen Gele wird die eigentliche Folien-Gießkammer durch mehrere Lagen eines selbstklebenden Plastikstreifens abgeschlossen. Je nach gewünschter Dicke des Geles muß die Anzahl der Klebeband-Lagen gewählt werden. Gele, die dünner als 0,2 mm sind, sind nicht mehr ausreichend leicht zu handhaben. Die in unserem Labor gebräuchlichen IEF-Gele haben deshalb eine Dicke von 0,3–0,45 mm.

Die untere hydrophile Seite der Gelkammer wird waagerecht (Wasserwaage!) aufgestellt und die Gellösung wird in voller Breite auf einer Seite aufgetragen. Anschließend wird die obere hydrophobe Seite vorsichtig abgesenkt, die Gellösung breitet sich dann langsam in der gesamten Gelkammer aus. Zum Absenken der oberen Glasplatte verwenden wir einen Spatel. Wichtig ist, daß beim Ausbreiten der Gellösung keine Luftblasen eingeschlossen werden. Anschließend werden die beiden Glasplatten an den Rändern zusammengeklammert und das Gel für mehrere Stunden (über Nacht) bei Raumtemperatur zur Polymerisation gebracht. Nach dem Erstarren des Gels werden die Glasplatten von der eigentlichen Gießkammer (den Folien) abgehoben und das Gel inklusive Folien bis zur Verwendung waagerecht liegend im Kühlschrank aufbewahrt. Erst unmittelbar vor der IEF wird die hydrophobe Folie vorsichtig abgezogen.

Der Thermostat wird auf 10 °C temperiert. Das Gel wird mit Petrolether luftblasenfrei aufgelegt. Die Elektrodenstreifen werden mit jeweils ca. 1,0 ml Elektrodenpuffer je cm^2 getränkt. Hierfür sollte der Elektrodenpuffer frisch angesetzt werden: 5% Träger-Ampholyte (z. B. des pH-Bereichs 3–10) in Wasser. Die Streifen werden dann kurz entgast und die überschüssige Flüssigkeit wird durch leichten Druck auf eine saugfähige Unterlage entfernt.

Vorfokussierung: Bei einer Geldicke von 0,3 mm und einem Elektrodenabstand von ca. 8 cm wird der pH-Gradient mit 500 Vh (s. unten) und einer limitierenden Leistung von 2 W etabliert.

Die Proben werden etwa 1–2 cm vom pI des interessierenden Proteins mit Hilfe des Proben-Applikationsbandes aufgetragen. Je Schlitz (2 × 6 mm) werden 5 µl Probe aufgetragen. Während der Trennung kann der Applikationsstreifen auf dem Gel verbleiben.

Hauptlauf: Die Leistung wird als limitierende Größe verwendet – pro ml Gel wird 1 W angesetzt. Reproduzierbare Trennungen verlangen eine exakte Messung des elektrischen Feldes. Hierzu eignet sich die Angabe des Produkts aus der anliegenden Spannung und der Trennzeit (Vh). Für jedes Trennproblem gibt es optimale Bedingungen; zu lange Fokussierzeiten verschlechtern die Trennung wieder (Kathodendrift!).

3. Elektrophorese im PhastSystem. Mit dem Gerät wird eine komplette Arbeitsanleitung für alle Anwendungen mitgeliefert.

Auswertung

Abhängig vom Ziel des Experiments wird das Gel nach der Fokussierung weiterbearbeitet:

a) Sofortiger Einsatz zur Immunfixation.
b) Sofortiger Einsatz zum Blotting (s. Kap. 10.20).
c) Fixierung zur Proteinanfärbung (s. Kap. 10.19).

Literatur

Allen RC (1980) Rapid isoelectric focusing and detection of nanogram amounts of proteins from body tissues and fluids. Electrophoresis 1: 32-37

Altland K, Hackler R (1981) Horizontal gradient polyacrylamide gel electrophoresis. Electrophoresis 2: 49-54

Bjellqvist B, Ek K, Righetti PG, Gianazza E, Görg A, Westermaier R, Postel W (1982) Isoelectric focusing in immobilized pH gradients: Principle, methodology and some applications. J Biochem Biophys Meth 6: 317-339

Dossi G, Celentano F, Gianazza E, Righetti PG (1983) Isoelectric focusing in immobilized pH gradients: Generation of extended pH intervals. J Biochem Biophys Meth 7: 123-142

Gianazza E, Dossi G, Celentano F, Righetti PG (1983) Isoelectric focusing in immobilized pH gradients: Generation and optimization of wide pH intervals with two-chamber mixers. J Biochem Biophys Meth 8: 109-133

Görg A, Postel W, Westermaier R (1978) Ultrathin-layer isoelectric focusing in polyacrylamide gels on cellophane. Anal Biochem 89: 60-70

Görg A, Postel W, Westermaier R (1982) SDS electrophoresis of legume seed proteins in horizontal ultrathin-layer pore gradient gels. Z Lebensm Unters Forsch 174: 282-285

Görg A, Postel W, Günther S, Weser J (1986) Electrophoretic methods in horizontal systems. In: Dunn MJ (ed) Electrophoresis '86, VCH Verlagsgesellschaft, Weinheim, p 435-449

Kinzkofer A, Radola BJ (1981) Miniature ultrathin-layer isoelectric focusing in 20-50 µm polyacrylamide gels. Electrophoresis 2: 174-183

Neuhoff V (1980) Recent advances in microelectrophoresis. In: Radola BJ (ed) Electrophoresis '79, Walter de Gruyter, Berlin, p 203-218

Olsson I, Axiö-Fredriksson UB, Degerman M, Olsson B (1988) Fast horizontal electrophoresis. I. Isoelectric focusing and polyacrylamide gel electrophoresis using PhastSystem. Electrophoresis 9: 16-22

Peter R, Wolfrum DI, Neuhoff V (1976) Micro-electrophoresis in continuous poly-acrylamide gradient gels for the analytical separation of protein extracts from planarians (Platyhelminthes: Turbellaria tricladida). Comp Biochem Physiol 55: 583-589

Poehling HM, Neuhoff V (1980) One- and two-dimensional electrophoresis in micro-slab gels. Electrophoresis 1: 90-102

Radola BJ (1980a) Ultrathin-layer isoelectric focusing in 50-100 µm polyacrylamide gels on silanized glass plates or polyester films. In: Radola BJ (ed) Electrophoresis '79, Walter de Gruyter, Berlin, p 79-84

Radola BJ (1980b) Ultrathin-layer isoelectric focusing in 50-100 µm polyacrylamide gels on silanized glass plates or polyester films. Electrophoresis 1: 43-46

Righetti, PG (1983) Isoelectric Focusing: Theory, Methodology and Applications (Work, TS, Burdon, RH, (eds) Laboratory Techniques in Biochemistry and Molecular Biology, Vol 11, Elsevier Biomedical Press, Amsterdam)

Rosengren A, Bjellqvist B, Gasparic V (1978) U S Patent 4,130,470
Rosengren A, Bjellqvist B, Gasparic V (1981) Deutsches Patent 2 656 162
Rüchel R, Mesecke S, Wolfrum DI, Neuhoff V (1974) Micro-electrophoresis in continuous-polyacrylamide-gradient gels. II. Fractionation and dissociation of sodium dodecylsulfate protein complexes. Hoppe-Seyler's Z Physiol Chem 355: 997–1020

10.19 Silberfärbung von Polyacrylamidgelen

E. HEMPELMANN

Zur Messung von Proteinen werden meist ihre Peptidbindungen und konjugierte Doppelbindungen mit Hilfe der UV-Absorption bei 280 nm erfaßt. Der Proteinnachweis durch sichtbare Reaktionen bedient sich zweier Methoden:

a) der Cu-katalysierten Reduktion von Mo(VI) und W(VI)-Oxiden (Folin-Ciocalteus Reagenz) zu Molybdän- bzw. Wolframblau (Lowry et al. 1951) oder
b) der Anlagerung von Farbstoffen an Proteine (Bradford 1976).

Zum Nachweis elektrophoretisch getrennter Polypeptide muß ein stabiler Farbstoffkomplex mit dem Protein gebildet werden (Wilson 1979). Um die nicht selektive und wenig sensitive Coomassie-Blau-Färbung zu ersetzen, haben Kerenyi und Gallyas (1973) und Switzer et al. (1979) das histologische Verfahren der Silberfärbung (Pearse 1980) für die Elektrophoresetechnik modifiziert.

Der Proteinnachweis durch Coomassie-Färbung beruht auf einer reversiblen Anlagerung des Farbstoffes an -NH$_2$-Gruppen; etwa 200 Nanogramm Protein/Bahn können sicher und schnell nachgewiesen werden. Durch Vorgänge beim Entfärben, Einschweißen und Trocknen verlieren geringere Proteinmengen ihre Farbe. Stabil bleibt eine Anfärbung von etwa 500 Nanogramm Protein/Bahn. Im Vergleich hierzu ist die Silberfärbung aufwendiger an Kosten und Zeit, hat eine von Protein zu Protein variierende Nachweisgrenze, liefert aber stabilere Anfärbungen, die ohne zeitliche Begrenzung identische Bandenmuster zeigen. Mit entsprechend optimierten Silberfärbungen (Chaudhuri und Green 1987) können bereits 20–50 pg Protein (pro mm^2) im Gel nachgewiesen werden.

Der Mechanismus der Silberfärbung wird immer noch kontrovers diskutiert, so soll nach Meinung einiger Autoren bei dieser Färbung elementares Silber an den Proteinen abgeschieden werden. Fein verteiltes elementares Silber ist schwarz, da alle auf ihn auffallende Strahlung vollständig absorbiert wird. Konsequenterweise dürften nur monochromatische Silberfärbungen beobachtet werden, in der Praxis sind aber durchaus z. B. mit der hier vorgestellten Methode auch bunte, d. h. polychromatische Färbungen zu erzielen (s. auch Goldman et al. 1980 und Sammons et al. 1981).

Polychromatische Färbungen haben den Vorteil, daß selbst in komplexen Mischungen die Identifizierung eines bestimmten Proteins relativ leicht ist, da ja jedes Protein eine bestimmte Farbe hat. Wird diese Differenzierungsmöglichkeit nicht benötigt, kann auf gebrauchsfertige Färbungskits (z. B. Bio-Rad, Janssen, Pharmacia, Sigma) zurückgegriffen werden.

Material

Jodacetamid (JAA)	z. B. Sigma Nr. I-6125
Kaliumdichromat, reinst	z. B. Merck Nr. 4864
Natriumcarbonat	z. B. Merck Nr. 6392
Paraformaldehyd	z. B. Serva Nr. 31628
Polyester-Folie	z. B. Serva Nr. 42980
Schüttelgerät	z. B. Köttermann Nr. 4010-4020
Silbernitrat	z. B. Merck Nr. 1512
Zellophan-Folie	z. B. LKB Nr. 2117-212

Vorgehen (nach Hempelmann et al. 1984)

Alle Wasch- und Färbereaktionen werden in 200 ml Lösung auf einer Schüttelplatte durchgeführt. Die angegebenen Konzentrationen und Zeiten gelten für hochauflösende SDS-Gele der Größe 0,75 × 50 × 90 mm.

Reaktionsschritte der polychromatischen Silberfärbung („charge-staining"):

	Zeit (Min.)
1. 10% Trichloressigsäure	30
2. 40 ml Ethanol, 4 mg DTT, 10 ml Eisessig, 150 ml Wasser	30
3. 1 g Kalium-Dichromat in 200 ml Wasser	5
4. Wasser	5
5. 200 mg $AgNO_3$ in 200 ml Wasser	10
6. Wasser	1
7. 6 g Na_2CO_3 und 40 mg Paraformaldehyd in 200 ml Wasser	5-7
8. 1% Eisessig	unbegrenzt

Die Proteine müssen sofort nach Abschluß der Elektrophorese im Gel fixiert und gewaschen werden, um eine Proteindiffusion zu verhindern und um alle Nichtproteinbestandteile, die die Färbung stören, zu entfernen. Methanol/Eisessig/Wasser-Mischungen oder Trichloressigsäure (TCA)-Lösungen werden dazu am häufigsten benutzt. Üblicherweise ist eine 10%-20% TCA Lösung für fast alle Fixierungsvorgänge das Mittel der Wahl. Nur sehr kleine, gut wasserlösliche Proteine können bei dieser Prozedur unfixiert bleiben und ausgewaschen werden. In solchen Fällen ist ein Fixieren durch 80% Methanol notwendig.

Silberfärbung von Polyacrylamidgelen 443

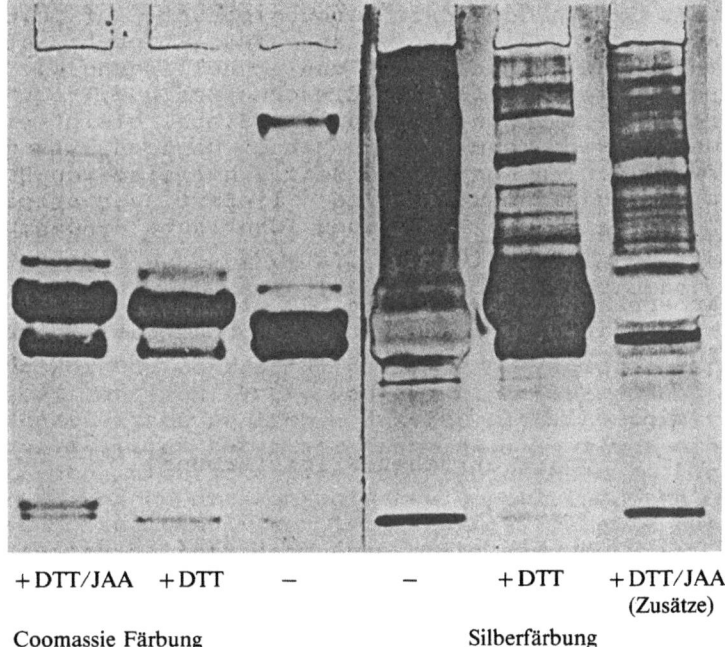

+DTT/JAA +DTT   —   —   +DTT +DTT/JAA
(Zusätze)
Coomassie Färbung   Silberfärbung

Abb. 69. Einfluß verschiedener Protein-Vorbehandlungen auf die Coomassie- und Silberfärbung. Aufgetrennt wurden 0,3 µl humanes Plasma. (DTT = Dithiothreitol, JAA = Jodacetamid)

ACHTUNG: Da selbst minimale Verunreinigungen durch Lösungsmittel den Nachweis stören, darf nur deionisiertes Wasser mit einer Leitfähigkeit von weniger als 2 µS verwendet werden.

Große Sensitivität und gute Reproduzierbarkeit wird durch eine DTT-Behandlung der Proteine erreicht (Morrissey 1981).

Die zeitlich genau abgestimmte Behandlung mit Paraformaldehyd erfordert einige Übung. Leicht kontrollierbar ist das Erscheinen einer Hintergrundfärbung. Wenn das weniger dichte Gelviertel grünlich geworden ist, sollte das Gel in 1% Essigsäure überführt werden. Eine mitgeführte Standardproteinmischung erleichtert die spätere Auswertung.

Die endgültigen Farben entwickeln sich während der nächsten Stunden. Die nichtfixierten, schwer löslichen Salze, die einen grün-bräunlichen Hintergrund bewirken, werden im Verlauf einer Woche ausgewaschen. Danach kann das Gel in ein Imprägnierbad gelegt werden und zwischen Polyesterfolie und Zellophanfolie eingeschweißt werden. In 1% Essigsäure gelagerte oder eingeschweißte, getrocknete Gele sind bei Raumtemperatur praktisch unbegrenzt haltbar.

ACHTUNG: Die Gele dürfen vor und nach der Elektrophorese bis zum Abschluß der Silberfärbung nur mit Einmalhandschuhen angefaßt werden, da es sonst zu Fingerabdrücken auf den Gelen führt.

Literatur

Bradford MM (1976) A rapid and sensitive method for the quantitation of microgram quantities of protein utilizing the principle of protein-dye binding. Anal Biochem 72: 248–254

Chaudhuri TR, Green TJ (1987) A sensitive urea-silver stain method for detecting trace quantities of separated proteins in polyacrylamide gels. Prep Biochem 17: 93–99

Goldman D, Merril CR, Ebert MH (1980) Two-dimensional gel electrophoresis of cerebrospinal fluid proteins. Clin Chem 26: 1317–1322

Hempelmann E, Schulze M, Götze O (1984) Free SH-groups are important for the polychromatic staining of proteins with silver nitrate. In: Neuhoff V. (ed).: Electrophoresis '84 Verlag Chemie Weinheim

Kerenyi L, Gallyas F (1973) Über Probleme der quantitativen Auswertung der mit physikalischer Entwicklung versilberten Agarelektrophoretogramme. Clin Chim Acta 47: 425–436

Lowry OH, Rosebrough NJ, Farr AL, Randall RJ (1951) Protein measurement with the Folin phenol reagent. J Biol Chem 193: 265–275

Morrissey JH (1981) Silver stain for proteins in polyacrylamide gels: a modified procedure with enhanced uniform sensitivity. Anal Biochem 117: 307–310

Pearse AGE (1980) Histochemistry. Churchill-Livingstone Edinburgh London New York

Sammons DW, Adams LD, Nishizawa EE (1981) Ultrasensitive silver-based color staining of polypeptides in polyacrylamide gels. Electrophoresis 2: 135–141

Switzer RC, Merrill CR, Shifrin S (1979) A highly sensitive silver stain for detecting proteins and peptides in polyacrylamide gels. Anal Biochem 98: 231–237

Wilson CM (1979) Studies and critique of Amido Black 10B, Coomassie Blue R, and Fast Green FCF as stains for proteins after polyacrylamide gel electrophoresis. Anal Biochem 96: 263–278

Weiterführende Literatur

Moeremans M, Daneels G, De Wever B, De Mey J (1987) the use of colloidal metal particles in protein blotting. Electrophoresis 8: 403–409

10.20 Protein-Blotting

E. Hempelmann und M. Oppermann

Durch Gelelektrophorese (s. Kap. 10.17) aufgetrennte Proteine können im Gel relativ leicht durch eine Anfärbung z. B. mit Coomassie Blau lokalisiert werden. Voraussetzung hierfür ist in aller Regel ihre Immobilisierung durch denaturierende Agentien, da die Proteine sonst während der Färbeprozedur aus dem Gel diffundieren können. Der spezifische bzw. immunologische Nachweis von Proteinen in Gelen kann allerdings dadurch erschwert werden, daß die verwendeten Reaktionspartner, z. B. Immunglobuline, wegen ihrer Größe nur langsam oder gar nicht in das Gel eindringen können.

Werden nun die aufgetrennten Proteine nach der Elektrophorese auf ein Nitrozellulosepapier (NC-Papier) überführt und dadurch an eine feste Phase fixiert („blotting"), sind Bindungsstudien mit DNA, RNA, Lektinen und Antikörpern möglich (Gershoni and Palade 1983; Beisiegel 1986). Der Proteintransfer erfolgt im einfachsten Fall über Diffusion mit Hilfe eines Abklatsches.

Wesentlich effizienter ist der Transfer im elektrischen Feld, der sog. Elektroblot. Bei entsprechender Miniaturisierung ist das Immunoblotting auch für das Screening von monoklonalen Antikörpern (Nghiem 1988), bedingt auch für die Quantifizierung von Proteinen geeignet, die in Zellkulturmedien sezerniert werden (LaDuca et al. 1986).

Material

Ammoniumacetat	z. B. Merck Nr. 1116
Avidin, gekoppelt mit Peroxidase	z. B. Medac Nr. BA 104
4-Chlor-1-Naphthol	z. B. Merck Nr. 11952
Zitronensäure	z. B. Merck Nr. 244
Antikörper gegen Maus-Immunglobulin	aus dem Kaninchen, konjugiert mit Peroxidase, DAKOPATTS Nr. P161
Nitrozellulose Papier	z. B. Schleicher & Schüll Nr. BA 85
Rinderserumalbumin (RSA)	z. B. Paesel, Fraktion V
Kammer für das Elektroblotting	z. B. Transphor von LKB Nr. 2005-001
Tusche	Fount-India, Pelikan AG
Phosphatpuffer (PBS)	pH 7,2
Transferpuffer	12 g TRIS, + 58 g Glycin +800 ml Methanol in 3,2 l Wasser
Gelatine	z. B. Bacto Gelatin, Difco Nr. 0143-01
Tween 20	z. B. Serva Nr. 37470
Wasserstoffperoxid	z. B. Merck Nr. 8600

Vorgehen

1. Elektroblotting (nach Towbin et al. 1979). Der Transfer getrennter Substanzgemische auf immobilisierende Matrizes durch Elektroblotting hat gegenüber der passiven Diffusion den Vorteil einer höheren Transferleistung. Das Elektroblotten wird z. B. mit konstanter Stromstärke (300 mA) bei 4 °C über Nacht durchgeführt. Da bei der Bindung der Proteine an das Nitrozellulosepapier Wasserstoffbrückenbindungen, hydrophobe Bindungen und Ionenbindungen eine Rolle spielen sollen, ist die Wahl des Blottingpuffers und des Blottingpapiers vom jeweiligen Transferproblem abhängig. Gängige Porengrößen von NC-Papieren sind 0,2 und 0,45 µm (z. B. von Du Pont, Schleicher und Schüll). Der

Puffer-pH und die Ionenstärke sollten so beschaffen sein, daß das zu transferierende Protein gut aus dem Gel zu lösen ist, nahezu vollständig auf dem Nitrozellulosepapier immobilisiert wird und seine antigene Struktur beibehält. Zum Transfer eignet sich z. B. ein TRIS-Glycin-Methanol Puffer (s. Material). Der Zusatz von Methanol verbessert die Bindungskapazität an Nitrozellulose und verhindert ein Schwellen des Gels, verlängert aber die Transferzeit (Gershoni and Palade 1983).

ACHTUNG: Einige Plasmaproteine binden nicht an Nitrozellulose, in diesen Fällen sollten Nylonmembranen eingesetzt werden (Miribel und Arnaud 1988).

Besonders interessant ist für die Produktion von MAK deren Qualitätsanalyse durch isoelektrische Fokussierung und anschließenden Immunoblot (Hamilton et al. 1987, Otey et al. 1987, Stott 1989).

2. Anfärben des Nitrozellulosepapiers mit Tusche (nach Hancock und Tsang 1983). Empfindlicher als die Proteinanfärbung mit Amidoschwarz ist die nichtstöchiometrische Bindung von Tusche an immobilisierte Proteine (Abb. 70).

Färbelösung:	
Phosphatpuffer	100 ml
Tween 20	300 µl
Füllhaltertusche, Fount India	200 µl

Die hier verwendete Färbelösung ist nur wenige Tage gebrauchsbereit. Nach erfolgtem Transfer wird das Nitrozellulosepapier kurz in PBS gewaschen und über Nacht in die Färbelösung gelegt. Die Papiere werden in Wasser aufbewahrt. Ein besonderes Entfärben ist nicht notwendig.

3. Anfärben des Nitrozellulosepapiers mit kolloidalem Gold. Sehr kleine Proteinmengen (< 100 pg) sind auf Nitrozellulose mit den oben genannten Methoden nicht oder nur schlecht nachweisbar. Sie können allerdings mit einer Goldfärbung (Moeremans et al. 1985, Rohringer und Holden 1985) dargestellt werden. Diese ist ähnlich empfindlich wie die Silberfärbung (s. Kap. 10.19) von Polyacrylamid Gelen. Eine eigene Herstellung von Lösungen für die Goldfärbung kann nicht empfohlen werden, vielmehr bieten einige Hersteller (z. B. Janssen, Sigma) gebrauchsfertige Lösungen an.

ACHTUNG: Bei Verwendung von Nylonmembranen können mit Coomassie Blau, Tuschen (s. 2) und negativ geladenem, kolloidalem Gold häufig nur sehr unbefriedigende Anfärbungen erzielt werden. Eine interessante Alternative stellt in solchen Fällen positiv geladenes Eisenoxid-Sol (Moeremans et al. 1987), ebenfalls gebrauchsfertig erhältlich (von Janssen), dar.

4. Schätzung des Molekulargewichts. Die Bestimmung des Molekulargewichts von einem im Immunoblot interessanten Protein erfolgt sinnvollerweise auch auf dem Nitrozellulosepapier, da die Entfernungen im Gel mit denen auf dem Blotpapier nicht ohne weiteres vergleichbar sind. Hierzu stehen eine Reihe von

Protein-Blotting

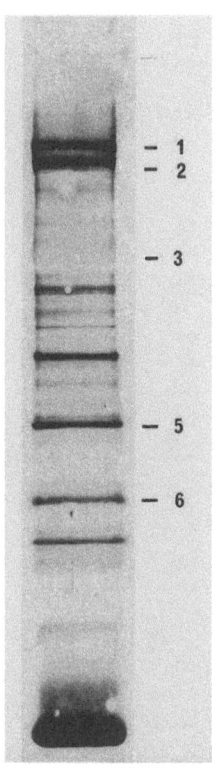

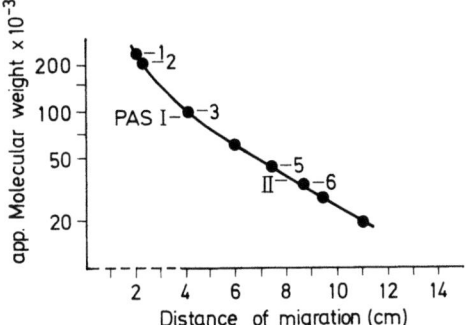

Abb. 70. Tuschefärbung eines Elektropherogrammes. Aufgetrennt wurden 25 μg Erythrozytenmembran-Protein, die Transferzeit betrug 12 Std

Abb. 71. Kalibrationskurve der Hauptproteine der Erythrozytenmembran. Die Position eines gesuchten Proteins kann mit Hilfe dieses Kalibrators genau bestimmt werden

fertigen, kommerziell erhältlichen Antigenmischungen mit unterschiedlichen Molekulargewichten (= Markerproteine, Markersets) zur Verfügung. Eine interessante und sehr preisgünstige Alternative stellt die Verwendung von Membranproteinen menschlicher Erythrozyten dar, diese sind nützliche und etablierte Molgewichtskalibratoren für den 10 - 100 kD Bereich. Der Bereich der Stapelbildung (gestrichelte Linie in Abb. 71, > 100 kD) sollte allerdings nicht zur Molgewichtsbestimmung benutzt werden.

5. *Visualisierung antikörperbindender Proteine.* Der Nachweis der an Nitrozellulose adsorbierten Proteine wird mit Enzymkonjugaten geführt, es kommt zur Bildung von wasserunlöslichen Farbablagerungen. Vor der Inkubation mit Antikörpern ist es wichtig, die Papiermatrix abzusättigen, um späteres unspezifisches Binden zu verhindern. Dies gelingt meist mit 0,05% Tween, 1% Gelatine oder 2-5% Albumin (Fraktion V), hierzu wird das Nitrozellulosepapier nach dem Elektroblotten für mindestens 30 Min. in z. B. eine 3% BSA-Lösung in PBS gelegt. Bei Problemen sollten auch andere Substanzen, z. B. entfettetes Milchpulver (Hauri und Bucher 1986), erprobt werden. Ein besonderer Reinheitsgrad ist nicht notwendig, allerdings muß darauf geachtet werden, daß diese Proteinmischung keine Polypeptide enthält, die dem Antigen ähnlich sind.

Die Verdünnung des Kulturmediums bzw. der Aszitesflüssigkeit wird in Vorversuchen ermittelt, mit ihr muß noch eine gut auswertbare Anfärbung erzielbar sein.

Immunoblotting-Verfahren für ein 5 × 7 cm NC-Papier:

20 ml PBS + 0,05% Tween	30 Min.
5-50 µl Aszitesflüssigkeit in 20 ml PBS + 0,05% Tween	1 Std. oder länger
20 ml PBS	15 Min.
10 µl anti-Maus-IgG Antiserum, Peroxidase-gekoppelt in 20 ml PBS + 0,05% Tween	30 Min.
2 × waschen mit 50 ml PBS 20 ml PBS	15 Min.
Farbentwicklung (Substratumsatz)	10 Min.

Zu 20 ml Puffer (130 mg NH_4-Azetat und 60 mg Zitronensäure in 100 ml Wasser, pH 5,0) werden 50 µl 3% H_2O_2 und 200 µl 1% 4-Chlor-1-Naphthol Stammlösung (10 mg in 1 ml Methanol) gemischt. Das NC-Papier bleibt nur 10 Min. in dieser Testlösung, um die Möglichkeit der unspezifischen Anfärbung bei der Antigenlokalisierung gering zu halten.

6. Visualisierung lektinbindender Glykoproteine. Glykoproteine lassen sich auf NC-Papieren durch zwei grundsätzlich verschiedene Methoden nachweisen:

a) Nachweis aller Glykoproteine: Umsetzung des Kohlenhydrat-Anteils durch Perjodat zu einem Aldehyd, an das im zweiten Schritt ein Nachweisreagenz gebunden wird. Das Nachweisreagenz kann z. B. Streptavidin + biotinylierte Phosphatase sein (Bayer et al. 1987) oder Digoxigenin + Phosphatase-gekoppelte anti-Digoxigenin Antikörper. Das letztere System steht als fertiger „Glycan Detection Kit" zur Verfügung (Boehringer Mannheim Nr. 1142372).

b) Alternativ erfolgt der Glykoproteinnachweis mit Lektinen: Unter Lektinen faßt man eine Gruppe von Proteinen zusammen, die in der Lage sind, spezifisch mit Zuckerstrukturen zu reagieren, es sind aber keine Immunglobuline. Lektine sind daher für die Untersuchungen über Zusammensetzung und dynamische Veränderungen von Glykoproteinen wertvolle Markierungselemente. Eine einfache Anwendung dieses Prinzips wird von Bog-Hansen (1982) geschildert. An Concanavalin A (Con A) reaktive Proteine wird bei diesem Test sukzessiv Con A-Biotin und das Biotin-bindende Protein Avidin (Peroxidase-markiert) gekoppelt (s. auch Rohringer und Holden 1985).

Literatur

Barnes D, Sato G (1980) Serum-free cell culture: a unifying approach. Cell 22: 649-655
Bayer EA, Ben-Hur H, Wilchek M (1987) Enzyme-based detection of glycoproteins on blot transfers using avidin-biotin technology. Anal Biochem 161: 123-131

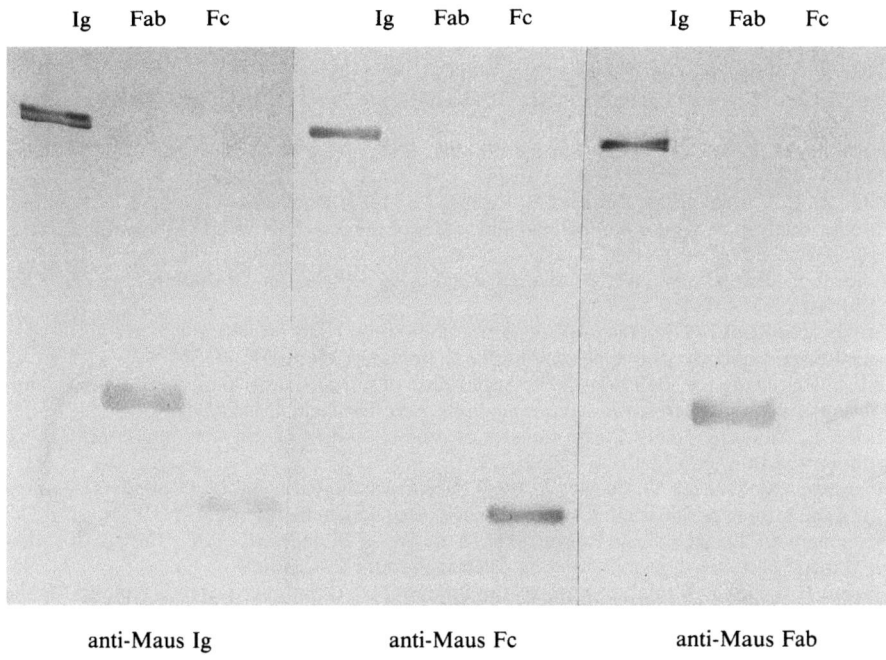

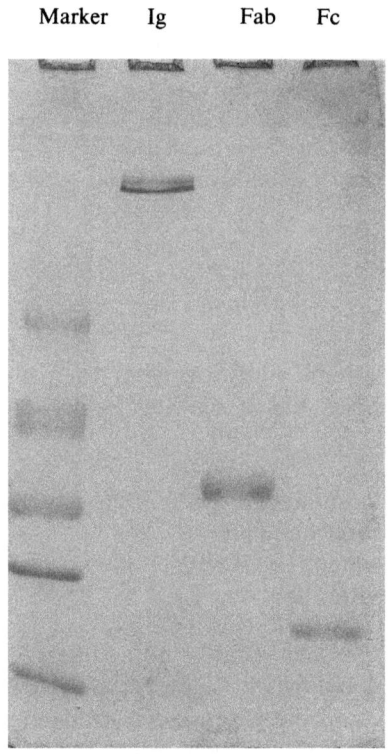

Abb. 72. SDS-PAGE und Immunoblotting von Maus-IgG, Fab- und Fc-Fragmenten

Beisiegel U (1986) Protein Blotting. Electrophoresis 7: 1-18
Bog-Hansen TC (1982) Lectins: biology, biochemistry, clinical biochemistry. Walter de Gruyter, Berlin
Gershoni JM, Palade GE (1983) Protein Blotting: Principles and Applications. Anal Biochem 131: 1-15
Hamilton RG, Roebber M, Reimer CB, Rodkey LS (1987) Isoelectric focusing-affinity immunoblot analysis of mouse monoclonal antibodies to the four human IgG subclasses. Electrophoresis 8: 127-134
Hancock K, Tsang VCW (1983) India ink staining of proteins on nitrocellulose paper. Anal Biochem 133: 157-162
Knisley KA, Rodkey LS (1986) Affinity immunoblotting. High resolution isoelectric focusing analysis of antibody clonotype distribution. J Immunol Meths 95: 79-87
Laduca FM, Dang CV, Bell WR (1986) Application of nitrocellulose immunoassay for quantitation of proteins secreted in culture medium. Anal Biochem 158: 262-267
Miribel L, Arnaud P (1988) Electrotransfer of proteins following polyacrylamide gel electrophoresis. J Immunol Meths 107: 253-259
Moeremans M, Daneels G, de Mey J (1985) Sensitive colloidal metal (gold or silver) staining of protein blots on nitrocellulose membranes. Anal Biochem 145: 315-321
Moeremans M, Daneels G, de Raeymaeker M, de Wever B, de Mey J (1987) The use of colloidal metal particles in protein blotting. Electrophoresis 8: 403-409
Nghiem H-O (1988) Miniaturisation of the immunoblot technique. Rapid screening for the detection of monoclonal and polyclonal antibodies. J Immunol Meths 111: 137-141
Otey CA, Kalnoski MH, Bulinski JC (1986) A procedure for the immunoblotting of proteins separated on isoelectric focusing gels. Anal Biochem 157: 71-76
Rohringer R, Holden DW (1985) Protein blotting: detection of proteins with colloidal gold, and of glycoproteins and lectins with biotin-conjugated and enzyme probes. Anal Biochem 144: 118-127
Stott DI (1989) Immunoblotting and dot blotting. J Immunol Meth 119: 153-187
Towbin H, Staehelin T, Gordon J (1979) Electrophoretic transfer of proteins from polyacrylamide gels to nitrocellulose sheets: Procedure and some applications. Proc Nat Acad Sci 76: 4350-4354

10.21 Epitopanalyse

10.21.1 Grundlagen der Epitopanalyse

H. BAUMGARTEN

Die spezifischen Bindungsstellen von Antikörpern an Antigene werden als antigene Determinanten oder Epitope bezeichnet. Ein Antikörper bindet nur an ein Epitop. Man unterscheidet:

a) Diskontinuierliche oder Konformationsdeterminanten: Diese Determinanten hängen von der nativen, räumlichen Konformation ab.

b) Kontinuierliche oder sequentielle Determinanten: Diese hängen nur von der Aminosäuresequenz des entsprechenden Peptids ab.

Eine Epitopanalyse ist demnach eine topographische Analyse von Antigenen jeder Art, die durch die Verfügbarkeit von monoklonalen Antikörpern (MAK) enorm erleichtert wird. Durch mehrere MAK und die gegenseitige Abhängigkeit oder Unabhängigkeit ihrer Bindung an das Antigen kann ein räumliches

Bild erstellt werden, das Informationen über Orientierung des Antigens, ladungsbedingte Anheftung an Oberflächen, aktive Zentren von Enzymen, Rezeptorbindungsstellen, Bindungsorte für Liganden und Kohlenhydrate liefert. Besonders wertvoll können solche Informationen für Membranproteine sein, da sie besondere topographische Verteilungen haben: So liegen Kohlenhydrate immer extrazellulär, kovalent gebundene Fette häufig nahe der Lipid-Doppelschicht und phosphorylierte Aminosäuren immer intrazellulär. Ein Beispiel für solche Untersuchungen ist die Charakterisierung des Membran-IgD von Lymphozyten (Goding und Herzenberg 1980) mit MAK.

Die hohe Spezifität von MAK im Vergleich zu polyklonalen Antikörpern hat zu einem weitverbreiteten Vorurteil geführt, daß MAK nämlich für ein bestimmtes Antigen 100%-spezifisch sein müssen, da ja nur 1 Epitop erkannt wird. Dem ist nicht unbedingt so! So fanden Fox und Siraganian (1986), daß aus einer Palette von 31 verschiedenen MAK fast 3/4 aller Klone mit zumindest einem von insgesamt 10 getesteten „common" Proteinantigenen reagierte. Dies bedeutet, daß eine Reihe von Oberflächenstrukturen vielen Proteinen zumindest teilweise gemein ist. Vor allem beim Screening auf anti-Protein MAK muß hieran gedacht werden (Wilson 1988).

Es existiert ein ganzes Arsenal von Methoden zur Epitopanalyse von Proteinen mit Hilfe von MAK, nur wenige seien erwähnt.

Verwendung von Fragmenten und Peptiden

Die enzymatische Verdauung von Proteinen und ihre Auftrennung z. B. mit Hilfe der Dünnschicht-Chromatographie im ersten Schritt und eine Anfärbung der fixierten Peptidfragmente mit Hilfe spezifischer MAK läßt eine Zuordnung zu bestimmten Fragmenten des Proteins zu (Dowse et al. 1987).

Mit Hilfe geeigneter Computerprogramme läßt sich mit relativ hoher Sicherheit voraussagen, welche Peptidbereiche nach außen exprimiert sind (Hopp 1986) und damit von MAK erkannt werden können (vgl. Kap. 3.2.2). Mit Peptiden aus solchen Bereichen lassen sich nun Inhibitionsstudien durchführen. Voraussetzung hierfür ist die einfache Verfügbarkeit von Peptiden. Mit Hilfe von Peptid-Synthesizern (s. Kap. 3.2.2) lassen sich in nur wenigen Tagen hunderte von z. B. 6-er Peptiden synthetisieren (Geysen et al. 1987). Damit kann für jeden MAK präzise sein Erkennungsbereich auf dem Protein definiert werden. Konformationsdeterminanten lassen sich durch entsprechenden Aminosäure-Austausch finden.

Physikalische und chemische Bestimmungen

Karande et al. (1987) bestimmten mit Hilfe einer Gelfiltrationsmethode das Elutionsverhalten von MAK-Antigen-Komplexen. Als Tracer wurde radioaktiv markiertes Antigen verwendet und als MAK-Quelle ungereinigter Kulturüberstand (50-200 ng MAK). Banden zwei verschiedene MAK gleichzeitig an das Antigen, verlangsamte sich die Elution.

Die Bildung von MAK-Ag-Komplexen bzw. MAK-Ag-MAK-Komplexen läßt sich nicht-invasiv mit Hilfe des Quasi-elastic light scattering – hier wird die unterschiedliche Streuung eines Laserstrahles registriert – bestimmen (Yarmush et al. 1987).

Ein MAK, der an ein Proteinantigen gebunden ist, verlangsamt die Geschwindigkeit, mit der eine chemische Modifikation (Acetylierung) an diesem Epitop stattfindet. Durch einen Vergleich des Acetylierungsgrades von freiem und MAK-gebundenen Antigen, konnten Burnens et al. (1987) ein diskontinuierliches Konformationsepitop charakterisieren.

Inhibition biologischer Funktionen

Ein Beispiel (unter vielen) für eine in vivo Epitopanalyse, bei der die inhibierende Wirkung von MAK auf die antiviralen und Makrophagen-primende Aktivität von IFN-γ getestet wird, schilderten Russell et al. (1986).

Enzymtests für Screeningsysteme

Die Charakterisierung eines Antigens mit Hilfe derartiger Epitopanalysen kann natürlich nicht beim routinemäßigen Screening von MAK durchgeführt werden. Trotzdem ist die Kenntnis darüber, ob verschiedene MAK eng benachbarte Determinanten oder sogar dieselbe Determinante erkennen, wichtig. Wenn z. B. zwei MAK in einem ELISA zum Nachweis eines Antigens eingesetzt werden sollen, d. h. ein MAK an die Platte gebunden wird und einer in der flüssigen Phase verwendet wird.

Verschiedene ELISA wurden publiziert, die mit ungereinigten oder gereinigten (und markierten) MAK eine vorläufige Beurteilung der Erkennung von nativen Epitopen erlauben (z. B. Kenett 1988).

Die unten beschriebenen einfachen Methoden werden als Enzymtests durchgeführt und sind – wegen des Verzichtes auf eine Markierung durch z. B. Radioisotope – für eine vergleichende vorläufige Epitopanalyse einer größeren Anzahl von MAK geeignet. Das in den vorliegenden Methoden verwendete, gereinigte Antigen kann ohne weiteres durch vitale Zellen, fixiertes zelluläres Material, oder ein beliebiges, an Mikrotiterplatten koppelbares Antigen ersetzt werden. Quantitative Aussagen sind mit diesen Tests nicht möglich.

Literatur

Burnens A, Demotz S, Corradin G, Binz H, Bosshard HR (1987) Epitope mapping by chemical modification of free and antibody-bound protein antigen. Science 235: 780–783

Dowse CA, Carnegie PR, Kemp BE, Sheng HZ, Grgacic EV, Bernard CCA (1987) Rapid characterization of protein epitopes recognized by monoclonal antibodies using direct probing on thin-layer and paper chromatograms. J Immunol Meth 97: 229–235

Fox PC, Siraganian RP (1986) Multiple reactivity of monoclonal antibodies. Hybridoma 5: 223–229

Geysen HM, Rodda SJ, Mason TJ, Tribbick G, Schoofs PG (1987) Strategies for epitope analysis using peptide synthesis. J Immunol Meth 102: 259-274

Goding JW, Herzenberg LA (1980) Biosynthesis of lymphocyte surface IgD in the mouse. J Immunol 124: 2540-2547

Hopp TP (1986) Protein surface analysis. Methods for identifying antigenic determinants and other interaction sites. J Immunol Meth 88: 1-18

Karande AA, Visweswariah SS, Adiga PR (1987) A rapid method of epitope analysis using superose 12 gel filtration. J Immunol Meth 99: 173-177

Kenett D (1988) A simple ELISA for the classification of monoclonal antibodies according to their recognition of native epitopes. J Immunol Meth 106: 203-209

Russell JK, Hayes MP, Carter JM, Torres BA, Dunn BM, Russell SW, Johnson HM (1986) Epitope and functional specificity of monoclonal antibodies to mouse interferon-gamma: the synthetic peptide approach. J Immunol 136: 3324-3328

Wilson RW (1988) Monoclonal antibodies exhibiting polyspecific reactivity: an overview. J Clin Immunoassay 11: 41-46

Yarmush DM, Morel G, Yarmush ML (1987) A new technique for mapping epitope specificities of monoclonal antibodies using quasi-elastic light scattering spectroscopy. J Biochem Biophys Meth 14: 279-289

Weiterführende Literatur

Westhof E, Altschuh D, Moras D, Bloomer AC, Mondragon A, Klug A, Van Regenmortel MHV (1984) Correlation between segmental mobility and the location of antigenic determinants in proteins. Nature 311: 123-126

10.21.2 Screening-ELISA zur Epitopanalyse

R. WÜRZNER und H. BAUMGARTEN

Screening-ELISA erlauben zu einem Zeitpunkt, wo die monoklonalen Antikörper (MAK) noch in Kulturüberständen vorliegen, schon einen Hinweis darauf, ob zwei MAK dasselbe bzw. eng benachbarte oder voneinander entfernte Epitope auf dem Antigen erkennen. Sie verzichten auf gereinigte oder markierte antigenspezifische monoklonale oder polyklonale Antikörper. Trotz unterschiedlicher Konzentrationen der MAK in den Kulturüberständen ist somit schon mit gewisser Sicherheit eine Vorauswahl von MAK-Kombinationen für einen doppelt-monoklonalen Sandwich-ELISA möglich.

Variante 1

Das Antigen wird in so geringer Konzentration an eine Mikrotiterplatte gebunden (Reagenzien und Methode wie in Kap. 10.3), daß eine Sättigung durch alle zu testenden - auch kruden - Antikörperpräparationen zu erreichen ist: Bei der sättigenden Konzentration der MAK sind dann alle antigenen Determinanten besetzt. Die optische Dichte der Sättigungskonzentration eines einzelnen MAK wird erfahrungsgemäß auf 0,2-0,5 O. D. eingestellt.

Im eigentlichen Test werden dann zwei MAK-Präparationen in den vorher ermittelten Konzentrationen gleichzeitig in einen Testnapf gegeben. Wenn sie verschiedene Epitope erkennen, so muß das gemeinsame Meßsignal deutlich über die jeweiligen Einzelwerte hinausgehen. Erkennen zwei MAK dasselbe Epitop oder bedingen eng beieinander liegende Epitope eine gegenseitige Inhibition, so ist das gemeinsame Meßsignal nicht wesentlich höher als die einzelnen Meßwerte. Friguet et al. (1983) haben zur Berechnung eventueller Kompetition den sog. „Additionsindex" (A.I.) eingeführt. Ein A.I. unter 50% deutet auf kompetitive Hemmung, ein A.I. über 50% auf die Erkennung verschiedener Epitope hin.

$$\text{A.I.} = \left(\frac{2 A_{1+2}}{A_1 + A_2} - 1 \right) \times 100$$

A_1 ist die optische Dichte für den Test nur mit MAK1
A_2 ist die optische Dichte für den Test nur mit MAK2
(A_{1+2}) ist die optische Dichte für den Test mit der Mischung von MAK1 und MAK2

Eine Einschränkung erfährt der kompetitive ELISA, wenn zwei MAK sehr unterschiedliche Affinitäten zum Antigen haben. In einem solchen Fall müssen die Antikörper in stark voneinander abweichenden Konzentrationen in den Test eingesetzt werden, um dasselbe Meßsignal zu erreichen. Es läßt sich dann kein vernünftiger Additionsindex berechnen.

Variante 2 (Abb. 73)

Die Näpfe einer Mikrotiterplatte werden mit polyklonalem anti-Maus IgG aus dem Kaninchen (KAM) beschichtet. Nach Inkubation des ersten MAK-haltigen Kulturüberstandes wird das Antigen zugegeben (Abb. 73a). Gleichzeitig wird der zweite MAK-haltige Kulturüberstand in einem separaten Gefäß mit einem Peroxidase-markierten Kaninchen-anti-Maus-IgG-Konjugat (KAM-POD) komplexiert (Abb. 73b). Beide Ansätze werden mit polyklonalem Maus-IgG abgesättigt, um eine direkte, Antigen-unabhängige Bindung des komplexierten Konjugates an die KAM-Beschichtung oder den ersten MAK zu verhindern. Danach werden beide Ansätze zusammengegeben (Abb. 73c).

Als Negativkontrolle wird jeder Überstand in einem Ansatz sowohl als erster als auch als zweiter Kulturüberstand eingesetzt. Eine weitere Kontrolle ist die Kombination mit einem irrelevanten MAK.

Eine signifikante Substratumsetzung zeigt an, daß beide MAK gleichzeitig am Antigen binden können, und damit verschiedene Epitope erkennen (Handman und Mitchell 1986). Mit hoher Wahrscheinlichkeit ist diese Kombination dann in gereinigter Form als Sandwich ELISA verwendbar (Würzner und Götze 1987).

Screening-ELISA zur Epitopanalyse

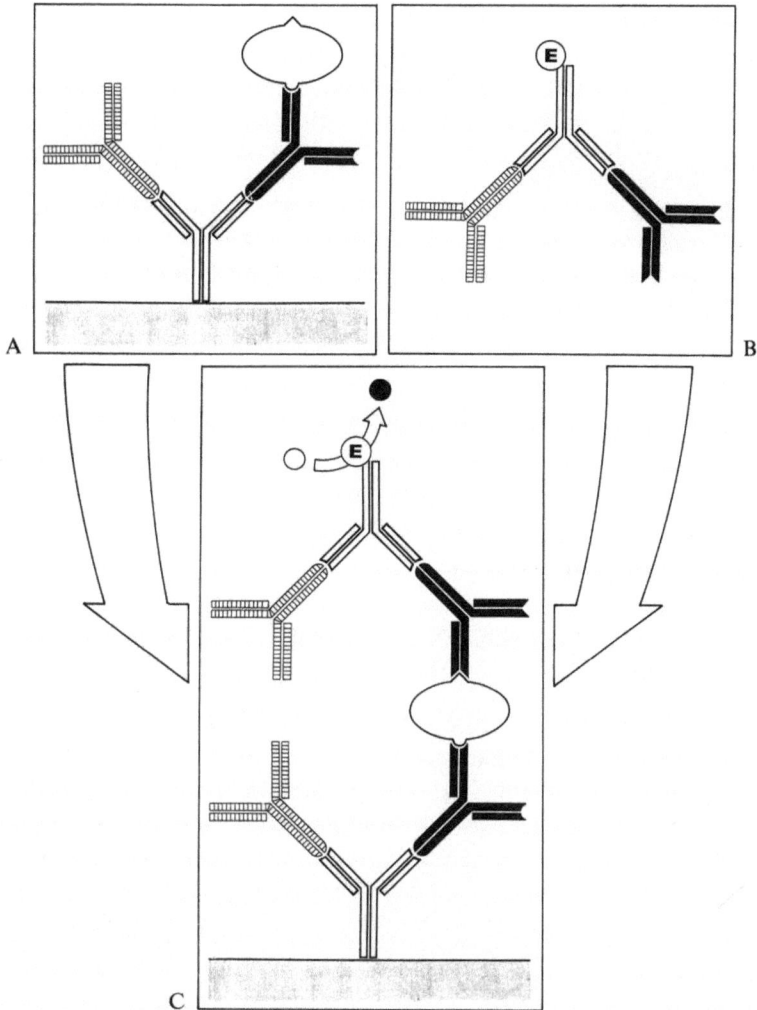

Abb. 73 A–C. Epitopanalyse Variante 2. **A** Beschichtung der Festphase mit MAK1. Inkubation des KAM (weiß) in einer Mikrotiterplatte mit dem MAK des ersten Kulturüberstandes (schwarz) und dem Antigen. Absättigung der freien Bindungsstellen mit polyklonalem Maus-IgG (schraffiert). **B** Vorinkubation von MAK2 mit dem Peroxidase-markierten Nachweisantikörper. Inkubation des KAM-POD (weiß) in einem separaten Gefäß mit dem MAK des zweiten Kulturüberstandes (schwarz). Absättigung der freien Bindungsstellen mit polyklonalem Maus-IgG (schraffiert). **C** Inkubation aller Reaktionspartner. Zugabe des separaten Ansatzes (Abb. 73b) zur Mikrotiterplatte (Abb. 73a)

Material

Kaninchen anti-Maus-IgG	z. B. DAKOPATTS Z 259
– Peroxidase konjugiert	z. B. DAKOPATTS P 260
Maus-IgG, polyklonal	z. B. Paesel 04-102-10501

Vorgehen

1. 2 µl KAM werden in 2 ml Beschichtungspuffer an die Näpfe einer Mikrotiterplatte (0,1 ml/Napf) über Nacht adsorbiert (s. Kap. 10.3).
2. Nach Absättigung der Näpfe mit 1% Gelatine in PBS wird der erste Kulturüberstand zugegeben.
3. 0,1 µg Antigen/Napf in Gelatine-PBS wird in der Platte inkubiert. Gleichzeitig werden in einem separaten Gefäß (z. B. Eppendorfhütchen) 2 ml des zweiten Kulturüberstandes mit 2 µl KAM-POD komplexiert.
4. Inkubation der Testplatte mit 1 µg polyklonalem Maus IgG in 100 µl Gelatine-PBS und 100 µl des komplexierten separaten Ansatzes mit 10 µg polyklonalem Maus-IgG.
5. Zugabe des separaten Ansatzes (100 µl) zur Testplatte.
6. Substratzugabe (ABTS) mit sofort anschließender photometrischer Auswertung.

Variante 3 (Abb. 74)

Diese Variante ist nur dann anwendbar, wenn bereits ein gereinigter MAK gegen das Antigen zur Verfügung steht, der an die Festphase einer Mikrotiterplatte gebunden werden kann. Sie macht sich zunutze, daß es auch bei relativ schwacher Affinität eines MAK zur Absättigung der antigenen Determinante kommt, wenn die Inkubation ohne den konkurrierenden MAK – also in einer Präabsorption (s. Abb. 73) – erfolgt. Eine Lösung des Antigens wird mit MAK2 vorinkubiert. Ist der Festphasen-gebundene Antikörper MAK1 danach nicht in der Lage, den Antigen-Antikörper-Komplex zu binden, so ist sein Bindungsepitop durch die Vorinkubation besetzt worden, und das Antigen kann nicht an der festen Phase nachgewiesen werden. Sind die Bindungsstellen der beiden MAK allerdings unterschiedlich, tritt eine Bindung des Antigens an die feste Phase ein.

Vorgehen

1. Der gereinigte monoklonale Antikörper (MAK1) wird an eine Mikrotiterplatte gebunden (s. Kap. 10.3).
2a. Bei der positiven Kontrolle (A) wird das Antigen in Abwesenheit eines zweiten monoklonalen Antikörpers (MAK2) an die feste Phase gebunden und mit Hilfe eines polyklonalen anti-Antigen-Ig (hier aus dem Kaninchen) und einem anti-Kaninchen-Ig-Konjugat nachgewiesen. Der Wert der positiven Kontrolle wird gleich 100% gesetzt.
2b. Bei der negativen Kontrolle (B) wird das Antigen mit MAK1 in Lösung entweder 1 Std. bei 37 °C oder über Nacht bei 4 °C mit mindestens zweifach molarem Überschuß des MAK (Verdünnungsreihe) präabsorbiert. Nach der Präabsorption ist das von MAK1 erkannte Epitop blockiert, es kann also

Screening-ELISA zur Epitopanalyse

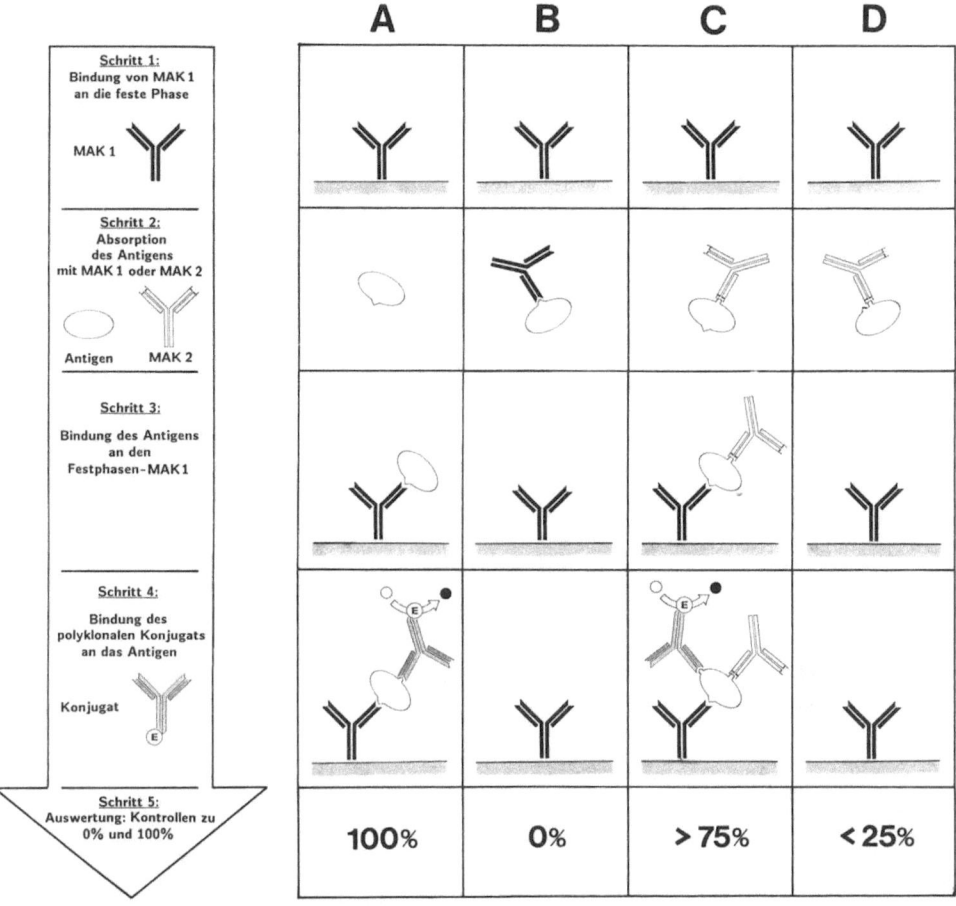

Abb. 74. Epitopanalyse, Variante 3

keine Bindung mehr an die feste Phase erfolgen. Dieser Wert wird gleich 0% gesetzt. Die experimentellen Werte müssen demnach zwischen 0 und 100% liegen.

3. Das Antigen wird mit einem zweiten Antikörper MAK2 präabsorbiert. Erkennt dieser MAK2 eine anderes Epitop als MAK1, so kann das Antigen noch an den Festphasen MAK1 gebunden werden (C). Es resultiert ein Meßsignal, das deutlich höher als 75% liegt. Bei einer Kompetition der beiden MAK um eine antigene Determinante (D) liegt der Meßwert meist unter 25%. Ein Meßsignal, welches mehr als 75% beträgt, erhält man jedoch auch, wenn beide MAK dasselbe Epitop erkennen und der MAK2 eine sehr viel geringere Affinität zu diesem Epitop hat. In diesem Fall kann der Festphasen-MAK1 aufgrund höherer Affinität das Antigen binden und eine Erkennung unterschiedlicher Epitope durch beide MAK vortäuschen.

Literatur

Friguet B, Djavadi-Ohaniance L, Pages J, Bussard A, Goldberg M (1983) A convenient enzyme-linked immunosorbent assay for testing whether monoclonal antibodies recognize the same antigenic site. Application to hybridomas specific for the β-subunit of Escherichia coli tryptophan synthase. J Immunol Meth 60: 351-358

Handman E, Mitchell GF (1986) Monoclonal antibodies in the study of parasites and host-parasite relationships. In: Weir DM (ed) Handbook of experimental immunology, vol 4, applications of immunological methods in biomedical sciences, Blackwell, Oxford, pp 39.1.

Würzner R, Götze O (1987) Improved ELISA for the analysis of the epitope specificity of monoclonal antibodies. Immunobiol 175: 349

Weiterführende Literatur

Moyle WR, Ehrlich PH, Canfield RE (1982) Use of monoclonal antibodies to subunits of human chorionic gonadotropin to examine the orientation of the hormone in its complex with receptor. Proc Natl Acad Sci USA 79: 2245-2249

Parham P, Androlewicz MJ, Brodsky FM, Holmes NJ, Ways JP (1982) Monoclonal antibodies: Purification, fragmentation and application to structural and functional studies of class I MHC antigens. J Immunol Meth 53: 133-173

11 Arbeitsschutzvorschriften

D. Baron

Beim Umgang mit Humanmaterial müssen besondere sicherheitstechnische Vorschriften beachtet werden; denn jede Art von Humanmaterial muß als potentiell infektiös angesehen werden. Als Humanmaterial gelten Blut-, Plasma-, Serum-, Speichel-, Harn- und Stuhlproben sowie Gewebe, Organe und primäre Zellkulturen menschlicher Herkunft.

Die nachfolgend aufgelisteten Anweisungen und Bestimmungen garantieren einen optimalen Arbeitsschutz. Den Autoren ist jedoch bewußt, daß dies Maximalvorstellungen sind und daß bisweilen aus räumlichen, finanziellen oder apparativen Gegebenheiten Abstriche erfolgen müssen; das ist im begrenztem Umfang sicherlich möglich. Man sollte sich jedoch in diesen Fällen der gesundheitlichen, arbeitsrechtlichen und versicherungsbezogenen Konsequenzen genau bewußt sein. Man sollte sich vor allen Dingen bewußt sein, daß diese Vorschriften weder für den Vorgesetzten noch für Behörden entworfen werden, sondern sie dienen im hohen Maß der ganz persönlichen Sicherheit und Gesundheit.

Allgemeine Anweisungen

- Die hier genannten Vorschriften sollten an jedem Arbeitsplatz aushängen, an dem mit Humanmaterial gearbeitet wird.
- Der Zweck der Vorschriften liegt in der Verhütung von Infektionen jeglicher Art sowie von möglichen Risiken der Krebsinduktion.
- Der Bereich, in dem mit Humanmaterial umgegangen wird, ist durch Anbringen der schwarz-gelben Schilder „Infektionsgefahr" deutlich kennzuzeichnen. Besonders exponierte Arbeitsflächen sind durch entsprechendes schwarz-gelbes Klebeband zu markieren.
- Der beste Schutz besteht in der konsequenten Selbstkontrolle und der Einhaltung peinlichster Sauberkeit.
- Der Umgang mit Humanmaterial sollte auf den unbedingt notwendigen Personenkreis beschränkt werden.
- Eine weitere verbindliche Vorschrift für den industriellen Bereich ist die Unfallverhütungsvorschrift Nr. 49 „Gesundheitsdienst".
- Eine Impfung gegen Hepatitis B wird sehr empfohlen.
- Werdende und stillende Mütter dürfen nicht mit Humanmaterial arbeiten.
- In dem Bereich, in dem mit Humanmaterial gearbeitet wird, gilt generell ein absolutes Eß-, Trink- und Rauchverbot (dazu zählt auch kaugummikauen). Getränke und Speisen dürfen weder eingeführt noch aufbewahrt werden. Pipettieren mit dem Mund ist strengstens verboten.

- Nur mit Schutzkleidung arbeiten.
- Stets Handschuhe tragen.
- Hand-zu-Gesicht-Kontakt unterlassen.
- Möglichst oft unter einem Abzug oder sterilen Flowbox arbeiten.
- Die Bildung von Aerosolen vermeiden.
- Beim Zentrifugieren auch inneren Deckel schließen, falls vorhanden, und möglichst keine Glas-Zentrifugenröhrchen verwenden.

Ausstattung der Arbeitsplätze

- Spender mit reinigendem Händedesinfektionsmittel
- Spender mit Händeschnelldesinfektionsmittel
- Sprühflasche mit Geräte-Desinfektionsmittel
- Spender mit Papiertüchern
- Handcreme
- Einmalhandschuhe verschiedener Größen
- Stehbundkittel, hinten verschließbar; Farbe gelb, grün oder blau
- Plastikbeutel für Abfallbeseitigung
- Plastikgefäße für scharfkantigen Abfall (s. u.).
- Plastikbeutel für gebrauchte Kleidung
- Mundschutz und Schutzbrille nur für spezielle Fälle

Besonders spezialisiert auf Artikel zum Arbeitsschutz ist die Firma Roth.

Toxisches Material

Die in verschiedenen Kapiteln aufgeführten DNA- und RNA-Farbstoffe müssen als toxisch und z. T. kanzerogen gelten. Solche Substanzen werden unter dem Abzug abgefüllt, die Lösungen mit Handschuhen gehandhabt und die Abfälle als Sonderabfall entsorgt, wofür meist Spezialunternehmen engagiert sind.

Epstein-Barr-Virus

Die Maßnahmen bei der Hantierung des Epstein-Barr-Virus (EBV) wurden bereits an gesonderter Stelle vorgestellt und können dort nachgelesen werden (Kap. 6.3.8).

Desinfektion von Arbeitsplatz und Geräten

- Nach Arbeitsende Arbeitsplatz gründlich säubern und anschließend mit 2%iger Performlösung abwischen bzw. Mikrozid-Liquid besprühen. Fußboden täglich mit 2%iger Performlösung wischen.

- Verschüttete Seren oder Vollblut sofort mit einem Mikrozid-Liquid getränktem Zellstofftuch aufsaugen.
- Apparate und Gegenstände mit Mikrozid-Liquid abwischen oder besprühen. Mindesteinwirkzeit ist 1 Stunde.

Abfallbeseitigung

Abfälle aus den Bereichen, in denen mit Humanmaterial gearbeitet wird, müssen in jedem Fall vom normalen Abfall gesondert behandelt werden. Sie müssen entweder als Sondermüll entsorgt werden oder können nach entsprechender Behandlung wie normaler Müll beseitigt werden.

- Festabfälle in speziellen, dafür vorgesehenen Plastiksäcken sammeln. Gefüllte Säcke mit Gewebeklebeband dicht verschließen. Beseitigung durch Verbrennen oder Autoklavieren.
- Scharfkantige Gegenstände (Kanülen, gelbe und blaue Pipettenspitzen, Glasbruch etc) in leere Kunststoffbehälter (Chemikalienflaschen, Flaschen für Reinigungsmittel) geben. Anschließend autoklavieren.
- Autoklavierter oder Heißluft-sterilisierter Abfall gilt als normaler Abfall.
- Glasabfall oder Glasbruch für mindestens 15 Minuten in eine 10%ige Kohrsolin-Lösung einlegen und danach wie normalen Müll beseitigen.
- Flüssigabfälle bis etwa 1 Liter mit 10%iger Kohrsolin-Lösung versetzen, so daß Endkonzentration von ca. 3% erreicht wird. Nach mindestens 4 Stunden Einwirkdauer in den Ausguß gießen und gründlich nachspülen.
- Größere Mengen an Flüssigabfällen ebenfalls mit Kohrsolin versetzen und nach mindestens 4 Stunden in Betriebsabwasser geben.
- Flüssigabfälle, die Schwermetalle, Gifte oder Lösungsmittel enthalten, gelten als Sondermüll.

Unfallmaßnahmen

- Kommt unverletzte Haut mit Humanmaterial in Berührung, mit Desinfektionsmittel (Primasept M oder Spitacid) 5 Minuten lang gründlich einreiben.
- Treten bei der Arbeit Verletzungen auf oder kommt Humanmaterial auf Schleimhäute (Mund, Nase Augen), Vorgesetzten informieren und Arzt oder Krankenhaus aufsuchen. Das Material, das Verletzung verursachte, sicherstellen, sicher verpacken und zum Arzt mitnehmen.

12 Anhang

12.1 Monographien

Adams RLP (1980) Cell culture for biochemists. Elsevier/North-Holland Biomedical Press, Amsterdam, New York, Oxford
Baldwin RW, Byers VS (1985) Monoclonal antibodies for cancer detection and therapy. Academic Press, London, Orlando
Baron D, Hartlaub U (1987) Humane monoklonale Antikörper. Theorie - Herstellung - Anwendung. Fischer Verlag, Stuttgart, New York
Bartal AH, Hirshaut Y (1987) Methods of hybridoma formation. Humana Press, Clifton
Bechtol K, Kennett R, McKearn T (1980) Monoclonal antibodies-hybridomas: A new dimension in biological analyses. Plenum Press, New York, London
Bernard A, Boumsell L, Dausset J (1984) Leucocyte typing: Human leucocyte differentiation antigens detected by monoclonal antibodies: specifications - classifications. Springer-Verlag, Berlin, Heidelberg, New York
Boss BD, Langman R, Trowbridge I, Dulbecco R (1983) Monoclonal antibodies and cancer. Academic Press, Orlando, San Diego
Campbell AM (1984) Monoclonal antibody technology. The production and characterization of rodent and human hybridomas. Elsevier, Amsterdam, New York, Oxford
Chan DW (1987) Immunoassay. A practical guide. Academic Press, Orlando
Colowick SP, Kaplan NO, Langone JJ, van Vunakis H (1983) Methods in enzymology. Immunochemical techniques part E: Monoclonal antibodies and general immunoassay methods. Academic Press
Engleman EG, Foung SKH, Larrick J, Raubitschek A (1985) Human hybridomas and monoclonal antibodies. Plenum Press, New York, London
Glick JL (1980) Fundamentals of human lymphoid cell culture. Marcel Dekker, New York, Basel
Goding JW (1983) Monoclonal antibodies: Principles and practice. Academic Press, London, New York
Harlow E, Lane D (1988) Antibodies. A laboratory manual. Cold Spring Harbor Laboratory
Haynes BF, Eisenbarth GS (1983) Monoclonal antibodies. Probes for the study of autoimmunity and immunodeficiency. Academic Press, Orlando, San Diego
Hurrell JGR (1982) Monoclonal hybridoma antibodies: Techniques and applications. CRC Press, Boca Raton
Jakoby WB, Pastan IH (1979) Methods in enzymology, Vol. LVIII: Cell culture. Academic Press, New York, San Francisco, London
Kennett RH, McKearn TJ, Bechtol KB (1980) Monoclonal antibodies. Hybridomas: A new dimension in biological analyses. Plenum Press, New York, London
Langone JJ, Van Vunakis H (1983) Methods in enzymology, Vol. 92: Immunochemical techniques, Part E. Academic Press, New York
Lefkovits I, Pernis B (1979) Immunological Methods. Academic Press, New York, San Francisco, London
Lefkovits I, Pernis B (1981) Immunological Methods, Vol. II. Academic Press, New York
Macario AJL, Conway de Macario E (1985) Monoclonal antibodies against bacteria, Vol. I. Academic Press, Orlando, San Diego

McMichael AJ, Fabre JW (1982) Monoclonal antibodies in clinical medicine. Academic Press, London, New York
Melchers F, Potter M, Warner N (1979) Lymphocyte hybridomas. Springer-Verlag, Berlin, Heidelberg, New York
Mitchell MS, Oettgen HF (1982) Progress in cancer research and therapy, Vol. 21: Hybridomas in cancer diagnosis and treatment. Raven Press, New York
Nowotny A (1979) Basic exercises in immunochemistry, 2nd ed. Springer-Verlag, Berlin, Heidelberg, New York
Sikora K, Smedley HM (1984) Monoclonal antibodies. Blackwell Scientific Publications, Oxford
Williams CA, Chase MW (1967) Methods in immunology and immunochemistry, Vol. 1. Academic Press, New York, London
Zola H (1987) Monoclonal antibodies: A manual of techniques. CRC Press, Boca Raton

12.2 Nachschlagewerke zur Beschaffung von Zellen, Reagenzien und Laborzubehör

Einen umfassenden Bezugsquellen-Nachweis bietet die Monographie „Information sources in biotechnology" von Crafts-Lighty (VCH Verlagsgesellschaft, D-6940 Weinheim, 1986). Die nachgenannten Werke stellen deshalb nur eine kleine Auswahl dar.

1. Nachschlagewerke, die zum Teil jährlich neu aufgelegt werden (bei den mit *markierten Werken ist auch EDV-Suche möglich)

Achema Jahrbuch (1988). Band 3: Chemische Technik und Biotechnologie von A...Z (ISSN 0340-8377)
American type culture collection (ATCC). Catalogue of cell lines and hybridomas. 12301 Parklawn Drive, Rockville, Maryland 20852-1776, USA
Bioindustry phone book. Catalogue No. BPBK-1. CTB International Publishing Co., PO Box, Maplewood, NJ 07040, USA
Coobs J, Alston, YR (1989) The international biotechnology directory. Products, companies, research and organizations. Macmillan Publishers
Europäische Sammlung von tierischen und menschlichen Zellkulturen (*) (European collection of animal cell cultures = ECACC). Division of Biologics. PHLS centre for applied microbiology & research. Porton Down, Salisbury SP4 0JG, GB
Anm.: Hinterlegungsstelle von Zellen für Patente
Infotech's guide to monoclonal antibodies. (*) Infotech Datasearch, 58 Canterbury Court, South Acre, London NW9 5FS, GB
Linscott's directory of immunological and biological reagents. 40 Glen Drive, Mill Valley, Ca 94941 USA
Nature. Directory of biologicals. Macmillan Journal LTd, Brunel Rd, Basingstoke RG21 2XS, GB

2. Regelmäßig erscheinende Laborzeitschriften (kostenloser Bezug)

Clinical Laboratory International. Rue Verte 216, 1210 Brussels, Belgien
International Labmate. Newgate, Sandpit Lane, St. Albans, Herts, GB
International Laboratory. Enquiry processing service. I.S.C. House, Progress business centre, 5 Whittle Parkway, Slough SL1 6DQ, GB
Labmedica. Labmedica reader service management department. P.O. Box 295, Dalton, MA 01227-0295, USA

Firmenanschriften

LABO. Kennziffer-Fachzeitschrift für Labortechnik. Verlag Hoppenstedt & Co., Postfach 4006, D-6100 Darmstadt
Life Science Lab Products. Readers service dept., 29100 Aurora Road, Suite 310, Solon, Ohio 44139-9841, USA

3. Spezielle Produkt- bzw. Literaturanforderungen

Spezielle Informationen zu bestimmten Produkten werden von praktisch allen Lieferanten von Laborprodukten auf Wunsch bereitgestellt. Vor allem größere Firmen mit eigenen Forschungseinrichtungen bieten auf gezielte Fragen z. T. ausgezeichnete Literatursammlungen und persönliche Beratung an.

12.3 Firmenanschriften
Ohne Anspruch auf Vollständigkeit

Abimed Analysen-Technik GmbH, Raiffeisenstr. 3, D-4018 Langenfeld, Tel. 02173/72071
Advanced ChemTech: über Zinsser Analytik
Advanced Magnetics Inc, Cambridge MA, USA, Tel. 617/4972071
Aesculap, über Labor- bzw. Klinikfachhandel
Aldrich-Chemie, D-7924 Steinheim/Albuch, Tel. 07329/870
Altromin, Postfach 1120, D-4937 Lage, Tel. 05232/63013
Amersham Buchler, Gieselweg 1, D-3300 Brauchschweig, Tel. 05307/8080
Amicon, Westfalenstr. 11, D-5810 Witten/Ruhr, Tel. 02302/12232
American Type Culture Collection (ATCC), 12301 Parklawn Drive, Rockville, Maryland 20852, USA, Tel. 301/231/5555
Andritz, s. Maschinenfabrik Andritz
Applied Biosystems, Robert-Koch-Str. 16, D-6108 Weiterstadt, Tel. 06151/87940
ATAB Merz & Dade Deutschland, Lerchenstr. 5, D-8000 München, Tel. 089/3515073
Atlanta, Carl-Benz-Str. 7, D-6900 Heidelberg, Tel. 06221/502144

Bachem Biochemica, Postfach 101522, D-6900 Heidelberg 1, Tel. 06221/163091
Baker Chemikalien, Postfach 1661, D-6080 Groß-Gerau, Tel. 06152/710378
Barnstead: über W. Werner, Postfach 270542, D-5000 Köln 1, Tel. 0221/237773 oder 417654
Baxter Deutschland, Postfach 1165, D-8044 Unterschleißheim, Tel. 089/317010
Bayer, Postfach, D-5090 Leverkusen 12, Tel. 0214/3750
Beckman Instruments, Frankfurter Ring 115, Postfach 400248, D-800 München 40, Tel. 089/38871
Becton Dickinson, Tullastr. 8-12, D-6900 Heidelberg 1, Tel. 06221/3050
Behringwerke Marburg, Postfach 1140, D-3550 Marburg/Lahn, Tel. 06421/3021
Bellco: über Laborfachhandel, z. B. Dunn
Biermann, Heinrich Biermann Diagnostica, Lindenstr. 16, D-6350 Bad Nauheim, Tel. 06032/31951
Biochrom, Leonorenstr. 2-6, D-1000 Berlin 46, Tel. 030/7799060
Bioengineering, Sagenrainstrasse 7, CH-8636 Wald, Schweiz
BioInvent, Sölvegatan 41, S-22370 Lund, Schweden, Tel. 4646168550
Biolafitte, s. LSL
Biomag: über DRG Instruments, Postfach 644, D-3550 Marburg, Tel. 06421/23005
Bionetics über Organon
Biophysika Systems, Im Eichelböhl 24, D-6140 Bensheim
Bio Rad Laboratories, Dachauer Str. 511, Postfach 500167, D-8000 München 50, Tel. 089/1499050
Bio-Science Products AG, Titlistr. 29, CH-6020 Emmenbrucke, Schweiz, Tel. 041/555875
Boehringer Mannheim, Sandhofer Str. 116, Postfach 310120, D-6800 Mannheim 31, Tel. 0621/7591

Bomholtgard Breeding and Research Centre, DK-8680 Ry, Dänemark, Tel. 4 56 84 12 11
Borer Chemie, Gewerbestr. 13, CH-4528 Zuchwil/Soluthurn, Schweiz
Brand, Postfach 310, D-6980 Wertheim/Main, Tel. 09342/8080
Branson Europe B. V., Energieweg 2, D-3760 Soest, Tel. 02155/1551
Braun Diessel Biotech, Postfach 120, D-3508 Melsungen
Braun Melsungen, Postfach 110 und 120, D-3508 Melsungen, Tel. 05661/710
BRL: GIBCO-BRL, Postfach 1212, D-7514 Eggenstein, Tel. 0721/705006

Calbiochem, Postfach 800244, D-6230 Frankfurt/M 80, Tel. 069/310067
Cambridge Research Biochemicals, Button End, Harston, Cambridge, CB2 5NX, England, Tel. 0223/871674
Camon Labor Service, Bahnstr. 9 a, D-6200 Wiesbaden, Tel. 06121/702846
Celltech, 228 Bath Road, Slough, Berkshire SL1 44EN, GB, Tel. 44753/77866
Charles River Biotechnical Services, über Dunn
Charles River Wiga GmbH, Sandhofer Weg 7, D-8741 Sulzfeld 1, Tel. 09761/818819
Chemap, D-2056 Glinde b. Hbg. bzw. Hölzliwisenstrasse 5, CH-8604 Volketswil, Schweiz, Tel. 01/9472222
Chroma, Hindelanger Str. 19, D-7000 Stuttgart 60, Tel. 0711/330226
Chrompack GmbH, Berner Str. 53, D-6000 Frankfurt-Niedereschbach
Collaborative Research, 128 Spring Street, Lexington MA 01237, USA
Conco, Begasweg 1, D-6200 Wiesbaden, Tel. 0621/404108
Cooper Biomedical s. Technicon
Coulter Electronics GmbH, Gahlingspfad 53, D-4150 Krefeld, Tel. 02151/818153
Covalent Technology, Gaston Sadler, European Business Associates S. a. r. l., Rue de la Petrusse, L-8084 Bertrange, Luxemburg
Costar: z. B. über Dunn

Dako: DAKOPATTS, Brauhausstieg 15-17, D-2000 Hamburg 70, Tel. 040/682107
Damon Biotech, Dossenheimer Landstr. 40, D-6900 Heidelberg, Tel. 06221/400311
Dianova, Milchstr. 3, D-2000 Hamburg 13, Tel. 040/4105091-2
Difco: z. B. über Otto Nordwald, Heinrich Str. 5, D-2000 Hamburg 50, Tel. 040/432827, oder: Hedinger, Heiligenwiesen 26, D-7000 Stuttgart 60, Tel. 0711/424011
DRG Instruments, Postfach 644, D-3550 Marburg, Tel. 06421/23005
Drummond über Shandon
Dunn Labortechnik, Zurheiden 6, D-5464 Asbach, Tel. 02683/43306
Du Pont de Nemours (Sorvall), Postfach 1365, D-6380 Bad Homburg, Tel. 06172/870
Dynatech Deutschland, Justinus-Kerner-Str. 32, D-7306 Denkendorf, Tel. 0711/3461078-9

Ega-Chemie, D-7924 Steinheim, Tel. 07329/6011
Ehret, Postfach 1230, D-7830 Emmendingen 14, Tel. 07641/1066
Endotronics, 8500 Evergreen Boulevard, Coon Rapids, Minnesota 55433, USA
Eppendorf Gerätebau Netheler & Hinz, Postfach 650670, D-2000 Hamburg 65, Tel. 040/538011

Flow Laboratories, Mühlgrabenstr. 10, D-5309 Meckenheim, Tel. 02225/88050
Fluka Feinchemikalien, Lilienthalstr. 8, D-7910 Neu-Ulm, Tel. 0731/74088
Frontell Systems Deutschland, Postfach 130243, D-4150 Krefeld, Tel. 02151/66776

Gelman Sciences, 10 Harrowden Road, Brackmills, Northampton NN4 0EB, England
Gen-Probe, Chesapeake Drive, San Diego, California 92123, USA, Tel. 619/2688400
Genzyme über IC
Gibco/BRL, Dieselstr. 5 A, D-7514 Eggenstein-Leopoldshafen 1, Tel. 0721/705006
Giovanola Freres, 1, Clos Donroux, Postfach 271, CH-1870 Monthey, Schweiz, Tel. 41/2570811
Greiner und Söhne, Postfach 1320, D-7440 Nürtingen, Tel. 07022/5011

Haeberle, Breitwiesenstr. 15, D-7000 Stuttgart, Tel. 0711/789000
Hana Biologics: über Laboserv, Am Zollstock 2, D-6300 Giessen, Tel. 0641/2674

Firmenanschriften

Harlan Olac Ltd., Shaw's Farm, Blackthorne, Bicester, Oxon, OX 0TP, England
Heidolph Elektro GmbH, Starenstr. 23, D-8420 Kelheim/Donau, Tel. 09441/770
Heraeus Hanau, Postfach 169, Heraeusstr. 12-14, D-6450 Hanau, Tel. 06181/351
Heraeus Sepatech GmbH, Postfach 1220, D-3360 Osterode, Tel. 05522/3160
Hettich, Gartenstr. 100, D-7200 Tuttlingen, Tel. 07461/7050
Hoechst Pharma-Kontor Hannover, Postfach 610380, Karl-Wiechert-Allee 3, D-3000 Hannover, Tel. 0511/5700
Hoffmann-La Roche, Emil Barell Str. 1, D-7889 Grenzach Wyhlen

IC Chemikalien GmbH, Sohnckestr. 17, D-8000 München, Tel. 089/7914647
Iffa Credo, Domaine des Oncins, BP 109, F-69210 L'Arbrestle, Frankreich
IKA Janke & Kunkel, Neumagenstr. 27, D-7813 Staufen, Tel. 07633/8310
IMA, Institut für Molekularbiologie und Analytik, Admiral-Rosendahl-Str. 16, D-6078 Neu-Isenburg-Zeppelinheim, Tel. 069/693461
Infors, Aidenbachstr. 144 a, D-8000 München 71, Tel. 089/782277
Ivanovas, Gesellschaft für medizinische Versuchtierzuchten mbH, Stolzenseeweg 32-36, D-7964 Kissleg

Jackson Laboratory, Bar Arbor, Maine, USA
Janssen: über Virotech, Löwenplatz 5, D-6090 Rüsselsheim, Tel. 06142/65065

Kallestad, Colombistr. 27, D-7800 Freiburg, Tel. 0761/31837
Karyon Technology Inc., 333 Providence Highway, Norwood, MA 02062, USA, Tel. 617/7696970
Katadyn, Deutsche Katadyn, Postfach, D-8000 München 21
KC Biological, Frankfurter Str. 103, D-6096 Raunheim, Tel. 06412/7070
Kiehl, Chemische Fabrik Robert-Bosch-Str. 9, D-8063 Odelzhausen, Tel. 08134/871-4
Kodak
Köttermann, Industriestr. 2-10, D-3162 Uetze-Hänigsen, Tel. 05147/1021
Krüss, Borsteler Chaussee 85-99 a, D-2000 Hamburg 61, Tel. 040/5116033

LH Fermentation Ltd., Bells Hill, Stokes Poges, Slough, SL2 4EG, GB, Tel. 44/12456144
Linde AG, Werksgruppe Gase, Seitnerstr. 70, D-8023 Höllriegelskreuth, Tel. 089/72770
LKB, s. Pharmacia-LKB
LSL Biolafitte S. A. 10 Rue de Temera, F-78100 St-Germaine-en Laye, Frankreich, Tel. 1/30615260

Marienfeld, Paul, Beim Oelsteg 10, D-6990 Bad Mergentheim, Tel. 07931/6025
Maschinenfabrik Andritz Ag, Statteggerstr. 18, A-8045 Graz, Österreich, Tel. 0316/69020
MBR Bio Reactor AG, Werkstr. 4, CH-8620 Wetzikon, Schweiz, Tel. 01/9312171
Medac, Fehlandtstr. 3, D-2000 Hamburg 36, Tel. 040/340931
Merck, Postfach 4119, D-6100 Darmstadt 1, Tel. 06151/720
Messer Griesheim, Postfach 4709, D-4150 Krefeld, Tel. 02151/3790
MilliGen/Millipore, Hauptstraße 71-79, D-6236 Eschborn, Tel. 06196/4940
Millipore s. MilliGen
Miltenyi Biotec, Moitzfeld 60 a, D-5060 Bergisch Gladbach, Tel. 02204/8797
Minitüb, Hauptstr. 41, 8311 Tiefenbach, Tel. 08709/877-8

NEN, New England Nuclear, Postfach 401240, D-6072 Dreieich, Tel. 06103/803126
New Brunswick Scientific, Industriestraße 17, D-6056 Heusenstamm, Tel. 06104/503638
Nordic Immunological Laboratories über: Biogenzia Lemania, Am Josephsschacht 45, D-4630 Bochum 5, Tel. 0234/496761
NovaBiochem, Weidenmattweg 4, CH-4448 Läufelfingen, Schweiz, Tel. 062/691922
Nunc, Hagenauer Str. 21 a, Postfach 120543, D-6200 Wiesbaden 12, Tel. 06121/67095
Nyegaard, PO Box 4220, Torshov, N-Oslo 4, Norwegen

Organon Technika, Wernher-von-Braun-Str. 18, D-6904 Eppelheim, Tel. 06221/79230
Orion Research AG, Fähnlibrunnenstr. 3, CH-8700 Küsnacht, Schweiz, Tel. 01/9107858

Orpegen, Czerny-Ring 22, D-6900 Heidelberg, Tel. 06221/27082
Ortho Diagnostic Systems, Postfach 1340, D-6903 Neckargemünd, Tel. 06223/770

Paesel + Lorei, Borsigallee 6, D-6000 Frankfurt/M. 63, Tel. 069/422095-99
Pall Filtrationstechnik GmbH, Philip-Reis-Str. 6, D-6072 Dreieich 1, Tel. 06103/3070
Parke Davis, Postfach 100250, D-1000 Berlin 10
Pelikan, über Bürofachhandel
Pentax, Julius-Vosseler-Str. 104, D-2000 Hamburg 54, Tel. 040/566011-16
Perkin: Bodenseewerk Perkin Elmer, Paul-Ehrlich-Str. 17, D-6070 Langen, Tel. 06103/7080
Perstorp Biolytica, Sölvegatan 41, S-22370 Lund, Schweden
Pharmacia-LKB, Munzinger Str. 9, D-7800 Freiburg 1, Tel. 0761/49030
Pierce: über Bender & Hobein, Postfach 150229, D-8000 München 15, Tel. 089/514940
Prettl Laminarflow und Prozeßtechnik. Neckartenzlinger Str. 39, D-7445 Bempflingen, Tel. 07123/38020
Polyscience Limited, Postfach 64, D-5401 St. Goar, Tel. 06741/2081

Rainin über Abimed
Ribi Immunochem Research Inc., P. O. Box 1409, Hamilton, MT 59840, USA, Tel. 406/3636214
Roth: Carl Roth, Postfach 211162, D-7500 Karlsruhe 21, Tel. 0721/551011

Sarstedt, Postfach 5223 Nümbrecht-Rommelsdorf, Tel. 0229/3050
Schleicher & Schuell, Postfach 4, D-3354 Dassel, Tel. 05561/7910
Schülke & Mayr, Heidbergstr. 100, D-2000 Norderstedt, Tel. 040/521000
Schütt Labortechnik, Güterbahnhofstr. 11, D-3400 Göttingen, Tel. 0551/49550
Schweizerische Seidengazefabrik, CH-9425 Thal, Schweiz
SEBAK, Hollerbach 20, D-8359 Aidenbach, Tel. 08543/816
Sebio, Kriestorfer Str. 18, D-8359 Walchsing, Tel. 08543/2353
Sera-Lab, Hophurst Lane, Crawley Down, West Sussex RH10 4FF, England, Tel. 0342/716366
Serva Feinbiochemica, Carl-Benz-Str. 7, Postfach 105260, D-6900 Heidelberg 1, Tel. 06221/5020
SETEC Inc. (Separation Equipment Technologies), P. O. Box 3002, Livermore CA 94550, USA, Tel. 415/4491727, USA
Setric Genie Industriel, über Kalger GmbH, Oberissigheimerstr. 23, D-6451 Neuberg 1, Tel. 06183/2036
Shandon, Postfach 501029, D-6000 Frankfurt 50, Tel. 069/541065
Sherwood Medical, Postfach 120, D-6374 Steinbach, Tel. 06171/74081
Sigma Chemie, Grünwalder Weg 30, D-8024 Deisenhofen, Tel. 089/613010
Skatron GmbH, Wilstedter Weg 2 A, D-2000 Norderstedt, Tel. 040/5246866
SLT Labinstruments, Untersbergstr. 1, A-5082 Gröding, Österreich, Tel. 6246/3438 oder über: Dunn
Smith Industries Medical Systems Company, über Medic-Eschmann GmbH, Schnakenburgallee 116, D-2000 Hamburg 54, Tel. 040/5407096
Sorvall, s. Du Pont
Spectra Physics, Siemensstr. 20, D-6100 Darmstadt, Tel. 06151/7080
Sulzer Biotech Systems, Zürcherstr. 9, CH-8401 Winterthur, Schweiz, Tel. 52/811122

TECAN GmbH, (vormals über Zinsser), Graf-Vollrath-Weg 4, D-6000 Frankfurt, Tel. 069/7891060
Techne Cambridge Limited, Duxford, Cambridge CB2 4PZ, England
Technicon, Im Rosengarten 11, D-6368 Bad Vilbel, Tel. 06101/6040
Tecnomara Deutschland, Ruhberg 4, D-6301 Fernwald 1, Tel. 06404/8090
Then Maschinen- und Apparatebau GmbH, Postfach 400171, D-7170 Schwäbisch Hall 4, Tel. 0791/4030

Vector über Atlanta oder Camon
Vega Biotechnologies, PO Box 11648, Tucson AZ 85734, USA

Firmenanschriften

Ventrax, 217 Read Street, Portland ME 04103, USA
Verder Deutschland GmbH, Himmelgeister Str. 60, D-4000 Düsseldorf 1, Tel. 0211/310080
Vetter, Roland, Postfach 47, D-7403 Ammerbuch 1 Entringen, Tel. 07073/6936

Wako Chemicals, Nissanstr. 2, D-4040 Neuss 1, Tel. 02101/35011
Wheaton Bioware, 100 North 10th Street, Millville NJ 08332, USA
Wiga, s. Charles River Wiga

Zeiss, Carl, Postfach 1369/1380, D-7082 Oberkochen, Tel. 07364/200
Zentralinstitut für Versuchstierzucht, Hermann-Ehlers-Allee 57, D-3000 Hannover, Tel. 0511/492075
Zinsser Analytik GmbH, Raimundstr. 5-7, D-6000 Frankfurt/Main 50, Tel. 069/518065
Zyma, Postfach 701980, D-8000 München 70
Zymed Laboratories, 52 South Linden Avenue, Suite 5, San Francisco CA 94080, USA, Tel. 415/8714494

Sachverzeichnis

AAT 145
Ablesespiegel 196
Absaugschlauch 346
ABTS 383
Acholeplasma 118
- -Medium 121
Acrylamid 427, 429
Adaptation der Hybridomzellen 230
Adaptationsphase 248
Additionsindex 454
Adenin 145
- -Phosphoribosyl-Transferase (APRT) 145
Adenosin-Desaminase (ADA) 145
- -Kinase 146
adhärente Zellen 379
Adhärenz 170
Adhäsionsobjektträger 395
Adjuvans 41, 52, 59, 69
-, Al(OH)$_3$ 43, 54, 60, 69
-, Freundsches 59
-, inkomplettes Freundsches 53, 228, 231
-, komplettes Freundsches 53, 228
-, Mineralöl 225
-, Mixtur 61
AEC 365, 369, 382, 397
Affinität 5f., 302
Affinitätsbestimmungen 274
Affinitätschromatographie 213, 261
- auf Protein A 260
Ag8 s. auch X63Ag8.653 140, 149, 161, 185, 190
Agarose 391f.
Agglutination 318
Aggregation 43
AIDS-Therapie 9
Aktivierung 410
Aktivitätsverluste 276
akzessorische Zellen 43
Albumin 248, 262f.
Aldehyde 90
Aldehydfunktionen 290
Aldehydgruppen 285f., 290, 292, 294
Aldehydverbindungen 90
Alkoholfixation 386
alkylierendes Reagenz 277

Allele 319
Allergie 29
Aluminiumhydroxid 43, 54, 60, 69
Amidoschwarz 446
3-Amino-9-Ethylcarbazol s. AEC
Aminofunktion 286
Aminogruppen 285ff., 290, 292ff., 298
Aminomethylcoumarin 358
Aminopterin 96, 141f., 145, 151
- -Selektion 142
Aminopterinblockade 95
Ammoniumionen 239
Ammoniumpersulfat 429
Ammoniumsulfat 263
Ammoniumsulfatfällung 259, 261, 263, 271f.
Ampholyte 436f.
amphotere Moleküle 431
Analysenblatt 253
Angehrate (cloning efficiency) 203
Anionenaustausch-Chromatographie 259, 271, 278, 280, 283
Anionenaustauscher 261, 278
- -Gele 271, 273
Anode 431
Anregungslicht 358
Anti-Id 8
---, monovalente 9
---, syngene 9
--- -Vakzine 9
anti-Idiotyp-Therapie 214
Anti-Leichtketten-Antikörper 416
- -Leu 3a 9
Antibiotika 13
- -Zusatz im Medium 111
Antigen 319, 362
- -beschichtete Oberflächen 84
- -Bindungsstelle 8
- -Bindungsstellen 218
-, Dosis 178
-, intrazellulär 345
-, maskiertes 41
-, membranassoziiert 345
Antigendosis 49, 58
antigene Determinante 4, 450

Antigene,
-, intrazelluläre 381
-, lösliche 318 f.
-, modifizierte 44
-, parasitäre 69
-, zelluläre 319 f., 381, 386
-, zytoplasmatische 366, 369
Antigengehalt, spezifischer 387
Antigenkonzentration 51
Antigenmischung 319
antigenspezifische Lymphozyten 51
Antikoagulantien 232
Antikörper 47
-, Affinität 47
-, allelspezifische 319
-, anti-idiotypische 8, 49
-, biotinylierte 397
-, bispezifische 218
-, chimäre 218 f.
-, Effektorfunktion 214
- -Enzym-Konjugat 416
-, fragmente 280
-, Klasse 214
-, Klassen-switch 214
-, Klassenvarianten 214
-, Konversionsrate 214
-, kreuzreagierende 218
-, polyklonale 26, 47
-, rekombinante 214
-, Spezifität 47
-, Subklasse 62, 214
-, Titer 48
Antikörperproduktion 317
-, Versiegen der 202
Antimycin-Resistenz 146
Antiseren 47
-, Chargenschwankungen 47
APAAP-Komplex 371
- -System 319
- -Technik 370, 393
APRT-defiziente Linie 145
Arbeitsablauf 39
Arbeitsbezeichnung 220
Arbeitskabinett mit Gasfilter 91
Aszites 233, 266
Aszitesabnahme 230
Aszitesflüssigkeit 12, 225
Aszitesproduktion 223
- humaner MAK 233
Aszitestumor 18
ATCC 353
Auftauen 318
Ausbeute an Klonen 193
Ausbleichen der Fluorochrome 375
- von FITC 357
Ausfall des Zellkulturlabors 202
Ausrüstung und Geräte 29

Aussaat 199
Aussaatzelldichte 204 f.
Ausschlußchromatographie 302
Ausstrichpräparate 200
Autoimmunerkrankungen 9
Autoklav 33
Automatisierung 433
Autoradiographie 407
Avidin 192, 299
- -Biotin 192
Avidität 6, 276
8-Aza-Guanin 142, 150, 159
Azaserin 142, 151
- -Selektion 95, 116
Azid 90, 92, 347
Azo-Derivate 290
- -Kopplung 290
2,2'-Azino-di(3-ethylbenzthiazolinsulfonsäu-
   re-(6) s. ABTS

β-Galaktosidase 292 f., 296 f., 360
B-Lymphoblasten 49
- -Lymphozyten 48, 83
---, aktivierte tumorspezifische
   für Imaging 8
B-Zell-Blasten 193 f., 199
-----, Mitogen-stimulierte 200
-----, Zahl der 200
--- -Stimulation 200
--- Wachstumsfaktor 246
B95-8 183
Background 324, 336
Bakterien 25, 227, 335
Balb/c Mäuse 58, 86, 227
Bauchhöhle 225
BCDF 167
BCDF (B-cell differentiation factor)
   176
BCDFγ 167
BCDFμ 167
BCGF 167
BCGF (B-cell growth factor) 176
Beleuchtung 22
Belüftung 31
Bentonit 43
Beschichtungsprotokoll 326
Bestatin 60
Bestimmung der Antigenzahl 274
Bestrahlung 217, 227
Bidestillation 93
Bindungskapazität 446
Bioreaktor 223
Biotin 192, 285, 299, 333
- -Myelomzelle 85
- -Streptavidin-System 319, 382
- -X-Hydrazid 300
Biotinderivate 285

Sachverzeichnis

Biotinyl-ε-aminocapronsäure-N-hydroxysuccinimidester (Biotin-X-NHS) 300
biotinylierte Sekundärantikörper 372
Biphasisches Medium 121
Bisbenzimid 125
bispezifische Antikörper 146
Blasten s. auch B-Lymphoblasten 165, 180, 200
Bluten 326
Blutentnahme bei Maus 71
- Ratte 73
- Schaf und Ziege 77
- Kaninchen 75
Blutlymphozyten, periphere 80
BM-Condimed 176
Bolton-Hunter-Reagens 286
Boost 51
Bordetella pertussis 53f., 59f.
Brain Pituary Extract 246
BrdU 142, 145
Bridging 85
Brom-Desoxyuridin s. BrdU
Brückenantikörper 328, 367ff., 371, 393
Brutraum 31 f.
Brutschrank 35, 92, 97, 202
-, Temperatur 97, 198
Brutschränke mit Entgiftungsfiltern 91
BSF1 (B-cell stimulation factor 1) 176

Ca-Präzipitation 163
Capping 359
Carbodiimid 313
Carrier 43 f.
- -Effekt 59
Carrierproteine 44
Casein 325, 398
catching/capture antibody 330
CD4-Molekül 9
- -Zellen 9
CD8-Zellen 168
CD25 161
cDNA-Klone 219
Cell Sorter 203
cervikale Dislokation 78, 87
cFA 53, 228
Checkliste 198
4-Chlor-1-Naphthol 397
Chloramin T 290
Chloramphenicol-Resistenz 146
Chlorbleichlauge 92
Chromosomen 216
- -Stabilität 161
- -Verlust 217
Chromosomenanalytik 212, 254
Chromosomeninstabilität 217
Chromosomenverluste 254
Cibacron blue 271

Ciprofloxacin 82, 131, 133
Cleland's Reagenz (DTT) 429
cloning efficiency 96
CO_2-Anzeige 97
Cocktail 6
Colostrumfraktionen 246
Concanavalin A 347, 448
Conditioniertes Medium 179
Coomassie-Blau (brilliant blue) 61, 337, 441, 444
Coulter-Counter 83
Covaspheres 213
CPDA 81
Crosslinker 307, 313
Crotein C 325, 399
CTTH-imino-carbonate 62
Cyanogum 427
Cybride 146
Cyclophosphamid 67, 227
Cyclosporin A 183 f.
Cystein 277
Cytochrom C 352
Cytokine 166
Cytostatikabehandlung 41, 67

DAPI 124 f.
Darmepithel 370
Datenbank 110
DEAE-Cellulose 271
- -Sephacel 279
Defektmutanten 141, 142
Demineralisiertes Wasser 93
Depletion unerwünschter Zellen 83
Desinfektion 31, 89
Desinfektionsmittel 29, 89, 199
-, Hände 90
-, Oberflächen 90
-, Raum 90
Destillation, doppelte 93
Detergenz 337, 398
Determinante, diskontinuierliche 450
-, kontinuierliche 450
-, sequentielle 450
Dextran 103
- -Partikel 62
- -Sulfat 167, 200 f.
Diagnostik 6, 348
Diazoniumsalz 290
Dichtegradienten-Zentrifugation 83, 113, 172
Differenzierung 3
Diffusionskammern 8
Digitalis-Vergiftung 7
Digoxigenin 448
Dimethylformamid 377
Dimethylsulfoxid s. DMSO
Diphtherie-Toxin 147
Dipolwechselwirkungen 262

Disk-Elektrophorese 427f.
Disulfidbrücken 277, 280, 403
4,4'-Dithiodipyridin 297
Dithiothreitol 276, 429, 443
DMSO 103, 150
DNA-Fragmente 219
- -Gehalt 203, 254
- -spezifische Farbstoffe 117, 124
- - und Chromosomenverlust 217
Dokumentation 111
Doppel-Immunfluoreszenz 375
Doppelfärbung mit Enzymkonjugaten 375
Doppelfärbungen 359
Doppelfusionen 159
Doppelmarkierung 358, 375
doppelt selektives System 218
doppelte Destillation 93
Dot-Geräte 401
- -Immunobinding Test 396
downstream-processing 251
Dreifachfärbung 352
Druckstabilität 421
Dunkelkammer 31
Durchflußzytometrie 84, 206, 320, 350, 355
Dynospheres 310

ε-Aminocapronsäure 300
E-Rosettierung 168
EBNA 182
EBV 217
- -Hybridom-Technik 162, 163
- -Linie 162, 164, 217
- -Transformation 162f., 171, 182, 185
--- menschliche Zellen 146
EDTA 81, 231
Effektor-T-Zellen 218
Effektorfunktion 215
Ehrlich-Aszites-Zellen 190
Einbettungsmittel 377
Einfrierampullen 110
Einfrierdatum 111
Einfrieren 318
Einfriergefäße 103
Einfriergemisch 103
Einfriermedium 230
Einfrierplatz 111
einmalige MAK-Produktion 250
Einmalpipetten 199
Einsaatdichte 249
Einzelzell-Ablage 140, 206, 217
- Aussaat 203
- Nachweis 166
- Suspension 79
Eiskristalle, Bildung von intrazellulären 103
EL-4-Zellen 167
Elektroblot 445
Elektrofusion 3, 85, 191f.

Elektroporation 163, 190, 213
ELISA 318, 321
ELISPOT-Test 180
Ellman's Reagenz 297
emittiertes Licht 358
Emulsion 53
Endothelien 199
Endothelzellen 370
Endotoxine 93
Enhancer 141
enzymatische Verdauung 451
Enzymdefekt 140
Enzymwirkung 7
Epithelien 199
Epitop 4, 68, 318, 416, 450
- Analyse 450
-, bedeckt 68
-, maskiert 68
Epstein-Barr-Virus 159, 168
----- (EBV) 161, 182, 460
----- -Transformation 1
Erythrozyten 78, 254
- -Lyse-Puffer 177
-, Membranproteine menschlicher 447
ESG 100
Esterasefärbung 413
Ethanol und Eisessig 356
Ethanolamin 246, 248, 307, 310, 399
Ethanolfixation 382
Ethernarkose 78, 231, 232
Ethyl-Methansulfonat 145
Euglobulin-Fraktion 260
Ewing-Sarkom 100
Explosion 104
Expression von Merkmalen 3
Expressions-Vektoren 219
extrakorporale Blutwäsche 7

F1-Generation 227
Fab-Fragmente 274, 276f.
Fab' 274
- -Fragmente, monovalente 275
(Fab)$_2$-Fragmente 283
F(ab)$_2$-Fragmente 274, 276, 280f.
F(ab')$_2$-Fragmente 274f.
- -PAP-Komplexe 369
Fangantikörper 330, 415
Farbmarkierung 27
Farbstoff-bindender Test 337, 386
Färbungen, unspezifische 347
Fc-Anteil 276
- -freie Antikörpermoleküle 274
- -Rezeptoren 274, 369
---, Interaktion mit 360
- -Teil 265
Fd-Anteile 276
FDA 206

Sachverzeichnis

Feederzellen 86, 98f., 181, 197, 199, 204f., 217
-, Überwiegen der 199
Fehleranalyse 253, 335
Fermenter 32
Fettsäuren 247
Fibroblasten 199, 346
Filterkombination 359
FITC 43, 286, 303, 352, 358, 375
- -Kopplung 303
Fixation 386
- von Zellen 346
Fixationsmittel 356, 371, 373, 394
Fixierung s. auch Fixationsmittel 362, 378
Flächendesinfektion 24
Flexiperm-Disc 132f.
Flow-Zytometrie 213
--- s. auch Durchflußzytometrie
Fluorescein-Isothiocyanat s. FITC
Fluoresceinfarbstoffe 303
Fluoreszeindiacetat 206
Fluoreszenz 36
- -Technik, direkte 355
---, indirekte 355
Fluoreszenzfarbstoff 254, 285f., 351
Fluoreszenzmikroskop 124, 194
Fluorochrome 256, 303
Fluorochromkopplung 303
Flüssigstickstoff 32, 103f.
-, Kontamination durch unsterilen 104
Flüssigstickstofftank, Gasphase eines 104
Forelle 254
Formaldehyd 348
Formaldehyddämpfe 92
Formalin 90, 92, 199
F/P-Quotient 304
Fragmente monoklonaler Antikörper 274ff.
- - -, divalente 274
- - -, monovalente 274
Fragmentierung 281
Fragmentierungsverhalten 280
Framework-Abschnitte 8
Fremdprotein 232, 259, 398
Frieren-Tauen 350
Frostraum 31
FU 266-E1 159f.
Funktionsantikörper 320
Fusion 49, 191, 212, 254
- menschlicher Zellen 181
Fusionsausbeute 84
Fusionseigenschaft 140
Fusionsfrequenz 158f., 161, 163
Fusionsnummer 220
Fusionsproteine 45
Fusionsqualität 200
Futter 22
- (Diäten) 29

G1-Phase 257
G-418 163, 186
G418 146
Gamma-IFN 168
Ganzkörperbestrahlung 227
Gasförmige Toxizität 90
Gefrierkonservierung einer infizierten Kultur 112
Gefrierraum 32
Gefrierschnitte 320, 349
Gefrierschutzmittel 103
Gelatine 325
Gelchromatographie 280, 283
Gelelektrophorese 444
Gelfiltration 451
Gelfiltrationsmaterial 296
Gelfiltrationsmedien 294
Gelfiltrationssäule 304
gemischte Ionenaustauscher 424
Gendefekte 146
Geneticin 163, 186
- -Resistenz 163
Genetische Veränderung 202
Genomgröße 254f.
Genomgrößenstandard 256
Gentamycin 112
Gerinnung 232
Gerinnungshemmung 232
Gewebesieb 78f.
Glasgeräte 91
Glaspipetten 32
Glucose-6-Phosphat-Dehydrogenase-Defizienz 146
Glucoseoxidase 352
Glutardialdehyd 286, 292, 298f., 309, 373
Glycerin 103, 186, 232, 319, 361
Glycin 307, 429
Glykoprotein 286, 287, 292, 298, 448
Glykosylierung 433
GM-1500-6TG-A1-1 159
GM4672 159
Gold, kolloidales 352, 397, 446
Goldfärbung 446
gp 160 9
Granulombildung 60
Granulozyten 226, 370
Größenanalyse 83

H_2O_2 347
H-Kette 217
Hämagglutinationstest, umgekehrter passiver 214
Hammelerythrozyten 177
Hämoglobin 399
hämolytische Anämie, autoimmune 9
Hapten 43f.
- -Gelatine Gele 84

Haptene 327
HAT 96, 150, 161, 163, 201
- -Medium 141, 199
- -Selektion 115
- -Substanzen, Alterung der 201
- -Zusatz 151
Hauptstoffwechselwege 141
Haushaltsfunktionen 3
HAz s. auch Hypoxanthin 96, 150
- -Selektion 181, 201
- -Zusatz 151
HCF 100
HECS 99ff., 217
HeLa-Zellen 129, 190
Helfer-T-Zellen 166
Hemmung der endogenen alkalischen Phosphatase 370
Heparin 81, 231
Hepatitis-B-Impfung 29, 459
HEPES 110
Herzpunktion 74
heterobifunktionelle Reagentien 285, 287f., 293
Heterohybridom 146, 150, 158, 216
Heterokaryon 191
Heteromyelom 141, 146, 159ff., 164, 186
HGF 99
HGPRT 140, 142, 150, 159, 218
- -Defizienz 146
High Performance Liquid Chromatography s. HPLC
high zone tolerance 66
Histologie 320
HIV-1 9, 348
HLA-Antigene 217
Hoechst 33.258 124f.
- 33342 207
homobifunktionelles quervernetzendes Reagens 292
Homohybridom 216
Hormonrezeptoren 7
HPLC 261, 420
HPRT 142
- -negativ 145
HT-Zusatz 152
Huhn 254
human endothelial cell supernatant s. HECS
Humanisierung 217
Humanmaterial 459
Hybride 227
Hybridom 3
- -Frequenz 140
- -switches 214
hybridoma growth factor s. HGF
Hybridome, humane 150, 158f., 191
Hybridomklone 193
Hybridomlinie 201

Hybridomprotein 353
Hybridomüberstände, Screening von 386
Hybridomzellen, Reinigung infizierter 227
Hydrazid-Derivate 290
Hydrazidgruppe 290
Hydrocortisonacetat 227
Hydrocortisonsuccinat 227
hydrophobe Proteine 396
Hydroxylamin 288
Hydroxylapatit-Chromatographie 421
hypervariable Bereiche 8
Hypoxanthin 141, 151
- -Azaserin-Selektion s. auch HAz 96, 147
- -Guanin-Phosphoribosyl-Transferase 142, 140

^{125}I 286, 290
^{125}I$^-$ 290
i. v. Boost 49, 52
Identität 220, 433
Idiotop 8
Idiotyp 8
IEF 203, 205, 431
iFA 53, 228, 231
IFN-gamma 176
Ig-Produktion 180
- -Sekretion 337
IgA 415
IgG 415
- Subklassen 280, 423
IgG1 415
IgG2a 415
IgG2b 415
IgG3 415
IgM 415, 423
- -Antikörper 318
- -Bildung 232
- -Euglobuline 259
IL-2-(TCGF) 167f., 176, 179
IL-6 100f., 246
Imaging 6
2-Iminothiolan 288
Immobilisierung der Antikörper 410
Immortalisierung 166, 190
Immunantwort 41
immundefiziente Tiere 227
Immune rosetting 85
Immunfluoreszenz 193f., 212, 318, 320, 355
-, indirekte 358
Immunglobulin-Aggregate 360
-, zytoplasmatisches 355
Immunglobuline, Membran 84
Immunglobulinklasse 415
Immunglobulinsubklasse 69, 318, 415
Immunisierung 327
-, erfolgreiche 200
-, Erst- 50

Sachverzeichnis

-, in-vitro 163, 165
-, in-vivo 52, 165
-, intraperitoneale 52
-, intrasplenische 50, 52, 56
-, intravenöse 52
-, Kaskaden 68
-, Kontrolle der 199
-, Langzeit 47, 51
Immunisierungsschema 47f., 52
Immunmodulatoren 7
Immunoblot 403, 445
Immunogene, schwache s. auch Antigene 43
Immunperoxidase-Technik, indirekte 363
Immunpräzipitation 403
Immunselektion 82
Immunseren 6
immunsupprimierende Behandlung 227
Immuntoxin 9
Immunzytochemie 384
in-vitro-Immunisierung 162, 181, 212
--- -Syntheseleistung 337
- -vivo-Immunisierung 212 s. auch Immunisierung
Inaktivieren des Serums 202
Infektionen in Kulturen 111ff.
Infektionskrankheiten 9
infektiöses Material 91
Injektionstechnik 54
Inkubationszeiten 28, 417
Inokulationszahl 230
Instabilität 216
Insulin 246, 248, 259
Interferone 176
Interleukin 176, 203, 217
Interleukin 2 s. IL-2
internal image 8
internes Abbild 8
Intoxikationen 199
Intron 219
Iodogen 290
Ionenaustausch 93
- -Chromatographie 61, 261
ionisierende Strahlen 145
isoelektrische Fokussierung s. IEF
isoelektrischer Punkt (pI) 432
Isopropylalkohol 92
Isothiocyanate 286
Isotopenlabor 31f.
ITES 248
ITS 248

Jodacetamid 277f., 280, 443
Jodierung von Membranmolekülen 406

Kaisers Glycerin/Gelatine 377
Kalibrierung 386

Kanamycin 112
Kaninchen 26
Kappa-Kette 216
Kathode 431
Kationenaustausch-Chromatographie 261
Ketavet 56
Ketten, chemische Verknüpfung isolierter 219
-, leichte 219
-, schwere 219, 276
Keyhole Limpet Hämocyanin s. KLH
KGH6/B5 161
Killerzellen 218
Klarsicht-Haftfolie 97
KLH 44, 59
Klon 196f., 199
-, spezifischer 196
Klonieren 100, 113, 162, 184, 203, 205, 216, 254
- in Weichagar 203, 217
-, stufenweise 217
Klonierungsausbeute 96
Klonierungsplatte 196, 205
Klonname 111, 220
Klonstabilität 231
Kohlendioxyd 87
Kohlenhydratanteil 286, 292, 294
Kohlenhydratrest 285, 290
Kohlensäuregas 78
Kohrsolin 461
kolloidales Gold 352, 397, 446
Komplement 202
- -abhängige Zytolyse 214, 320
- -Lyse 168
- -Rezeptor C3d (CD21) 161
Komplementation, genetische 142
Komplementfixation 5, 318
konditionierte Medien 99
konditionierter Überstand 167
Konformation 44
Konformationsänderungen 416
- der DNS 231
Konformationsdeterminanten 326
konstante Regionen, menschliche 219
Kontamination 201, 259
- mit einer Hybridomlinie 201
Kontrollantikörper 259
Kopplungseffizienz 304
Kopplungsreagenz 307
Kosteneinsparungen 251
KR-4 159
KR4 159
Kreuzreaktionen 5, 14
Kryogefäße 104
Kryokonservierung 39, 102, 107, 205
Kühlraum 31f.

Kulturplatte 114
Kupfer 92
Kupfersulfat 113 ff.
- -Lösung 92

L-Cystein 277
- -Formen 118
- -Glutamin 94, 199
- -Leucin-Methylester 168
L929 190
Laborzentrifuge 37
Lachgas 90
Lacto-Peroxidase-Methode 404
Lactoperoxidase/H_2O_2 290
Ladungsdichte 427
lag-Phase 249
Lagerhaltung 110
Lagerung 94, 319
Lambda-Kette 217
Laminar Flow System 21
Lärm 22
LCL 159, 162, 186
LDL 248
Leerwert 325
Leichtkette L (kappa, lambda) 415 s. auch Ketten, Fragmente
Leitfähigkeit 93
Lektine 347, 448
Leucin-Methylester 175
Levamisol 371, 377
LICR-LON-HMy-2 159
Limiting dilution-Klonierung 96, 203 f.
Lincomycin-Hydrochlorid 133
Linker 45
Linolsäure 248
Lipidquellen 246
Lipopeptide 69
Lipopolysaccharid s. LPS
Liposomen 62, 352
LPS 60, 168, 200, 214
Luftdruck 22
Luftfeuchtigkeit 22
Luftfilter 22
Lufttrocknung 382, 386
Lymphknoten 50, 79, 82
Lymphoblasten s. auch B-Lymphoblasten 48, 83
-, Anreicherung von antigenspezifischen 82
lymphoblastoide Zell-Linien 159
Lymphocyte storage medium 109
lymphocytes, large granular 168
Lymphozyten, Lagern in der Kälte 109
Lyophilisieren von Fluorochrom-Konjugaten 360
Lysine 300
Lysosomen 175

m-AC 178
Magnet 413
Magnetfeld 409
Magnetpartikel 84, 410
major antigens 63
MAK-Präparationen 259
- -Produktion 216
- -Produktionsleistung 185
- -Syntheserate 139
Makrophagen 86, 113, 197, 199, 226
- (einzeln) akzessorische Zellen 166
-, Kokultivierung mit 113, 132
-, Peritoneal 133
-, Übermaß an 199
Maleimidobutyryl-Biocytin 301
Maleinimid-Gruppen 293, 296 f.
Maleinimidderivat 288, 293, 297
Maleinimide 287
Maleinimidgruppen 285, 287, 289, 293, 297
Maleinimidohexanoyl-N-hydroxysuccinimidester (MHS) 297, 296
Manufacturer's Working Cell Bank 224
MAP-Test 25, 29
Markerproteinkit 436
Massenkulturen 32
Master Cell Bank 224
Maus 25, 27, 54, 233
Maushybridome, heterologe 227
Mausstamm 41
MDP 60
Mediatoren 176
Medien 94, 97
-, konditionierte 153, 204
-, Lagerung von 94
-, serumfreie 246
- -Optimierungsstudien 247
-, überalterte 199
Mediumküche 31
Membran-Ig 83
Membranantigene 358, 382, 409
Membranpräparationen 386
Membranprotein 396, 403
Mercaptoethanol 248, 276
Meßraum 31
metabolische Kooperation zwischen Mykoplasmen und Myelomzellen 201
Metastasen 7
Methanol 109
Methanol/Eisessig-Mischung 377
Mikroheterogenität 433
Mikroskop, umgekehrtes 36
Mikroskopieren 350
Mikrotiterplatten 196, 385
Mikrozid-Liquid 460
Milchsäureproduktion 180
Milz 50, 56, 79 f., 82
Milzzellen 69

Sachverzeichnis 479

-, Mitogen-stimulierte 200
Mineralöle 225
minor antigens 63, 67
Mischantikörper 139, 158
Mischbettaustauscher 261
Mitochondrien 146
Mitogen-Stimulation 200
Mitogene 167
mixed molecules 139
MLC 168
Möbel 92
Molekulargewicht 446
Molgewichtsbestimmung 447
Mollicutes 115
Monoklonalität 203 ff., 433
Monomere 64
monozytäre akzessorische Zellen 178 f.
Monozyten 172, 178, 346, 413
-, menschliche Blut 86
MOPC21 353
Morbus Graves 9
- Hashimoto 9
Mounting-Medium 357, 361
Muramyldipeptid 60
Mutagene 145
Mutagenisierung 1, 139 f., 146, 214
Mutationen 5
Mutationsrate 145
Myasthenia gravis 9
Mycobacterium tuberculosum 59
Mycobakterien 54, 59
Myelom 1, 54, 83, 199, 201, 203
-, angezüchtet in der Maus 203
-, humanes 146, 159, 162
- -Linien 159
Myeloma-653, Friendly 145
Myelomprotein 353, 417
Myelomzelle, humane 162
-, murine 162
-, Reversion einer 201
Mykoplasmen 82, 115, 118, 168, 198, 202, 227
- -Agarmedium 121
- -Elimination durch Antibiotika 131
- -Flüssigmedium 120
- -Infektion 116, 201, 245
- -Tests, genetische 129
- - -, immunologische 129

N-Hydroxysuccinimidester 286, 293
Na-Dodecylsulfat s. SDS
Nabelschnurendothelzellen 100
Nachweisantikörper 416
nackte Maus 227
NaCl-Gradienten 279
Nadelverletzung 54
Name eines Klones 220
Naphthol AS-MX-Phosphat 371

Narkose 56, 231
Natrium-meta-perjodat 294
- -Nitroferricyanid 364
Natriumazid 319
Natriumborhydrid 286, 292 ff.
Natriummetaperjodat 364
Natriumperjodat 286, 292, 294 f.
Natriumsulfatfällung 259, 263
Negative Konditionierung 98
Negativkontrollen 417
Neomycin 146, 161, 163, 186
- -Resistenz 218
neonatales Tier 41
Nettoladung 432
Nicht-Produzenten 140, 216
Nitrozellulose 56, 61, 167
- -Folie 396
- Membranen 396
- -Papier 444
NMRI-Mäuse 86
NN'-Methylenbisacrylamid (BIS) 429
NNN'-N'-Tetramethyläthylendiamin
  (TEMED) 429
Nomenklatur 221
non-producer 139
NS-1 149, 161
Nukleinsäuren 13
Nukleinsäuresynthese 141
Nylonmembranen 396
NZB-Stämme 58
NZW-Stämme 58

Oberflächen-Immunglobuline 410
Objektschutz 34
Objektträger-Kulturkammer 124
Ohrvene 75
OKT8 168
Oligopeptide 44
Onkogene 1
optimale Zellzahl 230
Osmolarität 97
Osmose, umgekehrte 93
Ouabain 159, 163
- -Resistenz 146
- -Selektion 162
Ozon 90

p-Toluolsulfonylchlorid (Tosylchlorid) 311
P3-NS1/1-Ag4-1 140, 149
P3x63Ag8.653 s. Ag8
P3X63Ag8.653 s. Ag8
P3x63Ag8U1 149
P3x63AgU1 149
Panning 166, 171, 184, 212 f.
PAP 369
- -Komplex 369
- -System 319

PAP
- -Technik 367
Papain 274, 277, 280f.
Paraffinschnitte 114, 349
Paraformaldehyd s. auch Formaldehyd 443
Patronenkolonne 93
PBL 168
PBS-Heparin 232
- Phosphatpuffer 87
PD-10 Säule 296
PEG 3, 96, 103, 150, 152, 177, 181, 191f.
- -Fusion 85
Penicillin 111
Pepsin 280
- -Einwirkung 275
Pepsinfragmentierung 280
Peptid-Synthesizer 451
Peptidfragmente 451
Peptone 247
Percoll 83
Perform 460
Perjodat 285, 290, 448
Perjodsäure-Borhydrid 364
Peroxidase 287, 292ff., 319, 397
-, endogene 347, 364, 370
-,-, Inaktivierung 376f., 384
- -Konjugate 294
- -Reaktion 378
Peroxidase C 294
Personenschleuse 31
Personenschutz 34
Petriperm 132
pH-Elution 259
- -Gradient 431
- -Gradienten, immobilisierte 432
- -Wert 431
--- der Kultur 97
PHA 168
Phagozytose 86
Phasen der Immunantwort 48
Phasenkontrastmikroskop 194, 198, 200
Phenol 90, 92
- Rot 97, 429
Phenolverbindungen 90
Phenylendiamin 357, 361
Phenylhydrazin-Hydrochlorid 364
Phenylhydraziniumchlorid 376
Phorbol-Myristat-Acetat 167
Phosphat-Ionen 371
Phosphatase, alkal. endogene, Blockade der 377
-, alkalisch endogen 370
-,- intestinal 370
-, alkalische 292f., 298, 352, 397
- -Reaktion, alkalische 378
-, saure 352
Phosphorsäure 339

Phycocyaninfarbstoffe 303
Phycoerythrin 303, 352
Phycoerythrin R 358
picken 196, 198, 213
Pikrinsäure 27
Pilzinfektionen 25, 112, 227
Plaque-Test 213
Plasmazellen 83
Plasmocytom 1, 149, 225, 229
Plastikampullen 103
Plastikartikel 92
Plastikkapillaren 103
Plastikoberflächen 98
Plattentypen 324
Pleuromutilin 131
Pleuropneumonia-like organisms 115
Pokeweed mitogen (PWM) 177
Poly-L-Lysin 125, 347
Polyacrylamid 427
Polyacrylamidstücke 61
polychromatische Färbungen 441
Polyethylenglykol s. PEG
polyklonaler Aktivator 169
Polyklonalität 47
Polypeptid 44, 427
Polyvinylpyrrolidon 103, 399
Positivkontrollen 417
PPLO 115
Präabsorption 325
Präsentieren 319
Präzipitate 43
Präzipitation 259, 318
Präzision 324
Precinorm 339
Primärantwort 48
Primärkulturen 89, 220
Primary Seed Bank 224
Primasept M 461
Priming 50f.
- Effekt 228
Pristan 114, 228, 231
Probeaussaat 195, 203
Produktionsleistung 161, 337
- von Hybridomen 385
Produktschädigung der Zellen 202
Programmierung 110
Projektname 110
Protein A 261, 265, 325, 410
--- -Affinitätssäulen 259f., 423
--- -Agarose 278
Protein G 267
- -G-Affinitätssäulen 260, 423
-, natives 44
-, zelluläres 337
Proteinaseinhibitoren 404
Proteinbestimmung 337
Proteinbindungen, unspezifische 398

Sachverzeichnis 481

Proteine, Quantifizierung von 441, 445
Protein G 267
Proteolyse 319
Proteose-Pepton 228
Protokollierung 252
pSVneo 186
Purin-Stoffwechsel 145
Purinsynthese 142
PWM 168
Pyridyldithiopropionsäure-N-hydroxysuccinimid 288
Pyrimidin-Stoffwechsel 145
Pyrogene 93

Qualitätskontrolle 251 f.
Qualitätskriterien 11
Quarzglas 93
Quasi-elastic light scattering 452
Quecksilberdampflampe 358
quervernetzende Reagentien 292

radioaktiv markierte MAK 15
Randphänomen 335
Ratten 25, 27
Raumklima 19
Reduktionsmittel Cystein 280
Reibungswiderstand 427
Reifungsantigen 63
Reinheitsnachweis 13
Reinigungsmittel 89
Reinokulation 231
reklonieren 203 f.
rekombinante Gene 214
- MAK 15
Rekombination, genetische 218 f.
Reproduzierbarkeit 324, 433
Reservestoffwechsel 141
Resistenz 146
„retired breeders" 228
retroorbitaler Plexus 73
Reversion, genetische 201
Rezeptorstudien 274
rheumatoide Arthritis 9
Rhodamin 352, 375
Rhodamin 123 206
- B Isothiocyanat 306
Rhodaminfarbstoffe 303
RIA 318, 321
Ricin 147
- -Resistenz 146
Rinder-Gammaglobulin 266, 325
- Serumalbumin 43
Robertsonian (8.12)5Bnr-Maus 145
Rompun 56
Rosettierung 171
RPMI 8226 159
Rubella-Antigen 390

S-Acetyl-Thioessigsäure-N-hydroxysuccinimid 287
- -Acetylmercaptobernsteinsäureanhydrid 288
SAC 168
Salzfällung 262
Sauerstofffreisetzung 90
Säulenaffinitätschromatographie 212
Säulenchromatographie 213
Schiffsche Basen 286, 292, 294
Schmierseife 90
Schwer- und Leichtketten 423
Schwerkette H 415 s. auch Ketten, Fragmente
SCID-Mäuse 227
Screening 321, 345, 386, 445
- von Hybridomen 381
SDS 404, 427, 428, 429
- -PAGE 61, 203, 273, 276 f., 281
--- -Analyse 279
--- -Gelelektrophorese (PAGE)
Sekundärantikörper 276
Sekundärantwort 48
Selbstaggregation 5
Selektion 162, 201
-, chemische 142
-, doppelte 145
-, einfache 145
-, negative 410
-, positive 410
Selektionsmarker 218
Selektionsprinzip 181
Selektionssysteme 141
Selen 246
Selendioxid 248
Sendai-Virus 3, 191
Sephacryl S-200 295
- --- bzw. S-300 294, 298 f.
Sephadex G-25 281
Seren, Vorselektion von 96
Serum 95, 337
-, Kälber 95
-,-, fötales 95
-, Neugeborenen 95
-, Rinder 95
Serumcharge 198 f.
Serumersatzstoffe 247
Serumfraktionen 246
serumfreie Hybridomkultur 247
Serumkrankheit 7
Serumproteine 12
Serumtest 198
Serumtiter 49
SH-Gruppe 287 ff., 293 f., 296 f.
Shedding 359
SHM D33 160 f.
Sib-Selektion 214

Sicherheitskabine 33
Sicherheitsklasse 34
sicherheitstechnische Vorschriften 459
Siebpassage 79
Silber 92
Silberfärbung 446
- von Polyacrylamidgelen 441
Silikonmatten 385
Silizium-Oxid-Partikel 167
Single Cell ELISA 378
SKO-007 159
Smog 90
Sojabohnenlipide 248
Sondermüll 461
Sortierung 206
SP2/0 149, 161
- -Ag14 140, 149, 185
Spacer 285, 287
Spanplatten 92
Spezialnährböden 118
Speziesgrenzen 3
Spezifität 14, 111
SPF-Haltung 19, 234
Spitacid 461
Splenektomie 80
Spülküche 31 f.
Spülmittel 91
- -Rückstände 199
sPWM-T 176, 179
Standardisierung 433
Standardmaterial 386
Standardprotein 339
Standardtest 317
Standardtierraum 20
Staphylococcus aureus Cowan 1 168
Staphylokokkenprotein A 265
steady-state Anordnung 428
Sterilbank 202
sterische Behinderung 300
Stickstofftanks 32
Strept-ABC 372
--- -Technik 320, 347
StreptABComplex 374
Streptavidin 85, 299
- -Biotin-Komplex 374
--- -Peroxidase-Komplex 372
- -Peroxidase (HRP, POD) 301, 333, 397
-,- -gekoppeltes 382
Streptomyces avidinii 299
Streptomycin 111
Streulicht 208, 210
-, rechtwinkliges 208
-, Vorwärts 208, 210
Stülphaube 97
Subklasse 203, 325
Subklon 220
Subzellinien 248

Suchtest 379
Supplementierung 247
Suppressor-T-Zellen 166
Suspensionskulturen 338
Swiss Webster/HPB 227
syngene Tiere 227
Synkaryon 191
Synzytien 191
systemischer Lupus erythematodes 9
Szintillationszählung 32

T-Zell-Faktoren 214
- -Zellen 176
---, Depletion 176
---, Gewinnung 176
---, Rosettierung 176
---, zytotoxische 168
Tenside 90
Terasaki-Platten 365, 371, 379
Testfusion 95, 198, 200
Tests, heterogene 321
-, homogene 321
Testsystem 317
Tetanus-Toxoid 159
Tetanusimpfung 29
Tetanustoxin 68
Tetramethyl-Rhodamin-Isothiocyanat 358
Tetramethylpentadecan 231
Tetramethylrhodamin 286
Tetramisole 370
TG 145
therapeutischer Einsatz 219, 259
Therapiekontrolle 6
Thioglykolat 86, 154, 228
- -Medium 133
6-Thioguanin 142, 159
Thiol- bzw. Maleinimidfunktionen 293
Thiolderivate 293
thiolfreie Bedingungen 274
Thiolgruppen 285, 288
thiolhaltige Bedingungen 274
Thiolreagenzien 275
Thymidin 115, 141 f., 145, 151, 181
- -Kinase (TK) 140, 142
thymocyte conditioned medium (TCM) 167
Thymol 294 f.
Thymozyten 167
- -Kultur, gemischte 167
thymusdefizient 233
Thyreoiditis, autoimmune 9
Thyroglobulin 45
Thyrotropin 68
Tiamulin 131
Tiamutin 131
Tiere 17 ff.
Tierpassage 113
Tierschutz 18

Sachverzeichnis

Tierschutzbeauftragte 18
Tierschutzgesetz 17
Tierversuche 17
Titerabfall 52
Titerbestimmung 52
TK 140, 142, 218
TNP 43
Toleranz 51
-, orale 66
Toleranzinduktion 41, 63, 67
Tolerogen 64
Tonsillen 80, 82, 168, 376
toxische Aldehyde 153
- Gase 90
Toxizität 89
Trägerprotein 43, 327
Transfektion 186, 190, 219
- bakterieller Gene 146
Transferrin 246, 248, 259, 262 f.
transfiziert 214
Translokation 145
Transplantatabstoßung 233
Trehalose Dimycolat 61
Trennmedium 177
Trennstrecken 433
Trennzeit 433
2,2,2-Trifluoroethansulfonylchlorid (Tresylchlorid) 311
Triom 161, 216 f.
Tris 307
TRITC 358
Triton X-100 326, 366
Trockenmedium 94
Trypsin 319
TSH 167
Tumoren 225
-, Therapie von 7, 9
Tumorpromotor PMA 167
tumorspezifische Antigene 9
Tumorzelle 218
Tüpfel-Test 396
Tusche 446
Tween 20 326
Tylosin 133
Tyrosinreste 285

U 266 159
Überdrucklabor 31, 35
UC-729-6-HF2 159, 164
Ultraschallgerät 314
Ultrazentrifugation 361
Ultrogel AcA 22 296 f.
umgekehrte Osmose 93
Umweltgifte 90
Unterdruckzelle 31
Untersuchungslabor 30
Ureaplasma-Agarmedium 122

- -Flüssigmedium 122
UV-Strahler 92

V-Region 8
Vakzine 47
variable Region 8, 219
VCA 182
Vektoren 214
Vena jugularis 77
Ventilation 22
Verdopplungszeit 250
Verdunstung 97
- von Lösungs-, Desinfektions- und Reinigungsmitteln 90
Verdunstungsverluste 97
Vergiftungen 7
Verlaufskontrolle 6
Vero-Zellen 129
Verstärkungssysteme 362 f.
Versuchstier 45
Versuchstierräume 19
Viren 1, 13, 191
Virus-Infektion 25
- -Kontamination 12, 245
Vitalfärbung 346
Vitalitätstest 110, 140, 200
Vorausberechnung der Klonzahl 193

Waschen der Zellen 112
Wasser 23, 94
-, Ampullen 94
-, demineralisiertes 93
- -in-Öl Emulsion 53
-, Qualität 93
-, Reinst 93
Wasserstoffperoxid 92
Wasserstoffsuperoxid 364
WI-L2-729-HF2 159, 164
Widerstandswert 93
Wimpernschlag 57
Wochenende 232

X63Ag8.653 s. Ag8

Zahl der Fusionsprodukte 194
Zeitplan 39
Zell-ELISA 318, 381
---, Standardisierung des 385
Zellausstriche 320
Zellbanken 39
Zelldichte 196, 203
Zellen 206
-, adhärente und suspendierte 338
-, Ausbeute an fusionierten 200
-, einzelne Ig-produzierende 393
-, Fixation der 382
-, fixierte 362

Zellen
-, trypsinierte 338
-, unsteril abgenommene 230
Zellfusion 317
Zellgemisch 409
Zellhybridisierung 1
Zellinien, lymphoblastoide 141
Zellklonierung 203
Zellkonzentration 195
Zellkultur, Fehler im Bereich der 198
- -Labor 31 ff.
Zellkulturbedingungen 337
Zellmembranantigen 319
Zellmembranen 386
Zellproliferation 180
Zellverdünnungsreihe 196
Zellverklumpung 204

Zellverluste 346
Zellzahlbestimmung 337, 386
Zentrifugation 202, 385
Zentriolen 3
Zitronensäure-Phosphatpuffer 364
Zonenelektrophorese 427
Zulassung als Arzneimittel 15
Zusätze 103, 176, 248
- zu Kulturmedien 100
Zwei-Gel-Systeme 428
zytogenetische Schäden 90
Zytologie 320
Zytoplasten 146
zytotoxische Zellen 218
Zytotoxizität 5
Zytozentrifuge 355
Zytozentrifugen-Präparate 320

If you have any concerns about our products,
you can contact us on
ProductSafety@springernature.com

In case Publisher is established outside the EU,
the EU authorized representative is:
**Springer Nature Customer Service Center GmbH
Europaplatz 3, 69115 Heidelberg, Germany**

Printed by Libri Plureos GmbH
in Hamburg, Germany